Achim Janser
Wolfram Luther
Werner Otten

Computergraphik und Bildverarbeitung

Aus dem Programm
Mathematik/Informatik

Gerald Farin
Kurven und Fläche im Computer Aided Geometric Design

Mladen Victor Wickerhauser
Adaptive Wavelet-Analysis

Hans-Joachim Bungartz, Michael Grebel,
Christoph Zenger
Einführung in die Computergraphik

Michal F. Barnsley, L. P. Hurd
Bildkompression mit Fraktalen

Frank Eckgold
Virtual Reality

Vieweg

Achim Janser

Wolfram Luther

Werner Otten

Computergraphik und Bildverarbeitung

Unter Mitarbeit von Martin Ohsmann

Vorwort

Computergraphik beschreibt umfassend die mathematischen, informatischen und technischen Grundlagen, auf der die computergesteuerte Bearbeitung graphischer Elemente beruht. Eine wichtige Bedeutung für den Arbeitsplatz haben die Rastergeräte. Daher geht es zunächst darum, unter Berücksichtigung wichtiger Grundlagen der diskreten und algorithmischen Geometrie die Grundalgorithmen zur Erzeugung primitiver Bildelemente, wie

- Punkt,
- Linie,
- Quadrik,
- Spline und
- Text

zu erarbeiten. Transformationen und Projektionen bei 3D–Animationen nutzen Methoden der analytischen Geometrie und der linearen Algebra, Beleuchtungsmodelle stützen sich auf die physikalische Modellierung von Licht und Farbe, Bewegungen von Körpern in einer Szene beruhen auf Grundprinzipien der Mechanik.

Abgesehen von vielfältigen Programmiertechniken stammen wichtige informatische Prinzipien aus den Gebieten Algorithmen und Datenstrukturen: Teile und Herrsche–Ansätze, Sortierverfahren und Datenstrukturen wie Graph, Baum, Liste, etc. sind von großer Wichtigkeit. Schließlich spielen in der Theorie der Bildverarbeitung moderne Filter und Kompressionsverfahren eine entscheidende Rolle, die Anleihen aus Funktionalanalysis, Fourieranalysis und Chaostheorie machen.

Es ist die Aufgabe einer modernen Hochschulausbildung in der Computergraphik als Teilgebiet einer mathematisch–technischen Informatik, diesen weiten Bogen in mehrsemestrigen Kursen im Hauptstudium zu vermitteln. Unser Buch liefert das notwendige Material zu einer erfolgreichen computergestützten Lehre.

Einen weiteren Schwerpunkt setzt das Buch mit der Behandlung der Grundlagen der Bildverarbeitung, die zusammen mit der Mustererkennung eine immer größere Rolle in der Biomedizin, der industriellen Automation und Produktion sowie der Robotik und Verkehrstechnik spielt. Wir stellen Grundlagen, aber auch Anwendungen in den wichtigsten Teildisziplinen vor, wie Low–Level-Analyse, Segmentierung und Konturerkennung, Bildverbesserung und Filterung, Rekonstruktion, Codierung und Decodierung, Muster- und Formerkennung, Textur– und Bewegungsanalyse. Ein fortführendes Kapitel ist den wichtigen Transformationen in den Frequenzraum, wie Fourier–, Cosinus– und Wavelettransformation gewidmet.

Zur Vermittlung der Computergraphik und Bildverarbeitung bedarf es einer integrierten Darstellung, die jedoch nicht nur die theoretischen Grundlagen vermittelt, sondern anhand von Beispielprogrammen auch einen direkten Einblick in die Auswirkungen und Leistungsfähigkeit der Algorithmen ermöglicht. So sind dem Buch Lehr-/Lernarrangements und reiches Übungsmaterial für die Rechnerplattformen IBM-kompatible DOS- und Windows-Rechner, Apple Macintosh und Graphik-Workstations beigefügt, die direkt in die Lehre integriert werden können. Sie beinhalten Algorithmen in den Programmiersprachen Assembler, PASCAL und C sowohl im Quelltext wie auch in ausführbarer Form, die in ihrer Wirkungsweise oft verlangsamt oder mit Zoom bei interaktiver Eingabe von Parametern ablaufen. Die meisten Programme sind in den letzten acht Jahren innerhalb von Übungen, Seminaren und Abschlußarbeiten erstellt worden und betreffen alle wichtigen Rasteralgorithmen wie

- Punktsetzen,
- Kreiserzeugung,
- Bogenerzeugung und

- Linienerzeugung,
- Ellipsenerzeugung,
- Splineerzeugung

bis hin zu geometrischen Algorithmen wie

- Clippen,
- Kurvenverfolgung,
- Anaglyphen,
- Animationen,
- Fraktalerzeugung,
- Konvertierung und

- Füllen,
- Hidden–Lines und –Surfaces,
- Stereogramme,
- Ray–Tracing,
- Filterung und FFT,
- Lindenmayer–Systeme.

Das Buch kann in verschiedener Weise eingesetzt werden. Die Kapitel 1 bis 6 können zu einer Einführung in die 2D–Graphik genutzt werden, während Kapitel 10 bis 15 für einen fortgeschrittenen Kurs mit 3D–Graphik geeignet sind. Aber auch eine Vorlesung über Bildverarbeitung kann mittels der Kapitel 1, 2 sowie 7 bis 9 und Teilen von 14 und 15 gestaltet werden. Schließlich eignen sich die Inhalte der Kapitel 8 und 9 sowie 12 bis 15 mit den vielfältigen Literaturhinweisen zur Vertiefung in Seminaren. Für besonders wichtig halten wir ein Experimentieren mit dem auf der Buch–CD enthaltenen Bild–, Algorithmen– und Programm–Material. Schließlich weisen wir noch einmal ausdrücklich darauf hin, daß die Lösungen der wichtigsten Aufgaben aus Platzgründen auf die Buch–CD ausgelagert sind.

Besonders verbunden sind wir Herrn Martin Ohsmann, der Mitautor der beiden ersten Auflagen war und dessen Beiträge nichts von ihrer Aktualität verloren haben und somit Kern der Kapitel 1, 11 und 13 geblieben sind. Auch zur neuen Auflage hat er uns viele wertvolle Anregungen gegeben.

Herrn Ullrich von Bassewitz verdanken wir eine umfangreiche Sammlung von Bildschirm–, Drucker– und Dateitreibern für das Borland Graphik Interface (BGI), die er uns in großzügiger Weise zur Verfügung gestellt hat. Damit erst ist es möglich, die mit den auf der Buch–CD vorgestellten Programmen erzeugten Bilder in vielfältigster Form unter den verschiedensten Rechnerkonfigurationen auszugeben.

Dank auch an unsere Diplomanden Martin Chalupka und Frank Mehren sowie an Holger Kohnen, die umfangreiche Beiträge zum Buch geleistet haben. Anteil am Gelingen der CD haben durch Überlassung ihrer Programme auch H. Buchta, E. Dyllong, J. Egner, G. Gottlieb, W. Jahn, H. Jopen, U. Jung, G. Knabe, M. Koser, U. Paul, I. Pünder, H. Puttkammer, M. Scherer, M. Scherl, R. Scholz, E. Schoppengerd, A. Schürhoff, K. Werner, I. Wingerath, V. Wohlgefahrt, G. Woznik und die anderen Teilnehmer unserer Vorlesungen und Seminare, denen wir viele Hinweise verdanken. Hier möchten wir insbesondere die Teilnehmer des Studienkurses Informatik 1994–1996 hervorheben. Dank auch an Hans–Jörg Wenz für seine zahlreichen Verbesserungsvorschläge.

Frau Schmickler–Hirzebruch, Cheflektorin der Abteilung Wissenschaft vom Vieweg–Verlag sind wir für ihr engagiertes Eintreten für das Erscheinen des Buches außerordentlich verbunden. Schließlich ermuntern wir alle Leser zur Übermittlung ihrer Verbesserungsvorschläge. Bei der Fülle des Materials sind sicherlich der eine oder andere Fehler unterlaufen, für die die drei Autoren die Verantwortung übernehmen.

Duisburg, im Juni 1996

Die Autoren

Inhaltsverzeichnis

1 Graphischer Arbeitsplatz

In diesem Kapitel wollen wir einige Geräte besprechen, die die wesentlichen Bestandteile eines graphischen Arbeitsplatzes bilden. Im Gegensatz zu den Anfangsjahren der Computergraphik, als die Behandlung graphischer Aufgabenstellungen mit dem Computer den Benutzern von Großrechnern vorbehalten war, ist heutzutage bereits auf den meisten Personal–Computern eine durchaus leistungsfähige Graphik realisierbar. Da sich dieses Buch vorwiegend an die Benutzer solcher Systeme wendet und die Behandlung von Großrechnern nebst zugehöriger Software eher in den Hintergrund tritt, sollen an dieser Stelle kurz die Grundkomponenten eines Personal–Computer–Systems und die Grundfragestellungen der folgenden Kapitel erwähnt werden. Der Benutzer wird darüber hinaus ermutigt, in einer Vielzahl von Aufgaben sein eigenes System kennenzulernen und seine Kenntnisse zu prüfen [127].

1.1 Komponenten eines Personal–Computers

Die wesentlichen Komponenten, über die beinahe jedes Computersystem verfügt, sind
1) Zentraleinheit (Mikroprozessor, mathematischer Coprozessor etc.),
2) Arbeitsspeicher,
3) nichtflüchtiger Speicher (Festplatte, CD–ROM–Laufwerk, Floppy–Disk etc.),
4) alphanumerische Tastatur einschließlich Maus,
5) Monitor mit Rasterausgabe,
6) Drucker.
Die alphanumerische Tastatur dient dabei gleichermaßen zur Eingabe von Programmen und Daten. Programme werden in einer höheren Programmiersprache als Textdatei erstellt (Quellprogramme). Häufig verwendete Sprachen sind z.B. Pascal, C und Basic.

Wird von bestimmten Programmteilen eine sehr hohe Ausführungsgeschwindigkeit verlangt, werden diese manchmal auch in der sogenannten Assembler–Sprache des speziellen Prozessors codiert. Sie ist maschinenabhängig und erlaubt dem Programmierer durch die direkte Verwendung von Maschinenbefehlen einen sehr effektiven Zugriff auf die Hardwareressourcen (Register, Akkumulator, Speicher, Arithmetikprozessor, Graphikprozessor, ...), der gerade bei der Erstellung elementarer Graphikroutinen zu einem hohen Geschwindigkeitsgewinn führt. Oft sind die elementaren Graphikroutinen in Mikroprogrammen fest gespeichert und können über ein spezielles Interface direkt angesprochen werden.

Die Quellprogramme werden unabhängig von der Sprache, in der sie formuliert wurden, anschließend in lauffähige Objektprogramme übersetzt (compiliert, assembliert, ggf. auch interpretiert). Die Zentraleinheit führt diese Objektprogramme aus, nachdem sie in den Arbeitsspeicher geladen sind. Quellprogramme, Objektprogramme und andere Dateien werden auf Disketten oder der Festplatte dauerhaft gespeichert. Die Ausgabe von Zahlen und Text geschieht über den Monitor bzw. den Drucker, die auch den Inhalt von Dateien in lesbarer Form ausgeben.

1.2 Komponenten eines Graphik–Arbeitsplatzes

Nach dieser kurzen Darstellung des Aufbaus eines Computersystems werden wir nun
diejenigen Geräte und Erweiterungen behandeln, die notwendig sind, um ein Arbeiten
auf dem Gebiet der Computergraphik zu ermöglichen. Wir können die Komponenten
eines graphischen Arbeitsplatzes in verschiedene Kategorien einteilen:

- Eingabe,
- Verarbeitung,
- Ausgabe.

Als Eingabehilfen eines Graphik–Arbeitsplatzes dienen Maus, Graphiktablett, Lichtgriffel, Scanner, Tastatur und Dateien. Die Daten werden entweder pixelorientiert in einem
Rahmenpuffer oder vektororientiert in einem Display–File bearbeitet. Die Ausgabe erfolgt in Dateien oder auf rasterorientierten Geräten wie Bildschirm, Drucker oder Kamera
bzw. auf vektororientierten Geräten wie Plotter oder Vektor–Display.

Ziel der Computergraphik ist dabei immer die Ausgabe einer Darstellung auf einem
geeigneten Ausgabemedium. Da seine Wahl oft einen entscheidenden Einfluß auf die Verfahren zur Verarbeitung hat, wollen wir zuerst die Geräte behandeln, die zur graphischen
Ausgabe benutzt werden.

1.3 Graphik–Bildschirm

Das wohl am häufigsten innerhalb der Computergraphik anzutreffende Ausgabegerät
ist ein graphischer Bildschirm. In den meisten Fällen dient dabei der bereits zur al-
phanumerischen Ausgabe vorhandene Monitor als physikalisches Ausgabemedium. Viele
Computer verfügen dazu über zwei Anzeigemodi, den Textmodus und den Graphikmodus. Schalten wir den Monitor (mit speziellen Befehlen) in den Graphikmodus um, so
können auf dem Bildschirm nicht nur Zeichen ausgegeben werden, sondern wir können
die Helligkeit (bzw. Farbe) einzelner Bildpunkte (Pixel, engl. picture elements) auf dem
Bildschirm verändern. Jede graphische Darstellung wird aus diesen einzelnen Pixeln zusammengesetzt. Da diese in einem rechteckigen Raster auf dem Bildschirm abgebildet
werden, sprechen wir in diesem Fall auch von einer Rastergraphik. Heute arbeiten die
meisten Anwenderprogramme unter einer graphischen Oberfläche, die vom Betriebssy-
stem unterstützt wird. Das erstellte Dokument hat am Bildschirm dasselbe Aussehen,
wie es auch an einem anderen vorgesehenen Ausgabegerät haben wird.

Wir wollen im folgenden kurz auf die technische Funktion eines Monitors eingehen.
Wichtigstes Bauteil des Monitors ist die Bildröhre (Kathodenstrahlröhre, engl. CRT
= Cathode–Ray–Tube). In ihr wird ein Strahl von Elektronen erzeugt, der mit hoher
Geschwindigkeit auf den eigentlichen Leuchtschirm trifft. Dieser Schirm ist mit einer
Leuchtschicht beschichtet, die aufleuchtet, wenn der Strahl auf sie trifft. Der Ort, an
welchem der Strahl auf die rechteckige Bildschirmfläche fällt, wird durch die Horizontal-
und die Vertikalablenkung beeinflußt. In den üblichen Monitoren erfolgt diese Ablenkung
des Strahles mit Hilfe stromdurchflossener Spulen. Ein Bild wird dabei folgendermaßen
aufgebaut: Die Vertikalablenkung lenkt den Strahl „langsam" linear von oben nach unten.
Währenddessen wird der Strahl durch die Horizontalablenkung schnell von links nach
rechts wiederholend abgelenkt. Der Auftreffpunkt auf dem Schirm beschreibt damit den
in Bild 1.1 idealisiert dargestellten Linienzug.

In den gestrichelt gezeichneten sogenannten Rücklaufphasen wird der Strahl „ausgeschaltet", so daß der Bildschirm in dieser Zeit nicht aufleuchtet. Während jedes Zeilendurchlaufs von links nach rechts ist die Strahlintensität, und damit die Leuchthelligkeit, durch den Computer steuerbar. Wenn alle Zeilen geschrieben sind, wiederholt sich der ganze Vorgang von vorn. Innerhalb von einem Vertikalablenkungszyklus wird also das gesamte Bild einmal aufgebaut. Die Leuchtschicht des Bildschirms leuchtet, wenn der Strahl sie getroffen hat, noch eine gewisse Zeit nach. Damit das Bild nicht flackert, müssen mindestens 50 Bilder pro Sekunde gezeichnet werden (Fernsehnorm). Erst bei einer Bildwiederholfrequenz von 60 bis 70 Bilder/sec kann das Bild jedoch ohne Ermüdung des Auges betrachtet werden. Die Bildwiederholrate ist daher ein entscheidendes Gütekriterium zur Beurteilung eines graphischen Bildschirms. Moderne Monitore haben einen Diagonaldurchmesser zwischen 34 und 53 cm und erlauben Auflösungen von 640 bis 1280 Spalten, und 480 bis 1024 Zeilen bei 70 Hz Bildwiederholrate.

Ein Einzelbild setzt sich, wie oben dargestellt, aus einer Reihe einzelner Zeilen zusammen. Liegt die Bildwiederholrate bei 70 Hz, so werden z.B. 56420 Zeilen pro Sekunde geschrieben (sogenannte Horizontalfrequenz, also ca. 56.4 kHz). Ein Bild besteht damit aus 806 Zeilen, und die Darstellung jeder Zeile dauert 17.73 Mikrosekunden (μsec). Zur graphischen Darstellung können aufgrund der Randverzerrungen des Schirmes nicht alle Zeilen ge-

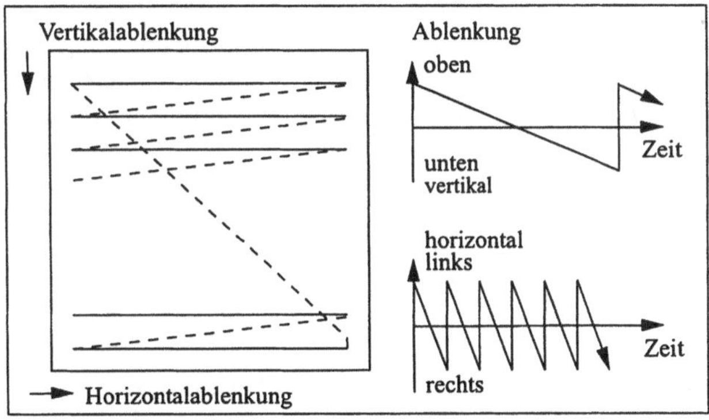

Bild 1.1: Bildaufbau beim Monitor

nutzt werden. Wir wollen daher von 768 Zeilen ausgehen. Auch die 17.73 μsec einer Zeile können nicht ganz zur Bilddarstellung herhalten, da für den Zeilenrücklauf ca. 2.73 μsec benötigt werden. Für eine Zeile verbleiben damit ca. 15 μsec. Um sichtbare Randverzerrungen zu vermeiden, werden bei einer horizontalen Auflösung von 1024 Punkten rund 100 weitere unsichtbare Pixel hinzugenommen. So kommt auf einen einzelnen Punkt ein Zeitintervall von ca. 13.34 Nanosekunden. Daraus ergeben sich also insgesamt 75 Millionen Bildpunkte pro Sekunde. Einfachere Systeme arbeiten mit Interlace–Technik und kommen mit der halben Vertikalfrequenz aus. Dabei zerlegen sie jedes Bild in zwei Halbbilder (z.B. aus den geraden und den ungeraden Zeilen), die nacheinander dargestellt werden. Das führt jedoch zu dem vom Fernsehen her bekannten Flimmereffekt.

Die Anzahl der Punkte pro Sekunde wird oft auch als Videofrequenz für einen Monitor bezeichnet und ist ein weiteres entscheidendes Gütekriterium. Pro Bildpunkt muß die Helligkeits– bzw. Farbinformation in Form einer elektrischen Spannung (Videosignal) an den Monitor geliefert werden. Eine derartig hohe Informationsrate kann der Prozessor nicht gewährleisten. Zur Erzeugung dieses Signals werden deshalb spezielle Bausteine, sogenannte Graphikcontroller oder Videocontroller eingesetzt, die neben der Generierung des Videosignals auch für die Synchronisation des Monitors verantwortlich sind.

Durch die Synchronisation wird gewährleistet, daß der Elektronenstrahl immer genau dann ein neues Bild oben links zu schreiben beginnt, wenn die Helligkeitsinformation des oberen linken Bildpunktes geliefert wird (Bild– oder Vertikalsynchronisation). Auch am Beginn jeder Zeile liefert der Controller ein Synchronsignal an den Monitor. Durch dieses

Signal fängt der Monitor immer genau dann einen Zeilendurchlauf an, wenn auch im Videosignal die Helligkeitsinformationen für diese neue Zeile geliefert werden. Technisch werden die Synchronimpulse gemeinsam mit dem Videosignal über eine Leitung übertragen (sogenanntes BAS Signal), oder die Übertragung erfolgt, wie bei heute üblichen Farbmonitoren, auf getrennten Signalwegen. Multiscan–Monitore stellen sich selbständig auf die Horizontol– und Vertikalfrequenz des gelieferten Videosignals ein.

Befindet sich eine Graphikkarte im Textmodus, so enthält der Bildwiederholspeicher den Text in Form seines ASCII–Codes, also spezielle den Zeichen entsprechende Zahlwerte und zugehörige Darstellungsattribute. Der Videocontroller wandelt den Code in Adressen für die im Zeichengenerator abgelegten Bitmuster des entsprechenden Zeichens um, die dann am Monitor dargestellt werden.

Die Information, welche Helligkeit bzw. Farbe ein Pixel haben soll, bezieht der Controller aus dem sogenannten Bildwiederholspeicher (Refresh Memory). Dieser ist heute meist aus speziellen VRAM–Bausteinen (Video Random Access Memory) aufgebaut, die die Videocontroller und Mikroprozessor den gleichzeitigen, schnellen Speicherzugriff erlauben. Die Aufgabe des Videocontrollers besteht im Grunde nun darin, dem Monitor diesen Wert im richtigen Moment in Form einer Spannung zur Strahlintensitätssteuerung zu liefern.

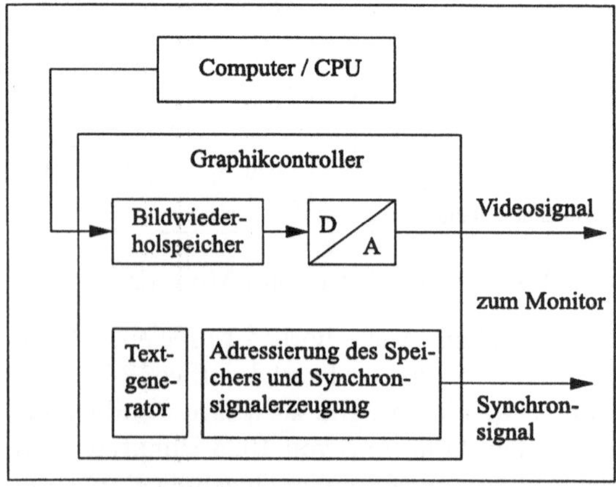

Bild 1.2: Aufbau eines Graphikcontrollers

Dazu wird der digital gespeicherte Helligkeitswert mit einem Digital–Analogwandler in eine Spannung umgesetzt. Diese bildet das Videosignal und gelangt zum Monitor. Wir erhalten damit das in Bild 1.2 dargestellte Funktionsschema für einen Graustufen Monitor. Ausgehend von einer Darstellung mit 1024×768 Punkten und 256 Helligkeitsstufen, erfordert die Speicherung des Bildes bereits eine Kapazität von 786 KByte. Moderne Systeme arbeiten inzwischen mit 24 Bit Farbtiefe und benötigen über 2 MB VRAM. Neuere Graphikkarten verwenden anstelle eines Videocontrollers einen Videoprozessor, der unabhängig vom Mikroprozessor des Computers arbeitet. So muß dieser nicht erst den kompletten Bildinhalt in den Bildschirmspeicher schreiben, sondern nur spezielle Befehle zur Erzeugung des Bildes an den Videoprozessor weiterleiten. Dazu gehören Befehle zum Zeichnen von Linien, Dreiecken, Kreisen und Ellipsen, sowie das Füllen mit Farben und Mustern und das Abschneiden von Polygonen an Fenstern. Zusätzlich sind für das Arbeiten mit Fensteroberflächen schnelle Bitblockoperationen, wie Verschieben und Kopieren möglich. Dabei können durch Verwendung mehrerer Prozessoren viele Vorgänge parallel ablaufen.

1.4 Farbdarstellung

Bei einem zur Farbdarstellung geeigneten Monitor werden innerhalb der Bildröhre drei Elektronenstrahlen erzeugt. Jedem dieser Strahlen ist eine der Farben Rot (R), Grün (G) und Blau (B) zugeordnet (RGB Monitor). Die drei Strahlen werden gemeinsam abgelenkt und treffen auf die Leuchtschicht des Schirms. Diese besteht aus drei verschiedenen Pigmenten, die jeweils rot, grün bzw. blau leuchten, wenn sie vom Strahl getroffen werden. Die drei Pigmente sind in einem Dreiecks– oder Streifenraster auf dem Bildschirm verteilt, wie in Bild 1.3 dargestellt.

Eine Lochmaske vor diesen einzelnen Pigmentpunkten sorgt dafür, daß der betreffende Elektronenstrahl immer nur das entsprechende Pigment treffen kann. Die Pigmentpunkte liegen so dicht nebeneinander, daß unser Auge sie bei normalem Betrachtungsabstand nicht als einzelne Punkte wahrnimmt, sondern die aufleuchtenden Farben additiv mischt. Durch diese additive Mischung der Grundfarben Rot, Grün und Blau können fast alle Farben gebildet werden. Werden alle drei Pigmente gleich stark zum Leuchten angeregt, beurteilt unser Auge das Farbgemisch als weiß bzw. grau. Allerdings nimmt das Auge die Farbe Grün besser wahr als Rot; Blau trägt dagegen nur wenig zum Helligkeitsempfinden Y bei, das sich aus der Formel $Y = 0.3\text{R} + 0.59\text{G} + 0.11\text{B}$

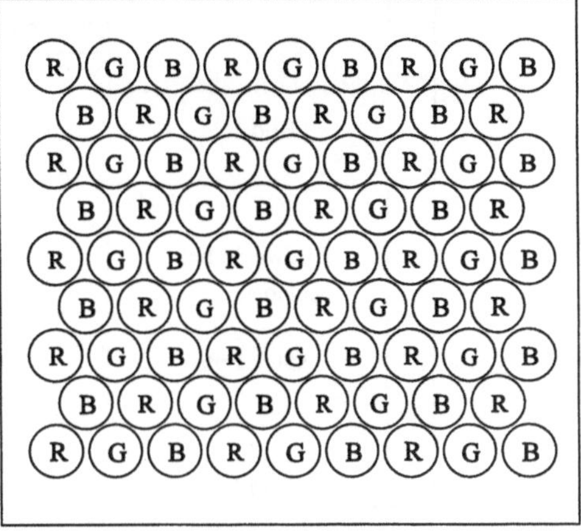

Bild 1.3: Pigmentverteilung auf dem RGB–Bildschirm

ergibt. Durch die Lochmaske und die punktförmige Verteilung der Pigmente ist die Farbauflösung begrenzt. Daher ist sie häufig geringer als bei einem Schwarzweiß–Bildschirm, bei dem die Helligkeitsauflösung durch die maximal verarbeitbare Videofrequenz bestimmt wird. Die vorgegebene Rasterung der Farben führt dazu, daß weiße Körperkanten oder Linien durch farbige Umrißlinien verwischt werden. Diese entstehen dadurch, daß an der betreffenden Kante zum Beispiel nur rote oder grüne Pigmentpunkte liegen.

Eine Farbdarstellung erfordert neben einem Farbmonitor natürlich auch einen entsprechenden Graphikcontroller. Dieser muß die Helligkeitsinformation für die drei Grundfarben getrennt zur Verfügung stellen (Bild 1.4a). Entsprechend muß der Bildwiederholspeicher über eine größere Kapazität verfügen.

Bei 640×480 Bildpunkten ist eine Kapazität von 450 Kbyte nötig, wenn wir für jede Grundfarbe 16 Intensitätsstufen vorsehen. Der Speicherplatzbedarf eines einzelnen Bildes ist also sehr groß. Allerdings ermöglicht diese Organisation die Darstellung von $16^3 = 4096$ Farben. Selten werden wir in einem Bild so viele verschiedene Farben wirklich verwenden wollen. Um den notwendigen Speicherplatz zu verringern und trotzdem eine große Anzahl möglicher Farben darstellen zu können, verfügen viele Graphikcontroller über einen sogenannten Farbpalettengenerator. Im Beispiel des Bildes 1.4b kann der Palettengenerator je Grundfarbe sechzehn Intensitätsstufen erzeugen und damit $16^3 = 4096$ Farben mischen. Beschränken wir uns auf 16 Farben innerhalb eines Bildes mit 640×480 Punkten, benötigen wir einen Bildwiederholspeicher von 150 Kbyte. Jede der sechzehn Farben wird dabei innerhalb dieses Speichers durch eine bestimmte, willkürlich festgelegte 4 Bit–Kombination dargestellt. Für jede dieser 16 möglichen Kombinationen ist im Palettengenerator das Mischungsverhältnis der Grundfarben gespeichert. Dazu werden $16 \cdot 4 \cdot 3$ Bit $= 24$ Byte benötigt.

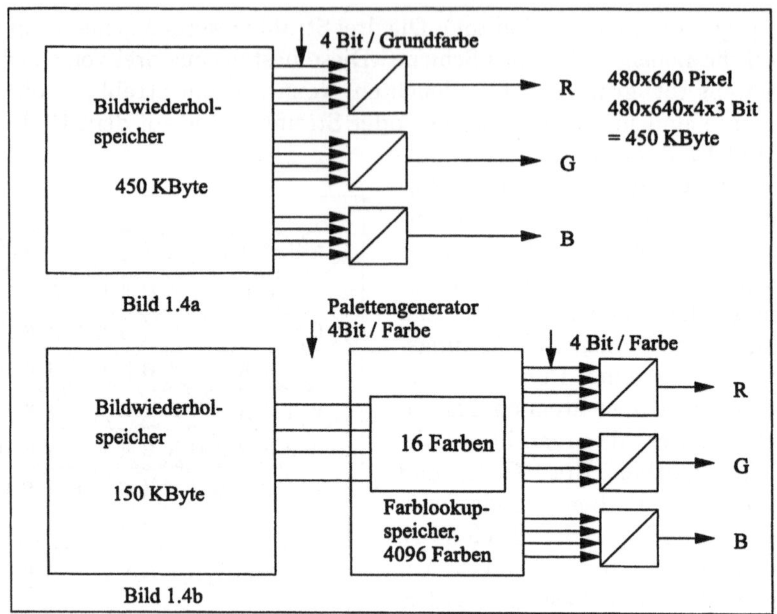

Bild 1.4: Schematischer Aufbau eines Graphikcontrollers

Den Inhalt dieses Farbmischspeichers bestimmt der Benutzer zu Beginn der Arbeit an einem Bild und legt dadurch fest, welche 16 Farben der 4096 möglichen vorkommen können und durch welche 4 Bit–Kombination im Bildwiederholspeicher sie kodiert werden. Durch diese Vorgehensweise kann bei kleinem Speicheraufwand eine hohe Farbvielfalt erreicht werden.

Viele Graphikcontroller erlauben eine Umschaltung der Auflösung. Oft kann beispielsweise die Auflösung erhöht werden, wenn wir eine geringere Anzahl darstellbarer Farben oder Graustufen (R=G=B) in Kauf nehmen. Für beide Optionen wird jeweils der gleiche Bildwiederholspeicher benutzt. Die vorhandenen Gerätekonzepte unterscheiden sich hinsichtlich ihrer Realisierung und Möglichkeiten oft sehr stark, weshalb wir nicht weiter auf Details eingehen wollen. Immerhin ist mit dem VESA–Standard der Video Electronic Standard Association eine standardisierte Schnittstelle zu allen wichtigen Super VGA–Modi für IBM–kompatible Rechner geschaffen worden.

Wenn der Benutzer die Rastergraphik aus einer höheren Programmiersprache heraus benutzt, braucht er sich im allgemeinen nicht um die Organisation des Bildschirmspeichers zu kümmern. Die Graphiksoftware des benutzten Computers stellt ihm einige Grundbefehle (Primitive) zur Verfügung, mit deren Hilfe er seine Graphiken erstellen kann. Befehle, die bei nahezu jedem System zu finden sind, sind etwa:

- `cls` (ClearScreen) — Löschen des Bildschirmfensters
- `plot(x, y)` — Setzen des Punktes (x, y)
- `test(x, y)` (getdotcolor) — Abfrage nach Farbe des Punktes (x, y)
- `draw(x1, y1, x2, y2)` — Zeichnen einer Linie von $(x1, y1)$ nach $(x2, y2)$
- `color n` — Einstellung der Zeichenfarbe
- `get(put)image(x1, y1, x2, y2, zeiger)` — Holen und Speichern eines Fensters

Mit den Befehlen `plot` und `draw` können wir das Bild aus Punkten und Linien zusammensetzen. Die internen Koordinaten (x, y) der Punkte sind dabei Bildschirmkoordinaten. Der Punkt in der oberen linken Ecke des Ausgabefensters hat üblicherweise die Koordinaten $(0, 0)$. Der rechte untere Eckpunkt erhält dann die Koordinaten (x_{max}, y_{max}), wobei $x_{max} + 1$ und $y_{max} + 1$ die Anzahl der in horizontaler und vertikaler Richtung darstellbaren Punkte ist. Nur wenn die Auflösung x_{max} in horizontaler Richtung gleich der vertikalen Auflösung y_{max} ist, ergibt die Befehlsfolge aus Bild 1.5 ein Quadrat.

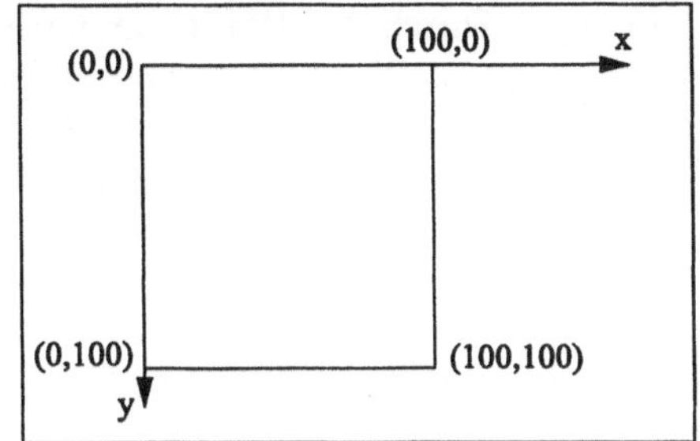

```
color 1
draw(  0,   0, 100,   0)
draw(100,   0, 100, 100)
draw(100, 100,   0, 100)
draw(  0, 100,   0,   0)
```

Bild 1.5: Rechteck am Bildschirm

Gerade beim Zeichnen von Kreisen und Quadraten, bei dem die mit `color` n gewählte Farbe benutzt wird, fällt dieser Effekt auf und muß bei der Programmierung durch eine unterschiedliche Skalierung in beiden Koordinatenachsen berücksichtigt werden. Die Wahl der Farbe muß durch Angabe der Farbnummer aus der verwendeten Palette oder durch Beschreibung der Anteile im RGB– oder einem anderen Modell erfolgen.

Mit dem Befehl `test(x,y)` können wir die Farbe des Punktes mit den Koordinaten (x,y) abfragen. Dieser Befehl wird bei vielen graphischen Aufgabenstellungen benötigt. Ein Beispiel ist das Ausfüllen eines Gebietes mit einem Muster (vgl. Kapitel 3).

Eine Linie wird beim Zeichnen aus einzelnen Punkten zusammengesetzt. Algorithmen, die dies leisten, werden in Kapitel 2 vorgestellt. Selbst wenn diese Arbeit im Normalfall von der mitgelieferten Graphiksoftware übernommen wird, so zeigen die Betrachtungen in Kapitel 11 und 13 doch, daß wir in vielen Fällen die vorhandene Zeichenroutine nicht benutzen können. Hier muß das Zeichnen einer Linie auf das Setzen von Einzelpunkten mit dem Befehl `plot` zurückgeführt werden. Geschieht dies in einer Hochsprache, ist das entsprechende Programmsegment oft sehr langsam. Da die Bildschirmkoordinaten ganzzahlige Werte sind, die als Integer–Variable gespeichert und verarbeitet werden können, bietet sich daher oft eine Assemblerprogrammierung an.

Entschließt sich der Benutzer zu diesem Schritt, muß er die interne Organisation des Bildschirmspeichers und die Arbeitsweise des Graphikcontrollers sehr genau kennen. Die damit verbundene Mühe wird aber durch einen enormen Geschwindigkeitsgewinn belohnt. Leider legen manche Hersteller die Funktionsweise ihres Graphikcontrollers oder –prozessors nicht offen.

1.5   Graphikfähige Drucker

Die meisten Benutzer von Personal–Computern verfügen heute auch über einen Drucker zur Erstellung von Texten und Graphiken. Daher wollen wir einen kurzen Überblick über die verschiedenen Drucktechniken geben. Während Impact–Drucker mit Anschlag

und damit geräuschvoll arbeiten, verwenden Non–Impact–Drucker geräuschlose Drucktechniken. Zu ersteren gehören serielle Drucker, bei denen Zeichen für Zeichen zeilenweise
erstellt werden, Typenrad– oder Kugelkopfdrucker, die nicht graphikfähig sind, und Ma-
trixdrucker, bei denen Zeichen und Rastergraphiken von einem Druckkopf mit bis zu
48 Nadeln über ein Farbband gedruckt werden. Zur Darstellung von Farben wird oft ein
Farbband mit mehreren Farben benutzt (z.B. die Grundfarben Gelb, Magenta, Cyan und
Schwarz). Durch spezielle Befehle können wir dem Drucker mitteilen, in welcher Farbe
die nächste Zeile zu drucken ist. Um ein mehrfarbiges Bild zu erzeugen, werden dabei die
Einzelfarben hintereinander auf das Papier übertragen. Durch das Übereinanderdrucken
der Grundfarben an einer Stelle sind auch Mischfarben darstellbar, die in diesem Fall sub-
traktiv gemischt werden. Gelb und Magenta filtert Blau und Grün heraus, erscheint also
Rot. Das Auftragen aller Farben erzeugt daher ein mehr oder weniger graues Schwarz.
Beim Darstellen von Mischfarben müssen wir allerdings umsichtig vorgehen, um eine vor-
zeitige Verschmutzung der Farben des Farbbandes zu vermeiden. Es sollte immer mit der
hellsten Farbe beginnend gedruckt werden. Andernfalls gelangt bereits gedruckte dunkle
Farbe vom Papier auf die helle Farbe des Farbbandes und verschmutzt es in kürzester
Zeit.

Zu den Non–Impact–Druckern zählen wir Tintenstrahl– oder Thermotransfer– bzw.
Thermosublimationsdrucker. Bei Tintenstrahldruckern wird die in einer kleinen Kammer
eingeschlossene Tinte so erhitzt, daß durch Dampfentwicklung kleine Farbtröpfchen aus
der Düse herausspritzen. Auf Farbfolien transportieren Thermotransferdrucker ihre Farben, die in mehreren Durchgängen aus der Trägerfolie herausgeschmolzen und auf das
Papier geklebt werden. Auf Gelb folgen Magenta, Cyan und Schwarz. Bei der Thermo-
sublimation wird das zu bedruckende Papier an die Farbträgerfolie gepreßt, und die vom
Druckkopf erzeugte Wärme löst die Farbe vom Trägermaterial und verdampft sie so,
daß sie durch die Oberflächenbeschichtung des Spezialpapiers hindurch diffundiert. Viele
Farbabstufungen lassen sich so erzeugen.

Neuerdings werden häufiger Seitendrucker eingesetzt. Beim Laserdrucker mit einer
Auflösung von bis zu 600 Punkten pro Zoll wird das gesamte Bild im Drucker– oder
Rechnerspeicher gerastert bereitgestellt. Die Photoleitertrommel wird aufgeladen und
dann an den Bildpunkten vom Laserstrahl, der gleichmäßig die ganze Trommel scannt,
entladen. An den nicht getroffenen Punkten haftet dann das Tonerpulver, das schließlich
durch Druck und Hitze auf dem Papier fixiert wird. Farblaserdrucker arbeiten mit drei
bis vier verschiedenfarbigen Tonerpulvern und Druckeinheiten.

Zur Erstellung einer graphischen Ausgabe von Bildern verfügen viele Computer über
ein Hardcopy–Programm, das eine pixelweise Kopie des Bildschirms auf dem Drucker
erstellt. Viele der angebotenen Programme arbeiten oft nicht zufriedenstellend oder nutzen die Möglichkeiten des Druckers nicht voll aus. Es wird beispielsweise ein Kreis auf
dem Bildschirm nicht als Kreis auf dem Drucker wiedergegeben, und die Rasterungen
entsprechen den Mustern oder Grautönen nur bedingt.

Manche Drucker verfügen über eine sehr hohe Auflösung, so daß durch eine Bildschirmhardcopy die vorhandenen Möglichkeiten gar nicht optimal genutzt werden können. In
diesem Fall erzeugen wir die Rastergraphik dann nicht innerhalb des Bildschirmspeichers, sondern reservieren einen getrennten Bereich des Arbeitsspeichers für diese Aufgabe. Dann wird mit Hilfe spezieller Graphikbefehle des Druckers eine Hardcopy des
Speicherbereichs erstellt. Reicht der vorhandene Speicher nicht aus, so können wir das
Bild auch auf einem Festspeicher realisieren.

1.6　Plotter

Hauptinstrument eines technischen Zeichners ist der Zeichenstift, mit dem er eine Zeichnung zu Papier bringt. Diese Tätigkeit wird mechanisch vom sogenannten Plotter nachgebildet. Beim Flachbettplotter bewegt sich dazu ein Zeichenstift über ein flach liegendes Blatt Papier. Der Stift, oft ein spezieller Plotterstift, befindet sich in einer Halterung. Diese wird, geführt durch zwei senkrecht aufeinander stehende Schienen, über das Papier bewegt. Zum Zeichnen senken wir den Stift auf das Papier ab. Die beiden Führungen werden meist durch Schrittmotoren angetrieben. Der eine Motor bewegt den Stift in vertikaler, der andere in horizontaler Richtung.

Die Ansteuerung der Schrittmotoren geschieht aufgrund von Steuerbefehlen des Computers. Dazu dienen eine Reihe von Plotterbefehlen, die jedoch nach Gerätetyp sehr verschieden sein können. In den meisten Fällen sind allerdings zwei Befehle vorhanden: `move(x, y)` und `draw(x, y)`. Der Befehl `move(x, y)` bewirkt dabei eine Bewegung des Stiftes zur Position (x,y) bei abgehobenem Stift, der Befehl `draw(x,y)` das Zeichnen einer geraden Linie zur Position (x,y) von dem Punkt aus, an welchem der Stift vor Erteilung des `draw`-Befehls stand. Mit diesen beiden Befehlen können wir im Grunde genommen jede Figur zeichnen, indem wir die darzustellenden Kurven und Linien durch Geradenstücke approximieren.

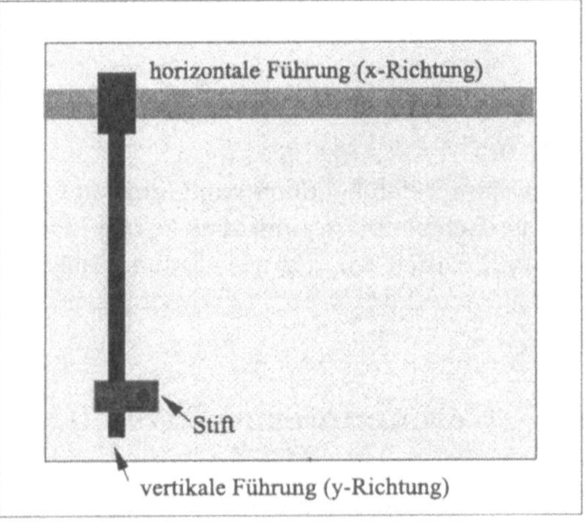

Bild 1.6: Flachbett–Plotter

Die zur Steuerung verwendeten Koordinaten sind meist ganze Zahlen, die die Lage des Punktes (x,y) in den sogenannten Gerätekoordinaten angeben. Koordinatenursprung des Koordinatensystems ist bei Plottern meist der untere linke Eckpunkt des Papiers, und die Koordinaten geben den Abstand eines Punktes in x– bzw. y–Richtung gemessen in z.B. 1/10 mm an. Bild 1.7 zeigt die Darstellung eines Rechtecks mit zugehöriger Befehlsfolge.

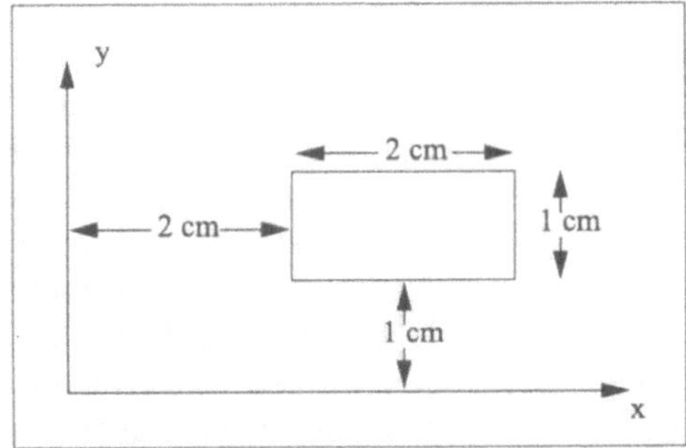


```
move(200,100)
draw(400,100)
draw(400,200)
draw(200,200)
draw(200,100)
```

Bild 1.7: Rechteck als Plotterausgabe

Erfolgt der Antrieb des Stiftes durch Schrittmotoren, kann er nicht in beliebig kleinen Schritten bewegt werden. Der kleinste Schritt, der kontrolliert ausgeführt werden kann, wird als Auflösung des Plotters bezeichnet. Eine hohe Auflösung ist ein wesentliches Merkmal eines hochwertigen Plotters. Bewegen wir den Zeichenstift im Laufe einer längeren Zeichnung mehrfach hintereinander an einen bestimmten Punkt, so wird dieser Punkt im allgemeinen nicht wieder genau getroffen. Die verbleibende Differenz wird als Wiederkehrungenauigkeit bezeichnet. Sie soll möglichst klein sein. Ein weiteres Leistungsmerkmal ist die maximale Zeichengeschwindigkeit. Daneben unterscheiden sich die Plotter noch in der maximal benutzbaren Papiergröße und dem Umfang des verfügbaren Befehlssatzes. Oft sind beispielsweise Befehle der folgenden Art vorhanden:

- Zeichnen einer Koordinatenachse mit Unterteilungen,
- Zeichnen von Kreisen,
- Zeichnen von verschiedenen Markierungen,
- Beschriftung waagerecht/senkrecht und
- Wechsel des Stiftes.

Da diese Befehle jedoch von Gerät zu Gerät stark variieren, werden wir in diesem Buch nur die Befehle `move` und `draw` verwenden.

Damit haben wir die wichtigsten Ausgabegeräte besprochen, die bei graphischen Arbeitsplätzen unterer und mittlerer Preisklasse anzutreffen sind.

1.7 Rechnerinterne Darstellung von Bildern

Bevor eine Graphik auf einem Ausgabegerät ausgegeben wird, wird sie mit Hilfe des Computers erzeugt und gegebenenfalls in mehreren Verarbeitungschritten modifiziert. Dazu muß das Bild innerhalb des Rechners beschrieben und gespeichert werden. Wie dies geschieht, hängt dabei stark von der zu zeichnenden Figur und dem gewählten Ausgabegerät ab. Häufig werden die folgenden zwei Möglichkeiten verwendet:
1) Punktweise Darstellung innerhalb eines reservierten Speichers (Rahmenpuffer).
2) Objektorientierte Darstellung durch Vektoren, Kreise, Polygone etc.
Bei der zuerst genannten Möglichkeit wird das gesamte Bild aus einzelnen Bildpunkten zusammengesetzt. Naturgemäß ist diese Darstellungsform besonders geeignet, wenn wir das Bild später auf einem Rasterbildschirm oder einem Drucker ausgeben wollen. Oft werden wir in diesem Fall direkt den Bildwiederholspeicher zur Darstellung des Bildes benutzen, um nicht weiteren Speicherplatz zu vergeuden. Immerhin ist für jeden Bildpunkt mindestens ein Bit, zumeist ein Byte im Speicher zu reservieren. Die Ablage eines Bildes auf dem Festspeicher kann in diesem Fall einfach als Speicherdump des Bildschirmwiederholspeichers ausgeführt werden, nimmt aber entsprechend viel Platz in Anspruch. Moderne Komprimierungsstrategien bieten hier Abhilfe. Die meisten Hersteller von Graphiksoftware haben eigene Datenformate entwickelt, um Rasterbilder komprimiert abzulegen. Den eigentlichen Daten geht ein Kopf voran, in dem technische Einzelheiten wie Bildgröße, Farbtiefe, Kompressionsverfahren etc. abgelegt sind. Bekannte Rasterformate sind GIF, IMG, PCX und TIFF [34, 35], die meist in verschiedenen Versionen vorliegen. Inzwischen existiert auch eine Vielzahl von Konvertierungsprogrammen, die die einzelnen Formate ineinander umwandeln. Die punktweise Darstellung ist für eine Reihe von graphischen Verarbeitungsalgorithmen besonders gut geeignet. Beispiele sind das Füllen von

Bereichen, das Überzeichnen bereits gezeichneter Figuren oder Änderungen der Farbwerte.

Die Ausgabe einer derartigen Pixelgraphik auf einem Plotter ist hingegen kaum in vernünftiger Zeit zu realisieren. Zielen wir auf eine Plotter–Ausgabe hin, so ist die Beschreibung als Display–File geeigneter (vgl. Kapitel 4). Bei dieser Präsentationsform wird ein Bild als Folge elementarer Objekte und Befehle dargestellt. Dabei sollen die einzelnen Objekte leicht auf dem Ausgabegerät gezeichnet werden können, und es müssen geeignete Objekte vorhanden sein, um das gewünschte Bild aus ihnen zusammenzusetzen.

Beispiel 1.1
Verfügbare Objekte: Strecken im $\mathbb{R}^2$
Notation: `line(x1, y1, x2, y2)`
Rechnerinterne Darstellung:

```
type line = record
            x1, y1, x2, y2 : integer;
        end;
var displayfile : array [1..n] of line;
line (0, 0, 5, 0); line (0, 0, 0, 5); line(1, 1, 4, 1);
line (4, 1, 3, 3); line (3, 3, 1, 1);
```

Beispiel 1.2
Objekte: Strecken und Kreise im $\mathbb{R}^2$
Notation: `line(x1, y1, x2, y2)` bzw.
`circle(x, y, r)`.

Beispiel 1.3
Objekte: Polygonzüge;
Notation:
`polygon(x1, y1, x2, y2, x3, y3, ... )`.

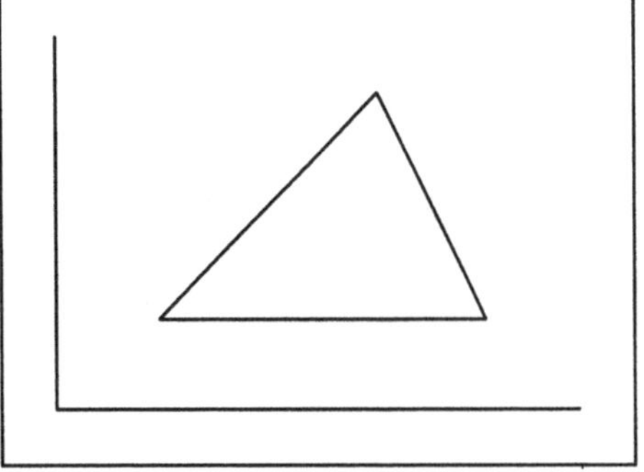

Bild 1.8: Ausgabe von Beispiel 1.1

Diese Beispiele zeigen bereits, wie viele verschiedene Möglichkeiten ein Programmierer zur Erzeugung graphischer Strukturen heranziehen kann. Welche Grundobjekte er einer Display–File–Darstellung zugrunde legt und wie er sie rechnerintern verwirklicht, hängt dabei oft nicht zuletzt von seinem Geschmack ab.

Die Speicherung von Display–Files ist relativ einfach auszuführen und benötigt oft wesentlich weniger Platz als die Speicherung einer Rastergraphik. Dies ist allerdings nur dann der Fall, wenn die geeigneten Objekte zur Verfügung stehen. Es gibt bekannte Formate zur Abspeicherung von vektororientierten Bildern wie das CGM-Format (Computer Graphics Metafile) und das PostScript-Format, auf die wir später noch eingehen, sowie das WMF- und das PICT-Format für Windows- und Apple-Plattformen.

Nachdem wir zwei Verfahren zur rechnerinternen Darstellung von Bildern kennengelernt haben, wollen wir uns nun damit beschäftigen, wie die Eingabe von Daten, aufgrund derer Bilder erstellt werden, in den Computer geschieht.

1.8 Eingabehilfsmittel

Eine Vielzahl von Aufgabenstellungen, die wir in diesem Buch behandeln werden, hat die graphische Darstellung von Gebilden zum Ziel, die (zumindest stückweise) durch Funktionen beschrieben werden können. Dabei liegen diese Funktionen entweder als Berechnungsvorschrift vor, oder wir verfügen über eine gewisse Anzahl von Wertepaaren bzw. n–Tupeln.

Im ersten Fall geschieht die Eingabe der Funktion häufig in der Weise, daß wir in das eigentliche Graphikprogramm einen Teil (Unterprogramm, Prozedur, Funktion) einbinden, der die gegebene Funktion berechnet. Es handelt sich um eine sehr universelle Möglichkeit, da so nahezu beliebig komplizierte iterative oder rekursive Funktionszusammenhänge dargestellt werden können. Ein Nachteil besteht allerdings darin, daß das Programmsegment zur Funktionsberechnung jeweils neu übersetzt und in das Graphikprogramm eingebracht werden muß, wenn wir eine neue Funktion darstellen wollen.

Um diese zeitaufwendige und unkomfortable Vorgehensweise zu umgehen, gestatten einige Programme eine interaktive Eingabe von Funktionen in Form von kurzen Formeln. Auf diese Weise können häufig allerdings nur sehr einfache Funktionen eingeführt werden. Die eingegebene Formel wird vom Graphikprogramm dann mit Hilfe eines Formelinterpreters ausgewertet. Da seine Programmierung sehr aufwendig ist und das eigentliche Graphikprogramm stark vergrößert und verlangsamt, wollen wir im weiteren von dieser Vorgehensweise absehen und von einer Funktionsdarstellung durch ein Unterprogramm ausgehen.

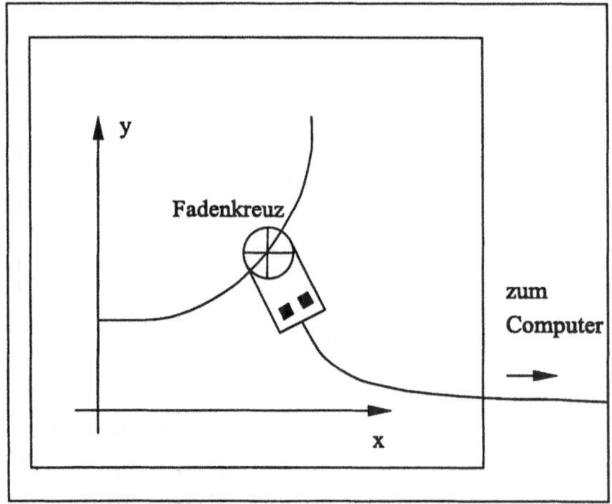

Bild 1.9: Graphiktablett

Häufig liegen Funktionen auch in graphischer Form als Meßkurven vor und müssen in eine rechnerinterne Form überführt werden (Digitalisierung). Ein geeignetes Hilfsmittel dazu bildet das sogenannte Graphiktablett. Es besteht aus einer tablettartigen Platte, auf welcher ein Fadenkreuz von Hand bewegt werden kann. An dem Fadenkreuz befinden sich in einem kleinen Gehäuse oft noch einige Drucktasten. Betätigen wir eine der Drucktasten, so wird die Position des Fadenkreuzes auf dem Tablett bestimmt und an den Rechner weitergeleitet. Die Koordinaten des Punktes werden dabei ausgehend von einem rechtwinkligen Koordinatensystem innerhalb des Tabletts gemessen (Gerätekoordinaten). Bei einem bestimmten Gerätetyp befinden sich dazu unterhalb des Tabletts dicht nebeneinanderliegende Drähte in waagerechter und senkrechter Richtung. Sie sind von einem Strom durchflossen, dessen Form von Draht zu Draht variiert. Im Fadenkreuz befindet sich eine kleine Empfangsspule, die das Magnetfeld, welches sich um die Drähte bildet, registriert. Aus der Form des aufgenommenen Signals kann nun die Nummer des Drahtes bestimmt werden, über welchem sich das Fadenkreuz befindet. Die Anzahl der Drähte in horizontaler bzw. vertikaler Richtung pro cm bestimmt dabei die Auflösung, mit der die Lage des Fadenkreuzes festgestellt werden kann. Andere Graphiktabletts arbeiten mit

Ultraschall, wobei vom Stift Ultraschallwellen zu zwei Mikrophonen ausgestrahlt werden. Aufgrund von Laufzeitunterschieden wird die Position des Stiftes ermittelt.

Zur Digitalisierung einer Kurve legen wir nun das Blatt mit der Kurve auf das Tablett und fahren die Kurve mit dem Fadenkreuz nach, wobei mit dem Rechner die fortlaufend gelieferten Punktekoordinaten aufgenommen werden. Um den Bezug zwischen den Gerätekoordinaten des Graphiktabletts und den Originalkoordinaten der Meßkurve herstellen zu können, werden anschließend noch einige Punkte mit bekannten Originalkoordinaten digitalisiert. Anhand dieser Punkte können wir durch Rotation, Translation und Streckung (vgl. Kapitel 4) aus den gelieferten Gerätekoordinaten die Originalkoordinaten der Kurve bestimmen. Die Kurve liegt damit innerhalb des Rechners in Form von Wertepaaren vor. Auch durch eine Meßwerterfassung mit Hilfe von Analog–/Digitalwandlern gelangen wir oft zu dieser Form der rechnerinternen Darstellung von funktionalen Zusammenhängen.

Die so gespeicherten Daten bilden einen Teil der Eingabe eines Graphikprogramms, und ihre Erfassung erfolgt, bevor das eigentliche Graphikprogramm gestartet wird (Offline). Neben dieser Offline–Eingabe werden wir innerhalb der graphischen Verarbeitung oft noch eine interaktive Eingabe von Daten ausführen wollen. Beispiele solcher Eingaben sind:

1) Auswahl des Bildausschnitts,
2) Rotation der Darstellung um eine Achse,
3) Markieren von Punkten,
4) Füllen von Flächen.

Allen diesen Eingaben ist gemeinsam, daß sie durch wenige Zahlen (Koordinaten von Punkten, Winkel etc.) beschrieben werden. Daher können wir diese Parameter oft direkt über die alphanumerische Tastatur eingeben.

Soll eine interaktive Veränderungen an einem Bild möglich sein, werden sehr häufig die Koordinaten von bestimmten Punkten benötigt, an denen diese Veränderungen vorgenommen werden sollen. Beispielsweise kann ein rechteckiger Bildausschnitt durch vier Eckpunkte festgelegt werden. Die Eingabe solcher Koordinaten über die Tastatur ist dabei sehr mühevoll, da dazu die Zahlenwerte aus der Zeichnung auf dem Bildschirm abgelesen werden müssen. Um dies zu umgehen, wird häufig zur Eingabe ein Cursor verwendet.

Der Cursor ist ein spezielles graphisches Symbol, beispielsweise ein Pfeil oder ein Fadenkreuz, das neben dem eigentlichen Bild auf dem Bildschirm dargestellt wird. Die Position des Cursors auf dem Schirm kann mit den folgenden Hilfsmitteln verändert werden:

1) Cursortasten,
2) Joystick,
3) Maus, Trackball oder Trackpad und
4) Lichtgriffel.

Unabhängig von der gewählten Methode zur Cursorpositionierung kann die aktuelle Cursorposition durch eine Routine abgefragt und innerhalb eines Graphikprogramms verwendet werden. Zum Markieren von Punkten wird der Cursor an die gewünschte Stelle bewegt und anschließend eine Taste betätigt, wodurch dem Computer mitgeteilt wird, daß dieser Punkt markiert werden soll.

Bei der Cursorpositionierung mittels Cursortasten verfügt die alphanumerische Tastatur über zusätzliche Funktionstasten, mit denen wir den Cursor in kleinen Schritten nach oben, unten, links oder rechts bewegen können, wodurch z.B. in Graphikprogrammen eine pixelgenaue Positionierung möglich ist. Zu seiner Bewegung über größere Strecken sind oft sehr viele Tastendrücke notwendig, weshalb wir diese Methode kaum als komfortabel bezeichnen können.

Eleganter ist die Bewegung des Cursors mit Hilfe eines Joysticks. Ein Joystick ist dem Steuerknüppel eines Flugzeugs vergleichbar. Durch die Bewegung eines in einem Kugelgelenk gelagerten Stiftes nach vorne bzw. hinten können wir den Cursor nach oben oder unten verschieben. Genauso ist eine Positionierung nach links oder rechts möglich. Wir verfolgen die Cursorposition am Bildschirm und bewegen den Cursor genau an die gewünschte Stelle.

Technisch gesehen besteht ein solcher Joystick aus einem Stift, der um zwei Achsen drehbar gelagert ist. Der Drehwinkel der beiden Achsen wird mit Potentiometern in eine elektrische Spannung umgesetzt, durch Analog–/Digitalwandler in eine Binärzahl umgewandelt und in dieser Form an den Computer weitergeleitet. Die beiden Binärzahlen geben dabei dann genau den Drehwinkel der beiden Achsen wieder.

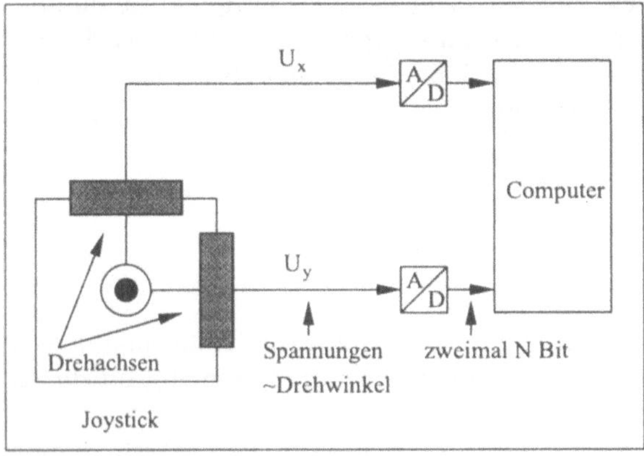

Bild 1.10: Funktionsprinzip eines Joysticks

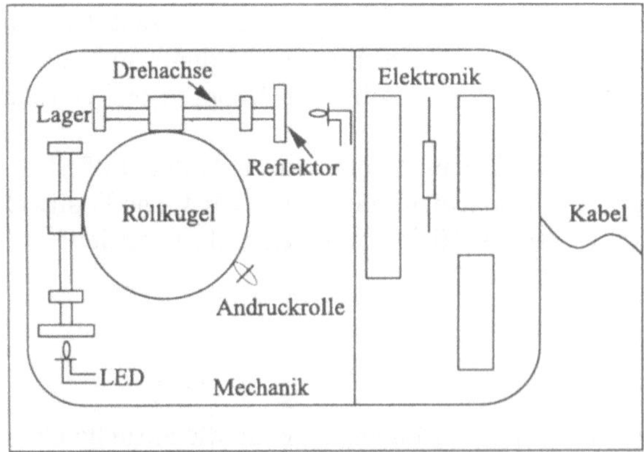

Bild 1.11: Funktionsprinzip einer Maus

Die verwendeten Analog–/Digitalwandler verfügen meist über eine Auflösung von acht bis vierzehn Bit, das heißt, der analoge Spannungswert wird in eine acht bzw. vierzehnstellige Binärzahl umgewandelt. Bei einer Auflösung von 12 Bit sind damit $2^{12} = 4096$ verschiedene Werte darstellbar, und der Winkel des Joysticks kann entsprechend genau vom Computer erfaßt werden.

Durch den Joystick kann der Cursor sehr schnell über große Strecken bewegt, aber trotzdem feinfühlig und genau positioniert werden, wenn die Auflösung hoch genug ist. (Ein derartiger Joystick ist natürlich nicht mit den einfachen Joysticks vieler Videospiele zu verwechseln, die im Grunde nur die Cursortasten simulieren.)

Bei der Positionierung des Cursors mit der Maus wird ein kleines Kästchen, – daher der Name Maus –, welches über ein Kabel mit dem Rechner verbunden ist, von Hand über den Schreibtisch oder eine spezielle Unterlage bewegt. Die Relativbewegung der Maus gegenüber der Unterlage wird über das Kabel in Form zweier Signale an den Computer geschickt. Das erste Signal dient zur Übermittlung der Vorwärts– bzw. Rückwärtsbewegung der Maus, während das zweite Signal die Information über eine Seitwärtsbewegung überträgt. Diese Signale werden direkt zur Cursorsteuerung verwendet. Wie beim Joystick verfolgt der Benutzer die aktuelle Cursorposition innerhalb des Bildschirms mit dem Auge und bewegt die Maus solange, bis der Cursor sich an der gewünschten Stelle befindet (visuelle Rückkopplung).

Technisch basieren Mäuse auf verschiedenen Prinzipien. Häufig angewandt ist die Übertragung der Bewegung der Maus mittels einer Kugel auf zwei senkrecht angeordnete Reibräder. Die Bewegung der Maus nach vorne führt zu einer Rotation des einen Rades, die Seitwärtsbewegung bewegt das andere Rad. Die Rotation der Räder wird durch Lichtschranken in eine Impulsfolge umgesetzt. Dabei wird jeweils ein Impuls abgegeben, wenn sich die Maus ein kleines Stück bewegt hat, wobei wir anhand der Impulse noch entscheiden können, ob die Bewegung nach vorne oder hinten bzw. links oder rechts erfolgte. Der Computer zählt nun diese Impulse und verwendet ihre Anzahl zur Cursorsteuerung. Bei Notebook–Computern wird heute mehr und mehr der fest montierte Trackball anstelle der Maus eingesetzt, der mit einer auf dem Rücken liegenden Maus zu vergleichen ist. Durch eine Bewegung der vergrößerten Kugel kann der Cursor am Bildschirm feinfühlig positioniert werden. Eine Weiterentwicklung stellt das Trackpad dar, das auf einem Tastfeld erlaubt, die Bewegung des Cursors mit dem Finger zu simulieren. Diese Technik ist wenig anfällig gegen Verschmutzung.

Als weiteres Hilfsmittel zur Eingabe von Bildschirmkoordinaten wollen wir den Lichtgriffel (Lightpen) behandeln. Er sieht aus wie ein Bleistift, der über ein Kabel mit dem Computer verbunden ist. Halten wir seine Spitze auf einen Punkt des Bildschirms, können wir die Koordinaten dieses Punktes softwaremäßig abfragen und den Cursor an diese Stelle bewegen. Technisch gesehen besteht die Spitze des Lichtgriffels aus einer Linse und einem dahinter angeordneten, lichtempfindlichen Detektor. In dem Moment, in dem der Elektronenstrahl des Monitors an der Stelle ist, an die wir den Lichtgriffel halten, gibt der Detektor einen Impuls an den Computer ab. Aus der zeitlichen Lage des Impulses relativ zum Bild- und Zeilenanfang berechnet der Computer die Bildschirmkoordinaten dieses Punktes.

Hand-, Flachbett- und Rollenscanner ähneln Kopiergeräten. Ein Lichtstrahl tastet die Vorlage ab, und lichtempfindliche Photo- und Laserdioden registrieren die Hell/Dunkel-Unterschiede, die über einen A/D–Wandler in Bitmuster umgewandelt werden. Ein Scan-Linien Sensor besteht aus einer Reihe von Photosensoren (charge–coupled devices), die eine Spannung proportional zur Intensität des aufgenommenen Lichts erzeugen. Durch relative Bewegung zwischen Scanner und Objekt wird ein zweidimensionales Bild aufgenommen. Der Scanner übermittelt die Daten zum Rechner, die dort zu einem Bild aufbereitet werden. Soll Text verarbeitet werden, so müssen die Bitmuster den Buchstaben mittels spezieller „Optical character recognition"–Programme zugeordnet werden. Farbscanner tasten die Vorlage in den drei Farben Rot, Grün und Blau ab. Dabei wechselt eine Mechanik Filterscheiben vor dem Abtaster oder beleuchten drei farbige Lampen die Vorlage. Teilweise sind auch Durchlichtoptionen zum Scannen von Diapositiven erhältlich. Eine hohe Auflösung ist von größter Wichtigkeit für die Qualität der Bilder, die in gängigen Graphikformaten abgespeichert werden können. Ordnen wir mehrere Reihen von Photosensoren nebeneinander an, so erhalten wir im Prinzip eine CCD–Kamera mit Auflösungen bis zu 2048×2048 Punkten, mit der schneller Digitalisierungen möglich sind, da die Scanbewegungen entfallen.

Inzwischen sind auch 3D–Scanner auf dem Markt, mit denen schnell 3D–Objekte abgetastet werden können. Sie arbeiten mit zwei getrennten Sensoren zur Erfassung der Abstands- und Farbwerte. Dabei erfaßt ein Laserstrahl von geringer Leistung mit Hilfe eines starren Spiegelsystems die Entfernung des Objekts in der Vertikalen vom horizontal zirkular umlaufenden oder vorbeifahrenden Scanner und legt die digitalen Werte in einem (x, y)-Koordinatensystem ab, das den Winkel und die vertikale Position beinhaltet. Von einem zweiten Sensor werden das reflektierte Licht auf seine Farbkomponenten untersucht und die Farbwerte digitalisiert in drei Bytes abgelegt. Ein Umlauf des Gerätes erzeugt somit eine 3D–Triangulierung des Objekts mit den notwendigen Farbinformationen in den Gitterpunkten. Eine geeignete Software erstellt ein Gittermodell, das schließlich mittels Farbinterpolation eingefärbt wird. Eine Weiterentwicklung stellen 3D–Körperscanner dar, die die Oberfläche zylindrischer Vollkörper von zwei Metern Höhe und 1.2 m Durchmesser in wenigen Sekunden mit bis zu einer Million 3D–Meßdaten digitalisieren können.

Bei Multimedia–Anwendungen kommt es darauf an, Videosignale von Fernsehern und Videorecordern in für den Computermonitor verträgliche RGB–Signale umzuwandeln. Dazu existieren Overlay–Karten mit eingebautem Tuner, die direkt Fernsehbilder auf den Monitor bringen. Zusätzlich arbeiten diese Karten oft auch als Framegrabber und können einzelne Videobilder digitalisieren und als Bilddateien speichern. Da ein Fernsehbild 25 Mal pro Sekunde digitalisiert, zwischengespeichert und komprimiert werden muß, fallen sehr hohe Datenmengen an. Dazu sind neue Kompressionsverfahren wie JPEG (Joint Photograph Experts Group) für Einzelbilder und MPEG (Motion Pictures Experts Group) für Bildfolgen entwickelt worden, die hardware– oder softwaremäßig ablaufen. Die abgelegten Dateien können dann für Animationszwecke wieder schnell entpackt werden. Betriebssystemaufsätze wie Quicktime oder Video für Windows unterstützen das Abspielen von Bildsequenzen.

1.9 Gerätekalibrierung

Die Intensität des Lichtes I, das von Phosphor ausgestrahlt wird, ist proportional zu einer Potenz der Anzahl der Elektronen im Strahl, welche wiederum linear von der Spannung V abhängt. Daher ergibt sich mit einer Proportionalitätskonstanten k die Beziehung $I = k \cdot V^\gamma$. Dabei ist der Wert von γ geräteabhängig ($2 \leq \gamma \leq 3$ in der Fernsehtechnik) und kann mit Hilfe eines kalibrierten Graukeils experimentell ermittelt werden [223].

Bild 1.12: Graukeil

Monitore stellen das Bild oftmals zu dunkel dar. Dadurch gehen Details verloren, und die normierten Farbwerte R, G, B zwischen 0 und 1 müssen vor der Ausgabe auf $R^{1/\gamma}$, $G^{1/\gamma}$, $B^{1/\gamma}$ angehoben werden. Hier reicht es nicht aus, einen konstanten Wert zu den Intensitäten hinzuzuzählen, da dann im hellen Bereich Information durch Rundung auf I_{max} verloren geht. Für Monitore gibt es spezielle Kalibrierungsprogramme zum getrennten Abgleich von Grauflächen, aber auch der drei Grundfarben. Besser noch ist die Erstellung einer Gradationskurve über die gesamten Palettenbereiche. Die gleichen Überlegungen gelten auch für Drucker und Eingabegeräte wie Scanner. Bei Druckern werden die Graustufen durch Rasterung erzeugt, deren Helligkeit von der Nadel– oder Punktform, der Überlappung und der Saugfähigkeit des Papiers abhängt. Scanner sollten werksintern kalibriert sein oder Korrekturmöglichkeiten nach Scannen einer Eichvorlage vorsehen. Die ganze Problematik wird dadurch belastet, daß das Auge eine lineare Grauskala durchaus als nichtlinear empfindet.

1.10 Eingabe in GKS

Das Graphische Kernsystem (GKS) wurde 1985 die erste ISO–Norm für die graphische Datenverarbeitung. Es definiert eine einheitliche Schnittstelle zwischen Anwenderprogramm und graphischem System und stellt grundlegende Funktionen zur Erzeugung graphischer Darstellungen im Rahmen eines Gesamtmodells der Computergraphik zur Verfügung. Gleichzeitig werden die GKS–Funktionen in alle wichtigen Programmiersprachen eingebettet. GKS ist zunächst auf zweidimensionale Graphik beschränkt, findet aber seine Erweiterung in GKS–3D und GKS–94 [42]. Zur Abspeicherung der Bilder dient der Computer Graphics Metafile (CGM), auf den wir in Kapitel 4 eingehen.

Ein abstrakter graphischer Arbeitsplatz ist durch eine Beschreibungstabelle charakterisiert, die seine Fähigkeiten beschreibt. Er hat gewisse Fähigkeiten eines universellen Platzes, der Ein– und Ausgabe sowie ein rechteckiges Arbeitsfenster als Darstellungsfeld innerhalb eines maximalen Bereichs erlaubt und verschiedene Darstellungselemente und ihre Attribute, wie Linienzüge, Marken, Texte, Füllgebiete, Rasterbilder und neuerdings auch Quadriken und NURBS unterstützt. Es sind Eingaben vom Typ Anforderung eines Eingabewertes und Abfrage vorgesehen. GKS unterhält eine Eingabewarteschlange in Form einer Liste mit den Namen der Eingabegeräte und den Eingabewerten.

GKS definiert sechs Eingabeklassen von Primitiven und ihren Attributen, den Lokalisierer, der eine Position im Benutzerkoordinatensystem und die Transformation ins Darstellungsfenster angibt, den Strichgeber mit einer Folge von Positionen, den Wertgeber, der eine Gleitkommazahl liefert, den Auswähler aus einer Anzahl von Möglichkeiten, den Picker, der den Namen eines Teilbilds liefert und den Textgeber betreffend eine Zeichenfolge, die z.B. auf der Tastatur eingegeben wird. Alle diese Aktionen werden eventuell nach Durchlaufen einer Eingabewarteschlange vom Anwenderprogramm verarbeitet.

Damit haben wir die wichtigsten Verfahren und Hilfsmittel zur Erfassung, Speicherung und Ausgabe graphischer Daten behandelt.

1.11 Aufgaben

Aufgabe 1.1

a) Ein Schwarzweiß–Bildschirm besitze eine Auflösung von 640 × 200 Punkten, wobei der Punkt in der linken oberen Ecke die Koordinaten (0,0) habe. Für die Zeilen mit gerader y–Koordinate stehen in aufsteigender Reihenfolge die Offsetadressen \$0000 – \$1F3F zur Verfügung, für die mit ungeraden Koordinaten die Adressen \$2000 – \$3F3F. Geben Sie eine mathematische Beschreibung der Beziehung „Pixel (x,y)" ↔ „(Speicheradresse, Bitnummer)" an und zeigen Sie, daß das Pixel (309,75) auf Bit 2 der Adresse \$2BB6 abgebildet wird (bei „üblicher" Numerierung der Bits: $b_7 \ldots b_0$).

b) Gegeben sei ein VGA–Graphik–Bildschirm mit einer Auflösung von 640 × 480 Punkten, einer Videofrequenz (Pixeltakt) von 25.175 MHz, einer Horizontalfrequenz F_h von 31.468 kHz und einer Bildwiederholfrequenz F_v von 59.941 Hz. Die Werte entsprechen dem IBM PS/2–Standard.

    i) Wieviel Prozent der insgesamt für den Aufbau einer Zeile zur Verfügung stehenden Zeit vergeht beim horizontalen Rücklauf des Kathodenstrahls?

    ii) Wie hoch ist der prozentuale Anteil für den vertikalen Strahlrücklauf?

iii) Wieviel Zeit wird demnach für den Aufbau einer (kompletten) Zeile benötigt und wieviel Zeit geht davon für den Strahlrücklauf verloren?

iv) Wieviel Zeit wird für den vertikalen Strahlrücklauf benötigt?

Geben Sie jeweils auch die Formel zur Berechnung an!

Aufgabe 1.2

Informieren Sie sich darüber, wie der Bildwiederholspeicher des eigenen Rechners aufgebaut ist und wie er angesprochen werden kann. Schreiben Sie ein Programm, das den Inhalt des Bildschirmwiederholspeichers so besetzt, daß auf dem Bildschirm ein schwarzes Rechteck mit weißem Rand dargestellt wird.

Aufgabe 1.3 (für Spezialisten)

Informieren Sie sich über die Arbeitsweise des Graphikcontrollers im eigenen Rechner. Welche Parameter lassen sich beeinflussen und wie? Können Sie durch Verändern dieser Parameter die Lage des Bildes innerhalb des Schirmes beeinflussen?

Aufgabe 1.4

Stellen Sie am Farbmonitor weiße Linien mit verschiedener Steigung dar und untersuchen Sie, bei welchen Winkeln welche Farbränder auftreten.

Aufgabe 1.5

Programmieren Sie die Befehlsfolge aus Bild 1.5 (nach Anpassung an den verwendeten Compiler). Welches Höhen–/Breitenverhältnis hat das gezeichnete Rechteck? Wie ist die Befehlsfolge abzuwandeln, damit ein Quadrat gezeichnet wird?

Aufgabe 1.6

Stellen Sie beim eigenen Computer fest, wie der Bildschirmspeicher organisiert ist und wie der Graphikcontroller arbeitet. Realisieren Sie dann die Routinen `test(x,y)` und `plot(x, y, color)` unter Benutzung der gewonnenen Erkenntnisse mit Hilfe von Befehlen, die einen direkten Speicherzugriff erlauben.

Aufgabe 1.7

Realisieren Sie `plot` und `test` in Assemblersprache.
Anleitung:
Leiten Sie eine Koordinaten ↔ Adressen Beziehung her. Übergeben Sie die x– und y–Koordinate in den passenden Registern und berechnen Sie die zugehörige Bildspeicheradresse sowie die vom Wert von `color` abhängige Bitmaske.

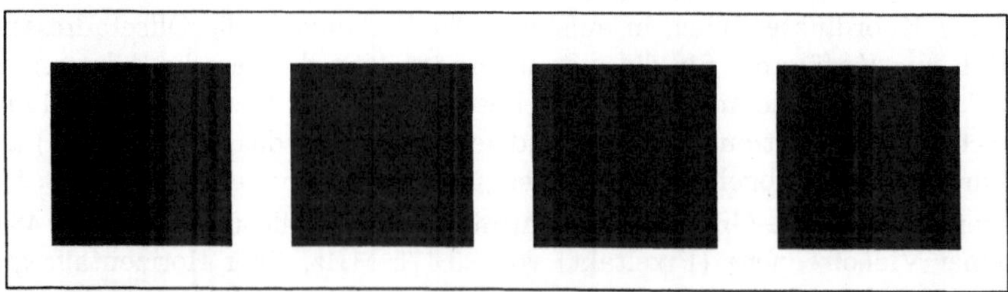

Bild 1.13: Musterausgabe zu Aufgabe 1.8

Aufgabe 1.8

Informieren Sie sich über die verschiedenen graphischen Darstellungsmöglichkeiten und

Auflösungen Ihres Druckers. Schreiben Sie ein Programm, das eine Folge schwarzer Quadrate von 2 cm Kantenlänge druckt (vgl. Bild 1.13).

Aufgabe 1.9
Schreiben Sie selbst ein Hardcopy–Programm, das eine möglichst verzerrungsfreie Hardcopy des Bildschirms erstellt. Wählen Sie dazu die geeignete Auflösung und überlegen Sie, ob ein Ausdruck im Hoch– oder Querformat sinnvoller ist.

Aufgabe 1.10
Schreiben Sie ein Programm (z.B. in Turbo-Pascal), das mit Hilfe der Prozeduren MoveTo(x, y) und LineTo(x, y) die Ausgabe des Bildes 1.14 auf einem Ausgabegerät (z.B. Drucker) realisiert. MoveTo(x, y) bewegt den Zeichenstift zur Position (x, y), ohne zu zeichnen, während LineTo(x, y) von der momentanen Position ein Linie zur Position (x, y) zeichnet.

Aufgabe 1.11
Finden Sie eine geeignete Datenstruktur zur Darstellung der Objekte Strecke und Kreis in Pascal und stellen Sie Bild 1.15 durch diese Objekte dar. Benutzen Sie Records mit variantem Teil.

Aufgabe 1.12
Stellen Sie Bild 1.8 durch zwei Polygonzüge dar.

Aufgabe 1.13
Definieren Sie eine Pascal–Datenstruktur für die Implementierung beliebiger Polygonzüge. Benutzen Sie hierfür den Datentyp type Point = record h, v: Integer end. Wie sollten die Spezialfälle behandelt werden (leerer Polygonzug, nur ein Punkt, zwei Punkte)? Schreiben Sie Prozeduren oder Funktionen (Was ist sinnvoller?) zum Erzeugen und Löschen eines Polygonzuges sowie zwei Ausgabeprozeduren, wobei die eine die Liste der Punkte des Polygons ausgibt und die andere das Polygon zeichnet. Achten Sie bei der Implementierung besonders auf die korrekte Behandlung der Spezialfälle. Benutzen Sie eine Funktion function _GetNextPoint(var p: Punkt): Boolean, die true genau dann zurückgibt, wenn in der Variablen p ein weiterer Punkt zur Verfügung gestellt wurde.

Aufgabe 1.14
Stellen Sie Bild 1.15 durch die Objekte aus Beispiel 1.1 dar, indem Sie jeden Kreis durch geeignet viele Geradenstücke approximieren. Wieviele Einzelobjekte werden bei dieser Darstellung benötigt?

Bild 1.14: Ausgabe zu Aufgabe 1.10

Bild 1.15: Objekte zu Aufgabe 1.11

2 Grundelemente der Rastergraphik

Das zweite Kapitel diskutiert Methoden zur Digitalisierung von Mengen und Kurven sowie Algorithmen zur Realisierung einfacher graphischer Elemente wie Punkt, Strecke, Polygonzug, Kreis und Ellipse auf punktgraphischen Ausgabegeräten [209, 210].

2.1 Allgemeine Probleme einer Pixelgraphik

An graphischen Arbeitsplätzen unterscheiden wir zwischen linienschreibenden und punktschreibenden Ausgabegeräten. Bei ersteren wird in rascher Wiederholung eine Datei (Display–File) zur Erzeugung von graphischen Elementen abgearbeitet oder wie bei einem Plotter einmal zu Papier gebracht. Jede Figur besteht aus einer Folge von Linienzügen. Die Datei enthält Positionierungsbefehle, Vektor– und Textzeichnungsanweisungen, Routinen zur Erzeugung von Bögen und Kurven sowie Angaben zur Farbe und Intensität. Zusätzlich können Transformationsmerkmale in Form von Anweisungen zur Translation, Drehung, Scherung und Spiegelung eines Elements angefügt sein. Hochleistungsbildschirme, bei denen Linien–, Text– und Kurvengenerierung sowie eine Ausschnittsbildung hardwaremäßig verwirklicht sind, können verständlicherweise nicht gerade preiswert sein.

Daher haben heute Rasterbildschirme und Punktmatrixausgabegeräte einen hervorragenden Platz erobert. Sie erlauben die Ausgabe einer gewissen Anzahl von Punkten in der horizontalen x– und der vertikalen y–Richtung. Farb– und Schwarzweiß Monitore mit einer Auflösung von 800h × 600v Punkten sind inzwischen Standard, höhere Auflösungen von 1024h × 768v nicht selten, Ganzseitenbildschirme erscheinen mehr und mehr am Markt. Bei Matrix– und Laserdruckern ist eine Auflösung von 600h × 600v und mehr Punkten pro Quadratzoll (1 Zoll $\hat{=}$ 25.4 mm) üblich.

Für jeden Bildschirmpunkt (Pixel) müssen Farb– und Intensitätswert in einem Rahmenpufferspeicher gehalten werden. Die Organisation dieses Speichers ist von Gerät zu Gerät verschieden. Im einfachsten Fall entsprechen je einem Byte acht Pixel. Ein gesetztes Bit steht für einen erleuchteten Punkt, und der Speicher ist sequentiell organisiert: Jede Bildschirmzeile wird durch eine Folge aufsteigender Adressen repräsentiert. Sollen verschiedene Farben eingesetzt werden, so brauchen wir bei 256 Farben für jeden Punkt 1 Byte, bei einem RGB–Farbsystem mit je 256 Stufen für die Komponenten Rot, Grün und Blau sogar drei Bytes. Andere Farbsysteme sind in der umseitigen Tafel angegeben (vgl. Bild 2.1).

Es ist naheliegend, ein diskretes zweidimensionales (x, y) Koordinatensystem vorzugeben, dessen Komponenten ganzzahlig sind und das um die dritte Komponente, die Farbe c, ergänzt wird. Der Ursprung $(0, 0)$ befindet sich meistens am oberen linken Rand des Ausgabegeräts, die Abszisse x wird in der Waagerechten, die Ordinate y in der Senkrechten abgetragen, und c bestimmt den Farbwert des Punktes mit Werten von Null bis $2^n - 1$. Natürlich benötigen wir für das Halten einer pixelorientierten Schwarzweiß– bzw. Farbgraphik im Hintergrund wesentlich mehr Speicherplatz als für einen Display–File, nämlich $(x_{max} + 1) \cdot (y_{max} + 1) \cdot n/8$ Byte. Zudem ist die Manipulierbarkeit der

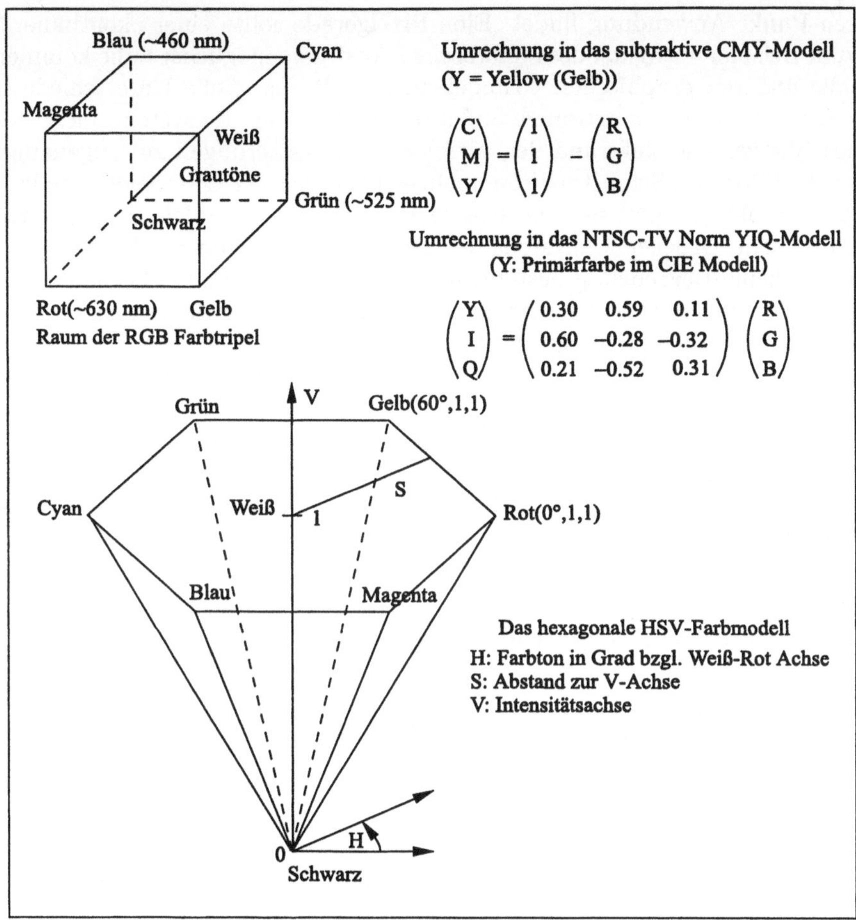

$$\begin{pmatrix} C \\ M \\ Y \end{pmatrix} = \begin{pmatrix} 1 \\ 1 \\ 1 \end{pmatrix} - \begin{pmatrix} R \\ G \\ B \end{pmatrix}$$

$$\begin{pmatrix} Y \\ I \\ Q \end{pmatrix} = \begin{pmatrix} 0.30 & 0.59 & 0.11 \\ 0.60 & -0.28 & -0.32 \\ 0.21 & -0.52 & 0.31 \end{pmatrix} \begin{pmatrix} R \\ G \\ B \end{pmatrix}$$

Bild 2.1: Farbmodelle

Bildelemente stark eingeschränkt, da sie im Speicher ihren Elementcharakter verloren haben.

Graphische Grundgröße ist demnach der Gitterpunkt. Grundroutinen müssen es erlauben, Punkte mit den Koordinaten (x, y, c) zu zeichnen und den Farbwert c des Punktes mit den Ortskoordinaten (x, y) zu ermitteln. Davon ausgehend können dann Prozeduren zur Erzeugung von Linien, Kurven und berandeten Flächen sowie zum Ausfüllen mit Mustern entwickelt werden. Text und seine Grundgrößen, die Buchstaben, werden nicht mehr als Streckenzüge mit Ausfüllanweisung, sondern als Pixelmuster in einer Fontmatrix gespeichert. Unser diskretes Koordinatensystem hat den Vorteil, daß nunmehr beim Entwurf graphischer Algorithmen schnelle Festkommaarithmetik mit 32 Bit–Wörtern zur Anwendung kommt. Allerdings muß das Benutzerkoordinatensystem oder aber das interne System auf unser diskretes System umgerechnet werden. Dabei sind Rundungsoperationen unumgänglich, da nur Gitterpunkte möglich sind. Dieser Vorgang heißt Rasterkonvertierung. Das gleiche Problem stellt sich auch in entgegengesetzter Richtung, wenn die Maus als Eingabegerät benutzt wird und die Mauskoordinaten zwischen Gitterpunkten liegen. Sorgfältig ist darauf zu achten, daß Rundungsfehler nicht kumulieren und ein sinnvolles Fehlermaß für die Abweichung des Näherungspunktes auf dem Gitter vom wahren Punkt Anwendung findet. Eine Pixelgerade sollte einer „kontinuierlichen" Geraden zum Beispiel bezüglich des euklidischen Abstands möglichst nahe kommen, was auch für alle anderen graphischen Grundelemente gilt. Zu große Unterschiede in den Auflösungsmöglichkeiten von externem und internem Koordinatensystem sind zu vermeiden. Andernfalls kann es aufgrund der verschiedenen Rasterungen zu Ungenauigkeiten bei der Konstruktion von Schnittpunkten mehrerer graphischer Grundelemente kommen.

Ein weiteres Problem ergibt sich aus dem Fenstercharakter eines Bildschirms oder Plotters. Während beim Drucker wenigstens bei der Verwendung von Endlospapier in vertikaler Richtung keine Begrenzung besteht, muß ein überschießendes Bild am Schirm gekappt werden, überstehende Linien sind abzuschneiden. Hierzu untersuchen wir Clipping–Algorithmen. Der Monitor bietet den Vorteil, daß Bilder nicht von oben nach unten abgearbeitet werden müssen und gesetzte Punkte wieder gelöscht oder überschrieben werden können.

Alle diese Probleme sollen zunächst nur in den zwei Dimensionen der Ebene angegriffen werden, so daß Projektionen nicht erforderlich sind. Allerdings sind die Algorithmen gleich mit Blick auf ihre Verallgemeinerungsfähigkeit für höhere Dimensionen ausgewählt und beschrieben.

2.2   Grundlagen der digitalen Topologie

Wir gehen aus von einem rechteckigen Bereich von Gitterpunkten

$$R := \{(x,y) \in \mathbf{Z}^2 \mid 0 \le x \le a,\ 0 \le y \le b\}$$

mit dem Rand

$$\partial R := \{(x,y) \in \mathbf{Z}^2 \mid [((x=0)\vee(x=a))\wedge(0 \le y \le b)]\vee[((y=0)\vee(y=b))\wedge(0 \le x \le a)]\}.$$

Wir können für einen Punkt (x,y) in der Ebene zwei Nachbarschaftsmodelle einführen:

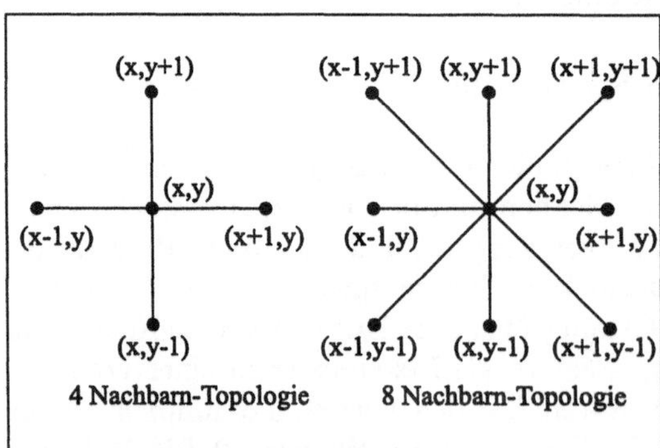

Bild 2.2: Punkt–Topologie

In der 4–Nachbarntopologie (4NT) hat dieser Punkt genau die Nachbarn $(x \pm 1, y)$ und $(x, y \pm 1)$, in der 8–Nachbarntopologie (8NT) dazu noch die Nachbarn $(x \pm 1, y \pm 1)$. Ein Weg von (xa, ya) nach (xe, ye) ist dann eine Folge von $n + 1$ Punkten $\mathbf{P}_i = (x_i, y_i)$ mit $\mathbf{P}_0 = (xa, ya)$ und $\mathbf{P}_n = (xe, ye)$, so daß $\mathbf{P}_{i+1}$ immer Nachbar von $\mathbf{P}_i$ in einer der beiden obigen Topologien ist.

Mit Hilfe des Wegzusammenhangs von zwei Punkten können wir für jede Gitterpunktmenge $\hat{S}$ aus R eine Äquivalenzrelation erklären, deren Äquivalenzklassen Zusammenhangskomponenten von $\hat{S}$ sind. $\hat{S}$ heißt einfach zusammenhängend, wenn $\hat{S}$ nur eine Zusammenhangskomponente besitzt. Eine Komponente, die den Rand von R enthält, heißt Hintergrund.

Eine Menge $\hat{S}$ aus R heißt Bogen, wenn bis auf zwei Punkte mit genau einem Nachbarn alle Gitterpunkte aus $\hat{S}$ genau zwei Nachbarn besitzen; haben alle Punkte genau zwei Nachbarn, so heißt $\hat{S}$ einfach geschlossen oder Kurve. Der klassische Kurvenbegriff wird in Abschnitt 2.7 weitergehend erläutert.

Wir werden im allgemeinen 8–Kurven aus $R - \partial R$ betrachten. Sie besitzen ein einfach 4–zusammenhängendes Innen– und Außengebiet (Jordanscher Kurvensatz). Geschlossene Wege mit einem einfach zusammenhängenden Innengebiet sind im allgemeinen keine Kurven, können aber durch Elimination von Punkten zu Kurven verdünnt werden. Diese Punkte $\mathbf{T}$ heißen einfach und sind dadurch charakterisiert, daß $\hat{S} - \{\mathbf{T}\}$ dieselbe Anzahl von Komponenten wie $\hat{S}$ und $C\hat{S} \cup \{\mathbf{T}\}$ dieselbe Anzahl wie $C\hat{S}$ jeweils im Sinne

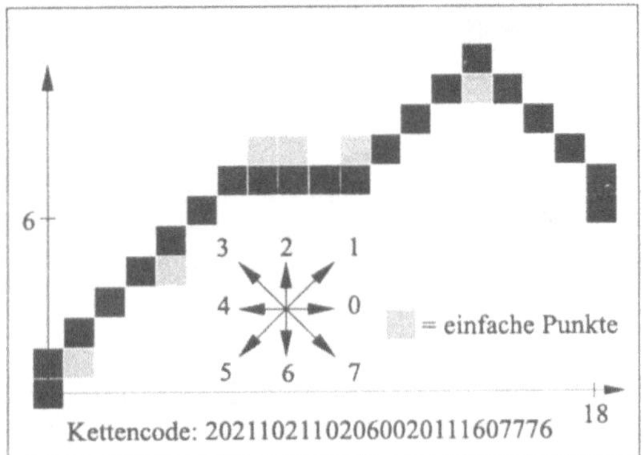

komplementärer 8NT bzw. 4NT Topologien besitzt, wobei mit $C\hat{S}$ hier das Komplement von $\hat{S}$ bezeichnet sei. Kurvenpunkte sind dann adjazent zu beiden Zusammenhangskomponenten des Komplements im Sinne der Komplementstopologie. $\{\mathbf{T}\}$ ist nicht eindeutig bestimmt. Ähnliches gilt für Wege und Bögen.

Wege können mit Hilfe des Kettencodes beschrieben werden, der den Richtungen Ost, Nordost, Nord etc. die Werte $0, 1, 2, \ldots, 7$ zuordnet. Bild 2.3 zeigt einen digitalisierten Weg mit einfachen Punkten (grau unterlegte Pixel) und dem zugehörigen Kettencode.

Bild 2.3: Digitalisierung eines Weges von (0,0) nach (18,6) mit Kettencode

Es stellt sich nun die Aufgabe, reelle Mengen S in R durch geeignete Gitterpunktmengen $\hat{S}$ zu digitalisieren.

Eine mögliche Definition für die Zelldigitalisierung lautet folgendermaßen:

$$\hat{S} := \{(i,j) \in R \mid \exists \mathbf{P} = (x,y) \in S : i - 0.5 \leq x < i + 0.5,\ j - 0.5 \leq y < j + 0.5\}.$$

Eine Menge $\hat{S}$ von Gitterpunkten aus R heißt konvex, wenn sie Digitalisierung einer reellen konvexen Menge S ist. Dann liegt für je zwei Punkte aus $\hat{S}$ die digitale Verbindungsstrecke ganz in $\hat{S}$.

Für reelle Kurvenstücke G bietet sich ein anderes Digitalisierungsschema an, die Netz- oder Gitterdigitalisierung. Wir betrachten alle horizontalen und vertikalen Segmente $(i,j) - (i+1,j)$ und $(i,j) - (i,j+1)$ und führen Schnittpunkte mit G in die jeweils nächsten Gitterpunkte über. Liegt der Schnittpunkt genau zwischen zwei Gitterpunkten, so muß eine Rundungsvorschrift festgelegt werden.

Digitalisieren wir Strecken auf diese Weise, so erhalten wir schon 8–Bögen. Betrachten wir dazu Geraden der Form $y = ax + b$, für deren Steigungswinkel ϕ gilt: $-45° < \phi < 45°$. Dann bestimmen allein schon die Schnittpunkte mit vertikalen Abschnitten die Digitalisierung der Geraden, denn zu jedem Schnittpunkt mit einem horizontalen Abschnitt gibt es einen Schnittpunkt mit einem vertikalen Abschnitt, der näher am gemeinsamen Gitterpunkt liegt. So können wir sofort schließen, daß der Kettencode der Strecke nur aus 0 und 1 bzw. 0 und 7 besteht, was gleichbedeutend damit ist, daß die Digitalisierung ein 8–Bogen ist. Eine weitere charakterisierende Eigenschaft für eine digitale Gerade G ist die Sehneneigenschaft: Zu je zwei Punkten $\mathbf{P}$ und $\mathbf{Q}$ auf G gilt, daß es für jeden Punkt $\mathbf{T} = (x,y)$ auf dem Geradenstück $\mathbf{PQ}$ einen Gitterpunkt (i,j) aus G gibt mit

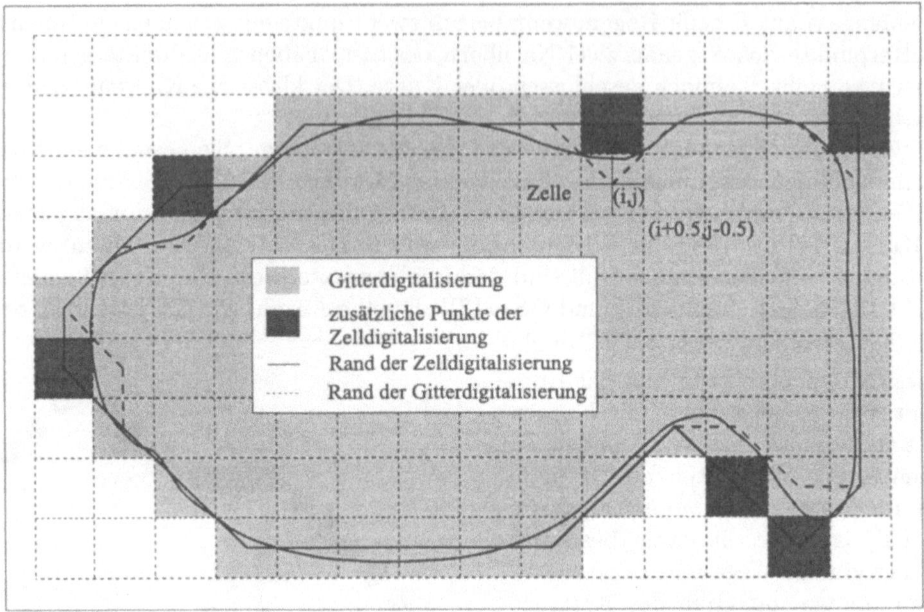

Bild 2.4: Zelldigitalisierung eines Gebietes

$$\max(|i - x|, |j - y|) < 1.$$

Wir können übrigens mit Hilfe des Euklidischen Algorithmus für die Gerade $y = (Dy/Dx)(x - x_0) + y_0$ und das Zahlenpaar (Dx, Dy) (mit (Dx, Dy) teilerfremd) ein weiteres Kriterium betreffend den Kettencode herleiten [250]:

- Der zugehörige Kettencode besteht nur aus zwei modulo 8 benachbarten Zahlen.
- Die weniger häufig vorkommende Zahl kommt nur vereinzelt vor.
- Streichen wir die weniger häufige Zahl und zählen das Vorkommen der häufiger vorkommenden, so erfüllen die modulo 8 reduzierten Häufigkeiten wieder die Bedingungen 1 und 2.

Das Auffinden des äußeren Randes eines in der 8NT zusammenhängenden Gebiets eines Schwarzweiß–Bildes ist eine wichtige Aufgabe bei der Mustererkennung, wie z.B. der Texterkennung, Kernspintomographie, Beurteilung von Szenen mit mehreren Objekten usw. Wir wollen dazu einen Algorithmus skizzieren, der den äußeren Rand pixelweise aufspürt, bis er wieder am Ausgangspunkt angelangt ist. Es werden die folgenden Punkte abgearbeitet:

1) Beginnend am Rand des Bildes laufe in der Richtung s ins Innere, bis ein Punkt $A(x, y)$ des Gebietes Γ gefunden ist. Bei Entfernung dieses Punktes erhöhe sich die Anzahl der Zusammmenhangskomponenten von Γ nicht.

2) Kennzeichne diesen Punkt als Anfangspunkt und setze $s := s + 5 \bmod 8$ und $P := A$.

3) Solange die Nachbarn von P in Richtung von s nicht in Γ liegen erhöhe s um eins modulo 8.

4) Nehme den Nachbarn von P in Richtung s in die Randkontur auf.

5) Bezeichne diesen neuen Punkt wieder als P. Wenn $P = A$ gilt, so ist der äußere Rand ermittelt. Anderenfalls setze $s := s - 2$. Wenn s gerade ist, so erhöhe s um eins. Gehe zurück zu 3).

Ist das Pixelgebiet mehrfach zusammenhängend, d.h. weist es ein Loch auf, so wird der innere Rand vom Algorithmus nicht erreicht. Hier müßte kommend von Innen ein erster innerer Randpunkt ermittelt und der Algorithmus neu gestartet werden. Durch Modifikation des Algorithmus (Start der Suche mit $s+2$ und Dekrementieren von s) kann die Umlaufrichtung verändert werden. Die Korrektheit des Algorithmus kann bewiesen und es kann gezeigt werden, daß genau dann der Rand des Pixelgebiets Γ erhalten wird, wenn Γ einfach zusammenhängend in der 8NT ist. Auf der Buch–CD findet sich eine Animation zu diesem Algorithmus.

Eine Schätzung der Tangentenrichtung und Krümmung einer Rasterkurve in der 8NT ist von großer Bedeutung bei Problemen der Erkennung von Objekten in Grauwertbildern. Braccini et al. [36] empfehlen eine medianfilterbasierte Bestimmung dieser Größen. Dazu werden die folgenden Schritte durchlaufen:

- Sei $(\mathbf{p}_i)$, $i = 1,...,n$, eine Folge von Pixeln, die eine Kurve P in der 8NT definieren. In jedem Punkt $\mathbf{p}_i$ bestimmen wir die $2M$ Differenzvektoren $\mathbf{d}_{i,i+j}$, $j = -M,...,-1,1,...,M$, mit

$$\mathbf{d}_{i,i+j} := \begin{cases} \mathbf{p}_{i+j} - \mathbf{p}_i, & j = 1,...,M, \\ \mathbf{p}_i - \mathbf{p}_{i+j}, & j = -1,...,-M. \end{cases}$$

- Wir rechnen die $\mathbf{d}_{i,i+j}$ in Polarkoordinaten um, sortieren sie der Größe der Winkel ϑ_j nach und numerieren sie um.

- Die Richtung r_i der Tangente an P im Punkte $\mathbf{p}_i$ wird dann mit dem Median der beiden mittleren Winkel der sortierten Folge näherungsweise bestimmt:

$$r_i := \left(\vartheta_M + \vartheta_{M+1}\right)/2.$$

Der Aufwand ist von der Ordnung $O(n \cdot M \log M)$. Der gleiche Algorithmus kann in abgewandelter Form verwendet werden, um die Krümmung von Rasterkurven zu schätzen. Dazu werden anstelle der $\mathbf{d}_{i,i+j}$ aufeinanderfolgende Differenzen $\delta\theta_j$ der Tangentenrichtungen zu $\mathbf{p}_i$ verwendet. Tests mit verschiedenen verrauschten Rasterkurven zeigen gute Resultate für Werte $M = 2,...,15$. Dabei konnten besonders für Ränder komplizierter Figuren, wie Treppen und Scheren gute Schätzungen für die Tangentenrichtung und Krümmung berechnet werden.

2.3 Rasterung einer Strecke

Ausgehend von den beiden unbedingt notwendigen primitiven Funktionen plot und getdotcolor eines Rastergraphikpaketes, die es erlauben, einen Punkt zu setzen, seine Farbe festzustellen und ihn wieder zu löschen, werden wir als erstes weitere Routinen entwickeln: einen Geradengenerator, einen Ellipsengenerator und eine Füllprozedur, die eine umrandete Fläche mit einem Muster gänzlich ausfüllt. Dazu sind einige Vorbemerkungen erforderlich.

Wir wollen uns zunächst dem Streckengenerator zuwenden und einige Forderungen zu seiner Verwirklichung aufstellen. Folgende Punkte sind von Wichtigkeit:

- Bei der erzeugten Rasterung soll es sich um einen Bogen (Haarstrecke) im Sinne der 4NT bzw. der 8NT handeln.

- Der Algorithmus soll so formuliert sein, daß er in Maschinen– wie Hochsprache zu implementieren ist. Fließpunktrechnungen, Divisionen und Multiplikationen sind nach Möglichkeit weitgehend zu vermeiden.
- Mehrfache Überschreibungen eines Punktes sind bei Ausgabegeräten wie Plotter und Drucker zu umgehen, da sie zu ungleichen Schwärzungen führen.

Die weiteren Forderungen gelten auch für die später betrachteten Kreis– und Ellipsengeneratoren.

- Ganzzahlige Anfangs– und Endpunkte der Strecke oder Ellipse sollten exakt angenommen werden, die Rasterung invariant bei Vertauschung sein. Eine nicht geschlossene Ellipse wirkt grotesk, und bei einem Linienzug könnten unschöne Lücken auftreten; Rechenfehler kumulieren.

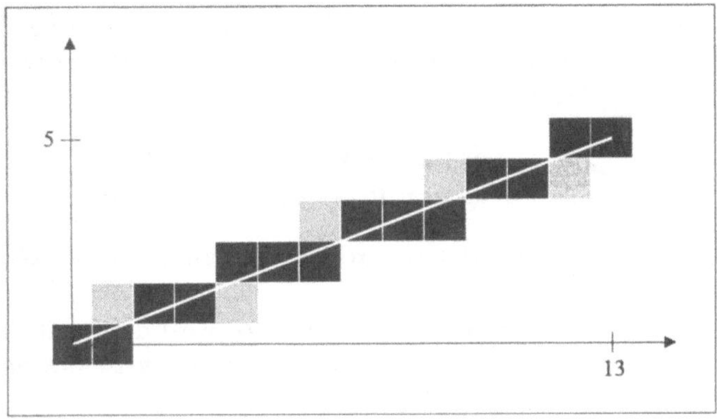

Bild 2.5: Geradendigitalisierung

- Die gesetzten Pixel sollten einen von der reellen Kurve möglichst geringen Abstand im Sinne einer vorgegebenen Metrik haben und sie gleichmäßig verteilt umlagern, d.h. bei der Rasterkonvertierung soll der Punkt von seiner wahren Position an einen möglichst nahen Gitterpunkt des Rasters, den Alias–Punkt, verschoben werden. Unschöne Treppenzugeffekte sind zu vermeiden.
- Oftmals ist die relative Adressierung eines Punktes schneller zu implementieren als die absolute. Daher muß abgewogen werden, ob es günstiger ist, die Kurve an „einem Stück" zu rastern und nur abwechselnd x und y zu inkrementieren oder zu dekrementieren, oder die Symmetrieeigenschaften der Kurve auszunutzen, was absolute Adressierung unumgänglich macht. Ein Graphikprozessor, der das Abtragen von Pattern in die Richtungen der 8NT ermöglicht, beschleunigt das Kurvenrastern.

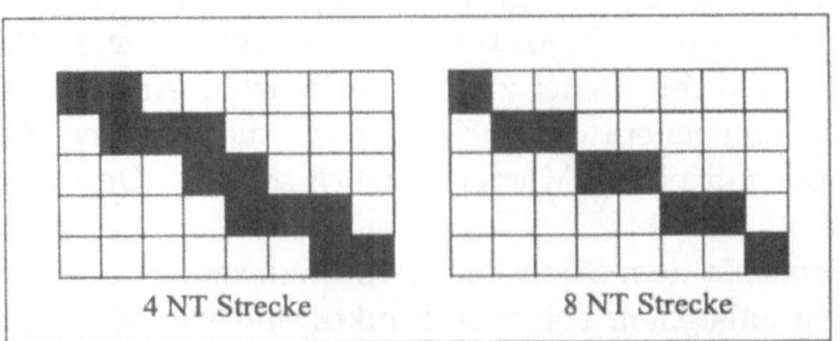

Bild 2.6: 4NT–Strecke und 8NT–Strecke

Zunächst ist man geneigt, die Strecke in Parameterdarstellung

$$(x(t), y(t)) := (xa, ya) + t \cdot (xe - xa, ye - ya), \quad 0 \leq t \leq 1,$$

anzunehmen. Dabei kann zum Beispiel bei $(xe, ye) \neq (xa, ya)$ der Parameter t die rationalen Werte

$$n/(|xe - xa| + |ye - ya|), \text{ für } n = 0, 1, \ldots, |xe - xa| + |ye - ya|,$$

durchlaufen. Sodann werden die Werte $(x(t), y(t))$ zu (xp, yp) gerundet. Das Ergebnis ist jedoch wenig zufriedenstellend, die Pixel liegen zu dicht, häufen sich, und der Bereich der ganzen Zahlen wird beim Rechnen verlassen.

Ein Algorithmus, der im Bereich der ganzen Zahlen arbeitet und einen Bogen in der 8NT erzeugt, kann nach Bresenham etwa in folgender Form formuliert werden:

Falls notwendig vertauschen wir die Koordinaten x und y sowie Anfangspunkt (xa, ya) und Endpunkt (xe, ye) so, daß die Strecke in den neuen Koordinaten (t, u) von (t_0, u_0) nach (t_1, u_1) im ersten oder achten Oktanten verläuft, $t_1 > t_0$ gilt und $dt := t_1 - t_0 \geq \mathrm{abs}(du) := \mathrm{abs}(u_1 - u_0)$ ist. Da die Werte von u und t nur noch ganzzahlig sein dürfen, wird die Geradengleichung nicht mehr erfüllt. Daher führen wir eine Variable *abweichung* ein und erweitern die Geradengleichung um den Faktor 2. Ferner sei *sig* das Vorzeichen von du und $abweichung_0 := 0$ der Fehler im Ausgangspunkt (t_0, u_0). Die Geradengleichung lautet dann in der für uns praktischen Form

$$abweichung := 2 \, \mathrm{abs}(du) \cdot (t - t_0) - 2dt \cdot sig \cdot (u - u_0).$$

Der Grundgedanke des Algorithmus besteht darin, den Wert der links stehenden Differenz beim Fortschreiten von (t_0, u_0) nach (t_1, u_1) zu analysieren und möglichst dicht bei Null zu halten. Daher rührt auch die englische Bezeichnung DDA (Digital Difference Analyzer) für diesen Typ von Algorithmen. Die t–Achse ist die treibende mit der größeren Schreibgeschwindigkeit, u dagegen die passive Achse. Wir werden t_0 so lange inkrementieren und die Variable *abweichung* um $2 \, \mathrm{abs}(du)$ erhöhen, bis *abweichung* den Wert von dt erreicht oder übertrifft. Zugleich mit dem letzten Schritt geht die passive Koordinate u_0 in $u_0 + sig$ über und *abweichung* wird um $2dt$ zurückgesetzt. Der Prozeß setzt sich fort, bis schließlich $t = t_1$ gilt und der Endpunkt der Strecke erreicht ist. Wollen wir die Größe *abweichung* nur auf das Vorzeichen prüfen, so sollten wir bei $abweichung_0 = -dt$ beginnen. Eine Bereichsüberprüfung kann zur Entscheidung, ob der Punkt im sichtbaren Bildschirmfenster liegt, unmittelbar in die Routine einbezogen werden. Bei alledem gilt für jeden gezeichneten Punkt (t_p, u_p):

$$2 \, \mathrm{abs}[dt \cdot (u_p - u_0) - du \cdot (t_p - t_0)] \leq dt.$$

Wir wollen das Prinzip für den ersten Oktanten noch einmal ausführlich erläutern und die Rasterstrecke von $(0, 0)$ nach (dx, dy) mit $dy \leq dx$ konstruieren. Hier ist die treibende Achse x und die passive y. Betrachten wir nun die reelle Strecke, so stellen wir fest, daß sie die Vertikalen $x = c$ mit $0 < c < dy$ zwischen wohldefinierten Gitterpunkten (x, y) und $(x, y + 1)$ schneidet. Der Algorithmus wählt nun denjenigen Punkt, der der Geraden am nächsten kommt. Dieser hat nach dem zweiten Strahlensatz auch den kleineren euklidischen Abstand von der Geraden. Wir können die Entscheidung auch treffen, indem wir feststellen, ob der gewählte Gitterpunkt (x, y) bzw. $(x, y + 1)$ und $(x, y + 0.5)$ auf verschiedenen Seiten der Geraden liegen. Dies kann durch Einsetzen der Punkte in die Geradengleichung erfolgen. Es ergeben sich Werte verschiedenen Vorzeichens. Geht die Gerade allerdings durch den Punkt $(x, y + 0.5)$, so sind zwei Rasterungen möglich. Dieser

Fall tritt auf, wenn die Größe dx eine gerade Zahl ist. Wir wollen uns weiterhin auf den Fall teilerfremder dx und dy beschränken: Eine Strecke von $(0,0)$ nach $(q \cdot dx, q \cdot dy)$ kann durch eine Aneinanderreihung von q Teilstrecken von $(0,0)$ nach (dx, dy) erzeugt werden. Für die Strecke von $(0,0)$ nach $(4,2)$ gibt es demnach 4 verschiedene Digitalisierungen:

$$(0,0), (1,0), (2,1), (3,1), (4,2); \qquad (0,0), (1,0), (2,1), (3,2), (4,2);$$
$$(0,0), (1,1), (2,1), (3,1), (4,2); \qquad (0,0), (1,1), (2,1), (3,2), (4,2).$$

Man mache sich diese vier Darstellungen anhand einer Skizze klar. In Pascal–Pseudocode könnte die Routine folgendermaßen lauten:

Algorithmus 2.1 (Bresenham–Haarstrecke erster Oktant)

```
input(dx,dy); {Input Differenzen 0 <= dy <= dx}
  x := 0; y := 0; abweichung := - dx; {Initialisierung}
  while (abweichung < 0) and (x <= dx) do begin
    {Zeichne das erste Linienstueck mit Ordinate 0}
    abweichung := abweichung + 2*dy;
    plot(x,y); inc(x);
  end;
  abweichung := abweichung - 2*dx; inc(y);
  {Schleife fuer Ordinaten von 1 bis dy - 1}
  while (y < dy) do begin
    while (abweichung < 0) do begin {eine Ordinate abhandeln}
      abweichung := abweichung + 2*dy;
      plot(x,y); inc(x);
    end;
    abweichung := abweichung - 2*dx; inc(y);
  end;
  while (x <= dx) do begin {Zeichne das Linienstueck mit Ordinate dy}
    plot(x,y); inc(x);
  end;
end;
```

Hier gibt der Bresenham–Algorithmus die zur wahren Geraden in der euklidischen Norm nächste Rastergerade an und erfüllt auch die anderen obengenannten Anforderungen. Bei zwei möglichen Lösungen wird die höhere Ordinate gewählt. Der Aufwand beträgt im wesentlichen $dx + dy$ Additionen und Vergleiche sowie das Plotten der $dx + 1$ Punkte.

Sei $Q := \lfloor dx/(2dy) \rfloor$, dann gilt:

1) Die Anfangslinie $y = 0$ hat entweder Q oder $Q + 1$ Pixel.

2) Für die weiteren waagerechten Linienstücke gilt der folgende Satz, der auf dem Kettencodekriterium beruht:

Satz: [91]

Sei eine Strecke $(0,0) - (dx, dy)$ im ersten Oktanten mit dem Bresenham–Algorithmus gerastert. Dann ist die Länge der inneren Streckenstücke S oder $S + 1$ mit $S = 2Q$ oder $S = 2Q + 1$. Die Länge des ersten und letzten Streckenstücks ist genau dann verschieden, wenn $dx = Q * 2dy$. Länge steht hier für die Anzahl der Pixel.

Eine sehr ökonomische Routine für alle acht Oktanten, die allerdings nicht die Bresenham–Kriterien erfüllt, könnte folgendermaßen aussehen:

Algorithmus 2.2

```
procedure line(xa, ya, xe, ye, farbe : integer);
var x, y, xstep, ystep, abweichung : integer;
begin
  x := xa; y := ya; dy := abs(ye - ya);
  dx := abs(xe - xa); abweichung := dx - dy;
  plot(x, y, farbe);
  if xe > xa then xstep := 1 else xstep := -1;
  if ye > ya then ystep := 1 else ystep := -1;
  while (x <> xe) or (y <> ye) do begin
    if abweichung >= 0 then begin
      x := x + step; abweichung := abweichung - dy;
    end;
    if abweichung < 0 then begin
      y := y + step; abweichung := abweichung + dx;
    end;
    plot(x, y, farbe);
  end;
end;
```

Der Nachteil besteht darin, daß sich bisweilen line($xa, ya, xe, ye, farbe$) $\neq$ line($xe, ye,$ $xa, ya, farbe$) ergibt, wobei dann die eine Rasterstrecke um ein Pixel unterhalb der zweiten verläuft. Ansonsten ist der Algorithmus wegen der ausschließlichen Verwendung der Integer–Arithmetik sehr schnell, läßt sich jedoch schwerlich auf den Fall dreier Dimensionen übertragen.

Wir wollen daher noch eine Prozedur angeben, die eine Bresenham–Rasterstrecke von einem beliebigen Anfangspunkt (xa, ya) zu einem beliebigen Endpunkt (xe, ye) auf dem Bildschirm erzeugt.

Algorithmus 2.3 (Bresenham–Strecke)

```
procedure bline(xa, ya, xe, ye : integer; farbe : byte);

  function sgn(x : integer) : integer;
  begin
    if x > 0 then sgn := 1
    else
      if x = 0 then sgn := 0 else sgn := -1
    end;
  end;

var _2dt, _2du, dt, du, u2, t2, u1, t1, abweichung : integer;
    treibend : 'x'..'y';
begin
  if abs(xe-xa) >= abs(ye-ya) then begin   {x treibende Achse}
    treibend := 'x';
    if xa < xe then begin
      t1 := xa; t2 := xe; u1 := ya; u2 := ye;
    end
    else begin {Vertausche Anfangs- und Endpunkt}
      t1 := xe; t2 := xa; u1 := ye; u2 := ya;
```

```
    end;
  end
  else begin {y treibende Achse}
    treibend := 'y';
    if ya < ye then begin
      t1 := ya; t2 := ye; u1 := xa; u2 := xe;
    end
    else begin
      t1 := ye; t2 := ya; u1:= xe; u2 := xa;
    end
  end; {else}
  dt := t2 - t1; du := u2 - u1; _2du := du + du; _2dt := dt + dt;
  abweichung := abs(_2du) - dt; {abweichung wird hier gemaess}
                               {Mittelpunktmethode mit        }
                               {f(t0+1,u0+0.5) initialisiert}
  while t1 <= t2 do begin
    if treibend = 'x' then putpixel(t1, u1, farbe)
                      else putpixel(u1, t1, farbe);
    inc(t1);
    if abweichung <= 0 then abweichung := abweichung + abs(_2du)
    else begin
      u1 := u1 + sgn(_2du);
      abweichung := abweichung + abs(_2du) - _2dt;
    end;
  end;
end;
```

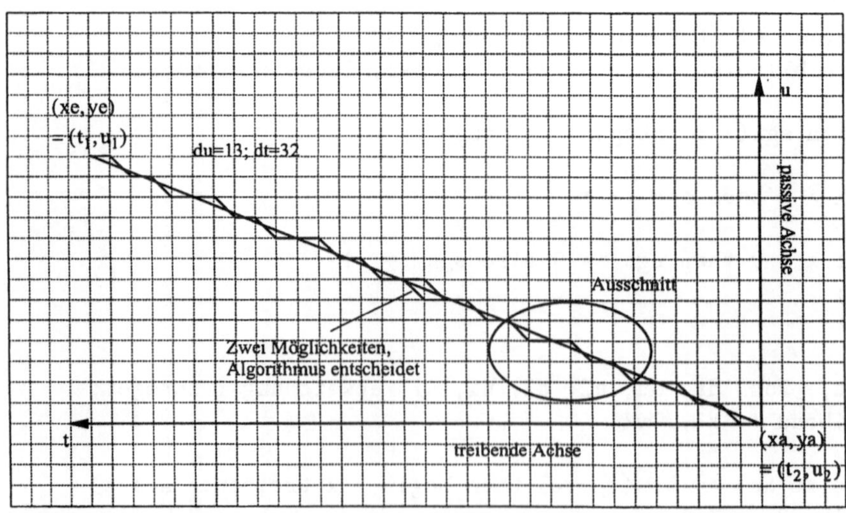

Bild 2.7: Bresenham–Rasterstrecke zu Algorithmus 2.3. Der Ausschnitt
wird in Bild 2.8 vergrößert dargestellt

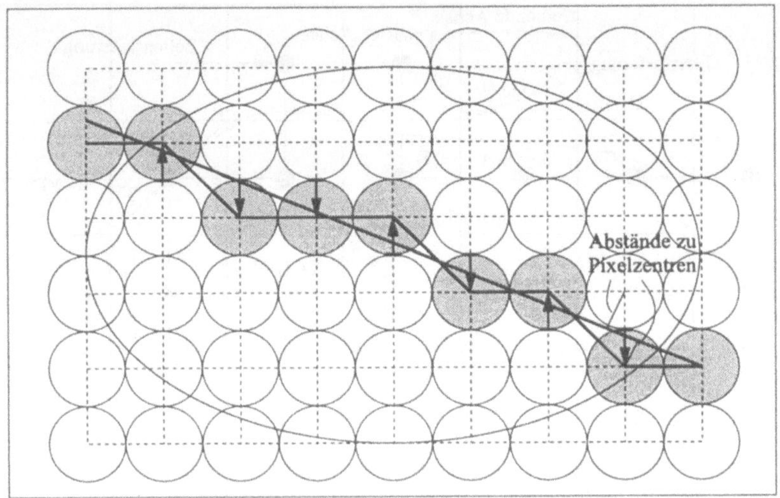

Bild 2.8: Ausschnitt zur Streckenrasterung: Die Pfeile zeigen
die Wahl der Aliaspunkte mit Hilfe des Mittelpunkt–
bzw. Abstandskriteriums

Wir wollen nun das Mittelpunktsrasterungsverfahren auf den Fall von mittels der algebraischen Gleichung $f(x, y) = 0$ implizit dargestellten Kurven verallgemeinern. Die Grundidee dieser Methode ist die folgende: Ausgehend von einen Rasterpunkt (t_i, u_i) müssen wir entscheiden, ob der nächste Rasterpunkt $(t_i + 1, u_i)$ oder $(t_i + 1, u_i + 1)$ heißt. Dazu betrachten wir den Mittelpunkt zwischen beiden Kandidaten und berechnen $f(t_i + 1, u_i + 1/2)$. Das Vorzeichen entscheidet dann über die Wahl des Rasterpunktes.

Algorithmus 2.4 (Mittelpunktmethode für die Gitterrasterung)
1) Teile die Ebene entsprechend der Zugehörigkeit von (f_x, f_y) zu einem der acht Oktanten auf.
2) Ermittle die treibende Achse t, in deren Richtung immer ein Schritt stattfindet, und die passive Achse u in jedem der Bereiche.
3) Bestimme einen Startwert $(t, u + 1/2)$ mit t, u ganzzahlig und den zugehörigen Funktionswert derart, daß die Kurve den Punkt $(t, u + c)$, $0 \leq c \leq 1$ trifft.
4) Dann entscheidet $c \geq 1/2$ ($c < 1/2$) bzw. das Vorzeichen von $c_0 := f(t, u + 1/2)$, ob der Gitterpunkt $(t, u + 1)$ oder der Punkt (t, u) zunächst gezeichnet wird. Nenne den Rasterpunkt (t_n, u_n), $n = 0$, und setze $c_1 := f(t_0 + 1, u_0 + 1/2)$.
5) Das Vorzeichen von $c_n := f(t_{n-1} + 1, u_{n-1} + 1/2)$ entscheidet über die Wahl des nächsten Rasterpunktes $(t_n, u_n) := (t_{n-1} + 1, u_{n-1} + 1)$ bzw. $(t_n, u_n) := (t_{n-1} + 1, u_{n-1})$. Dabei gilt $c_n \cdot f(t_n, u_n) \leq 0$. Berechne rekursiv aus dem Funktionswert $f(t_{n-1} + 1, u_{n-1} + 1/2) =: c_n$ mit der Taylorformel den Wert der Entscheidungsvariablen $c_{n+1} := f(t_n + 1, u_n + 1/2)$.

Ist $f(x, y)$ ein Polynom, so sind zum Aktualisierungsschritt 5) nur Additionen und Subtraktionen erforderlich. Der Algorithmus approximiert den Tangentenpolygonzug an die Kurve bestmöglich bezüglich des euklidischen Abstands.

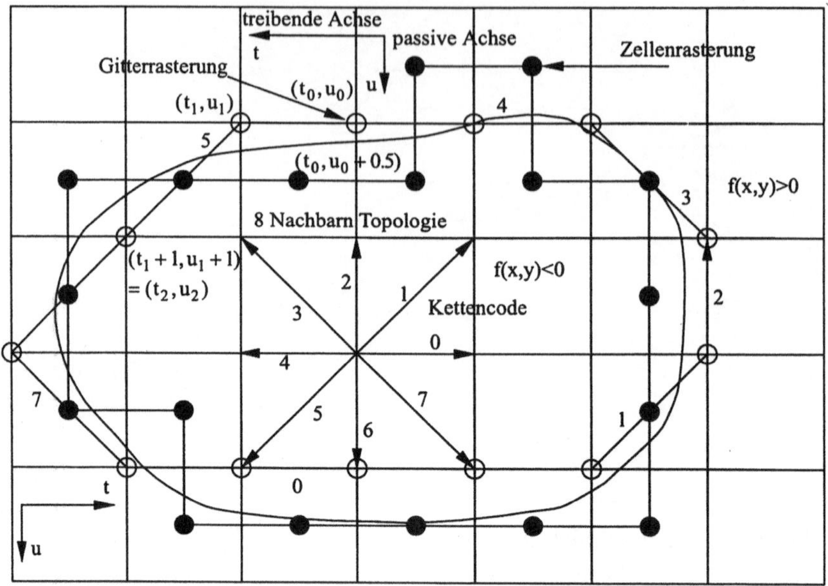

Bild 2.9: Gitter– und Zellrasterung einer Kurve

2.4 Kreisrasterung

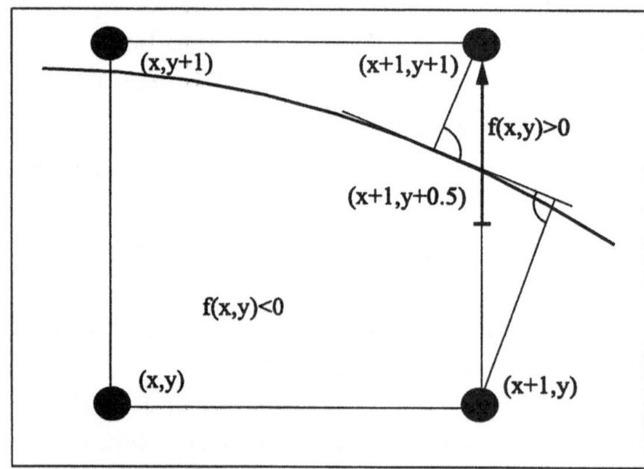

Bild 2.10: Rasterung eines Kreisbogens

Der Bresenham–Algorithmus [39, 40, 41], der bei der Wahl des Gitterpunktes (x_n,y_n) das Residuum $f(x_n,y_n) = x_n^2 + y_n^2 - r^2$ minimiert, liefert eine Rasterung des Kreises $x^2 + y^2 = r^2$ und ist für ganzzahlige r^2 zur Mittelpunktmethode äquivalent, d.h. er minimiert auch den euklidischen Abstand zum Kreis. Die Fälle nicht ganzen Mittelpunkts und Radius sind in [163] diskutiert. Zudem ist die Rasterung bis auf eventuelle Ecken an den Winkelhalbierenden ein 8–Bogen, d.h. jeder Punkt hat genau zwei Nachbarn in der 8NT.

Wir wollen nun diesen Algorithmus herleiten. Dazu orientieren wir uns an Bild 2.10: Aus Symmetriegründen beginnen wir im Punkte $(x_0,y_0) = (0,r)$ und rastern zunächst nur den zweiten Oktanten des Kreises im Uhrzeigersinn. Die Untersuchung der impliziten Gleichung $f(x,y) = x^2 + y^2 - r^2 = 0$ liefert hier die treibende Achse x und die passive Achse $-y$. Innerhalb des Kreises gilt $f(x,y) < 0$, außerhalb $f(x,y) > 0$. Die Kontrollvariable $c_1 := f(1,r-1/2) = 5/4 - r$ kann für ganzzahlige Radien r auf $1 - r$ gesetzt werden, da der Kreis von den Kontrollpunkten entfernt bleibt. Berechnen wir nun c_{n+1} aus c_n. Es gilt

$$c_{n+1} - c_n = f\left(x_n + 1, y_n - \frac{1}{2}\right) - f\left(x_{n-1} + 1, y_{n-1} - \frac{1}{2}\right)$$

$$= \begin{cases} 2x_n + 1, & y_n = y_{n-1}, \\ 2x_n + 1 - 2y_n, & y_n = y_{n-1} - 1. \end{cases}$$

Damit erhalten wir den folgenden

Algorithmus 2.5 (Mittelpunktmethode bei Haarkreisbogen)

```
Bresenham_Achtelkreis(r : integer);
  x := 0; y := r; control := 1 - r;
  while x <= y do begin
    plot(x,y); inc(x);
    if control >= 0 then begin
      dec(y); control := control -  shl(y);
    end;
    control := control + shl(x) + 1;
  end;
end;
```

Es sind jeweils $\sqrt{2}r$ Vergleiche und Inkrementierungen, r Links–Shifts und Additionen sowie $(1 - 1/\sqrt{2})r$ Dekrementierungen für den Achtelkreis notwendig. Mit Symmetrieüberlegungen erhalten wir den ganzen Kreis. Für Kreisbögen sind Sonderüberlegungen nötig, da ggf. eine andere Initialisierung und ein anderes Abbruchkriterium notwendig ist. Die Rasterung ist weder längen– noch flächentreu: Der digitale Bresenhamkreis ist (für $r \to \infty$) über 5% länger. Für das Flächenverhältnis existiert kein Grenzwert. Jedoch liefert der Bresenham–Algorithmus beim Kreis

- ein einfaches Antialiasing beruhend auf dem Wert des Residuums,
- Grundideen zu einem Circle–Brush Algorithmus [82],
- die Länge der Rasterkurve und die eingeschlossene Fläche,
- die Anzahl der Gitterpunkte innerhalb eines Kreises.

In gleicher Weise kann er zur Rasterung einer Hyperbel verwendet werden.

Die Erkennung des Radius aus einem Rasterkreisbogen ist sehr schwierig. Derselbe Bogen über der Basissehne mit der Länge 118 kann zu einem Kreis mit dem Radius 117 oder 118 gehören. Sauer [221] beschreibt einen $O(n)$–Algorithmus mit notwendigen und hinreichenden Kriterien zur Erkennung einer Zelldigitalisierung eines Kreises im $\mathbb{R}^2$.

Son Pham [192] weist auf verschiedene Rasterungsmethoden für Kreise mit ganzzahligen und nichtganzzahligen Mittelpunkten und Radien hin, die grob in Algorithmen vom Bresenham–Typ und in Zelldigitalisierungsmethoden, bei denen der Rasterkreis eine Menge von Zellen ist, die den reellen Kreis enthalten, zerfallen. Er wendet ein anderes Digitalisierungsschema an:

Im ersten Oktanten sucht er auf Linien $(x_i - 0.5, y)$ den nächsten Punkt (x_c, y_c) innerhalb des Kreises mit maximaler ganzer Ordinate. Dann wird eine Reihe von Pixeln mit den Koordinaten $(x_c + 0.5, y)$, $y \leq y_c$ ausgewählt und so der ganze Kreis im ersten Oktanten digitalisiert. Bei nicht ganzem Mittelpunkt verbieten sich leider Symmetriebetrachtungen. Für ganzzahlige Mittelpunkte ist der neue Algorithmus ca. doppelt so schnell wie der von Bresenham.

Mit dem neuen Digitalisierungsschema findet Pham alle Nachbarkreise mit Mittelpunkt $(0, 0)$ und Radien $[r - 0.5, r + 0.5]$ und unterteilt dieses Intervall in Teilintervalle mit gleicher Digitalisierung. Sodann hält er den Radius fest und variiert den Mittelpunkt im

Quadrat $[-0.5, 0.5) \times [-0.5, 0.5)$. Auch hier werden Bereiche mit gleicher Digitalisierung aufgezeigt. Die Ränder sind reelle Kreise vom gegebenen Radius und Mittelpunkten $(x + 0.5, y)$ mit x, y ganz.

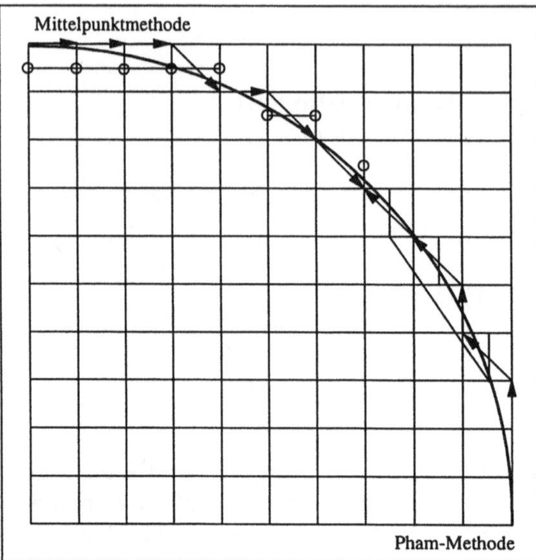

Bild 2.11: Mittelpunkt- und Pham-Methode

Schließlich wird ein Algorithmus entwickelt, der erkennt, wann es sich bei einer Digitalisierung um die eines reellen Kreises handelt. Im Raster-Algorithmus wurden zwei Begrenzungspunkte $(x_c + 0.5, y_c)$, $(x_c + 0.5, y_c + 1)$ bestimmt, deren Intervall der Kreis schneidet (Einheitsintervall). Notwendig und hinreichend für die Kreisdigitalisierung ist die Existenz eines reellen Kreises, der diese Einheitsintervalle schneidet. Aber auch Konvexität und Konkavität können beruhend auf diesen Intervallen definiert werden: Ein digitaler Bogen heißt konvex, wenn alle Einheitsintervalle über der Strecke liegen, die die unteren Punkte der beiden äußeren Einheitsintervalle verbindet.

Zur Erkennung des Kreises ist es notwendig, das Einheitsquadrat aller möglichen Mittelpunkte zu untersuchen. Dazu werden die digitalen Kreise erzeugt und mit dem gegebenen verglichen. Programme in C und Ablaufdiagramme werden angegeben.

Hsu, Chow und Liu [124] wählen einen ähnlichen Ansatz und bestimmen inkrementell die Längen der Rastergeraden im zweiten Oktanten mit gleicher Ordinate, um sie dann in einem Schritt mit dem Line-Befehl zu zeichnen. Die Algorithmen sind in C implementiert und 30% schneller als die klassischen von Bresenham et al. Da bei einem Standard-Bildschirm nur ca. 1000 verschiedene Radien in Frage kommen, wäre es sinnvoller, die Längen der Rastersegmente für jeden Radius in einem kleinen ROM von ca. 300 KB oder den Kettencode in 45 KB abzulegen und direkt darauf zuzugreifen.

Maxwell und Baker [162] dagegen gehen von der Parameterdarstellung $x = r\cos(t)$, $y = r\sin(t)$, aus. Dann folgt mit Hilfe der Differentialgleichungen $dx/dt = -y$, $dy/dt = x$ die Rekursionsformel

$$x_{i+1} = x_i + (\dot{x}_i + 0.5\Delta\dot{x}_{i-1})\Delta t = x_i - (y_i + 0.5\Delta y_{i-1})\Delta t,$$

$$y_{i+1} = y_i + (\dot{y}_i + 0.5\Delta\dot{y}_{i-1})\Delta t = y_i + (x_i + 0.5\Delta x_{i-1})\Delta t, \quad \Delta t = 2^{-k}.$$

Allerdings wird kein 8-Bogen erzeugt und bisweilen ein Punkt mehrfach berechnet. Ohne Benutzung der zweiten Ableitungen wird dieser Algorithmus in 8-Bit Implementierungen (6502 Microsoft-Basic ROM) verwendet.

Andere Graphics-Libraries benutzen ein regelmäßiges 80-Eck, um einen Kreis zu approximieren. Bis zu Radien von 648 ist der Approximationsfehler kleiner als 0.5. Allerdings kommt zum effektiven Fehler noch der Rasterungsfehler hinzu, der bei der Rasterung des 80-Ecks mit Hilfe des Bresenham-Algorithmus entsteht. Dadurch können wir

bei größeren Radien (ca. 1000) Abweichungen um bis zu zwei Pixeln vom Bresenhamkreis beobachten. Bisweilen muß der Kreis auch mittels spezieller B–Splinekurven erzeugt
werden.

2.5   Ellipsenrasterung

Die bekannten Ellipsenalgorithmen [82, 134, 240] sind für sehr unterschiedliche Achsen
ungenau: Bezeichnet a die Länge der großen Achse, so werden die Punkte $(\pm a, 0)$ nicht
erreicht, die Ellipse ist zu kurz. Zudem betreffen sie nur die Ellipse in Normallage. Wir
geben in [130] einen verbesserten Algorithmus an und korrigieren Druckfehler in [82, 134].
Weitergehende Betrachtungen sind in [164] und [83] enthalten. Nach den gleichen Prinzipien wird eine Prozedur für die gedrehte Ellipse implementiert. Dabei gehen wir von der
Gleichung $f(x, y) = c_1 x^2 + c_2 xy + c_3 y^2 - c_4 = 0$ aus, zeichnen zunächst den nordöstlichen
Teil der Ellipse ($f_x > f_y \geq 0$, $f_y > f_x \geq 0$) beginnend im Punkt mit senkrechter Tangente bis zum Oktantenwechsel und dann weiter bis zum Punkt mit waagerechter Tangente.
Unter Ausnutzung der Punktsymmetrie zum Ursprung kann der südwestliche Teil gleich
mitgezeichnet werden. Sehr verschiedene Achsen bedürfen wieder einer Sonderbehandlung. Nach Übergang von $(x, y) \to (-y, x)$, Vertauschen der Konstanten $c_1 \leftrightarrow c_3$ sowie
auch $c_2 \to -c_2$ ergeben sich genauso der nordwestliche und der südöstliche Teilbogen.

Unser Bild 2.12 zeigt drei Ellipsenrasterungen. Die erste betrifft den Fall sehr verschiedener Achsen, benutzt die Prozedur der Unit Graph aus Turbo Pascal und ergibt
eine zu kurze Ellipse. Der auf der folgenden Seite angegebene Algorithmus korrigiert den
Fehler. Die gedrehte Ellipse resultiert aus dem entsprechenden Mittelpunktsalgorithmus,
den Janser und Luther [130] implementiert haben. Unabhängig entwickelt McIlroy [164]
einen aufwendigeren Ellipsenalgorithmus mit Multiplikationen in der Hauptschleife, der
Ellipsen in der Standardform $x^2/a^2 + y^2/b^2 = 1$ mit positiven a, b in Integer–Arithmetik
rastert. Dabei wird entscheidendes Gewicht auf die Fälle mit sehr verschiedenen bzw. einer sehr kleinen Achse gelegt. Er weist wie auch Janser und Luther [130] auf die Schwierigkeiten hin, die die bekannten Algorithmen von Pitteway [196], Van Aken [240], Kappel
[134] et al. in diesen Fällen haben. Ist z.B. die partielle Ableitung f_x sehr klein, so findet
der Oktantenwechsel sofort statt, die treibende Achse ist die x–Achse.

Nach Vorarbeiten von Maxwell und Baker [162], Kappel [134], van Aken und Novak
[240], McIlroy [163, 164], Janser und Luther [130, 154] wird im Artikel „Robust Rendering
of General Ellipses and Elliptical Arcs" (Helmberg und Fellner) [83] ein wichtiger Schritt
zur Rasterung allgemeiner Ellipsen $ax^2 + bxy + cy^2 + dx + ey + f = 0$ gemacht.

Probleme treten insbesondere im Falle nicht ganzer Koeffizienten und bei gedrehten
Ellipsen sowie bei sehr verschiedenen Achsen auf, da wir keine 8–Kurven erhalten. Hier
sind diverse Lösungsvorschläge gemacht worden. Leider wird kaum einmal klar festgestellt, welche Kurven eigentlich in welcher Norm durch das vorgeschlagene Rasterungsverfahren approximiert werden. Auch erscheint die bestmögliche Rasterung in der euklidischen Norm mit einem Bresenham–Algorithmus genauso wie die effektive Erkennung
aus dem Kettencode unangreifbar zu sein [192]. Mit der Rasterung hängt das Problem
der Füllung sowie des Antialiasing eng zusammen. Helmberg [83] macht einen Ansatz
über die Darstellung $(x, y) = (A \sin(t), B \sin(t + \delta))$ und konjugierte Punkte, der auch
von anderen benutzt wird, und stützt sich auf Ideen von Maxwell und Baker [162]. Wichtig ist, daß wieder nur Elementaroperationen und Shifts oder logische Ausmaskierungen
vorkommen. Neben der Berechnung der Punkte ist noch ein Filter integriert, der einen

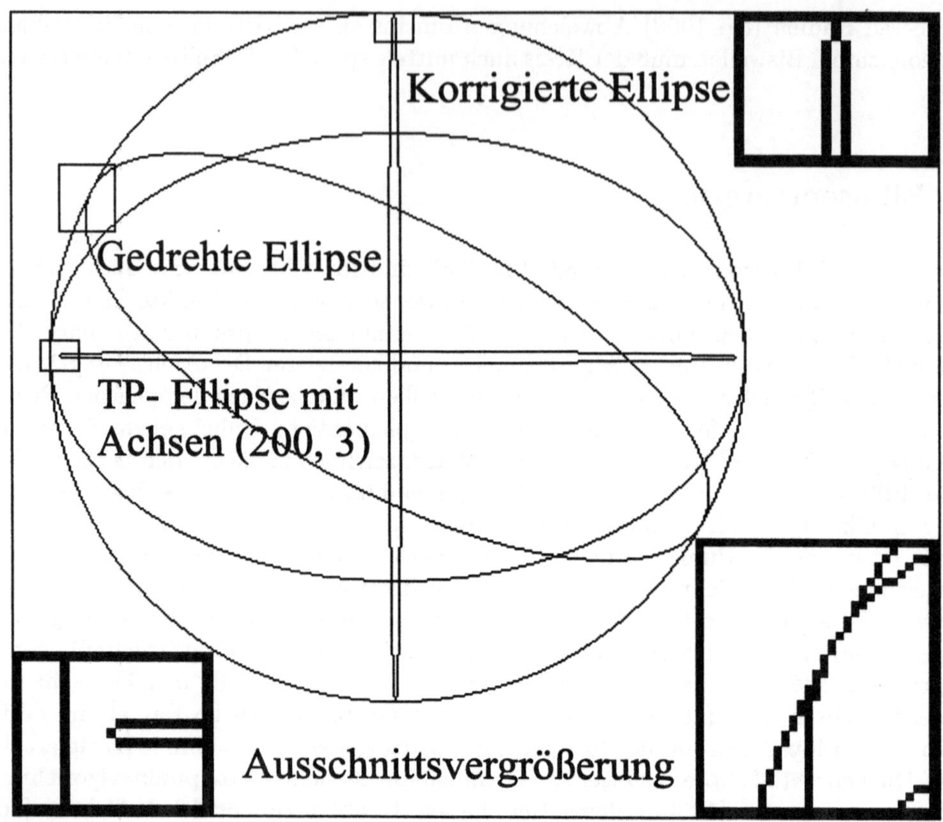

Bild 2.12: Ellipsenrasterungen (Bildschirmhardcopy)

8NT–Weg erzeugt.

Andere Graphics–Libraries stellen NURBS (Non–Uniform Rational B–Splines) zur Verfügung, auf die wir in Kapitel 5 näher eingehen. Dazu müssen Knotenvektoren und Kontrollpunkte entsprechend den Halbachsen eingegeben werden. Allerdings treten gegenüber den bisher besprochenen Algorithmen bei der Rasterung dieser Kurven Abweichungen um mehrere Pixel auf.

Auf der Buch–CD befinden sich Implementationen der aufgeführten Algorithmen.

Algorithmus 2.6 (Ellipsenalgorithmus [130])

```
procedure ellipse(a, b : longint; x0, y0 : word; color : byte);

procedure zeichnen(x, y : word);   {zeichnet 4 Viertel-Ellipsen}
begin
  putpixel( x + x0, y + y0, color); putpixel(-x + x0, y + y0, color);
  putpixel(-x + x0,-y + y0, color); putpixel( x + x0,-y + y0, color);
end;

var aa, bb, _2aa, _2bb, fx, fy : longint;
    d : single; {Entscheidungsvariable}
    x, y : integer;
```

```
begin
  x := a; y := 0; aa := a * a; bb := b * b;
  _2aa := aa + aa; _2bb := bb + bb;
  fx := b2 * x; fy := 0; {Tangentenvektor}
  d := bb * (0.25 - x) + aa; {Startwert - Kontrollvariable}
                            {gemaess Mittelpunktmethode}
  {Nun Oktantenbestimmung}
  if aa + bb < fx then
    while fx > fy do begin {treibende Achse y}
      zeichnen(x, y); inc (y); fy := fy + _2aa;
      if d >= 0 then begin
        dec (x); fx := fx - _2bb; d := d - fx;
      end;
      d := d + fy + aa;
    end;
  d := d - (fx + fy) / 2 + 0.75 * (bb - aa);
  {Anpassung d fuer Achsenwechsel}
  repeat  {treibende Achse x}
    zeichnen(x, y); dec (x); fx := fx - _2bb;
    if d <= 0 then begin
      inc(y); fy := fy + _2aa; d := d + fy;
    end;
    d := d - fx + bb;
  until x < 0;
  setcolor(color);
  line(x0, y0 + y, x0, y0 + b); {Korrektur}
  line(x0, y0 - y, x0, y0 - b);
end;
```

Wie der folgende Algorithmus zeigt, führen jedoch viele Konstruktionsaufgaben auf Ellipsen mit nicht ganzzahligem Mittelpunkt und Achsen. Hier ist von vorneherein nicht gesichert, daß die Rasterkurve die gewünschten Eigenschaften hat.

Algorithmus 2.7 (Konstruktion einer Ellipse durch drei Punkte)
Problemstellung:
Gesucht sei der Mittelpunkt (m, n) einer Ellipse, die durch die Ellipsengleichung in Normallage

$$B^2 \cdot (x - m)^2 + A^2 \cdot (y - n)^2 = A^2 \cdot B^2$$

mit den Hauptachsen A und B gegeben sei. Ferner seien drei Punkte (x_1, y_1), (x_2, y_2) und (x_3, y_3) sowie der Quotient A/B gegeben. Gesucht sind A, m und n.
Lösung:
Wir stellen insgesamt drei Bestimmungsgleichungen auf. Zunächst setzen wir $x = -u + x_1$, $y = -v + y_1$ und finden die neue Beziehung

$$B^2 \cdot (u - (x_1 - m))^2 + A^2 \cdot (v - (y_1 - n))^2 = A^2 \cdot B^2 \text{ oder}$$
$$B^2 \cdot (u^2 + 2 \cdot u \cdot (m - x_1)) + A^2 \cdot (v^2 + 2 \cdot v \cdot (n - y_1)) = 0.$$

Wir wählen für u und v zuerst die Größen $x_1 - x_2$ bzw. $y_1 - y_2$. Einsetzen ergibt

$$B^2 \cdot (x_2^2 + 2 \cdot m \cdot (x_1 - x_2)) + A^2 \cdot (y_2^2 + 2 \cdot n \cdot (y_1 - y_2)) = B^2 \cdot x_1^2 + A^2 \cdot y_1^2 \text{ und}$$

$$m \cdot (x_1 - x_2) \cdot 2 \cdot B^2 + n \cdot (y_1 - y_2) \cdot 2 \cdot A^2 = B^2 \cdot (x_1^2 - x_2^2) + A^2 \cdot (y_1^2 - y_2^2).$$

Setzen wir dagegen $x_1 - x_3$ und $y_1 - y_3$ ein, so finden wir

$$m \cdot (x_1 - x_3) \cdot 2 \cdot B^2 + n \cdot (y_1 - y_3) \cdot 2 \cdot A^2 = B^2 \cdot (x_1^2 - x_3^2) + A^2 \cdot (y_1^2 - y_3^2).$$

In den beiden Gleichungen taucht nach Division durch B^2 noch der Faktor $(A/B)^2$ auf, der aber bekannt ist. Kürzen wir sie ab zu

$$m \cdot r_1 + n \cdot s_1 = t_1 \quad \text{und} \quad m \cdot r_2 + n \cdot s_2 = t_2,$$

so ist ihre Lösung durch

$$m = \frac{t_1 \cdot s_2 - t_2 \cdot s_1}{r_1 \cdot s_2 - r_2 \cdot s_1}, \qquad n = \frac{r_1 \cdot t_2 - r_2 \cdot t_1}{r_1 \cdot s_2 - r_2 \cdot s_1}$$

gegeben, und wir haben den Mittelpunkt gefunden. A^2 erhalten wir aus der Beziehung

$$A^2 = (x_1 - m)^2 + \left(\frac{A}{B}\right)^2 \cdot (y_1 - n)^2.$$

Rechenbeispiel:
Seien die drei Punkte $(2,1)$, $(1,2)$, $(0,1)$ gegeben, und gelte $A^2/B^2 = 4$. Dann folgt:

$$r_1 = 2, \ s_1 = -8, \ t_1 = 3 + 4(-3) = -9, \ r_2 = 4, \ s_2 = 0, \ t_2 = 4.$$

Mit der Lösungsformel ergibt sich:

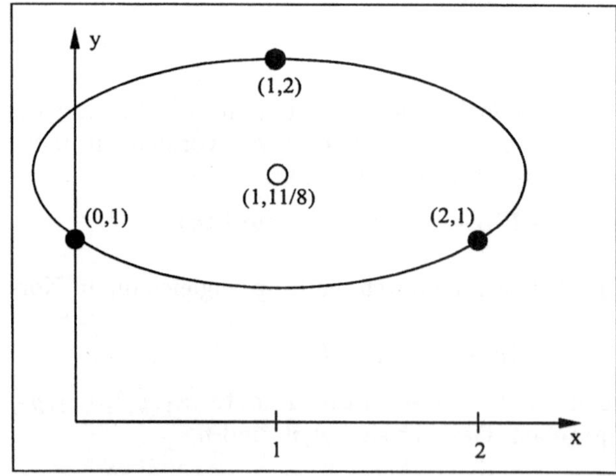

$$m = \frac{0 + 32}{0 + 32} = 1,$$

$$n = \frac{8 + 36}{32} = \frac{11}{8},$$

$$A^2 = 1 + 4 \cdot \frac{9}{64} = \frac{25}{16},$$

$$A = \frac{5}{4}, \ B = \frac{5}{8}.$$

Die Ellipsengleichung lautet somit

$$16 \cdot (x - 1)^2 + (8 \cdot y - 11)^2 = 25.$$

Bild 2.13: Ellipse durch drei vorgegebene Punkte

Konstruktionshinweis:
Zur Konstruktion mit einer Graphik-Software gehen wir beispielsweise so vor: Wir klicken das Ellipsensymbol an und führen den Mauszeiger auf den Punkt $(m - A, n + B) = (-0.25, 2)$. Sodann fahren wir bei festgehaltener Taste bis zum Punkte $(m + A, n - B) = (2.25, 0.75)$, bis die Ellipse durch die drei Punkte geht, wie Bild 2.13 zeigt.

In diesem Zusammenhang seien zwei wichtige Konstruktionselemente der Graphik–Software erläutert, die *Suchautomatik* und die *Gummibandfunktion*. Um das Auffinden von Koordinatenpunkten zu erleichtern, können ein Punktraster dem bekannten Millimeterpapier vergleichbar und ein Lineal eingeblendet werden. Zudem ist die Skalierung des Rasters vorwählbar von beispielsweise 1mm bis zu 1cm je nach den Konstruktionsvorgaben. Ist nun die Suchoption eingeschaltet, so kommen als Anfangspunkte von Konstruktionselementen wie Linie und Kurvenstück nur die markierten Gitterpunkte in Frage, das Fadenkreuz wird automatisch zum nächstliegenden geführt.

So kann auch bei mittelmäßiger Auflösung am Bildschirm eine hohe Konstruktionsgenauigkeit erreicht werden, da intern die exakten rationalen Koordinatenwerte Verwendung finden. Sind dagegen Schnittpunkte zu konstruieren, die nicht auf dem Gitter liegen, müssen wir die Suchoption abschalten. Bekanntlich treten bei den klassischen geometrischen Konstruktionen mit Zirkel und Lineal Quadratwurzeln auf. So ist in der Regel die Suchoption nur zu Beginn einer Konstruktionszeichnung verwendbar. Später werden wir versuchen, durch Ausschnittsvergrößerungen mit der Lupenfunktion die verlangte Präzision zu erreichen. Hier können wir bei vier– bis achtfacher Vergrößerung bis auf ein zehntel Millimeter genau positionieren. Allerdings werden große Objekte unübersichtlich, da der Bildausschnitt zu klein geworden ist.

Eine weitere Hilfe bei der Konstruktion neuer Elemente bietet die Gummibandfunktion. Haben wir beispielsweise den Anfangspunkt eines Rechtecks gewählt und fahren bei gedrückter Maustaste mit dem Mauszeiger in Richtung des gegenüberliegenden Punktes, so dehnt sich das Rechteck gummibandförmig aus. Manchmal wird durch Blinken der provisorische Eindruck unterstrichen. Haben wir den „Endpunkt" erreicht und entspricht die Lage des neuen Elements den Vorstellungen, so lassen wir die Maustaste los, und das Rechteck ist positioniert.

Bei einer vektororientierten Software wird das Element in den Display–File, bei einer pixelorientierten Graphik in den Hintergrundspeicher aufgenommen. Zu Ende der Sitzung kann die entsprechend aufbereitete Datei in eventuell komprimierter Form abgespeichert werden und steht für eine Ausgabe vermittels eines geeigneten Treibers zur Verfügung. Eine typisches Dateiformat für ein pixelorientiertes Bild hat in etwa folgendes Aussehen:

1	Identifikationsbyte für den Dateityp
2	Dateiversion
3	Flag für Komprimierung 0= keine Komprimierung; 1=RLE Komprimierung
4	Bit pro Pixel
5–12	Koordinatenwörter des Ausschnitts in der Reihenfolge xmin, ymin, xmax, ymax
13, 14	horizontale Auflösung
15, 16	vertikale Auflösung
17–64	Farbpalette
65	reserviert
66	Zahl der Farbebenen
67, 68	Byte pro Zeile
69, 70	Palettendaten; 1= Farbe; 2=Grautöne; 3=....
71–128	nicht genutzt oder eventuell andere Daten, wie die Größe der Datei

Bild 2.14: Dateikopf für ein pixelorientiertes Dateiformat [34, 35]

Zu Beginn steht ein Dateikopf von z.B. 128 Byte (vgl. Bild 2.14). Die Bedeutung der Bytes wird in der oben stehenden Tabelle erläutert. Auf den Header folgen dann die eigentlichen Bilddaten, die nach dem Run–Length–Encoding (RLE) Verfahren codiert sind. Dieses ist ein einfaches Komprimierungsverfahren, das zwischen Daten– und Anzahlbytes unterscheidet. Sind die obersten 2 Bits eines Bytes gesetzt, so handelt es sich um ein Anzahlbyte, das in den unteren sechs Bits die Zahl der Wiederholungen des folgenden Bytes angibt, also maximal 63. Hat das Datenbyte einen Wert zwischen 192 und 255, so muß ihm ein Anzahlbyte mit der Anzahl 1 (oder höher) vorausgehen. Die Bytefolge FE 06 07 C1 F5 steht also für 62 mal 06, 07, F5. Zum Schluß folgt dann bisweilen der RGB–Code der Farbpalette.

Erwähnen wir zum Abschluß noch die zu Kapitel 2 gehörigen Elemente, die vom graphischen Kernsystem GKS bereitgestellt werden: Die Polymarke setzt an jedem Punkt einer gegebenen Punktmenge eine zentrale Marke. Es werden die Attribute Markenart (Quadrat, Kreis, Kreuz, Dreieck), Vergrößerungsfaktor und Farbindex angeboten. Der Polymarkenindex zeigt auf eine Tabelle mit arbeitsplatzspezifischen Attributen. Dazu kommt der Linienzug mit den Attributen Linientyp, Breitefaktor, Farbindex und einem weiteren Spezifizierungsindex.

2.6 Polygone

Ausgehend vom Grundelement der Strecke können wir nun durch Aneinanderreihung einen Streckenzug erzeugen. Dieser ist dann durch Angabe der Liste L der Streckenendpunkte wohldefiniert: $L := ((x_1, y_1), ..., (x_n, y_n))$. Gilt $(x_1, y_1) = (x_n, y_n)$, sind alle weiteren Punkte verschieden und schneiden sich die Verbindungsstrecken der n Punkte nicht, so sprechen wir von einem einfach geschlossenen Polygon. Die Punkte der Liste heißen Ecken, die Strecken Kanten des Polygons. Ein einfach geschlossenes Polygon zerlegt nach Jordan die Ebene in ein beschränktes Innengebiet und ein unbeschränktes Außengebiet, deren Rand der Streckenzug selbst ist. Treffen die Verbindungsstrecken zwischen zwei beliebigen Ecken des Polygons das Außengebiet nicht, so sprechen wir von einem konvexen Polygon. Es dient als approximierende Kurve für Kreise, Ellipsen aber auch für andere graphische Objekte, z.B. Polygonflächen als Bausteine von Körpern im Raum wie Quader, Parallelepiped und Pyramide. Allgemein heißen aus Polygonflächen zusammengesetzte Körper Polyeder. Wir werden sie in Kapitel 12 noch näher untersuchen. Das folgende kleine Pascal–Programm liest eine Punktliste ein und verbindet die Punkte zu einem Polygon, das als verkettete Liste der einzelnen Punkte definiert wird. Die eingegebenen Punkte müssen in der Durchlaufreihenfolge den Ecken entsprechen. Sodann wird das Polygon am Bildschirm ausgegeben.

Algorithmus 2.8 (Polygon)
```
program Polygon;
uses Crt, Graph, Grafik; {Unit Graphik siehe Buch-CD}
type PolyPtr = ^PolyTyp;
     PolyTyp = record
                 x, y : LongInt;
                 Ptr : PolyPtr;
               end;
var Fertig : Boolean;
```

```
   Ch : Char;
   P, Spitze : PolyPtr;

begin
  ClrScr; TextBackground(Black);
  Fertig := False; Spitze := Nil;
  while not Fertig do begin
    new(P);
    write('Punkt (x, y): '); read(P^.x, P^.y);
    P^.Ptr := Spitze; Spitze := P;
    write('Fertig (j/n) ? '); Ch := Upcase(ReadKey);
    if Ch = 'J' then Fertig := True;
  end;
  readln;
  GraphSetup(Farbig); P := Spitze;
  while P^.Ptr <> Nil do begin
    Draw(P^.x, P^.y, P^.Ptr^.x, P^.Ptr^.y, Green);
    P := P^.Ptr;
  end;
  P^.Ptr := Spitze;
  Draw(P^.x, P^.y, Spitze^.x, Spitze^.y, Green);
  CloseGraph;
end.
```

2.6.1 Rechnerorientierte Geometrie

Algorithmen zur Lösung geometrischer Fragestellungen sind ein wesentliches Hilfsmittel
in der Computergraphik. Dazu gehören das Auffinden der konvexen Hülle einer Punktmenge im $\mathbb{R}^2$ wie auch im $\mathbb{R}^3$, die Triangulierung von Polygonen, die Approximation
einer Kurve durch und die Bestimmung der Lage von Punkten in Bezug auf Polygone,
Sichtbarkeitsfragen etc.

Gegeben sei eine Menge von Punkten $S = \{\mathbf{P}_1, ..., \mathbf{P}_n\}$ im $\mathbb{R}^2$. Wir suchen ein mi-
nimales konvexes Polygon $P = \{\mathbf{P}_{i_1}, ..., \mathbf{P}_{i_m}\}$, das S enthält, und werden hier einen
Algorithmus mit Zeitaufwand $O(m \cdot n + n \log n)$ vorstellen. Beruhend auf dem *Teile
und Herrsche*-Prinzip (divide and conquer) sind mehrere Algorithmen mit Zeitaufwand
$O(n \log n)$ angegeben worden, darunter einer von Bhattachary und Toussaint [29] mit
einem Bedarf von $5n$ Speicherplätzen. Kirkpatrick und Seidel [137] beschreiben einen
Algorithmus mit Zeitkomplexität $O(n \log m)$. Der dreidimensionale Fall wird von Edelsbrunner [70] behandelt. Eine sehr gute Übersicht gibt auch das Buch von Aumann und
Spitzmüller [15].

Kommen wir nun zur Behandlung von geschlossenen Polygonzügen, den Polygonen.
Für jedes $n > 2$ ist ein Polygon durch die Angabe der Eckenliste $P = (\mathbf{x}_1, \mathbf{x}_2, ..., \mathbf{x}_n)$
definiert und besteht aus den n halboffenen Kanten $[\mathbf{x}_i, \mathbf{x}_{i+1})$ mit $\mathbf{x}_{n+1} = \mathbf{x}_1$. Durch die
Angabe der Punkte mit wachsendem Index ist eine Durchlaufrichtung bestimmt, wobei
je drei aufeinanderfolgende Punkte nicht kollinear liegen sollen. P ist einfach geschlossen,
wenn es keinen Punkt der Ebene gibt, der auf mehr als einer Kante von P liegt. Wir
können dann P ein Innen- und ein Außengebiet zuordnen. Es sind für einfache Polygone Linearzeitalgorithmen zur Auffindung der konvexen Hülle bekannt [129]. P heißt

mehrfach zusammenhängend, wenn beim Durchlauf des Polygonzuges mehrere Punkte mindestens zweimal erreicht werden. In diesem Fall wollen wir unter dem Innengebiet die Menge verstehen, die folgendermaßen charakterisiert ist: Wir verbinden alle Punkte, die nicht auf dem Rand liegen, mit einem das Polygon umschließenden Rechteck, ohne jedoch Ecken zu durchlaufen. Schneidet die Verbindungsgerade das Polygon 1 mod 2 mal, so liegt der Punkt im Innengebiet.

Gerade im Zusammenhang mit Computerspielen ist die Frage interessant, ob ein Punkt innerhalb oder außerhalb eines einfachen Polygons liegt. Auch hier stellen wir einen anschaulichen Algorithmus vor.

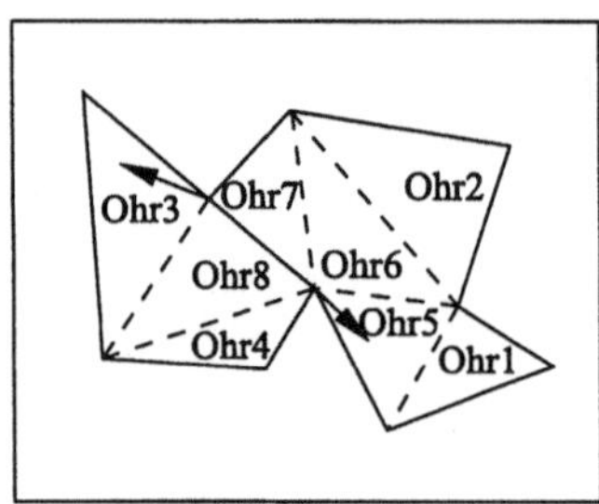

Eine weitere wichtige Aufgabe ist die Triangulierung von einfachen Polygonen, d.h. die Zerlegung in nicht überlappende Dreiecke durch Hinzufügung von Diagonalen, aber keinen Ecken. Dazu führen wir Algorithmen ein, die sogenannte Ohren des Polygons abschneiden: Ohren sind aus Punktefolgen $(\mathbf{x}_{i-1}, \mathbf{x}_i, \mathbf{x}_{i+1})$ gebildete Dreiecke, die keine weiteren Ecken von P im Inneren oder auf der dritten Seite $(\mathbf{x}_{i-1}, \mathbf{x}_{i+1})$ enthalten und deren Schnitt mit dem Außengebiet von P leer ist. Jedes vom Dreieck verschiedene einfache Polygon hat nun mindestens zwei nicht überlappende Ohren. Das Auffinden dieser Ohren und sequentielles Abschneiden führt auf einen $O(n^3)$–Algorithmus.

Heute sind Algorithmen mit Zeitaufwand $O(n \log n)$ und sogar $O(n \log \log n)$ bekannt, die auf dem Teile und Herrsche–Prinzip beruhen. Sie können zu $O(n \log s)$ verbessert werden, wobei s ein Maß für die Windungsanzahl des Polygons bezeichnet, d.h. die Anzahl der Wechsel des Polygonrandes zwischen entgegengesetzten vollständigen Spiralen. Der Rand wird so in $O(n)$ Zeit in Ketten entgegengesetzt orientierter Windung zerlegt. Neuere Ideen betreffen andere Definitionen der figürlichen Komplexität beruhend auf dem der Dreieckszerlegung zugeordneten Baum.

Auf polygonale Approximation von Kurven sind wir im Rahmen dieses Kapitels z.B. bei Kreisen und Ellipsen bereits eingegangen [232]. Als weitere wichtige Probleme wollen wir die Suche nach dem kürzesten Weg zwischen zwei Punkten im Inneren eines einfachen Polygons erwähnen. Dabei beschränken wir uns meistens auf polygonale Wege und definieren ihre Länge als euklidische Länge der Teilstücke. Interessanterweise bestehen die inneren Punkte des polygonalen Pfades aus konkaven Ecken des Ursprungspolygons. Linearzeitalgorithmen beruhend auf dem triangulierten P stammen von Chazelle, Lee und Preparata [145] und benutzen die Baumstruktur der Triangulierung. Eine ähnliche Ausrichtung haben Algorithmen zur Bestimmung des Abstands zwischen zwei Eckpunkten des Polygons bezogen auf einen Weg im Innengebiet.

Wir weisen nur kurz auf die Fragestellung in höheren Dimensionen hin, die Polyeder sowie die Triangulierung ihrer Randflächen betreffen [67].

Gehen wir noch kurz auf Sichtbarkeitsprobleme ein, die für Hidden Line Probleme von Bedeutung sind:

Zwei Punkte $\mathbf{x}$ und $\mathbf{y}$ aus P heißen intern sichtbar, wenn ihre Verbindungslinie ganz in P liegt, sie heißen extern sichtbar, wenn das Innere der Verbindungsstrecke ganz im Außengebiet von P liegt. Eine Menge T heißt stark (schwach) sichtbar bezüglich einer Menge S, wenn für jeden Punkt $\mathbf{t}$ aus T und jeden (von $\mathbf{t}$ abhängigen) Punkt $\mathbf{s}$ aus S gilt: $\mathbf{s}$ und $\mathbf{t}$ sind intern oder extern sichtbar. Insbesondere die Frage nach dem Fall $S = \{\mathbf{P}_i\}$ und $T = P$ ist von Interesse. Die Sichtbarkeitsentscheidung kann hier in Linearzeit getroffen werden.

Zwei Aufgaben stehen im Vordergrund unserer weiteren Ausführungen. Zunächst soll ein Algorithmus beschrieben werden, der es erlaubt, aus einer Menge von Punkten in einer Ebene ein einfach geschlossenes, konvexes Polygon durch Angabe seiner Punktliste L zu konstruieren (vgl. Bild 2.15).

Weiter ist dann zu untersuchen, wann ein Punkt im Innengebiet eines Polygonzuges liegt. Denken wir nur an ein Computerspiel, bei dem ein Flugkörper innerhalb eines Streckenzuges gelandet werden soll. Schließlich besprechen wir, wie Polygone mit Mustern gefüllt oder schraffiert werden können.

2.6.2 Algorithmus zur Konstruktion der konvexen Hülle aus n vorgegebenen Punkten des $\mathbb{R}^2$

1) Gegeben seien n Punkte (x_k, y_k), $k = 1, ..., n$, in der Ebene. Es soll die konvexe Hülle H dieser Punkte bestimmt werden. Der Rand ist dann ein Polygon, dessen Ecken von einer Untermenge der N Punkte gebildet werden. Die verbleibenden Punkte liegen nicht im Äußeren. Verbinden wir je zwei Punkte aus H durch eine Strecke, so verläuft die gesamte Strecke innerhalb oder auf dem Rand von H.

2) Zunächst ordnen wir die Punkte (x_k, y_k) in einer Liste $LY[1..n]$ lexikographisch bezüglich der zweiten Koordinate y_k und x_k an, d.h. es gilt $y_k \geq y_i$ für $k > i$ und $x_k > x_i$, wenn $y_k = y_i$. Sodann vertauschen wir (x_k, y_k) in $(y_k, -x_k)$ und bringen diese dann nach denselben Kriterien lexikographisch geordnet in der Liste $LX[1..n]$ ein.

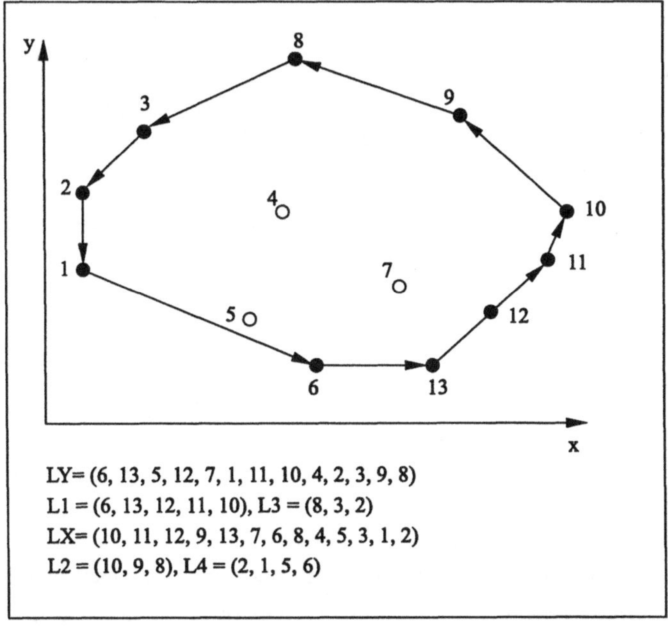

Bild 2.15: Konstruktion der Konvexen Hülle

3) a) Setze `L1[1] := LY[1]; index := 1; i := 2;`
   Solange i <= n wiederhole
   { Falls erste Koordinate von `LY[i]` größer als erste Koordinate von `L1[index]`

```
          {Setze index := index + 1; L1[index] := LY[i];}
    i := i + 1;}
```

b) $L2$ entsteht aus LX gemäß Algorithmus a), wobei LY durch LX und $L2$ durch $L1$ ersetzt wird.

c) Setze `L3[1] := LY[n]; index := 1; i := n - 1;`
   Solange i >= 1 wiederhole
   { Falls erste Koordinate von `LY[i]` kleiner als erste Koordinate von `L3[index]`
   ```
         {Setze index := index + 1; L3[index] := LY[i];}
   i := i - 1;}
   ```

d) $L4$ entsteht aus LX gemäß Algorithmus c), wobei LY durch LX und $L4$ durch $L3$ ersetzt wird.

4) Auf alle vier Listen $L1$ bis $L4$ kann nun die folgende Prozedur angewendet werden:

a) Wir starten im ersten Punkt (xp, yp) der vorliegenden Liste.

b) Es erfolgt Eintrag von (xp, yp) in die Liste L der Randpunkte des Polygons, wenn die Liste leer ist oder der Punkt vom Vorgänger in L verschieden ist.

c) Ist (xp, yp) der letzte Punkt der Liste, so ist die Prozedur beendet, ansonsten:

   i) Bilde der Reihe nach für alle weiteren Punkte (x, y) der betrachteten Liste die Quotienten $(y - yp)/(x - xp)$. Sie sind nach der Konstruktionsvorschrift aus Punkt 2 und 3 alle nicht–negativ.

   ii) Der Punkt, der als letzter der Liste den kleinsten Quotienten besitzt, wird zu (xp, yp).

   iii) Gehe zu b).

Aus der Abarbeitung aller vier Listen $L1$ bis $L4$ resultiert eine vollständige Liste L der Randpunkte des Polygons, dessen Umlaufsinn entgegen dem Uhrzeiger angenommen ist. Dabei ist der Anfangspunkt natürlich gleich dem Endpunkt. Der Aufwand setzt sich aus dem Sortieraufwand $O(n \log n)$ und dem Konstruktionsaufwand $O(m \cdot n)$ zusammen, wenn m die Anzahl der Punkte der Ausgabeliste bedeutet.

2.6.3 Algorithmus zur Bestimmung der Lage eines Punktes bezüglich eines einfach geschlossenen Polygons

Eine weitere wichtige Aufgabe im Zusammenhang mit einfach geschlossenen Polygonzügen besteht darin festzustellen, ob ein Punkt **P** mit den Koordinaten (xp, yp) im Inneren, auf oder außerhalb des Kurvenzuges liegt. Dieser möge durch seine Eckenliste $L : ((x_i, y_i), i = 0, ..., n)$ festgelegt sein, die so durchlaufen werde, daß das Innengebiet links liegt. Es gelte dann noch $(x_0, y_0) = (x_n, y_n)$. Mittels einer Translation $x_i \rightarrow x_i - xp$, $y_i \rightarrow y_i - yp$ wird der Punkt **P** in den Ursprung des Koordinatensystems verlegt. Sodann stellen wir für jede Kante i fest,

- ob der Punkt auf der Kante liegt,

- ob und von welcher Seite her die Kante die negative y–Achse durchstößt oder

- ob die Kante die negative y–Achse nur erreicht oder wieder verläßt.

Im ersten Fall wird die Nummer der Kante direkt ausgegeben, ansonsten ein Zähler um zwei erhöht oder erniedrigt, wenn die Kante von links bzw. rechts die negative y–Achse durchstößt. Im dritten Fall wird der Zählerwert je nach Richtung jedoch nur um eins verändert. Ist am Ende die Zählerdifferenz positiv, so liegt der Punkt im Inneren. Das genaue Vorgehen wird noch einmal in Bild 2.16 verdeutlicht. Im ersten Fall haben

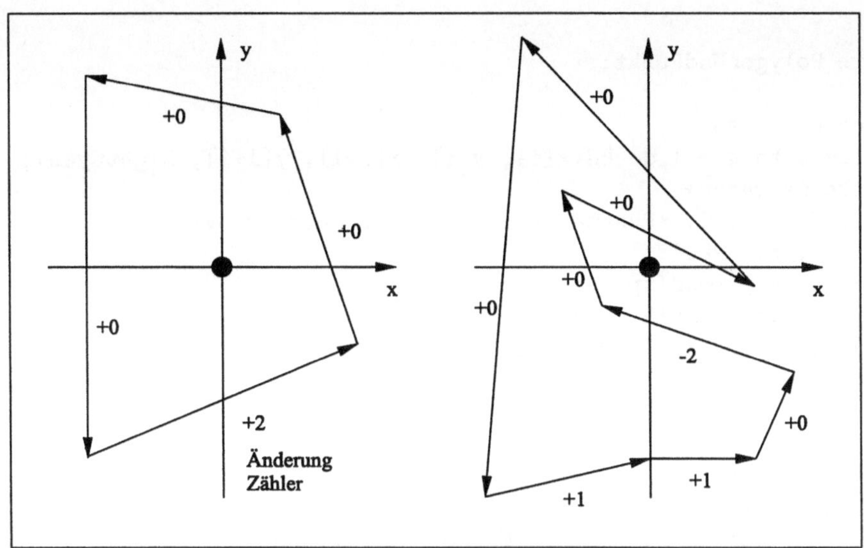

Bild 2.16: Lage eines Punktes bezüglich eines Polygons

wir ein konvexes Polygon vorliegen, das entgegen dem Uhrzeigersinn durchlaufen wird.
Das beschränkte Innengebiet liegt beim Durchlauf immer links. Die Gesamtänderung des
Zählers beträgt zwei, der Punkt liegt im Inneren. Im rechten Teil der Figur ist zweitens ein
nicht–konvexes Polygon gewählt, das den Punkt umgeht. Die Gesamtsumme des Zählers
verschwindet.

Wir geben den Kern des Algorithmus, der auch bei nicht einfach geschlossenen Polygonen arbeitet, in Pascal an. Das Innengebiet des Polygons möge links bezüglich der Durchlaufrichtung gegen den Uhrzeigersinn in einem positiv orientierten xy–System liegen. Ist
das System umgekehrt, d.h. bildschirmorientiert, so muß die Durchlaufrichtung geändert
werden. Das Polygon sei durch die Liste seiner Eckpunkte $L : ((x_i, y_i), \; i = 0, ..., n)$
festgelegt. Dabei stimmen Anfangs– und Endpunkt überein. Das Programm erwartet die
Eingabe der Polygonpunkteliste und des zu untersuchenden Punktes $\mathbf{P} : (xp, yp)$. Das
Polygon und der Punkt werden gezeichnet und die Position des Punktes angegeben.

Algorithmus 2.9 (Punkt in Polygon)
```pascal
program PunktInPolygon;
uses Crt, Graph, Grafik; {Unit Grafik siehe Buch-CD}
const max = 100; {Anzahl der Ecken}
var x, y : Array[0..max] of Integer;
    n, dx, dy, dx2, dy2, xp, yp, SgnX, SgnY, i, Zaehler, ymax : Integer;
    d, dx1, dy1 : LongInt;
    istr : String[10];
    Rand : Boolean;


procedure Polygon_einlesen;
begin
    ... {Hier werden die Eckpunkte des Polygons eingelesen}
end;
```

```pascal
procedure PolygonUndPunkt;
begin
  Polygon_einlesen;
  for i := 0 to n - 1 do BG(x[i], y[i], x[i+1], y[i+1], LightCyan);
  {Strecke zeichnen}
  OutTextXY(20, 250, 'Punktekoordinaten eingeben (x, y):');
  ShowCursor(50, 280);
  GotoXY(8, 18); read(xp, yp);
  Draw(xp-2, yp-2, xp+2, yp+2, Yellow);
  Draw(xp-2, yp+2, xp+2, yp-2, Yellow);
end;

begin
  GraphSetup(Farbig);
  PolygonUndPunkt;
  i := 0; Zaehler := 0; Rand := False; {Startindex}
  repeat
    dx := x[i+1] - x[i]; dx1 := xp - x[i]; dx2 := x[i+1] - xp;
    dy := y[i+1] - y[i]; dy1 := yp - y[i]; dy2 := y[i+1] - yp;
    {Koordinatenverschiebung}
    SgnX := 1; if dx < 0 then SgnX := -1 else if dx = 0 then SgnX := 0;
    SgnY := 1; if dy < 0 then SgnY := -1 else if dy = 0 then SgnY := 0;
    if SgnX = 0 then begin {Kante senkrecht}
      if (dx1 = 0) and (dy1 * SgnY  >=  0) and (dy2 * SgnY >= 0) then
        Rand := True
    end else  {Kante nicht senkrecht}
      if (dx1 * SgnX >= 0) and (dx2 * SgnX >= 0) then begin
        d := SgnX * (dx * dy1 - dy * dx1);
        if d = 0 then Rand := True;
        if d > 0 then begin
          if dx1 * dx2 > 0 then Zaehler := Zaehler + 2 * SgnX
          else Zaehler := Zaehler + SgnX;
        end;
      end;
    Inc(i);
  until Rand or (i = n);
  if Rand then begin
    Str(i, istr);
    OutTextXY(20, 310, 'Der Punkt liegt auf der Kante ' + istr + ' .');
  end else
    if Zaehler > 0 then
      OutTextXY(20, 310, 'Der Punkt liegt im Inneren. ')
    else
      OutTextXY(20, 310, 'Der Punkt liegt ausserhalb. ');
  CloseGraph;
end.
```

2.7 Parametrisierte Kurven

Wir haben uns in verschiedenen Abschnitten dieses Kapitels bereits mit Ellipsen und Kreisen beschäftigt und wollen diese Thematik parametrisierter Kurven nun verallgemeinern und den klassischen Kurvenbegriff unserem diskreten Begriff aus Abschnitt 2.2 entgegenzustellen.

Eine Punktmenge $C \subset \mathbb{R}^2$ heißt Kurvenspur, wenn jeder Punkt $\mathbf{x} \in C$ sich als $\mathbf{x} = (x_1(t), x_2(t))^T$ schreiben läßt. Dabei sind die x_i stetige reellwertige Funktionen über einem Intervall $[a, b]$. Die Variable t heißt Parameter, der Funktionsvektor $\mathbf{x}(t)$, $a \leq t \leq b$, (parametrisierte) Kurve C. $\mathbf{x}(a)$ ist der Anfangspunkt, $\mathbf{x}(b)$ der Endpunkt der Kurve. Die Kurve heißt geschlossen, falls Anfangs– und Endpunkt gleich sind. Sie heißt n–mal stetig differenzierbar, wenn beide Koordinatenfunktionen es sind. Eine Kurve kann durchaus verschiedene Parametrisierungen haben, die durch eine streng monoton wachsende, stetige Parametertransformation auseinander hervorgehen. Haben wir m Kurven C_i, $i = 1, ..., m$, mit den Parameterintervallen $[i - 1, i]$ und $\mathbf{x}_i(i) = \mathbf{x}_{i+1}(i)$, so können wir die Summe der Kurven definieren, wenn wir sie einzeln nacheinander durchlaufen: $C = C_1 + ... + C_m$. Mit $-C$ bezeichnen wir die Kurve, die entsteht, wenn wir die Durchlaufrichtung umkehren. Zu Ende des letzten Jahrhunderts ist gezeigt worden, daß dieser weit gefaßte Kurvenbegriff durchaus nicht dem der anschaulichen Bahnkurven entspricht. In Kapitel 6 werden wir ein Beispiel für eine Kurve angeben, die ein ganzes Quadrat ausfüllt. Derartige Kurven sind natürlich nicht doppelpunktfrei. Eine Kurve $C : \mathbf{x}(t)$, $a \leq t \leq b$, heißt Jordanscher Kurvenbogen, wenn aus $t_1 \neq t_2$ auch $\mathbf{x}(t_1) \neq \mathbf{x}(t_2)$ folgt. C heißt einfach geschlossen, wenn nur Anfangs– und Endpunkt übereinstimmen. Ist das Supremum der Länge aller in einen Kurvenbogen C eingeschriebenen Polygonzüge beschränkt, so heißt C rektifizierbar. Wenn wir einmalige stetige Differenzierbarkeit voraussetzen, gilt für die Kurvenlänge

$$L(C) := \int_a^b \sqrt{\dot{x}_1^2(\tau) + \dot{x}_2^2(\tau)} d\tau.$$

Dabei ist die Länge von der Parametrisierung unabhängig, und der Punkt steht abkürzend für die Ableitung nach t. Die Kurve C heißt glatt, wenn sie eine stetig differenzierbare Parameterdarstellung $\mathbf{x}(t)$, $a \leq t \leq b$, besitzt, so daß für alle $t \in [a, b]$ der Tangentenvektor $\dot{\mathbf{x}}(t)$ vom Nullvektor $\mathbf{0}$ verschieden ist. Wir wollen C einen Weg nennen, wenn es Summe endlich vieler glatter Kurven ist. Führen wir als Parameter $s(t)$ die Bogenlänge des Weges $C : \mathbf{x}(\tau)$, $a \leq \tau \leq t$, ein, so sprechen wir von der kanonischen Parametrisierung $\mathbf{x}(s)$, $0 \leq s \leq L$. $\mathbf{t}(s) := \mathbf{x}'(s)$ ist dann der zu Eins normierte Tangentenvektor, und es existiert ein eindeutig bestimmter Normalenvektor $\mathbf{n}(s)$ mit $(\mathbf{t}, \mathbf{n}) = 0$ und $\det(\mathbf{t}, \mathbf{n}) = 1$. Ist C zweimal stetig differenzierbar, so sind Normalen– und Tangentenvektor über die Krümmung k miteinander verbunden:

$$\mathbf{t}'(s) = k(s)\mathbf{n}(s), \quad k(s) = \det(\mathbf{t}, \mathbf{t}').$$

Tangentenvektor und Krümmung beschreiben dann den Kurvenverlauf in der Umgebung eines Punktes in erster und zweiter Näherung.

2.7.1 Kegelschnitte und abgeleitete Kurven

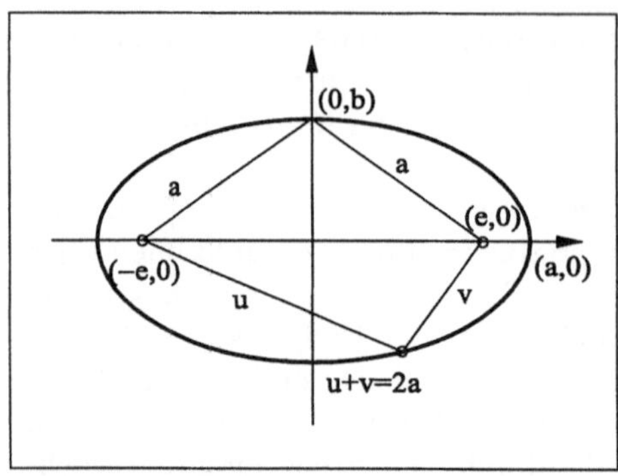

Bild 2.17: Ellipse in Mittelpunktslage

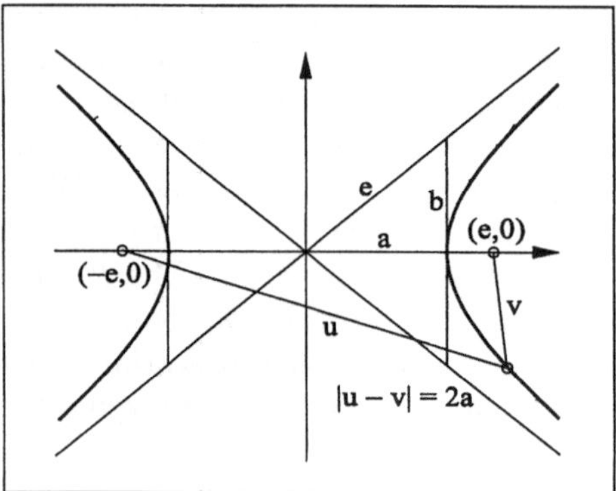

Bild 2.18: Hyperbel in Mittelpunktslage

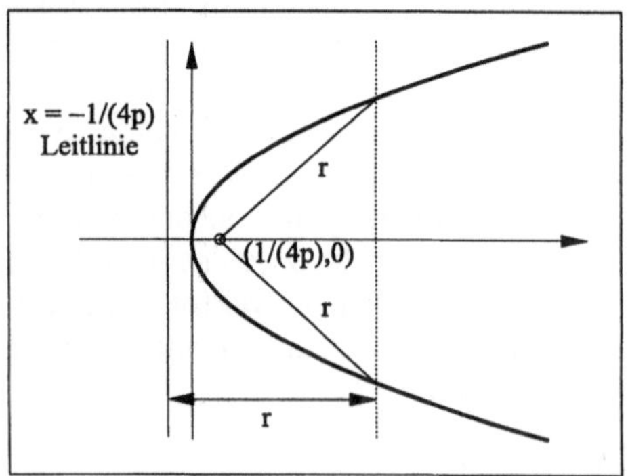

Bild 2.19: Parabel in Mittelpunktslage

1. Ellipse ($x^2/a^2 + y^2/b^2 = 1$)

Ist eine Ellipse mit den Halbachsen a und b vorgegeben, so gilt für die Abstände der Brennpunkte $(\pm e, 0)$ vom Nullpunkt $e = \sqrt{a^2 - b^2}$. Wir erhalten die Brennpunkte als Schnittpunkte eines Kreises mit Radius a um den Punkt $(0, b)$ und der x–Achse. Bei der Fadenkonstruktion werden je zwei Teile u und v der waagerechten Achse mit $u + v = 2a$ als Radien von Kreisen um die Brennpunkte verwendet. In den Schnittpunkten liegen Ellipsenpunkte. Legen wir die Schnittpunkte dicht beieinander, so kann die Ellipse durch einen Polygonzug approximiert werden. Eine Parameterdarstellung der Ellipse ist

$$x = a\cos t, \ y = b\sin t, \ 0 \le t \le 2\pi,$$
oder für $u \in \mathbb{R}$
$$x = a(1 - u^2)/(1 + u^2), \ y = 2bu/(1 + u^2).$$

2. Hyperbel ($x^2/a^2 - y^2/b^2 = 1$)

Bei der Normalhyperbel mit den Halbachsen a und b wird zur Bestimmung der Brennpunkte die Länge des Ortsvektors (a, b) vom Nullpunkt nach beiden Seiten auf der waagerechten Achse angelegt. Durch Verlängerung der Ortsvektoren $(\pm a, \pm b)$ ergeben sich zugleich die Asymptoten. Zur Konstruktion werden hier die Entfernungen u und v eines beliebigen Punktes auf der waagerechten Achse zu den beiden Scheitelpunkten $(\pm a, 0)$ von den beiden Brennpunkten wieder so abgetragen, daß ein Schnittpunkt entsteht. Es gilt dann also $|u - v| = 2a$. Die Parameterdarstellung der Hyperbel ist

$$x = \pm a\cosh t, \ y = b\sinh t, \ -\infty < t < \infty,$$
oder für $u \in \mathbb{R}\backslash\{-1, 1\}$
$$x = a(1 + u^2)/(1 - u^2), \ y = 2bu/(1 - u^2).$$

3. Parabel ($x = py^2$)

Schreiben wir die Parabelgleichung in $(x + 1/(4p))^2 = y^2 + (x - 1/(4p))^2$ um, so erkennen wir, daß jeder Parabelpunkt von der Leitlinie $x = -1/(4p)$ und dem Brennpunkt $(1/(4p), 0)$ gleich weit entfernt ist. Legen wir also in beliebigem Abstand r von der Leitlinie eine Parallele, so erhalten wir durch Abtragen von r vom Brennpunkt aus je zwei Schnittpunkte mit der Parallelen als Parabelpunkte. Eine Parameterdarstellung ist $x = pu^2$, $y = u$, $u \in \mathbb{R}$.

Ist der Kegelschnitt in allgemeiner Form durch die Gleichung zweiten Grades

$$ax^2 + 2bxy + cy^2 + 2dx + 2ey + f = 0,$$

vorgegeben, so kann er durch eine geeignete Drehung mit anschließender Translation auf Normalform transformiert werden. Dazu schreiben wir die Gleichung in Matrizenform um:

$$(\mathbf{x}, \mathbf{A}\mathbf{x}) + 2(\mathbf{g}, \mathbf{x}) + f = 0$$

mit

$$\mathbf{A} = \begin{pmatrix} a & b \\ b & c \end{pmatrix}, \qquad \mathbf{g} = (d, e)^T.$$

$\mathbf{A}$ ist eine symmetrische Matrix mit reellen Eigenwerten μ_1 und μ_2, den Nullstellen des Polynoms $P(\mu) = \det(\mathbf{A} - \mu\mathbf{E})$. Sodann bestimmen wir die orthonormalen Eigenvektoren $\mathbf{x}_1$ und $\mathbf{x}_2$ zu den Eigenwerten, d.h. Lösungen der Gleichungen $\mathbf{A}\mathbf{x}_i = \mu_i\mathbf{x}_i$ mit $|\mathbf{x}_i| = 1$ und definieren die Drehmatrix $\mathbf{T} := (\mathbf{x}_1, \mathbf{x}_2)$. Mit der Transformation $\mathbf{x} = \mathbf{T}\mathbf{y}$, $\mathbf{y} = (u, v)^T$, geht die allgemeine Kegelschnittgleichung über in

$$(\mathbf{y}, \mathbf{T}^T\mathbf{A}\mathbf{T}\mathbf{y}) + 2(\mathbf{T}^T\mathbf{g}, \mathbf{y}) + f = \mu_1 u^2 + \mu_2 v^2 + 2\alpha u + 2\beta v + f = 0.$$

Nun können wir zwei Fälle unterscheiden. Ist $\mu_1 \cdot \mu_2 \neq 0$, so setzen wir noch $s := u + \alpha/\mu_1$, $t := v + \beta/\mu_2$, $h := \alpha^2/\mu_1 + \beta^2/\mu_2 - f$ und können die Form $\mu_1 s^2 + \mu_2 t^2 = h$ leicht klassifizieren. Im nicht entarteten Fall finden wir eine Ellipse oder Hyperbel. Ist jedoch einer der Eigenwerte gleich Null, so werden wir nach einer quadratischen Ergänzung im allgemeinen auf eine Parabel geführt.

4. Schraubenlinie ($x = r \cos t$, $y = r \sin t$, $z = bt$)

Die Schraubenlinie entsteht durch Zusammenausführung zweier gleichförmiger Bewegungen, einer kreisenden Bewegung in der xy–Ebene und einer Vorschubbewegung in z–Richtung. Die Größe $2\pi b$ heißt Ganghöhe, und β mit $b = r \tan \beta$ ist der Steigwinkel.

5. Zykloide ($x = a(t - \alpha \sin t)$, $y = a(1 - \alpha \cos t)$, $\alpha = 1$)

Rollt ein Kreis vom Radius a auf einer waagerechten Gerade ab, so erzeugt ein auf dem Rand markierter Punkt eine Zykloide. Führen wir noch einen Parameter α ein, so erhalten wir für $\alpha < 1$ eine verkürzte Zykloide — der Punkt ist innerhalb des Kreises markiert, für $\alpha > 1$ jedoch eine verlängerte Zykloide. Hier ist der Punkt außerhalb des Kreises angenommen. Zykloiden treten als Schlagschatten von Schraubenlinien unter paralleler Beleuchtung auf. Ist die Horizontalneigung der Lichtstrahlen größer als der Steigwinkel der Schraubenlinie, so erhalten wir eine verlängerte, ist er kleiner, so eine verkürzte Zykloide.

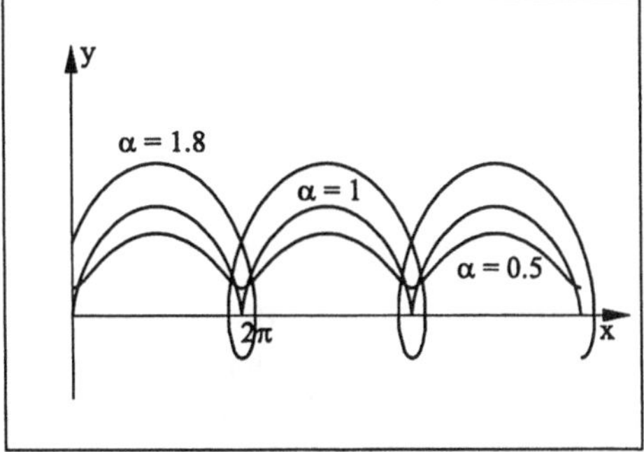

Bild 2.20: Zykloiden

2.8 Rasterungsprobleme und ihre Lösung durch Kettenbrüche

In seinem Artikel „Ambiguities in Incremental Line Rastering" von 1987 [40] weist Bresenham auf mehrere Anforderungen und Probleme für seinen Linienrasterungsalgorithmus hin:

- Bei der Rasterung soll es sich um einen Kurvenbogen handeln.
- Er soll bezüglich einer Abstandsnorm bestmöglich sein.
- Die Rasterung soll nicht von der Durchlaufrichtung abhängen.
- Treue bei nicht ganzzahligen Anfangs– und Endpunkten: zum Beispiel sollen Strecken von $(5.5, 0.5)$ nach $(0.5, 5.5)$ mit denen von $(6, 0)$ nach $(0, 6)$ übereinstimmen.
- Der Befehl Polyline soll beim Runden der Endpunkte nicht zu Löchern führen.
- Die Verbindungsstrecke zweier Punkte auf einer gerasterten Gerade soll die gleiche Rasterung haben wie der entsprechende Abschnitt der ursprünglichen Gerade.

Viele Probleme rühren auch daher, daß für Geraden der Form $y = px/q + b$ mit geradem q und $(p, q) = 1$ die Rasterung beim Durchlaufen halbzahliger Gitterpunkte aufgrund der beiden möglichen Rundungsvorschriften nicht eindeutig ist. So hat die Strecke $(0, 0) \rightarrow (4, 2)$ vier verschiedene Rasterungen.

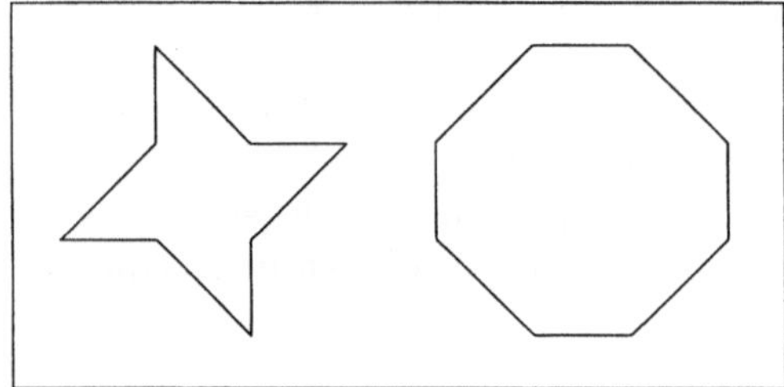

Bei der Rasterung konvexer Gebiete können so erhebliche Diagonalfehler entstehen: Beispielspielsweise kann der Buchstabe „O" zu einem Stern entarten (vgl. Bild 2.21), und die Konvexität kann verloren gehen. Das Problem tritt in verallgemeinerter Form beim Clipping auf. Hier werden aus dem Kettencode Teilstücke herausgeschnitten, die nicht mehr zu der geclippten

Bild 2.21: Zum Stern entartetes „O" Strecke und ihrer Steigung gehören, selbst dann nicht, wenn mehrere Schnittpunkte mit den Clippgeraden bestehen. Das gleiche Problem führt beim Überzeichnen sichtbarer Strecken zu XOR–Fehlern.

Wir konstruieren deshalb aufbauend auf [43, 50] einen Zusammenhang zwischen der Kettencodedarstellung einer Strecke und ihrem Steigungskettenbruch. Im allgemeinen haben die Steigungskettenbrüche zu Strecken mit verschiedenen Endpunkten (z.B. $(q, p), (q - 1, p), (q + 1, p + 1), \ldots$) keine gemeinsamen Näherungsbrüche, obwohl sich die Rasterstrecken in mehreren Punkten schneiden können, und ermöglichen daher, eindeutig festzustellen, wann Fehler auftreten.

2.8.1 Wichtige Eigenschaften von Kettenbrüchen

Wir erläutern zunächst die wichtigsten Eigenschaften von Kettenbrüchen und geben dann einen Algorithmus an, der aus dem Steigungskettenbruch einer Strecke $(0, 0) \rightarrow (q, p)$, $0 < p < q$ im ersten Oktanten ihren Kettencode erzeugt. Gilt $p = rp', q = rq', (p', q') = 1$, so besteht die Strecke aus r versetzten Teilstrecken $(0, 0) \rightarrow (q', p')$. Es ist daher hinreichend, den Kettenbruch von p'/q' zur Herleitung des Kettencodes der Strecke heranzuziehen.

Definition 2.1 (Kettenbruchdarstellung)
Unter dem Kettenbruch eines Bruches p/q mit $0 < p < q$, $(p,q) = 1$, verstehen wir die Darstellung

$$\frac{p}{q} = \cfrac{1}{a_1 + \cfrac{1}{a_2 + \cfrac{1}{\ldots + \cfrac{1}{a_n}}}}$$

und schreiben $p/q := \langle a_1, a_2, ..., a_n \rangle$.

Sei $x := \langle a_3, a_4, ..., a_n \rangle$, dann gilt:

$$1 - \frac{p}{q} = 1 - \cfrac{1}{a_1 + \cfrac{1}{a_2 + x}} = \cfrac{1}{1 + \cfrac{1}{a_1 - 1 + \cfrac{1}{a_2 + x}}}$$

$$= \begin{cases} \langle 1, a_1 - 1, a_2, \ldots, a_n \rangle & \text{falls } a_1 > 1, \text{ d.h. falls } \frac{p}{q} \leq \frac{1}{2} \\ \langle 1 + a_2, a_3, \ldots, a_n \rangle & \text{falls } a_1 = 1, \text{ d.h. falls } \frac{p}{q} \geq \frac{1}{2}. \end{cases}$$

Wir erhalten den Kettenbruch zu p/q auf einfache Weise aus der Beziehung $p/q = \frac{1}{q/p}$ und dem euklidischen Algorithmus, indem wir zu dem Bruch p/q den ersten Schritt des euklidischen Algorithmus $q = a_1 \cdot p + x_1$ ausführen und a_1 als ersten Koeffizienten der Kettenbruchdarstellung notieren. Die weiteren Koeffizienten erhalten wir durch Iteration und gelangen so zu einer kürzesten Darstellung.

Definition 2.2 (Näherungsbruch)
Gegeben sei ein Bruch p/q, $0 < p < q$, und seine Kettenbruchdarstellung $\langle a_1, a_2, \ldots, a_n \rangle$. Unter dem k–ten Näherungsbruch ($1 \leq k \leq n$) verstehen wir den Bruch $C_k = p_k/q_k = \langle a_1, a_2, \ldots, a_k \rangle$.

Es gilt:
- $C_k < p/q$, falls k gerade und $k < n$
- $C_k > p/q$, falls k ungerade und $k < n$
- $C_k = p/q$, falls $k = n$,

d.h. $C_2 < C_4 < \ldots < C_{2k} < p/q < C_{2k+1} < \ldots < C_3 < C_1$.

Für die Berechnung der Näherungsbrüche $C_k = p_k/q_k$ gilt die Rekursion:

$$p_0 := 0; \quad p_1 := 1; \quad p_{k+2} = a_{k+2} \cdot p_{k+1} + p_k,$$
$$q_0 := 1; \quad q_1 := a_1; \quad q_{k+2} = a_{k+2} \cdot q_{k+1} + q_k.$$

Beispiel 2.1
Wir notieren zu dem Bruch $p/q = 11/51$ den euklidischen Algorithmus, die Kettenbruchdarstellung und die Näherungsbrüche:

eukl. Alg.	a_k	Näherung von unten	Näherung von oben
$51 = \boxed{4} \cdot 11 + 7$	$a_1 = 4$		$c_1 = \langle 4 \rangle = \frac{1}{4}$
$11 = \boxed{1} \cdot 7 + 4$	$a_2 = 1$	$c_2 = \langle 4, 1 \rangle = \frac{1}{5}$	
$7 = \boxed{1} \cdot 4 + 3$	$a_3 = 1$		$c_3 = \langle 4, 1, 1 \rangle = \frac{2}{9}$
$4 = \boxed{1} \cdot 3 + 1$	$a_4 = 1$	$c_4 = \langle 4, 1, 1, 1 \rangle = \frac{3}{14}$	
$3 = \boxed{3} \cdot 1$	$a_5 = 3$		$c_5 = \langle 4, 1, 1, 1, 3 \rangle = \frac{11}{51}$

Die exakte Darstellung eines Bruches, in diesem Falle $c_5 = \langle 4, 1, 1, 1, 3 \rangle$, kann also immer eindeutig als von oben oder von unten kommende Näherung eingestuft werden, je nachdem, ob die Kettenbruchdarstellung aus einer geraden oder ungeraden Anzahl von Zahlen besteht. Dies ist im weiteren Verlauf für die Geradenrasterung wichtig, um Konflikte bei der Rasterung wohldefiniert aufzulösen.

Alternativ gewinnen wir die Näherungsbrüche C_k mit den Rekursionsformeln aus der Kettenbruchdarstellung.

$k =$	0	1	2	3	4	5
$a_k =$	$-$	4	1	1	1	3
$p_k =$	0	1	1	2	3	11
$q_k =$	1	4	5	9	14	51

Schema:	k	$k+1$	$k+2$
	p_k	$+$ $\quad p_{k+1} \cdot a_{k+2} \rightarrow$	p_{k+2}
	q_k	$+$ $\quad q_{k+1} \cdot a_{k+2} \rightarrow$	q_{k+2}

2.8.2 Algorithmus Kettencode aus Kettenbruch

Wir formulieren nun einen Algorithmus, der aus der Darstellung $p/q = \langle a_1, ..., a_n \rangle$ mit $0 < p < q$ den zugehörigen Kettencode g_n, der als Zeichenkette aus Nullen und Einsen vorliegt, durch Kombination aus den zu den Näherungsbrüchen gehörigen Teilcodes in place berechnet und aufgrund des strukturellen Aufbaus der digitalen Geraden die Möglichkeit bietet, diese parallel zu zeichnen. Dabei kann ein Teilcode g_k bei der Kombination in ursprünglicher Form und in gespiegelter Form $\bar{g}_k$ verwendet werden.

Im Falle der Mehrdeutigkeit (q gerade) gibt es zwei Kettencodes, die in der Mitte entweder die Kombination 01 (für die kleinere Näherung) oder 10 (für die größere Näherung) aufweisen. Um uns möglichst dicht an die wahre Strecke anzuschmiegen, wählen wir bei einer Näherung von unten die größere, bei einer Näherung von oben die kleinere Lösung.

Beim Aufbau eines neuen Kettencodes g_k muß der zum Vorgänger gehörende Teilcode g_{k-1} $\lfloor a_k/2 \rfloor$-fach hintereinander gehängt werden, was in $O(\log a_k)$-Schritten mit dem folgenden Algorithmus durch den Aufruf $g_k := \texttt{ErzeugeTC}(g_{k-1}, \lfloor a_k/2 \rfloor)$ realisiert werden kann, wenn $\lfloor a_k/2 \rfloor$ in binärer Darstellung als $\lfloor a_k/2 \rfloor = b_{l-1} b_{l-2} \ldots b_0$ vorliegt:

```
function ErzeugeTC(Vorgaenger : KCode; a : Integer) : KCode;
{Sei a = b[l-1] ... b[0]}
1) Setze P := Vorgaenger; Teilcode := "";
2) Für i := 0 bis l-1 führe aus:
        Falls b[i] = 1 setze Teilcode := P o Teilcode;
        Setze P := P o P;
3) ErzeugeTC := Teilcode;
```

Wir müssen wegen der Zweideutigkeit des Codes bei geradem Nenner alle Fälle der Näherung der gesuchten Geraden von unten und von oben, sowie durch gerade und durch ungerade Teilnenner und Kettenbruchkoeffizienten genau diskutieren, um uns bestmöglich an die Strecke mit der Steigung p/q anzunähern. Dazu ist die Beachtung der folgenden Punkte notwendig und hinreichend:

i) Ist $(p, q) = r$ mit $0 < p < q$, so wird die Strecke in r gleiche Teile aufgeteilt und dann der Fall $(p', q') = 1$ betrachtet.

ii) Bei ungeradem q ist der Kettencode eindeutig und spiegelsymmetrisch; bei geradem existieren zwei Lösungen mit den Kombinationen 01 (kleinere Näherung) und 10 (größere Näherung) in der Mitte.

iii) Die Nenner q_{k-1} und q_{k-2} benachbarter Näherungsbrüche sind niemals beide gerade.

Durch genaue Analyse der zwölf möglichen Fälle, die aus den Unterscheidungen k gerade oder ungerade, a_k gerade oder ungerade sowie q_{k-1} und q_{k-2} gerade oder ungerade resultieren, verbleiben schließlich nur noch zwei Fälle, je nachdem, ob a_k gerade oder ungerade ist:

$$
g_k = \begin{cases}
\overbrace{g_{k-1} \circ \dots \circ g_{k-1}}^{a_k/2 \text{ mal}} \circ g_{k-2} \circ \overbrace{\bar{g}_{k-1} \circ \dots \circ \bar{g}_{k-1}}^{a_k/2 \text{ mal}}, & a_k \text{ gerade,} \\[2ex]
\underbrace{g_{k-1} \circ \dots \circ g_{k-1}}_{(a_k-1)/2 \text{ mal}} \circ g_{k-1} \circ \bar{g}_{k-2} \circ \underbrace{\bar{g}_{k-1} \circ \dots \circ \bar{g}_{k-1}}_{(a_k-1)/2 \text{ mal}}, & a_k \text{ ungerade.}
\end{cases}
$$

Wir geben nun den entsprechenden Algorithmus an.

Algorithmus 2.10 (Kettencode aus Kettenbruch)
Gegeben sei der Bruch $p/q = \langle a_1, a_2, \dots, a_n \rangle$, mit $(p, q) = 1$.

1) Setze g0 := "0"; {Kettencode zu C(0)}.
2) Setze Teilcode := ErzeugeTC(g0, (a(1) - 1) div 2);.
3) Falls a(1) ungerade
      Setze g1 := Teilcode o "1" o Teilcode.
   sonst
      Setze g1 := Teilcode o "01" o Teilcode.
4) Für k := 2 bis n führe aus:
      Setze a2 := a(k) div 2;.
      Setze g2 := ErzeugeTC(g1, a2);.
      Falls a(k) gerade
         Setze g2 := g2 o g0 o ErzeugeTC(Sp(g1), a2).
      sonst
         Setze g2 := g2 o g1 o Sp(g0) o ErzeugeTC(Sp(g1), a2).
      Setze g0 := g1; g1 := g2;
5) Der Kettencode zu $p/q = \langle a_1, a_2, \dots, a_n \rangle$ steht in g2.

Im Fall 4) bezeichnet Sp(g) die Spiegelung des Kettencodes g.

Der Algorithmus behandelt alle Fälle, die auftreten können und ist korrekt, weil die Näherungsbrüche die besten Approximationen unter den Brüchen mit höchstens gleich großem Nenner sind.

Die Behandlung der anderen sieben Oktanten kann unter Ausnutzung von Symmetrien zur y-Achse bzw. zur Winkelhalbierenden auf die des ersten zurückgeführt werden. Ferner existiert eine naheliegende und schnelle Methode, die auf die Berechnung des Kettenbruchs mit Hilfe des euklidischen Algorithmus in $O(\log^2 q)$ Zeit verzichtet und statt dessen in einer Liste zu jedem p/q mit $0 \leq p < q \leq 1023$ zunächst eine Flagge (1 Bit) verwaltet, die angibt ob $(p, q) = 1$. Ist dies der Fall, so wird der nächste Näherungsbruch (20 Bit), der zugehörige Kettenbruchkoeffizient (10 Bit) und eine Flagge für die Approximationsrichtung (von unten oder von oben, 1 Bit) gespeichert. Ansonsten wird der zugehörige gekürzte Bruch p'/q' (20 Bit) sowie der ggT(p, q) (10 Bit) gespeichert. In beiden Fällen reichen 4 Byte aus, so daß alle Einträge in 2 MB ROM abspeichert werden können. Der Speicher kann noch halbiert werden, wenn wir die für $p/q = \langle a_1, a_2, \dots, a_n \rangle$ mit $p/q < 1/2$ bereits hergeleitete Beziehung $1 - p/q = \langle 1, a_1 - 1, a_2, \dots, a_n \rangle$ berücksichtigen. Für die Näherungsbrüche gilt die gleiche Relation, was aus der Identität $(q - p)/q = 1/(1 + p/(q - p))$ folgt. So können die Näherungsbrüche und der zugehörige Kettencode durch schnellen Zugriff in logarithmischer Zeit $O(\log q)$ aufgebaut werden.

Beispiel 2.2

Gegeben sei die Gerade $y = \frac{11}{51}x$ durch die Punkte $(0,0)$ und $(51,11)$. Wir ermitteln den zugehörigen Kettencode mit dem oben vorgestellten Algorithmus. Nach Beispiel 2.1 ergibt sich: $11/51 = \langle 4,1,1,1,3 \rangle$ oder in ausgeschriebener Form

$$\frac{11}{51} = \cfrac{1}{4 + \cfrac{1}{1 + \cfrac{1}{1 + \cfrac{1}{1 + \cfrac{1}{3}}}}}.$$

Nun wenden wir Algorithmus 2.10 an und berechnen sukzessive die Kettencodes der Näherungsbrüche $C_i = \langle a_1, \ldots, a_i \rangle$, $1 \le i \le 5$.

1) Setze $g_0 = $ '0'.

2) Setze Teilcode $= $ '0'.
   a_1 gerade $\Rightarrow$ Setze $g_1 = $ Teilcode $\circ$ '01' $\circ$ Teilcode $= $ '0 01 0'.

3) Da $a_2 = 1$, liefert ErzeugeTC den leeren Kettencode.
   a_2 ungerade $\Rightarrow$ Setze $g_2 = g_1 \circ Sp(g_0) = $ '0010 0'.

4) Da $a_3 = 1$, liefert ErzeugeTC den leeren Kettencode.
   a_3 ungerade $\Rightarrow$ Setze $g_3 = g_2 \circ Sp(g_1) = $ '00100 0100'.

5) Da $a_4 = 1$, liefert ErzeugeTC den leeren Kettencode.
   a_4 ungerade $\Rightarrow$ Setze $g_4 = g_3 \circ Sp(g_2) = $ '001000100 00100'.

6) $a_5 = 3 \Rightarrow$ ErzeugeTC$(g_4, 1) = g_4$.
   a_5 ungerade $\Rightarrow$ Setze $g_5 = g_4 \circ g_4 \circ Sp(g_3) \circ Sp(g_4) = $
       '00100010000100 00100010000100 001000100 00100001000100'.

Wir können den Bruch 11/51 so interpretieren, daß wir in dem Kettencode der Länge 51 genau 11 Einsen und somit 40 Nullen anordnen müssen. Dabei müssen die weniger häufig vorkommenden Einsen möglichst gleichmäßig verteilt werden und dürfen daher nur vereinzelt vorkommen. Ferner ist darauf zu achten, daß der Kettencode aneinander gereiht werden kann, d.h. die Summe der Anzahlen der Nullen vor der ersten und nach der letzten Eins darf sich höchstens um Eins von der Länge der übrigen Nullblöcke unterscheiden, so daß insgesamt höchstens zwei verschiedene Blocklängen auftreten. Diese Beziehung zwischen Zähler und Nenner gilt auch für die Näherungsbrüche zur Kettenbruchdarstellung $11/51 = \langle 4,1,1,1,3 \rangle$:

C_i	Kettencode g_i zu C_i
$C_1 = \langle 4 \rangle = 1/4$	'0010'
$C_2 = \langle 4,1 \rangle = 1/5$	'00100'
$C_3 = \langle 4,1,1 \rangle = 2/9$	'001000100'
$C_4 = \langle 4,1,1,1 \rangle = 3/14$	'00100010000100'

Die Kettenbruchmethode erlaubt aufgrund der eindeutigen Zuordnung jedes Näherungsbruches als von oben oder unten kommend ohne Benutzung des Kettencodes eine

- Erkennung von XOR Fehlern beim Clipping–Problem,
- Korrektur bei Ähnlichkeitsabbildungen,
- Entscheidung bei Einbettungsproblemen.

2.9 Aufgaben

Aufgabe 2.1
Erläutern Sie die Funktionsweise des folgenden RGB → HSV–Transformationspro-
gramms und schreiben Sie die Umkehrprozedur! Die Prozedur RGBtoHSV geht zurück auf
eine Darstellung von J. D. Foley und A. van Dam in [87]. Eingegeben werden $r, g, b \in [0, 1]$,
ausgegeben werden $h \in [0, 360)$ sowie s und $v \in [0, 1]$. Gilt $s = 0$, so ist h undefiniert
(vgl. Bild 2.1).

```
const undef = -1;

procedure RGBtoHSV(r, g, b : Real; var h, s, v : Real);
var rc, gc, bc, MinValue : Real;
begin
  v := Maximum(r, g, b);
  MinValue := Minimum(r, g, b);
  if v > 0.0 then s := (v - MinValue) / v else s := 0.0;
  if s = 0.0 then h := undef
  else begin
    rc := (v-r) / (v - MinValue);
    gc := (v-g) / (v - MinValue);
    bc := (v-b) / (v - MinValue);
    if v = r then h := bc - gc                    {magenta ... gelb}
             else if v = g then h := 2.0 + rc - bc {gelb ... cyan}
                           else h := 4.0 + gc - rc; {cyan ... magenta}
    h := h * 60.0;
    if h < 0.0 then h := h + 360.0;
  end;
end; {RBGtoHSV}
```

Aufgabe 2.2
Zeigen Sie: Ist S ein reelles Geradenstück, so ist die Digitalisierung $\hat{S}$ von S in einem
Bereich von Gitterpunkten R ein 8–Bogen. Für welche Geraden enthält der Bogen nur
Diagonalnachbarn?

Aufgabe 2.3
Gegeben seien die Geraden $y_1 = \frac{1}{3} + \frac{3}{5}x$ und $y_2 = \frac{1}{5} + \frac{3}{7}x$.
a) Digitalisieren Sie die beiden Geraden, geben Sie den Kettencode an und beweisen
   Sie, daß digitale Geradenstücke vorliegen.
b) Drehen Sie y_1 um 45° gegen den Uhrzeigersinn, digitalisieren Sie die resultierende Gerade erneut und vergleichen Sie den Kettencode mit dem der ursprünglichen
   Gerade.

Aufgabe 2.4
Schreiben Sie ein Programm, das nachprüft, ob ein als String eingegebener Kettencode
ein digitales Geradenstück darstellt.

Aufgabe 2.5
Untersuchen Sie die euklidische Länge L_n des vom Bresenham–Algorithmus erzeugten
Kreises $x^2 + y^2 = n^2$ mit ganzzahligem Radius n und vergleichen Sie sie mit dem reellen
Umfang $2\pi n$. Existiert der Limes des Quotienten $L_n/(2\pi n)$ für $n \to \infty$?

Aufgabe 2.6

Überlegen Sie sich im Falle $(xe, ye) \neq (xa, ya)$ Verbesserungen des Rundungsalgorithmus, indem Sie anders parametrisieren, z.B. durch $t = n/M$ mit $M := \max(|xe - xa|, |ye - ya|)$ oder $t = n2^{-k}$, mit $2^{k-1} < M \leq 2^k$, $n = 0, 1, ..., 2^k$. Zur Berechnung der Inkremente kann dann ein Rechtsshiftbefehl eingesetzt werden.

Aufgabe 2.7

Verfügen wir anstelle der beiden Intensitätsstufen 0 und 1 über mehrere Zwischenwerte zur Einfärbung eines Bildschirmpunktes, so können wir den Treppeneffekt bei der Rasterkonvertierung einer Strecke abschwächen, indem wir die Intensität des betrachteten Pixels mit der Variablen *abweichung* steuern: Je weiter wir uns vom Mittelwert entfernen, umso mehr wird die Intensität in Richtung der treibenden Achse zurückgenommen und auf das in Richtung der passiven Achse angrenzende Pixel übertragen. Modifizieren Sie den Linienalgorithmus entsprechend.

Aufgabe 2.8

Zeigen Sie für den Algorithmus 2.2, daß der erste Schritt immer in Richtung der treibenden Achse gemacht wird und daß ye erst im letzten Schritt erreicht wird. Welche Asymmetrie ergibt sich dadurch für die Lage der Rasterstrecke?

Anleitung:

Beweisen Sie, daß die Variable *abweichung* zu Beginn in (xa, ya) den gleichen Wert wie beim Erreichen des Endpunkts (xe, ye) besitzt, und schließen Sie daraus auf den letzten Schritt.

Aufgabe 2.9

Finden Sie Paare digitaler Geradenstücke, die (a) keinen, (b) einen oder (c) mehrere Schnittpunkte in der diskreten Rasterebene haben.

Aufgabe 2.10

Zeigen Sie: Für den Kreis $x^2 + y^2 = r^2$, $r^2 \in \mathbb{N}$ führen die folgenden drei Methoden zum selben digitalen Kreis, den auch der Bresenham–Algorithmus liefert:

a) Minimierung des Residuums $|x^2 + y^2 - r^2|$,

b) Minimierung des euklidischen Abstands und

c) Gitterdigitalisierung.

Anleitung:

Benutzen Sie den Strahlensatz und zeigen Sie, daß ein Punkt der Form $(i, j + \frac{1}{2})$ nie auf dem Kreis liegt.

Aufgabe 2.11

Modifizieren Sie den Ellipsengenerator nach Bresenham für eine um den Winkel b gedrehte Ellipse mit Mittelpunkt $(0, 0)$ und den Halbachsen a und b.

Anleitung:

Auf der Buch–CD befindet sich ein ausführlich kommentiertes Programm.

Aufgabe 2.12

Gegeben sei der folgende Algorithmus, der die konvexe Hülle nach dem Prinzip *Divide and Conquer* (DAC) bestimmt:

```
procedure DAC_Huelle(M: SetOfPoints);
begin
  if |M| ≤ k₀ then begin
    Konstruiere H(M) direkt;
    return H(M);
```

```
end else begin
    teile M in zwei etwa gleich große Mengen M₁ und M₂;
    H₁ := DAC_Huelle(M₁);
    H₂ := DAC_Huelle(M₂);
    H(M) := H(H₁ ∪ H₂); { Merge }
    return H(M);
end;
end;
```

Problematisch ist der Unterpunkt *Merge* dieses Verfahrens, der aus den konvexen Hüllen zweier Mengen die konvexe Hülle der Vereinigungsmenge bestimmt. Geben Sie einen Algorithmus an, der diesen Unterpunkt realisiert!

Das oben angegebene Fragment entstammt dem Buch von Aumann und Spitzmüller [15], dem Sie auch die Vorgehensweise für die Implementierung der fehlenden Routinen entnehmen können.

Aufgabe 2.13

Optimieren Sie den Algorithmus aus Abschnitt 2.6.2 zur Erzeugung der konvexen Hülle aus N Punkten und programmieren Sie ihn. Sind alle Sortiervorgänge und vier Listen erforderlich? Sollte das Löschen überzähliger Punkte ausgeführt werden, und wie kann man die Division der Differenzen umgehen?

Aufgabe 2.14

Programmieren Sie eine objektorientierte Polygon–Datenstruktur zur Vorbereitung des Scan–Linien Füllalgorithmus.

Aufgabe 2.15

Zeigen Sie für den allgemeinen Kegelschnitt, daß sich der Drehwinkel ϕ aus $\tan(2\phi) = 2b/(a - c)$ ergibt. Für $a = c$ und $b \neq 0$ ist $\phi = 45°$ zu wählen. Leiten Sie daraus Folgerungen zur Konstruktion eines Kegelschnitts am Bildschirm her.

Aufgabe 2.16

Implementieren Sie einen Algorithmus zur Konstruktion eines Hyperbelastes nach der Mittelpunktmethode.

Hinweis: Auf der Buch–CD befindet sich hierzu ein Programm.

3   Clippen und Füllen

In diesem Kapitel geht es um das Kappen von Linien und Polygonen am Bildschirm-
oder Fensterrand. Weiter werden direkte und rekursive Algorithmen zum Füllen und
Schraffieren von Polygongebieten vorgestellt und die Erzeugung von Mustern erklärt.

3.1   Koordinatensysteme

Unter einem Fenster verstehen wir einen rechteckigen Ausschnitt F aus dem $\mathbb{R}^2$ mit

$$F := \{\mathbf{x} = (x,y) \in \mathbb{R}^2,\ a \leq x \leq b,\ c \leq y \leq d\} \tag{3.1}$$

und den Weltkoordinaten (x,y). Fenster können nach Umrechnung auf Gerätekoordinaten (X,Y) in einem Sichtrahmen (Viewport) am Ausgabegerät dargestellt werden. Im
allgemeinen entsprechen dabei die Randkoordinaten einander:

$$a \leftrightarrow X_{min},\ b \leftrightarrow X_{max},\ c \leftrightarrow Y_{min},\ d \leftrightarrow Y_{max},\ x \leftrightarrow X,\ y \leftrightarrow Y.$$

Es kommt jedoch auch vor, daß bei Ausgabegeräten, z.B. dem Monitor, der Punkt $(0,0)$
in der linken oberen Ecke liegt. Dann gilt

$$d \leftrightarrow Y_{min},\ c \leftrightarrow Y_{max},$$

und unsere folgende Betrachtung muß modifiziert werden. Gehen wir davon aus, daß X
und Y ganzzahlig sind, so gilt

$$\begin{aligned}
X &= \text{round}\left(X_{min} + \frac{(X_{max} - X_{min}) \cdot (x - a)}{b - a}\right), \\
Y &= \text{round}\left(Y_{min} + \frac{(Y_{max} - Y_{min}) \cdot (y - c)}{d - c}\right).
\end{aligned} \tag{3.2}$$

Die beiden Verhältnisgrößen

$$\begin{aligned}
Punkte_pro_Einheit_x &:= \frac{X_{max} - X_{min}}{b - a}, \\
Punkte_pro_Einheit_y &:= \frac{Y_{max} - Y_{min}}{d - c}
\end{aligned} \tag{3.3}$$

sind konstant und werden im Treiberprogramm festgehalten. Am Bildschirm können wir
zum Beispiel $a = c = X_{min} = Y_{min} = 0$ und für b und d die Breite und Höhe des
sichtbaren Bildausschnitts in Mikrometern setzen. $X_{max} + 1$ ist die Anzahl der Pixel
in der Horizontalen, $Y_{max} + 1$ in der Vertikalen. Befindet sich der Nullpunkt $(X,Y) =
(0,0)$ allerdings in der oberen linken Ecke des Schirms, so ist vorher y noch durch eine
Transformation in $d - y$ zu überführen. (3.2) lautet dann $Y = \text{round}(Y_{min} + (Y_{max} -
Y_{min}) \cdot (d - y)/(d - c))$. Tragen wir im Treiberprogramm die Werte X_{max}, Y_{max} und
die Verhältnisgrößen oder ihre Kehrwerte ein, so kann im Graphikprogramm dann ein
genaues Lineal zur Bemessung eingeblendet werden.

Es sind aber auch andere Wahlmöglichkeiten für die Konstanten von Interesse, z.B. $b = d = 1$ und Werte für X_{min}, X_{max}, Y_{min}, Y_{max}, die ein kleineres Bildschirmfenster definieren. Bei jeder Wahl ist es erforderlich, graphische Konstruktionen auf den Schirmausschnitt zu begrenzen.

3.2 Ein Linienbegrenzungsalgorithmus

Da Linien und Polygonzüge die wichtigsten Grundelemente jeder Graphik sind, wollen wir nun Algorithmen zu ihrer Begrenzung und Kappung diskutieren [64, 144, 157].

Nehmen wir also einen Bildschirmausschnitt an, der durch Geraden, wie zum Beispiel

$$X = X_{min}, \; Y = Y_{min}, \; X = X_{max}, \; Y = Y_{max},$$

begrenzt ist. Linien innerhalb des Fensters können wir unbesorgt zeichnen, Linien außerhalb lassen wir einfach weg und diejenigen, die Schnittpunkte mit dem Rand haben, kappen (clippen) wir nach der richtigen Seite. Dabei geht es darum, vom Anfangspunkt der Strecke ausgehend die Linie entlang zu schreiten und eventuelle Schnittpunkte mit dem Rand zu ermitteln. Die Rechnungen können in Welt– oder Schirmkoordinaten vorgenommen werden. Bei letzteren ist allerdings zum Schluß zu runden. Wir setzen die Gleichung der Geraden, die unsere Strecke und eine Seite des Randes enthalten, in allgemeiner Form (vgl. (4.7))

$$a \cdot x + b \cdot y - c = 0, \quad a_1 \cdot x + b_1 \cdot y - c_1 = 0$$

an. (a_1, b_1) ist der unnormierte Normalenvektor, der auf der Seite k des Fensterrandes senkrecht steht und in dasselbe hinein zeigt. Den Schnittpunkt können wir zum Beispiel mit der Cramerschen Regel ermitteln. Ist die Determinante $det := a \cdot b_1 - b \cdot a_1$ der Matrix des Gleichungssystems von Null verschieden, so ist $x = (c \cdot b_1 - c_1 \cdot b)/det$, $y = (a \cdot c_1 - a_1 \cdot c)/det$ der gesuchte Punkt.

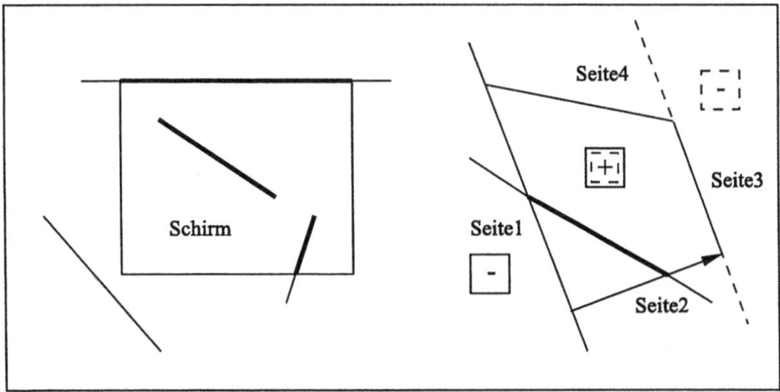

Bild 3.1: Clippen am Fenster

Hier ist jedoch auf Genauigkeitsprobleme bei Determinantenwerten nahe Null (Auslöschung) hinzuweisen, die durch eine Intervallarithmetik auszuräumen sind. Durch die Geradenrasterung treten weitere Effekte auf: Die Schnittpunkte brauchen nicht eindeutig bestimmt zu sein, und das geclippte Geradenstück stimmt mit der gerasterten Strecke, die die beiden Schnittpunkte verbindet, nur dann überein, wenn es aus den gleichen Kettencodepattern aufgebaut ist. Wir können der Bildschirmstrecke eine Kettenbruchentwicklung zuordnen und aus den Näherungsbrüchen den Kettencode aufbauen. Nur wenn die Teilstrecken auf ähnliche Weise aufgebaut sind, was mit einem rekursiven Algorithmus feststellbar ist (vgl. Kapitel 2.8), stimmen sie mit der Ausgangstrecke überein.

Beim Durchgang der Koordinaten (x, y) eines Punktes auf der Strecke durch die Seite k wechselt der Ausdruck $a_1 \cdot x + b_1 \cdot y - c_1$ sein Vorzeichen. Bei unserer Wahl des Normalenvektors ist der Ausdruck positiv, wenn wir uns in der Halbebene des Fensters befinden, in der anderen Halbebene negativ. So haben wir uns eine Orientierung in der Ebene geschaffen. Diese Betrachtungen sind in Grundlagenkapitel 4 noch einmal ausführlich erläutert. Wir wollen das folgende Programm noch etwas allgemeiner halten und studieren gleich das Clippingproblem mit einem konvexen, einfach geschlossenen Polygonzug. Für die Abarbeitungsgeschwindigkeit ist die Verwendung 32 Bit langer ganzer Zahlen vorzuziehen, kann aber zu Genauigkeitsproblemen führen. Ein solcher Datentyp ist zum Beispiel in allen modernen Programmiersprachen vorhanden. Es sei auch bemerkt, daß sich die Schnittpunktprozedur im Fall achsenparalleler Seiten erheblich vereinfachen läßt. Wir können wie im Bresenham–Algorithmus Divisionen vermeiden oder ein Bisektionsverfahren in Anlehnung an Cohen und Sutherland (vgl. Aufgabe 3.4) anwenden.

Programm 3.1

```pascal
program Linienbegrenzungsalgorithmus_an_Schirmfenster;
const   kanten = 4;
type    gerade = array[1..kanten, 1..3] of longint;
const   seite : gerade =
            (( 1,-1,   0), {linker Rand:  Gerade a1*x + b1*y - c1 = 0, a1 > 0}
             (-1, 8,  80), {unterer Rand: Gerade a2*x + b2*y - c2 = 0, b2 > 0}
             (-1, 1,-200), {rechter Rand: Gerade a3*x + b3*y - c3 = 0, a3 < 0}
             (-1,-1,-360)  {oberer Rand:  Gerade a4*x + b4*y - c4 = 0, b4 < 0}
            );
{Schirmfenster: konvexer Polygonzug, gegen den Uhrzeigersinn durchlaufen}
var x1, x2, y1, y2 : longint; {Anfangs- und Endpunkt der Strecke}

procedure swap(var a, b : longint);
var c : longint;
begin
  c := a; a := b; b := c;
end;


function seitentest(a, b, c, x, y : longint) : boolean;
{Auf welcher Seite liegt der Punkt (x,y)?}
begin
  if a * x + b * y - c >= 0 then seitentest := true
                            else seitentest := false;
end;


procedure schnittpunkt(a1, b1, c1, a2, b2, c2 : longint;
                       var x, y : longint);
var det : longint; {Ohne Fehlerbetrachtung bei det = 0}
```

```
begin
  det := a1 * b2 - a2 * b1;
  x := round((c1 * b2 - c2 * b1) / det);
  y := round((a1 * c2 - a2 * c1) / det);
end;

procedure clipping(var x1, y1, x2, y2 : longint);
{Liefert den neuen Anfangs- und Endpunkt der Strecke (x1,y1) - (x2,y2),
 und zeichnet sie, wenn sie sichtbar ist}
var sichtbar : boolean;
    zaehler, k, kv, kn : byte;
    x, y, dx, dy, det1 : longint;
begin
  sichtbar := false; zaehler := 0; dx := x2 - x1; dy := y2 - y1;
  det1 := dy * x1 - dx * y1;
  for k := 1 to kanten do begin
    if seite[k,1] * (x2 - x1) + seite[k,2] * (y2 - y1) < 0 then begin
      swap(x1, x2); swap(y1, y2);
    end;    {(x1,y1) liegt nun "vor" (x2,y2)}
    if seitentest(seite[k,1], seite[k,2], seite[k,3], x1, y1) then
      zaehler := succ(zaehler)
      {(x1,y1) liegt fuer die betrachtete Seite im Inneren}
    else if seitentest(seite[k,1], seite[k,2],
                       seite[k,3], x2, y2) then begin
      schnittpunkt(seite[k,1], seite[k,2],
                   seite[k,3], dy, -dx, det1, x, y);
      kv := pred(k); if kv = 0 then kv := kanten;
      kn := succ(k); if k = kanten then kn := 1;
      {Lage bezueglich der vorigen und nachfolgenden Seite testen}
      if (seitentest(seite[kv,1], seite[kv,2], seite[kv,3], x, y) and
          seitentest(seite[kn,1], seite[kn,2], seite[kn,3], x, y)) then
      begin
        x1 := x; y1 := y; sichtbar := true {neuer Anfangspunkt}
      end;
    end;
  end; {alle Kanten durchprobiert}
  if sichtbar or (zaehler = kanten){Strecke lag von Anfang an im Inneren}
    then draw(x1, y1, x2, y2, 1)
end;
.....
```

Das vollständige Programm befindet sich auf der Buch–CD.

3.3   Polygonclipping

Besprechen wir noch den komplizierten Fall, daß ein einfach geschlossenes Polygon P am rechteckigen Bildschirmfenster B mit den vier Seiten B_k gekappt werden muß. Dabei

sollen nicht nur die Kanten des Polygons geclippt werden, sondern durch Hinzufügung
von Teilen des Bildschirmrandes wieder ein geschlossener Polygonzug entstehen. Ist P
konvex, so bietet die im folgenden erläuterte Routine keine großen Verständnisprobleme,
anderenfalls stellt sich jedoch die Frage, wie außerhalb des Fensters verlaufende Teile des
Zugs am Rand nachzubilden sind (vgl. Bild 3.2).

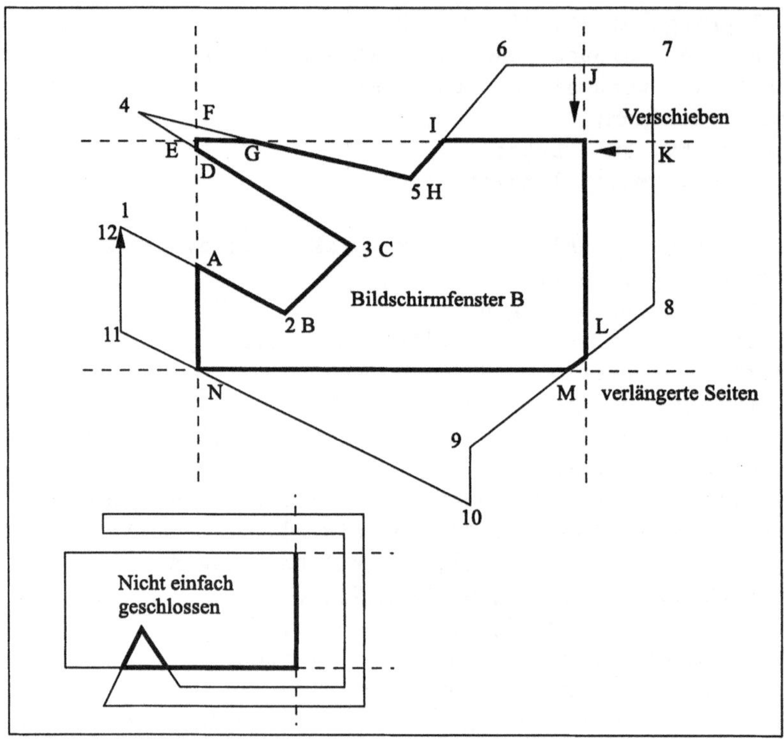

Bild 3.2: Polygonclipping

Algorithmus 3.1

- Sei P durch seine Punktliste $L : \{\mathbf{P}_1, \ldots, \mathbf{P}_N = \mathbf{P}_1\}$ gegeben.
- Es wird ein Ausgabepolygon Q mit der Liste $L' : \{\mathbf{Q}_1, \ldots, \mathbf{Q}_M = \mathbf{Q}_1\}$ erstellt.

Erster Teil:

1) Durchlaufe für $i := 1$ bis $N - 1$ unter Benutzung der Schnittpunktprozedur aus
   Programm 3.1 die Liste L:

2) Liegt $\mathbf{P}_i$ im Inneren von B oder auf dem Rand, so nehme den Punkt in eine Zwischenliste Z auf.

3) Liegt $\mathbf{P}_i\mathbf{P}_{i+1}$ teilweise oder ganz auf einer Seite B_k von B, so tue nichts. Anderenfalls
   notiere in der Reihenfolge des Durchlaufes alle Schnittpunkte von $\mathbf{P}_i\mathbf{P}_{i+1}$ mit den
   zu den Seiten B_k gehörenden Geraden G_k in der Zwischenliste Z für alle Werte von
   k.

Benachbarte Ecken, von denen eine im Inneren liegt, können sofort, Ecken auf den
Seiten B_k müssen über den Fensterrand verbunden werden. Hier sind prinzipiell zwei
Umlaufrichtungen möglich. Unser Algorithmus versucht, den Verlauf des Polygons am

Schirmrand weitgehend nachzuahmen, um bei beweglichen Fenstern anzuzeigen, in welcher Richtung eine Verschiebung weitere Teile der Figur zutage fördert. Zunächst müssen die Schnittpunkte auf den verlängerten Seiten G_k außerhalb von B_k in die nächstliegende Ecke zurückgeführt werden.

Zweiter Teil:

Bearbeite die Liste Z nach folgenden Regeln:

1) Führe alle Punkte der Liste Z, die auf verlängerten Bildschirmseiten G_k und nicht auf B liegen, in die nächste Ecke zurück. Dazu muß nur eine Koordinate angepaßt werden.

2) Füge den ersten Punkt am Ende der Liste hinzu und eliminiere alle benachbarten identischen Punkte.

Nach Durchlaufen des zweiten Teils ist die Ausgabeliste komplett, und ihre Punkte dürfen direkt in L' überführt und das Ausgabepolygon Q gezeichnet werden. Ist das Polygon P nicht konvex, so können Teile des Randes doppelt durchlaufen werden (vgl. Bild 3.2). Auf der Buch–CD findet sich ein vollständiges Programm.

3.4 Füllalgorithmen der Rastergraphik

Wir wollen Algorithmen untersuchen, die es erlauben, von 8NT–Kurven umrandete, 4NT einfach zusammenhängende Rastergebiete mit einer Farbe oder einem Farbmuster auszufüllen [118]. Zwei grundverschiedene Lösungsansätze sind denkbar. Wir können uns ins Innere der Fläche begeben und nach einem wohldefinierten Verfahren beginnen, die Punkte ringsherum einzufärben. Die Schwierigkeit besteht dabei darin, nach einem Füllen in einer Richtung die noch freien Teilflächen auf den anderen Seiten der schon ausgefüllten Bestandteile des Gebiets wiederzufinden.

Eine andere Methode bestimmt Rasterzeile für Rasterzeile die Randpunkte des Gebietes, dessen Rand als Polygonzug angenommen wird, gruppiert sie paarweise der Größe des Abszissenwertes nach und verbindet die Randpunkte durch eine Strecke in der Füllfarbe oder in einem vorgegebenen Muster. Dabei sind Eckpunkte des Randes einer Sonderbehandlung zu unterziehen. Ein derartiger Polygonfüllalgorithmus kann auch zum Schraffieren einer Fläche benutzt werden.

Kommen wir zurück zum ersten Lösungsansatz und notieren einen einfachen rekursiven Algorithmus, wie ihn Newman und Sproull [175] vorschlagen:

Algorithmus 3.2

```
procedure fill_rekursiv(x, y : coordinate; fuellfarbe, randfarbe : byte);
begin
  if not (dot(x,y) in [fuellfarbe, randfarbe]) then begin
    plot(x, y, farbe);
    fill_rekursiv(pred(x), y, fuellfarbe, randfarbe);
    fill_rekursiv(succ(x), y, fuellfarbe, randfarbe);
    fill_rekursiv(x, pred(y), fuellfarbe, randfarbe);
    fill_rekursiv(x, succ(y), fuellfarbe, randfarbe);
  end;
end;
```

Wir werden jedoch leicht feststellen, daß es bei einer etwas größeren Fläche sehr schnell zu einer Überlastung des Stacks kommt: Pro Prozeduraufruf sind die Koordinaten des Punktes (x, y) und die Rücksprungadresse abzuspeichern. Außerdem ist die Ausführungsgeschwindigkeit niedrig, der Algorithmus in dieser Form daher unbrauchbar. Die Rekursionstiefe muß entscheidend verringert werden. Ein verbesserter Algorithmus könnte etwa so aussehen [126]:

Algorithmus 3.3

```
procedure fill_rekursiv (xl, xr, y : coordinate; dir : richtung);
{fuellfarbe und randfarbe seien globale Variablen}
var xlm, xrm : coordinate;
    luecke : boolean;
begin
  luecke := false;
  repeat
    if (dot(xl, y) in [fuellfarbe, randfarbe]) then xl := succ(xl)
                                               else luecke := true;
  until (xl > xr) or luecke;
  if xl <= xr then begin         {Luecke gefunden}
    xlm := xl; xrm := succ(xl); {Luecke markieren}
    {nach rechts fuellen}
    while not (dot(xrm, y) in [fuellfarbe, randfarbe]) do begin
      plot(xrm, y, fuellfarbe); xrm := succ(xrm);
    end;
    {nach links fuellen}
    while not (dot(xlm ,y) in [fuellfarbe, randfarbe]) do begin
      plot(xlm, y, fuellfarbe); xlm := pred(xlm);
    end;
    {naechste rechte Luecke}
    if xrm <= xr then fill_rekursiv(xrm, xr, y, dir)
              {sonst nach oben (unten) weiter und Rueckkehr markieren}
                 else fill_rekursiv(xr, pred(xrm), y - dir, -dir);
    {oben (unten) am linken Rand der Luecke schauen}
    if xlm < xl then fill_rekursiv(succ(xlm), xl, y -dir, -dir);
    {unter der Luecke fuellen}
    fill_rekursiv(succ(xlm), pred(xrm), y + dir, dir);
  end;
end;
```

Wollen wir nicht jedem Punkt innerhalb des auszufüllenden Gebiets dieselbe Farbe geben, so können wir mit Hilfe zahlentheoretischer Funktionen leicht eine große Anzahl verschiedener Muster definieren. Verfügen wir beispielsweise über zwei Farbtöne, so sind mit der folgenden Teilprozedur acht gut unterscheidbare Muster zu erzeugen (vgl. Bild 3.3):

Algorithmus 3.4 (Teilprozedur zum Füllen mit Mustern)

```
case muster of
  0 : plot(x, y, farbe1);
  1 : if odd(x) and odd(y) then plot(x, y, farbe1)
                           else plot(x, y, farbe2);
  2 : if x and 3 = 0 then plot(x, y, farbe2)
```

```
                     else plot(x, y, farbe1);
   3 : if odd(y) then plot(x, y, farbe2)
                     else plot(x,y, farbe1);
   4 : if odd(x + y) then plot(x, y, farbe1)
                     else plot(x, y, farbe2);
   5 : if y mod 3 = 0 then plot(x, y, farbe1)
                     else plot(x, y, farbe2);
   6 : if (x + y) and 3  = 0 then plot (x, y, farbe1)
                        else plot(x, y, farbe2);
   7 : plot(x, y, farbe2);
end;
```

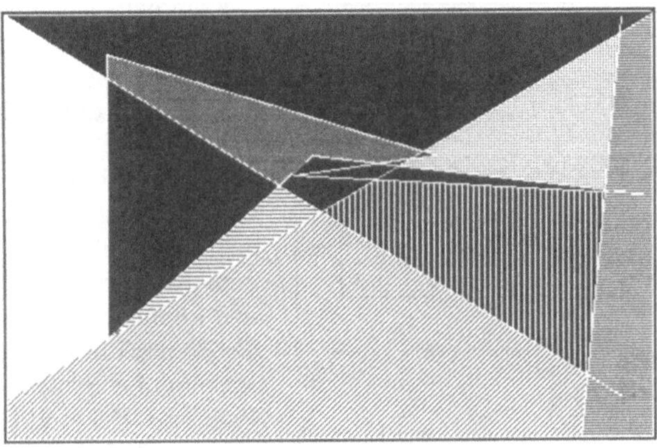

Bild 3.3: Verschiedene Muster

Schnellere Ausführungszeiten versprechen nicht–rekursive Routinen. Da beim Füllvorgang automatisch nicht zusammenhängende freie Teilgebiete entstehen, wird ein dynamischer Stapel eingerichtet, auf dem noch nicht bearbeitete Koordinaten abgelegt werden können. Die Füllroutine startet in einem inneren Punkt des Gebiets. Hat dieser Punkt nicht die Farbe des Hintergrundes, so kehren wir zum Hauptprogramm zurück. Anderenfalls wird nach links Punkt für Punkt mittels der Funktion getdotcolor die Farbe geprüft. Stoßen wir auf einen Punkt, der wiederum nicht die Farbe des Hintergrundes hat, so ist ein Randpunkt oder ein eingefärbter Punkt gefunden, und die Routine füllt nun die rechtsliegenden Punkte auf bis zum Rand. Dabei wird jedoch während des Zeichenvorgangs oberhalb und unterhalb der gerade bearbeiteten Linie nachgeschaut, ob Rand– oder eingefärbte Punkte vorliegen. In diesem Falle löschen wir jeweils eine Flagge für die angrenzende Linie, und die Koordinaten des nächsten ungefärbten Punktes legen wir unter Setzen der Flagge auf den Stapel. An dieser Stelle wird die Routine das Füllen wieder aufnehmen. Zugleich löschen wir die beiden Flaggen vor Beginn des Färbens jeder neuen Zeile, damit auch die ersten freien Punkte ober– und unterhalb, die dem Rande benachbart sind, abgelegt werden. Am Ende einer Linie holen wir die obersten Koordinaten vom Stapel. Hier beginnt die Routine ihre Arbeit für eine neue Zeile und sucht wieder den linken Rand. Ist der Stapel leer, so ist die ganze Fläche gefüllt. In Bild 3.4 haben wir das Vorgehen skizzenhaft angedeutet. (L: Löschen, S: Setzen der Flaggen)

Die mit „O" markierten Punkte wandern auf den Stapel. Ein vollständiges Pascal–Programm befindet sich auf der Buch–CD.

Zur Beschleunigung des Programms sollten mehrere Aspekte beachtet werden: Das Prüfen und Einfärben eines jeden Punktes der Fläche kostet viel Zeit, zumal diese beiden Funktionen zumeist absolut adressieren. So müssen die physikalischen Koordinaten (x, y) immer in Speicheradresse und Maske des zugehörigen Schirmpunktes umgerechnet werden. Dabei wird von der „Nachbarschaft" der bearbeiteten Punkte überhaupt kein Gebrauch gemacht. Eine relative Adressierung oder direktes Ansprechen des Speichers spart hier Zeit. Es könnte auch beim Füllen der Linien zunächst byteweise geprüft werden, ob nicht alle Punkte des Bytes gefärbt werden müssen. Das könnte dann auf einen Schlag geschehen. Geht es um Muster, so sollten wir anders als in der Teilprozedur von Algorithmus 3.4 zu Beginn des Programms Masken definieren und die Punkte dann im Speicher durch Überschieben der Maske direkt ausmaskieren und setzen. In jedem Fall ist aber ein Assemblerprogramm einer Hochsprachenimplementierung vorzuziehen [174].

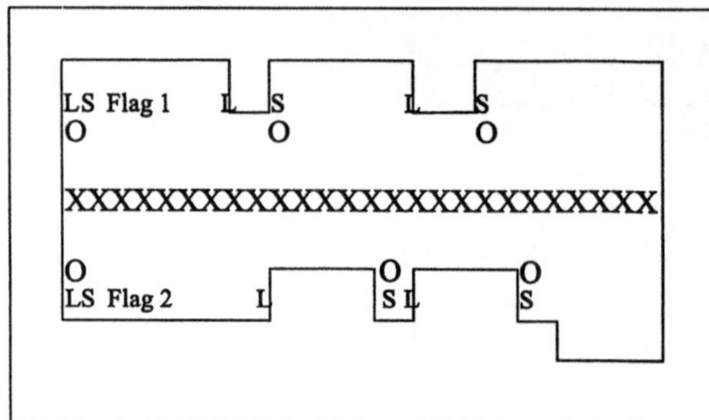

Bild 3.4:

Kommen wir nun zu einer ganz anderen Aufgabe, dem Füllen oder Schraffieren eines geschlossenen Polygons, das durch die Angabe seiner Ecken in der Reihenfolge ihres Durchlaufens bestimmt sei. Dabei liegt der Gedanke zugrunde, daß wir ja für jede Rasterzeile die Schnittpunkte mit dem Rand des Polygonzuges berechnen können. Ordnen wir sie dann der Größe nach in Paaren an, so brauchen wir nur die Strecken zwischen jedem Paar von Eckpunkten zu ziehen. Dabei tritt jedoch ein Problem der Zuordnung auf, wenn eine Ecke oder Spitze des Randes auf einer Rasterzeile liegt. Ein derartiger Punkt muß eventuell doppelt gezählt werden. Der Algorithmus gliedert sich demnach in vier Teile:

- Erstellung einer Liste der aufsteigenden Kanten.
- Sortieren der Liste für jede Zeile nach dem Abszissenwert.
- Füllen zwischen den Schnittpunkten der Zeile mit den Kanten des Polygonzuges.
- Aktualisierung der Liste für die nächste Rasterzeile.

Bei der Erstellung der Liste werden der Reihe nach in jedem Eckpunkt nur die aufsteigenden Kanten berücksichtigt und in eine Liste aufgenommen. Eine Kante ist hierbei bzgl. des betrachteten Punktes (x_p, y_p) aufsteigend, wenn die y–Koordinate des anderen Eckpunktes größer als y_p ist. In die Liste wird der Startpunkt (x, y) der Kante notiert, eine reelle Variable xr in Ergänzung zu den folgenden ganzzahligen Ordinaten der Kante eingerichtet, die Endordinate $ymax$ mit $ymax > y$ und die reziproke Steigung $d = dx/dy$ aufgenommen. Endet im betrachteten Eckpunkt eine zu einem Vorpunkt gehörige aufsteigende oder horizontale Kante, so wird zur Vermeidung eines doppelten Füllens bei einer in der gleichen Ecke startenden aufsteigenden Kante statt (x, y) der nächsthöhere Punkt eingetragen, der sich zu $(\text{round}(x + dx/dy), y + 1)$ ergibt. Die nicht aufsteigende Kante bleibt außer acht. Ein beispielhafter Polygonzug mit seiner Ecken– und Kantenzuordnung ist in Bild 3.5 dargestellt.

Nun wird die Liste der Größe der Abszissenwerte xr nach sortiert, und zwar nur die Kanten, die einen Schnittpunkt in $y = yaktuell$ mit der aktuellen Rasterzeile haben. Sodann kann gezeichnet werden, wobei ein eventuelles Muster berücksichtigt wird.

In einem weiteren Unterprogramm ist die Liste zu aktualisieren. Für die Kanten, die noch für einen Schnittpunkt mit der nächsten Zeile infrage kommen ($yaktuell < ymax$) wird dann (x, y) in (round($x + dx/dy$), $y + 1$) überführt. Nach Erhöhung von $yaktuell :=$ succ($yaktuell$) werden nun bei dem wieder fälligen Sortiervorgang alle Kanten miteinbezogen, für die $y = yaktuell$ gilt.

Auf diese Weise handeln wir alle Rasterzeilen ab. Ein Schönheitsfehler soll hier nicht verschwiegen werden. Es kann vorkommen, daß zum Rand des Polygonzugs gehörende horizontale Strecken ein zweitesmal überzeichnet werden. Ein Pascal–Programm befindet sich auf der Buch–CD. Der Algorithmus kann bei Bildschirmen und auch bei anderen Ausgabegeräten wie Drucker und Plotter Anwendung finden, wenn wir die Schrittweite in y–Richtung der Nadel– oder Strichbreite anpassen.

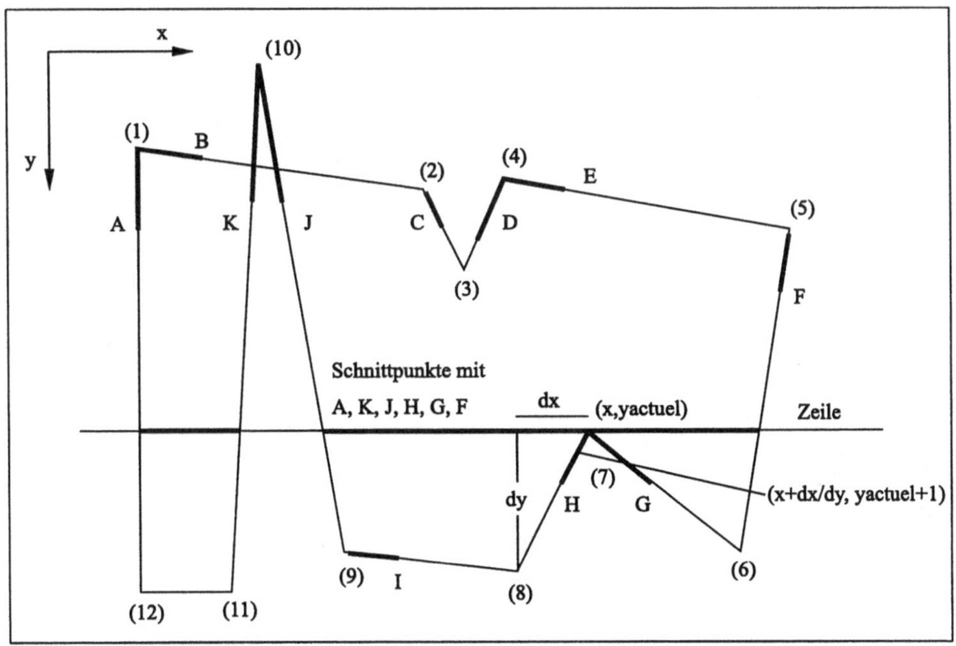

Bild 3.5: Scanlinienfüllen

3.5 Bemerkungen zu GKS

Der Anwender eines graphischen Systems definiert seine Probleme in Weltkoordinaten, die von GKS in zwei Stufen zunächst durch eine Normalisierungstransformation auf ein normalisiertes Gerätekoordinatensystem, die abstrakte Darstellungsfläche und dann auf die Gerätekoordinaten abgebildet werden. GKS unterstützt eine feste Zahl von Normalisierungstransformationen, die über eine Nummer angesprochen werden können. Jeder Arbeitsplatz besitzt eine eigene Gerätetransformation. Während der Ausgabe können Bildelemente außerhalb eines Rechtecks abgeschnitten werden. GKS unterstützt das Clippen am Darstellungsfenster der Normalisierungstransformation und am Gerätefenster jeder Gerätetransformation. Beide Clippvorgänge können miteinander verbunden werden, allerdings stellt das hohe Anforderungen an die Implementierung.

Ein Füllgebiet in GKS [49] ist eine durch ein geschlossenes Polygon umrandete Fläche, die farbig gefüllt oder mit einem Muster ausgelegt sein kann. Eine Zellmatrix ist ein aus Rasterpunkten verschiedener Farbe aufgebautes Rechteck. Das Darstellungselement hat verschiedene Attribute wie Füllgebietsfarb– bzw. Ausfüllungsindex, die die Werte Voll, Leer, Muster oder Schraffur annehmen. Genaugenommen handelt es sich um Zeiger auf Muster– und Schraffurtabellen. Zu den Mustern gehört jeweils noch ein Parameter für Größe und Referenzpunkt, der ihre Lage bestimmt. Der Füllgebietsindex zeigt auf eine Tabelle arbeitsplatzspezifischer Füllgebietsattribute.

3.6 Aufgaben

Aufgabe 3.1
Bestimmen Sie die Umrechnungstransformation (vgl. Formel (3.2)) des Fensters F : $(-1, -1) - (1, -1) - (1, 1) - (-1, 1)$ auf den quadratischen Bildschirmausschnitt $V : (150, 300) - (400, 300) - (400, 50) - (150, 50)$.

Aufgabe 3.2
Vereinfachen Sie das Programm 3.1 zur Linienbegrenzung und die Schnittpunktberechnung für den Fall des achsenparallelen Rechtecks.

Aufgabe 3.3
Programmieren Sie den Polygonclipping–Algorithmus 3.1 für den Fall eines konvexen Polygons.
Hinweis: Hier brauchen nur innere Punkte und Schnittpunkte mit B in die Liste Z aufgenommen zu werden. Randpunkte sind über die Ecken E_k im Umlaufsinn des Polygons P zu verbinden.

Aufgabe 3.4
Beim Clippen von Geraden an Bildschirmfenstern können wir Rechenzeit einsparen, wenn wir erkennen, daß Anfangs– und Endpunkt einer Geraden auf der gleichen Seite außerhalb des Fensters liegen und somit kein Schnittpunkt mit dem Fenster berechnet werden muß. Für die Realisierung dieser Idee teilen Cohen und Sutherland den Bildschirm relativ zum Clippfenster wie unten gezeigt in neun Segmente auf, die jeweils mit einer vierstelligen Binärzahl codiert werden. Das Clippfenster erhält die Codierung 0000.

Diskutieren Sie die Bedeutung der einzelnen Bits und formulieren Sie einen Algorithmus, der bei zwei vorgegebenen Punkten (x_1, y_1) und (x_2, y_2) mit den dazugehörigen Segmentcodierungen c_1 und c_2 die Schnittpunkte mit den Rändern des Fensters bestimmt, das durch $(x_{left}, x_{right}, y_{top}, y_{bottom})$ mit $x_{left} < x_{right}$ und $y_{top} < y_{bottom}$ gegeben ist. Beachten Sie insbesondere die korrekte Behandlung von Grenz– und Spezialfällen.

1001	1000	1010	
			y_{top}
0001	0000	0010	
			y_{bottom}
0101	0100	0110	

$$x_{left} \quad x_{right}$$

Aufgabe 3.5
Erstellen Sie ausgehend von Bild 3.4 und den dort geschilderten Algorithmus ein Struktogramm für das direkte Füllen eines geschlossen umrandeten Pixelgebietes.

Aufgabe 3.6
Beim Füllen spitzer Winkel in Dreiecken kann es zu Problemen kommen, da Pixel im Sinne der 4NT evtl. isoliert sein können und daher beim Füllen nicht erreicht werden.

Geben Sie ein Dreieck an, das ein isoliertes Pixel enthält und einen möglichst großen Winkel an der Stelle des isolierten Pixels besitzt.

Aufgabe 3.7

Schreiben Sie ein Programm zum Füllen eines durch drei beliebig angeordnete Punkte gegebenen Dreiecks nach dem Scan–Line–Algorithmus, das nur Integer–Arithmetik verwendet.

4   2D–Datenstrukturen und –Transformationen

In diesem Kapitel werden wir die wichtigsten zweidimensionalen Transformationen wie Translation, Drehung und Skalierung vorstellen. Diese Transformationen sind grundlegend zur Erzeugung und Manipulation von Objekten am Bildschirm. Alle Operationen können von speziellen Dateien aus, den Display–Files, gesteuert werden.

4.1   Punkte und Strecken im $\mathbb{R}^2$

Zur Beschreibung von Vektoren im $\mathbb{R}^2$ bedienen wir uns eines Zahlenpaares

$$\mathbf{x} = \begin{pmatrix} x_1 \\ x_2 \end{pmatrix}, \quad \text{oder } \mathbf{x} = (x_1, x_2)^T.$$

In der ersten Schreibweise handelt es sich um einen Spaltenvektor, da seine Komponenten x_1 und x_2 in einer Spalte angeordnet sind. Wir können jedoch den Vektor auch in Zeilenform schreiben. Das hochgestellte T steht hier für „transponiert" und zeigt an, daß es sich doch wieder um einen Spaltenvektor handelt. Vektoren können addiert und mit Skalaren, das heißt reellen Zahlen, multipliziert werden. Dann ist

$$\mathbf{x} + \mathbf{y} = (x_1, x_2)^T + (y_1, y_2)^T := (x_1 + x_2, y_1 + y_2)^T, \quad \mu\mathbf{x} := (\mu x_1, \mu x_2)^T.$$

Unter dem Skalarprodukt zweier Vektoren $\mathbf{x}$ und $\mathbf{y}$ verstehen wir den Skalar

$$\mathbf{x} \cdot \mathbf{y} = (\mathbf{x}, \mathbf{y}) := x_1 y_1 + x_2 y_2, \tag{4.1}$$

die Länge des Vektors $\mathbf{x}$ ist gegeben durch

$$|\mathbf{x}| := \sqrt{(\mathbf{x}, \mathbf{x})} = \sqrt{x_1^2 + x_2^2}. \tag{4.2}$$

Das Skalarprodukt erlaubt es auch, den Winkel α zwischen den Vektoren $\mathbf{x}$ und $\mathbf{y}$ zu bestimmen mittels

$$\cos\alpha := (\mathbf{x}, \mathbf{y}) / (|\mathbf{x}| \cdot |\mathbf{y}|). \tag{4.3}$$

Wir können die Vektoren der Ebene durch Pfeile veranschaulichen. Wählen wir ein Koordinatensystem mit Ursprung $\mathbf{0}$, so entspricht der Strecke vom Nullpunkt zum Punkt mit den Koordinaten (x_1, x_2) genau der eine Vektor $\mathbf{x} = (x_1, x_2)^T$. Wir wollen die Koordinatenachsen skalieren und zeichnen die Einheitsvektoren

$$\mathbf{e}_1 := (1, 0)^T, \qquad \mathbf{e}_2 := (0, 1)^T \tag{4.4}$$

aus. Sie bilden eine Basis, denn mit ihrer Hilfe kann jeder Vektor des $\mathbb{R}^2$ eindeutig dargestellt werden: $\mathbf{x} = x_1 \mathbf{e}_1 + x_2 \mathbf{e}_2$. Bezüglich unseres Skalarprodukts (4.1) stehen diese Basisvektoren senkrecht aufeinander, d.h. ihr eingeschlossener Winkel gemäß 4.3 beträgt $\alpha = 90°$, sie heißen orthogonal. Zudem ist ihre Länge aus (4.2) auf Eins normiert. Wir sprechen daher auch von einer Orthonormalbasis. Definieren wir als Determinante den Ausdruck

$$\det(\mathbf{x}, \mathbf{y}) := x_1 \cdot y_2 - y_1 \cdot x_2, \tag{4.5}$$

so gilt $\det(\mathbf{e}_1, \mathbf{e}_2) = 1$. Die Basisvektoren bilden ein positiv orientiertes System, da wir entgegen dem Uhrzeigersinn laufen müssen, um $\mathbf{e}_1$ auf kürzestem Weg in $\mathbf{e}_2$ zu überführen.

Determinanten sind multilineare, schiefsymmetrische Funktionen, die bei Vertauschung zweier Argumente ihr Vorzeichen ändern.

Alle diese Bezeichnungen und Definitionen übertragen sich direkt auf den Fall des n–dimensionalen Raumes $\mathbb{R}^n$. Wir müssen nur statt der zwei Koordinaten eines Vektors nunmehr Spalten oder Zeilen mit n Komponenten notieren, allerdings ist die Determinantenfunktion dann schwieriger auszuwerten. Wir können jedoch eine n–reihige Determinante rekursiv auf die Berechnung von n Unterdeterminanten vom Grad $n-1$ zurückführen. Es gilt für $1 \leq i \leq n$:

$$D = \det(\mathbf{x}_1, \dots, \mathbf{x}_n) := (-1)^{i+1}(x_{i1}D_{i1} - x_{i2}D_{i2} + - \dots - (-1)^n x_{in}D_{in}). \tag{4.6}$$

Dabei sind D_{ik} die Unterdeterminanten, die entstehen, wenn in der Ausgangsdeterminante die i–te Zeile und die k–te Spalte gestrichen wird, und x_{ik} das zugehörige Element der Determinante D ist. Fassen wir zusammen:

Punkte $\mathbf{P}$ in der Ebene werden durch Angabe ihrer Koordinaten bezüglich eines Koordinatensystems beschrieben, Strecken durch die Angabe von Anfangs– und Endpunkt $\mathbf{x}_1$ und $\mathbf{x}_2$. Wir können jedoch auch den Endpunkt mit Hilfe von Relativkoordinaten $\mathbf{x}_2 - \mathbf{x}_1$ bezüglich des Anfangspunktes charakterisieren. Dabei ist $\mathbf{g} := \mathbf{x}_2 - \mathbf{x}_1$ der vom Anfangs– zum Endpunkt führende Vektor. In parametrisierter Form hat jeder Punkt $\mathbf{P}$ auf der Strecke die Darstellung

$$\mathbf{P} : \mathbf{x}(t) := \mathbf{x}_1 + t\mathbf{g}, \ t \in [0, 1].$$

Lassen wir für t alle reellen Zahlen zu, so erhalten wir die gesamte Gerade, die unsere Ausgangsstrecke enthält. Sei $\mathbf{n}$ der auf $\mathbf{g}$ senkrecht stehende Vektor der Länge Eins mit $\det(\mathbf{g}/|\mathbf{g}|, \mathbf{n}) = 1$. $\mathbf{n}$ heißt dann Normalenvektor zur Gerade G, und wir können G mit der Hesseschen Normalform der Geradengleichung beschreiben

$$G := \{\mathbf{x} \mid (\mathbf{n}, \mathbf{x} - \mathbf{x}_1) = 0\}. \tag{4.7}$$

Hier steht der Lotvektor $(\mathbf{n}, \mathbf{x}_1)\mathbf{n}$ senkrecht auf $\mathbf{g}$ und führt, tragen wir ihn vom Nullpunkt ab, zur Geraden hin. Seine Länge $|(\mathbf{n}, \mathbf{x}_1)|$ kann als Abstand der Geraden vom Nullpunkt aufgefaßt werden. Setzen wir einen beliebigen Vektor $\mathbf{y}$ in die Hessesche Normalform ein, so bestimmt der Skalar $|\delta(\mathbf{y})|$ mit $\delta(\mathbf{y}) := (\mathbf{n}, \mathbf{y} - \mathbf{x}_1)$ den Abstand des Vektors $\mathbf{y}$ zur Geraden G. Ist $\delta(\mathbf{0})$ positiv, so weist der Normalenvektor $\mathbf{n}$ in die Halbebene, die den Ursprung enthält. Beim Durchlaufen der Strecke von $\mathbf{x}_1$ nach $\mathbf{x}_2$ liegt diese Halbebene links. Wir erkennen, daß die Hesse–Form der Geradengleichung dazu geeignet ist, eine Orientierung in der Ebene zu ermöglichen, insbesondere wenn mehrere Geradenstücke zu einem geschlossenen, entgegen dem Uhrzeigersinn orientierten Polygonzug zusammengesetzt werden. Beim Kreuzen der Randstrecken wechselt $\delta(\mathbf{y})$ sein Vorzeichen, und wir gelangen ins Innengebiet, wenn δ positiv wird, andererseits verlassen wir es. Übertragen wir diese Begriffe in den $\mathbb{R}^n$, so erhalten wir Hyperebenen anstelle von Geraden und Halbräume anstelle der Halbebenen (vgl. Kapitel 10).

4.2 Zweidimensionale Transformationen

Wir wollen lineare Abbildungen $\mathbf{f}$ der Ebene in sich studieren, für die definitionsgemäß

$$\mathbf{f}(\mathbf{x} + \mathbf{y}) = \mathbf{f}(\mathbf{x}) + \mathbf{f}(\mathbf{y}) \text{ und } \mathbf{f}(\mu\mathbf{x}) = \mu\mathbf{f}(\mathbf{x}), \ \mu \text{ reell }, \ \mathbf{x}, \mathbf{y} \in \mathbb{R}^2,$$

gilt. Haben wir ein Koordinatensystem festgelegt, so lassen sich diese Abbildungen $\mathbf{x}' = \mathbf{f}(\mathbf{x})$ auch in Form zweier Gleichungen schreiben:

$$x_1' = a_{11}x_1 + a_{12}x_2, \quad x_2' = a_{21}x_1 + a_{22}x_2.$$

Kürzer notieren wir mit Hilfe einer Matrix $\mathbf{A}$ dann $\mathbf{x}' = \mathbf{A}\mathbf{x}$ oder in transponierter Form $\mathbf{x}'^T = \mathbf{x}^T\mathbf{A}^T$ mit

$$\mathbf{A} = \begin{pmatrix} a_{11} & a_{12} \\ a_{21} & a_{22} \end{pmatrix}, \quad \mathbf{A}^T = \begin{pmatrix} a_{11} & a_{21} \\ a_{12} & a_{22} \end{pmatrix}. \tag{4.8}$$

Die Spalten der Matrix $\mathbf{A}$ beziehungsweise die Zeilen der Matrix $\mathbf{A}^T$ sind dabei die Bilder der Basisvektoren $\mathbf{e}_1$ und $\mathbf{e}_2$. Führen wir einige einfache Beispiele an. Die einfachste lineare Abbildung ist die Identität, die jeden Vektor und damit jede Figur in sich überführt. Die zugehörige Matrix ist die Einheitsmatrix $\mathbf{E}$. Wollen wir dagegen ein Element verkleinern oder vergrößern, so bietet sich eine Stauchung oder Streckung der Form $\mathbf{x}' = S\mathbf{f}(\mathbf{x})$, $S > 0$, an. Die Matrizen lauten

$$\mathbf{E} = \begin{pmatrix} 1 & 0 \\ 0 & 1 \end{pmatrix}, \quad \mathbf{A} = \begin{pmatrix} S1 & 0 \\ 0 & S2 \end{pmatrix}, \quad S1 = S2 = S. \tag{4.9}$$

Sind $S1$ und $S2$ nicht gleich, so erhalten wir eine Verzerrung des Bildes. Werden zwei lineare Abbildungen nacheinander ausgeführt und ist der Bildvektor $\mathbf{x}' = \mathbf{g}(\mathbf{f}(\mathbf{x}))$, so wird die zugehörige Matrix $\mathbf{C}$ ermittelt, in dem die $\mathbf{g}$ und $\mathbf{f}$ entsprechenden Matrizen $\mathbf{B}$ und $\mathbf{A}$ multipliziert werden: $\mathbf{C} = \mathbf{B} \cdot \mathbf{A}$.

Dabei berechnet sich ein Element c_{ik} der Matrix $\mathbf{C}$ wie folgt:

$$c_{ik} = a_{i1}b_{1k} + a_{i2}b_{2k}, \ i, k = 1, 2. \tag{4.10}$$

Arbeiten wir dagegen mit Zeilenvektoren, so gilt unter Benutzung der Beziehung $(\mathbf{A} \cdot \mathbf{B})^T = \mathbf{B}^T \cdot \mathbf{A}^T$ dann $\mathbf{x}'^T = \mathbf{x}^T\mathbf{A}^T\mathbf{B}^T$. Bei Diagonalmatrizen kommt es nicht auf die Reihenfolge bei der Ausführung der Multiplikation an, zwei Neuskalierungen können in beliebiger Reihenfolge ausgeführt werden, das Ergebnis ist immer dasselbe. Anders dagegen, wenn eine der Matrizen keine Diagonalform hat. Nehmen wir als Beispiel eine Scherungsabbildung $\mathbf{x}' = \mathbf{f}(\mathbf{x})$, mit $x_1' = x_1 + c_x \cdot x_2$ und $x_2' = c_y \cdot x_1 + x_2$. Verknüpfen wir sie mit einer Neuskalierung, so kommt es nur dann nicht auf die Reihenfolge an, wenn $S1 = S2 = S$ gilt. Anderenfalls rechnen wir leicht nach, daß der Punkt $(0, 1)$ einmal über $(0, S2)$ in $(c_x \cdot S2, S2)$ und bei Ausführung der Skalierung nach der Scherung über $(c_x, 1)$ in $(c_x \cdot S1, S2)$ übergeht.

Halten wir fest, daß es bei der Verkettung von Abbildungen im allgemeinen entscheidend auf die Reihenfolge ankommt. Wir können auch eine Scherung allein in x– bzw. y–Richtung vornehmen. Dann gilt $x_1' = x_1 + c_x \cdot x_2$, $x_2' = x_2$ bzw. $x_1' = x_1$, $x_2' = c_y \cdot x_1 + x_2$, das heißt, c_x steht oberhalb, c_y unterhalb der Diagonalen. Scherungen in x–Richtung können miteinander vertauscht werden und ebenso Scherungen in y–Richtung. Mischen wir jedoch beide Richtungen, so kommt es wieder auf die Reihenfolge an. Die Matrizen für Skalierungen, Scherungen in x–Richtung wie in y–Richtung bilden jeweils eine Gruppe bezüglich der Verkettung der Abbildungen. Gruppen sind Mengen mit einer Verknüpfung, die das Assoziativgesetz erfüllt, und einem neutralen Element.

Weitere Beispiele sind Drehungen um den Ursprung. Sie können beliebig miteinander verkettet werden. Die zugehörige Matrix ist in Bild 4.2 abgebildet. Eine wichtige Forderung an Gruppen ist die Existenz eines inversen Elements. In unserem Fall muß es zu jeder Drehmatrix $\mathbf{A}$ eine Umkehrmatrix $\mathbf{A}^{-1}$ geben, so daß $\mathbf{A}\mathbf{A}^{-1} = \mathbf{A}^{-1}\mathbf{A} = \mathbf{E}$ (neutrales Element der Matrizenmultiplikation) gilt. Geometrisch gesehen ist die Existenz sofort klar. Wir machen die Drehung um den Winkel β einfach wieder rückgängig, indem wir um $-\beta$ zurückdrehen. Die inverse Matrix $\mathbf{A}^{-1}$ ist daher gerade $\mathbf{A}^T$. Derartige Matrizen nennen wir orthogonal. Bisher haben wir das Koordinatensystem unverändert gelassen, den Punkt $\mathbf{P}$ nach $\mathbf{P}'$ verschoben und die neuen Koordinaten $(x_1', x_2')^T$ des Punktes $\mathbf{P}'$ mit dem Ortsvektor $\mathbf{x}'$ unter der Transformation $\mathbf{x}' = \mathbf{A}\mathbf{x}$ berechnet. Stattdessen können wir auch mit Hilfe von $\mathbf{A}^{-1}$ das Koordinatensystem transformieren und den Punkt $\mathbf{P}$ festlassen. $\mathbf{P}$ hat dann ebenso die neuen Koordinaten $(x_1', x_2')^T$.

Eine weitere wichtige Transformation betrifft die Spiegelung an einer Geraden

$$G : (\mathbf{n}, \mathbf{x} - \mathbf{x0}) = 0$$

mit dem auf Länge Eins normierten Normalenvektor $\mathbf{n}$. Der Spiegelpunkt ist in Bild 4.1 konstruiert und wird

$$\mathbf{x}' = \mathbf{x} - 2\mathbf{n}(\mathbf{n}, \mathbf{x} - \mathbf{x0}). \quad (4.11)$$

Während wir für die Punkte $\mathbf{x}$ auf der Spiegelgeraden $\mathbf{x} = \mathbf{x}'$ wegen $(\mathbf{n}, \mathbf{x} - \mathbf{x0}) = 0$ erhalten, ergeben sich für die Punkte, die nicht auf der Spiegelgeraden liegen, die Spiegelpunkte gemäß 4.11. Geht die Gerade durch den Nullpunkt, so handelt es sich um eine lineare Transformation mit der zugehörigen Matrix

$$\begin{pmatrix} 1 - 2n_1^2 & -2n_1 n_2 \\ -2n_1 n_2 & 1 - 2n_2^2 \end{pmatrix}.$$

Orthogonale Matrizen $\mathbf{A}$ erfüllen die Relation $\det \mathbf{A} = \pm 1$, wegen $\det \mathbf{A} = \det \mathbf{A}^T$ und $\det(\mathbf{A} \cdot \mathbf{A}^T) = \det \mathbf{A} \cdot \det \mathbf{A} = \det \mathbf{E} = 1$. Während für Drehungen die Determinante der zugehörigen Matrix den Wert 1 hat, nimmt sie für Spiegelungen, die die Orientierung verändern, den Wert -1 an.

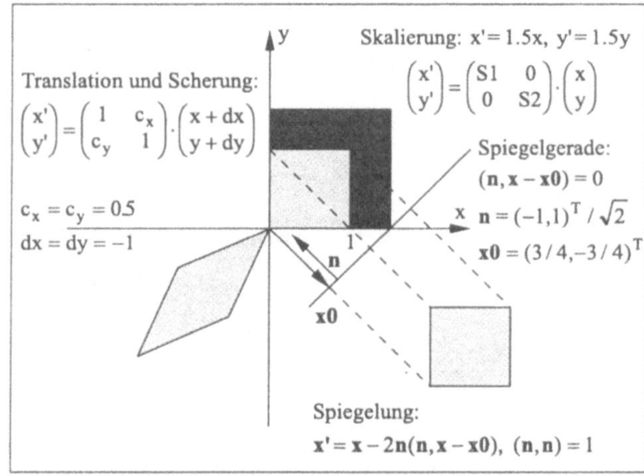

Bild 4.1: Elementartransformationen in der Ebene

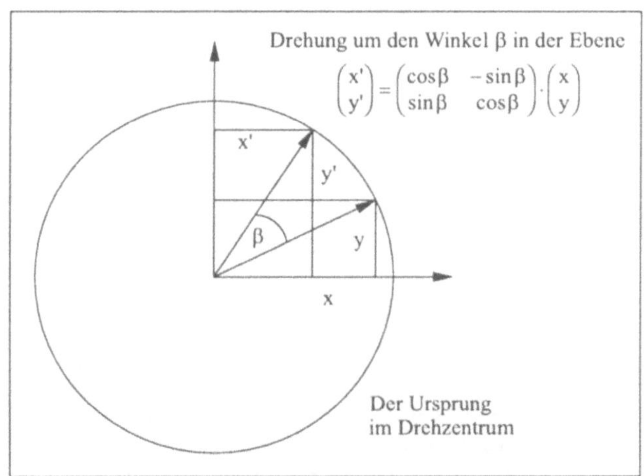

Bild 4.2: Drehung um einen Winkel

Fehlt noch eine letzte Elementartransformation, die Translation. Es geht dabei x_1 in $x_1 + m$, x_2 in $x_2 + n$ über, jede Figur wird einfach um den Vektor $(m, n)^T$ verschoben.

Leider läßt sich hier keine Matrix angeben, da die Translation keine lineare Abbildung ist. Immerhin hat sie mit der Drehung und Spiegelung gemeinsam, daß sie alle Längenverhältnisse erhält. Wir sprechen in diesem Zusammenhang auch von Isometrien. Isometrien sind demnach aus Translationen, Drehungen und Spiegelungen zusammengesetzte Abbildungen, die Strecken wieder in sich überführen und ihre Länge erhalten. Während bei Translationen und Drehungen auch die Winkel in Betrag und Orientierung zwischen zwei Geraden gleichbleiben, ändert eine Spiegelung zwar nicht den Betrag, jedoch die Orientierung. Scherung und Skalierung ändern dagegen die Längenverhältnisse. Damit haben wir die drei Elementarbewegungen in der Ebene genannt.

Beachtet werden sollte aber bei allen Operationen, daß vor dem Neuzeichnen der Objekte die alten Objekte zu löschen sind. Selbst bei einer einfachen Skalierung einer Strecke können die Rasterungen verschieden sein.

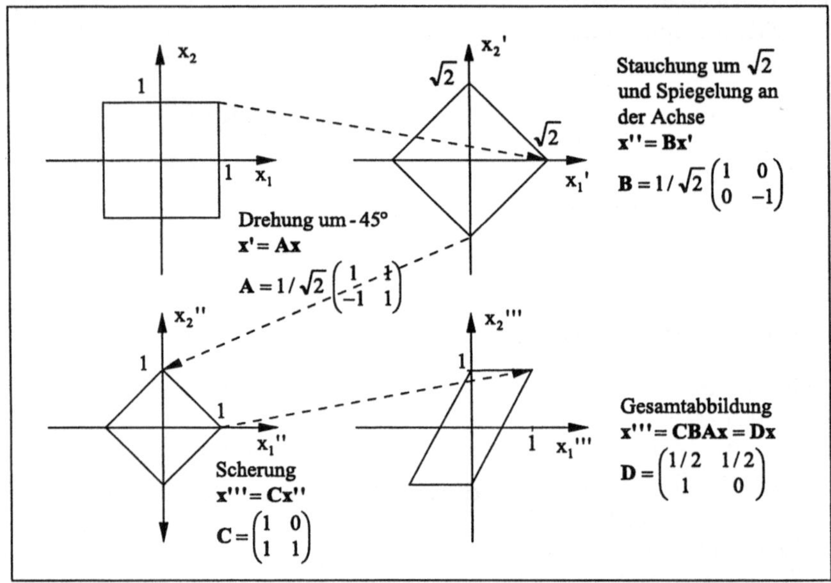

Bild 4.3: Rechenbeipiel: Transformation eines Quadrats

Ein Rechenbeispiel soll die erläuterten Begriffe veranschaulichen. Wir wollen ein Quadrat mit den Eckpunkten $(1,1), (1,-1), (-1,-1), (-1,1)$ in der Ebene in ein Parallelogramm mit den Eckpunkten $(1,1), (0,1), (-1,-1)$ und $(0,-1)$ überführen. Dabei sollen die Eckpunkte $(1,1)$ und $(-1,-1)$ Fixpunkte sein und in sich übergehen und der Punkt $(1,-1)$ das Bild $(0,1), (-1,1)$ das Bild $(0,-1)$ haben. Natürlich gibt es verschiedene Möglichkeiten, diese Aufgabe durch Nacheinanderausführung von Elementartransformationen zu realisieren. Wir stützen unsere Argumentation auf Bild 4.3, in dem die Transformationsmatrizen angegeben sind, und gehen wie folgt vor:

- Drehung des Quadrats um den Winkel $-\pi/4$,
- Stauchung des neuen Quadrats um den Faktor $1/\sqrt{2}$,
- Spiegelung an der x_1–Achse,
- Scherung in x_2–Richtung mit dem Scherfaktor $c = 1$.

Die resultierende Abbildung lautet dann nach Ausmultiplizieren aller Matrizen

$$x_1' = 0.5(x_1 + x_2), \quad x_2' = 1x_1 + 0x_2.$$

Bedauerlicherweise können die Translationen nicht in den Matrizenkalkül in der Ebene mit einbezogen werden. Daher wollen wir mit einem Kunstgriff diesen Nachteil umgehen. Wir führen eine Hilfsvariable x_3 ein und setzen sie gleich Eins. Natürlich müssen wir jetzt mit 3×3–Matrizen rechnen und betrachten die lineare Abbildung $\mathbf{x}'^T = \mathbf{x}^T \mathbf{H}$ mit der Matrix

$$\mathbf{H} = \begin{pmatrix} h_{11} & h_{12} & 0 \\ h_{21} & h_{22} & 0 \\ h_{31} & h_{32} & 1 \end{pmatrix}. \tag{4.12}$$

Ausrechnen ergibt

$$x_1' = h_{11}x_1 + h_{21}x_2 + h_{31}, \quad x_2' = h_{12}x_1 + h_{22}x_2 + h_{32}, \quad x_3' = x_3 = 1,$$

und die letzte Beziehung kann einfach weggelassen werden. Den Translationsvektor identifizieren wir als $(h_{31}, h_{32})^T$, sprechen in diesem Fall von homogenen oder projektiven Koordinaten und können interessehalber auch andere Größen in der dritten Spalte der Matrix $\mathbf{H}$ zulassen. Ersetzen wir zum Beispiel das Element $h_{33} = 1$ durch eine andere positive Konstante s und normieren x_3' wieder auf Eins, so müssen wir x_1' und x_2' ebenfalls durch s teilen und erhalten dann eine Neuskalierung. Eine Projektion resultiert, wenn wir die beiden anderen Elemente der dritten Spalte gegen beliebige Konstanten austauschen. Somit können wir alle Elementartransformationen bei festem Koordinatensystem durch Matrizen beschreiben und beliebige Bewegungen vermittels Nacheinanderausführung erzeugen. Dazu multiplizieren wir alle Matrizen in der richtigen Reihenfolge, von rechts nach links bei unserer Spaltenschreibweise, von links nach rechts bei Verwendung von Zeilenvektoren wie in den meisten Computergraphikbüchern.

Projektive Koordinaten (x, y, w) mit $x = wX$, $y = wY$ ordnen jedem Punkt $(X, Y)^T$ der Ebene eine Gerade durch den Nullpunkt und den Punkt $(x, y, 1)^T$ zu, jeder Geraden eine Ebene, die den Nullpunkt und die Gerade enthält. In homogenen Koordinaten wird die Hesse–Form der Geraden im $\mathbb{R}^2$ zu $ax + by + cw = 0$. Zwei Geraden sind dann entweder identisch, schneiden sich im Punkte $(x, y, 0)^T$, der anschaulich dem Wert Unendlich in Richtung von (x, y) zugeordnet ist, oder gehen durch den klassischen Schnittpunkt $(x, y)^T / w$, $w \neq 0$.

4.3 Display–Files

Ein entscheidender Nachteil der Raster– gegenüber der Vektorgraphik besteht darin, daß eine Gruppierung oder Separierung verschiedener Bildelemente erschwert ist und ihre Einzelbehandlung wie Vergrößerung, Drehung, Umordnung und Änderung der Reihenfolge praktisch unmöglich wird. Hier bietet das ältere Konzept der Vektorgraphik vorteilhaftere Möglichkeiten. Es geht dabei darum, primitive graphische Operationen, wie das Zeichnen von Punkten und Strecken als Grundstruktur auszuweisen, diese in höheren Einheiten wie Kreis oder Polygon zusammenzufassen und die zur Konstruktion notwendigen Informationen in einer Datei abzulegen. Es sind dies Kommandos wie Punktsetzen oder Linieziehen und ihre zugehörigen Parameter. Im Fall einer Strecke handelt es sich bei den Parametern zum Beispiel um die Koordinaten ihres Anfangs– und Endpunktes. Hier muß jedoch die Frage des Bezugssystems geklärt werden. Sinnvoll ist es, den Anfangs– wie den Endpunkt in relativen Koordinaten zu beschreiben. In einer Zusatzdatei wäre jedoch der Bezugsnullpunkt des Anfangspunktes oder der Mittelpunkt des Objekts in absoluten Koordinaten sowie ein eventueller Translationsvektor und Drehwinkel niederzulegen, um bei Manipulationen des Objekts wie Verschiebungen und Drehungen die Schirmkoordinaten aktualisieren zu können. Weiterhin sind Angaben über die Reihenfolge der auszuführenden Transformationen erforderlich.

Erweitern wir diese Zusatzdatei noch, so können auch Informationen über Streckungen oder Stauchungen, Scherungen, einschließendes Rechteck, Fenster und Sichtbarkeit aufgenommen werden. Bei komplizierteren Objekten wie Ellipsen oder Polygonzügen sind Angaben über die Farbattribute des Innengebietes notwendig mit einem Zeiger zu einer Füllprozedur.

Da die zur Diskussion stehenden graphischen Objekte in einer gewissen Reihenfolge zueinander stehen und im Raum vor– oder hintereinander angeordnet sind, müssen die Bildelemente in eine dynamische Listenstruktur eingebracht werden, die die Operationen des Löschens, Einfügens, Umordnens und Anfügens erlaubt. Eine derartige Liste heißt Display–File, die zur Manipulation notwendige Datei wird Prozeßtabelle genannt. Einträge, die ein graphisches Objekt betreffen, heißen Segmente, die Prozeßtabelle oft auch Segmenttafel. Auch bei der Bearbeitung der Segmente sprechen wir von Öffnen, Schließen, Löschen, Austauschen, Aktivieren und Deaktivieren. Die beiden letzten Begriffe bedeuten im Gegensatz zur Kreation und der Löschung, daß das Segment im File verbleibt, das Objekt aber in der Hintergrundfarbe gezeichnet oder per XOR–Operation gelöscht wird und dann jederzeit wieder zum Leben erweckt werden kann. Bei vektorschreibenden Displays ist großer Wert auf die Verkettung der Segmente zu legen. Da der Vektorgenerator in schneller Folge auf die Datei zugreift, müssen Manipulationen mit großer Vorsicht erfolgen und eine komplette Verzeigerung gewährleistet sein. Wir können den Display–File oder Teile davon doppelt führen und nach erfolgreicher Bearbeitung von Segmenten in der Kopie nur die Zeiger verbiegen. Bei Rasterdisplays ist die Situation dagegen weniger kritisch. Hier brauchen wir nach Manipulationen an einem Objekt nur Teile des Bildschirmspeichers zu aktualisieren oder bei Vertauschungen und Umskalierungen das ganze Bild neu aufzubauen.

Hochsprachen wie Pascal und C++, die das Zeigerkonzept unterstützen, sind prädestiniert zur Implementation der Display–Files und ihrer Hilfsdateien. Sie sehen zudem sehr variable Datenverbunde wie variante Records oder Objekte vor, die den verschiedenartigen Kommandos und ihren speziellen Parametern Rechnung tragen. Es muß natürlich auch möglich sein, Standardobjekte erzeugende Dateien abzuspeichern und neu einzulesen. Zur Ausgabe auf Schirm, Plotter oder Drucker fehlt dann noch eine Gerätetreiberdatei, die die Kommandos der Display–Dateien interpretiert und umsetzt, ihre Ausführung in die Wege leitet und Weltkoordinaten auf Gerätekoordinaten umrechnet. Für jedes vorgesehene Kommando sind die Parameter gemäß der Segmenttabelle zu berechnen. Die zugehörige Transformationsmatrix ergibt sich als Produkt der Standardmatrizen der einzelnen Elementartransformationen. Hier soll noch einmal ausdrücklich darauf hingewiesen werden, daß die Aktualisierungsrechnungen für die Parameter entsprechend den Vorgaben der Prozeßtabelle in hoher Genauigkeit ausgeführt werden müssen, um die Kumulation von Rundungsfehlern bei häufigen Transformationen weitestgehend einzuschränken. Dazu ist ein mathematischer Koprozessor mit schneller Fließpunktarithmetik in jedem Fall von Nutzen. Bei der Ausgabe kann dann jedoch ein Integerkoordinatensystem im jeweiligen Fenster zugrundegelegt werden. Ist ein Display–File fertig erstellt, so wird er abgespeichert. Schon bearbeitete Dateien können natürlich wieder geladen und modifiziert werden.

Schematisch stellt sich der ganze Vorgang der Bilderzeugung folgendermaßen dar (vgl. Kapitel 1):

- Eingabe eines graphischen Objektes über ein Eingabemedium (z.B. Auswahl und Plazierung im Bildschirmfenster mit Hilfe der Maus).

- Erstellung eines Display–Filesegments und Einfügung in die Liste (nach Akzeptierung des Objekts im Bildschirmfenster).

- Manipulation graphischer Objekte. (Auswahl eines Objekts oder einer Operation im Bildschirmfenster.)

- Ergänzung der Prozeßliste, Neuberechnung der Parameter des Display–Files für eine Ausgabe und Aktualisierung der zugehörigen Liste (bei Löschungen oder Umstellungen).

- Neuausgabe von Teilen oder Neuaufbau des Bildes am Ausgabemedium (bei Akzeptierung der Operation).

Die Überlegenheit dieses Konzeptes, das in CAD–Programmen verwirklicht ist, zeigt sich besonders bei der Erzeugung von Schriftfonts. Hier wird ein Buchstabe als Displaydatei aufbauend auf Lineto–Befehlen mit ihren Koordinatenparametern dargestellt. Rotationen, Scherungen und Maßstabsänderungen erlauben es, eine Vielfalt von Schriftgrößen und Schriftarten zur Verfügung zu halten. Bei der Ausbildung der Ingenieurstudenten in der Konstruktiven Geometrie kommen in der letzten Zeit vermehrt große 2D– und 3D–Programmpakete, die nach den erwähnten Prinzipien aufgebaut sind, zum Einsatz. Sie erlauben eine interaktive Konstruktion am Bildschirm oder Plotter [37, 98]. Ein sehr instruktives Beispiel für die Realisierung eines Display–Files in Turbo Pascal befindet sich bei Schlöter [222] sowie in [28].

Eine einfache Realisierung könnte etwa so aussehen:

```
type kopf = record
        Min_X, Max_X, Min_Y, Max_Y : word; {Fenster}
        AspektRatio : real;
        Anzahl_Farben : byte;
     end;
     Eintrag = record {Objekt}
        Segmentnummer : word;
        Sichtbar : boolean;
        case auswahl : char of
        'p' : (x , y : word; farbe : byte);   {Punkt}
        'l' : (xa, ya, xb, yb : word; farbe : byte); {Linie}
        'e' : (xm, ym, a, b : word; phi : real;
               farbe : byte; fuellen : boolean);
               {Ellipse  in allgemeiner Lage}
        ....
end;
```

Eine doppelt verkettete Liste nimmt die einzelnen Objekte auf, die dann manipuliert werden können.

4.3.1 PostScript

In den letzten Jahren ist noch ein anderer Weg eingeschlagen worden, um die Ausgabe zu standardisieren. Dazu wir ein intelligentes Terminal gefordert, das eine Steuerungs–Hochsprache interpretieren kann. Eine derartige Seitenbeschreibungssprache mit Namen PostScript ist seit 1985 entwickelt worden, liegt inzwischen in einer Level 2 Version vor

und hat sich besonders im Bereich des Desktop Publishing immer mehr durchgesetzt. Sie
vereinigt mathematische wie graphische Elemente aber auch Anweisungen, die direkt den
Satz betreffen. Die Sprache wird interpretiert und hat als wichtigste Datenstruktur den
Stack und das Dictionary, das Paare von Schlüsselnamen und Werten enthält. Näheres
befindet sich in dem Adobe PostScript Language Manual [4].

Wir wollen nur einige Sprachelemente beispielhaft anführen:
PostScript unterstützt

- Konstanten, z.B.
  /cm {28.35 mul } def
  /DINA4w 21.0 cm def
  /DINA4h 29.7 cm def
  /wurzel2 2 sqrt def
- Schleifen und ihre Variablen,
- konditionelle Verzweigungen,
- Graphikbefehle, clip – fill – translate – scale – showpage etc.,
- DTP Befehle, 3 setlinewidth – 0.75 setgray etc.,
- vektorisierte Schriften und ein ausgeklügeltes Fonthandling,
- Prozeduren, z.B.

```
/square {   newpath
            0 0 moveto
            1 0 lineto
            1 1 lineto
            0 1 lineto
            closepath
            fill
        } def
/circle {   0 0 1 0 360 arc fill % Radius 1
        } bind def
```

- zusammengesetzte Prozeduren, mit Hilfe des Befehls /combine,
- Farbverläufe.

4.3.2   Der Computer Graphics Metafile

Das ursprüngliche CGM–Datenformat ist im internationalen Standard ISO 8632 beschrieben und wird laufend fortentwickelt: Teil 1 enthält die Spezifikationen der Elemente des
CGM mit zugehörigen Parametern, Teil 2 definiert eine zeichenorientierte, Teil 3 eine
binäre und der vierte Teil eine klartextorientierte Kodierung [92, 117, 167]. Die Norm
definiert Syntax und Semantik von Beschreibungselementen, die in acht Klassen aufgeteilt sind:

1) Die   Begrenzungselemente   BEGIN METAFILE, BEGIN PICTURE, BEGIN PICTURE
   BODY, END PICTURE und END METAFILE beschreiben den Aufbau der CGM–
   Bilddatei.

2) Die Datei–Beschreibungselemente betreffen die Funktionalität und die Standardwerte
   des CGM.

3) Die Bildbeschreibungselemente definieren den Verarbeitungs– und Darstellungsmo-
   dus.

4) Die Kontrollelemente steuern die Umrechnung der Koordinatenbereiche und den Clippmodus.

5) Die Darstellungselemente beschreiben die Graphikprimitiven des Bildes.

6) Die Attributelemente steuern das Erscheinungsbild der Darstellungselemente.

7) Die Escape–Elemente ermöglichen die Nutzung ungenormter graphischer Geräte.

8) Die Extern–Elemente erlauben die Integration nicht–graphischer Information im CGM.

Die Spezifikation des CGM enthält eine Beschreibung der formalen Grammatik, die Syntaxüberprüfungen gestattet. Die fünf Begrenzungselemente (vgl. 1) geben den Rahmen der CGM–Datei, die typischerweise folgendermaßen aussieht:

```
BEGIN METAFILE (Name)
{metafile descriptor}
{extra element}
  BEGIN PICTURE (Name1)
  {picture descriptor}
    BEGIN PICTURE BODY
      {control elements}
      {graphical elements}
      {attribute elements}
      {segment element} etc.
  END PICTURE (Name1)
  BEGIN PICTURE (Name 2)
    *****
  END PICTURE (Name2)
  *****
END METAFILE (Name)
```

Die Bilddatei–Beschreibungselemente sind die funktionalen Werkzeuge des CGM. In der *metafile element list* sind alle Elemente enthalten, die im CGM vorkommen können. Es sind dies die Metafileversion und –beschreibung, sowie der Typ der virtuellen Device–Koordinaten (VDC), die in weitem Rahmen konfiguriert werden können, Genauigkeits–, Bereichs– und Umrechnungsvorgaben für Integer–, Real–, Index–, Color–, Colorindextypen, Ersetzungen der Defaultvorgaben sowie Angaben zur Zeichensatzbehandlung.

Die Bildbeschreibungselemente betreffen Bildausschnitt und Skalierung, den Farbmodus, die Hintergrundfarbe, Strichstärken, Marker und Breiten der Flächenkanten. Das Element VDC extent beschreibt den rechteckigen links– oder rechtsorientierten Koordinatenbereich, in dem CGM–Bildelemente auftreten können.

Die Kontrollelemente legen die Real– und Integerauflösung fest, betreffen Transparenz und Hilfsfarben und definieren das Clipprechteck und den Clippindikator.

Die Darstellungselemente sind nun in Gruppen für Linien und Bögen sowie ihre Attribute (Type, Breite, Farbe), Marker, Text mit Font, Buchstabengröße, –abstände, –farbe und –orientierung, Füllgebiete wie Polygone, Rechtecke, Kreis– und Ellipsenbögen mit Farbmustern, Rand– und Gruppierungsattributen und schließlich zweidimensionale Matrizen von Farbwerten (cell arrays) aufgeteilt.

In Teil 2 der Norm ist die Zeichencodierung des CGM–Files beschrieben, die zwar einen höheren Codierungsaufwand verlangt, aber schneller verarbeitet werden kann. Jedem Element ist ein Operationscode und jedem Parameter sind Integer– oder Realformate zugeordnet. Für Listen gibt es komprimierte Darstellungen. Noch weiter in der

Uniformisierung geht die Binärkodierung, während die Klartextorientierung vom Benutzer unmittelbar lesbar ist und mit einem Texteditor erzeugt und bearbeitet werden kann. Enderle und Scheller [76] geben Beispiele für klartext– und zeichenorientierte Bilddateien.

4.4 Quadtrees

Quadtrees spielen bei der Beschreibung von Raster– und Vektorbildern eine wichtige Rolle [217, 218, 219]. Die Darstellung ihrer Datenstruktur kann einerseits zeigerorientiert erfolgen in der Form eines Record mit Knoten und Zeigern zu den vier Söhnen und zum Vater. Allerdings wird hier viel Speicherplatz für die inneren Knoten aufgewendet, obgleich die eigentliche Information des Quadtrees in den Blättern abgelegt ist.

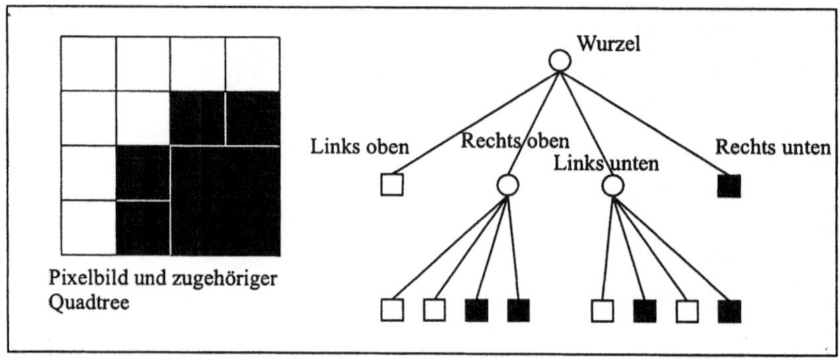

Bild 4.4: Quadtree

Daher ziehen wir oft zeigerfreie Darstellungen vor und verwenden z.B. eine Ablage entsprechend einem Preorderdurchlauf. Dabei können im Fall eines Schwarzweißbildes S für schwarze, W für weiße und G für weiter zu unterteilende Pixelbereiche stehen. Erfolgt der Durchlauf entsprechend den Himmelsrichtungen NW, NO, SW, SO (oder links oben, rechts oben, links unten, rechts unten), so ergibt sich für unseren Beispielquadtree aus Bild 4.4 die Darstellung:

G W G W W S S G W S W S S.

Eine weitere Codierungsmöglichkeit gibt nur noch die Blätter des Quadtrees und ihre Lage in Bezug auf die Wurzel an. Dabei werden z.B. in einem Zahlsystem zur Basis vier die Richtungen der vier Söhne einer Wurzel geeignet mit den Zahlen 0 bis 3 beschrieben. Meist wird dann noch der Level als Höhe des Blattes angegeben, wobei die Wurzel dem Level 0 entspricht. Damit ist der verwendete Speicherplatz proportional zur Anzahl der Blätter und der Höhe des Baumes. Für unseren Beispielbaum aus Bild 4.4 erhält das ganz rechts stehende Blatt auf dem untersten Level den Code (23,2).

Schließlich kann auch der Quadtree in der Form eines Binärbaumes (Bintree) abgelegt werden. Hier erfolgt für ein Gebiet zunächst die Aufteilung in zwei Teilgebiete West und Ost, die dann wiederum jeweils in Süd und Nord zerfallen. Es ergibt sich hier der folgende Preorderdurchlauf:

G G G W S W G S G G S W G S W.

Nun wollen wir besprechen, in welcher Form ein vektororientierter Polygonzug in einer Quadtree-Struktur abgelegt werden kann. Hier muß genau festgelegt werden, wie lange die rekursive Teilung fortzusetzen ist. Wir sprechen von einem PM_1–Quadtree wenn die Blattknoten die folgenden Bedingungen erfüllen, wobei Ecken End– oder Schnittpunkte von Kanten sind und q–Kanten durch Clipping von Kanten bei fortgesetzter Unterteilung entstehen:

- Der Bildbereich, der durch einen Blattknoten repräsentiert wird, darf höchstens eine Ecke enthalten.

- Falls der Bildbereich zu einem Blattknoten eine Ecke enthält, so darf er keine q–Kante enthalten, die die Ecke nicht einschließt.

- Falls der Bildbereich zu einem Blattknoten keine Ecke enthält, so darf er höchstens eine q–Kante enthalten, die die Ecke nicht einschließt.

Bei der Zuordnung von Ecken, die auf Rändern zu liegen kommen, betrachten wir die Teilrechtecke grundsätzlich als abgeschlossen und teilen die Ecken gegebenenfalls mehrfach zu.

Nunmehr wollen wir eine Komplexitätsausssage bezüglich der Anzahl der Knoten eines Quadtrees eines Polygonzuges machen und beachten dabei, daß ein Kurvenstück der Länge $d+\varepsilon$ höchstens 6 Quadrate der Kantenlänge d schneiden kann. In [217] wird gezeigt, daß die Quadtreedarstellung eines Polygons der Länge p aus einem $2^n \times 2^n$–Bildbereich höchstens $24(n + p) - 19$ Knoten besitzen kann.

Wichtige Algorithmen für Quadtrees betreffen das Suchen eines Pixels, die Bestimmung eines Nachbarpixels und die Anwendung geometrischer Transformationen, wie Translation, Drehung, Spiegelung und Skalierung eines Bildes.

Während in einem Rasterbild ein Pixel mittels seiner Adresse angesprochen werden kann, muß die Bestimmung der Position im Quadtree die Koordinaten (x, y) des Pixels benutzen. Dabei sollten die Koordinaten geeignet normiert werden, um z.B. eine Entsprechung zwischen Dualdarstellungen von Abszisse und Ordinate und den Richtungen West, Ost sowie Süd, Nord zu haben. Die Mittelpunkte der Bereiche können dann mittels der Seitenlänge der Blocks und der Koordinaten eines Eckpunktes berechnet werden. Die Ausführungszeit ist proportional zum Level des Blattes, auf dem der Punkt liegt.

Die Suche nach dem Nachbarpixel erledigt sich nach Lokalisierung im Quadtree durch die Berechnung und Abspeicherung eines Weges bis zu einem gemeinsamen Vorfahren. Sodann wird der Weg in umgekehrter Reihenfolge durchlaufen, wobei jeder Rückschritt eine Spiegelung des entsprechenden Schrittes auf dem Hinweg an der gemeinsamen Grenze der Bildbereiche der betrachteten Knoten darstellt. Suchen wir in unserem Beispiel den nördlichen Nachbarn zum Blatt (21,2), so ergibt sich der Hinweg bis zum gemeinsamen Vorfahren, der Wurzel über den Code 2, der in 0 gespiegelt wird. Das direkt angrenzende Pixel würde durch den Code 3 erreicht als Spiegelwert zu 1.

4.5 Aufgaben

Aufgabe 4.1
Gegeben sei das Dreieck mit den Eckpunkten $(0, 0), (1, 0), (0, 1)$. Führen Sie es in das Dreieck $(1, 0), (2, 2), (0, 1)$ über, wobei $(1, 0)$ und $(0, 1)$ Fixpunkte sein mögen. Wie lautet die Abbildung? Lösung: $x_1' = -x_1 - 2x_2 + 2$, $x_2' = -2x_1 - x_2 + 2$.

Aufgabe 4.2
Rotieren Sie das Dreieck mit den Ecken $(0, 0), (2, 1), (1, 3)$ bzgl. des Punktes $(-1, -1)$ um den Winkel $60°$ und stellen Sie die Matrix für die Transformation in homogenen

Koordinaten auf. Schreiben Sie ein kurzes Programm, das das Dreieck vor und nach der Drehung am Bildschirm ausgibt.

Anleitung: Verschieben Sie zunächst den Ursprung nach $(-1, -1)$, führen Sie die Drehung aus und machen Sie dann die Translation wieder rückgängig.

Aufgabe 4.3

Gegeben sei das Dreieck mit den Eckpunkten (x_1, y_1), (x_2, y_2) und (x_3, y_3), die entgegen dem Uhrzeigersinn durchnumeriert seien. Zeigen Sie:

a) Für den Flächeninhalt F gilt: $F = \frac{1}{2}((x_2 - x_1)(y_3 - y_1) - (x_3 - x_1)(y_2 - y_1))$.

Anleitung: Schreiben Sie

$$F = \frac{1}{2} \det \begin{pmatrix} x_2 - x_1 & x_3 - x_1 \\ y_2 - y_1 & y_3 - y_1 \end{pmatrix}.$$

Da diese Determinante weder nach einer Translation, noch nach einer Drehung des Dreiecks ihren Wert ändert (warum?), darf man (x_1, y_1) in den Nullpunkt verschieben und $y_2 = 0$ annehmen. Dann ist die Behauptung geometrisch klar.

b) Ferner gilt: $F = \frac{1}{2}((x_1 - x_3)y_2 + (x_3 - x_2)y_1 + (x_2 - x_1)y_3)$.

c) Mit (b) folgt: $\frac{1}{2} \sum_{i=1}^{3} (x_i - x_{i+1})(y_i + y_{i+1})$, wobei $x_4 := x_1$, $y_4 := y_1$.

d) Für die Fläche F_P eines einfach geschlossenen, konvexen Polygonzuges

$$P = \{(x_1, y_1), (x_2, y_2), \ldots, (x_{n+1}, y_{n+1})\}, \quad (x_1, y_1) = (x_{n+1}, y_{n+1}),$$

der entgegen dem Uhrzeigersinn durchlaufen wird, gilt:

$$F_P = \frac{1}{2} \sum_{i=1}^{n} (x_i - x_{i+1})(y_i + y_{i+1}).$$

Führen Sie den Beweis mit Hilfe der vollständigen Induktion.

Aufgabe 4.4

Gegeben sei die Transformation in homogenen Koordinaten $\mathbf{x}'^T = \mathbf{x}^T \mathbf{H}$ mit

$$\mathbf{H} = \begin{pmatrix} 1 & 0 & e \\ 0 & 1 & f \\ 0 & 0 & 1 \end{pmatrix}$$

Geben Sie eine geometrische Interpretation der Abbildung und berechnen Sie für den Fall $e = f = 1$ die Bildpunkte von $(1, 3, 1)$ und $(4, 1, 1)$.

Anleitung: Der Punkt $(x, y, 1)$ wird aus der Ebene $z = 1$ in die Ebene $e \cdot x + f \cdot y + 1 - z = 0$ projiziert. Die Projektionspunkte werden mit dem Ursprung verbunden, und die Schnittpunkte der Strahlen mit der Ebene $z = 1$ sind Bildpunkte. Für unser Beispiel ergeben sich als Bildpunkte $(1/5, 3/5)$ und $(2/3, 1/6)$.

Aufgabe 4.5

Schreiben Sie ein Programm, das Routinen für die Berechnung der Transformationen Verzerrung, Stauchung, Streckung, Scherung, Spiegelung an Achsen bzw. Winkelhalbierenden, Scherung und Drehung in der Ebene bereitstellt. Die Transformationen sollen jeweils auf einen beliebigen Polygonzug angewendet werden.

Aufgabe 4.6
Das Dreieck mit den Eckpunkten $A : (0,0)$, $B : (1,0)$ und $C : (0,1)$ wird durch Drehung, Scherung und Spiegelung in das Dreieck mit den Eckpunkten $A' : (0,0)$, $B' : (1,0.5)$ und $C' : (0,-1)$ überführt. Beschreiben Sie die Transformation in der Form $x' = ax + by + c$, $y' = dx + ey + f$. Finden Sie heraus, um welchen Winkel gedreht, welche Scherung durchgeführt und an welcher Geraden gespiegelt wurde. Stellen Sie die entsprechenden Transformationsmatrizen auf und geben Sie eine Matrix für die Gesamtabbildung an. Hinweis: Der Punkt A bleibt unter allen drei Teiltransformationen fix, der Punkt C_1, der durch Drehung aus C hervorgeht, wird von der Scherung nicht verändert!

Aufgabe 4.7
Die sukzessive Unterteilung eines quadratischen Rasterbildschirms in vier kongruente Teilquadrate bis hin zum einzelnen Pixel kann in die Datenstruktur eines Quadtrees (Viererbaums) gefaßt werden, bei dem zwischen internen Knoten und leeren oder vollen Blättern unterschieden wird. Überlegen Sie sich, daß Vektoren und Polygonzüge sowie ihre Innengebiete durch Quadtrees beschrieben werden können. Auch Operationen wie Verschieben, Drehen, Füllen, Auffinden des von einem Punkt aus nächsten Objekts führen zu Quadtree–Algorithmen. Studieren Sie dazu den Übersichtsartikel von Samet und Webber [217].

Aufgabe 4.8
Quadtrees bieten eine effiziente Möglichkeit, Bildschirminhalte abzuspeichern. Falls alle Pixel des Bildschirms (der Größe 640×480 Pixel) die gleiche Farbe besitzen, besteht der Quadtree lediglich aus der Wurzel mit dem entsprechenden Farbwert. Ansonsten wird er in vier gleich große Rechtecke unterteilt, die vier Blättern im Baum entsprechen. Dies wird solange gemacht, bis alle Pixel eines Rechtecks die gleiche Farbe besitzen oder das Rechteck eine definierte Größe erreicht, für die eine weitere Unterteilung nicht mehr sinnvoll ist.
Implementieren Sie eine Bibliothek, die die Datenstruktur für Quadtrees und einige Prozeduren und Funktionen für ihre Handhabung enthält.

Aufgabe 4.9
Gegeben sei ein Bildschirm der Größe 640×480 Punkte mit acht Bit Farbtiefe. Der Inhalt des Bildschirms sei zeilenweise in einer Datei der Größe 300 KByte abgelegt. Schreiben Sie ein Programm, das eine Komprimierung und Dekomprimierung eines solchen Bildschirms mit einer Lauflängencodierung realisiert. Die codierte Datei soll dabei folgenden Aufbau besitzen: 128 Byte Header (hier mit Nullen zu besetzen) gefolgt vom Datenteil, der folgendes Aussehen hat: Haben p nebeneinanderliegende Pixel die gleiche Farbe f, so werden diese p Pixel durch den 2–Byte–Eintrag $(192 + p, f)$ codiert. Die Zahl 192 bewirkt, daß die ersten beiden Bits des ersten Bytes gesetzt sind. Daher sind nur Werte für p im Bereich $1 \leq p \leq 63$ erlaubt. Häufigere Vorkommen müssen durch mehrere 2–Byte–Codierungen realisiert werden. Kommt eine Farbe vereinzelt in einem Pixel vor, so kann der Farbwert f direkt in die neue Datei geschrieben werden, wenn $f < 192$, da dann die ersten beiden Bits nicht beide gesetzt sind. Bei Farbwerten $f \geq 192$ muß das Pixel mit zwei Byte codiert werden, wobei das erste Byte die Häufigkeit *eins* angibt: $(193, f)$. Benutzen Sie für die Implementierung die Turbo Pascal–Befehle `Blockread` und `Blockwrite` bzw. ähnliche Befehle, wenn Sie in einer anderen Programmiersprache arbeiten.

5 Splines

In diesem Kapitel geht es darum, nach der Vorgabe von Leitpunkten Spline–Kurven zu konstruieren, die entweder durch diese Punkte oder in deren Nähe verlaufen und gewisse Glattheitsvoraussetzungen erfüllen. Derartige Kurven sind bei technischen Entwürfen und bei der industriellen Formgebung von großer Bedeutung, wenn keine analytische Beschreibungen der Kurven oder Flächen, sondern nur einzelne Gitterpunktdaten bekannt sind. Auch bei der Textdarstellung spielen Spline–Kurven eine wichtige Rolle. Ein Blick auf Freiformflächen schließt das Kapitel ab.

5.1 Kubische Splines

Bisher haben wir unser Hauptaugenmerk auf die Darstellung analytisch vorgegebener Kurven gerichtet. In der Praxis tritt häufiger das Interpolationsproblem auf, durch eine Anzahl bekannter Punkte eine Kurve zu legen, eine adäquate analytische Beschreibung zu ermitteln und sie dann auf einem Ausgabegerät zu visualisieren. Die Bestimmung der zugrundeliegenden Punktmenge kann oft auf experimentellen Beobachtungen oder numerischen Auswertungen, wie zum Beispiel der Lösung einer Differentialgleichung mit einem Näherungsverfahren, basieren. Denken wir nur an die Ermittlung der täglichen Temperaturkurve aus Einzelmessungen oder die Bahnkurve eines Teilchens, dessen Bewegung durch eine Differentialgleichung beschrieben ist, die dann an gewissen Stützstellen näherungsweise gelöst wird.

Die einfachste Möglichkeit, unser Interpolationsproblem bei $n+1$ vorgegebenen Punkten $(x_0, y_0), \ldots, (x_n, y_n)$ zu lösen, besteht in der Angabe eines Polynoms vom Grade n durch diese Punkte, des Lagrangeschen Interpolationspolynoms:

$$p(x) = y_0 \frac{P_0(x)}{P_0(x_0)} + y_1 \frac{P_1(x)}{P_1(x_1)} + \cdots + y_n \frac{P_n(x)}{P_n(x_n)},$$

$$P_i(x) := (x - x_0) \cdot \ldots \cdot (x - x_{i-1}) \cdot (x - x_{i+1}) \cdot \ldots \cdot (x - x_n).$$

Gehen wir andererseits von einer $(n+1)$–mal differenzierbaren Funktion $f(x)$ aus, die in den vorgegebenen Punkten $(x_0, y_0), \ldots, (x_n, y_n)$ interpoliert werden soll, so wird der Fehler durch die Formel

$$R_{n+1}(x) = \prod_{i=0}^{n} \frac{(x - x_i) f^{(n+1)}(\xi)}{(n+1)!}$$

mit der Zwischenstelle ξ bestimmt. Der Nachteil des Verfahrens besteht darin, daß bei einer größeren Anzahl von Punkten mit wachsendem n auch der Grad des Polynoms anwächst, was bei der Auswertung zu Instabilitäten und bei der Visualisierung zu Oszillationen führen kann. Daher gehen wir einen anderen Weg und versuchen, Polynome eines fest vorgegebenen kleineren Grades, wie z.B. 3 oder 5, so aneinanderzusetzen, daß die daraus resultierende Funktion und ihre Ableitungen in den $n+1$ Punkten bis zu einer gewissen Ordnung stetig sind. Wir wollen hier zunächst Polynome p_k dritten Grades mit $k = 0, 1, 2, \ldots, n-1$, verwenden und fordern:

$$p_0(x_0) = y(x_0) = y_0, \quad p_{n-1}(x_n) = y(x_n) = y_n,$$
$$p_k(x_{k+1}) = p_{k+1}(x_{k+1}) = y(x_{k+1}), \ 0 \le k \le n-2,$$
$$p_k'(x_{k+1}) = p_{k+1}'(x_{k+1}), \ 0 \le k \le n-2,$$
$$p_k''(x_{k+1}) = p_{k+1}''(x_{k+1}), \ 0 \le k \le n-2.$$

Somit gelangen wir zu der gewünschten Polynominterpolation $p(x)$ mit n Polynomen

$$p_k(x) = a_k + b_k(x - x_k) + c_k(x - x_k)^2 + d_k(x - x_k)^3, \ x_k \le x \le x_{k+1}, \ k = 0, \ldots, n-1,$$

vom Grade 3, die samt ihrer ersten zwei Ableitungen stetig ist. Es sind jedoch die Koeffizienten der n Polynome noch nicht eindeutig bestimmt. Dazu können wir eine der drei folgenden Bedingungen einführen:

1) $p_0''(x_0) = p_{n-1}''(x_n) = 0$ (krümmungsfrei),

2) $p_0(x_0) = p_{n-1}(x_n)$, $p_0'(x_0) = p_{n-1}'(x_n)$, $p_0''(x_0) = p_{n-1}''(x_n)$ (periodisch),   (5.1)

3) $p_0'(x_0) = a$, $p_{n-1}'(x_n) = b$ (eingespannt).

Wir wollen hier zunächst nur den ersten Fall untersuchen und die Koeffizienten der Polynome p_k berechnen. Unsere Bedingungen führen uns auf ein System linearer Gleichungen

$$\begin{aligned}
c_0 &= 0, \\
f_1 c_1 + h_1 c_2 &= g_1, \\
h_{k-1} c_{k-1} + f_k c_k + h_k c_{k+1} &= g_k, \ k = 2, \ldots, n-2, \\
h_{n-2} c_{n-2} + f_{n-1} c_{n-1} &= g_{n-1},
\end{aligned}$$

(5.2)

mit

$$f_k := 2(h_k + h_{k-1}), \quad h_k := x_{k+1} - x_k, \quad y_k := y(x_k),$$
$$g_k := 3 \left(\frac{y_{k+1} - y_k}{h_k} - \frac{y_k - y_{k-1}}{h_{k-1}} \right).$$

Das Gleichungssystem ist tridiagonal, was seine Lösung erleichtert, zum Beispiel durch Zerlegung der Matrix in ein Produkt zweier Halbdiagonalmatrizen mit der sogenannten L-R Zerlegung. Wir initialisieren `c[1] := g[1]/f[1]` und setzen für $k = 2$ bis $n-1$

```
e[k-1] := h[k-1] / f[k-1];
f[k]   := f[k]   - h[k-1] * e[k-1];
c[k]   := (g[k] - h[k-1] * c[k-1]) / f[k];
```

Sodann erhalten wir die Lösung des Gleichungssystems durch Rückeinsetzen für $k = n-2, \ldots, 1$ aus

```
c[k] := c[k] - e[k] * c[k+1];
```

Natürlich ist $a_k = y_k$, $k = 0, 1, \ldots, n-1$, und wir setzen $a_n := y_n$, $c_n := 0$. Die restlichen Koeffizienten ergeben sich mit $k = 0, 1, \ldots, n-1$ zu

$$b_k := \frac{a_{k+1} - a_k}{h_k} - h_k \frac{c_{k+1} + 2c_k}{3}, \quad d_k := \frac{c_{k+1} - c_k}{3h_k}.$$

Das folgende Rechenbeispiel gibt sechs Punkte mit aufsteigender Abszisse vor, berechnet die kubischen Polynome in den Intervallen, interpoliert einen Funktionswert und liefert eine Skizze der Spline–Kurve.

Ausgehend von der Punktliste $\{(0,1),(1,2),(3,4),(4,2.5),(5,0),(6,1)\}$ geben wir die Beschreibung der Polynome in den einzelnen Intervallen in Pseudocode an:

```
if x < 1 then 1.0 + 0.8684210485*x + 0.1315789522*x^3
  elsif x < 3 then 1.394736856 - 0.315789521*x
                    + 1.184210570*x^2 - 0.2631579045*x^3
  elsif x < 4 then -5.71052853 + 6.78947588*x
                    - 1.184211230*x^2 + 0.7334*10^(-7)*x^3
  elsif x < 5 then -93.28946341 + 72.47367701*x
                    - 17.60526151*x^2 + 1.368420931*x^3
  else 199.4736712 - 103.1842038*x + 17.52631464*x^2
                    - 0.9736841467*x^3
end;
```

Es ergibt sich ferner der interpolierte Wert $p(2) = 3.394736\ldots$

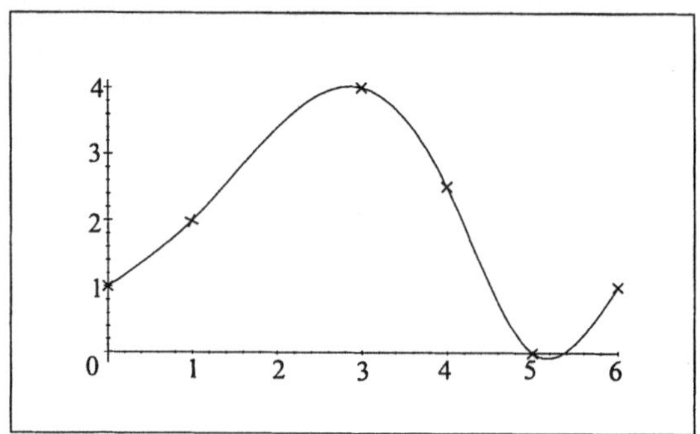

Bild 5.1: Kubischer Spline

5.2   Parametrisierte kubische Splines

Liegen die Abszissenwerte nicht in aufsteigender Folge vor, so ist es nützlich, parametrisierte Spline–Kurven zu verwenden. Dazu setzen wir ein Vektorpolynom dritten Grades an:

$$\mathbf{p}(t) = \mathbf{a} + \mathbf{b}t + \mathbf{c}t^2 + \mathbf{d}t^3, \ 0 \le t \le 1.$$

Sei dann eine Folge von Punkten $\mathbf{P}_k$ und die zugehörigen Richtungen $\mathbf{Q}_k$, $k = 0,\ldots,n$, vorgegeben. Wir suchen n Polynome $\mathbf{p}_k$, die durch die Punkte $\mathbf{P}_k$ und $\mathbf{P}_{k+1}$ gehen und die Richtungen $\mathbf{Q}_k$ und $\mathbf{Q}_{k+1}$ annehmen. So ergibt sich ein Gleichungssystem

$$\mathbf{a}_k = \mathbf{P}_k$$
$$\mathbf{b}_k = \mathbf{Q}_k$$

$$a_k + b_k + c_k + d_k = P_{k+1}$$
$$b_k + 2c_k + 3d_k = Q_{k+1}, \quad k = 0, ..., n-1,$$

$$(5.3)$$

und Auswerten führt auf

$$p_k(t) = P_k + Q_k\, t + [3(P_{k+1} - P_k) - Q_{k+1} - 2Q_k]\, t^2$$
$$+ [2(P_k - P_{k+1}) + Q_{k+1} + Q_k]\, t^3.$$

$$(5.4)$$

Fordern wir noch die Stetigkeit der zweiten Ableitungen, so lassen sich die Q_k durch ein Gleichungssystem mit den P_k in Zusammenhang bringen. Es wird

$$2c_k = 2[3(P_{k+1} - P_k) - Q_{k+1} - 2Q_k]$$
$$= 2c_{k-1} + 6d_{k-1} = 6(P_{k-1} - P_k) + 2Q_{k-1} + 4Q_k,$$

$$(5.5)$$

und Auflösung nach Q ergibt die $n - 1$ Gleichungen ($k = 1, \ldots, n-1$)

$$Q_{k-1} + 4Q_k + Q_{k+1} = 3(P_{k+1} - P_k) - 3(P_{k-1} - P_k) = 3(P_{k+1} - P_{k-1}). \qquad (5.6)$$

Es fehlen allerdings noch zwei Gleichungen, um alle $n + 1$ Vektoren Q_k zu bestimmen. Am einfachsten ist es, die Werte für Q_0 und Q_n direkt vorzuschreiben; d.h. die Anfangs– und Endtangente sind vorgegeben, der Spline eingespannt. Dann erhalten wir alle Koeffizienten der n Polynome direkt aus der Angabe der Punkte P_k, $k = 0, \ldots, n$, durch Lösung unseres tridiagonalen Vektor–Gleichungssystems (5.6).

Sei noch einmal der Lösungsalgorithmus eines skalaren tridiagonalen Gleichungssystems mit n Unbekannten skizziert: (vgl. (5.2))

$$d_1 x_1 + s_1 x_2 = r_1,$$
$$i_k x_{k-1} + d_k x_k + s_k x_{k+1} = r_k, \quad k = 2, ..., n-1,$$
$$i_n x_{n-1} + d_n x_n = r_n.$$

In dieser Formulierung sind die Matrizen nicht notwendigerweise symmetrisch. Wir starten mit $x_1 := r_1/d_1$, setzen für $k = 2, \ldots, n$

```
s[k-1]  := s[k-1] / d[k-1];
d[k]    := d[k] - i[k] * s[k-1];
x[k]    := (r[k] - i[k] * x[k-1]) / d[k];
```

und erhalten durch Rückwärtseinsetzen für $k = n - 1, ..., 1$

```
x[k]  := x[k] - s[k] * x[k+1];
```

den Lösungsvektor x.

Wir wollen auch bei parametrisierten kubischen Splines die Vorgabe

$$R_0 := p_0''(0) = 0 = p_{n-1}''(1) =: R_n$$

studieren. Hier verläuft die Spline–Kurve am Anfangs– und Endpunkt krümmungsfrei, wir sprechen von einem natürlichen Spline. Offensichtlich ist

$$c_0 = 0, \quad P_1 = P_0 + Q_0 + c_0 + d_0, \quad Q_1 = Q_0 + 2c_0 + 3d_0.$$

Auflösen ergibt zu dem bisherigen Gleichungssystem (5.6) von $n-1$ Gleichungen eine weitere. Wegen

$$0 = -2\mathbf{Q}_0 - \mathbf{Q}_1 + 3(\mathbf{P}_1 - \mathbf{P}_0) \tag{5.7}$$

folgt

$$2\mathbf{Q}_0 + \mathbf{Q}_1 = 3(\mathbf{P}_1 - \mathbf{P}_0).$$

Schauen wir noch den Endpunkt der Spline–Kurve näher an. Hier haben wir

$$\mathbf{a}_{n-1} = \mathbf{P}_{n-1},$$
$$\mathbf{b}_{n-1} = \mathbf{Q}_{n-1},$$
$$\mathbf{a}_{n-1} + \mathbf{b}_{n-1} + \mathbf{c}_{n-1} + \mathbf{d}_{n-1} = \mathbf{P}_n,$$
$$\mathbf{b}_{n-1} + 2\mathbf{c}_{n-1} + 3\mathbf{d}_{n-1} = \mathbf{Q}_n,$$
$$2\mathbf{c}_{n-1} + 6\mathbf{d}_{n-1} = \mathbf{R}_n = 0.$$

Mit Hilfe dieser fünf Gleichungen können die Größen $\mathbf{c}_{n-1}$ und $\mathbf{d}_{n-1}$ bestimmt und $\mathbf{a}_{n-1}, ..., \mathbf{d}_{n-1}$ eliminiert werden:

$$\mathbf{c}_{n-1} = -3\mathbf{d}_{n-1} + \frac{\mathbf{R}_n}{2}, \qquad 2\mathbf{d}_{n-1} = \mathbf{P}_{n-1} + \mathbf{Q}_{n-1} - \mathbf{P}_n + \frac{\mathbf{R}_n}{2},$$
$$3\mathbf{d}_{n-1} = \mathbf{Q}_{n-1} - \mathbf{Q}_n + \mathbf{R}_n,$$

also

$$\mathbf{Q}_{n-1} + 2\mathbf{Q}_n = 3(\mathbf{P}_n - \mathbf{P}_{n-1}) + \frac{1}{2}\mathbf{R}_n = 3(\mathbf{P}_n - \mathbf{P}_{n-1}). \tag{5.8}$$

Damit ist wieder ein tridiagonales Gleichungssystem mit $n+1$ Gleichungen erreicht, dessen Lösung uns die Vektoren $\mathbf{Q}_k$, $k = 0, \ldots, n$, liefert, die zusätzlich zu $\mathbf{P}_k$ in (5.4) einzusetzen sind.

Untersuchen wir zum Abschluß noch die zyklischen und antizyklischen Randbedingungen:

$$\mathbf{Q}_0 = \delta\mathbf{Q}_n, \ \ \mathbf{R}_0 = \delta\mathbf{R}_n, \ \ \delta = \pm 1.$$

Hier wird meist noch $\mathbf{P}_0 = \mathbf{P}_n$ vorausgesetzt, der Spline schließt sich. Im Falle $\delta = -1$ haben wir spiegelbildlichen Verlauf an Anfang und Ende, der Spline hat eine Spitze.

Die erste Bedingung können wir bereits als zusätzliche Gleichung $\mathbf{Q}_0 = \delta\mathbf{Q}_n$ verwerten. Zur Bestimmung der letzten noch ausstehenden Gleichung werden wir uns auf die vorstehenden Rechnungen, die zu den Formeln (5.7) und (5.8) geführt haben, stützen. Es ist

$$\frac{1}{2}\mathbf{R}_0 = -2\mathbf{Q}_0 - \mathbf{Q}_1 + 3(\mathbf{P}_1 - \mathbf{P}_0), \ \ \mathbf{Q}_{n-1} + 2\mathbf{Q}_n - 3(\mathbf{P}_n - \mathbf{P}_{n-1}) = \frac{1}{2}\mathbf{R}_n,$$

woraus sich die letzte fehlende Gleichung ergibt:

$$4\delta\mathbf{Q}_0 + \delta\mathbf{Q}_1 + \mathbf{Q}_{n-1} = 3(\delta(\mathbf{P}_1 - \mathbf{P}_0) + (\mathbf{P}_n - \mathbf{P}_{n-1})).$$

Leider geht dadurch die tridiagonale Struktur unseres Gleichungssystems (5.6) verloren, was die Lösung erschwert. In [122] werden auch alle Fälle mit beliebigen Parameterintervallen $[t_0, t_1], ..., [t_{n-1}, t_n]$ diskutiert und der Kurvenverlauf bei den verschiedenen Randwertvorgaben anhand von ausgewählten Beispielen verglichen.

5.3 Bézier–Kurven

Bézier beschritt zu Beginn der siebziger Jahre einen anderen Weg und gab die strenge Interpolationsforderung auf: Die vorgegebenen Punkte $\mathbf{P}_0$ bis $\mathbf{P}_n$ dienen nunmehr als Leitpunkte, die resultierende Spline–Kurve verläuft nur noch durch Anfangs- und Endpunkt.

Ausgehend von den Bézier–Polynomen (vgl. Bild 5.2 für die Ordnungen $n = 5$ und $n = 10$)

$$b_{n,i}(t) := c_{n,i}\, t^i (1 - t)^{n-i}$$

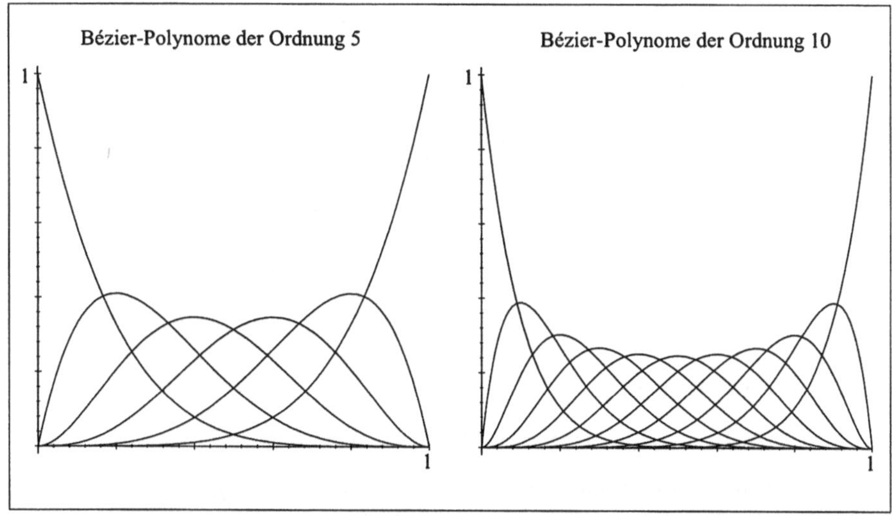

Bild 5.2: Bézier–Polynome der Ordnung 5 und 10

mit den Binomialkoeffizienten

$$c_{n,i} := \frac{n!}{i!\,(n-i)!}$$

setzen wir das Näherungspolynom $\mathbf{p}(t)$ in der Form

$$\mathbf{p}(t) := \mathbf{P}_0 b_{n,0}(t) + \mathbf{P}_1 b_{n,1}(t) + \ldots + \mathbf{P}_n b_{n,n}(t)$$

an. Bernstein hatte bei seinem Beweis des Weierstraßschen Approximationssatzes für eine stetige Funktion f bereits die Beziehung

$$\lim_{n \to \infty} \sum_{i \leq n} f\left(\frac{i}{n}\right) b_{n,i}(t) = f(t)$$

benutzt, so daß der Ansatz für $\mathbf{p}$ durchaus naheliegend ist. Ohne den Grenzübergang haben wir jedoch nur $\mathbf{p}(0) = \mathbf{P}_0$ und $\mathbf{p}(1) = \mathbf{P}_n$, die anderen Punkte $\mathbf{P}_i$ liegen im allgemeinen nicht auf $\mathbf{p}(t)$. Da die Summe der Bézier–Polynome für alle t den Wert 1 hat, liegt $\mathbf{p}$ zumindest in der konvexen Hülle der Leitpunkte. Durch Differentiation der $b_{n,i}$ folgt, daß sie ihr Maximum in i/n annehmen, und zwar gilt für große n und i unter Benutzung der Stirling-Formel

$$b_{n,i}\left(\frac{i}{n}\right) \sim \sqrt{\frac{n}{2i\,(n-i)\,\pi}}.$$

$\mathbf{p}$ nimmt an der Stelle i/n demnach einen Mittelwert über alle $\mathbf{P}_j$ an, $\mathbf{P}_i$ hat jedoch das größte Gewicht. Weiterhin sind die Polygonstücke $\mathbf{P}_1 - \mathbf{P}_0$ und $\mathbf{P}_n - \mathbf{P}_{n-1}$ Tangenten

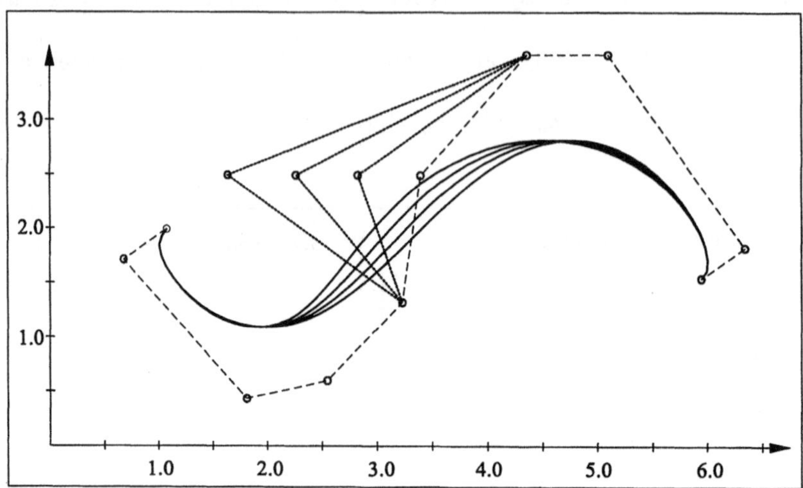

Bild 5.3: Bézier–Spline–Kurven mit zehn Stützpunkten

in Anfangs– und Endpunkt an $\mathbf{p}(t)$:

$$\mathbf{p}'(0) = (\mathbf{P}_1 - \mathbf{P}_0) \cdot n \text{ und } \mathbf{p}'(1) = (\mathbf{P}_n - \mathbf{P}_{n-1}) \cdot n.$$

Die zweiten Ableitungen errechnen sich aus den zweiten Differenzen und so fort. Bild 5.3 zeigt verschiedene Bézier–Spline–Kurven, die durch Vorgabe von $n+1$ Punkten entstehen. Zugleich wird demonstriert, wie der Kurvenverlauf durch Abänderung eines einzelnen Punktes beeinflußt werden kann. Wegen des schnellen Abfalls der benachbarten Gewichte im betroffenen Punkt kommt es in erster Näherung nur zu einer lokalen Änderung der Kurve. Dennoch unterscheiden sich die entstehenden Kurven wegen $b_{n,i}(t) > 0$ für $0 < t < 1$ in allen inneren Punkten.

5.3.1   Der Casteljau–Algorithmus

Ein weiterer Nachteil besteht in der Koppelung der Ordnung der Bézier–Polynome an die Zahl der Leitpunkte. Da zu hohe Ordnungen numerische Probleme der Instabilität mit sich bringen, müssen wir mehrere Bézier–Kurven aneinanderketten. Dabei sollten die Punkte, an denen wir von einer auf die andere Kurve wechseln, auf gerader Strecke zwischen Vorgänger– und Nachfolgerpunkt liegen (geometrische Differenzierbarkeit), da sonst nur die Stetigkeit des Anschlusses gewährleistet ist. Wir geben nun den Casteljau–Algorithmus zur Berechnung der Bézier–Splines an. Bezeichne S den Shiftoperator mit $S\mathbf{P}_k := \mathbf{P}_{k+1}$, so können wir das n–te Bézier–Polynom durch n–fache Anwendung eines Shift–Translationsoperators $(1 - t + tS)$ konstruieren:

$$\mathbf{p}(t) = \sum_{i=0}^{n} \mathbf{P}_i b_{n,i}(t) = \sum_{i=0}^{n} c_{n,i}(1-t)^{n-i} t^i S^i \mathbf{P}_0 = (1 - t + tS)^n \mathbf{P}_0 =: \mathbf{P}_{0,\dots,n}.$$

Wir setzen analog $\mathbf{P}_{0,\ldots,n-k} := (1 - t + tS)^{n-k}\mathbf{P}_0$ und finden wegen $S(1 - t + tS) = (1 - t + tS)S$

$$S^m\mathbf{P}_{0,\ldots,n-k} = S^m(1 - t + tS)^{n-k}\mathbf{P}_0 = (1 - t + tS)^{n-k}S^m\mathbf{P}_0$$
$$= (1 - t + tS)^{n-k}\mathbf{P}_m = \mathbf{P}_{m,\ldots,m+n-k}.$$

So wird $\mathbf{P}_{m,m+1} = (1-t+tS)\mathbf{P}_m = (1-t)\mathbf{P}_m + t\mathbf{P}_{m+1}$, $m = 0,\ldots,n-1$, und weiterhin $\mathbf{P}_{m,\ldots,n-k+1} = (1 - t + tS)\mathbf{P}_{m,\ldots,n-k} = (1-t)\mathbf{P}_{m,\ldots,n-k} + t\mathbf{P}_{m+1,\ldots,n-k+1}$. Schließlich kann $\mathbf{p}(t)$ mit dem Casteljau–Schema berechnet werden:

$$
\begin{array}{ccccccc}
\mathbf{P}_0 & & & & \boxed{\begin{array}{c}(1-t)\cdot\mathbf{P}_{m,\ldots,n-k} \\ + \\ t\cdot\mathbf{P}_{m+1,\ldots,n-k+1} \to \mathbf{P}_{m,\ldots,n-k+1}\end{array}} \\
\mathbf{P}_1 & \mathbf{P}_{0,1} \\
\mathbf{P}_2 & \mathbf{P}_{1,2} & \mathbf{P}_{0,1,2} \\
\vdots & \vdots & \vdots & \vdots \\
\mathbf{P}_{n-1} & \mathbf{P}_{n-2,n-1} & \mathbf{P}_{n-3,n-2,n-1} & \vdots & \mathbf{P}_{0,\ldots,n-1} \\
\mathbf{P}_n & \mathbf{P}_{n-1,n} & \mathbf{P}_{n-2,n-1,n} & \vdots & \mathbf{P}_{1,\ldots,n} & & \mathbf{P}_{0,\ldots,n}
\end{array}
$$

Der Algorithmus ist schnell auszuführen, da nur Additionen und Multiplikationen verwendet werden, und kann in einem systolischen Array parallelisiert werden. Bei nicht negativen Punktkoordinaten ist er numerisch stabil. Affine Abbildungen können direkt auf die Punkte angewendet werden, das heißt entsprechende Kurvenpunkte gehen durch die gleiche Transformation auseinander hervor, durch die die Leitpunkte verknüpft sind. Die erste und die weiteren Ableitungen der Kurve können direkt aus dem Schema entnommen werden. Wir erkennen sofort

$$\dot{\mathbf{p}}(t) = n(1 - t + tS)^{n-1}(\mathbf{P}_1 - \mathbf{P}_0) = n(\mathbf{P}_{1,\ldots,n} - \mathbf{P}_{0,\ldots,n-1}).$$

Eine Bézier–Kurve kann über das Casteljau–Schema auch an der Stelle $t = t_0$ in zwei Teilsegmente zerlegt werden: Die Randpunkte des Schemas sind die Bézier–Punkte der beiden neuen Kurvensegmente.

$$\mathbf{P}_0, \mathbf{P}_{0,1}, \ldots, \mathbf{P}_{0,\ldots,n} = \mathbf{p}(t_0), \qquad \mathbf{p}(t_0) = \mathbf{P}_{0,\ldots,n}, \mathbf{P}_{1,\ldots,n}, \ldots, \mathbf{P}_{n-1,n}, \mathbf{P}_n.$$

Gehen wir noch ausführlicher auf Bézier–Kurven dritter Ordnung ein. Neben der Möglichkeit, die Kurvenwerte für ausgezeichnete Parameterpunkte aus dem Casteljau–Schema zu entnehmen, kann ein neuer Kurvenwert $\mathbf{p}(t + h)$ aus dem Wert $\mathbf{p}(t)$ durch Differenzenbildung errechnet werden. Wir wollen dies für den eindimensionalen Fall erläutern:
Aus $z(t) := a + bt + ct^2 + dt^3$ ergibt sich mit

$$\Delta_1(t) := z(t + h) - z(t), \quad \Delta_2(t) := \Delta_1(t + h) - \Delta_1(t), \quad \Delta_3(t) := \Delta_2(t + h) - \Delta_2(t)$$

dann

$$\Delta_1(t) = (bh + ch^2 + dh^3) + (2ch + 3dh^2)t + 3dht^2,$$
$$\Delta_2(t) = (2ch^2 + 6dh^3)t + 6dh^2t^2, \quad \Delta_3(t) = 6dh^3,$$

also

$$z(t + h) = z(t) + \Delta_1(t), \quad \Delta_1(t + h) = \Delta_1(t) + \Delta_2(t), \quad \Delta_2(t + h) = \Delta_2(t) + \Delta_3(t).$$

Damit ist $z(t+h)$ aus $z(t)$ mit drei Additionen berechenbar, da $\Delta_3(t)$ konstant ist, wenn wir die Startwerte für die Differenzen bestimmt haben. Die Vorgehensweise ist leicht auf mehrere Dimensionen zu verallgemeinern. Allerdings ergibt sich das Problem, daß bei verschiedener Parametrisierung die berechneten Punkte entweder zu dicht oder zu weit auseinander liegen. Hier hilft der Einsatz von adaptiven Vorwärtsdifferenzen wie er in [100] beschrieben ist.

Eine andere Berechnungsmöglichkeit benutzt die Darstellung der kubischen Bézier-Kurven als Bilinearform:

$$\mathbf{p}(t) = (t^3, t^2, t, 1) \begin{pmatrix} -1 & 3 & -3 & 1 \\ 3 & -6 & 3 & 0 \\ -3 & 3 & 0 & 0 \\ 1 & 0 & 0 & 0 \end{pmatrix} \begin{pmatrix} \mathbf{P}_0 \\ \mathbf{P}_1 \\ \mathbf{P}_2 \\ \mathbf{P}_3 \end{pmatrix}.$$

Auf modernen Prozessoren ist diese 4×4-Matrixtransformation hardwaremäßig durch die Bereitstellung zweier zusätzlicher 8-Registerbänke und eines Befehls zur Matrixmultiplikation implementiert und kann daher besonders schnell ausgeführt werden.

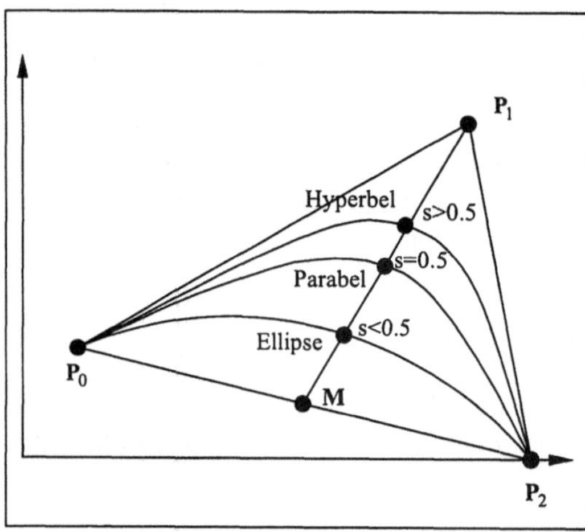

Bild 5.4:
Rationaler quadratischer Bézier-Spline

Wir wollen im folgenden noch rationale Bézier-Splines besprechen. Schreiben wir die Punkte $\mathbf{P}_i = (w_i x_i, w_i y_i, w_i)^T$ in homogener Darstellung und führen den Projektionsoperator

$$\Pi(x, y, z)^T = (x/w, y/w)^T$$

ein, so ist

$$\mathbf{p}(t) = \Pi\left(\sum_{i=0}^{n} \mathbf{P}_i b_{n,i}(t) \right)$$

eine rationale Bézier-Kurve; diese geht für $w_i = 1$, $i = 0, \ldots, n$ in die gewohnte polynomiale Kurve über. Die positiven Gewichte w_k dienen als Designelement und bewirken bei Vergrößerung eine Annäherung der Kurve an den Punkt $\mathbf{p}_k$. Der Casteljau-Algorithmus ist direkt übertragbar in Anwendung auf drei homogene Koordinaten. Besonders interessant sind die rationalen Bézier-Splines zweiter Ordnung, da sich mit ihnen die Kegelschnitte Kreis, Ellipse, Parabel und Hyperbel darstellen lassen. Der quadratische rationale Bézier-Bogen hat die Darstellung

$$\mathbf{C}(u) := R_{0,2}(u)\mathbf{P}_0 + R_{1,2}(u)\mathbf{P}_1 + R_{2,2}(u)\mathbf{P}_2,$$

$$R_{i,2}(u) = \frac{b_{2,i}(u)w_i}{\sum_{j=0}^{2} w_j b_{2,j}(u)}, \quad u \in [0,1].$$

Zur Veranschaulichung setzen wir $w_0 = w_2 = 1$, benutzen nach [122] den Mittelpunkt $\mathbf{M} = 0.5(\mathbf{p}_0 + \mathbf{p}_2)$, und den Schulterpunkt $\mathbf{S} = \mathbf{M}(1-s) + \mathbf{p}_1 s$ mit $s = w_1/(w_0 + w_2)$. Dann stellt die rationale Bézier-Spline-Kurve zweiter Ordnung für $s = 0.5$ einen Parabelbogen, für $s < 0.5$ einen Ellipsen– und für $s > 0.5$ einen Hyperbelbogen dar. Sind die Strecken $\mathbf{P}_0\mathbf{P}_1$ und $\mathbf{P}_1\mathbf{P}_2$ gleich lang, so wählen wir zur Darstellung eines Kreisbogens $\mathbf{P}_0 = (r, 0)$, $\mathbf{P}_1 = (r, r \tan \phi)$, $\mathbf{P}_2 = (r \cos 2\phi, r \sin 2\phi)$ sowie $w_1 = \cos \phi$.

Zur Rasterung von Bézier–Kurven im $\mathbb{R}^2$ können wir die Parameterdarstellung in eine implizite Form überführen. Schreiben wir die Punkte $\mathbf{P}_k = (w_k x_k, w_k y_k, w_k)^T$ und nutzen wieder den Projektionsoperator $\Pi(x, y, z) = (x/w, y/w)$, so gilt

$$\mathbf{p}(t) = \Pi \left(\sum_{i=0}^{n} \mathbf{P}_i b_{n,i}(t) \right).$$

Wir setzen dann

$$l_{i,j}(x, y) = c_{n,i} c_{n,j} \det \begin{pmatrix} x & y & 1 \\ w_i x_i & w_i y_i & w_i \\ w_j x_j & w_j y_j & w_j \end{pmatrix}$$

und erhalten nach [225] die implizite Gleichung des quadratischen Bézier–Splines

$$f(x, y) = \det \begin{pmatrix} l_{0,1} & l_{0,2} \\ l_{0,2} & l_{1,2} \end{pmatrix} = 0$$

und für den Spline der Ordnung 3

$$f(x, y) = \det \begin{pmatrix} l_{0,1}(x, y) & l_{0,2}(x, y) & l_{0,3}(x, y) \\ l_{0,2}(x, y) & l_{0,3}(x, y) + l_{1,2}(x, y) & l_{1,3}(x, y) \\ l_{0,3}(x, y) & l_{1,3}(x, y) & l_{2,3}(x, y) \end{pmatrix} = 0.$$

5.4 B–Splines

Wir formulieren, welche Eigenschaften Näherungskurven der Computergraphik [228] haben sollten. Generell muß die Vielseitigkeit und Anpassungsfähigkeit im Vordergrund stehen:

- Die analytische Beschreibung der Kurven soll möglichst einfach und ihre Berechnung nicht aufwendig sein, eine Übertragung auf höhere Dimensionen wie auch Flächen sich in naheliegender Form anbieten.
- Die Kurve soll in durchschaubarer Weise durch Vorgabe von Knoten– und Leitpunkten erzeugt werden.
- Die Glattheit der Kurve in Knoten– oder Ansatzpunkten soll gut steuerbar sein.
- Bei der Änderung eines Leitpunktes soll sich der Kurvenverlauf nur lokal und kontrolliert ändern.

Wir wollen daher nun die bekannten Basis–Splines diskutieren [33, 46]. Sie ähneln den Bézier–Polynomen, sind aber flexibler, da die Koppelung von Ordnung und Anzahl der Leitpunkte aufgegeben wird. Wie vorher werden wieder $n + 1$ Punkte $\mathbf{P}_i$, $i = 0, ..., n$, vorgegeben. Dann definieren wir eine Basis $N_{i,k}$ von Grundfunktionen zur Ordnung k, deren Linearkombination ein stückweises Näherungspolynom $\mathbf{p}(t)$ vom Grad $k-1$ ergibt:

$$\mathbf{p}(t) = \sum_{i=0}^{n} \mathbf{P}_i N_{i,k}(t).$$

Die Basisfunktionen werden rekursiv definiert:

$$N_{i,1}(t) := \begin{cases} 1, & x_i \le t < x_{i+1}, \ (x_n \le t \le x_{n+1}, \ i = n) \\ 0, & \text{sonst}, \end{cases}$$

$$N_{i,k}(t) := \frac{(t - x_i)N_{i,k-1}(t)}{x_{i+k-1} - x_i} + \frac{(x_{i+k} - t)N_{i+1,k-1}(t)}{x_{i+k} - x_{i+1}}$$

$$(5.9)$$

Dabei sei $a = x_0 \le x_1 \le \ldots \le x_{n+k} = b$ eine fest vorgegebene Partition des Parameterintervalls $[a, b]$, auf die wir später noch eingehen werden. Im allgemeinen sind Parametrisierungen, die die Bogenlänge approximieren, empfehlenswert. Bei dieser Definition müssen Summanden, deren Nenner verschwinden, zu Null erklärt werden (Fall 0/0). Im Bereich $x_i \le t \le x_{i+k}$, dem sogenannten Träger, sind die $N_{i,k}$ Polynome höchstens vom Grade $k - 1$ und nicht negativ, außerhalb gilt jedoch $N_{i,k}(t) = 0$, was wir durch Induktion erkennen können. Wie auch schon die Bézier–Polynome bilden sie eine Zerlegung der Eins, d.h.

$$\mathbf{p}_{\mathrm{id}}(t) = \sum_{i=0}^{n} 1 N_{i,k}(t) = 1, \ x_{k-1} \le t \le x_{n+1}.$$

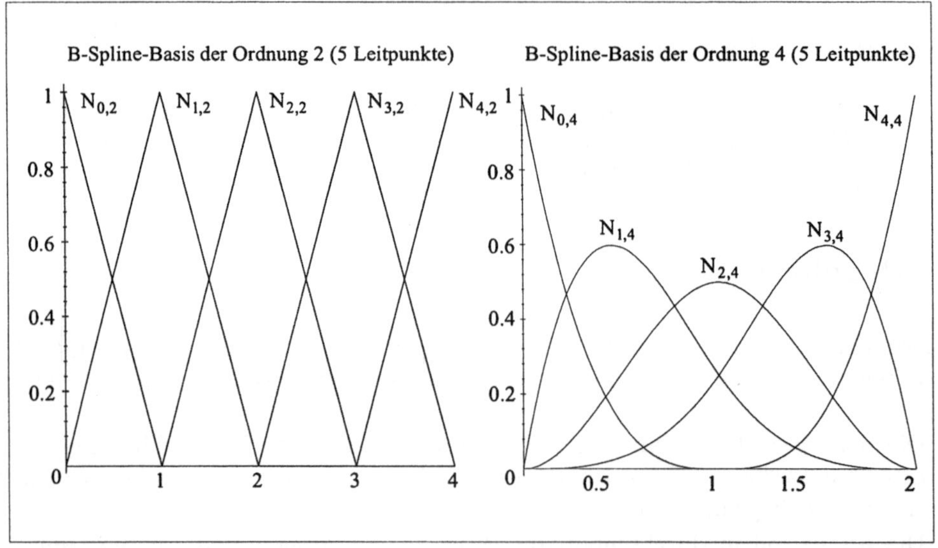

Bild 5.5: B–Spline–Basen der Ordnung 2 und 4

Bild 5.5 zeigt Basisfunktionen der Ordnung zwei und vier bei fünf Leitpunkten und dem Knotenvektor (5.10). Dann ist $\mathbf{p}(t)$ in $(0, t_{max})$ $(k - 2)$–mal stetig differenzierbar.

Wegen der begrenzten Träger der $N_{i,k}$ sind jedoch im Gegensatz dazu nicht mehr alle Summanden bei vorgegebenem t von Null verschieden, sondern nur noch höchstens k; ein innerer Punkt $\mathbf{p}(t)$ liegt in der konvexen Hülle von k $(\le n + 1)$ aufeinanderfolgenden Leitpunkten.

Wie schon gesagt, wird, um einen gemeinsamen Definitionsbereich der so rekursiv definierten Basisfunktionen zu erhalten, ein sogenannter Knotenvektor $\mathbf{x} = (x_0, \ldots, x_{n+k})$ mit aufsteigenden Komponenten $x_i \le x_{i+1}$ definiert, der eine Aufteilung des Parameterintervalls beschreibt und garantiert, daß $\mathbf{p}(t)$ durch die Randpunkte verläuft. Dazu setzen wir beispielsweise

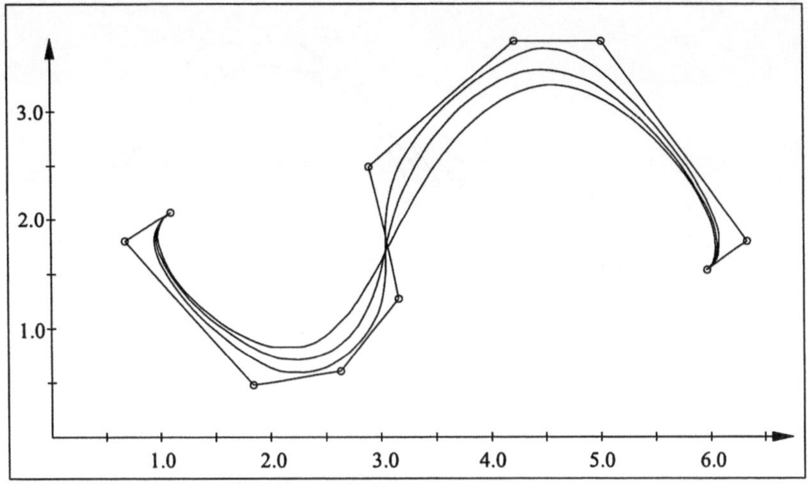

Bild 5.6: B–Spline–Kurven verschiedener Ordnungen mit zehn Stützpunkten

$$0 = x_0 = \ldots = x_{k-1} = 0 < x_k = 1 < x_{k+1} = 2 < \ldots < x_n = n - k + 1$$
$$< x_{n+1} = n - k + 2 = \ldots = x_{n+k} = n - k + 2 = t_{max}. \tag{5.10}$$

Bild 5.6 stellt B–Splines steigender Ordnungen $k = 2, 4, 6, 8$ vor. Die Kurven werden immer glatter, entfernen sich aber mehr vom Polygonzug durch die Leitpunkte. Bild 5.7 zeigt sehr gut das lokale Verhalten der B–Spline–Kurven bei Änderung des sechsten Leitpunktes. Die Abszisse nimmt nacheinander die Werte $2.5, 2.7, 2.9$ und 3.1 an, während die Ordinate bei 2.5 verbleibt. Weiter haben wir zehn Leitpunkte ($n = 9$) und die Ordnung $k = 5$. Der Knotenvektor ist $(0, 0, 0, 0, 0, 1, 2, 3, 4, 5, 6, 6, 6, 6, 6)$. Aber auch andere Definitionen sind denkbar. In mehrfachen Knoten ist die Kurve dichter am Leitpunkt, aber weniger glatt, bis sie bei $(k - 1)$– bzw. k–facher Ordnung des Knotens mit den Polygonstrecken als Tangente durch den Leitpunkt verläuft. Fallen Leitpunkte zusammen und steigt gleichzeitig die Ordnung k des Splines, so wird ihr Einfluß erhöht, die Kurve kommt ihnen immer näher.

Kommen wir zur Berechnung der B–Spline–Kurven und skizzieren den de Boor–Algorithmus:

Gegeben seien die Leitpunkte $\mathbf{P}_0, \ldots, \mathbf{P}_n$ sowie der Knotenvektor $\mathbf{x} = (x_0, \ldots, x_{n+k})$ und der Parameterwert $x_r \leq t < x_{r+1}$, an dessen Stelle der B–Spline der Ordnung $k \leq n + 1$ zu berechnen ist.

Setze $\mathbf{P}_i^0 := \mathbf{P}_i$, $i = 0, \ldots, n$.

> Für $j := 1$ bis $k - 1$ führe aus
>> Für $i := r - k + j + 1$ bis r berechne
>> $$\alpha_i^j := \frac{t - x_i}{x_{i+k-j} - x_i}; \quad \mathbf{P}_i^j := (1 - \alpha_i^j)\mathbf{P}_{i-1}^{j-1} + \alpha_i^j \mathbf{P}_i^{j-1};$$

und schließlich ist $\mathbf{p}(t) := \mathbf{P}_r^{k-1}$.

Wie beim Algorithmus von Casteljau lassen sich die $\mathbf{P}_i^{j-1}$ wieder in ein dreieckiges Schema mit den Zeilenindizes $r - k + 1, \ldots, r$ und den Spaltenindizes $0, \ldots, k - 1$ anordnen und die neuen Spaltenelemente jeweils aus den beiden benachbarten der vorherigen Spalte kombinieren.

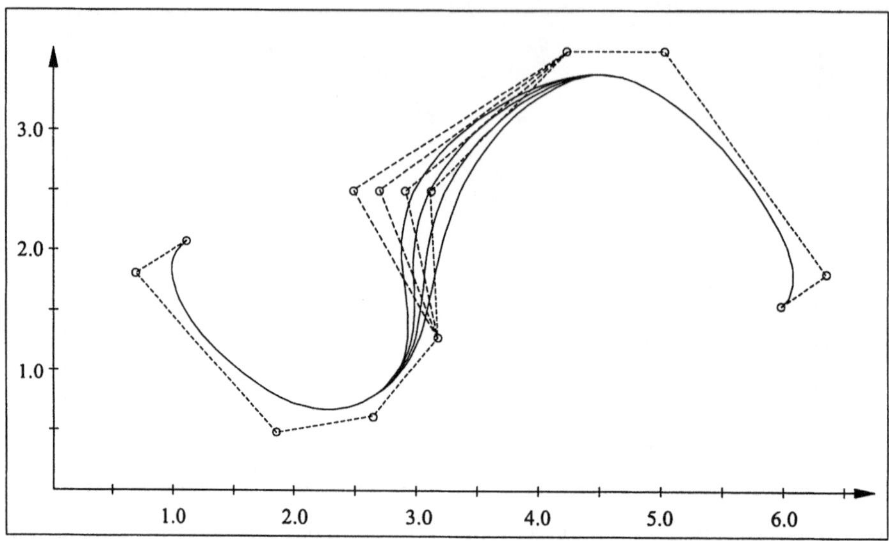

Bild 5.7: B–Spline–Kurve der Ordnung 5 mit zehn Stützpunkten

Eine NURBS–Kurve (non uniform rational B–Spline) vom Grad k ist eine vektorwertige, stückweise rationale Polynomfunktion der Form

$$\mathbf{C}(u) := R_{0,k}(u)\mathbf{P}_0 + R_{1,k}(u)\mathbf{P}_1 + \ldots + R_{n,k}(u)\mathbf{P}_n, \ u \in [0,1],$$

$$R_{i,k}(u) = \frac{N_{i,k}(u)w_i}{\sum_{j=0}^{n} w_j N_{j,k}(u)},$$

mit den nicht–periodischen B–Spline–Basisfunktionen $N_{i,k}(u)$ und dem Knotenvektor

$$\mathbf{U} = \left(\underbrace{0,0,\ldots,0}_{k}, x_k, \ldots, x_n, \underbrace{1,1,\ldots,1}_{k}\right).$$

Für $k = n+1$ haben wir wieder die Darstellung mit den Bézier–Splines. Anantakrishnan und Piegl [6] geben eine Ganzzahlversion des Casteljau–Algorithmus an und benutzen ihn, um die vorgestellten NURBS–Kurven zu rastern.

Wählen wir $\{\mathbf{P}_i\} = \{(1,0),(1,1),(0,1)\}$ und $\{w_i\} = \{1, 1/\sqrt{2}, 1\}$, so erhalten wir den Einheitskreisbogen im ersten Quadranten. Benutzen wir Doppelknoten und heften die Bögen in den vier Quadranten aneinander, so erhalten wir den Vollkreis mit den folgenden Knoten, Gewichten und Kontrollpunkten:

$$\{x_i\} = \left\{0,0,0, \frac{1}{4}, \frac{1}{4}, \frac{1}{2}, \frac{1}{2}, \frac{3}{4}, \frac{3}{4}, 1, 1, 1\right\}$$

$$\{w_i\} = \left\{1, \frac{1}{\sqrt{2}}, 1, \frac{1}{\sqrt{2}}, 1, \frac{1}{\sqrt{2}}, 1, \frac{1}{\sqrt{2}}, 1\right\}$$

$$\{\mathbf{P}_i\} = \{(1,0),(1,1),(0,1),(-1,1),(-1,0),(-1,-1),(0,-1),(1,-1),(1,0)\}.$$

$\mathbf{C}(u)$ ist in diesem Falle übrigens stetig differenzierbar.

Zum Zeichnen einer Ellipse mit den Halbachsen a und b kann diese Darstellung Verwendung finden. Zunächst wandeln wir die Kontrollpunkte in die homogene Darstellung um und betten sie gleich in den Raum ein: $\mathbf{P}_i \to (w_i x_i,\ w_i y_i,\ w_i z_i,\ w_i)$, $z_i = 0$. Dann erhält die Zeichenroutine z.B. in der SGI Graphics Library folgendes Aussehen:

```
double knoten[12] = { 0, 0, 0, 1/4, 1/4, 1/2, 1/2, 3/4, 3/4, 1, 1, 1},
       ctl[9][4], v2 = 0.7071067811865;

ctl[0][0] =    a;    ctl[1][0] =  v2 * a; ctl[2][0] =    0;
ctl[0][1] =    0;    ctl[1][1] =  v2 * b; ctl[2][1] =    b;
ctl[0][2] =    0;    ctl[1][2] =    0;    ctl[2][2] =    0;
ctl[0][3] =    1;    ctl[1][3] =  v2;     ctl[2][3] =    1;
ctl[3][0] = -v2 * a; ctl[4][0] =   -a;    ctl[5][0] = -v2 * a;
ctl[3][1] =  v2 * b; ctl[4][1] =    0;    ctl[5][1] = -v2 * b;
ctl[3][2] =    0;    ctl[4][2] =    0;    ctl[5][2] =    0;
ctl[3][3] =  v2;     ctl[4][3] =    1;    ctl[5][3] =  v2;
ctl[6][0] =    0;    ctl[7][0] =  v2 * a; ctl[8][0] =    a;
ctl[6][1] =   -b;    ctl[7][1] = -v2 * b; ctl[8][1] =    0;
ctl[6][2] =    0;    ctl[7][2] =    0;    ctl[8][2] =    0;
ctl[6][3] =    1;    ctl[7][3] =  v2;     ctl[8][3] =    1;
bgncurve ( );
  nurbscurve (12, knoten, 4*sizeof(double), ctl[0], 3, N_V3DR);
endcurve ( );
```

Leider ergeben sich für gewisse Halbachsenkombinationen wie $a = 60$, $b = 50$ [165] Abweichungen bis zu 5 Pixeln von den Rasterkurven, die mit dem Bresenham–Algorithmus für Ellipsen erzeugt werden. So wird der große Geschwindigkeitsvorteil durch mangelnde Rastergenauigkeit relativiert.

Zur Berechnung periodischer geschlossener Spline–Kurven setzen wir die Leitpunkte $\mathbf{P}_{0+k} = \mathbf{P}_{n+k+1}$ und die Knotenpunkte mit $x_i = i$, $i = 0, \ldots, n$, periodisch fort, und verschieben die Argumente zyklisch:

$$N_{i,k}(t) := N_{0,k}(t + n + 1 - i \bmod n + 1).$$

Dadurch ist der B–Spline geschlossen und geht bei verschiedenen Leitpunkten $\{\mathbf{P}_0, \ldots, \mathbf{P}_n\}$ für Ordnungen $k > 2$ durch keinen dieser. Die einzelnen Basisfunktionen $N_{i,k}$ wirken jetzt auf den Intervallen $[x_i, \ldots, x_n, x_0, \ldots, x_{k-1+i-n}]$.

Geben wir zum Abschluß noch die Basisfunktionen für den Fall $k = 3$ an:

$$N_{0,3}(t) = \begin{cases} \frac{t^2}{2}, & 0 \leq t \leq 1 \\[2mm] \frac{3}{4} - (t - \frac{3}{2})^2, & 1 \leq t \leq 2 \\[2mm] \frac{(3-t)^2}{2}, & 2 \leq t \leq 3 \\[2mm] 0, & \text{sonst.} \end{cases}$$

Barsky [19] benutzt einen speziellen kubischen β–Spline mit frei wählbaren global wirkenden Designparametern β_1 und β_2 sowie äquidistanten Knotenvektoren $x_i = i$, $i \geq 0$. Die Übergangsbedingungen sind

$$\mathbf{p}_i(0) = \mathbf{p}_{i-1}(1), \quad \mathbf{p}'_i(0) = \beta_1 \mathbf{p}'_{i-1}(1), \quad \mathbf{p}''_i(0) = \beta_1^2 \mathbf{p}''_{i-1}(1) + \beta_2 \mathbf{p}'_{i-1}(1), \quad \beta_1 > 0.$$

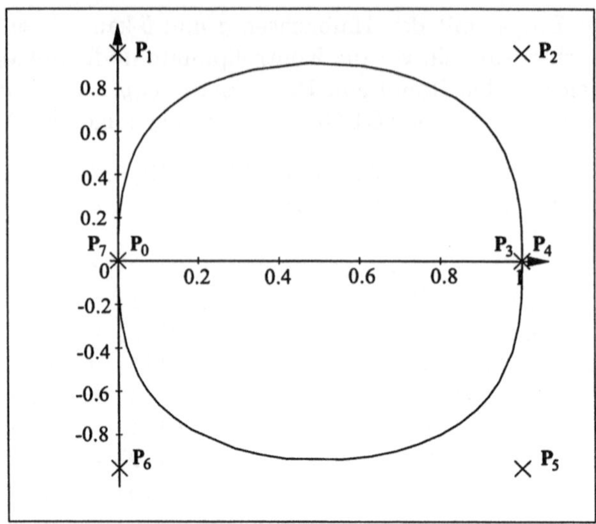

Bild 5.8: Periodisch geschlossener B–Spline mit
Knotenpunkten $\{(0,0),\ (0,1),\ (1,1),$
$(1,0),\ (1,0),\ (1,-1),\ (0,-1),\ (0,0)\}$

Mit den Leitpunkten $\mathbf{P}_0, \ldots, \mathbf{P}_n$ und den Basisfunktionen $N_i(t)$ mit den Trägern $[x_i, x_{i+4}]$ ergibt sich in der Matrixschreibweise mit $\mathbf{t} = (t^3, t^2, t, 1)$

$$
\mathbf{p}_i(t) = \frac{1}{\delta}\,\mathbf{t}
\begin{pmatrix}
-2\beta_1^3 & 2(\beta_2 + \beta_1^3 + \beta_1^2 + \beta_1) & -2(\beta_2 + \beta_1^2 + \beta_1 + 1) & 2 \\
6\beta_1^3 & -3(\beta_2 + 2\beta_1^3 + 2\beta_1^3) & 3(\beta_2 + 2\beta_1^2) & 0 \\
-6\beta_1^3 & 6(\beta_1^3 - \beta_1) & 6\beta_1 & 0 \\
2\beta_1^3 & \beta_2 + 4(\beta_1^2 + \beta_1) & 2 & 0
\end{pmatrix}
\begin{pmatrix}
\mathbf{P}_{i-3} \\
\mathbf{P}_{i-2} \\
\mathbf{P}_{i-1} \\
\mathbf{P}_i
\end{pmatrix},
$$

wobei $\delta = 2\beta_1^3 + 4\beta_1^2 + 4\beta_1 + \beta_2 + 2$ ist.

5.5 Text

Bisher haben wir Text als wesentliches graphisches Element ganz außer acht gelassen. Das liegt in seiner gewissen Sonderstellung begründet. Generell kennen wir auch hier die Unterscheidung zwischen raster– und vektororientierter Textdarstellung.

Interessanterweise spielen B–Splines dabei eine wichtige Rolle. Eine naheliegende Möglichkeit ist es natürlich, jeden Buchstaben durch Vorgabe einer Punktmatrix zu definieren. Einfache Bildschirmschriften werden durch Angabe von 8 × 8 Matrizen, also acht Bytes erzeugt. Diese Matrizen sind in aufsteigender Reihenfolge des ASCII–Codes im Speicher abgelegt und werden bei Bedarf an eine anzugebende Position im Bildschirmspeicher kopiert. Verschiedene Schrifttypen wie Fett–, Schmal– und Kursivschrift können relativ elementar durch Shifts und Anwendung logischer Und– sowie Oder–Operationen abgeleitet werden, eine Fontvergrößerung kann durch Vervielfachung erreicht werden (vgl. Bild 5.9).

Fügen wir Punkte in den Lücken zwischen zwei gesetzten Punkten in der Horizontalen, Vertikalen und eventuell auch in den Diagonalen ein, so erhalten wir nach Verdopplung von Zeilen– und Spaltenzahl ebenso einfach eine bessere Schriftqualität. Allerdings sind dem Verfahren doch Grenzen gesetzt, beliebige Skalierungen, insbesondere Vergröberungen können Buchstaben bis zur Unkenntlichkeit abändern und Ansätze, Serifen, schmale Linien etc. unterdrücken.

Professionell wirkende Fonts sind so nicht zu erzielen, und die Drehung oder Spiegelung von Schriften ist kaum zu bewerkstelligen. Hier ist es einfacher, die Buchstabenkontur durch Vorgabe von Leitpunkten mit Hilfe eines B–Splines zu erzeugen und das Innengebiet dann auszufüllen. Drehungen, Stauchungen oder Dehnungen sind über die bekannten Transformationen der Leitpunkte zu erzielen. Insbesondere mathematische Zeichensätze und Satzsysteme wie TₑX[139], zu dem mit METAFONT eine Beschreibungssprache zur Fontkonstruktion gehört, aber auch Graphikmodule moderner Hochsprachen verwenden diese Prinzipien und bieten Vektor–, PostScript– oder TrueType — Fonts an. Unser Bild 5.10 stellt den Buchstaben „m" als B–Spline realisiert dar.

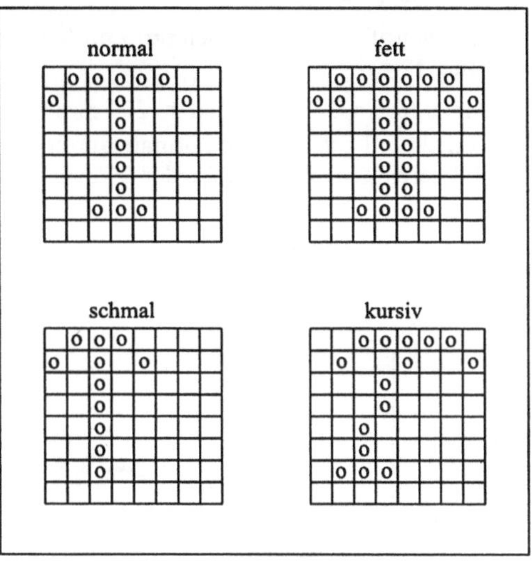

Bild 5.9: Bildschirmschriften

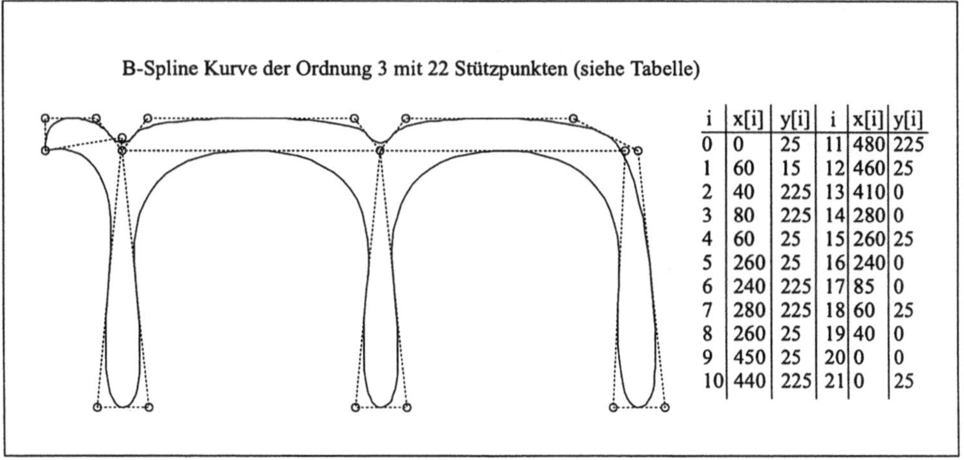

i	x[i]	y[i]	i	x[i]	y[i]
0	0	25	11	480	225
1	60	15	12	460	25
2	40	225	13	410	0
3	80	225	14	280	0
4	60	25	15	260	25
5	260	25	16	240	0
6	240	225	17	85	0
7	280	225	18	60	25
8	260	25	19	40	0
9	450	25	20	0	0
10	440	225	21	0	25

Bild 5.10: Buchstabe „m" als B–Spline–Kurve

Wichtige Grundbegriffe der Typographie, die nach Aufkommen des Desktop–Publishing breites Interesse finden, zeigt Bild 5.11.

Das PostScript–Fragment aus Bild 5.12 druckt einen 36 Punkte großen Text im Times–Font und fettem Italic–Stil an der Stelle (100,100) um 30° nach oben ansteigend gedreht.

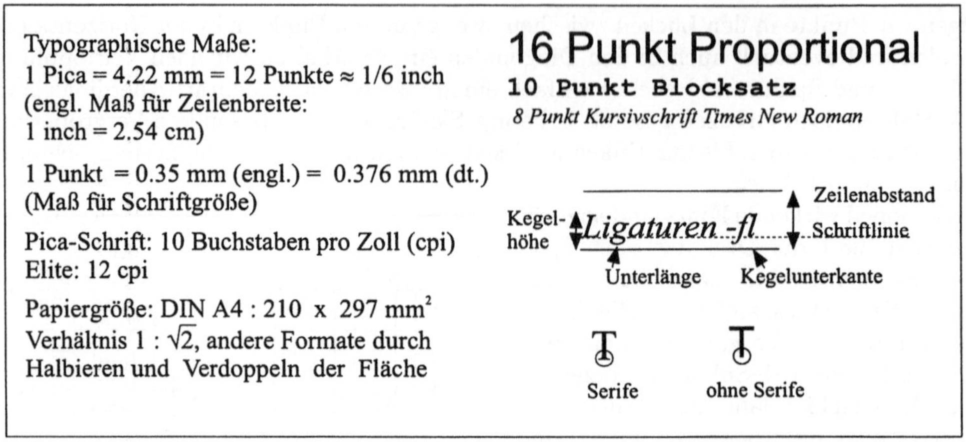

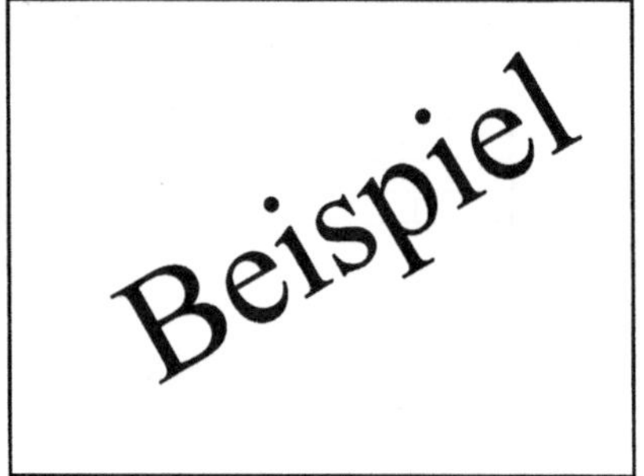

Bild 5.11: Grundbegriffe der Typographie

```
/Times-BoldItalic findfont
36 scalefont setfont
100 100 moveto
30 rotate
(Beispiel) show
showpage
```

Bild 5.12: PostScript Fragment mit zugehöriger Ausgabe

Während PostScript–Schriften mit kubischen Bézier–Spline–Kurven arbeiten, verwenden True Type–Fonts nur quadratische Polynome und sind deshalb schneller zu berechnen.

Die Schriften im Borland Graphics Interface (BGI) sind den Hershey–Fonts nachempfunden, die dieser 1967 veröffentlichte [119, 120]. In seinem Report hatte er auf über 100 Seiten 1377 Buchstaben und Zeichen inklusive mathematischer Symbole, Musiknoten, Kursivschriften, Kyrillisch, Fraktur– und Schreibschriftalphabeten und vieler Spezialzeichen bezogen auf ein 7×7 Bit Koordinatensystem in (x, y)–Koordinatenlisten niedergelegt. Durch Verbinden der Punkte durch Strecken sind so ästhetische Vektorfonts beschrieben.

Eine sehr gute Übersicht zur Erzeugung europäischer und asiatischer Schriftfonts und ihrer Rasterung gibt der Kongreßbericht von André und Hersch [7].

Das Graphische Kernsystem GKS sieht für das Textelement die Attribute Zeichenhöhe, Zeichenaufwärtsrichtung, Schreibrichtung, Textausrichtung, Schriftart und –qualität, Zeichenbreitefaktor, Zeichenabstand, Textfarbindex und Textindex vor.

Der Parameter Zeichenhöhe betrifft die Größe eines Großbuchstabens, mit dem Zeichenbreitefaktor lassen sich schmalere und breitere Zeichen erzeugen. Mit der Schreibrichtung kann eine der vier Seiten des Zeichenkörpers für das nächste Zeichen festgesetzt werden, dessen Abstand vom Abstandsparameter bestimmt ist. Die Attribute Textaus-

richtung und Aufwärtsrichtung betreffen den ganzen String und erlauben Block–, Links–
und Rechtsausrichtung, Zentrieren und das Schreiben in eine beliebige Richtung. Der
Schriftartparameter ermöglicht Fett, Kursiv und andere Spezifizierungen, während verschiedene Alphabete mit der Schriftqualität ausgewählt werden. Für Farbe ist der Textfarbindex verantwortlich, und der Textindex zeigt auf eine Tabelle mit arbeitsplatzspezifischen Textattributen.

5.6 Spline–Flächen

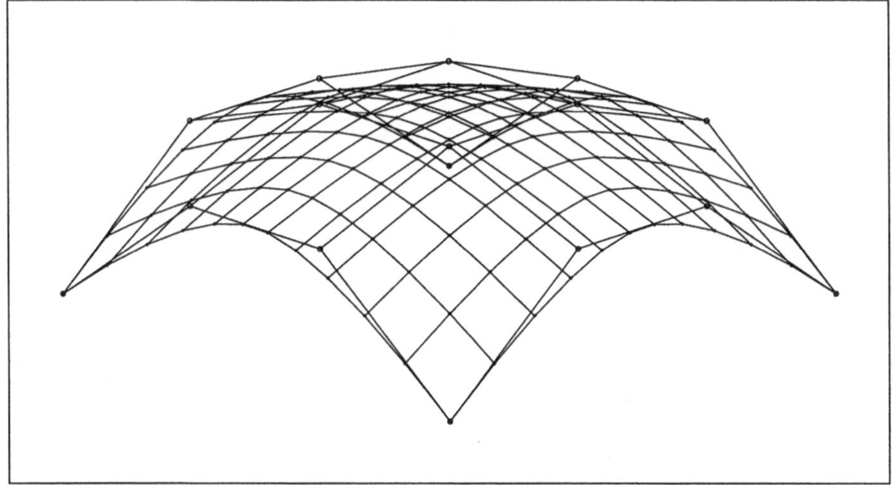

Bild 5.13: B–Spline Oberfläche der Ordnung 3

Auch die Übertragung der Spline–Approximation auf Flächen (vgl. Kapitel 14) bietet
keine unüberwindlichen Schwierigkeiten. Hierbei geben wir ein Parametergrundrechteck
(u, v) vor mit $0 \leq u \leq u_{max}$, $0 \leq v \leq v_{max}$, sowie die B–Spline–Basis $N_{i,k}(u)$, $M_{j,l}(v)$
mit den Ordnungen k und l. Sodann müssen noch die Flächenleitpunkte $\mathbf{P}_{i,j}$, $i = 0, ..., n$
und $j = 0, ..., m$, in Form eines Matrixvektors (Tensors) vorgeschrieben werden. Die
gesuchte Spline–Fläche $\mathbf{p}(u, v)$ soll sich dann in dieses Punktgerüst einpassen:

$$\mathbf{p}(u, v) = \sum_{i=0}^{n} \sum_{j=0}^{m} \mathbf{P}_{i,j} N_{i,k}(u) M_{j,l}(v).$$

Dabei müssen wir jedoch wieder Knotenvektoren

$$\mathbf{x} = (x_0, ..., x_{n+k})^T \quad \text{und} \quad \mathbf{y} = (y_0, ..., y_{m+l})^T$$

vorgeben. Unser Bild 5.13 zeigt als Anwendung die Näherungsfläche dritter Ordnung
einer Kugelkappe.

5.7 Bézier–Spline–Techniken

Goldman [99] hat 1985 einige Anforderungen an Kurven und Oberflächen beschrieben,
die für das CAGD (Computer Aided Geometric Design) wünschenswert sind. Wir wollen
Kurven

$$\mathbf{p}(t) = \sum_{k=0}^{n} \mathbf{P}_k B_{n,k}(t), \quad 0 \le t \le 1,$$

die durch die Punktmenge $\{\mathbf{P}_0, \mathbf{P}_1, ..., \mathbf{P}_n\}$ und die Basis–Funktionenmengen $B_{n,k}(t)$
bestimmt sind, definieren. Sie sollen die folgenden Eigenschaften haben, die wir schon
von den Bézier–Splines her kennen:

a) Wohldefiniertheit

Die Kurve hängt nur von der Punktmenge $\{\mathbf{P}_0, \mathbf{P}_1, ..., \mathbf{P}_n\}$ ab. Das ist der Fall, wenn
die Basisfunktionen eine Zerlegung der Eins bilden:

$$1 = \sum_{k=0}^{n} B_{n,k}(t), \quad 0 \le t \le 1.$$

b) Hülleneigenschaft

Die Kurve $\mathbf{p}(t)$ liegt in der konvexen Hülle der Punkte $\{\mathbf{P}_0, \mathbf{P}_1, ..., \mathbf{P}_n\}$. Hierfür ist
notwendig und hinreichend, daß $B_{n,k}(t) \ge 0$, $0 \le t \le 1$, gilt.

c) Glattheit

Die Kurve ist glatt. Hierzu ist hinreichend, daß die $B_{n,k}(t)$ m–mal stetig differenzierbar sind mit $m \ge 1$.

d) Randpunkteigenschaft

Die Kurve soll durch Anfangs– und Endpunkt der Punktmenge verlaufen. Das ist
genau dann der Fall, wenn die folgenden Bedingungen erfüllt sind:

$$B_{n,k}(0) = \left\{ \begin{array}{ll} 0, & k \ne 0, \\ 1, & k = 0, \end{array} \right. \quad \text{und } B_{n,k}(1) = \left\{ \begin{array}{ll} 1, & k = n, \\ 0, & k \ne n. \end{array} \right.$$

e) Erweiterung auf höhere Dimensionen

Die Definition der Kurven kann durch einen tensoriellen Ansatz

$$\mathbf{q}(u,v) = \sum_{i=0}^{n} \sum_{k=0}^{n} \mathbf{Q}_{ik} B_{n,ik}(u,v), \quad 0 \le u \le 1,\ 0 \le v \le 1,$$

auf Oberflächen ausgeweitet werden. Dies erreichen wir indem wir zum Beispiel
$B_{n,ik}(u,v) := B_{n,i}(u) B_{n,k}(v)$ setzen.

f) Kurvensymmetrie

Es soll die Symmetriebedingung gelten

$$\mathbf{p}(t) := \mathbf{B}\,[\mathbf{P}_0, \mathbf{P}_1, ..., \mathbf{P}_n]\,(t) = \mathbf{B}\,[\mathbf{P}_n, \mathbf{P}_{n-1}, ..., \mathbf{P}_0]\,(1 - t).$$

g) Konstruktionsalgorithmus

Ein stabiler Konstruktionsalgorithmus sollte zur Berechnung der Kurve existieren.
Hier ist an Analoga des Casteljau–Algorithmus oder an allgemeine Unterteilungsal-
gorithmen gedacht.

h) Exakte Reproduktion von Punkten und Strecken.
Fallen alle Punkte $\mathbf{P}_i$ zusammen, so garantiert die Beziehung zur Zerlegung der Eins mittels der Funktionenbasis, daß $\mathbf{p}(t)$ zu einem Punkt $\mathbf{P}_i$, $i = 0, ..., n$, entartet. Dazu kommt noch die Forderung nach Streckentreue, d.h. liegen alle $\mathbf{P}_i$ auf einer Strecke, so bildet der zugehörige Spline ebenfalls eine Strecke. Dies kann mittels

$$nt = \sum_{k=0}^{n} kB_{n,k}(t)$$

gewährleistet werden. Aber auch die Umkehrung ist richtig.

i) Degeneration bei Datengleichheit
Die Kurve sollte nur dann zu einem Punkt degenerieren, wenn alle Datenpunkte in der Punktmenge $\{\mathbf{P}_0, \mathbf{P}_1, ..., \mathbf{P}_n\}$ gleich sind.

Nunmehr kommen einige weitere Forderungen hinzu, die ganz besonders wichtig für das CAGD sind:

j) Existenz eines Unterteilungsalgorithmus
Dazu betrachten wir wieder eine Kurve $\mathbf{p}(t) := \mathbf{B}\,[\mathbf{P}_0, \mathbf{P}_1, ..., \mathbf{P}_n]\,(t)$ und fixieren zwei Punkte $\mathbf{P}(a)$ und $\mathbf{P}(b)$ auf $\mathbf{P}(t)$. Dann konstruiert ein Unterteilungsalgorithmus Punkte $\mathbf{Q}_0, \mathbf{Q}_1, ..., \mathbf{Q}_n$ mit $\mathbf{Q}(0) = \mathbf{P}(a)$, $\mathbf{Q}(1) = \mathbf{P}(b)$ und $\mathbf{q}(t) \subseteq \mathbf{p}(t)$, $0 \leq t \leq 1$. Für polynomiale Basen, zum Beispiel die Bernstein–Basis, existieren derartige Algorithmen [122].

k) Erweiterung um einen Punkt
Ein Erweiterungsalgorithmus liefert eine Technik, durch Auswahl von $n + 1$ Kontrollpunkten $\mathbf{Q}_0, \mathbf{Q}_1, ..., \mathbf{Q}_{n+1}$ mit

$$\mathbf{B}\,[\mathbf{Q}_0, \mathbf{Q}_1, ..., \mathbf{Q}_n, \mathbf{Q}_{n+1}]\,(t) = \mathbf{B}\,[\mathbf{P}_0, \mathbf{P}_1, ..., \mathbf{P}_n]\,(t)$$

exakt die gleiche Kurve mit einem zusätzlichen Datenpunkt darzustellen. Auch diese Eigenschaft ist bei polynomialen Basen gewährleistet [122].

l) Variationsverminderung
Die Kurve $\mathbf{p}_n(t) = \sum_{k=0}^{n} \mathbf{P}_k B_{n,k}(t)$, $0 \leq t \leq 1$, heißt variationsvermindernd, wenn für jede Punktmenge $\{\mathbf{P}_0, \mathbf{P}_1, ..., \mathbf{P}_n\}$ und jede Hyperebene E gilt, daß die Anzahl der Schnittpunkte von $\mathbf{p}(t)$ mit E kleiner oder gleich der Anzahl der Schnittpunkte des durch $\mathbf{P}_0, \mathbf{P}_1, ..., \mathbf{P}_n$ bestimmten Polygonzuges mit E ist. Goldman [99] gibt das von den Bernstein–Polynomen erfüllte Descartessche Vorzeichengesetz als hinreichendes Kriterium an.

Ein weiteres wichtiges Kriterium ist das der lokalen Abhängigkeit der Kurve bei Änderung eines Kontrollpunktes $\mathbf{P}_j$, das jedoch nur für B–Spline–Basen, aber nicht für Bernstein–Basen gilt.

Wir stellen uns nun die Frage, ob es andere Funktionensysteme gibt, die die oben aufgezählten Eigenschaften besitzen. Die Bernstein–Basis hat den Nachteil, daß sich die Kurve $\mathbf{p}_n(t)$ bei steigender Ordnung n immer weiter von den Kontrollpunkten entfernt. Neuere Forschungsergebnisse betreffen Basissysteme, die hier ein günstigeres Verhalten aufweisen [101]. Wir wollen uns zur Erleichterung auf den eindimensionalen Fall beschränken: Bezeichnen wir mit $\|.\|$ die Supremumsnorm im Raume der stetigen Funktionen über dem Intervall $[0, 1]$ und mit $\mathrm{Lip}_2(\alpha)$ die Klasse der Funktionen, für die zusätzlich der Stetigkeitsmodul der zweiten Differenz die Beziehung $\omega_2(f, t) = O(t^\alpha)$, $t \to 0$, erfüllt, so gilt im Fall der Bernstein–Basis die Approximationsordnungsabschätzung

$$\|p_n(t) - f(t)\| = O(n^{-\alpha/2}), \ n \to \infty,$$

während Cao und Gonska [102] auf eine Frage von Butzer hin ein konstruktives Verfahren zur Berechnung eines Basissystems $A_{2n-1,n,k}(t)$ angeben, für das gilt

$$\|q_n(t) - f(t)\| = O(n^{-\alpha}), \ n \to \infty, \ 0 < \alpha \le 2.$$

Die Konstruktion geht von der Tschebyscheff–Fourierentwicklung der Funktion $f(t)$ aus, führt einfach zu berechnende Konvergenzfaktoren ein, diskretisiert die Integralkoeffizierten der Entwicklung mit den Tschebyscheffstützstellen und berechnet mit einem effizienten Algorithmus die approximierenden Linearkombinationen von Tschebyscheff–Polynomen, die als Basiselemente $A_{N,2n-1,k}(t)$ Verwendung finden. Die Fundamentalfunktionen verlaufen wesentlich symmetrischer als die Bernstein–Polynome, haben ungefähr gleiche Maximalwerte und erfüllen im wesentlichen die von Goldman [99] definierten Anforderungen. Eine Standardisierung steht jedoch noch aus.

5.8 Aufgaben

Aufgabe 5.1
Bei der Interpolation einer Kurve $\mathbf{x}(t)$, $a \le t \le b$, durch einen Polygonzug mit den Eckpunkten $\mathbf{x}(t_k) = \mathbf{P}_k$, $k = 0, ..., n$, erhalten wir eine Abschätzung des Fehlers $r_k :=$ $\max |\mathbf{R}_2(t)|$, $t \in [t_k, t_{k+1}]$ mit Hilfe der Lagrangeschen Interpolationsformel zu

$$r_k \le (t_{k+1} - t_k)^2 \max_{t \in [t_k, t_{k+1}]} \frac{|\ddot{\mathbf{x}}(t)|}{8}.$$

Ermitteln Sie mit Hilfe der zweiten Differenzen eine Schätzung s_k für den Betrag der zweiten Ableitungen und zeigen Sie, daß $r_k \le \delta$ wird, wenn für die Schrittweite

$$t_{k+1} - t_k \le \sqrt{\frac{8\delta}{s_k}}$$

gilt. Begründen Sie, daß für die Darstellung von Kreisen mit dem Radius r der Winkelschritt kleiner als $2/\sqrt{r}$ zu wählen ist.

Aufgabe 5.2 ([38])
Renner und Pochop gehen von der Darstellung der Spline–Kurve

$$\mathbf{p}_k(t) = \mathbf{a}_k + \mathbf{b}_k t + \mathbf{c}_k t^2 + \mathbf{d}_k t^3, \quad 0 \le t \le T_k, \ k = 0, \ldots, n-1$$

mit gegebenen $\mathbf{P}_k$, $\mathbf{Q}_k$ aus, und fordern $|\mathbf{Q}_k| = 1$ und $|\dot{\mathbf{p}}_k(T_k/2)| = 1$ für $k = 0, \ldots, n$ (bzw. $n - 1$) sowie $\mathbf{p}_k(0) = \mathbf{P}_k$, $\mathbf{p}_k(T_k) = \mathbf{P}_{k+1}$, $\dot{\mathbf{p}}_k(0) = \mathbf{Q}_k$, $\dot{\mathbf{p}}_k(T_k) = \mathbf{Q}_{k+1}$. Die Wahl von T_k führt auf eine Approximation der Bogenlänge durch den Parameter mit Hilfe der Simpsonschen Regel. Zeigen Sie, daß sich für die Koeffizienten die folgenden Formeln ergeben:

$$\mathbf{a}_k = \mathbf{P}_k, \quad \mathbf{b}_k = \mathbf{Q}_k, \quad \mathbf{c}_k = 3 \frac{(\mathbf{P}_{k-1} - \mathbf{P}_k) - (2\mathbf{Q}_k + \mathbf{Q}_{k+1})T_k}{T_k^2},$$

$$\mathbf{d}_k = -2 \frac{(\mathbf{P}_{k+1} - \mathbf{P}_k) - (\mathbf{Q}_k + \mathbf{Q}_{k+1})T_k}{T_k^3}.$$

Schließlich ergibt sich für T_k nach Einsetzen in die Mittelpunktsbedingung für die Tangentensteigung eine quadratische Gleichung mit der positiven Wurzel

$$T_k = 6\,\frac{\sqrt{(\Delta\mathbf{P}_k(\mathbf{Q}_k + \mathbf{Q}_{k+1}))^2 + \Delta\mathbf{P}_k^2(16 - (\mathbf{Q}_k + \mathbf{Q}_{k+1})^2)} - \Delta\mathbf{P}_k(\mathbf{Q}_k + \mathbf{Q}_{k+1})}{16 - (\mathbf{Q}_k + \mathbf{Q}_{k+1})^2},$$

$$\Delta\mathbf{P}_k := \mathbf{P}_{k+1} - \mathbf{P}_k.$$

Aufgabe 5.3

Gegeben seien die Punkte $P_0, P_1, \ldots, P_m$ und die zugehörige Bézier–Kurve $P(t)$. Beweisen Sie die folgenden Eigenschaften:

a) $P(0) = P_0$ und $P(1) = P_m$.

b) Die Strecke $\overline{P_0 P_1}$ ist Tangente an die Bézier–Kurve im Punkt P_0.
Die Strecke $\overline{P_{m-1} P_m}$ ist Tangente an die Bézier–Kurve im Punkt P_m.

c) Die Bézier–Kurve ist invariant gegenüber affinen, linearen Transformationen, d.h. korrespondierende Punkte der Bézier–Kurve (mit gleichem Parameter t) gehen durch die gleiche affine Transformation auseinander hervor, durch die die Führungspunkte auseinander hervorgehen.

d) Die Bézier–Kurve verläuft vollständig in der konvexen Hülle der Führungspunkte. Benutzen Sie hierzu den Satz von Casteljau.

d) Für die Gewichte gilt:

   i) $0 \le b_{m,i}(t) \le 1$,

   ii) $\sum_{i=0}^{m} b_{m,i}(t) = 1$,

   iii) $\int_0^1 b_{m,i}(t)\, dt = 1/(m+1)$,

   iv) $b_{m,i}(t)$ nimmt das Maximum an der Stelle i/m an.

Aufgabe 5.4

Der Einheitskreis soll durch je ein Bézier–Polynom in jedem Quadranten möglichst gut dargestellt werden. Stellvertretend sei der rechte obere Quadrant gewählt.

a) Geben Sie die Leitpunkte eines quadratischen Bézier–Polynoms so an, daß das Polynom durch die Punkte $(0,1)$ und $(1,0)$ geht und dort Tangenten parallel zur y– und x–Achse hat. Wie groß ist der Approximationsfehler in $t = 0.5$?

b) Welches kubische Polynom erfüllt a) und geht zusätzlich durch den Punkt $(\frac{1}{\sqrt{2}}, \frac{1}{\sqrt{2}})$?

c) Geben Sie eine rationale quadratische Bézier–Kurve an, die den Viertelkreis darstellt.

d) Verifizieren Sie mit Hilfe der Formel zur Erstellung der impliziten Form, daß die Bézier–Kurve aus c) die Gleichung $x^2 + y^2 = 1$ erfüllt.

Aufgabe 5.5

a) Schreiben Sie eine Routine zur Erzeugung der Knotenpunkte und eine rekursive Prozedur zur Berechnung von B–Splines der Ordnung k nach Vorgabe von n entsprechend (5.9).

b) Zeigen Sie, daß die B–Splines mit dem Knotenvektor (5.10) und $k = n + 1$ mit den Bézier–Polynomen identisch sind.

Aufgabe 5.6

Bestimmen Sie zu dem Knotenvektor $\mathbf{x} = (0,0,0,0,1,2,3,4)$ die zugehörigen B–Splines $N_{i,k}(t)$, und zwar für

a) $k = 2$, $i = 2..4$,

b) $k = 3$, $i = 1..3$,

c) $k = 4$, $i = 0..3$.

Skizzieren Sie den Kurvenverlauf für $k = 3$ und $k = 4$ im Bereich $0 \leq t \leq 4$. Verwenden Sie die Funktionen $N_{i,1}(t)$ zur Vermeidung von Fallunterscheidungen.

Aufgabe 5.7

Gegeben seien sechs Leitpunkte $\mathbf{P}_0, \ldots, \mathbf{P}_5$ und der Knotenvektor $(0, 0, 0, 1, 2, 3, 4, 4, 4)$. Zeigen Sie, daß der B–Spline der Ordnung 3 für $w := t \bmod 1$ folgendes Aussehen hat:

$$\begin{aligned}
\mathbf{p}(t) = {} & \left(\mathbf{P}_0 \left(w^2 - 2w + 1 \right) + \mathbf{P}_1 \left(-\frac{3}{2} w^2 + 2w \right) + \mathbf{P}_2 \frac{w^2}{2} \right) N_{2,1} \\
& + \left(\mathbf{P}_1 \left(\frac{w^2}{2} - w + \frac{1}{2} \right) + \mathbf{P}_2 \left(-w^2 + w + \frac{1}{2} \right) + \mathbf{P}_3 \frac{w^2}{2} \right) N_{3,1} \\
& + \left(\mathbf{P}_2 \left(\frac{w^2}{2} - w + \frac{1}{2} \right) + \mathbf{P}_3 \left(-w^2 + w + \frac{1}{2} \right) + \mathbf{P}_4 \frac{w^2}{2} \right) N_{4,1} \\
& + \left(\mathbf{P}_3 \left(\frac{w^2}{2} - w + \frac{1}{2} \right) + \mathbf{P}_4 \left(-\frac{3}{2} w^2 + w + \frac{1}{2} \right) + \mathbf{P}_5 w^2 \right) N_{5,1}.
\end{aligned}$$

Aufgabe 5.8

Überlegen Sie, in welcher Form die 8×8 Pixel–Buchstaben zu kodieren sind, um sie möglichst schnell in einen Schwarzweiß–Bildschirmspeicher mit linearer Speicherstruktur einlesen zu können, und bestimmen Sie die Matrix für den Buchstaben A.

Aufgabe 5.9

Erläutern Sie den Aufbau der Vektor–Zeichensatz–Dateien in Turbo–Pascal, sowie die Darstellung der einzelnen Buchstaben innerhalb dieser Dateien. Geben Sie Beispiele an.

Aufgabe 5.10

Eine Fläche $F : \mathbf{x}(u, v)$, mit $0 \leq u, v \leq 1$, wird von den vier Kurven $\mathbf{x}(u, 0)$, $\mathbf{x}(1, v)$, $\mathbf{x}(u, 1)$, $\mathbf{x}(0, v)$ berandet. Zeigen Sie, daß die interpolierende Fläche

$$\begin{aligned}
I : \mathbf{y}(u, v) := {} & [\mathbf{x}(u, 0) - \{\mathbf{x}(0, 0)(1 - u) + \mathbf{x}(1, 0)u\}] \cdot (1 - v) \\
& + [\mathbf{x}(u, 1) - \{\mathbf{x}(0, 1)(1 - u) + \mathbf{x}(1, 1)u\}] \cdot v + \mathbf{x}(0, v) \cdot (1 - u) + \mathbf{x}(1, v) \cdot u
\end{aligned}$$

mit F den Rand gemeinsam hat. Spezialisieren Sie die Darstellung von I auf den Fall von Geraden als Rändern.

6 Fraktale

Das hauptsächliche Interesse an der fraktalen Geometrie rührt aus ihrer Anwendbarkeit auf die Modellierung der verschiedensten Naturphänomene sowie auch chaotischer Erscheinungen bei der Behandlung parameterabhängiger dynamischer Systeme her, die durch einen Satz nichtlinearer Differentialgleichungen beschrieben sind. Bei der Diskussion der Lösungen wird deutlich, daß durch Variation der Parameter neben stabilen Gleichgewichtszuständen nach einer Kaskade von Verzweigungen über eine Verdoppelung der Perioden immer höherperiodische Zustände entstehen [11]. Diese werden schließlich von chaotischem Verhalten abgelöst, das jedoch wieder eine Rückkehr zu regulären Lösungen erlauben kann. Wie schon Poincaré bemerkte, führen kleine Änderungen der Parameter, verursacht durch eine Störung, zu einem völlig anderen, nicht vorhersagbarem Lösungsverlauf. Es kommt zu einer Entstehung von seltsamen Attraktoren als Fixmengen als Fixmengen gewisser iterierter Funktionensysteme (IFS), komplexen Gebilden mit nichtganzer Hausdorff–Dimension und skalenunabhängiger Selbstähnlichkeit. Selbst bei regulärem Verhalten können die Grenzen zwischen Attraktoren fraktalen Charakter haben. So hat sich angeregt von B. Mandelbrot [160] die fraktale Geometrie mit dem zentralen Dimensionsbegriff in den letzten Jahren zu einem gleichwertigen Partner der klassischen Differentialgeometrie entwickelt. Mit ihrer Hilfe kann Ordnung in die chaotische Struktur der seltsamen Attraktoren und Licht in ihre Konstruktionsprinzipien wie das der Selbstähnlichkeit, der lokalen Dichte und des (Nicht–) zusammenhangs gebracht werden. Wir werden dies an vielfältigen Beispielen, der Kochschen Kurve, Pflanzenformen, Gebirgen und Küsten, Diffusionsprozessen, porösen Strukturen, Perkolation, Galaxien etc. deutlich machen. Bei allen Untersuchungen sind numerische Computersimulationen in Verbindung mit Computergraphik von entscheidender Wichtigkeit.

6.1 Einführung in die Welt der Fraktale

Klassische Geometrie hat in allen wissenschaftlichen Disziplinen immer eine große Rolle gespielt und schon vor langer Zeit in Ägypten und Griechenland (Euklid 300 v. Chr.) in Blüte gestanden. So sind uns Begriffe wie Gerade, Dreieck, n–Eck, Kreis und Kurve allgemein geläufig. Tische können rund oder viereckig sein, in der organischen Chemie ist das Sechseck von Wichtigkeit, und die Planeten umkreisen die Sonne auf Ellipsenbahnen. Wir setzen uns Tag für Tag ins Auto oder aufs Fahrrad und hinterlassen eine Kurvenspur auf dem Weg zur Arbeit. Mit den Mitteln der Differentialgeometrie können wir diese Kurven als zeitabhängigen Vektor im zwei– oder dreidimensionalen Raum darstellen (vgl. Kapitel 2, 4, 10).

Ihre momentane Richtung wird durch den Tangentenvektor in einem Kurvenpunkt beschrieben — seine Länge lesen wir jeden Tag am Tachometer als Geschwindigkeit ab, die zurückgelegte Länge der Kurve am Kilometerzähler. Wird ein derartiger Kurvenverlauf aufgezeichnet, so wird oft vereinfacht und Richtungsänderungen um z.B. 90° als Winkel angetragen, obgleich die Änderung kontinuierlich erfolgt. In diesen Punkten existiert dann keine eindeutige Tangente. Zu Beginn des 19. Jahrhunderts waren die meisten Mathematiker der Meinung, daß es nur wenige isolierte Stellen einer Kurve gäbe, in denen keine Tangente existiert, die Kurve also keine eindeutige Richtung habe, bis dann Riemann, Weierstraß und Koch ab 1861 Kurven angaben, die in keinem Punkt eine Tangente besitzen. Die Konstruktionsidee ist dabei relativ einfach. Es geht darum, Zickzackzüge wachsender Frequenzen und fallender Amplitude zu überlagern, so daß die Grenzkurve stetig ist, aber keine Tangente besitzt. Schauen wir uns so einen Konstruktionsvorgang einmal an der Kochschen Kurve an:

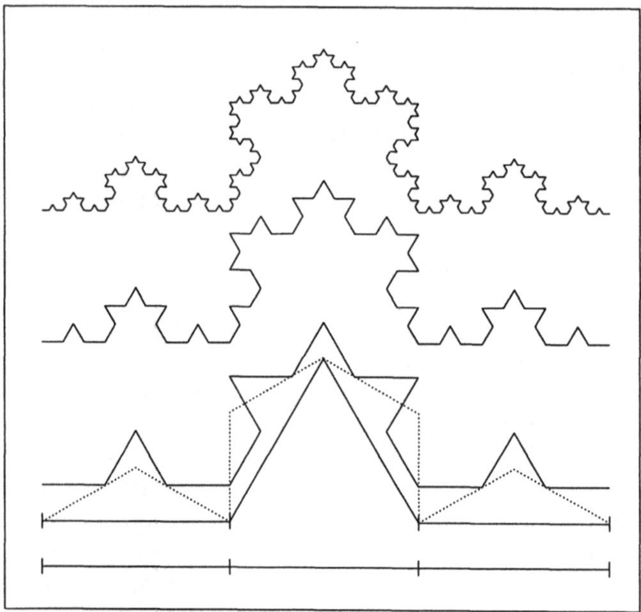

Bild 6.1: Konstruktionsprinzip für die Kochkurve

Wir starten mit einem Segment der Länge 1, teilen es in drei gleiche Teile und ersetzen den mittleren Teil durch ein gleichseitiges Dreieck mit 60°-Winkeln, dem die Basis fehlt. Damit ist der Hauptschritt getan und das Konstruktionselement, das in immer verkleinerter Form angewandt wird, gefunden. Wir haben demnach ein Grundelement G und eine Ersetzungsvorschrift: G $\to$ G + G − G + G, wobei +/− eine Drehung um 60° gegen den oder von 120° im Uhrzeigersinn bedeutet, und ersetzen in einem ersten Schritt die vier Segmente jeweils durch die auf ein Drittel verkleinerte Grundkurve.

In einem zweiten Schritt werden die $16 = 4^2$ Segmente durch die um den Faktor $(1/3)^2$ verkleinerte Ausgangskurve ersetzt, und so fort. Im Bild 6.1 ist noch der dritte und vierte Schritt gezeichnet, und es ist leicht vorstellbar, daß die Kurve immer zickzackförmiger wird und im Grenzübergang keine Tangente mehr besitzt. Wie bei einer Collage gelangen wir vom n-ten zum $n+1$-ten Schritt, indem wir die erhaltene Kurve auf ein Drittel verkleinern und in den vier Konstruktionspunkten in der richtigen Richtung abtragen. Mathematisch gesprochen haben wir vier Transformationen mit der Kontraktion 1/3, die iteriert angewendet werden. Die anziehende Fixmenge des iterierten Funktionensystems (IFS) ist die Kochkurve. Interessanterweise verlängert sich die Kurve in jedem Schritt um den Faktor (4/3). Die Grenzkurve ist also unendlich lang, obwohl sie in einem Rechteck der Länge 1 und Breite $\sqrt{3}/6$ liegt. Messen wir die Kurve mit einem Maßstab der Länge 1, hat sie die Länge $L = 1$, verwenden wir einen Maßstab der Länge 1/3, so die Länge $L = 4/3$, und wir finden allgemein $L(k/3) = 4/3L(k)$. Dabei ist das Argument der Funktion L gleich der Länge des verwendeten Maßstabes. Eine Lösung dieser Funktionalgleichung ist gegeben durch $L(k) = k(AB/k)^D$, wobei AB die makroskopische Länge der Kurve ist (hier 1). Setzen wir $D = \log 4/\log 3$, so finden wir tatsächlich die Relation $L(k/3) = 4/3L(k)$ wieder.

Bild 6.2: Sierpinski–Schwamm, Dimension $\log 20/\log 3$

Die innere Ähnlichkeit — bei jedem Schritt reduziert sich die Kurvenlänge auf ein Drittel und das vier Mal — wird durch den Faktor $\log 4/\log 3$ beschrieben. Betrachten wir dagegen eine Strecke der Länge 1, so können wir sie durch zwei halb so große Teilstrecken, dann durch vier viertel so große usw. ersetzen. Hier ist der Ähnlichkeitsfaktor $\log 2/\log 2$, also $D = 1$. Ähnliches gilt für ein Quadrat der Länge 1 und vier halb so lange Teilquadrate mit $D = \log 4/\log 2 = 2$ und einen Kubus der Länge 1 mit 8 Teilwürfeln und $D = \log 8/\log 2 = 3$. Wir sehen also, daß der Exponent tatsächlich die Rolle einer Dimension spielt, und haben für die Kochsche Kurve eine gebrochene Dimension gefunden. Ähnliche Beispiele stammen von Hilbert und Sierpinski (vgl. Bilder 6.2, 6.3).

Wir wollen genauer die *Hausdorff*-Dimension einer Teilmenge $F \subseteq \mathbb{R}^n$ definieren. F werde mit Hilfe abzählbar vieler abgeschlossener „Kugeln" B_i überdeckt mit Durchmesser $\mathrm{diam}(B_i) = \delta_i$, in einer beliebigen Norm gemessen. Indem wir diesen Durchmesser gegen Null gehen lassen, führen wir ein äußeres Maß von F ein mit

$$H^s(F) := \lim_{\delta \to 0} \inf \left(\sum_{i \geq 1} \mathrm{diam}(B_i)^s \mid F \subseteq \bigcup_{i \geq 1} B_i,\ \mathrm{diam}(B_i) \leq \delta \right),$$

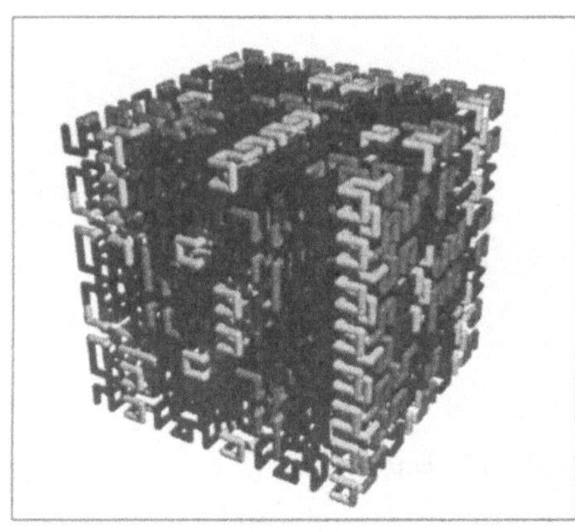

Bild 6.3: Hilbertkurve, Fraktale Dimension 3

als Zahl zwischen 0 und Unendlich, wobei die Grenzen mit eingeschlossen sind, und dann die Hausdorff–Dimension $\dim_H(F)$ als Grenzexponent s mit $H^\sigma = 0$, $\sigma > s$, und $H^\sigma = \infty$, $\sigma < s$.

$H^s(F)$ ist dann das Hausdorff–Maß der Menge F. Die Hausdorff–Dimension ist invariant unter Transformationen f, die zusammen mit f^{-1} einer Lipschitzbedingung genügen.

Lassen wir dagegen zur Überdeckung nur abgeschlossene Kugeln mit dem Durchmesser δ zu und bezeichnen mit N_δ die kleinste zur Überdeckung von F notwendige Anzahl, so können wir die untere und obere Box–Dimension einführen, die strenggenommen beide keine Dimensionen sind, da kein Maß zugrunde liegt, und die beide obere Schranken für die Hausdorff–Dimension darstellen.

Es gilt:

$$\underline{\dim}_B F = \lim_{\delta \to 0} \inf \frac{\log N_\delta(F)}{-\log \delta} \leq \overline{\dim}_B F = \lim_{\delta \to 0} \sup \frac{\log N_\delta(F)}{-\log \delta}.$$

Schöpfen wir nun die Kochsche Kurve K sukzessive durch geeignete Dreiecke aus, so brauchen wir für die Basis im k–ten Schritt $3k$ und für die k–te Näherung der Kurve $4k$ Dreiecke der Hypothenusenlänge 3^{-k}, $k \geq 0$. Es folgt für die Boxdimension $\underline{\dim}_B K = \overline{\dim}_B K = \log 4/\log 3$, ein Ergebnis, das sich auch für $\dim_H K$ ergibt, da unsere Überdeckung ein Maß μ auf K induziert, wobei jedes Teilelement das Maß 4^{-k} trägt. Dann gilt für eine Menge U mit $3^{-k-1} < \text{diam}(U) < 3^{-k}$, daß sie höchstens 2 Teilelemente der Nährungskurve K_k schneidet, also $\mu(U) < 2 \cdot 4^{-k} < 2 \cdot (3 \cdot \text{diam}(U))^{\log 4/\log 3}$. Für eine ausführliche Darstellung siehe [79].

Ein Kalkül dieser Form wurde auch von Richardson verwendet, als er die Länge der Küste Großbritanniens messen wollte. Mit einem groben Maßstab finden wir bei einer Insel anhand einer guten Landkarte sicherlich eine endliche Länge. Je feiner wir aber den Maßstab wählen, desto länger wird die Küste, was wir uns beim Abschreiten einer felsigen Bucht mit allen ihren Zerklüftungen leicht vorstellen können. Richardson fand hier $D = 1.25$. Diese Zahl D kann nun in gewissem Sinne als Box–Dimension der Kurve angesehen werden, und da es sich um einen nicht ganzzahligen Wert handelt, sprechen wir von fraktaler Dimension. Die Küstenlinie Großbritanniens hätte demnach die fraktale Dimension 1.25, die norwegische Fjordküste sicher einen größeren Wert, die Grenzlinie des Staates Utah dagegen die Dimension 1. Wohlbemerkt behaupten wir nicht, daß die Länge der britischen Küste unendlich ist, sondern nur, daß das Modell einer fraktalen Kurve besser als das einer Kurve der Dimension 1 ihre Eigenschaften widerspiegelt.

Während die Kochsche Kurve eine innere Ähnlichkeit besitzt — welche Lupenstärke wir auf welchem Abschnitt auch immer ansetzen, wir sehen immer das gleiche Bild, die Kurve ist regulär irregulär — so ist das bei Küstenlinien felsiger Inseln gar nicht so offensichtlich, denn die zugrundeliegenden Küsten–Pattern sind viel zahlreicher.

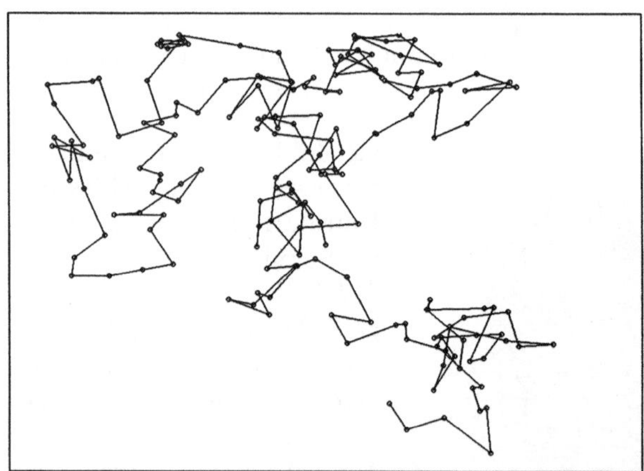

Bild 6.4: Brownsche Bewegung, $\mathbf{X}(t) \notin \text{Lip}(1/2)$

Dem Mathematiker gelingt es jedoch auch, chaotisch anmutende Bahnen, wie die Brownsche Molekularbewegung von Teilchen in der Nebelkammer, mit Hilfe stochastischer Prozesse in den Griff zu bekommen. Diesen Kurven kann nicht in so einfacher Weise eine Dimension zugeordnet werden: Dazu sind sie zu irregulär. Die Bedeutung der fraktalen Kurven zur Beschreibung der Brownschen Bewegung (vgl. Bild 6.4) hat Perrin in seinem Buch „Les Atomes" 1927 treffend beschrieben [133]:

„Die Richtungsänderungen der Bahn sind so zahlreich und geschehen so schnell, daß es unmöglich ist, der Bahn zu folgen. Daher ist die aufgenommene Bahn immer unendlich viel einfacher und kürzer als die wahre Bahn. Gleichfalls ändert sich die anscheinende mittlere Geschwindigkeit einer Partikel während einer gegebenen Zeitspanne in Richtung und Größe wild. Verkürzt man die Intervalle aufeinanderfolgender Beobachtungen ständig, so strebt die mittlere Geschwindigkeit nicht gegen einen Grenzwert ...

In keinem Punkt der Bahn kann man, auch nicht näherungsweise, eine Tangente zeichnen. Dies ist also ein Fall, in dem man unwillkürlich an die stetigen Funktionen ohne Ableitung denkt, die die Mathematiker erfunden haben und die zu Unrecht als pure mathematische Kuriositäten betrachtet werden. Sie werden durch die physikalische Welt ebenso nahegelegt wie die Funktionen mit Ableitung ...

Gleichfalls geben solche Bilder ... nur einen unzulänglichen Einblick in die wundersame Verwicklung der wirklichen Bahn. Würde man das Teilchen in hundertmal kürzeren Zeitabschnitten beobachten, so würde jede Seite des Polygonzuges durch einen Polygonzug ersetzt werden, der ebenso kompliziert ist wie die ganze Bahn. Jede neue Seite wäre dann wieder zu ersetzen und sofort. Man sieht, wie in diesen und ähnlichen Situationen der Begriff der Tangente an die Bahn inhaltslos wird."

Die Darstellung der Brownschen Bewegung geschieht durch einen Gauß–Wiener Prozeß mit einer Zufallsvariablen $\mathbf{X}$ als Fourierrreihe mit normalverteilten Zufallsvariablen als Koeffizienten oder als Grenzprozeß zufälliger Polygonzüge in Analogie zu den erwähnten stetigen, nirgends differenzierbaren Funktionen. $\mathbf{X}(t)$ ist stetig, aber mit Wahrscheinlichkeit 1 nicht differenzierbar, ja nicht einmal aus der Klasse *Lipschitz*$(1/2)$ mit $X_i(t + h) - X_i(t) = O(h^{0.5})$, $h \to 0$. Funktionen der Brownschen Bewegung eignen sich wegen ihrer Irregularität besser zur Modellierung von Küstenlinien und Felsenlandschaften.

6.2 Iterierte Funktionensysteme

Eine wichtige Rolle bei der Erzeugung von Mengen gebrochener Dimension spielen die iterierten Funktionensysteme IFS, die Barnsley [18] ausführlich diskutiert hat. Seien

$$S_i \; : \; D \to D \subset \mathbb{R}^n \text{ mit } |S_i(\mathbf{x}) - S_i(\mathbf{y})| \leq c_i|x - y|, \; 0 < c_i < 1, \; i = 1,\ldots,m,$$

kontrahierende Abbildungen auf der abgeschlossenen Menge D. Dann gibt es eine Fixmenge F, die oftmals fraktale Dimension hat und die folgendermaßen konstruiert werden kann. Bezeichnet $\mathcal{K}$ die Menge aller nichtleeren kompakten Teilmengen von D, so folgt für alle $E \in \mathcal{K}$, für die $S_i(E) \subseteq E$ für alle i gilt, mit der Setzung $S(E) := \bigcup_{i=1}^m S_i(E)$, $S^0(E) := E$, $S^k(E) = S(S^{k-1}(E))$ für die Fixmenge F:

$$F = \bigcap_{k=1}^\infty S^k(E), \; F = S(F) = \bigcup_{i=1}^m S_i(F).$$

Gibt es nun eine offene Menge V mit $V \supseteq \bigcup_{i=1}^m S_i(V)$, $S_i(V) \cap S_j(V) = \emptyset$, $i \neq j$, so ergibt sich Gleichheit der Hausdorff- und Box-Dimension, und zwar $\dim_H F = \dim_B F = s$, wobei s so gewählt ist, daß $\sum_{i=1}^m c_i^s = 1$ gilt.

Im Falle unserer Kochkurve K wählen wir für V gerade das in der Abbildung angegebene offene Dreieck $\{(0,0), (1,0), (0.5, \sqrt{3}/6)\}$, die c_i, $i = 1,\ldots,4$, ergeben sich zu $1/3$, es wird $F = K$, und für s finden wir folglich wie schon vorher berechnet $\log 4/\log 3$.

Das Bild 6.5 zeigt die Näherung eines fraktalen Attraktors, der sich bei Lösung eines nichtlinearen Differentialgleichungssystems ergibt, das der Meteorologe Lorenz aus Strömungsgleichungen nach einer Reihe von Vereinfachungen und Approximationen hergeleitet hat:

$$\dot{x} = 6(y - x)$$

$$\dot{y} = 14x - y - xz$$
$$\dot{z} = xy - z$$

Seine Form hängt stark von den Parametern ab.

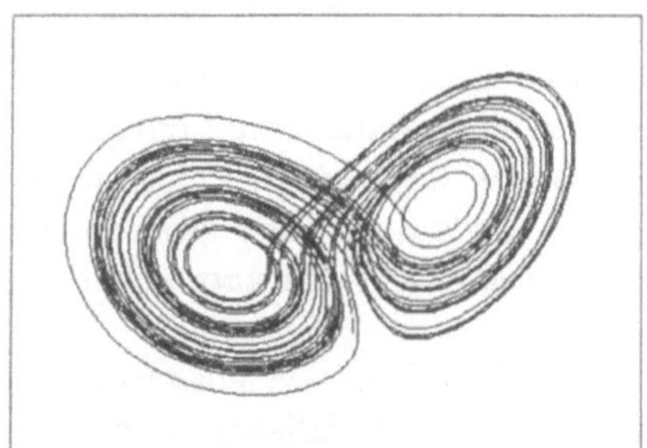

Bild 6.5: Lorenz Attraktor

Wir wollen nun mit Hilfe von sechs kontrahierenden Abbildungen römische Säulen vor und nach einem Erdbeben konstruieren. Alle Abbildungen sind auf dem $\mathbb{R}^2$ erklärt und haben die Form:

$$x' = a_i x + b_i y + e_i, \ y' = c_i x + d_i y + f_i, \ i = 1, \dots, 6.$$

Es werden nun mit einem Zufallszahlengenerator Zahlen i zwischen 1 und 6 bestimmt und ausgehend von einem Punkt, z.B. dem Nullpunkt $(0,0)$, mit der i–ten Abbildung ein neuer Punkt bestimmt. Somit erzeugen wir eine Folge $(\mathbf{x}_n)$ von Punkten, die für $n > n_0$ gezeichnet wird und eine Näherung für die fraktale Fixmenge F des zugrundeliegenden iterierten Funktionensystems darstellt. Unser Bild 6.6 zeigt das Ergebnis mit 60000 Punkten. Die

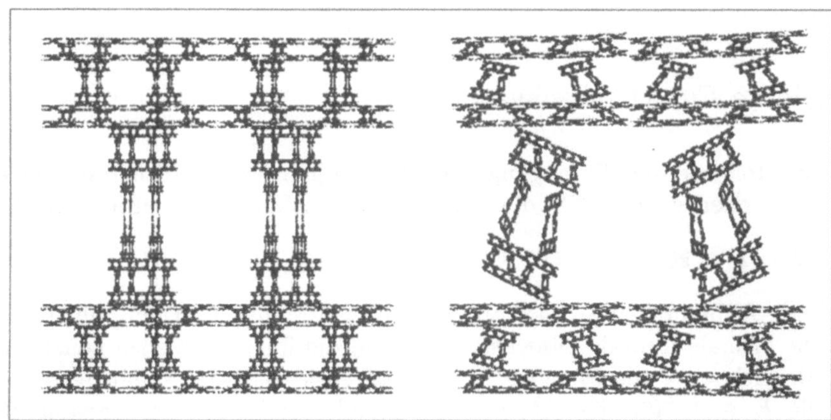

Bild 6.6: Römische Säulen als IFS

Konstanten der ursprünglichen und der gestörten Parameter können aus der folgenden Tabelle entnommen werden:

	a_i	b_i	c_i	d_i	e_i	f_i	a_i'	b_i'	c_i'	d_i'	e_i'	f_i'
i=1	0.5	0	0	0.25	1	1	0.5	0.01	-0.01	0.25	1	1
i=2	0.5	0	0	0.25	50	1	0.5	0	-0.02	0.25	50	1
i=3	0.5	0	0	0.25	1	75	0.5	0.02	0	0.25	1	75
i=4	0.5	0	0	0.25	50	75	0.5	-0.01	0.01	0.25	50	75
i=5	0.2	0	0	0.5	20	25	0.2	-0.1	0.1	0.4	20	25
i=6	0.2	0	0	0.5	60	25	0.2	0.1	-0.1	0.4	60	36

Mit Hilfe affiner Transformationen können wir analog in Polygonzügen die Strecken immer wieder durch verkleinerte affine Polygonzüge ersetzen und gelangen zu einer invarianten Menge F, die selbstaffin ist und fraktale Dimension hat. Dieses Verfahren kann zur Konstruktion fraktaler Landschaften ausgenutzt werden (vgl. Bilder 6.7).

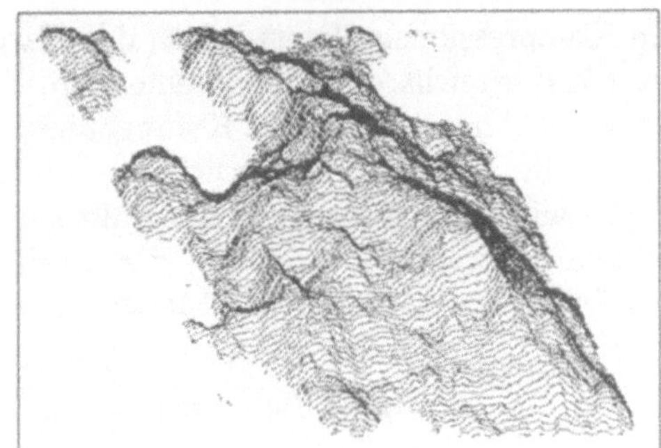

Bild 6.7: Fraktale Landschaft und Gebirge

Anwendung finden die IFS auch bei der Bildkomprimierung. Ein Schwarzweiß–Bild mit guter Auflösung hat ca. 1200×800 Bildpunkte, das entspricht 960000 Pixel oder 120 KByte. Eine gute Telephonlinie kann 1 Kilobyte Daten pro Sekunde übertragen. Man brauchte also zwei Minuten, was viel zu lange dauert. Es wäre viel sinnvoller, das Konstruktionsprinzip des Bildes zu senden und es beim Empfänger neu aufzubauen. Dasselbe gilt in dem Falle, wo eine Vielzahl von digitalen Bildern konserviert werden soll. Wir können uns nun in Verallgemeinerung dieses Vorgehens vorstellen, daß wir ein Bild als Ergebnis mehrerer unbekannter Iterationsprozesse auffassen. Fänden wir diese Prozesse, so könnte ein Bild in stark komprimierter Form abgelegt oder übermittelt werden. Cézanne sagte einmal, daß die Natur auf eine Menge von Kegeln, Kugeln und Quadraten reduzierbar sei, und legte damit die Basis zum Kubismus. Warum sollte dieses Prinzip sich nicht auf einen Grundstock von Iterationsprozessen übertragen?

Barnsley hat zwei Programmsysteme erstellt, die einmal die verschiedenen iterativen Prozesse näherungsweise ermitteln, die einem Bild zugrundeliegen, und es dann anhand der IFS als Multifraktal erstellen. In seinem Buch sind eine Menge von Beispielen, wie Landschaftsbilder, Blumen etc. angegeben. Inzwischen ist diese Idee zu einem marktreifen Kompressionstool entwickelt, das Hardwareunterstützung erlaubt und Raten von bis zu 1:250 erreicht und damit eine gute Alternative zum JPEG bzw. MPEG–Standard darstellt. Allerdings ist die Komprimierungsphase mit der Ermittlung des IFS sehr zeitaufwendig, während die Decodierung in Echtzeit erfolgt.

Ein wichtiges Hilfsmittel zur fraktalen Komprimierung ist das Collage–Theorem. Zu seinem Verständnis bedarf es der Einführung des Hausdorff–Abstandes zwischen beschränkten, abgeschlossenen Mengen in einem metrischen Raum (X, d):

$$d_H(A, B) := \max \left\{ \max_{x \in A} \min_{y \in B} d(x, y), \max_{y \in B} \min_{x \in A} d(x, y) \right\}.$$

Sei dann $\{F_1, ..., F_n\}$ ein IFS auf X und $s := \max_{1 \leq i \leq n} s_i$ das Maximum aller Kontraktionsfaktoren sowie $\varepsilon > 0$ beliebig. Gelte weiter für eine abgeschlossene beschränkte Teilmenge $T \in X$

$$d_H(T, \bigcup_{i=1}^{n} F_i(T)) < \varepsilon.$$

Dann folgt für den Attraktor A des IFS, daß er die Menge T mit einem Fehler

$$d_H(T, A) < \frac{\varepsilon}{1 - s}$$

approximiert.

Es besteht also die Aufgabe, ein Bild z.B. unter Aufbau eines Quadtrees soweit in Teilstrukturen T_k und zugehörige kontrahierende Abbildungen $\{F_{1k}, ..., F_{n_k k}\}$, $k = 1, ..., m$, mit $T_k \cong \bigcup_{i=1}^{n_k} F_{ik}(T_k)$ zu zerlegen, daß die Abweichungen zwischen einem Teilbild und seinen affinen Transformationen, die eine Drehung, Translation, Streckung, Stauchung oder Scherung bewirken, zur Überdeckung möglichst gering sind. Im Buch von Fisher [84] findet sich neben einer ausführlichen und klaren Darstellung der Techniken ein größeres C–Programm zur fraktalen Kompression.

6.3   Lindenmayer–Systeme

Ein anderer Zugang mit einer mathematisch–algorithmischen Beschreibung von Pflanzenwachstum wurde von Prusinkiewicz und Lindenmayer [198] entwickelt. Sie erkannten Selbstähnlichkeit in den Konstruktionsprinzipien der Verästelung von Bäumen und Blumen und typische Ausgangsmuster, die sich in reduzierter Skalierung immer wiederholen. Die grammatikalische Konstruktionsvorschrift einer Pflanze ist als paralleler Ersetzungsprozeß angegeben. Eine ausführliche Begründung der deterministisch kontextfreien Lindenmayer–Systeme DOL findet sich in [198] und hat seinen Unterschied zu den Chomsky-Grammatiken in der parallelen Anwendung der Ersetzungsregeln in jedem Schritt, ausgehend von einem Axiom genannt Startwort.

Definition 6.1
Sei V ein endliches Alphabet, V^* die Menge aller Wörter über V und V^+ die Menge aller nichtleeren Wörter über V. Ein OL–System ist ein Tripel $G = (V, \omega, P)$ mit:
- V ist ein Alphabet,
- $\omega \in V^+$ ist ein Axiom und

- $P \subset V \times V^*$ ist eine endliche Menge von Produktionsregeln.

Eine Regel $(a, v) \in P$ schreiben wir als $a \to v$. Zu jedem $a \in V$ soll mindestens eine Produktionsregel existieren, sonst nehmen wir $a \to a$ an. Ein OL–System heißt genau dann deterministisch, wenn zu jedem $a \in V$ genau eine Produktionsregel existiert. Sei nun $m = a_1...a_n$ ein Wort aus V^+. Das Wort $w = v_1...v_n$ heißt von m direkt abgeleitet, wenn es Regeln $a_i \to v_i$, $i = 1,...,n$, gibt.

Mit einer Modifikation erhalten wir stochastische L–Systeme. Eine Ableitung $a \to v$ wird stochastische Ableitung in G genannt, wenn für jedes Vorkommen eines Buchstabens a im Wort m die Wahrscheinlichkeit für die Verwendung der Regel $p = (a, .) \in P$ gerade $\pi(p)$ ist. Dabei ist die Gesamtwahrscheinlichkeit aller Regeln für a auf Eins normiert.

Bei kontext–sensitiven IL–Systemen hängt die Auswahl einer Produktionsregel nicht nur vom zu ersetzenden Symbol ab, sondern auch vom Kontext, in dem dieses steht. Wir betrachten mehrere Fälle, indem wir die Länge des Vorgängers mit k und die des Nachfolgers mit l angeben und dann von (k, l)–Systemen sprechen. Ein $(1, 1)$–System hat Regeln der Form $a_l < a > a_r \to v$, ein $(1, 0)$–System dagegen führt einen Buchstaben mit linkem Kontext a_l in v über. Um die Anzahl der Produktionsregeln gering zu halten, werden oftmals jedoch unterschiedliche Kontextlängen erlaubt. Allerdings müssen dann im Fall von Regeln mit verschiedenem oder keinem Kontext für einen Vorgänger Prioritäten festgelegt werden, wie das folgende Beispiel zeigt:

$$
\begin{aligned}
\omega &: \quad baaaa \\
p_1 &: \quad b < a \to b \\
p_2 &: \quad b \to a \\
(p_3 &: \quad a \to a)
\end{aligned}
$$

$$baaaa \Rightarrow abaaa \Rightarrow aabaa \Rightarrow aaaba \Rightarrow aaaab \Rightarrow aaaaa$$

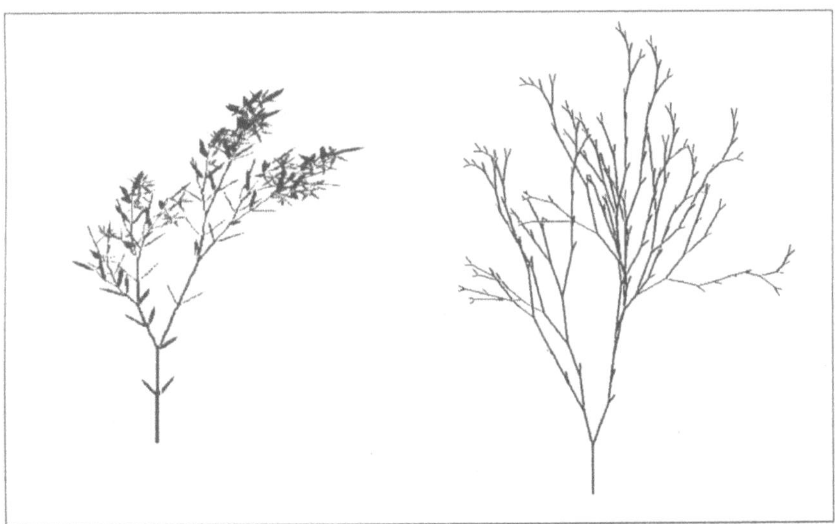

Bild 6.8: Lindenmayer–Systeme — Fraktale Pflanze

Um mit L–Systemen Pflanzen darzustellen, können wir die Zeichenketten mit Hilfe einer Turtle–Graphik auswerten. Ein Turtle–Zustand ist ein Tripel (x, y, α), wobei (x, y)

kartesische Koordinaten und α eine Richtung angeben. Wird noch ein Winkel δ und eine Schrittweite d angegeben, so lassen sich die folgenden Zeichenbefehle definieren:

- F: einen Schritt der Länge d von (x, y) aus in Richtung α gehen, Wegstrecke zeichnen
- f: einen Schritt der Länge d von (x, y) aus in Richtung α gehen, Wegstrecke nicht zeichnen
- $+$: Richtung um δ entgegen dem Uhrzeigersinn drehen
- $-$: Richtung um δ mit dem Uhrzeigersinn drehen.

So erhalten wir zum Beispiel mit dem Axiom $\omega : F + F - -F + F$ und der Regel $p : F \to F + F - -F + F$ und $\delta = 60°$ die Kochsche Kurve.

Durch willkürliche Änderung der Produktionsregeln erhalten wir einen Einblick in die Vielfalt der erzeugten Figuren. Das Problem, zu einer gegebenen Figur das passende L–System zu finden, wird Inferenz–Problem der Theorie der L–Systeme genannt. Zwei Methoden sollen hier noch erwähnt werden, die Knoten– und die Kantenersetzung.

Bei der Knotenersetzung wird ein Knoten durch ein neues Polygon ersetzt, das eine Unterfigur darstellt. Dabei müssen zwei Kontaktpunkte an Ein– und Ausgang sowie zwei Richtungen, Eingangs– und Ausgangsrichtung, bereitgestellt werden, damit die Unterfigur entsprechend gedreht den Knoten ersetzen kann. Bei der Kantenersetzung werden typisierte Kanten, z.B. F_l und F_r, durch Polygone ersetzt.

Beispiele zur Kantenersetzung sind die Drachen–Kurve mit $\delta = 90°$, $\omega = F_l$, $p_1 : F_l \to F_l + F_r +$, $p_2 : F_r \to -F_l - F_r$ und allgemeiner die FASS (space filling, self avoiding, simple and self similar) Kurven; die Hilbertkurve (vgl. Bild 6.17) kann durch Knotenersetzung erzeugt werden.

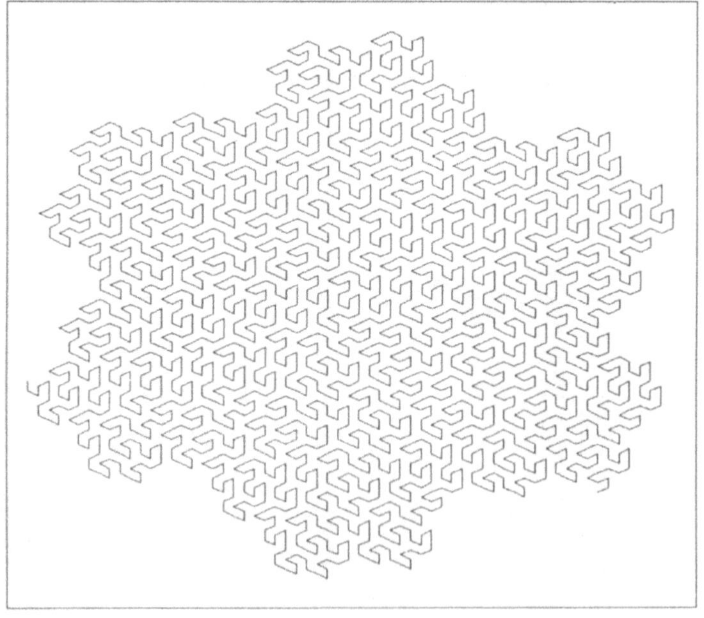

Bild 6.9: Kantenersetzende L–Systeme.

n=4, delta=60°, F_l

$F_l \to F_l + F_r + +F_r - F_l - -F_l F_l - F_r +$

$F_r \to -F_l + F_r F_r + +F_r + F_l - -F_l - F_r$

Natürlich sind die Konstruktionen nicht auf ebene Figuren beschränkt. Im Raum kommen dann allerdings die drei Elementardrehungen gegen oder mit dem Uhrzeigersinn (vgl. Bild 4.3) um die Koordinatenachsen mit der Kürzelnotation (x: + bzw. −; 180°: | ; y:& bzw.ˆ; z:\ bzw. /). Baumstrukturen können durch Einführung von Stackoperationen push [und pop] gezeichnet werden. Dabei werden Position, Orientierung sowie Zeichenattribute auf den Stack geschoben oder heruntergeholt. Lindenmayer und Prusinkiewicz [198] geben zu den wichtigsten Varianten Bilder an. Die zunächst künstlich erscheinenden Kurven können als Wasserläufe, Kanäle oder Gefäßsysteme in der menschlichen Lunge interpretiert werden [177].

Bild 6.10: Lindenmayer–Systeme — Fraktale Pflanze

6.4   Weitere Anwendungen in den Naturwissenschaften

Kommen wir nun auf Perkolations– und Diffusionsvorgänge zu sprechen [156]. Bei der mathematischen Modellierung der Perkolation gehen wir von einem Gitter $\mathbf{Z}^d$ aus und zeichnen mit der Wahrscheinlichkeit p die Verbindung zwischen zwei Nachbarn in einer vorgegebenen Topologie. Dann stellen sich die folgenden Fragen: Wie wahrscheinlich ist es, daß zwei Gitterpunkte über einen Weg verbunden sind, d.h. in einem Cluster liegen, und wie verhält sich die Wahrscheinlichkeit mit zunehmender Entfernung? Wie groß ist die Wahrscheinlichkeit π für die Existenz einer Verbindung zwischen den zwei gegenüberliegenden Seiten eines Quaders? Für die Überquerungswahrscheinlichkeit eines Rechtecks mit $a \times b$ Gitterpunkten ergibt sich eine sehr plausible Vermutung für den Grenzwert $\pi(p, N \cdot a, N \cdot b)$ für N gegen Unendlich, der für $p < 0.5$ Null, für $p > 0.5$ Eins und im Grenzfall eine komplizierte Konstante ist. Für den allgemeinen Fall des d–dimensionalen Gitters existiert wiederum eine Schwellenwahrscheinlichkeit p_c, für die die Wahrscheinlichkeit der Existenz eines unendlichen Clusters echt zwischen Null und

Eins liegt. Interessant ist auch hier wieder die Selbstähnlichkeit der Cluster für $p = p_c$ bei Skalenänderungen. Perkolationsphänomene liefern Modelle für die Ausbreitung von Infektionskrankheiten und für die Konstruktion von Atemschutzfiltern.

Denken wir auch an einen Bergwald in der Provence. Am Fuß der Berge ist der Wald noch dicht, die Dichte der Bäume nimmt mit der Höhe ab. Kommt es nun zu einem Brand, so wollen wir eine unrealistische Annahme, nämlich die der Windstille machen. Das Feuer breitet sich da flächenmäßig aus, wo die Zweige der Bäume sich berühren, weiter oberhalb werden gewisse Bereiche ausgespart und noch höher haben wir kleine zusammenhängende Ansammlungen von brennenden Bäumen als Grenzbereich zu dem nicht betroffenen Gebiet, aber nur, wenn die Baumdichte unter einer gewissen Schwelle bleibt, ansonsten geraten alle Bäume in Flammen. Der Grenzbereich kann als fraktale Menge verstanden werden ($D = 1.75$).

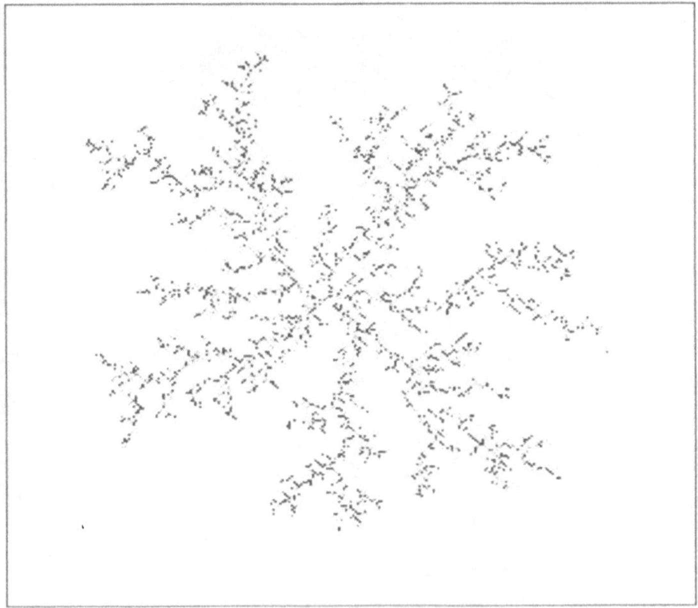

Bild 6.11: Diffusion; In ein zweidimensionales Zufallsgitter,
das mit Öl getränkt ist, wird Wasser mit hoher
hoher Geschwindigkeit eingeführt.

Dasselbe Phänomen tritt auf, wenn zur Ölförderung aus einem porösen Untergrund mehr als die üblichen 40% Öl extrahiert werden sollen [220]. In diesem Fall wird in vorgetriebene Bohrungen eine Flüssigkeit (vgl. Bild 6.11) injiziert. Dabei haben die Poren verschiedene zufällig verteilte „Widerstände" gegen das Eindringen der injizierten Flüssigkeit. Schritt für Schritt dringt diese entsprechend der dreidimensionalen Übergangsmatrizen vor, und die betroffene Zone ist fraktal.

Erwähnen wir auch Beispiele aus der Astrophysik, die Verteilung von Galaxien im Weltraum. Wir können sie uns in einem Winkelbereich entsprechend ihrer Entfernung aufgetragen denken. Auch diese Menge hat fraktale Dimension, und ihre Dichte nimmt demzufolge mit der Entfernung ab, was erklären würde, warum wir dunkle Nächte haben. Wäre die Dichte der Galaxien überall gleich, so hätte das helle Nächte zur Folge.

6.5 Dynamische Systeme — Chaos und Ordnung

Gehen wir in der Folge noch etwas näher auf dynamische Systeme ein. Grob gesprochen sprechen wir von einem dynamischen System, wenn sein Zustand sich zur Zeit t_{n+1} als Funktion des Zustands zur Zeit t_n ergibt. Ist der funktionale Zusammenhang unabhängig von der Zeit, so kann $x_{n+1} = f(x_n) = f^n(x_1)$ geschrieben werden. Wir möchten nun Aussagen über das Verhalten der Folge machen. Ein einfaches Modell beschreibt zum Beispiel das Bevölkerungswachstum x_n mit der logistischen Abbildung $f_a(x) = a(x - x^2)$ zu $x_{n+1} = f(x_n)$. Der zweite Term berücksichtigt den Einfluß des Nahrungsmangels bei weiterem Bevölkerungswachstum. Die zwei Umkehrabbildungen stellen für $a > 2 + \sqrt{5}$ gerade das zugehörige IFS dar. Nun zeigt es sich, daß in Abhängigkeit von a und x, die erzeugte Folge ein ganz verschiedenes Verhalten aufweisen kann. Mit $a = 4$ und $x_1 = 0.5$ finden wir $x_2 = x_3 = \ldots = 0$. Beginnen wir jedoch mit $x_1 = 0.4$, so erhalten wir eine Folge, die gleichverteilt zwischen 0 und 1 erscheint. Unser Bild 6.12 zeigt das asymptotische

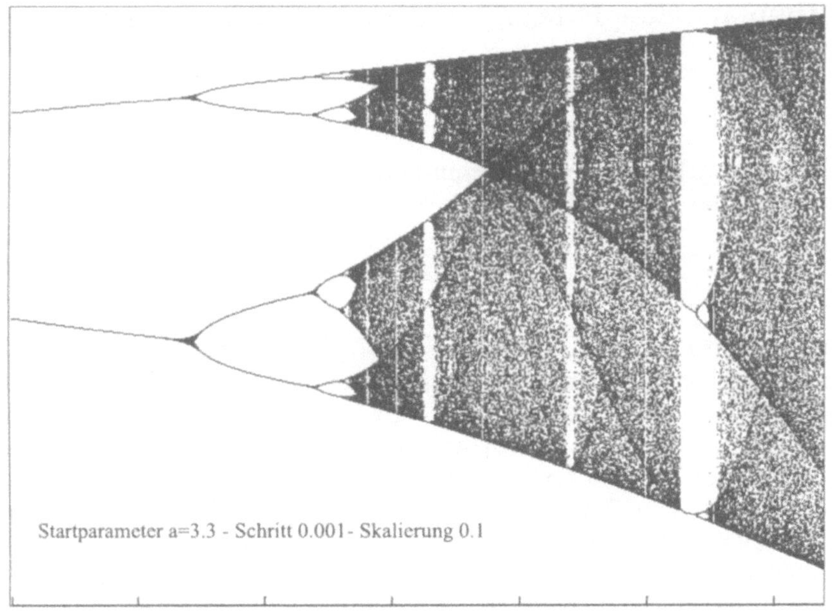

Bild 6.12: Verzweigungen der Logistischen Abbildung

Folgenverhalten für verschiedene Parameter a mit Startwert $x_1 = 0.213$. Untersuchen wir nun die iterierte Abbildung $f^n(x)$ auf Fixpunkte, so hat $f(x)$ für $a < 3$ einen stabilen Fixpunkt $x_0 = 1 - 1/a$ mit $|f'(x_0)| < 1$, der sich für $a = 3$ in zwei stabile Fixpunkte für $f^2(x)$ aufspaltet. $f^2(x)$ hat z.B. für $a = 3.3$ drei Fixpunkte, nämlich $0.4794, 0.6969$ und 0.8236, wobei die beiden äußeren anziehend sind. Je mehr sich der Parameter a vergrößert, das erste Mal bei $a = 1 + \sqrt{6}$, umso weiter spalten sich die stabilen Fixpunkte mit $(f^{2^k})'(x) = \pm 1$ unter Verlust der Stabilität auf, wobei die entstehenden neuen stabilen Fixpunkte gleiche Tangentensteigung haben, und immer Periodenverdoppelung stattfindet. In Instabilitätspunkten wählt das System zwischen verschiedenen Möglichkeiten. In welche Entwicklung es verzweigt, darüber entscheidet eine kleine, nicht berechenbare Schwankung. Die Abstände dieser Parameter a_k nehmen schnell ab, genauer gesagt bilden aufeinanderfolgende Differenzen $a_{k+1} - a_k$ eine geometrische Folge (q^{-k}), wobei $q \simeq 4.669201$ die Feigenbaumkonstante ist.

Das Langzeitverhalten wird ab einem Grenzwert $a_\infty \simeq 3.5699$ irregulär und chaotisch, der Attraktor F hat fraktale Dimension. Dieses Verhalten gilt nach geeigneter Normierung für allgemeine Rekursionsvorschriften $x_{n+1} = f(x_n)$ mit negativer Schwarzscher Ableitung in der Nähe der Verzweigungsstelle, d.h. einer S–Form des iterierten Funktionsgraphen [11].

Der von Feigenbaum beschriebene Weg über Periodenverdoppelungen ins Chaos konnte über viele Experimente wie z.B. periodisch erregte, nichtlineare elektronische Schwingkreise nachgewiesen werden. Im chaotischen Parameterbereich existieren dann wieder periodische Fenster. Bei der logistischen Abbildung ergeben sich derartige Fenster mit Zyklen $3, 4, 5, \ldots$ im Bereich $(a_\infty, 4)$. Beim kritischen Wert $a = 1 + \sqrt{8}$ tritt eine Sattelknotenverzweigung auf, die sich in einen instabilen und stabilen Dreierzyklus aufspaltet.

6.6 Mathematischer Hintergrund mehrdimensionaler Fraktale

Bezeichne

$$p(z) = z^n + a_{n-1} z^{n-1} + \ldots + a_0 \tag{6.1}$$

ein Polynom mit komplexen Koeffzienten und den Nullstellen $z_1, z_2, \ldots, z_n$.
1879 hat Cayley das Newton–Verfahren

$$x_{m+1} := N(x_m) = x_m - \frac{p(x_m)}{p'(x_m)} \tag{6.2}$$

zur Berechnung der Nullstellen von p benutzt und auch die Frage nach den Mengen $A(z_j)$ aufgeworfen, die gerade alle Startpunkte z_0 enthalten, die schließlich durch wiederholte Anwendung von N auf den Punkt z_j abgebildet werden. Besonders interessant ist dabei das Aussehen der Ränder von $A(z_j)$. Später untersuchten Julia und Fatou iterierte rationale Abbildungen R^m der abgeschlossenen komplexen Ebene $\overline{\mathbf{C}} = \mathbf{C} \cup \{\infty\}$ auf sich und führten die sogenannte Juliamenge ein: es handelt sich dabei um das Komplement der Fatoumenge, der Menge aller Punkte z, zu denen eine Umgebung $U(z)$ existiert, auf der die gleichmäßige Konvergenz einer Familie von iterierten Abbildungen R^m mit Hilfe eines Kompaktheitsarguments garantiert werden kann. Dabei stellt sich heraus, daß die Juliamenge J nicht leer und abgeschlossen ist. Genauer handelt es sich um den Abschluß aller Urbilder $R^{-m}(z_f)$ des Rückwärtsorbits von abstoßenden Fixpunkten z_f der Abbildung R. Es ergibt sich sogar $J = \delta A(z_j)$ für jede Nullstelle z_j des Polynoms, und diese Eigenschaft gilt allgemein für anziehende Fixpunkte. Zur Erläuterung sei gesagt, daß z_f k–periodischer Punkt heißt, wenn $R^k(z_f) = z_f$ für ein $k > 1$ gilt; im Fall $k = 1$ sprechen wir von einem Fixpunkt z_f. Alle Nullstellen z_j sind natürlich anziehende Fixpunkte der Newton–Abbildung N mit $|N'(z_j)| < 1$. Bei abstoßenden Fixpunkten führt jedoch die Abbildung R aus jeder noch so kleinen Umgebung des Fixpunktes wieder heraus, es sei denn, der Fixpunkt selbst wird getroffen. Es sei noch bemerkt, daß die Juliamengen keine inneren Punkte enthalten, es sei denn, sie stimmen mit der abgeschlossenen komplexen Ebene überein. In einem Artikel von Blanchard [31] sind die Juliamengen einfacher Polynome wie $p(z) = z^3 - 1$ ausführlich diskutiert, abgebildet und ihre Eigenschaften hergeleitet.

Weiten Raum hat in der Literatur [186] die folgende Abbildungsvorschrift eingenommen, die aus der logistischen Gleichung durch eine lineare Koordinatentransformation hervorgeht:

$$x_{n+1} = x_n^2 - y_n^2 - c_x, \quad y_{n+1} = 2x_ny_n - c_y, \quad x_1 = y_1 = 0,$$

$$\text{oder} \quad z_{n+1} = z_n^2 + c, \quad z = x + iy, \quad c = c_x + ic_y, \quad z_1 = 0. \tag{6.3}$$

Das zugehörige IFS ist $S_i(z) = \pm\sqrt{z - c}$. Diejenige Menge M der $c \in \mathbf{C}$, für die die erzeugte Folge beschränkt ist — die zugehörige Juliamenge ist zusammenhängend —, wird Mandelbrotmenge genannt, ihr Rand ist fraktal (vgl. Bild 6.13), und dieser ist wie die Juliamenge zusammenhängend:

$$M = \{c \in \mathbf{C} : J(f_c) \text{ ist zusammenhängend}\} = \{c \in \mathbf{C} : \neg(f_c^k(0) \to \infty, \ k \to \infty)\}. \tag{6.4}$$

Die Randstruktur ist vielfach untersucht worden und hat herrliche Bilder ergeben. Die Farbgebung richtet sich nach der Divergenzgeschwindigkeit der Folge $\{z_n\}$. Die Folge der Blasen strebt gegen den Myrebergpunkt 1.40115, der Quotient der Dicken gegen die Feigenbaumkonstante 4.669201.

Während die Juliamengen für kleine $|c| < 1/4$ einfach geschlossenen Kurven sind, nehmen sie in den Auswüchsen des Apfelmännchens komplizierte fraktale Strukturen an und sind außerhalb und insbesondere für $|c| > (5 + \sqrt{6})/4$ total unzusammenhängend.

Wir wollen nun das Problem angehen, alle Nullstellen des Polynoms p gleichzeitig zu bestimmen. Dazu wenden wir die Newtonsche Methode (6.2) auf ein System nichtlinearer Gleichungen simultan an:

$$0 = F_i := a_{n-i} - (-1)^i S_i(z_1, z_2, ..., z_n). \tag{6.5}$$

Dabei ist S_i das i–te elementarsymmetrische Polynom der Nullstellen des Ausgangspolynoms p:

$$S_i := \sum_{1 \leq j_1 < j_2 < ... < j_i \leq n} z_{j_1} \cdot z_{j_2} \cdot ... \cdot z_{j_i}$$

Nach einigen Zwischenrechnungen finden wir die folgende, dem eindimensionalen Newton–Verfahren ähnliche Iterationsvorschrift:

$$z_i^{m+1} := R_i(\mathbf{z}^{(m)}) = z_i^{(m)} - \frac{p(z_i^{(m)})}{P_i^{(m)}},$$

$$P_i^{(m)} := \prod_{j=1}^{i-1}(z_i^{(m)} - z_j^{(m)}) \cdot \prod_{j=i+1}^{n}(z_i^{(m)} - z_j^{(m)}) \tag{6.6}$$

$$i = 1, ..., n; \quad m = 0, 1, 2, ...,$$

oder in Vektorschreibweise

$$\mathbf{z}^{(m+1)} = \mathbf{R}(\mathbf{z}^{(m)}). \tag{6.7}$$

Die anziehenden Fixpunkte von $\mathbf{R} : \overline{\mathbf{C}}^n \to \overline{\mathbf{C}}^n$ sind genau die $n!$ Permutationsvektoren $(z_{s(1)}, ..., z_{s(n)})$ der Nullstellen unseres Polynoms p aus (6.1) und liegen in der Fatoumenge; die Rückwärtsorbits von Fixpunkten, zu denen die Jacobi–Matrix $(\partial R_i/\partial z_j)$ einen Eigenwert hat, der dem Betrag nach größer als Eins ist, gehören dagegen zur Juliamenge.

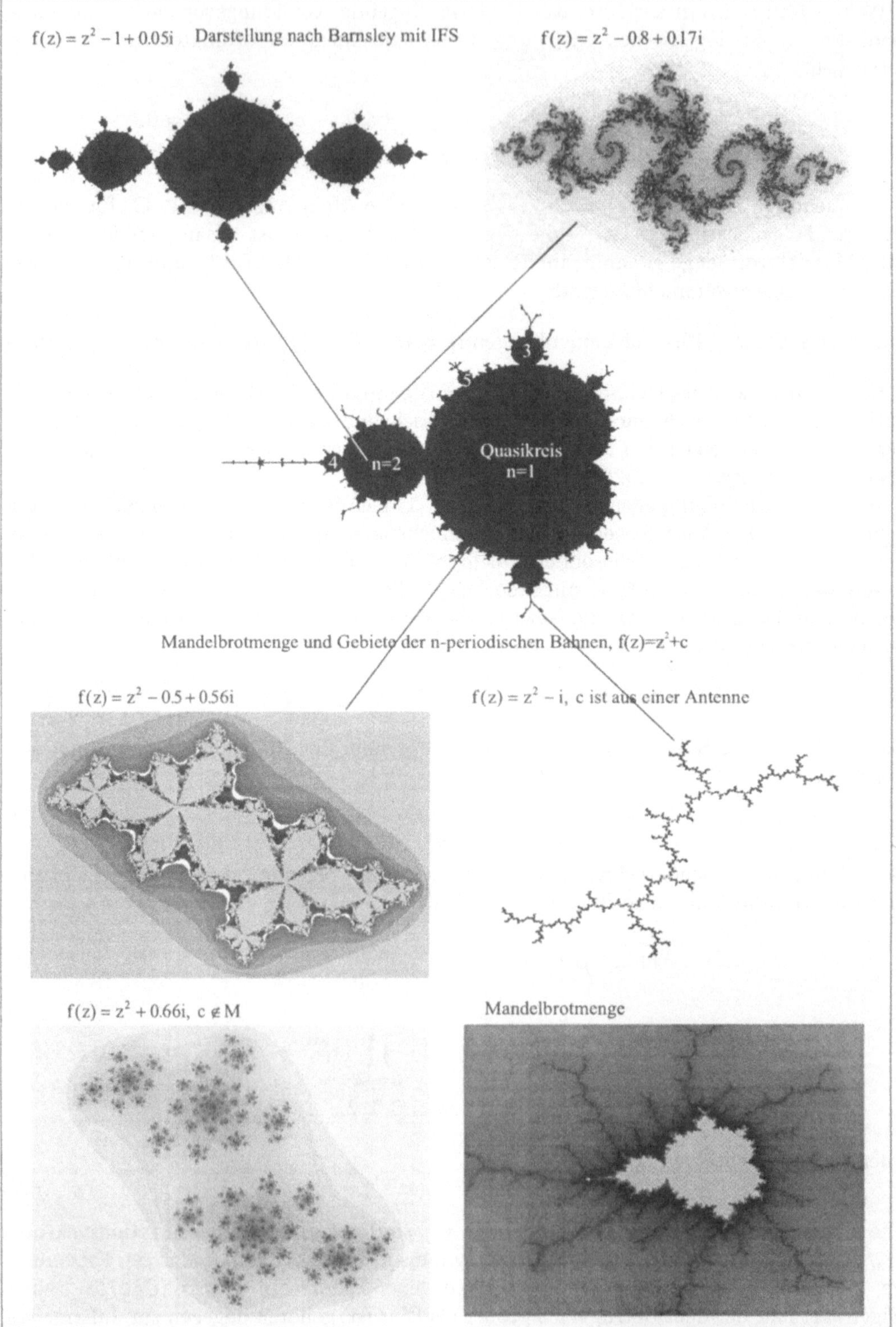

Bild 6.13: Mandelbrotmenge und Gebiete der n–periodischen Bahnen

Verfügen wir über $n!$ verschiedene Farben, so können wir eine umkehrbar eindeutige Zuordnung zwischen ihnen und den Permutationen S der Nullstellen des Polynoms p herstellen. Beginnen wir also mit einem Startwert $\mathbf{z}^{(0)} \in \mathbf{C}^n$, so werden sukzessiv neue Vektoren $\mathbf{z}^{(m)}$ mit Hilfe von (6.6) berechnet. Konvergiert dann die Folge $(\mathbf{z}^{(m)})$ gegen einen Permutationsvektor, so wird der Startpunkt $\mathbf{z}^{(0)}$ mit der entsprechenden Farbe eingefärbt. Erreichen wir nach einer gewissen, vorher definierten Anzahl von Schritten keine der Umgebungen der Nullstellen, so bleibt der Startpunkt schwarz. Da jeder Startvektor nunmehr über $2n$ reelle Koordinaten verfügt, handelt es sich um die Einfärbung eines $2n$–dimensionalen Raumes mit $n!$ Farben. Zugegebenermaßen ist dazu ein zweidimensionaler Bildschirm als Ausgabeterminal nur schlecht geeignet.

Zur Vereinfachung beschränken wir uns daher auf den dreidimensionalen Fall

$$p(x) = x^3 + a_2 x^2 + a_1 x + a_0 \tag{6.8}$$

mit den reellen Nullstellen x_1, x_2, x_3 und reellen Startpunkten. Mit Hilfe einer Transformation kann p in $x^3 - x + a$ überführt werden. Sehr nützlich ist das folgende Projektionslemma bei der weiteren Untersuchung:

Bezeichnet $\mathbf{x}^{(0)}$ einen Startvektor, so gilt für alle $m \geq 1$

$$x_1^{(m)} + x_2^{(m)} + \ldots + x_n^{(m)} = -a_{n-1}. \tag{6.9}$$

Daher liegen alle weiteren Iterationsvektoren unseres Polynoms nun in der Ebene $x_1 + x_2 + x_3 = 0$. Natürlich können wir nicht alle Punkte dieser Ebene als Startpunkte betrachten, sondern müssen uns auf ein endliches Gitter beschränken. Aber durch eine geschickte Wahl von Schnitten erhalten wir einen guten Eindruck der vielfältigen auftretenden Strukturen im dreidimensionalen Raum, die wesentlich reicher sind als die vormals untersuchten der komplexen Ebene. Die Definition der Juliamengen bleibt auch in unserem Falle gültig.

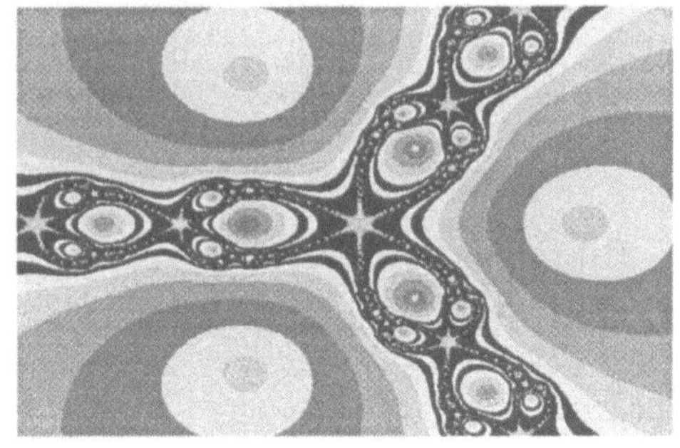

Bild 6.14: Juliamenge zu $f(z) = z^3 - 1$

J ist nicht leer, und die Menge der Urbilder von abstoßenden Fixpunkten spielt die gleiche wichtige Rolle wie bisher. Um diese Urbilder zu finden, müssen wir die Vektorabbildung $\mathbf{R}$ invertieren. Das ist für unser Polynom $p(x) = x^3 - x + a$ explizit möglich. Wir geben hier nur das Ergebnis im Falle $a = 0$ und für die Urbilder $(A, -A/2, -A/2)$ eines abstoßenden Fixpunktes an. Zyklische Vertauschungen der Variablen $x := x_1$, $y := x_2$, $z := x_3$ oder Übergänge $x \to -x$, $y \to -y$, $z \to -z$ sind natürlich jederzeit möglich.

$$\mathbf{R(x)} = \left(A, -\frac{A}{2}, -\frac{A}{2} \right)^T, \ \mathbf{x} = (x, y, z)^T \text{ mit } x = t \quad \text{und}$$

$$y, z \to \frac{f(t) \pm \sqrt{g(t)}}{h(t)} \quad \text{mit}$$

$$f(t) = (At - 1)\left(t - \frac{A}{2}\right), \quad h(t) = (A - t)\left(2t - \frac{A}{2}\right),$$

$$g(t) = \frac{A}{4}(A^2 - 4)\left(t - \frac{1}{A}\right)\left(t - \frac{A}{A+2}\right)\left(t + \frac{A}{A-2}\right).$$

Für $A < 0$ spiegeln wir die Graphen an der Geraden $z = -y$. Wir finden ähnliche Kurven von elliptischem oder hyperbolischem Charakter in Bildern auf der Buch–CD, die sehr gut die komplizierten Strukturen zur Geltung bringen.

Bild 6.15: Ausschnitt Einzugsbereich der Nullstellen von $x^3 - x$ über Halbkugel

Sei noch der Kern des Algorithmus zur Berechnung des Farbwertes angeführt. Für alle Punkte (x, y, z) einer vorgegebenen Gitterpunktmenge wird die folgende Schleife durchlaufen:

```
for n := 0 to tiefe do begin
  a := x - y; { x, y, z, a : extended }
  x := x * (1.0 - (x * x - 1.0) / (a * (x - z)));
    {x := x - (x^3 - x) / [(x - y)(x - z)] }
  y := y * (1.0 - (y * y - 1.0) / (a * (z - y)));
    {y := y - (y^3 - y) / [(y - z)(y - x)] }
  z := -x - y; { x+y+z=0 }
end;
```

Nun folgt die Abfrage nach der Nullstelle, in deren Nähe (x, y, z) liegt. Entsprechend wird der Startpunkt eingefärbt. Ist keine Entscheidung möglich, so kann der Punkt schwarz gelassen werden.

Die hier vorgestellten Bilder resultieren aus dem vorgelegten Problem für das Polynom $p(x) = x^3 - x$. Das Bild 6.15 zeigt die Einfärbung einer Halbkugel mit Radius 203. Der hohe Symmetriegrad beruht auf der Tatsache, daß die Nullstellen des Polynoms $p(x) = x^3 - x$ unter der Transformation $x \rightarrow -x$ invariant sind. Weiter entsprechen den Permutationen der Variablen im Ausdruck (x, y, z) Reflexionen und Rotationen um $120°$.

Die zugehörigen Symmetrien sind deutlich zu erkennen. Bild 6.16 schließlich stellt einen Ausschnitt ($[0.4, 1.2] \times [-0.2, 1.1]$) der Ebene $z = 1.5$ vor.

Bild 6.16: Ausschnitt Einzugsbereich der Nullstellen von $x^3 - x$ aus Ebene

6.7 Ausblick

Versuchen wir eine Synthese der vorgestellten Beispiele: Grob können wir zwischen regulär irregulären, durch ein IFS erzeugte Strukturen mit Selbstähnlichkeiten und zwischen stochastischen, d.h. irregulär irregulären Fraktalen unterscheiden. Gerade bei Durchdringungsvorgängen oder Austauschprozessen an Grenzflächen haben sich fraktale Strukturen in der Natur herausgebildet. Eine fraktale Küste kann den Wellen besser Widerstand leisten, ein fraktales Gefäßsystem führt einen Sauerstoff–CO_2–Austausch und einen Druckausgleich herbei, das große Barrier–Korallenriff trennt das bewegte Meer von der flachen und stillen Lagune, der Saturnmond Hyperion und vielleicht auch der Planet Pluto bewegen sich auf einer chaotischen Bahn. Faszinierend sind die chaotischen Bahnen der Asteroiden und die fraktalen Ringe des Saturn. An allen diesen Beispielen wird deutlich, daß fraktale Geometrie gleichberechtigt neben die klassische getreten ist. Sie hat uns einen Schlüssel zum besseren Modellieren von Vorgängen in der Natur zur Verfügung gestellt. Dabei spielen Computersimulation und Computergraphik eine Schlüsselrolle. Hüten sollten wir uns allerdings vor der Gleichsetzung von Naturerscheinungen mit Fraktalen, die nur die Frucht mathematischer Abstraktion sind.

6.8 Programmanhang

Zur Erzeugung von Graphiken mit Hilfe von Lindenmayer–Systemen [198] ist von Hilmar Buchta im Rahmen einer Seminararbeit ein Programmsystem entwickelt worden.

Zunächst wird eine Turtle–Grafik in drei Dimensionen erklärt: Dazu führen wir ein orthogonales Dreibein im $\mathbb{R}^3$ ein und definieren bezüglich jeder Achse die drei Drehmatrizen, wie es in Kapitel 10 geschieht. Allerdings sind hier die Achsen mit $\mathbf{H}, \mathbf{L}$ und $\mathbf{U}$ benannt, $\mathbf{H}$ entspricht der Kopfrichtung, $\mathbf{L}$ der Richtung nach links und $\mathbf{U}$ der Richtung nach oben. Weiter gilt die Vektorgleichung $\mathbf{H} \times \mathbf{L} = \mathbf{U}$. Nunmehr werden Rotationen der Schildkröte mittels der Gleichung $(\mathbf{H'}, \mathbf{L'}, \mathbf{U'}) = (\mathbf{H}, \mathbf{L}, \mathbf{U})\mathbf{R}$ berechnet, wobei $\mathbf{R}$ die zu den Achsen gehörigen Rotationsmatrizen sind.

Die Bewegung der Schildkröte wird durch ein 3D–L–System beschrieben, das folgende Symbole benutzt:

F	Bewegung nach vorne (in Blickrichtung der Schildkröte). Hierbei wird eine Linie gezeichnet.
f	Wie F, nur ohne Linie.
+	Nach links bezüglich $\mathbf{U}$ um den Winkel `delta` drehen.
–	Nach rechts bezüglich $\mathbf{U}$ um den Winkel `delta` drehen.
&	Nach unten bezüglich $\mathbf{L}$ um den Winkel `delta` drehen.
^	Nach oben bezüglich $\mathbf{L}$ um den Winkel `delta` drehen.
\	Nach links bezüglich $\mathbf{H}$ um den Winkel `delta` drehen.
/	Nach rechts bezüglich $\mathbf{H}$ um den Winkel `delta` drehen.
|	Umkehren – 180° Drehung bezüglich $\mathbf{U}$.
[	Aktuelle Position auf Stapel speichern.
]	Position vom Stapel lesen.
!	Strichstärke verringern.
'	Farbwert um Eins erhöhen.
0-9	Farbwert.
{ }	Das Polygon, das durch den innerhalb der Klammern angegebenen String definiert ist, füllen.

Zum Zeichnen eines L–Systemes können die folgenden, das System bestimmenden, Parameter benutzt werden:

1) `seed := '...'` — Startregel.
2) `addrule('...')` — Transformationsregeln festlegen.
   Die Transformationsregeln haben die Form „Symbol : Transformierte", also zum Beispiel `'F : FSF'`, wenn „F → FSF" eine Regel der Grammatik ist.
3) `delta := Winkel` — angegeben im Gradmaß.
4) `color := Farbwert` — Startfarbe, sollte 1 sein, falls '-Befehle verwendet werden.
5) `n := Tiefe` — gibt an, wie oft die Regeln angewendet werden.
6) `palette := 0` — für Standardpalette,
   `palette := 1` — für Pflanzenpalette,
   `palette := 2` — alternative Grünpalette.
7) `linegap` — Breite einer umrandenden schwarzen Linie.

Beispiele (vgl. [198]):
Hilbert–Kurve:

```
n := 2; delta := 90;
color := 7; bordercolor := 15;
seed := '&-xs-xs-xs-xs';
addrule('x : xs+xs-xs-xsxs+xs+xs-x');
addrule('s : {f^f^f^f^f}');
```

3D Hilbert–Kurve, vgl. Bild 6.3:

```
delta := 90; palette := 0;
color := 15; n := 3; linegap := 1;
thickness := 14; seed := 'A';
addrule('A : B-F+CFC+F-D&F^D-F+&&CFC+F+B//');
addrule('B : A&F^CFB^F^D^^-F-D^|F^B|FC^F^A//');
addrule('C : |D^|F^B-F+C^F^A&&FA&F^C+F+B^F^D//');
addrule('D : |CFB-F+B|FA&F^A&&FB-F+B|FC//');
```

Ein Busch mit bunten Blättern:

```
delta := 22.5; palette := 1;
n := 6; linegap := 0;
seed := 'A';
addrule('A : [&FL!A]//////'[&FL!A]////////'[&FL!A]');
addrule('F : S/////F');
addrule('S : FL');
addrule('L : ['''^^{-f+f+f-|-f+f+f}]');
```

Blütenpflanze, vgl. Bild 6.8:

```
palette := 2; delta := 18;
n := 5; linegap := 1; thickness := 6;
seed := 'p';
addrule('p : i+[p+w]--//[--l]i[++l]-[pw]++pw');
addrule('i : Fs![//&&l][//^^l]Fs');
addrule('s : sFs');
addrule('l : ['{+f-f f-f+|+f-f f-f}]');
addrule('w : [&&&d'/g////g////g////g////g]');
addrule('d : FF');
addrule('g : ['^4F][{3&&&&-f+f|-f+f}]');
```

Zwei Büsche:

```
delta := 20; n := 5; linegap := 0;
palette := 2; thickness := 2;
seed := 'F';
addrule('F : F[+F]F[-F][!F]');
```

vgl. Bild 6.8:

```
delta := 10; n := 2; linegap := 1;
palette := 2; thickness := 5;
seed := 'G';
addrule('G : FFFF[++FFF[++FFF[\\FFF[++F][^\!G]]--F]-FFF[&-F]++FFF'
       + '[-!/G][++!/G]]---FFFF[--F]++FF[--F]FF[-!G]FF[!G]--FF'
       + '[--FF[--!\G][++!/G]]++FF[--F]++F[-!/G]++F[--!/G][++!\G]');
```

6.9 Aufgaben

Aufgabe 6.1

Die in Bild 6.17 angegebenen Kurven H_1, H_2 und H_3 heißen Hilbert–Kurven erster,
zweiter bzw. dritter Ordnung. In der Abbildung ist zu erkennen, daß jede Kurve H_{i+1}
aus vier Kurven H_i besteht, die rotiert, in Ihren Kantenlängen jeweils halbiert und durch
drei Linien verbunden werden.

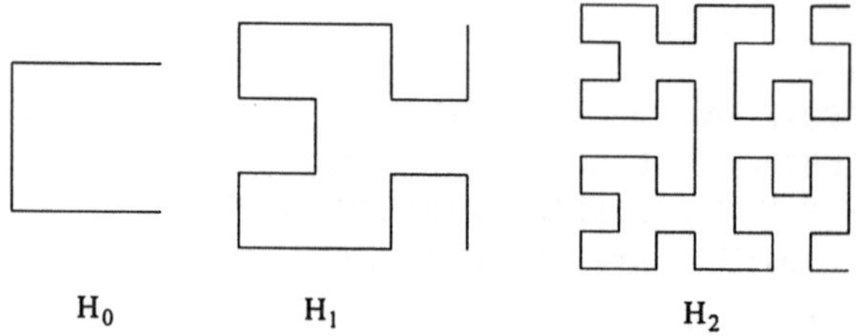

Bild 6.17: Hilbertkurven H_1, H_2 und H_3

a) Aus wievielen Linien gleicher Länge besteht die Kurve H_i?

b) Welche Gesamtlänge $l(H_i)$ hat die Kurve H_i unter Berücksichtigung der Halbierung
   der Kantenlängen in jedem Schritt? O.B.d.A. sei $l(H_1) := 3$.

c) Schreiben Sie ein Programm zur Erzeugung der Hilbert–Kurven.

d) Wie kann die Kurve mit einem Knotenersetzungsverfahren beschrieben werden?

Aufgabe 6.2

a) Sei $f : \mathbb{R} \longrightarrow \mathbb{R}$ und gebe es in jedem Intervall $(\tau - \delta, \tau + \delta)$, $\delta > 0$, drei äquidistante
   Punkte $t_0 - h, t_0, t_0 + h, h > 0$, mit $t_0 - h \leq \tau \leq t_0 + h$ und

$$\left| f(t_0) - \frac{f(t_0 + h) + f(t_0 - h)}{2} \right| \geq \lambda h$$

   für ein festes $\lambda > 0$, dann ist $f(t)$ in τ nicht differenzierbar.

b) Gegeben sei die *Takagi*-Funktion

$$T(t) := \sum_{n=0}^{\infty} \frac{g(2^n t)}{2^n}, \quad g(t) := \operatorname{dist}(t, [t]),$$

   wobei $[t]$ die nächste ganze Zahl zu t bedeutet. Zeigen Sie, daß $T(t)$ stetig und nirgends
   differenzierbar ist.
   Anleitung:
   Zeigen Sie die gleichmäßige Konvergenz der Reihe und benutzen Sie a) mit

$$t_0 = \frac{2r + 1}{2^k}, \quad h = \frac{1}{2^{k+1}}.$$

Aufgabe 6.3

Berechnen Sie die Hausdorff– und Box–Dimension der Menge

$$F = \left\{ 0, 1, \frac{1}{4}, \frac{1}{9}, \frac{1}{16}, \ldots \right\}.$$

Aufgabe 6.4

Finden Sie eine invariante Menge $F \in \mathbb{R}$ für die zeltähnliche Abbildung $f : \mathbb{R} \longrightarrow \mathbb{R}$,

$$f(x) := \frac{3}{2}\left(1 - \mid 2x - 1 \mid\right).$$

Zeigen Sie, daß F abstoßend ist und sich f chaotisch auf F verhält.

Aufgabe 6.5

Gegeben sei das Fraktal aus Bild 6.18:

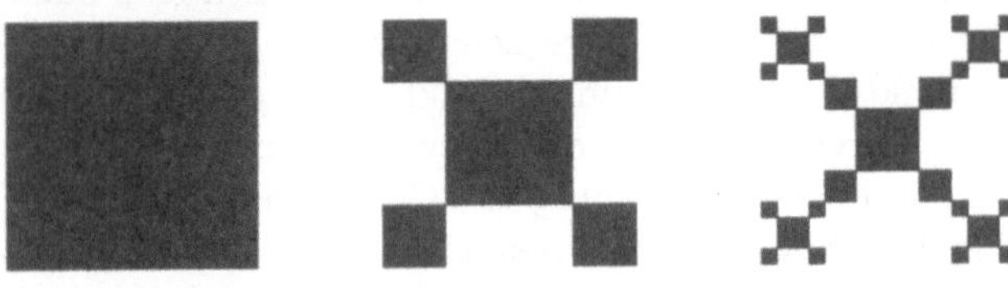

Bild 6.18:

a) Bestimmen Sie das zugehörige *IFS*.

b) Zeigen Sie, daß die Hausdorff– und Boxdimension durch die folgende Gleichung bestimmt sind: $4 \cdot 4^{-s} + 2^{-s} = 1$.

c) Diskutieren Sie die Gleichung und berechnen Sie mit einem numerischen Verfahren eine auf drei Dezimalstellen genaue Lösung.

Aufgabe 6.6

Bestimme experimentell die Box-Dimension der folgenden in Näherungen gegebenen Fraktale:

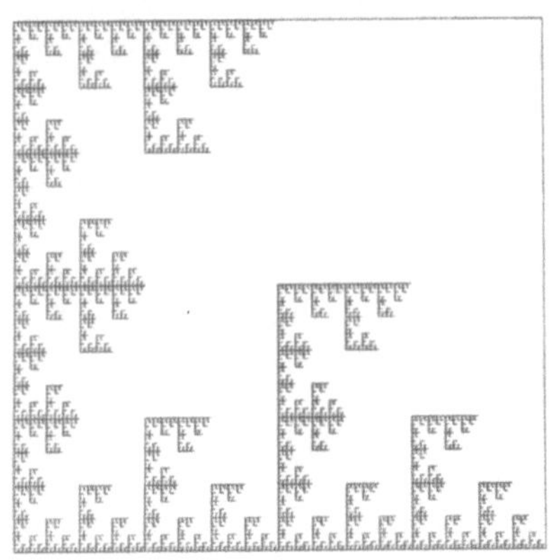
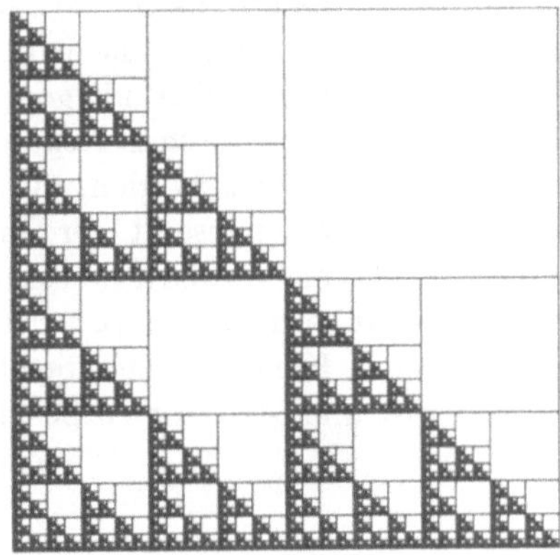

Aufgabe 6.7

Gegeben sei die logistische Abbildung $f_\lambda(x) = \lambda x(1 - x)$. Untersuchen Sie mit Hilfe des Computers die Bahn $f^k(x_0)$ eines Punktes x_0 für die Bereiche

- $3.36 \leq \lambda \leq 4.0$,
- $3.52 \leq \lambda \leq 3.58$,
- $3.82 \leq \lambda \leq 3.88$.

Stellen Sie Bildschirmkopien (*screen shots*) der Bahnen her.

7 Konturerzeugung und Bildverbesserung

In diesem Kapitel wollen wir uns mit Grauwertbildern beschäftigen, die durch eine Funktion $B : [a, b] \times [c, d] \to [0, g_{max}]$ beschrieben werden können. Zerlegen wir ein RGB–Farbbild in seine drei Farbanteile, so gelten unsere Betrachtungen auch für diese Bilder. Wichtige Aufgaben bestehen in der Konturerzeugung, d.h. in der Darstellung der Begrenzungslinien von Bildobjekten, der Merkmalextraktion, in der Bearbeitung der Funktion B zur Bildverbesserung durch Erhöhung oder Verminderung von Kontrasten, in der Filterung von Bildfehlern und der Entwicklung von Codierungsverfahren. Dabei spielt auch die Verminderung und Erhöhung der Farbtiefe eine Rolle. Die vorgestellten Operationen betreffen den Orts– wie den Frequenzbereich der Grauwertfunktion und finden besonders im Bereich der Medizintechnik Anwendung [1, 8, 112, 113, 128, 138, 252].

7.1 Konturbilder

Unter der Erzeugung von Konturbildern verstehen wir die Unterscheidung zwischen Objekten und Hintergrund und die Darstellung der Begrenzungslinien. Objekte können sich vom Hintergrund durch verschiedene Merkmale abheben. Eines der wichtigsten Charakteristika ist der Grauwert von Flächen (im Gegensatz z.B. zu Oberflächenstrukturen, die sich in Rasterbildern als Muster darstellen). Dabei ist der Grauwert eine ganze Zahl aus einem Intervall $[0, g_{max}]$, die jedem Bildpunkt zugeordnet wird. Andere Merkmale von Bildbereichen lassen sich mit geeigneten Verfahren in Grauwertbilder überführen. Auch Farbbilder können durch Zerlegung in Rot–, Grün– und Blauanteil des Bildes als Grauwertbilder behandelt werden, die einzeln bearbeitet und anschließend wieder zu einem Farbbild zusammengesetzt werden.

Die Erkennung von Grauwertkanten eines Rasterbildes ist nur möglich, wenn das vorliegende Bild gewissen Ansprüchen im Kontrast und in der Struktur genügt. Um die Ergebnisse einer Konturerzeugung zu verbessern, ist es daher oft sinnvoll, das Bild zunächst in Kontrast und Struktur zu bearbeiten.

7.2 Erzeugung von Konturbildern

7.2.1 Konturerzeugung durch Differenzenbildung

Ein Ansatz zur Erkennung von Kanten ist die Anwendung von Masken, wie sie auch in anderen Bereichen der Verarbeitung von Rasterbildern benutzt werden. Über einem Bildpunkt wird eine meist quadratische Matrix M ungerader Kantenlänge $2n+1$ zentriert und die Grauwerte mit den sie überdeckenden Matrixelementen multipliziert.

Die Summe der Produkte ergibt dann den Wert von M angewendet auf den Grauwert von (x, y),

$$B'(x,y) = \sum_{i,j=-n}^{n} M_{i+n+1,j+n+1} B(x+i, y+i).$$

Im Fall der Kontursuche spiegeln die Masken $\mathbf{M}$ die Struktur der gesuchten Objekte wider, in diesem Fall Linien. Die Anwendung von $\mathbf{M}$ auf einen Punkt (x,y) soll dann große bzw. kleine Werte ergeben, wenn der Punkt (x,y) auf einer Kante liegt. Diese Überlegung führt zu folgenden *Sobel–Masken*:

$$\mathbf{G}_y = \begin{pmatrix} -1 & -2 & -1 \\ 0 & 0 & 0 \\ 1 & 2 & 1 \end{pmatrix}, \quad \mathbf{G}_x = \begin{pmatrix} -1 & 0 & 1 \\ -2 & 0 & 2 \\ -1 & 0 & 1 \end{pmatrix},$$

$$\mathbf{D}_1 = \begin{pmatrix} -2 & -1 & 0 \\ -1 & 0 & 1 \\ 0 & 1 & 2 \end{pmatrix}, \quad \mathbf{D}_2 = \begin{pmatrix} 0 & -1 & -2 \\ 1 & 0 & -1 \\ 2 & 1 & 0 \end{pmatrix}.$$

(Kanten in x– und y–Richtung sowie in Richtung der Diagonalen $x = \pm y$)

Die unterschiedlichen Masken betreffen die verschiedenen Richtungen der Achtnachbarn–Topologie. So entspricht die Struktur der Masken der Struktur der gesuchten Grauwertverteilung. Unterscheiden sich die Grauwerte auf beiden „Seiten" der angewandten Maske, so ergibt sich ein von Null verschiedener Wert. Das Vorzeichen gibt dabei darüber Auskunft, welche Seite mehr helle und welche mehr dunkle Punkt enthält.

Die Matrixelemente gewichten dabei eventuelle Helligkeitsunterschiede. Die Zeilenzahl der Matrix gibt an, welcher Bereich um einen Punkt noch seine Klassifizierung als Kantenpunkt beeinflußt. Die Beispiele können leicht auf quadratische Matrizen mit $2n+1$ Zeilen übertragen werden.

Einen weiteren Zugang zu obigen Matrizen erhalten wir durch Differentiation. Hierbei wird das Rasterbild als die Auswertung einer differenzierbaren Funktion $B : \mathbb{R}^2 \to \mathbb{R}$ interpre-

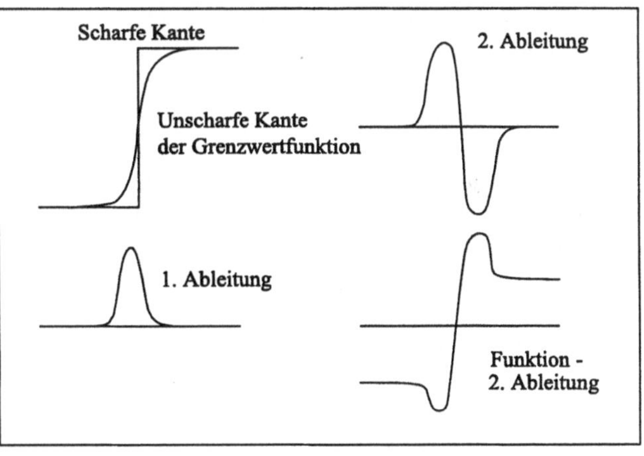

Bild 7.1: Kantenfunktionen und ihre Ableitungen

tiert. Sprünge von B, d.h. ein großer Betrag des Gradienten $(B_x, B_y)^T$ in einem Punkt (x,y), signalisieren Kantenpunkte. Da durch ein Rasterbild nur ein diskreter Wertebereich der Funktion B definiert ist, muß der Gradient angenähert über Differenzenbildung berechnet werden. Eine Näherung für die partiellen Ableitungen B_x und B_y ist:

$$\frac{\Delta B}{\Delta x} = 0.5(B(x+1,y) - B(x-1,y)); \quad \frac{\Delta B}{\Delta y} = 0.5(B(x,y+1) - B(x,y-1)).$$

Beziehen wir eine größere Umgebung von (x,y) in die Berechnung ein und gewichten die Ergebnisse, so gelangen wir zu der Gleichung:

$$\frac{\Delta B}{\Delta y} = \frac{1}{8}((B(x-1,y+1) - B(x-1,y-1)) + 2(B(x,y+1) - B(x,y-1))$$

$$+(B(x+1,y+1) - B(x+1,y-1))).$$

Dies stimmt gerade mit der Anwendung von $\mathbf{G}_y$ im Punkt (x, y) überein. Die Masken $\mathbf{G}_x$ und $\mathbf{G}_y$ entsprechen somit bis auf einen konstanten Faktor $c = 1/8$ den partiellen Ableitungen von B nach x und y.

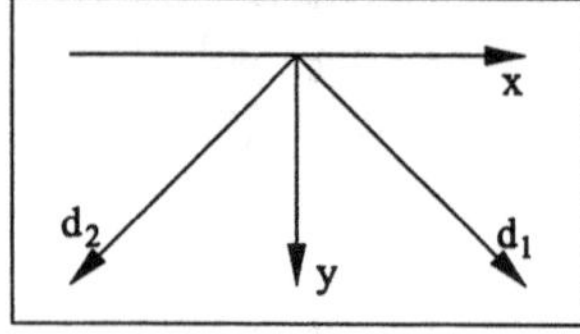

Der Betrag des Gradienten kann nun zur Erzeugung eines Konturbildes herangezogen werden. Die beiden anderen Masken $\mathbf{D}_1$ und $\mathbf{D}_2$ ergeben die Richtungsableitungen von B entlang der beiden Diagonalen. In ähnlicher Weise erhalten wir den diskreten Laplace–Operator L:

$$\frac{\partial^2 B}{\partial x^2} + \frac{\partial^2 B}{\partial y^2} \simeq ((B(x+1, y) - B(x, y)) - (B(x, y) - B(x-1, y)))$$

$$+ ((B(x, y+1) - B(x, y)) - (B(x, y) - B(x, y-1)))$$

$$= B(x+1, y) + B(x-1, y) + B(x, y+1) + B(x, y-1) - 4B(x, y).$$

Daraus ergibt sich die Maske

$$Id - L = \begin{pmatrix} 0 & -1 & 0 \\ -1 & 5 & -1 \\ 0 & -1 & 0 \end{pmatrix},$$

die zur Verstärkung von Kanten herangezogen werden kann (vgl. Bild 7.1).

Das Differenzenbild ist meist nur ein Zwischenschritt in der Konturerzeugung. Es liefert Ansatzpunkte für eine weitergehende Verarbeitung. Eine Nachbesserung des Differenzenbildes ist oft nötig, da die erzeugten Linien meist unterbrochen sind oder eine Punkteschar ohne erkennbare Struktur erzeugt wird. Lücken innerhalb von Linien lassen sich durch Kantenverfolgung beheben. Das Differenzenbild kann dazu herangezogen werden, Anfangspunkte der Kantenverfolgung zu ermitteln. Ist ein Punkt einer Kante gefunden, so erhebt sich die Frage nach dem Folgepunkt. Hierzu kann ein Suchstrahlverfahren verwendet werden. Es wird eine Suchrichtung festgelegt, die sich aus den schon berechneten Punkten oder — im Falle des ersten Punktes — senkrecht zum Gradienten $(B_x, B_y)^T$ von B im Punkt (x, y) ergibt. Der Gradient hat die beiden folgenden Eigenschaften:

- Er zeigt in die Richtung der größten Zuwachsrate von B.
- Sein Betrag ist gleich dieser größten Zuwachsrate.

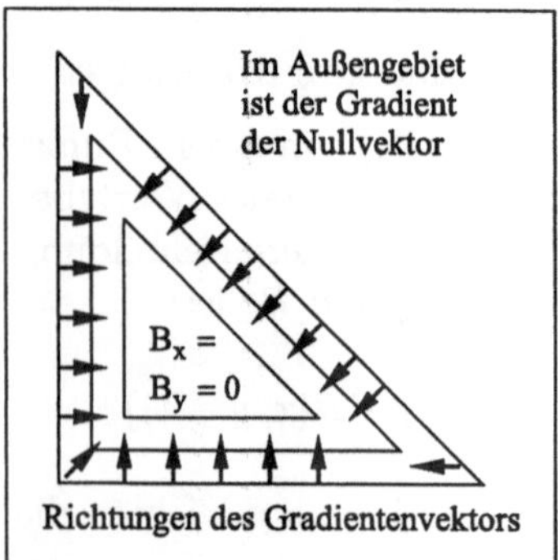

So kann die Kontur von Punkt zu Punkt verfolgt werden, und es ergibt sich gleichzeitig der Kettencode der Kurve. Wird jedoch einmal ein Nachfolgerpunkt falsch gewählt, kann bei geschlossener Kontur der ganze Prozeß fehllaufen, was insbesondere bei Konturecken eines hellen Dreiecks auf dunklem Grund zu erwarten ist. Wurden schon mehrere Punkte berechnet, so kann auch versucht werden, den weiteren Verlauf der Kante durch Extrapolationsverfahren zu bestimmen. Nach Festlegung einer Hauptsuchrichtung werden in einem bestimmten Winkelbereich Suchstrahlen vom letzten gefundenen Punkt ausgeschickt. Entlang der Suchstrahlen ist dann der mittlere Grauwert zu berechnen. Es wird demjenigen Strahl gefolgt, dessen mittlerer Grauwert den Verhältnissen am besten angepaßt ist. Bei einer dunklen Linie auf hellem Hintergrund wählen wir den Suchstrahl, dessen mittlerer Grauwert am kleinsten ist (wenn die Helligkeit mit dem Grauwert zunimmt). Nachteile dieses Verfahrens sind, daß einerseits Lücken in einer Linie nicht immer korrekt überbrückt und andererseits Abzweigungen in der Kante nicht oder nur schwer erkannt werden und so die Gefahr besteht, die Kantenverfolgung in der falschen Richtung fortzusetzen. Dieses Problem kann durch die Kreisbogenverfolgung behoben werden. In der Hauptsuchrichtung schlagen wir zwischen zwei Punkten einen Kreisbogen und bestimmen das Grauwertprofil entlang dieses Kreisbogens. Täler oder Hügel in diesem Grauwertprofil geben die Richtung der Kantenverfolgung an und zeigen gleichzeitig, ob eventuell eine Abzweigung oder eine Parallele vorhanden ist. Um zwischen diesen beiden Fällen zu unterscheiden, ist es nötig, das Verfahren mit unterschiedlichen Radien anzuwenden. Dies hilft auch bei der Erkennung von Unterbrechungen einer Linie. Wir erhalten mehrere Grauwertprofile, deren Struktur die Umgebung des aktuellen Punktes widerspiegelt.

7.2.2 Graphentheoretische Methoden

Ein Graph $G = (E, K)$ besteht aus einer endlichen Menge von Ecken E und einer Menge von Kanten K über der Menge $E \times E$. Sind die Paare (e_i, e_j) geordnet, so ist G ein gerichteter Graph.

Zu einem Rasterbild B läßt sich auf folgende Weise ein Graph $G = (E, K)$ konstruieren: Die Punkte des Rasterbildes bilden die Eckenmenge E. Ein Punktepaar (e_i, e_j) ist Element der Paarmenge K des Graphen, wenn die Punkte e_i und e_j direkte Nachbarn im Sinne der Vier– oder Achtnachbarn–Topologie sind.

Wir wollen jeder Ecke $e \in E$ mit der Abbildung $grad$ den Betrag des Gradienten und einer Folge $e_1, ..., e_n$ von n Punkten mit $(e_{i-1}, e_i) \in K$ für $i = 2, ..., n$ mit der Abbildung $Mgrad$ den Mittelwert der Gradientenbeträge von e_1 bis e_n zuordnen. Eine derartige Punktfolge definiert im Graphen G einen Pfad, dem durch die Abbildung $Mgrad$ eine reelle Zahl zugewiesen wird. Konturlinien werden auf größere Zahlen als andere Kurven abgebildet. Gesucht ist nun ein Algorithmus, der möglichst lange Pfade mit möglichst großem mittleren Gradientenbetrag ermittelt. Sind alle Pfade der Länge n zur Konkurrenz zugelassen, so wächst der Rechenaufwand exponentiell mit der Länge des Pfades an, da es zu jedem Bildpunkt i.allg. drei oder sieben angrenzende, nicht zum Pfad gehörige direkte Nachbarn gibt.

Der Aufwand muß daher durch sinnvolle Annahmen über die Pfadlänge beschränkt werden. Unter der Annahme, daß die Kenntnis einer genügend großen Umgebung zur lokalen Berechnung des Konturverlaufes ausreicht, ist diese Vorgehensweise auch einsichtig. Eine weitere Beschleunigung läßt sich dadurch erreichen, daß nur solche Nachbarn weiter betrachtet werden, die einen genügend großen Gradientenbetrag aufweisen. Die für diesen Algorithmus benötigten Startpunkte können wir entweder durch Differentiation oder durch die Hough–Transformation bestimmen.

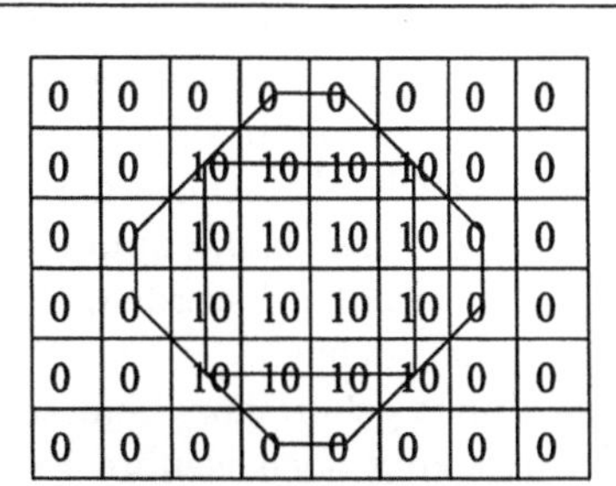

Pfade mit maximalen mittleren Gradientenbetragssummen

7.2.3 Die Hough–Transformation

Während wir durch die bisher beschriebenen Verfahren als Konturbild aus einem Rasterbild wieder ein Rasterbild erhalten, ermöglicht die Hough–Transformation eine analytische Beschreibung des Konturbildes. Hierbei wird versucht, Kantenpunkte zu finden, die annähernd auf einer Geraden liegen. Kandidaten hierfür lassen sich z.B. aus dem Differenzenbild gewinnen.

Die Idee der Hough–Transformation ist die folgende: Unter Verwendung der Hesseschen Normalform einer Geraden in der Ebene lassen sich alle Geraden durch einen festen, vorgegebenen Punkt $\mathbf{A} := (x, y)$ und damit das Geradenbüschel in $\mathbf{A}$ durch die Gleichung $R_A = x \cos \Phi + y \sin \Phi$ beschreiben. Zu allen gegebenen Kantenpunkten wird nun die durch diese Gleichung definierte Funktion $R_A(\Phi)$ in die ΦR-Ebene eingetragen. Hierbei können wir uns für Φ auf ein Intervall der Länge π beschränken. Die Lösung der Gleichung $R_A(\Phi) = R_B(\Phi)$ für zwei verschiedene Punkte $\mathbf{A}$ und $\mathbf{B}$ liefert zu der durch die Punkte $\mathbf{A}$ und $\mathbf{B}$ verlaufenden Gerade den Winkel ϕ der Normalen und den Abstand r der Geraden vom Nullpunkt (vgl. Bild 7.2).

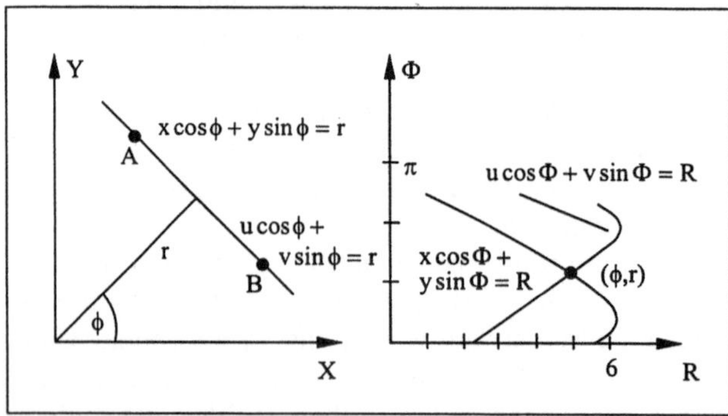

Bild 7.2: Hough–Transformation

Ist nun ein Punkt (ϕ, r) Schnittpunkt mehrerer zu verschiedenen Punkten (x_1, y_1) gehörender Kurven, so entspricht die Anzahl der sich schneidenden Kurven der Anzahl der Punkte, die auf der zu (ϕ, r) gehörenden Geraden liegen. Zur Programmierung dieses Verfahrens wird die ΦR-Ebene diskretisiert. Führen wir für R Schranken ein, so entsteht eine endliche Matrix.

Diese Matrix wird zunächst mit Nullen besetzt. Hierauf wird für jeden Kantenpunkt die das Geradenbüschel durch diesen Punkt beschreibende Sinuskurve derart in die Matrix eingetragen, daß alle Matrixelemente, die auf der Kurve liegen, sich um eins erhöhen. Nachdem dies für alle Kantenpunkte ausgeführt ist, enthält jedes Matrixelement die Anzahl der Punkte, die auf der durch dieses Matrixelement beschriebenen Geraden liegen. Mit einem Schwellwert können nun Geraden als signifikant gekennzeichnet und in das Konturbild eingetragen werden. Welche Teilstücke der so errechneten Geraden darzustellen sind, muß anhand der vorgegebenen Kantenpunkte und verschiedenen Parametern, wie Punktdichte und Bildmotiv, ermittelt werden. So ist es sinnvoll, ein Geradenstück nicht über zu große Lücken auszudehnen.

Ein Punkt gehört nur dann zu einem Geradenstück, wenn es in einer geeignet gewählten Umgebung noch weitere Kantenpunkte gibt, die auch auf der Geraden liegen. Die Größe dieser Umgebung gibt an, wie groß eine Lücke in einer Strecke maximal sein darf, damit sie noch überbrückt wird. Haben wir auf diese Weise den Anfangs- und Endpunkt eines Geradenstücks bestimmt, kann auch die Länge des Geradenstücks in den Entscheidungsprozeß einbezogen werden. So ist es sinnvoll, Geradenstücke erst ab einer gewissen Länge als relevant anzusehen. Dies reduziert die berechneten Geraden auf das Wesentliche.

Die Grundidee der Hough–Transformation ist nicht auf Geraden beschränkt. So können Punkte auf einem Kreis mit $r_A^2(x,y) = (x-a)^2 + (y-b)^2$ im (A,B,R^2)–Raum erkannt werden. Hierzu markieren wir all jene Punkte im (A,B,R^2)–Raum, die Kreise durch einen Punkt (x,y) definieren. Jeder Kreis trägt nun mit allen seinen Punkten zu einer Akkumulation in (a,b,r^2) bei. Der Aufwand für eine derartige Kreiserkennung ist jedoch erheblich, da in einem dreidimensionalen diskreten Raum gerechnet werden muß, was den Speicherbedarf für die Matrix und die Laufzeit erhöht [227]. Die Hauptanwendung der Hough–Transformation ist aus diesem Grund die Berechnung von Geradenstücken. Ihr Vorteil gegenüber den zuerst beschriebenen Verfahren liegt darin, daß eine analytische Darstellung des Konturbildes errechnet werden kann, die sich besser zur Weiterverarbeitung eignet. Eine Anwendung ist z.B. die Mustererkennung. Enthält das Originalbild ein helles Dreieck auf dunklem Hintergrund, so können die Koordinaten der Kanten und Ecken des Dreiecks bestimmt und so das Dreieck als solches erkannt werden. Gleichzeitig ist eine Klassifizierung des erkannten Objektes anhand der Kantenlängen und –winkel möglich.

Wesentlichen Einfluß auf das Ergebnis der Hough–Transformation hat einerseits die Auswahl der Kantenpunkte — eine geschickte Auswahl verkürzt nicht nur die Rechenzeit, sondern verbessert auch das Ergebnis beträchtlich — und andererseits die Feinheit der Diskretisierung der ΦR–Ebene. Eine zu feine Einteilung führt zu einer gleichmäßig geringen Häufung der Schnittpunkte. Es ist dann schwer möglich, zwischen wesentlichen und unwesentlichen Strecken zu unterscheiden, da die Matrixelemente keine großen Schwankungen aufweisen. Eine zu grobe Einteilung hat den entgegengesetzten Effekt. Sie führt zu einer gleichmäßig starken Häufung der Schnittpunkte. Welche Werte gewählt werden sollten, hängt somit von der Charakteristik des Bildes ab.

Die Hough–Transformation (HT) ist in ihrer vorgestellten Form gerade für Kurven höherer Ordnung sehr rechenaufwendig. Inzwischen sind zufallsgesteuerte Versionen (randomized versions) veröffentlicht worden [132], die diese Probleme beseitigen sollen. Wir wollen diese Ansätze für den Fall von Bildern, die aus Strecken bestehen, erläutern.

Beim Zugang mit einer zufallsgesteuerten Form (RHT) werden zufällig Punktepaare $(\mathbf{d}_i, \mathbf{d}_j)$ aus dem aus Strecken bestehenden Bild B gewählt, das zugehörige Parametertupel (ϕ, r), berechnet und das zum Tupel gehörige Matrizenelement $\mathbf{M}(\phi, r)$ um eins erhöht. Dabei werden nur Punktepaare untersucht, die einem gewissen Abstandskriterium genügen und nicht zu dicht oder zu weit auseinander liegen. Erreicht ein $\mathbf{M}(\phi, r)$ einen gewissen Schwellwert, so ist die zu $\mathbf{M}$ gehörige Kurve erkannt und wird eliminiert. Ein dynamischer zufallsgesteuerter Hough–Algorithmus (DRHT) läßt zunächst einen RHT ablaufen, bis ein $\mathbf{M}(\phi, r)$ einen Schwellwert übertrifft. Dann wird die Suche für einen zweiten Durchlauf des RHT auf Punkte in der Nähe der $\mathbf{M}$ entsprechenden ersten Strecke eingeschränkt. Dabei wird zunächst $\mathbf{M}$ wieder auf Null gesetzt und der Schwellwert erhöht. Nach diesem zweiten Durchlauf gilt die Strecke als erkannt.

Der Algorithmus kann als Fenster–RHT (WRHT) auch in einem zufällig gewählten Fenster der Größe $m \times m$ ablaufen, das in Abhängigkeit vom ersten Punkt um diesen herum definiert wird. Dann wird der Random–Algorithmus RHT mit einer nach oben durch die Konstante K begrenzten Anzahl von Punktepaaren ausgeführt. Erkannte Strecken werden eliminiert und ein neues Fenster erzeugt. Es ist allerdings schwierig, geeignete Fenstergrößen zu ermitteln. Eine andere Version berechnet mit der Methode der kleinsten Quadrate eine Näherungsgerade mit den Parametern (ϕ, r) im Fenster und berücksichtigt dann zur Inkrementierung von $\mathbf{M}(\phi, r)$ nur noch weitere Punkte $\mathbf{d}_j$, die bezüglich der Näherungsgeraden ein gewisses Gütekriterium erfüllen. Eine Verbesserung kann erzielt werden, wenn zum Berechnen der Näherungsgeraden nur noch Punkte herangezogen werden, die vom Fenstermittelpunkt durch einen 8–Pfad erreichbar sind. Dabei kann die Suche noch auf gewisse Sektoren eingeschränkt werden. Gerade die letzten Modifikationen reduzieren die Rechenzeit bei genügender Genauigkeit erheblich.

7.2.4 Schwellwertverfahren

Unter der Segmentierung eines Bildes verstehen wir eine Aufteilung in zusammenhängende Flächen nach einem Ordnungskriterium, z.B. dem Grauwert. Kontursuche und Segmentierung sind weitgehend äquivalent, da die Konturen sich aus den Flächengrenzen ergeben. Konturlinien teilen, sofern sie keine Unterbrechungen aufweisen, das Bild ihrerseits in zusammenhängende Flächen. Diese Überlegung führt zu den Schwellwertverfahren. Hierbei wird versucht, anhand des Histogramms des Bildes, d.h. der statistischen Verteilung der Grauwerte, dieses in verschiedene Bereiche einzuteilen. Wird z.B. ein helles

Bild 7.3: Motiv mit zwei Schwellwerten und seine Reduktion auf drei Grauwerte.

Objekt auf einem dunklen Hintergrund dargestellt, so wird das Histogramm zwei Maxima aufweisen, die durch ein Minimum getrennt sind. Dieses Minimum heißt Schwellwert und teilt die Grauwertskala in zwei Bereiche ein: Grauwerte, die dem Hintergrund respektive dem Vordergrund zugeordnet sind.

Sind mehrere Objekte unterschiedlicher Helligkeit dargestellt, so bilden sich häufig mehrere Maxima aus, durch mehr oder weniger tiefe Täler getrennt. Ein Bild mit einem derartigen Histogramm kann mit mehreren Schwellwerten in verschiedene Bereiche eingeteilt werden (vgl. Bild 7.3). Auf Bilder, bei denen alle Grauwerte etwa gleich häufig auftreten, sind die folgenden Verfahren nicht oder nur mit Einschränkungen anwendbar.

Interpretieren wir ein Rasterbild B nicht als reelle Funktion, sondern als Zufallsvariable, so können wir wie folgt vorgehen:

P sei die Wahrscheinlichkeitsfunktion von B. Besteht das Bild aus zwei wesentlichen Grauwertbereichen D und H, die durch den Schwellwert T geteilt sind, so seien P_D und P_H die Wahrscheinlichkeitsfunktionen von B im dunklen bzw. hellen Bereich. Dann gilt für $w \in \mathbb{R}$:

$$P(B \leq w) = P_D(B \leq w) \cdot P((x,y) \in D) + P_H(B \leq w) \cdot P((x,y) \in H)$$
$$= P_D(B \leq w) \cdot h_D + P_H(B \leq w) \cdot h_H.$$

Hierbei sind h_D und h_H Konstanten, die den Anteil des dunklen und hellen Bereichs am Gesamtbild angeben. Seien p, p_D, p_H die zu den Verteilungsfunktionen gehörenden Wahrscheinlichkeitsdichten. Es folgt dann $p(x) = h_D p_D(x) + h_H p_H(x)$. Nun kann die Fehlerwahrscheinlichkeit $E(T)$ berechnet werden, also die Wahrscheinlichkeit, einen Hintergrundpunkt als Objektpunkt zu identifizieren bzw. umgekehrt. Hierbei ist T der Schwellwert, der die Grauwerte in Vorder– und Hintergrundwerte unterteilt. Es gilt:

$$E(T) = h_D \cdot P_D(B > T) + h_H \cdot P_H(B \leq T).$$

Unter der Annahme, daß es sich bei P, P_D und P_H um stetige und differenzierbare Verteilungsfunktionen handelt, ergibt sich das Minimum der Funktion $E(T)$ durch Differentiation aus der folgenden Beziehung:

$$E'(T) = 0 \leftrightarrow h_D p_D(T) = h_H p_H(T). \tag{7.1}$$

Die Lösung dieser Gleichung liefert den optimalen Schwellwert. Es sind jedoch i.allg. die Dichte– oder Verteilungsfunktionen nicht bekannt. Daher können diese nur vermutet bzw. die Lösung der Gleichung nur näherungsweise bestimmt werden. Mit der Gaußschen Dichte von p_D und p_H mit den Parametern μ_D, μ_H, σ_D, σ_H erhalten wir:

$$p(T) = \frac{h_H}{\sqrt{2\pi}\sigma_H} \exp\left(-\frac{(T-\mu_H)^2}{2\sigma_H^2}\right) + \frac{h_D}{\sqrt{2\pi}\sigma_D} \exp\left(-\frac{(T-\mu_D)^2}{2\sigma_D^2}\right).$$

Wegen der Gültigkeit der Beziehung $h_D + h_H = 1$ enthält diese Gleichung fünf Unbekannte. Nach dem Einsetzen in 7.1 und Logarithmieren der Gleichung ergibt sich:

$$\ln\left(\frac{h_D \sigma_H}{h_H \sigma_D}\right) = \frac{(T-\mu_D)^2}{2\sigma_D^2} - \frac{(T-\mu_H)^2}{2\sigma_H^2}.$$

Durch weitere Umformungen gelangen wir zu der quadratischen Gleichung $0 = AT^2 + BT + C$ mit den folgenden Koeffizienten:

$$A = \sigma_D^2 - \sigma_H^2, \quad B = 2(\mu_D \sigma_H^2 - \mu_H \sigma_D^2), \quad C = 2\sigma_D^2 \sigma_H^2 \cdot \ln\left(\frac{h_D \sigma_H}{h_H \sigma_D}\right) + \sigma_D^2 \mu_H^2 - \sigma_H^2 \mu_D^2.$$

Die Parameter eines Bildes sind i.allg. nicht bekannt und müssen numerisch bestimmt werden. Ist $h(x)$ das Histogramm des Bildes, so können sie aus dem Kleinste Quadrate–Ansatz $M = \sum(p(x_i) - h(x_i))^2 = min$ berechnet werden, wobei $p(x)$ die Wahrscheinlichkeitsdichte des Bildes ist und demnach die gesuchten Parameter enthält. In obigem Fall ergibt sich mit partieller Differentiation nach den Parametern aus diesem Ansatz ein nicht lineares Gleichungssystem, das z.B. mit dem Newton–Verfahren gelöst werden kann.

Ist der Schwellwert T bekannt, so können aus dem Histogramm des Bildes die Parameter für Mittelwerte und Varianzen μ_D, μ_H, σ_D, σ_H auch empirisch bestimmt werden. Aus diesen Daten läßt sich dann wieder ein optimaler Schwellwert T' berechnen. Im Idealfall gilt $T = T'$. Es sei zu jedem T aus dem Grauwertbereich $[0, N-1]$, für den die empirischen Werte von μ_D, μ_H, σ_D, σ_H definiert sind, der Schwellwert T' berechnet.

Nun kann unter den Schwellwerten gewählt werden, für die $T - T'$ von kleinem Betrag ist. Auch sprunghafte Veränderungen der Lösungen obiger Gleichung deuten auf günstige Schwellwerte hin. Dieses Verfahren setzt jedoch voraus, daß der Schwellwert nicht an den Grenzen des Grauwertbereiches liegt, da sonst nicht genügend viele Punkte in die statistischen Werte eingehen und die Ergebnisse unbrauchbar werden. Ob es brauchbar ist, kann anhand des folgenden, eindeutig durch einen Schwellwert getrennten, Histogramms mit Graustufen von 0 bis 15 erkannt werden:

0: 1024	1: 7986	2: 35728	3: 20905	4: 5200	5: 980	6: 22	7: 0
8: 0	9: 180	10: 50	11: 19703	12: 29502	13: 3001	14: 20	15: 50

Aus der Tabelle entnehmen wir, daß die Werte $T = 7$ und $T = 8$ Kandidaten für einen Schwellwert sind. Wählen wir einen Schwellwert T zwischen 7 und 8, so ergibt sich nach Bestimmung der Parameter h_D, μ_D, μ_H, σ_D, σ_H und der Wahrscheinlichkeiten $p(x_i)$, $i = 0, \ldots, 15$, für T' ein Wert von 7.319, während wir für $4 < T < 5$ den weiter entfernten Wert $T' = 6.17$ ermitteln. Obige Formeln für das $T - T'$-Schwellwertverfahren dürfen nur angewendet werden, wenn von einer Gaußverteilung der Grauwerte in beiden Grauwertbereichen ausgegangen werden kann. Für andere Verteilungen lassen sich jedoch ähnliche Überlegungen anstellen.

Schwellwertverfahren sind angemessen, wenn sich, wie schon bemerkt, im Histogramm eines Bildes verschiedene Grauwertbereiche deutlich abzeichnen. Dieser Effekt kann meist dadurch verstärkt werden, daß das Histogramm nur solcher Punkte erstellt und betrachtet wird, die mit hoher Wahrscheinlichkeit auf einer Kante liegen. Auf diese Weise werden Einflüsse durch Schwankungen der Grauwerte innerhalb von Objekten vermindert. Die Entscheidung darüber, ob ein Punkt ein Kantenpunkt ist, kann durch Differentiation gewonnen werden. Es wird zunächst der Betrag des Gradienten in einem Punkt berechnet. Liegt er oberhalb eines Schwellwertes, so wird der Grauwert dieses Punktes in die Erstellung des Histogramms einbezogen. Auf diese Weise lassen sich die erwarteten Maxima im Histogramm eines Bildes angleichen und das Minimum zwischen ihnen verstärken. Das Histogramm eines Bildes, das ein kleines, helles Objekt auf einem großen dunklen Hintergrund darstellt, weist zwei Maxima auf, von denen das eine einen bedeutend größeren Wert annimmt als das andere. Betrachten wir nun die Punkte, die einen großen Gradientenbetrag aufweisen, so werden nur die Punkte in das Histogramm einbezogen, die in der Umgebung einer Kante liegen. Die unterschiedliche flächenmäßige Ausdehnung der Grauwertbereiche spiegelt sich dann weniger im Histogramm wider. Es gewinnt vielmehr an Symmetrie, und wir finden dadurch leichter einen Schwellwert.

Wenn ein Bild mehrere Objekte mit verschiedenen Grauwerten enthält, so muß obiges Verfahren verallgemeinert werden. Dies führt jedoch zu aufwendigen Algorithmen, insbesondere wenn die Anzahl der benötigten Schwellwerte unbekannt ist. Eine Lösung dieses Problems bietet die lokale Anwendung der Verfahren. Hierbei teilen wir das Bild in kleinere Bereiche auf, die dann wie bereits aufgeführt bearbeitet werden können. Da die Anzahl der betrachteten Pixel in diesem Ausschnitt kleiner ist, sinkt auch die Wahrscheinlichkeit, daß er verschiedene Objekte mit unterschiedlicher Helligkeit enthält. Auf diese Weise erhalten wir sogenannte dynamische Schwellwertverfahren. Die Verkleinerung der Umgebung kann theoretisch bis auf ein Pixel vorgenommen werden, so daß aus den lokalen und globalen Informationen über einen Punkt ein Schwellwert für diesen berechnet wird. Derartige Verfahren sind jedoch auch bei Verwendung von Baumstrukturen wesentlich rechenintensiver, da bei einem Bild von 512×512 Punkten 262144 Schwellwerte berechnet werden müssen (im Gegensatz zu einem Schwellwert bei globalen Verfahren). Es ist daher nicht ratsam, dynamische Verfahren auf eine 1×1 Umgebung eines Punktes anzuwenden, sondern einen Schwellwert für einen größeren Bereich zu berechnen.

Abschließend sei noch bemerkt, daß obige Verfahren auch dazu verwendet werden können, Schwellwerte für das Differenzenbild zu ermitteln. Hierzu wird für jeden Punkt der Betrag des Gradienten bestimmt. Dies liefert ein neues Grauwertbild, auf das die Schwellwertverfahren angewendet werden können. Der so errechnete Schwellwert gibt dann den Betrag des Gradienten an, den ein Kantenpunkt überschreiten muß, um als solcher erkannt zu werden.

Kindratenko et al. [136] geben Hinweise zur Segmentierung mit einem Schwellwertverfahren und bemerken, daß bei inhomogen ausgeleuchteten Grauwertszenen $B(x,y)$ mit $1 \leq x, y \leq N$, die Umsetzung in Schwarzweißwerte nach dem Schema

$$S(x,y) := \begin{cases} 0, \text{ falls } B(x,y) < T(x,y), \\ 1, \text{ falls } B(x,y) \geq T(x,y), \end{cases}$$

wobei $T(x,y)$ meist eine von (x,y) unabhängige Konstante ist, schlechte Ergebnisse liefert. Sie schlagen hier diskrete Maskenfilter mit einer $(2m+1, 2m+1)$–Matrix M vor, wie schon in Abschnitt 7.1 behandelt:

$$B'(x,y) := \sum_{i=-m}^{m} \sum_{j=-m}^{m} M(m+i+1, m+j+1)B(x+i, y+j).$$

Dabei sollten je nach Aufgabenstellung verschiedene Masken Anwendung finden, z.B. zur Herausarbeitung von Grauwertkanten Matrizen vom Laplace–Typ mit $m = 1, 2$ oder 3. In Matrizen vom Laplace–Typ werden allgemein alle Elemente der ersten und letzten Zeile und Spalte mit dem Wert -1 versehen, alle anderen angrenzenden mit -2, usw., mit Ausnahme des Elements $M(m,m)$, das den Wert $8+p$, $32+p$, $80+p$ bzw. allgemein $4m(m+1)(m+2)/3+p$ erhält mit einem Parameter $p > 0$. Um den Wert des Parameters p zu bestimmen, wird der Korrelationskoeffizient zwischen den Bildern B und B' berechnet:

$$r(p) := \frac{\mathrm{Cov}(B, B')}{\sqrt{\mathrm{Var}(B)\mathrm{Var}(B')}}.$$

Dabei sind B und B' als Zufallsgrößen mit den Werten $B(x,y)$ bzw. $B'(x,y)$ aufzufassen, und es gilt

$$\mathrm{Cov}(B, B') = E\left\{(B(x,y) - E(B(x,y))) \cdot (B'(x,y) - E(B'(x,y)))\right\}$$
$$= E\{B(x,y) \cdot B'(x,y)\} - E(B(x,y)) \cdot E(B'(x,y))$$

mit

$$E(B(x,y)) = \frac{1}{N^2} \sum_{x=0}^{N-1} \sum_{y=0}^{N-1} B(x,y).$$

Der Parameter p wird so gewählt, daß r an der Stelle p das Maximum besitzt; p liegt oft zwischen 5 und 15. Erfolgreiche Anwendung findet die Methode bei Bildern mit Zellstrukturen.

7.3 Konturerzeugung zur Bildverbesserung

Bei kontrastreichen Bildern, die aus weitgehend gleichmäßig hellen Flächen bestehen, ist
es sehr einfach, die Konturen zu finden. Dies ist bei Rasterbildern oft nicht möglich, weil

- entweder das Bild zu kontrastarm bzw. verwaschen ist,
- oder die Flächen, aus denen das Bild besteht, Grauwerte sehr unterschiedlicher
  Helligkeit enthalten.

Um dennoch Konturen finden zu können, wenden wir ein Zweischrittsystem an, das
zunächst eine Bearbeitung des Bildes hinsichtlich der beiden Kriterien vornimmt und
anschließend auf das verbesserte Bild einen unkomplizierten Konturalgorithmus anwen-
det. Durch das Zweischrittsystem ersparen wir uns oft ein komplexes zeitaufwendiges
Verfahren, da durch die Vorverarbeitung bestimmte Bildcharakteristika erreicht werden
(sollten), und der Konturalgorithmus bestimmte Eigenschaften dann voraussetzen kann.

Bei der Bildbearbeitung sind Algorithmen, die ein Bild hinsichtlich beider Probleme
verbessern, schwer zu realisieren. Verstärken wir den Kontrast in einem Bild, so werden
auch die Helligkeitsunterschiede von Grauwerten in unregelmäßigen Flächen verstärkt.
Versuchen wir dagegen die Helligkeitsstufen von Punkten innerhalb einer Fläche anzugleichen, so verliert das Bild dadurch an Kontrast, da die Flächen ja nicht bekannt sind
(wir wären sonst am Ziel) und also auch dort eine Helligkeitsangleichung erzwungen wird,
wo dies unerwünscht ist. Es kann aus diesem Grund kein Rezept für die Vorverarbeitung
von Bildern für die Konturerzeugung geben, und wir müssen im Einzelfall entscheiden,
welche Algorithmen und Verfahren am besten geeignet sind.

7.3.1 Verschärfung eines kontrastarmen Bildes

Besprechen wir zunächst die Verschärfung durch Histogramm–Modifikation. Das Histogramm eines Bildes gibt einen globalen Überblick über den Kontrast eines Bildes. Werden z.B. in einem Bild, dem 256 Grauwerte zur Verfügung stehen, nur solche zwischen
40 und 160 verwendet, so schlägt sich dies im Histogramm nieder. Das Bild kann durch
eine Streckung des Grauwertbereiches auf das gesamte Intervall im Kontrast verbessert
werden. Es gibt jedoch auch Bilder, bei denen es nicht möglich ist, aus dem Histogramm
des Bildes auf dessen Kontrast zu schließen. Daher bieten moderne Bildverarbeitungspro-
gramme die Möglichkeit, verschiedene typische Histogrammänderungen am Bildschirm
per Menü zu testen, ehe man sich für eine entscheidet. Bei der Implementation wird meist
eine Color Look Up–Tafel verwendet; so muß das Bild nicht einmal verändert werden. Es
werden lediglich die Grauwerte transformiert und eine neue Color Look Up–Tafel berechnet. Eine Modifikation des Histogramms besteht in einer Veränderung des Grauwertes
eines Punktes, die nicht von seiner Umgebung, sondern nur vom Grauwert des betrachteten Punktes abhängig ist. Sie läßt sich somit als eine Funktion $T : G \to G$ darstellen,
wobei $G = [0, N - 1]$ den zulässigen Grauwertbereich angibt. Um die Grauwertordnung
nicht zu verfälschen, sollte diese Funktion zusätzlich monoton wachsend sein. So wird
verhindert, daß sich die Relation zwischen Grautönen umkehrt. Betrachten wir wieder
die Funktion B als eine zunächst stetige Zufallsvariable, die jedem Punkt (x, y) seinen
Grauwert zuordnet, so können die Grauwerte durch die Wahrscheinlichkeitsverteilung P
(mit der Dichtefunktion p) charakterisiert werden.

Werden nun die Grauwerte des Bildes durch die Funktion T transformiert, so gelangen
wir zu einem zweiten Bild B_T, das ebenfalls als Zufallsvariable interpretiert werden kann

und die Wahrscheinlichkeitsverteilung P_T sowie die Dichtefunktion p_T besitzt. Aus der Wahrscheinlichkeitstheorie ist die folgende Umrechnungsformel bekannt:

$$P(B < u) = \int_0^u p(z)dz = \int_0^{T(u)} p_T(v)dv = P(B_T < T(u)), \ u \in G.$$

(Die untere Grenze kann 0 gesetzt werden, da der Grauwertbereich nur positive Werte enthält und wir $T(0) = 0$ annehmen.)

Durch Differentiation ergibt sich die Gleichung:

$$p(u) = p_T(T(u)) \ T'(u) \to p(u)[T'(u)]^{-1} = p_T(T(u)).$$

Um den Kontrast zu verbessern, suchen wir nach einer Transformation T, die die Dichtefunktion p in die Dichtefunktion $p_T = 1$ überführt. Aus obiger Formel ergibt sich mit dieser Forderung sofort:

$$p(u) = T'(u) \to T(u) = \int_0^u p(z)dz.$$

Approximieren wir nun im diskreten Fall die Dichtefunktion p durch das Histogramm h, so berechnen sich die transformierten Grauwerte wie folgt:

$$T(n) = \frac{N-1}{H} \sum_{i=0}^n h_i, \ n = 0, \ldots, N - 1.$$

Dabei gibt H die Anzahl der gesamten Punkte und N die Anzahl der Grauwertstufen an.

Das Verfahren verstärkt den Kontrast im gesamten Bild. Dies ist jedoch ein unerwünschter Effekt. Abhängig von der Struktur des Bildes können Kanten sowohl verstärkt als auch verwaschen werden. Besser wäre es, den Kontrast nur in den Punkten zu verstärken, welche mit hoher Wahrscheinlichkeit zu Kanten gehören. Eine Möglichkeit, dies zu realisieren, ist, wie schon im Abschnitt 7.2 vorgeschlagen, das Histogramm nur für die Punkte mit einen Gradientenbetrag oberhalb eines Schwellwertes zu erstellen. Dann wird mit diesem Histogramm und der Transformation T die neue Color Look Up–Tafel berechnet.

Die Histogramm–Modifikation kann auf lokale Bereiche angewendet werden. Hierbei wird zu jedem Punkt (x, y) das Histogramm seiner Umgebung berechnet, daraus T ermittelt und der neue Grauwert $B'(x, y) := T(B(x, y))$ gesetzt. Anschließend wird zum nächsten Punkt übergegangen. Hier kann ebenfalls das Differenzenbild der Umgebung des Punktes in die Betrachtungen mit einbezogen werden. Jedoch ist dann nicht garantiert, daß ein Konturpunkt in der betrachteten Umgebung liegt ($H = 0$ ist möglich!). In diesem Fall setzen wir $B'(x, y) := B(x, y)$. Durch die lokale Histogramm–Modifikation können auch sehr schwache Kontraste deutlich sichtbar gemacht werden (was jedoch nicht immer erwünscht ist). Ein Nachteil der lokalen Histogramm–Modifikation ist, daß die Grauwerte im Gesamtbild im allgemeinen nicht monoton transformiert werden. Auch ist es erforderlich, zu jedem Punkt einen neuen Grauwert zu berechnen. Wir können uns daher nicht darauf beschränken, eine neue Color Look Up–Tafel zu berechnen, sondern wir müssen das Bild verändern.

Während wir bisher Operationen im Ortsbereich, d.h. der xy–Ebene des Bildes B vorgenommen haben, wollen wir jetzt über Modifikationen im Frequenzbereich, der uv–Ebene, des mittels der diskreten Fouriertransformation F transformierten Bildes $b(u, v) = F(B(x, y))$ sprechen und das Fourierspektrum $\{|b(u, v)|\}$ betrachten.

Scharfe Konturen in einem Bild entsprechen Sprüngen in den Grauwerten. Im Frequenzbereich eines Bildes macht sich dies durch hohe Frequenzen bemerkbar. Ein verwaschenes Bild kann dadurch verbessert werden, daß im Frequenzspektrum des Bildes niedrige Frequenzen herausgefiltert werden. Erreicht wird dies durch die Fouriertransformation F des Bildes und Anwendung einer Hochpaßfilterung mit Schwellwert D_0. Die Funktionswerte der Transformierten werden mit der Funktion $s : \mathbb{R}^2 \to \mathbb{R}$, definiert durch

$$s(u,v) = \begin{cases} 0, \text{ falls } (u - N/2)^2 + (v - N/2)^2 \leq D_0 \\ 1, \text{ falls } (u - N/2)^2 + (v - N/2)^2 > D_0 \end{cases},$$

multipliziert. Voraussetzung hierfür ist es jedoch, daß die Fouriertransformierte um den Punkt $(N/2, N/2)$ (N gibt die Anzahl der Spalten bzw. Zeilen des Bildes an) zentriert ist.

Der Grund hierfür liegt in der Tatsache, daß die diskrete Fouriertransformation

$$b(u,v) = F(B(x,y)) = \frac{1}{N} \sum_{x=0}^{N-1} \sum_{y=0}^{N-1} B(x,y) \exp\left(-2\pi i \left(\frac{x \cdot u + y \cdot v}{N}\right)\right), \ 0 \leq u,v \leq N-1,$$

i.allg. für das Rechteck $[0, N-1] \times [0, N-1]$ definiert und periodisch ist. Wollen wir symmetrische Filter anwenden, so können wir durch Überführung der zu transformierenden Funktion $B(x,y)$ in $(-1)^{x+y}B(x,y)$ erreichen, daß die Fouriertransformierte symmetrisch zum Punkte $(N/2, N/2)$ wird.

Die gleiche Überführung ist dann nach Ausführung der inversen Fouriertransformation, die nach der gleichen Formel wie oben, jedoch mit reziproker Exponentialfunktion geschieht, wieder vorzunehmen. Eine Hochpaßfilterung kann mit der Funktion

$$s(u,v) = \frac{1}{2} - \frac{1}{2}\cos\left(\frac{2\pi}{N\sqrt{2}}\sqrt{\left(u - \frac{N}{2}\right)^2 + \left(v - \frac{N}{2}\right)^2}\right), \ 0 \leq u,v \leq N-1,$$

bewirkt werden. Als Ergebnis ergibt sich so ein verbessertes Bild. Da Frequenzen von mehr als einer halben Periode pro Pixel nicht mehr darstellbar sind und sehr hohe Frequenzen zu isolierten Grauwertpunkten führen können, ist es sinnvoll, alle Frequenzen oberhalb einer gewissen Grenze ebenfalls herauszufiltern. Der Multiplikation mit dem Filter $s(u,v)$ im Frequenzraum entspricht im Ortsraum die Faltung mit der Funktion $S = F^{-1}(s)$:

$$F^{-1}(s \cdot b) = \frac{1}{N} \sum_{k=0}^{N-1} \sum_{j=0}^{N-1} S(x - k, y - j) B(k,j).$$

Zur Berechnung der diskreten Fouriertransformation existieren bekanntlich schnelle Algorithmen, die auf dem Teile und Herrsche–Prinzip beruhen. Allgemeine und weitergehende Betrachtungen zur Fouriertransformation werden in Kapitel 8 gemacht.

7.3.2 Angleichung der Grauwerte eines Bildes

Die einfachste Art, die Grauwerte eines Bildes lokal einander anzugleichen, ist der Nachbarschaftsausgleich. Dazu genügt es, den mittleren Grauwert in der Umgebung eines Punktes zu berechnen. Wir erreichen dies mit einer Maske, die sich über alle acht Nachbarn erstreckt:

$$B'(x,y) = \frac{1}{9} \sum_{i=-1}^{1} \sum_{j=-1}^{1} B(x+i, y+j) = \frac{1}{9} \begin{pmatrix} 1 & 1 & 1 \\ 1 & 1 & 1 \\ 1 & 1 & 1 \end{pmatrix} * B(x,y)$$

Die Form der Mittelungsmatrix hat jedoch den Nachteil, daß das gesamte Bild verschmiert und so die Erkennung von Kanten fast unmöglich gemacht wird. Dieser Effekt kann abgebaut werden, indem mit einem Schwellwert d folgende Variante verwendet wird:

$$B^*(x,y) = \begin{cases} B'(x,y), & \text{falls } |B(x,y) - B'(x,y)| < d \\ B(x,y), & \text{sonst.} \end{cases}$$

Auch können die Gewichte in der Mittelungsmatrix anders verteilt werden; es sind Matrizen der folgenden Form denkbar:

$$\mathbf{M_1} = \frac{1}{16} \begin{pmatrix} 1 & 2 & 1 \\ 2 & 4 & 2 \\ 1 & 2 & 1 \end{pmatrix}, \quad \mathbf{M_2} = \frac{1}{8} \begin{pmatrix} 1 & 1 & 1 \\ 1 & 0 & 1 \\ 1 & 1 & 1 \end{pmatrix}.$$

$\mathbf{M_1}$ eignet sich, um ein Antialiasing bei treppenzugartigen Kontrasten zu erzielen.

Ein Nachbarschaftsausgleich hat bei Verwendung der angegebenen Matrizen den Nachteil, daß der Kontrast des Bildes auch dort verschlechtert wird, wo dies unerwünscht ist. Als eine Alternative bietet sich die Verwendung von Median–Filtern an. Hierbei werden die Grauwerte in einer Umgebung eines Punktes nach ihrer Größe geordnet und dann der Wert in der Mitte der Liste als neuer Grauwert gewählt. Diese Vorgehensweise vermeidet eine Verschlechterung des Kontrastes in Kantenpunkten. Der Grund hierfür ist die Tatsache, daß der Grauwert eines Punktes durch den Grauwert eines Nachbarpunktes ersetzt wird. Ein Punkt erhält somit einen Grauwert aus seiner Umgebung, im Unterschied zum Nachbarschaftsausgleich, bei dem ein Punkt einen Grauwert erhalten kann, welcher in seiner Umgebung nicht vorkommt. Dadurch bleibt die Größe der Grauwertsprünge in Kanten erhalten. Es kann lediglich eine leichte Verschiebung der Grauwertkanten auftreten. Liegt zum Beispiel eine Folge von Grauwerten

$$\begin{array}{ccc} 120 & 122 & 124 \\ 115 & 220 & 119 \\ 113 & 116 & 118 \end{array}$$

vor, so erhält der Mittelpunkt den mittleren Wert 119 als neuen Grauwert. Bei der Mittelwertbildung hätte sich 130 ergeben, eine Mittelung mit der Matrix $\mathbf{M_1}$ hätte den Fehler noch verstärkt, mit der Matrix $\mathbf{M_2}$ jedoch aufgefangen. Im Bildanhang 7.5 sind die Auswirkungen verschiedener Transformationen im Ortsbereich einschließlich der Kantenverstärkung mit Sobel– oder Laplace–Operatoren auf ein Musterbild diskutiert.

7.4 Morphologische Operationen

In diesem Abschnitt wollen wir die Ansätze zur Bildverbesserung aus Abschnitt 7.3 verallgemeinern und die Anwendung von Templates auf rechteckige Schwarzweiß–Bilder untersuchen.

Definition:

Der Definitionsbereich T einer partiellen Abbildung $t : \mathbf{Z} \times \mathbf{Z} \to 1$ heißt (positives) Template, Maske oder Strukturelement, wenn $(0,0) \in T$ gilt und t nur an endlich vielen Stellen definiert ist. Enthält T nur den Punkt $(0,0)$ und höchstens alle seine Nachbarn in der vorgegebenen Topologie, so sprechen wir von einem lokalen Template und wollen unter $T_\mathbf{x}$ das über dem Punkt $\mathbf{x} = (x,y)$ zentrierte Template verstehen, d.h.

$$T_\mathbf{x} := \{(x' + x, y' + y) \,|\, (x', y') \in T\}.$$

Insbesondere gilt $T_{(0,0)} = T$. Bei unserem Strukturelement T handelt es sich im Prinzip um eine Schablone, die auf das weiße Bild $W := \{(x,y) \,|\, B(x,y) = 1\}$ vor schwarzem Hintergrund $H := \{(x,y) \,|\, B(x,y) = 0\}$ gelegt wird. Nun werden wir gewisse Vergleichsoperationen definieren, um Strukturen im Bild zu erkennen oder das Bild zu verändern.

Sei W ein weißes Pixelbild auf schwarzem Hintergrund. Dann heißt

$$W \ominus T := \{\mathbf{x} \in \mathbf{Z}^2 \,|\, \mathbf{x} \in W \wedge T_\mathbf{x} \subseteq W\} \text{ Erosion von } W,$$
$$W \oplus T := \{\mathbf{x} \in \mathbf{Z}^2 \,|\, \exists \mathbf{y} \in W : \mathbf{x} \in T_\mathbf{y}\} \text{ Dilatation von } W.$$

Bei der Bildung der Erosion zentrieren wir die Schablone T über jedem Bildpunkt $(x,y) \in W$ und betrachten die Bildwerte der von der Schablone überdeckten Punkte: Gibt es einen Punkt mit Bildwert 0 (d.h. ein Punkt des Hintergrundes), der von der Schablone überdeckt wird, so erhält der Punkt (x,y) den Wert 0. Die Erosion verkleinert also das Bild W und vergrößert den Hintergrund. Bei der Dilatation legen wir das Template $T_\mathbf{x}$ für alle $\mathbf{x} \in W$ über das Bild und färben dann alle Punkte zusätzlich weiß, die vom Template überdeckt werden. Somit vergrößert sich der Bildbereich auf Kosten des Hintergrunds. Es gelten die folgenden Gesetze:

Seien W und W' weiße 1–Bilder auf schwarzem 0–Hintergrund H und T sowie T' Templates. Bezeichne CW das inverse Bild, das entsteht, wenn wir gerade allen Punkten aus H den Wert 1 und den Punkten aus W den Wert 0 zuordnen.

Sei $W - W' := \{\mathbf{x} \,|\, \mathbf{x} \in W \wedge \mathbf{x} \notin W'\}$, bezeichnen weiter $\cup$ und $\cap$ die üblichen Mengenoperationen und sei $\subseteq$ die Teilmengenrelation, die wir hier auf Bilder und Templates als Mengen von 1–Pixeln anwenden wollen.

i) $T = \{(0,0)\}$ ist das neutrale Element der Operationen $\oplus$ und $\ominus$ mit $W \oplus \{(0,0)\} = W \ominus \{(0,0)\} = W$.

ii) Es gilt immer $W \ominus T \subseteq W \subseteq W \oplus T$.

iii) Aus $W \subseteq W'$ folgt $W \ominus T \subseteq W' \ominus T$ und $W \oplus T \subseteq W' \oplus T$.

iv) $CW \oplus T = C(W \ominus T^s)$. Dabei ist T^s das am Nullpunkt gespiegelte Template.

v) $W \oplus (T \cup T') = (W \oplus T) \cup (W \oplus T')$,
$\quad W \ominus (T \cup T') = (W \ominus T) \cap (W \ominus T')$,
$\quad (W \cap W') \ominus T = (W \ominus T) \cap (W' \ominus T)$. (Distributivgesetz)

Die nächsten Betrachtungen zeigen, daß die beiden Operationen $\oplus$ und $\ominus$ nicht invers zueinander sind.

Sei W ein 1–Bild und T ein positives Template. Dann heißt

i) $W_T := (W \ominus T) \oplus T$ Opening oder Öffnung von W bezüglich T;

ii) $W^T := (W \oplus T) \ominus T$ Closing oder Abschluß von W bezüglich T.

In Bild 7.4 sind alle bisher besprochenen Operationen für ein Beispielbild W dargestellt. Während die Erosion Löcher und Spalten im Bild vertieft, schmale Bereiche noch weiter reduziert und Zacken glättet, füllt die Dilatation Löcher und Risse auf, verschmiert Details und rundet das Bild ab. Die Öffnung glättet das Bild, der Abschluß schließt oder reduziert Löcher im Inneren des Bildes.

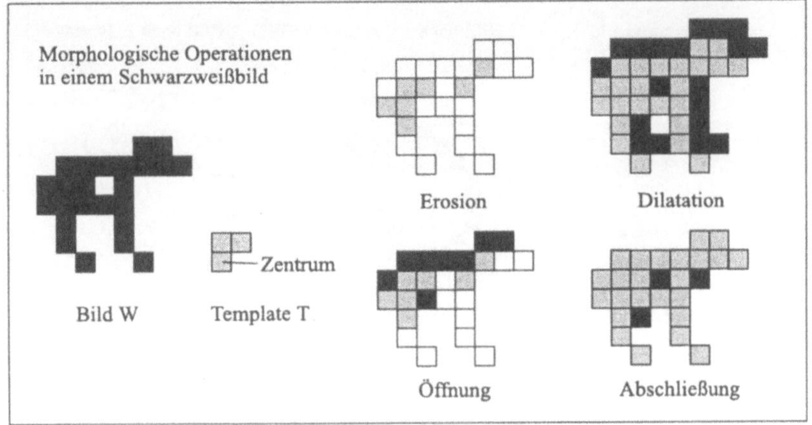

Bild 7.4: Morphologische Operationen

Wir notieren noch einige Ergebnisse: Seien W und W' 1–Bilder und T ein positives Template. Dann gilt

i) $W_T \subseteq W \subseteq W^T$,

ii) $(W_T)_T = W_T$, $(W^T)^T = W^T$ (Idempotenz),

iii) $W \subseteq W' \rightarrow W_T \subseteq W'_T$ und $W^T \subseteq W'^T$ (Monotonie).

Oftmals ist es für Anwendungen in der Biomedizin und Schrifterkennung erforderlich, ein Pixelgebiet soweit zu einem „Skelett" zu verdünnen, daß es aus Achtnachbarn–Kurvenstücken besteht. Dabei sollten

- die topologischen Zusammenhänge des Skeletts diejenigen des Ausgangsgebiets widerspiegeln und die Anzahl der Löcher erhalten bleiben,

- die Skelettkurven sollten etwa in der Mitte der verdünnten Bereiche liegen.

Skelettierungsalgorithmen schieben geeignete Masken über das Ausgangsgebiet oder löschen Punkte, indem sie die Zusammenhangszahl eines Punktes **P** berechnen. Darunter verstehen wir die Anzahl der Zusammenhangskomponenten, in die die Acht–Nachbarschaft zerfällt, wenn **P** entfernt wird.

In Bild 7.5 haben wird acht spezielle Masken gegeben, die in der Reihenfolge Nord — Süd — West — Ost über das Gebiet geschoben werden. Dabei werden die Randpunkte, die das Maskenkriterium mit beiden Masken aus Bild 7.5 erfüllen, markiert und nach Beendigung jedes der vier Durchgänge gelöscht. Das Verfahren wird solange wiederholt, bis die verbleibende Punktmenge, das Skelett, sich nicht mehr ändert.

Es kann jedoch auch ein morphologischer Verdünnungsoperator definiert werden. Dazu führen wir ein Strukturelement $T = T_1 \cup T_2$ ein mit $T_1 \cap T_2 = \emptyset$ und setzen $W \odot T :=$ $(W \ominus T_1) \cap (CW \oslash T_2)$. Dabei ist $W \oslash T := \{\mathbf{x} \in W \cup CW \,|\, T_{\mathbf{x}} \subseteq W\}$. So können wir mit den speziellen Templates

$$T^1 := T_1^1 + T_2^1 = \begin{pmatrix} \cdot & \cdot & \cdot \\ \cdot & 1 & 1 \\ \cdot & 1 & \cdot \end{pmatrix} + \begin{pmatrix} 1 & \cdot & \cdot \\ \cdot & \cdot & \cdot \\ \cdot & \cdot & \cdot \end{pmatrix}$$

und T^2 bis T^4, die wir durch Drehung des Templates T^1 um jeweils 90° erhalten, aus einem Pixelgebiet W die Kontur mit $\partial W = \bigcup_{i=1}^{4} W \odot T^i$ extrahieren.

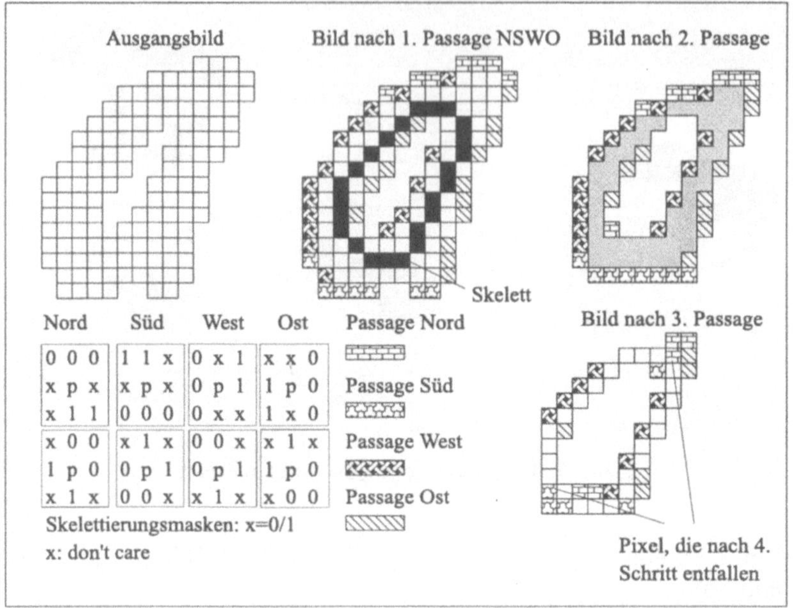

Bild 7.5: Skelett des Buchstabens „a“

Demgegenüber ergibt der Operator $W \otimes T := W - (W \odot T)$ eine Abmagerung des Bildes W mit dem Template T. Auch hier können wir mit einer Folge von Verdünnungstemplates zur Verarbeitung der vier Richtungen einen Skelettierungsalgorithmus entwerfen.

Weitere Operationen wie Ausdünnen und Verdicken sind im Buch von Gonzalez und Woods [103] beschrieben.

7.5　Bildanhang

Der Bildanhang enthält Variationen über ein farbiges Tiermotiv, dessen Orginal ebenso wie das Motiv aus Bild 7.3 mit freundlicher Genehmigung des Tronic–Verlags Eschwege der Zeitschrift „Inside Multimedia“ 9/94 entnommen ist. Nach der Umwandlung in ein Grautonbild wenden wir die verschiedenen Filter, die wir in den vorherigen Abschnitten besprochen haben, an und erhalten so ein Konturbild, eine Weichzeichnung, eine Verschärfung und eine Farbreduktion. Zusätzlich soll die Wirkung von Mosaik–, Trick–, Erosions–, Dilatations– und Rangordnungsfiltern getestet werden. Zum Abschluß geben wir noch einmal das Ausgangsbild nach einer Gammakorrektur an. Die Rasterung mit der Methode der magischen Quadrate, und die Anwendungen der Algorithmen von Stucki und Floyd–Steinberg auf das gleiche Ausgangsbild zeigen wir in Kapitel 9.

Bild 7.6: Marabus – Startbild

Bild 7.7: Konturzeichnung

Bild 7.8:

Weichzeichnung mit Matrix $\dfrac{1}{16}\begin{pmatrix} 1 & 2 & 1 \\ 2 & 4 & 2 \\ 1 & 2 & 1 \end{pmatrix}$ und 50 % Mischung mit Original

Bild 7.9:

Schärfung mit Matrix $\begin{pmatrix} -1 & -1 & -1 \\ -1 & 9 & -1 \\ -1 & -1 & -1 \end{pmatrix}$

Bild 7.10:

$$\text{Trickdifferenzenfilter } 100 + \begin{pmatrix} 2 & 1 & 0 \\ 1 & 0 & -1 \\ 0 & -1 & -2 \end{pmatrix}$$

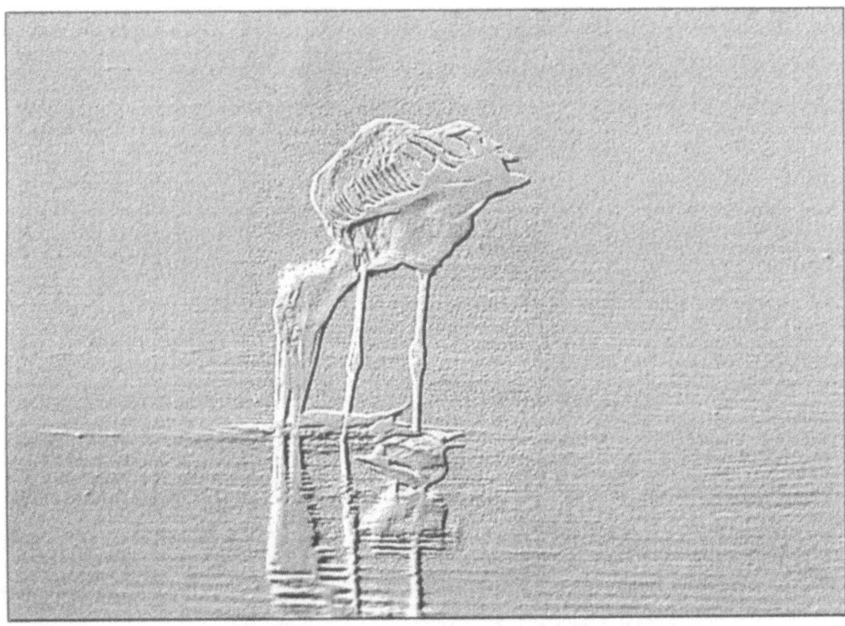

Bild 7.11: Differenzenfilter

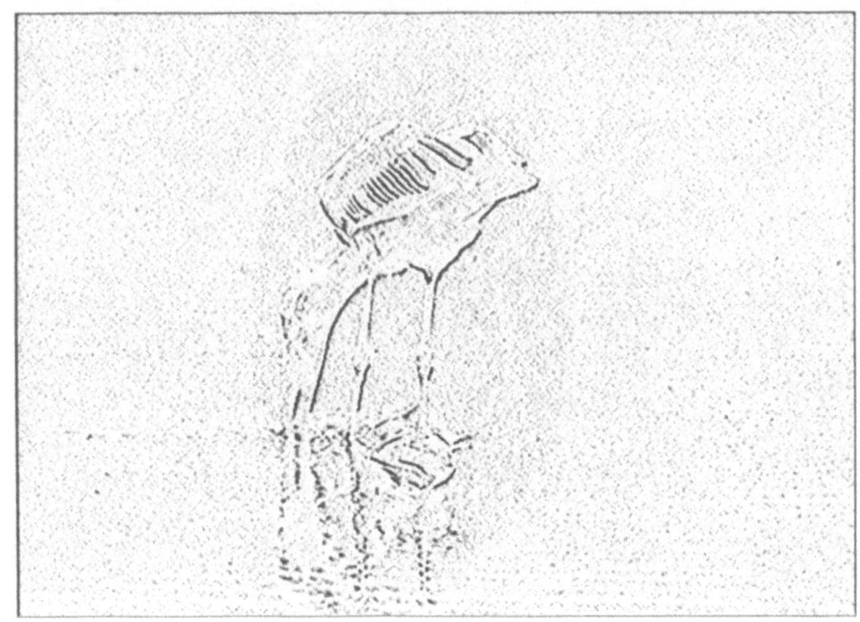

Bild 7.12:

Kantendetektion mit Differenzenoperatoren $\mathbf{G}_x, \mathbf{G}_y$ und Rangordnungsfilter

Bild 7.13: Mosaikfilter – vier Bit breit

Bild 7.14: Auf vier Bit verminderte Farbtiefe

Bild 7.15: Dilatation – Maximaler Grauwert in Umgebung

Bild 7.16: Erosion – Kleinster Grauwert in Umgebung

Bild 7.17: 5 % zufälliges Rauschen

Bild 7.18: Entfernung des Rauschens aus Bild 7.17 durch Medianfilter

Bild 7.19: Ausgangsbild nach Gammakorrektur

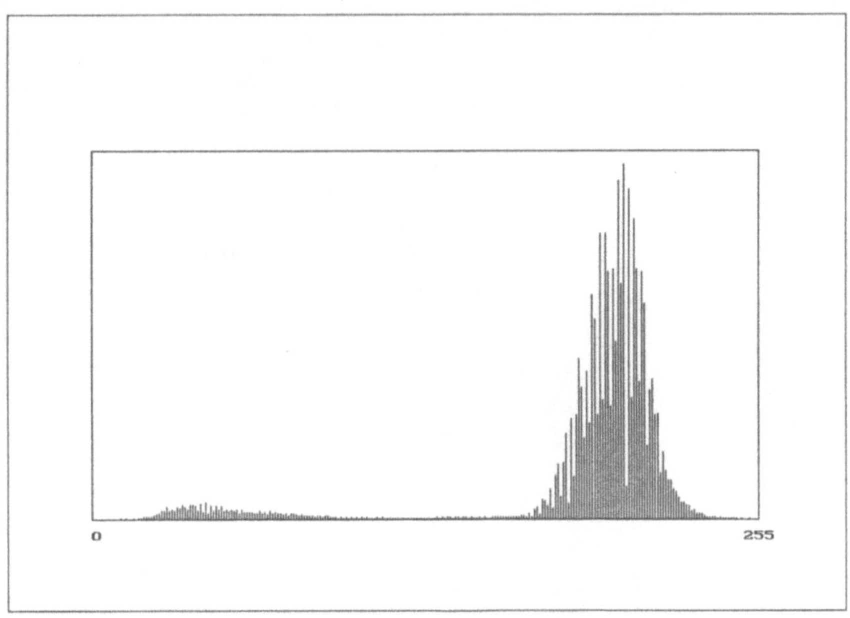

Bild 7.20: Histogramm zum Marabubild

7.6 Aufgaben

Aufgabe 7.1

a) Machen Sie sich den Aufbau des Programmes zur Bildverarbeitung auf der Buch–CD klar und schauen Sie sich die einzelnen Programmoptionen an. Welche Manipulationen ermöglicht das Programm?

b) Im Programm sind verschiedene Masken definiert. Welche Wirkung haben diese Masken?

c) Wenden Sie verschiedene Glättungsoperatoren auf das Bild `Marabu.bmp` an.

d) Wenden Sie verschiedene Schärfungsoperatoren auf das Bild `Marabu.bmp` an, nutzen Sie die acht Richtungsableitungen.

e) Bilden Sie geeignete Linear–Kombinationen von Bildern, um Spezialeffekte zu erzeugen.

Aufgabe 7.2 ([178])

Ein 0–1 Bild W soll einen Schattenrand S der Dicke 1 Pixel erhalten, der einer Beleuchtung aus der Richtung 45° entspricht. Bestimmen Sie ein Template T derart, daß $W \oplus T = S \cup W$ gilt. Beschreiben Sie einen Algorithmus, der den Pixeln des Randes S den Wert -1 gibt.

Aufgabe 7.3

Zeigen Sie: $CW \oplus T = C(W \ominus T^s)$ sowie $W_T \subseteq W \subseteq W^T$.

Aufgabe 7.4
Zeigen Sie, daß mit der Operation $\partial A = A - (A \ominus T)$ der Rand einer Menge herausgearbeitet werden kann. Welches Template T eignet sich?

Aufgabe 7.5
Gegeben sei ein einfach geschlossener Polygonzug P, dessen Punkte den Wert 1 haben mögen. Geben Sie im Innengebiet, dessen Punkte alle den Wert 0 besitzen, einem beliebigen Punkt $\mathbf{X}_0 = (x, y)$ den Wert 1 und wenden Sie die folgende Transformationsfolge an: $X_0 = \{\mathbf{X}_0\}$, $\quad X_k = (X_{k-1} \oplus T) \cap CP$, $k = 1, 2, 3, \ldots$ Dabei sei

$$T = \begin{pmatrix} 0 & 1 & 0 \\ 1 & 1 & 1 \\ 0 & 1 & 0 \end{pmatrix}.$$

Welchen Effekt bewirkt die Folge?

Aufgabe 7.6
Entwickeln Sie ein Template, das entscheidet, ob es sich bei einer gegebenen Bresenhamstrecke um den Teil einer Geraden mit Steigung $m = 2/5$ handelt.

Aufgabe 7.7
Nach dem Bearbeiten eines gegebenen Bildes mit dem fehlerhaften Template

$$\begin{pmatrix} 0 & -1 & 0 \\ -1 & 4 & -1 \\ 0 & -1 & 0 \end{pmatrix}$$

entstehe das folgende Bild:

$$\begin{pmatrix}
0 & 0 & 0 & 0 & 0 & -3 & -3 & -3 & 0 & 0 & 0 & 0 & 0 \\
0 & 0 & 0 & 0 & -3 & 7 & 4 & 7 & -3 & 0 & 0 & 0 & 0 \\
0 & 0 & 0 & 0 & -2 & 2 & 0 & 2 & -2 & 0 & 0 & 0 & 0 \\
0 & -1 & -2 & -3 & -5 & 1 & 0 & 1 & -5 & -3 & -2 & -1 & 0 \\
-1 & 1 & 2 & 3 & 9 & -5 & -1 & -5 & 9 & 3 & 2 & 1 & -1 \\
-1 & 0 & 0 & 0 & 5 & -4 & 0 & -4 & 5 & 0 & 0 & 0 & -1 \\
-1 & 1 & 2 & 3 & 9 & -5 & -1 & -5 & 9 & 3 & 2 & 1 & -1 \\
0 & -1 & -2 & -3 & -5 & 1 & 0 & 1 & -5 & -3 & -2 & -1 & 0 \\
0 & 0 & 0 & 0 & -2 & 2 & 0 & 2 & -2 & 0 & 0 & 0 & 0 \\
0 & 0 & 0 & 0 & -3 & 7 & 4 & 7 & -3 & 0 & 0 & 0 & 0 \\
0 & 0 & 0 & 0 & 0 & -3 & -3 & -3 & 0 & 0 & 0 & 0 & 0
\end{pmatrix}$$

Rekonstruieren Sie das Originalbild, das in der ersten und letzten Zeile wie Spalte nur Nullen enthält.

8 Faltungsoperatoren

Nachdem wir in Kapitel 7 elementare Methoden zur Bildbearbeitung kennengelernt haben, werden wir in diesem Kapitel zunächst untersuchen, wie mit einer pyramidalen Zerlegung ein Bild in immer gröbere und kleinere Teilbilder aufgespaltet werden kann, die eine Bearbeitung auf verschiedenen Ebenen erlauben. Mit Hilfe der Fouriertransformation kann das Spektrum eines Bildes bestimmt und mit geeigneten Filtern modifiziert werden. Eine Rücktransformation ergibt ein verbessertes Bild. Schließlich erlaubt die Methode der Waveletbasen eine Kombination beider Ansätze zur Multiskalenanalyse.

8.1 Bildpyramiden

Der einfachste Typ von Bildpyramiden besteht aus einer Quadtreestruktur, bei der an der Basis beginnend durch Mittelwertbildung über sich nicht überlappenden 2×2–Blocks von Pixeln größenreduzierte Bilder hergestellt werden, die in Pyramidenform angeordnet werden können: Über einem Bild von $2^n \times 2^n$ Pixeln liegt eines von $2^{n-1} \times 2^{n-1}$, hierüber eines von $2^{n-2} \times 2^{n-2}$, bis hin zu 1×1 Pixeln. In der Orginalarbeit von Burt [45], auf die wir uns stützen, werden die Pyramiden genau genommen für Bilder von $(2^n+1) \times (2^n+1)$ Pixeln definiert. Durch Variation verschiedener Mittelwertbildungen und Zulassung auch überlappender Bildgebiete können interessante Effekte erzielt werden. Alle Verfahren laufen im Ortsraum ab und können sich verschiedenster Techniken effizienter Algorithmen wie Grob–Fein–Strategien, Teile und Herrsche, parallele Methoden etc. bedienen.

8.1.1 Die Gauß–Pyramide

Die Gaußsche Pyramide ist eine Bildfolge, in der jedes Teilbild eine mit einem Tiefpaß gefilterte Kopie seines Vorgängerbildes ist. Dabei wird die Kantenlänge des Bildes in jedem Teilschritt mit einem REDUCE–Operator halbiert: Beginnend mit dem Originalbild B_0 führen wir für $l = 1$ bis N die folgenden Schritte aus:

$$B_l := \mathrm{REDUCE}(B_{l-1}), \quad B_l(x,y) := \sum_{i=-2}^{2} \sum_{j=-2}^{2} w(i,j)B_{l-1}(2x+i, 2y+j).$$

Die Definition der Randpixel von B_l greift dabei auf Pixel von B_{l-1} zurück, die jenseits des Randes liegen. Hier können die Grau– oder Farbwerte zu Null, zyklisch fortgesetzt oder aus einer Extrapolation definiert werden. Die Funktion w ist als ein erzeugender zweidimensionaler Gewichtskern aufgebaut aus einem eindimensionalen Kern $\widehat{w}$ mit folgenden Eigenschaften:

$$w(i,j) = \widehat{w}(i) \cdot \widehat{w}(j) \quad \text{separabel,}$$
$$\sum_{i=-2}^{2} \widehat{w}(i) = 1 \qquad \text{normiert,}$$

$$\hat{w}(i) = \hat{w}(-i) \quad \text{symmetrisch,}$$
$$\hat{w}(0) + 2\hat{w}(2) = 2\hat{w}(1) \quad \text{ausgeglichen.}$$

Fordern wir alle vier Eigenschaften, so ergibt sich

$$\hat{w}(1) = \hat{w}(-1) = \frac{1}{4}, \quad \hat{w}(-2) = \hat{w}(2) = \frac{1}{4} - \frac{\hat{w}(0)}{2}.$$

Symmetrie und Separabilität verringern erheblich den Rechenaufwand. So sind zur Berechnung des neuen Grauwertes $B_l(x,y)$ aus den umliegenden Grauwerten des Vorgängerbildes pro Richtung nur 3 Multiplikationen und 4 Additionen erforderlich, also insgesamt 14 arithmetische Operationen. Beim Aufbau der Pyramide reduziert sich die Anzahl der zu berechnenden Grauwerte in jedem Schritt auf ein Viertel, so daß die Gesamtkosten an arithmetischen Operationen $7 \cdot 4^n$ nicht überschritten werden. Prinzipiell sind auch andere Erzeugungsverfahren mit größeren Einflußgebieten möglich, die auch für rechteckige Bilder definiert werden können.

Die l–fache Anwendung des REDUCE–Operators auf das Bild B_0 kann übrigens als Faltung

$$\tilde{B}_l := W_l * B_0$$

mit einer geeigneten Gewichtsfunktion W_l und einer anschließenden geeigneten Pixelauswahl interpretiert werden. Die Funktionen W_l sind Treppenfunktionen, die sich für wachsendes l immer mehr einer Glockenkurve mit $W_l(0) = \hat{w}(0)/2^{l-1}$ vergleichbar der Dichte der Gaußverteilung annähern, wenn $\hat{w}(0)$ in der Nähe von 0.4 liegt. Eine Faltung mit dem Gaußkern im Ortsraum entspricht aber im Frequenzraum der Multiplikation mit eben diesem Kern mit der Wirkung eines Tiefpaßfilters.

Eine Variante des REDUCE–Operators kommt bei der Definition der hierarchischen diskreten Korrelation zum Einsatz. Auch hier wird eine Folge von Bildern W_l aus einem Ausgangsbild $G_0 = B_0$ erzeugt mittels

$$G_l := \text{HDC}(G_{l-1}), \quad G_l(x,y) := \sum_{i=-2}^{2} \sum_{j=-2}^{2} w(i,j) G_{l-1}(x + 2^{l-1}i, y + 2^{l-1}j).$$

Damit ist ausgehend vom Startbild B_0 zu jedem Pixel $B_0(x,y)$ ein Mittelwert $G_l(x,y)$ erklärt, der zu einem um den Punkt (x,y) gelegenen Fenster F_l der Weite $2^{l+2} - 4$ gehört. Dieser Mittelwert wird mit $A_l(B_0)$ abgekürzt.

Der zum REDUCE–Operator inverse Operator EXPAND dient dazu, ein Bild der Kantenlänge m in eines der Länge $2m$ zu verwandeln, wobei die eingefügten Pixel aus den umliegenden interpoliert werden. Sei $B_{l,k}$ das Bild, das aus B_l durch k–malige Anwendung des EXPAND–Operators entstanden ist:

$$B_{l,0} := B_l, \quad B_{l,k} := \text{EXPAND}(B_{l,k-1}),$$

$$B_{l,k}(x,y) := 4 \sum_{\substack{i=-2 \\ 2|x+i}}^{2} \sum_{\substack{j=-2 \\ 2|y+j}}^{2} w(i,j) B_{l,k-1}\left(\frac{x+i}{2}, \frac{y+j}{2}\right).$$

Hier tragen nur ganzzahlige Argumente der Bildfunktion $B_{l,k-1}$ zur Summenbildung bei. $B_{l,l}$ hat übrigens wieder dieselbe Größe wie B_0. Mehrfache Anwendung des EXPAND–Operators entspricht einer Interpolation mit einer äquivalenten Gewichtsfunktion W_l. Gilt $\hat{w}(0) = 0.5$, so ist W_l triangulär und die Interpolation linear, für $\hat{w}(0) = 0.4$ erhalten wir einer kubischen Spline–Interpolation ähnliche Ergebnisse. Der Aufwand an arithmetischen Operationen bei der Expansion eines $2^{k-1} \times 2^{k-1}$-Pixel großen Bildes beträgt für vier benachbarte (x, y)–Werte 12 Additionen und 12 Multiplikationen, also insgesamt $24 \cdot 4^{k-1}$ arithmetische Operationen.

Bild 8.1: Gauß–Pyramide des Marabu–Bildes

8.1.2 Die Laplace–Pyramide

Eine Folge von bandpaßgefilterten Bildern $L_0, L_1, ..., L_{N-1}$ kann als Differenzen zwischen tiefpaßgefilterten Bildern aus angrenzenden Stufen der Gauß–Pyramide konstruiert werden:

$$L_l := B_l - \text{EXPAND}(B_{l+1}) = B_l - B_{l+1,1}, \quad l = 0, ..., N - 1,$$
$$L_N := B_N.$$

Der EXPAND–Operator wird angewendet, damit die Differenz zweier gleich großer Bilder berechnet werden kann. Die Differenzbildung hebt Kanten heraus und ist damit dem Laplace–Operator vergleichbar. Allerdings können hier negative Grauwerte auftreten, da die Werte von L_l um Null herum plaziert sind. Addition einer geeigneten Konstante vermeidet diesen Effekt der Bereichsunterschreitung.

Expandieren wir das Bild $L_{l,0} := L_l$ schließlich l–mal zu $L_{l,l}$, so hat $L_{l,l}$ wiederum die Größe des Ausgangsbildes L_l, und es gilt

$$B_0 = \sum_{l=0}^{N} L_{l,l}.$$

Das Ausgangsbild B_0 ist aus den l–Expandierten $L_{l,l}$ rekonstruierbar. Dabei darf allerdings nicht modular gerechnet werden.

Unsere Bilder 8.1 und 8.2 zeigen Gauß– und Laplace–Pyramide eines 385×385–Pixel großen Ausschnittes des Marabu–Bildes.

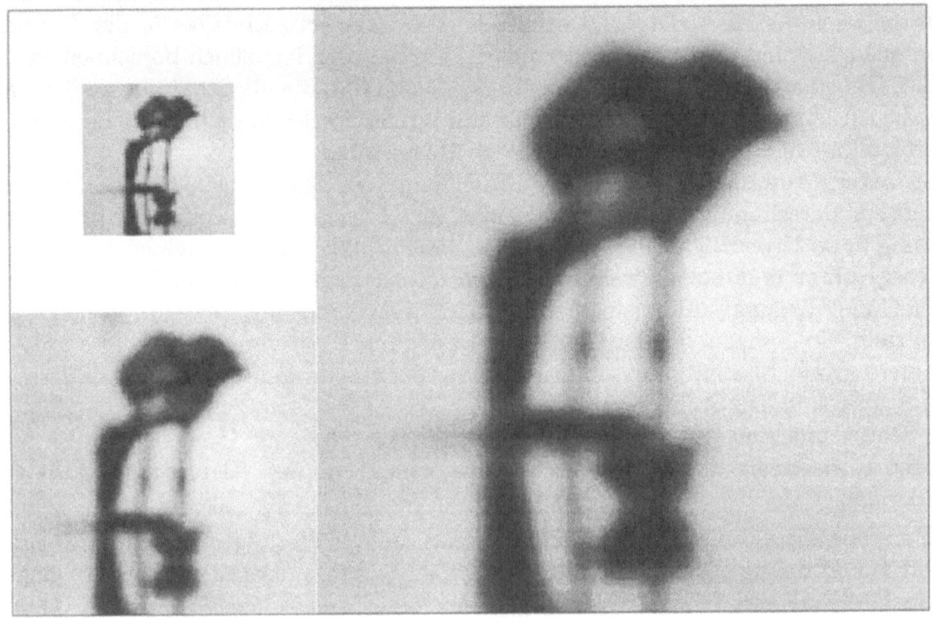

Bild 8.2: Laplace–Pyramide des Ergebnisses von Bild 8.1

8.1.3 Anwendungen der Pyramiden

Zunächst ist zu erwähnen, daß mit Hilfe der Laplace–Pyramiden ein erheblicher Kompressionseffekt mit nur geringer Einbuße an Qualität in der Bilddarstellung erreicht werden kann. Sind im Histogramm des Bildes B_0 Grauwerte von 0 bis 255 enthalten, so liegen die Werte von L_0 peakförmig um den Nullpunkt verteilt. So kann der Wertebereich z.B. auf 4 Bit reduziert werden. Um das Bild reproduzieren zu können, müssen allerdings auch die anderen Bilder der Laplacepyramide gespeichert werden. Hier kann jedoch mit einer noch geringeren Bit–Rate gearbeitet werden. Außerdem nimmt die Anzahl der Bildpunkte in jedem weiteren Bild auf den vierten Teil ab. Wenden wir die Huffman-Codierung an, so ist auch ein verlustfreier Kompressionseffekt möglich.

Eine interessante Anwendung von Laplace–Pyramiden zeigt sich bei der Kombination verschiedener Bildteile, die durch den LANDSAT–Satelliten übermittelt wurden und verschieden verrauscht waren. Dadurch erscheint eine Seite dunkler als die andere. Dieser Effekt kann auch durch verschiedene Lichtintensitäten oder wechselnde Bewölkungsgrade auftreten. Zur Behebung werden für das rechte und linke Teilbild die Laplace–Pyramiden LL und LR erstellt. Beide Pyramiden werden nun zu einer neuen Pyramide LM zusammengesetzt und dabei Punkte, die zwischen beiden Bildern liegen, gemittelt. Schließlich werden die Bilder expandiert und zum interpolierten Bild aufaddiert. Dabei verschwinden die unstetigen Übergänge an der Grenze der beiden Teilbilder völlig.

Neben einer Anwendung der Gauß–Pyramiden zur Mustererkennung sind auch Abschätzungen des Frequenzspektrums kostengünstig möglich. Dabei vermeiden wir den

Einsatz der FFT in Zusammenhang mit einer Gaußfilterung. Zu einem gegebenen Bild wird zunächst die Gauß–Pyramide $B_0, B_1, ..., B_N$ durch wiederholte Anwendung des REDUCE–Operators berechnet. In einem zweiten Schritt wird die Laplace–Pyramide mittels $L_l = B_l - \text{EXPAND}(B_{l+1})$ ermittelt. Die Grauwert–Einträge in der Pyramide werden quadriert und die neuen Bilder mit L_l^2 bezeichnet. Schließlich berechnen wir mit der HDC–Fensterfunktion die Mittelwerte $E_{lk} := A_k(L_l^2)$, die als Schätzungen des Spektrums dienen können. Dabei decken kleine und große Werte von l bei gleichem Fenster W_k Gebiete mit fein und grob strukturierten Mustern auf.

Eine weitere Anwendung betrifft die Erkennung von Bewegungen in einer zeitlichen Bildfolge zur Berechnung des optischen Flußes. Zur Erleichterung wollen wir uns auf eine Bewegung in positiver Richtung der x–Achse beschränken. Im allgemeinen Fall wird der Bewegungsvektor $\mathbf{d}$ in seine zwei Richtungen d_x, d_y aufgeteilt. Zunächst benutzen wir eine Tiefpaß–Filterung, um in einem Bild mit grober Auflösung Bewegungsschätzungen zu ermitteln. So grenzen wir die Größe der Bewegung d auf ein Intervall $\left[-2^k, 2^k\right]$ ein. Diese erste grobe Abschätzung kann auch eine Schätzung aus vorherigen Bildern sein oder aus einer früheren Stufe der aufsteigenden Grob–Fein–Schätzungsstrategie. In einem neuen Schritt möchten wir eine Schätzung d_k mit $|d - d_k| < 2^{k-1}$ erreichen. Die Suche ist beendet, wenn die Schätzung für d genau genug ist. Der Algorithmus läuft dann folgendermaßen ab:

- Berechne die Gaußschen Pyramiden zweier aufeinanderfolgender Bilder B und G bis zur Ordnung $k : B_0, B_1, ..., B_k$ und $G_0, G_1, ..., G_k$. Damit verkleinert sich das Suchintervall von $\left[-2^k, 2^k\right]$ auf $[-1, 1]$.

- Bilde die drei Bewegungskanäle durch Links– bzw. Rechtshift und Multiplikation der Bilder. Dabei wird die y–Koordinate nicht mit aufgeführt:

$$\begin{aligned} ML(x) &:= B_k(x)G_k(x-1) \quad &\text{Linksbewegung,} \\ M0(x) &:= B_k(x)G_k(x) \quad &\text{Null–Bewegung,} \\ MR(x) &:= B_k(x)G_k(x+1) \quad &\text{Rechtsbewegung.} \end{aligned}$$

  Hier können auch die Größen $L_k(B)$ und $L_k(G)$ berechnet werden, wenn im folgenden Schritt das Korrelationsmaß $A_2(L_k(B)L_k(G))$ benutzt wird.

- Eine lokale Korrelation wird mit dem HDC–Operator berechnet:

$$\overline{ML}(x) := A_2(ML(x)) \quad \text{etc.}$$

- Eine Schätzung $d_k(x)$ wird nun durch eine geeignete Interpolation aus den Mittelwerten der drei Kanäle im Punkte $(x, .)$ berechnet. Zum Beispiel kann eine Parabel durch die drei Datenpunkte $(-1, \overline{ML}), (0, \overline{M0}), (1, \overline{MR})$ gelegt und für d_k der Scheitel gewählt werden:

$$d_k(x) := \frac{\overline{MR}(x) - \overline{ML}(x)}{4\overline{M0}(x) - 2(\overline{MR}(x) + \overline{ML}(x))}.$$

Damit ist die gefundene Größe korrekt bis auf ± 0.5 auf der k–ten Stufe und bis auf $\pm 2^{k-1}$ im Ausgangsbild. Nun wird diese Prozedur für die y–Richtung wiederholt, das Ausgangsbild um den Vektor (d_{kx}, d_{ky}) verschoben und der Algorithmus auf der Stufe $k - 1$ wiederholt.

Neuerdings findet der hierarchische Ansatz über die Konstruktion von Pyramiden auch Anwendung beim Einschluß einer Figur in einem Schwarzweiß–Pixelbild in eine konvexe Obermenge und bei Füllen von Aushöhlungen [5].

Ausgehend von einem $N \times N$ Pixel umfassenden Schwarzweißbild $S(x,y)$, versehen mit der 8–Nachbarn–Topologie und mit einem beliebigen schwarzen Pixelgebiet P, wird dessen konvexe Hülle durch tangentiale Strecken an den Rand von P, also den Schnitt einer gewissen Anzahl von Halbebenen approximiert und somit ein konvexer Einschluß von P bestimmt. Dabei werden zunächst nur Strecken mit Steigungen D_j, $(j = 0, \pm\pi/4, \pm\pi/2, \pm 3\pi/4, \pi)$ zugelassen. Der Algorithmus läuft dann in folgenden Schritten ab:

- Ausgehend vom $N \times N$–Bild $S(x,y)$ wird eine Gaußsche OR–Pyramide $S_i(x,y)$, $i = 0, ..., \log_2 N - 1$ bis zum 2×2–Bild S_l erzeugt mit

$$S_{i+1}(x,y) = S_i(2x, 2y) \vee S_i(2x + 1, 2y) \vee S_i(2x, 2y + 1) \vee S_i(2x + 1, 2y + 1).$$

- Nunmehr wird für $i = l$ eine Suche nach einschließenden Geraden in den acht Richtungen D_j gestartet, um die Tangenten an P zu ermitteln. Dazu kann das Bild auf Normalen zu den Richtungen D_j gescannt oder ein Bisektionsalgorithmus angewendet werden. Für jede Richtung wird dann der Tangentialpunkt $(x_j, y_j)_l$ gespeichert.

- Sodann wird die Suche auf der Ebene $l - 1$ wiederholt, allerdings wird der Punkt $(2x_j, 2y_j)_l$ als Ausgangspunkt für die Suche nach dem Tangentenpunkt $(x_j, y_j)_{l-1}$ benutzt. Hier sind dann nur noch höchstens zwei angrenzende Strecken zu testen, jede mit einem Aufwand von höchstens der Ordnung $\sqrt{2}N/2^{l-1}$.

- Die Suche auf niedrigerer Ebene wird wiederholt, bis das Bild S_0 erreicht ist. Die gefundenen acht Tangentenpunkte $(x_j, y_j)_0$ zu den Richtungen D_j ermöglichen es, einen konvexen Einschluß zu konstruieren.

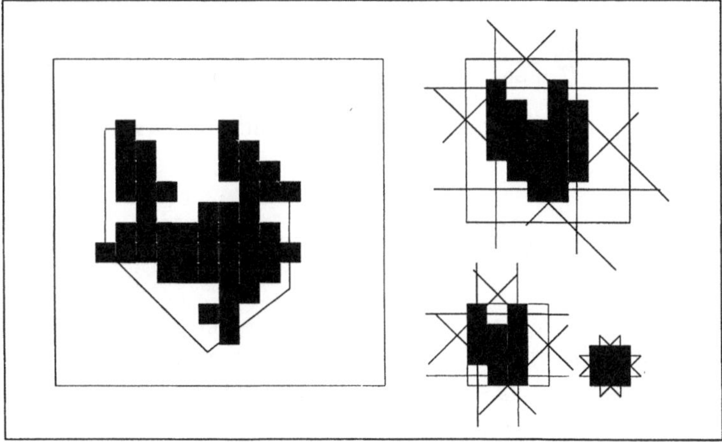

Bild 8.3: Hierarchischer Ansatz zur Konstruktion einer konvexen Einschlußmenge

Der Algorithmus benötigt zum Aufbau der Pyramide $O(N^2)$ Schritte, der zweite Teil ist von der Ordnung $O(J \cdot N)$, wobei J die Anzahl der untersuchten Richtungen bezeichnet.

Bauen wir gleichzeitig mit der Pyramide S_i eine zweite Pyramide auf, so kann der konvexe Einschluß auch schwarz gefüllt werden. Dazu müssen auf allen Ebenen diejenigen Strecken, die nicht den konvexen Einschluß kreuzen, weiß überzeichnet werden. Dabei wird die Füllung mit weißen Pixeln auf der Ebene $l - 1$ durch Projektion aus der Ebene l übertragen.

Vergleiche mit planaren Versionen der Algorithmen haben die Überlegenheit des hierarchischen Ansatzes gezeigt. Durch Hinzunahme weiterer Richtungen kann der konvexe Einschluß in Richtung der konvexen Hülle verbessert werden.

8.2 Fouriertransformation

Mit Hilfe der Fouriertransformationen können Bilder vom Orts– in den Frequenzbereich transformiert und dort bearbeitet werden. Wir geben einen Algorithmus zur schnellen Berechnung der diskreten Fouriertransformation an, erläutern das Abtasttheorem und untersuchen Rekonstruktion und Verbesserung eines Bildes durch Anwendung von Filtern im Frequenzbereich. Während Tiefpaßfilter Kanten abschwächen und Antialiasing bewirken, haben Hochpaßfilter eine dem Laplace–Operator vergleichbare Wirkung.

8.2.1 Die diskrete Fouriertransformation

Die Funktion $B(x)$ sei in den Punkten $x = 0, 1, 2, ..., N-1$ definiert. Dann bezeichnet

$$b(u) = F(B(x)) := \frac{1}{\sqrt{N}} \sum_{x=0}^{N-1} B(x) \exp\left(-\frac{2\pi i x u}{N}\right), \ u = 0, 1, ..., N-1,$$

die komplexwertige diskrete Fouriertransformation von $B(x), |b(u)|$ das diskrete Fourierspektrum, und es gilt

$$B(x) := \frac{1}{\sqrt{N}} \sum_{u=0}^{N-1} b(u) \exp\left(\frac{2\pi i x u}{N}\right), \ x = 0, 1, ..., N-1.$$

Eine analoge Formel gilt für eine zweidimensionale Funktion $B(x, y)$ für $u = 0, ..., N-1$, $v = 0, ..., M-1$:

$$b(u, v) := \frac{1}{\sqrt{NM}} \sum_{x=0}^{N-1} \sum_{y=0}^{M-1} B(x, y) \exp\left(-2\pi i \left(\frac{xu}{N} + \frac{yv}{M}\right)\right).$$

Statt des Fourierspektrums $|b(u, v)|$ wird oftmals mit einer geeigneten Konstante c normiert und die Funktion $d(u, v) := c \log(1 + |b(u, v)|)$ betrachtet.

Hier gilt für $x = 0, ..., N-1$, $y = 0, ..., M-1$ die Umkehrformel

$$B(x, y) := \frac{1}{\sqrt{NM}} \sum_{u=0}^{N-1} \sum_{v=0}^{M-1} b(u, v) \exp\left(2\pi i \left(\frac{xu}{N} + \frac{yv}{M}\right)\right).$$

Zum Beweis ist die Orthogonalitätsrelation

$$\sum_{x=0}^{N-1} \exp\left(\frac{-2\pi i r x}{N}\right) \cdot \exp\left(\frac{2\pi i u x}{N}\right) = \begin{cases} N, & r = u, \\ 0, & \text{sonst} \end{cases}$$

zu beachten. Wir notieren einige Eigenschaften und beginnen mit der Feststellung, daß der Fourieroperator F linear ist:

$$F(\alpha B(x,y) + \beta B'(x,y)) = \alpha F(B(x,y)) + \beta F(B'(x,y)).$$

Die Werte $b(0,0)$ und $B(0,0)$ stellen in gewissem Sinne Mittelwerte dar.
Weiterhin gelten die Translationsbeziehungen

$$B(x,y)\exp\left(2\pi i\left(\frac{xu_0}{N} + \frac{yv_0}{M}\right)\right) \Leftrightarrow b(u - u_0, v - v_0),$$

$$B(x - x_0, y - y_0) \Leftrightarrow b(u,v)\exp\left(-2\pi i\left(\frac{xu_0}{N} + \frac{yv_0}{M}\right)\right).$$

Ein wichtiger Spezialfall ist die Relation

$$B(x,y) \cdot (-1)^{x+y} \Leftrightarrow b\left(u - \frac{N}{2}, v - \frac{M}{2}\right).$$

Damit wird der Mittelpunkt in die Mitte des Frequenzrechtecks verlegt, indem die Funktionswerte einfach schachbrettartig mit ± 1 multipliziert werden. Schließlich gelten noch die Skalierungskorrespondenz

$$B(x,y) \Leftrightarrow b(u,v) \text{ und } B(x\Delta x, y\Delta y) \Leftrightarrow \frac{1}{|\Delta x \Delta y|} \cdot b\left(\frac{u}{\Delta x}, \frac{v}{\Delta y}\right)$$

und die komplexe Konjugationsbeziehung

$$b(u,v) = b^*(-u,-v), \quad |b(u,v)| = |b^*(u,v)| = |b(-u,-v)|.$$

Natürlich kann die diskrete Fouriertransformation periodisch fortgesetzt werden:

$$b(u + N, v + M) = b(u,v) = b(u + N, v) = b(u, v + M).$$

Das gleiche gilt für die Rücktransformation $B(x,y)$.

Verwandt mit der Diskreten Fouriertransformation ist die Diskrete Cosinustransformation, auf die wir in einem späteren Kapitel bei der Besprechung des JPEG–Kompressionsverfahrens zurückkommen. Sie ist für Hin– und Rücktransformation völlig symmetrisch und lautet mit den Hilfsfunktionen $\alpha(0) := 1/\sqrt{N}$ und $\alpha(u) := \sqrt{2/N}$ für $u = 1, ..., N-1$:

$$c(u,v) := \alpha(u) \cdot \alpha(v) \sum_{x=0}^{N-1} \sum_{y=0}^{N-1} C(x,y) \cos\left[\frac{(2x+1)u\pi}{2N}\right] \cos\left[\frac{(2y+1)v\pi}{2N}\right],$$

$$u,v = 0, ..., N-1.$$

8.2.2 Die schnelle Fouriertransformation

Bekanntlich kann die diskrete Fouriertransformation mit dem Teile und Herrsche–Prinzip mit einem Aufwand von $O(N \log N)$ Operationen unter Ausnutzung derselben Routine für die Hin– und Rücktransformation schnell implementiert werden.

Ausgehend von dem Fourierpolynom einer 1–periodischen Funktion $f(x)$

$$p(x) := \sum_{k=0}^{N-1} b_k \exp(i2\pi kx)$$

gilt

$$p\left(\frac{k}{N}\right) = f_k := f\left(\frac{k}{N}\right), \ k = 0, 1, ..., N-1$$

genau dann, wenn

$$b_k = \frac{1}{N}\sum_{l=0}^{N-1} f_l \exp\left(\frac{-2\pi i l k}{N}\right), \ k = 0, ..., N-1.$$

Wir schildern nun kurz den eindimensionalen FFT–Algorithmus von Cooley and Tukey [61] nach Gauß und setzen $N = 2^n$:

Dazu führen wir die inverse Darstellung $\tau(k)$ zur Binärdarstellung einer ganzen Zahl k ein:

$$k = a_0 + a_1 2 + a_2 2^2 + ... + a_{n-1}2^{n-1}, a_i \in \{0, 1\} \Rightarrow \tau(k) = a_{n-1} + a_{n-2}2 + ..., a_0 2^{n-1}.$$

Nach der Initialisierung des Tableaus $b[\tau(k)] := f(k/N)$ kann der eindimensionale Grundalgorithmus folgendermaßen beschrieben werden:

```
for m := 1 to n do begin
  E := 1;
  for j := 0 to 2^(m-1) - 1 do
    for r := 0 to N-1 step 2^m do begin
      u := b[r+j]; v := b[r+j+2^(m-1)] * E;
      b[r+j] := u + v; b[r+j+2^(m-1)] := u - v;
      E := E * exp(-2 * pi * i / 2^m);
    end;
end;
```

Anschließend finden wir im Tableau $b[k]$, $0 \le k \le 2^n - 1$ die mit N multiplizierten Koeffizienten des komplexen Fourierpolynoms, die mittels der Korrespondenzen

$$A_0 := 2b_0, \ A_k := b_k + b_{N-k}, \ B_k := i(b_k - b_{N-k})$$

in die Koeffizienten des reellen Fourierpolynoms umgerechnet werden können. Für die Rücktransformation wird die abschließende Division durch N unterdrückt und die letzte Zeile der Iteration in $E := E \cdot \exp(2\pi i/2^m)$ modifiziert.

Die Berechnung der Transformation τ geschieht mit folgendem kleinen Programmfragment:

```
ml := N div 2; l := 0;
for k := 0 to N-1 do begin
  read(Re(b[k]), Im(b[k]));
  If k > l then begin
    swap(Re(b[k]), Re(b[l])); swap(Im(b[k]), Im(b[l]));
  end;
  j := ml;
  while (j <= l) and (j > 0) do begin
    l := l - j; j := j div 2
  end;
  l := l + j;
end;
```

Dieser Algorithmus überträgt sich auch auf den zweidimensionalen Fall.

8.2.3 Das Abtasttheorem

Verschwindet die kontinuierliche Fouriertransformierte $b(u) := \int_{-\infty}^{\infty} B(x)\exp(-2\pi ixu)dx$ einer stetigen, quadratintegrablen Funktion $B(x)$ außerhalb eines Intervalles $[-W, W]$, so heißt die Funktion B bandbegrenzt.

Ein Beipiel für eine derartige Funktion ist $B(x) = \sin(2\pi xW)/x$. Allerdings muß darauf hingewiesen werden, daß keine derartige bandbegrenzte Funktion mit kompaktem Träger existiert, d.h. die ebenfalls außerhalb eines Intervalls verschwindet. Möchten wir eine diskrete Funktion aus B in den Punkten $n\Delta x$, $n = 0, ..., N - 1$, erhalten, so können wir $B(x)$ mit einer Kammfunktion $S(x)$ mit

$$S(t) = \begin{cases} 1, & t = n\Delta x \\ 0, & \text{sonst} \end{cases}$$

multiplizieren. Die zugehörige diskrete Fouriertransformierte $s(u)$ ist ebenfalls eine Kammfunktion, verschwindet überall mit Ausnahme der Argumente $u = n/\Delta x$, ist also periodisch mit der Periode $1/\Delta x$. Da dem Produkt $B(x) \cdot S(x)$ die Faltung $b * s$ entspricht, sollte dabei eine Überlagerung nicht verschwindender Funktionswerte von $b(u)$ bei Berechnung der $(\Delta x)^{-1}$–periodischen Faltung von $s(u)$ mit der Funktion $b(u)$ ausgeschlossen sein. Daher fordern wir $1/\Delta x \geq 2W$ oder $\Delta x \leq 0.5/W$, womit erreicht ist, daß periodisch wiederkehrende Bereiche u mit nichtverschwindendem $b * s$ getrennt sind. Damit ist gewährleistet, daß bei einer diskreten Fourierrücktransformation tatsächlich das diskrete Analogon der Funktion erhalten wird. Dieses Ergebnis überträgt sich auch auf den zweidimensionalen Fall (vgl. Bild 8.4).

8.2.4 Faltung und Rekonstruktion

Kommen wir zur Faltung. Bei der Fragestellung, welche Funktion dem Produkt $a(u) \cdot b(u)$ zweier diskreter Fouriertransformierten entspricht, werden wir auf die Faltung zweier Funktionen geführt:

$$A * B\,(x) := \frac{1}{\sqrt{N}} \sum_{n=0}^{N-1} A(x - n)B(n), \quad x = 0, 1, ..., N - 1.$$

Sind die Funktionen $A(x)$ nur für die Punkte $0, ..., K - 1$ und $B(x)$ für die Punkte $0, ..., L - 1$ definiert, so wählen wir $N = K + L - 1$, definieren $A(x) = 0$, $x = K, ..., N - 1$, sowie $B(x) = 0$, $x = L, ..., N - 1$, und setzen alle Funktionen einschließlich der Faltung über $[0, N - 1]$ periodisch fort.

Im zweidimensionalen Fall gilt eine analoge Formel für die Ausgangsfunktion mit der Fouriertransformierten $a(u, v) \cdot b(u, v)$

$$A * B\,(x, y) := \frac{1}{\sqrt{NM}} \sum_{n=0}^{N-1} \sum_{m=0}^{M-1} A(x - n, y - m)B(n, m), \quad x = 0, ..., N - 1,\ y = 0, ..., M - 1.$$

Hier ist $A(x, y)$ über einem $K \times K'$– und $B(x, y)$ über einem $L \times L'$–dimensionalen Bereich definiert. Wie im eindimensionalen Fall müssen wir $N = K + L - 1$ und $M = K' + L' - 1$ setzen und die Funktionen A und B auf diese Bereiche durch Nullsetzung außerhalb von $[0, K - 1] \times [0, K' - 1]$ bzw. $[0, L - 1] \times [0, L' - 1]$ fortsetzen. Bei der Bildrekonstruktion spielt diese Formel eine große Rolle. Hier wird das Ausgangsbild $B(x, y)$ mittels eines die Verschlechterung des Bildes simulierenden Faltungsoperators $H(x, y)$ unter Zufügung eines Rauschterms $N(x, y)$ in das Ausgabebild

$$G(x, y) := H * B(x, y) + N(x, y)$$

überführt. Schreiben wir alle N Zeilen des Bildes G als Spalte untereinander, so erhalten

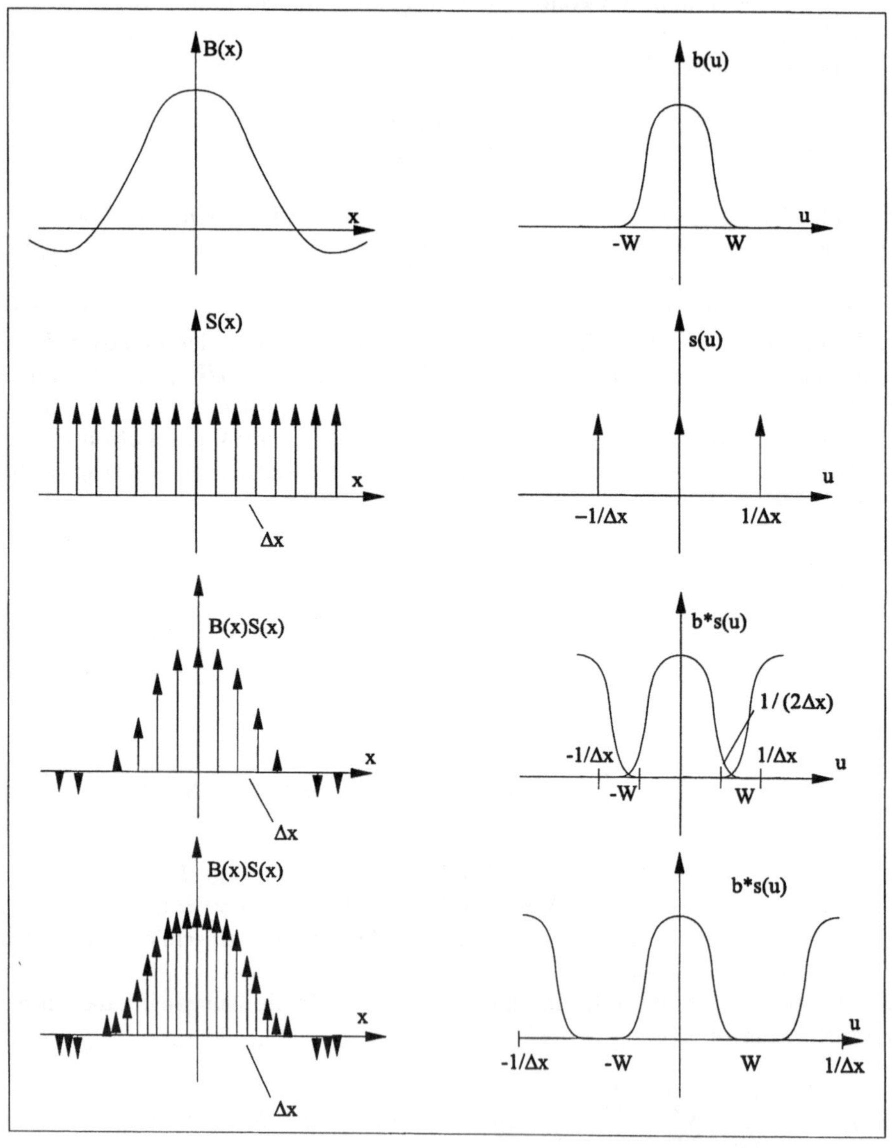

Bild 8.4: Faltung und Abtastung

wir einen $N \cdot M$–dimensionalen Spaltenvektor $\mathbf{g}$ und können die Faltungsbeziehung als $\mathbf{g} = \mathbf{H}\mathbf{b} + \mathbf{n}$ schreiben. Dabei besteht die Blockzirkulanten–Matrix $\mathbf{H}$ nun aus zyklisch verschobenen $M \times M$ Blockmatrizen:

$$\mathbf{H} = \begin{pmatrix} \mathbf{H}_0 & \mathbf{H}_{N-1} & \mathbf{H}_{N-2} & \cdots & \mathbf{H}_1 \\ \mathbf{H}_1 & \mathbf{H}_0 & \mathbf{H}_{N-1} & \cdots & \mathbf{H}_2 \\ \mathbf{H}_2 & \mathbf{H}_1 & \mathbf{H}_0 & \cdots & \mathbf{H}_3 \\ \vdots & \vdots & \vdots & & \vdots \\ \mathbf{H}_{N-1} & \mathbf{H}_{N-2} & \mathbf{H}_{N-3} & \cdots & \mathbf{H}_0 \end{pmatrix} \text{ mit}$$

$$\mathbf{H}_n = \begin{pmatrix} H(n,0) & H(n,M-1) & H(n,M-2) & \cdots & H(n,1) \\ H(n,1) & H(n,0) & H(n,M-1) & \cdots & H(n,2) \\ H(n,2) & H(n,1) & H(n,0) & \cdots & H(n,3) \\ \vdots & \vdots & \vdots & & \vdots \\ H(n,M-1) & H(n,M-2) & H(n,M-3) & \cdots & H(n,0) \end{pmatrix}.$$

Es geht nun darum, aus Kenntnis des Ausgabebildes und des Verschlechterungsoperators $\mathbf{H}$ sowie des Rauschterms $\mathbf{n}$ das Ausgangsbild zu rekonstruieren. In Gonzalez und Woods [103] wird eine Methode geschildert, die Matrix $\mathbf{H}$ mittels einer aus Exponentialtermen aufgebauten Matrix $\mathbf{W}$ mit der Diagonalmatrix $\mathbf{D}$ und der Einheitsmatrix $\mathbf{E}$ auf Diagonalform zu transformieren:

$$\mathbf{D} = \mathbf{W}^{-1}\mathbf{H}\mathbf{W}, \quad \mathbf{W}^{-1}\mathbf{W} = \mathbf{E}.$$

Dann folgt die Beziehung

$$\mathbf{W}^{-1}\mathbf{g} = \mathbf{D}\mathbf{W}^{-1}\mathbf{b} + \mathbf{W}^{-1}\mathbf{n}.$$

Bezeichnen wir den Vektor auf der rechten Seite mit den Elementen

$$g(0,0), g(0,1), \ldots, g(0,M-1), g(1,0), \ldots, g(1,M-1), \ldots, g(N-1,0), \ldots, g(N-1,M-1),$$

so kann gezeigt werden, daß für $u = 0, \ldots, N-1$, $v = 0, \ldots, M-1$ gilt

$$g(u,v) := \frac{1}{\sqrt{NM}} \sum_{x=0}^{N-1} \sum_{y=0}^{M-1} G(x,y) \exp\left(-2\pi i \left(\frac{xu}{N} + \frac{yv}{M}\right)\right).$$

Die Diagonalisierung führt also auf eine Gleichung im Frequenzraum mit den Fouriertransformierten der Größen $G(x,y)$, $B(x,y)$ und $N(x,y)$. Schließlich entspricht die Matrix $\mathbf{D}$ in gleicher Weise der 2D–Fouriertransformierten zum Verschlechterungsoperator $H(x,y)$, und wir erhalten im Frequenzraum

$$g(u,v) = h(u,v) \cdot b(u,v) + n(u,v), \; 0 \leq u \leq N-1, \; 0 \leq v \leq M-1.$$

Bei der inversen Filterung lösen wir nun letztere Gleichung auf zu

$$b(u,v) = \frac{g(u,v)}{h(u,v)} - \frac{n(u,v)}{h(u,v)}$$

und versuchen, durch Rücktransformation das Ausgangsbild zu ermitteln. In rauschfreien Situationen kann hier die diskrete FFT gute Dienste leisten. Im allgemeinen fällt jedoch $h(u,v)$ oft schneller ab als $n(u,v)$, und so überwiegt der Störterm den Rekonstruktionsterm.

Kommt das Ausgabebild durch eine Verwackelung zustande, die durch eine gleichmäßige lineare Bewegung in x–Richtung modelliert werden soll, so entspricht $|h(u,v)|$ der sinc–Funktion $const \cdot \sin(\pi u a)/u$ mit unendlich vielen Nullstellen. Gonzalez und Woods [103] beschreiben zwei Lösungsansätze. Zum einen wird $B(x,y)$ zunächst aus dem Ansatz

$$G(x,.) = \int_0^T B\left(\frac{x-at}{T},.\right) dt, \; 0 \le x \le l,$$

d.h. B verschwindet außerhalb von $[0,l]$, als Summe über diskrete Ableitungswerte in x–Richtung von $G(x,y)$ rekonstruiert. Ein zweiter Ansatz benutzt Wiener–Filterung. Hier wird das Matrix–Produkt der Vektoren $\mathbf{b}\cdot\mathbf{b}^T$ und $\mathbf{n}\cdot\mathbf{n}^T$ gebildet. Bei diesen Produkten handelt es sich um $NM \times NM$–Matrizen mit den Elementen $b_i b_j$ und $n_i n_j$. Nunmehr wollen wir annehmen, daß $N = M$ gilt und die $B(x,y)$ und $N(x,y)$ Zufallsvariablen mit Erwartungswert 0 sind, gehen wieder zu den Vektoren $\mathbf{b}$ und $\mathbf{n}$ über und führen die Kovarianzmatrizen ein:

$$\mathbf{R_b} := E(\mathbf{b}\cdot\mathbf{b}^T), \; \mathbf{R_n} := E(\mathbf{n}\cdot\mathbf{n}^T).$$

Gehen wir davon aus, daß die Werte der Grauwertvariablen nur in gewissen Umgebungen korreliert sind und die Einträge nicht von den Koordinaten (x,y), sondern vom Abstand der Pixel abhängen, so haben die Korrelationsmatrizen Bandstruktur und können durch Matrizen derselben Form wie $\mathbf{H}$ angenähert werden. Daher ist auch hier eine Diagonalisierung möglich:

$$\mathbf{\Lambda_b} = \mathbf{W}^{-1}\mathbf{R_b}\mathbf{W}, \quad \mathbf{\Lambda_n} = \mathbf{W}^{-1}\mathbf{R_n}\mathbf{W}, \quad \mathbf{W}^{-1}\mathbf{W} = \mathbf{E}.$$

Damit haben wir eine Entsprechung der Korrelationsmatrizen $\mathbf{R_b}$ und $\mathbf{R_n}$ mit den Spektraldichten zu $\mathbf{b}$ und $\mathbf{n}$, die wir $s_B(u,v)$ und $s_N(u,v)$ nennen wollen. Filtern wir nun mit dem Wiener–Filter

$$\widehat{b}(u,v) = \frac{|h(u,v)|^2}{|h(u,v)|^2 + s_N(u,v)/s_B(u,v)} \cdot \frac{g(u,v)}{h(u,v)}$$

und transformieren zurück, so minimiert diese Wahl den erwarteten quadratischen Fehler

$$E\left\{\left(B(x,y) - \widehat{B}(x,y)\right)^2\right\}$$

zwischen B und seiner Schätzung $\widehat{B}$. Da der Quotient $s_N(u,v)/s_B(u,v)$ meistens unbekannt ist, wird er bisweilen durch eine positive Konstante k ersetzt, wie zum Beispiel die Rauschvarianz.

Erwähnen wir schließlich noch die diskrete Korrelation, die ähnlich der Faltung definiert wird:

$$A \circ B\,(x,y) := \frac{1}{\sqrt{NM}} \sum_{n=0}^{N-1} \sum_{m=0}^{M-1} A^*(n,m)B(x+n,y+m),$$
$$x = 0,...,N-1, \; y = 0,...,M-1,$$

und die auf die folgende Entsprechung führt:

$$A \circ B\,(x,y) \Leftrightarrow a^*(u,v)\cdot b(u,v), \; A^*(x,y)\cdot B(x,y) \Leftrightarrow a \circ b\,(u,v).$$

Eine der wichtigsten Anwendungen der Korrelation, die auch Crosskorrelation genannt wird, wenn die Funktionen A und B verschieden sind, besteht darin, die größte Übereinstimmung zwischen einem Bild und einer Menge von Prototyp–Bildern zu finden. Dazu werden die Korrelationen bestimmt, und diejenige mit dem größten Wert ergibt die Zuordnung zum Musterbild. Gonzalez und Woods [103] berechnen einen normalisierten Korrelationskoeffizienten im Punkte (x,y) unter Einführung der mittleren Grauwerte $\overline{A}$ und $\overline{B}$ mit

$$\gamma(x,y) := \frac{\sum\limits_{n=0}^{N-1}\sum\limits_{m=0}^{M-1}(A(n,m)-\overline{A})(B(n-x,m-y)-\overline{B})}{\sqrt{\sum\limits_{n=0}^{N-1}\sum\limits_{m=0}^{M-1}(A(n,m)-\overline{A})^2\ \sum\limits_{n=0}^{N-1}\sum\limits_{m=0}^{M-1}(B(n-x,m-y)-\overline{B})^2}}.$$

Dieser eignet sich auch, wenn ein Teilbild $B(n,m), 0 \leq n \leq L-1, 0 \leq m \leq L'-1$, an einer geeigneten Stelle (x,y) mit einem Bildausschnitt von A abgeglichen werden soll. Dabei wird (x,y) so bestimmt, daß γ maximal ist.

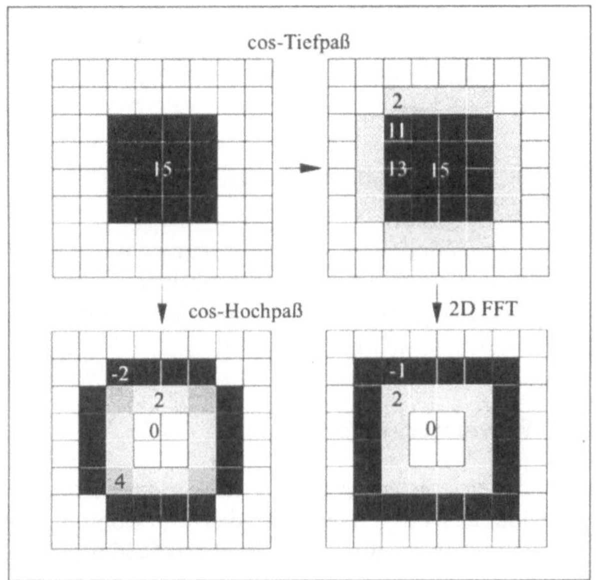

Bild 8.5: Kosinus– und FFT–Filterung

8.2.5 Filterung

Neben den cos–Filtern

$$0.5 \pm 0.5 \cdot \cos\left(\frac{2\pi}{\sqrt{2}N}\sqrt{\left(u-\frac{N}{2}\right)^2 + \left(v-\frac{N}{2}\right)^2}\right),\ N=M,$$

die wir bereits in Kapitel 7 um $(N/2, N/2)$ zentriert angegeben haben, zitieren wir weitere wichtige Filter, die zur Bildverbesserung dienen können. Es sind dies das Tiefpaß– und das Hochpaßfilter:

$$t(u,v) = \begin{cases} 1, & \sqrt{u^2+v^2} \leq r, \\ 0, & \sqrt{u^2+v^2} > r, \end{cases} \qquad h(u,v) = \begin{cases} 1, & \sqrt{u^2+v^2} > r, \\ 0, & \sqrt{u^2+v^2} \leq r, \end{cases}$$

und das Butterworth–Filter

$$t(u,v) = \frac{1}{1+\left(\frac{u^2+v^2}{r^2}\right)^n}, \qquad h(u,v) = \frac{1}{1+\left(\frac{u^2+v^2}{r^2}\right)^{-n}}.$$

Während die ersten beiden Filter nach Multiplikation im Frequenzbereich auf eine band-begrenzte Funktion führen, sind die beiden Butterworth–Filter stetige Approximationen der obigen idealen Filter. Eine Bandbegrenzung ist erforderlich, damit bei der diskreten Fouriertransformation eine genügend feine diskrete Abtastung nach Transformation und Rücktransformation wieder eine Interpolation der stetigen Ausgangsfunktion erlaubt. Verschwindet die Fouriertransformierte außerhalb eines Intervalls $[-W, W]$ nicht, so tre-ten störende Aliasingeffekte bei der Rücktransformation auf, die jedoch durch gute Tief-paßfilterung eingeschränkt werden können. Verwendung können auch stark abfallende Gauß–Filter finden, denen im Ortsbereich eine Faltung mit einer analogen Gaußfunktion entspricht:

$$g(u, v) = \frac{1}{\sqrt{2\pi r}} \exp\left(-\frac{u^2 + v^2}{2r}\right).$$

8.3 Wavelets in der Bildverarbeitung

Wir wollen hier einen kurzen Einblick in die Bedeutung von Wavelets in der Bildver-arbeitung geben und stützen uns auf den sehr instruktiven Übersichtsartikel von Peter Maaß und Hans–Georg Stark [155], der auch eine ausgiebige Literaturübersicht enthält. Eine elementare Einführung findet sich in [229, 230]

8.3.1 Definition der Wavelettransformation

Seit Mitte der achtziger Jahre spielen Wavelets eine immer größere Rolle in der Sig-naltheorie. Die eindimensionale stetige Wavelettransformation eines quadratintegrablen Signals $f(t)$ besteht in einem skalierten und gestauchten Skalarprodukt mit einer Wave-letfunktion ψ :

$$L_\psi f(a, b) = \frac{1}{\sqrt{|a|}} \int\limits_{-\infty}^{\infty} f(t)\psi^*\left(\frac{t - b}{a}\right) dt.$$

Der Stern bezeichnet die komplexe Konjugation.

 Der Parameter b erlaubt die Betrachtung gewisser Bereiche des Signals, der Parame-ter a regelt die Breite des Trägers der Funktion ψ und erlaubt es, die Funktion f in unterschiedlichen Skalen zu untersuchen.

 An die Funktion ψ werden verschiedene Anforderungen gestellt, darunter z.B.

$$\psi \in L^1(\mathbb{R}), \quad \int_{\mathbb{R}} \psi(t)dt = 0,$$

oder auch die Zulässigkeitsbedingung

$$\psi \in L^2(\mathbb{R}), \quad \frac{1}{\sqrt{2\pi}} \int\limits_{-\infty}^{\infty} \frac{\left|\hat{\psi}(\omega)\right|^2}{|\omega|} d\omega < \infty,$$

mit der Fouriertransformierten $\hat{\psi}(\omega) = \int\limits_{-\infty}^{\infty} f(t)\exp(-2\pi i\omega t)dt$, zur Absicherung der Re-konstruktion von f aus der Invertierbarkeit der Wavelettransformation, allerdings als

Doppelintegral über einem geeigneten Maßraum $\mathbf{R}_0(a, b) := \{(a, b) \mid a, b \in \mathbb{R},\ a \neq 0\}$ mit dem Maß $da\, db/a^2$ und der gleichen Wavelet–Kernfunktion ψ. Weiterhin kann eine dritte Bedingung gefordert werden:

$$\psi \in L^2(\mathbb{R}),\ \psi \text{ hat kompakten Träger und}$$
$$\{2^{m/2}\psi(2^m x - k) \mid m, k \in \mathbf{Z}\} \text{ ist Orthonormalbasis in } L^2(\mathbb{R}).$$

Ein typisches Beispiel ist das Haarwavelet mit

$$\psi(t) = \begin{cases} \dfrac{t}{\sqrt{2}\,|t|}, & |t| \leq 1 \\ 0, & |t| > 1, \end{cases}$$

und der Fouriertransformierten

$$\hat{\psi}(\omega) = \sqrt{2}i\,\frac{\cos 2\pi\omega - 1}{2\pi\omega}.$$

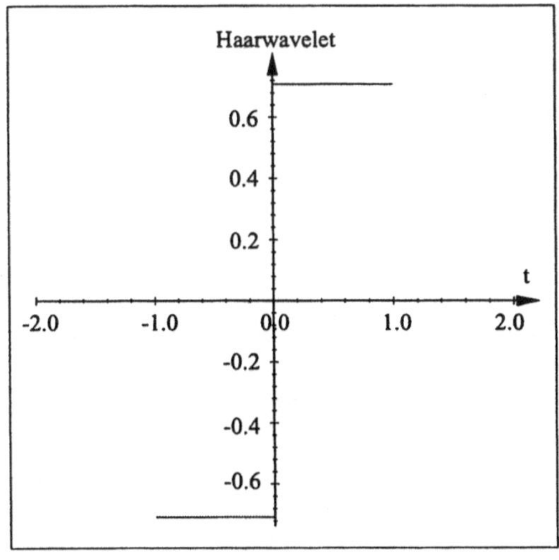

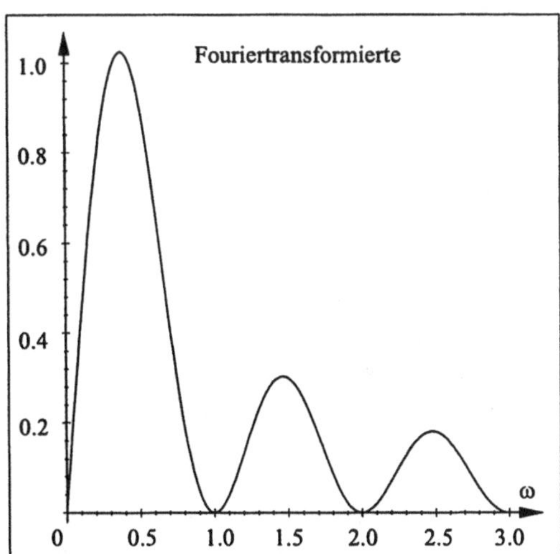

Bild 8.6: Haarwavelet mit Fouriertransformierter

Im zweiten Fall kann nach einigen Regularitätsvoraussetzungen an f mit Division durch $a^{k+1/2}$ und einem Grenzübergang $a \to 0+$ die k–te Ableitung von f mit kompaktem Träger im Punkt b berechnet werden. Die Integralbedingung ist bei genügendem Abfall von $\hat{\psi}(\omega)$ in $\pm\infty$ und $\hat{\psi}(0) = 0$ erfüllt.

Ein wichtiges Beispiel kann auch mit Hilfe des Gaußkerns $\exp\left(\frac{-t^2}{2}\right)$ erzeugt werden. Hier setzen wird $\psi(t) := -\frac{d^2}{dt^2}\exp\left(\frac{-t^2}{2}\right) = (1 - t^2)\exp\left(\frac{-t^2}{2}\right)$. Die Funktion hat das Aussehen eines mexikanischen Hutes, der Betrag der Fouriertransformierten wächst aus dem Nullpunkt zu einem Maximum und verschwindet ebenfalls mit exponentiellem Abfall im Unendlichen (vgl. Bild 8.7).

Ein weiteres interessantes Ergebnis folgt sofort aus der Definition der Wavelettransformation als Integralfaltung: Bilden wir die Fouriertransformierte der Wavelettransformation, so entspricht dies im wesentlichen dem Produkt der beiden Fouriertransformierten $(L_\psi f)^\frown(a, \omega) = \sqrt{|a|}\hat{\psi}^*(a\omega)\hat{f}(\omega)$. Damit erhält die Waveletfunktion die Rolle eines Bandpaßfilters für die Fouriertransformierten.

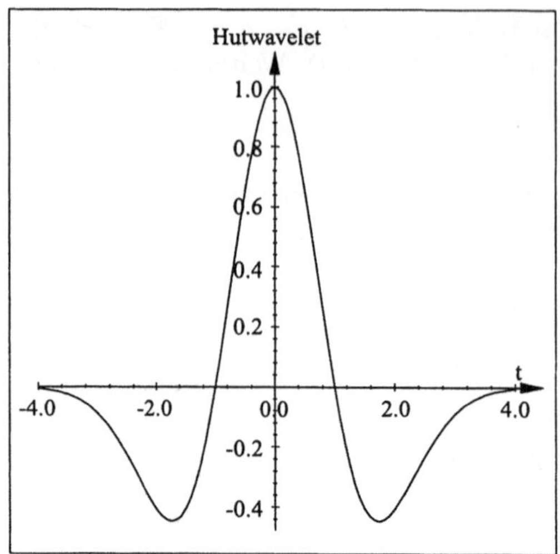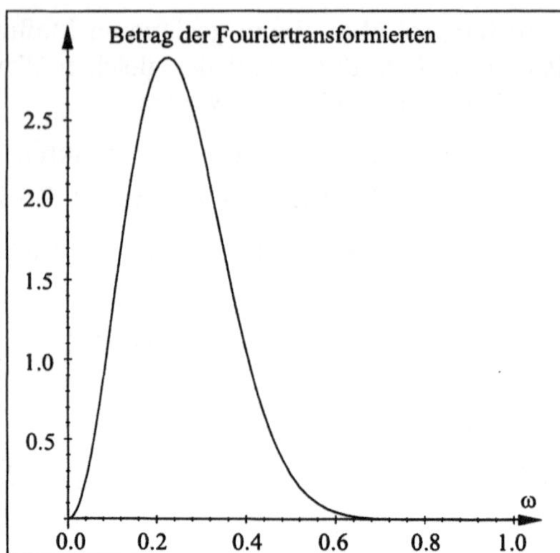

Bild 8.7: Hutwavelet mit Fouriertransformierter

Wollen wir die Wavelettransformation mit der Fouriertransformation vergleichen, so ist mit Hilfe einer Fensterfunktion φ natürlich auch eine entsprechende Transformation in der Form

$$\mathcal{F}_\varphi f(k,b) = \int\limits_{-\infty}^{\infty} \exp(-2\pi i k t)\varphi(t-b)f(t)\,dt$$

möglich. Auch diese Transformation ist durch Integration über k und b mit demselben Kern invertierbar. Wiederum erlaubt der Parameter b die Untersuchung der Funktion f in einer Umgebung des Punktes b, und mit Hilfe des Parameters k können schnelle Variationen von f herausgearbeitet werden. Da jedoch nicht wie im Fall der Waveletfunktion ψ der Träger der Fensterfunktion variiert werden kann, ist eine Betrachtung von f in verschiedenen Skalen wie unter einem Vergrößerungsglas nicht möglich.

Die Wavelettransformation kann durch iterierte Integration über mehrere Variable auf mehrere Veränderliche verallgemeinert werden. Ein anderer Zugang ersetzt im Falle zweier Dimensionen die Zulässigkeitsbedingung durch eine analoge Form

$$\int_{\mathbb{R}^2} \frac{\left|\hat{\psi}(\boldsymbol{\omega})\right|^2}{\|\boldsymbol{\omega}\|^2}\,d\omega_1 d\omega_2 < \infty$$

und führt eine skalierte, rotierte und gestauchte Waveletfunktion

$$\psi^{(a,\mathbf{R},\mathbf{b})}(\mathbf{t}) := |a|^{-1}\psi(a^{-1}\mathbf{R}^{-1}(\mathbf{t}-\mathbf{b}))$$

ein, wonach sich die Wavelettransformation wieder als Skalarprodukt $(f, \psi^{(a,\mathbf{R},\mathbf{b})})$ schreiben läßt. Auch hier ist eine Rücktransformation mit einem geeigneten Maß μ möglich.

Kehren wir zum eindimensionalen Fall zurück: Zur praktischen Anwendung erfolgt eine Diskretisierung in den beiden Variablen b und a:

$$L_\psi f(a_m, b_k) = \frac{1}{\sqrt{|a_m|}}\int\limits_{-\infty}^{\infty} f(t)\psi^*\left(\frac{t-b_k}{a_m}\right)dt, \ a_m := 2^m, b_k := 2^m k,$$

die wir hier schon in einer ganz speziellen Form angegeben haben.

Die Entwicklungskoeffizienten $d_k^m = L_\psi\, f(a_m, b_k)$ einer Funktion f bezüglich einer Orthonormalbasis $\psi_{mk}(t) = 2^{-m/2}\psi(2^{-m}t - k)$ in $L^2(\mathbb{R})$ bilden die diskrete Wavelettransformation. Zu ihrer Berechnung existieren schnelle Algorithmen, die stabil und bei einem Wavelet mit kompaktem Träger in Linearzeit ablaufen. Zudem sind sie leicht parallelisierbar. Hier ist die Rücktransformation über folgende Formel gegeben:

$$f(t) = \sum_{m\in\mathbf{Z}} \left(\sum_{k\in\mathbf{Z}} d_k^m \psi_{mk}(t) \right).$$

Von Daubechies [66] sind Konstruktionsmethoden für orthogonale Waveletbasen angegeben worden, aber auch schon biorthogonale Systeme $\langle \psi, \tilde{\psi} \rangle$ mit dem Skalarprodukt $\langle \psi_{mk}, \tilde{\psi}_{m'k'} \rangle = \delta_{mm'}\delta_{kk'}$, den Kroneckersymbolen δ_{mk} und der Darstellungsformel

$$f(t) = \sum_{m\in\mathbf{Z}} \left(\sum_{k\in\mathbf{Z}} \langle f, \psi_{mk}\rangle \tilde{\psi}_{mk}(t) \right).$$

Allerdings müssen Stabilitätsanforderungen gestellt werden.

8.3.2 Multiskalenanalyse

Multiskalenanalyse spielt in der Bildverarbeitung eine große Rolle. Dazu definieren wir eine Folge von Funktionen f^m, die Projektionen der Ausgangsfunktion in Unterräume mit immer besseren Glattheitseigenschaften darstellen. Dabei ist das Ausgangssignal f^0 in ein glatteres Signal f^1 und das Differenzsignal $g^1 := f^0 - f^1$ zerlegt, in dem die Details des Bildes gespeichert sind, die durch den Glättungsprozeß herausgefiltert worden sind. Dieses Vorgehen kann mit $g^m := f^{m-1} - f^m$ fortgesetzt werden, bis wir nach M Schritten bei einer sehr kontrastarmen Bildnäherung f^M und den Differenzbildern $g^1, \ldots, g^M$ anlangen. Das Verfahren ähnelt sehr der Methode der Gauß– und Laplacepyramiden.

Mathematisch entspricht dieses Vorgehen der Definition einer absteigenden Folge von Projektionsräumen

$$\{0\} \subset \ldots \subset V_2 \subset V_1 \subset V_0 \subset V_{-1} \subset V_{-2} \subset \ldots \subset L^2(\mathbb{R})$$

mit den Eigenschaften

$$\bigcup_{m\in\mathbf{Z}} V_m = L^2(\mathbb{R})$$

$$\bigcap_{m\in\mathbf{Z}} V_m = \{0\}$$

$$f(t) \in V_m \Leftrightarrow f(2t) \in V_{m-1}$$

es existiert ein $\varphi \in L^2(\mathbb{R})$ mit $\{\varphi(t-k) \mid k \in \mathbf{Z}\}$ Orthonormalbasis in V_0.

Letztere Bedingung besagt, daß es eine Funktion φ gibt, für die die Skalierungsgleichung $\varphi(t/2) = 2\sum_{k\in\mathbf{Z}} h_k \varphi(t-k)$ gilt oder allgemeiner

$$\varphi(t) = 2^{m/2} \sum_{k\in\mathbf{Z}} h_k^m \varphi(2^m t - k), \quad \{h_k^m \mid k \in \mathbf{Z}\} \to \varphi, \ m \to \infty.$$

Daher heißt φ Skalierungsfunktion. Die Voraussetzung kann erheblich abgeschwächt werden, z.B. durch die Forderung, daß die Translationsfamilie $\varphi(t - k)$ den Raum V_0 aufspannt und gleichzeitig eine Bedingung an die Fouriertransformierte $\hat{\varphi}$ gestellt wird oder daß die Translationen eine Riesz–Basis in V_0 bilden. Bemerkenswert ist schließlich, daß die Räume V_m von der Translationsfamilie $\{\varphi(2^{-m}t - k) \mid k \in \mathbf{Z}\}$ aufgespannt werden, und die Projektion von f in V_m der Anwendung eines Tiefpaßfilters mit gegen Null strebender Bandbreite für $m \to \infty$ gleicht. Ebenso entspricht die Projektion von f in das orthogonale Komplement W_m von V_{m-1} der Anwendung eines Bandpaßfilters, der spezifische Details des Bildes einer gewissen Größe herausfiltert. Die Räume W_m sind untereinander orthogonal, enthalten die Differenzfunktionen g_m und stellen den Raum L^2 als direkte Summe dar:

$$W_m \perp W_{m'}, L^2(\mathbb{R}) = \overline{\oplus_{m \in \mathbf{Z}} W_m}.$$

Interessanterweise kann nun den Räumen W_m eine Waveletfunktion $\psi(t)$ zugeordnet werden mit

$$\overline{\mathrm{span}\{\psi(t - m) \mid m \in \mathbf{Z}\}} = W_0,$$
$$\langle \psi(. - m), \psi(. - k) \rangle = \delta_{mk}.$$

Nunmehr sind zwei weitere Fragen zu klären, zum einen die Übertragung auf zwei Dimensionen, zum anderen zur Konstruktion der Funktionspaare φ und ψ.

Kommen wir zur Betrachtung des 2D–Falls: Der entscheidende Ansatz besteht hier in der Ersetzung des Dilatationsfaktors $a = 2$ durch eine Dilatationsmatrix $\mathbf{A}$ mit ganzzahligen Einträgen und Eigenwerten $|\lambda| > 1$, wie zum Beispiel

$$\mathbf{A} = \begin{pmatrix} 1 & -1 \\ 1 & 1 \end{pmatrix} \text{ mit } \det(\mathbf{A}) = 2.$$

Eine Basis von V_m ist dann durch

$$\{\varphi_{m\mathbf{k}}(\mathbf{t}) = |\det(\mathbf{A})|^{-m/2} \varphi(\mathbf{A}^{-m}\mathbf{t} - \mathbf{k})\}$$

gegeben. Das orthogonale Komplement W_0, das V_0 zu dem Raum V_{-1} ergänzt, zerfällt dann in orthogonale Unterräume W_i, die durch $|\det(\mathbf{A})| - 1$ paarweise orthogonale quadratintegrable Waveletfunktionen ψ_i aufgespannt werden. Die Skalierungsfunktion φ erfüllt wieder die Skalierungsgleichung

$$\varphi(\mathbf{t}) = |\det(\mathbf{A})| \sum_{\mathbf{k} \in \mathbf{Z}^2} h_k \varphi(\mathbf{A}\mathbf{t} - \mathbf{k}).$$

Im Fall von $|\det(\mathbf{A})| = 2$ hat $L^2(\mathbb{R}^2)$ eine aus einer einzigen Waveletfunktion gebildete Orthogonalbasis $\{\psi_{m\mathbf{k}}(\mathbf{t}), m \in \mathbf{Z}, \mathbf{k} \in \mathbf{Z}^2\}$. Wählen wir jedoch die Diagonalmatrix

$$\mathbf{A} = \begin{pmatrix} 2 & 0 \\ 0 & 2 \end{pmatrix} \text{ mit } \det(\mathbf{A}) = 4,$$

so brauchen wir 3 paarweise orthogonale Wavelets, die als Tensorprodukte über $L^2(\mathbb{R}^2)$

$$\{\psi_{mk_1}(t_1) \cdot \psi_{mk_2}(t_2), \; \psi_{mk_1}(t_1) \cdot \varphi_{mk_2}(t_2), \; \varphi_{mk_1}(t_1) \cdot \psi_{mk_2}(t_2)\}$$

diesen Raum aufspannen.

8.3.3 Orthogonale Wavelets

Kommen wir zur zweiten Aufgabe, der Konstruktion orthogonaler Wavelets mit kompaktem Träger, wie sie von Daubechies [66] vorgenommen worden ist. Kompakter Träger der Funktionen φ und ψ bedeutet hier, daß die Koeffizienten h_k für $k < 0$ und $k > N$ verschwinden. Im eindimensionalen Fall gilt das folgende Ergebnis:

Sei φ eine orthogonale Skalierungsfunktion mit $\varphi(t) \perp \varphi(t - k)$, für alle $k \neq 0$. Dann ist der Fourierfilter

$$H(\omega) = \sum_{k=0}^{N} h_k \exp(-ik\omega)$$

ein trigonometrisches Polynom mit $H(0) = 1$ und

$$|H(\omega)|^2 + |H(\omega + \pi)|^2 = 1.$$

Die Waveletfunktion

$$\psi(t) := 2 \sum_{k \in \mathbf{Z}} g_k \varphi(2t - k), \quad g_k = (-1)^k h_{1-k},$$

hat kompakten Träger und spannt mit ihren Translatierten zusammen den Differenzraum W_0 auf. Zudem gilt

$$\hat{\varphi}(\omega) = H\left(\frac{\omega}{2}\right) \hat{\varphi}\left(\frac{\omega}{2}\right) = \prod_{m>0} H(2^{-m}\omega)\hat{\varphi}(0)$$

unter Voraussetzungen, die die Konvergenz des unendlichen Produktes gegen eine L^2-Funktion sichern.

Mit einigen Überlegungen über trigonometrische Polynome können die angesprochenen Waveletfunktionen konstruiert werden. Dazu definieren wir den Raum aller Polynome

$$H(\omega) = \sum_{k=0}^{N} h_k \exp(-ik\omega) \text{ mit } |H(\omega)|^2 + |H(\omega + \pi)|^2 = 1$$

und $H(0) = 1$ und setzen $q(\omega) := |H(\omega)|^2$. Den entsprechenden Raum der Funktionen q

$$K_1 := \left\{ q(\omega) = \frac{1}{2} + \sum_{\substack{k = 1, \\ k \text{ ungerade}}}^{N} \alpha_k \cos(k\omega) \;\middle|\; \sum \alpha_k = \frac{1}{2}, \; q \geq 0 \right\}$$

können wir nun leichter geometrisch charakterisieren. Zur Konstruktion der orthogonalen Wavelets werden nach Auswahl einer Funktion $q \in K_1$ die Gleichung $q(\omega) = |H(\omega)|^2$ gelöst und dann die Funktionen φ und ψ durch Lösung der Skalierungsgleichungen (näherungsweise) bestimmt. Maaß und Stark [155] zeigen hier, daß die Wahl

$$q_N(\omega) := 1 - \frac{\int\limits_0^\omega \sin^{2N-1}(t)\,dt}{\int\limits_0^\pi \sin^{2N-1}(t)\,dt}$$

auf die Daubechies–Wavelets mit $2N$ von Null verschiedenen Koeffizienten h_k führt. Für $N = 1$ erhalten wir so

$$h_0 = h_1 = \frac{1}{2},$$

für $N = 2$ folgt

$$h_0 = \frac{1 - \sqrt{3}}{8}, \; h_1 = \frac{3 - \sqrt{3}}{8}, \; h_2 = \frac{3 + \sqrt{3}}{8}, \; h_3 = \frac{1 + \sqrt{3}}{8},$$

und die Ergebnisse für $N = 3, 4, 5$ sind in Maaß und Stark [155] angegeben. Es gilt für $N = 1$ offensichtlich $\varphi_1(t) = 1$, $0 \leq t < 1$ mit dem zugehörigen Haarwavelet ψ_1.

φ_2 ist stetig, φ_3 stetig differenzierbar, und die folgenden Wavelets werden immer glatter. Die Koeffizienten g_k^N, $k = 0, ..., 2N - 1$, aus der Skalierungsgleichung der Waveletfunktion $\psi_N(t)$ führen auf verschwindende Momente $\sum k^m g_k^N = 0$ und $\int t^m \psi_N(t) dt = 0$, $m = 0..., N - 1$. Schließlich gilt punktweise auf $[-\pi, \pi]$

$$\lim_{N \to \infty} |H_N(\omega)|^2 = \chi_{[-\pi/2, \pi/2]}(\omega),$$

mit der charakteristischen Funktion χ, und die Skalierungsgleichungen werden von $\varphi_\infty(t)$ und $\psi_\infty(t)$ gelöst mit $\hat{\varphi}_\infty(\omega) = \chi_{[-\pi, \pi]}(\omega)$, $\hat{\psi}_\infty(\omega) = (\chi_{[-2\pi, 2\pi]} - \chi_{[-\pi, \pi]})(\omega)$. Damit erhalten wir mit φ_N und dem zugehörigen ψ_N Näherungen perfekter Tiefpaßfilter.

Auch hier kann die Konstruktion im Prinzip auf den zweidimensionalen Fall übertragen werden, ist aber mühsamer. Wir starten mit der Dilatationsmatrix

$$\mathbf{A} = \begin{pmatrix} 1 & -1 \\ 1 & 1 \end{pmatrix},$$

wie bereits oben angegeben, und beschränken uns auf nichtverschwindende Koeffizienten $h_{\mathbf{k}}, 0 \leq k_1, k_2 \leq N$ mit dem Filteransatz

$$H(\boldsymbol{\omega}) = \sum_{k_1, k_2 = 0}^{N} h_{\mathbf{k}} \exp(-i\mathbf{k} \cdot \boldsymbol{\omega}).$$

Sei φ eine orthogonale Skalierungsfunktion einer zweidimensionalen Multiskalenanalyse mit $\varphi(\mathbf{t}) \perp \varphi(\mathbf{t} - \mathbf{k})$, für alle $\mathbf{k} \neq \mathbf{0}$. Dann erfüllt der Fourierfilter $H(\boldsymbol{\omega})$ die Orthogonalitätsbeziehung

$$|H(\boldsymbol{\omega})|^2 + |H(\boldsymbol{\omega}) + (\pi, \pi)^T)|^2 = 1.$$

Die Waveletfunktion

$$\psi(\mathbf{t}) := 2 \sum_{\mathbf{k} \in \mathbf{Z}^2} (-1)^{k_1 + k_2} h_{(1,0)^T - \mathbf{k}} \varphi(\mathbf{A}\mathbf{t} - \mathbf{k})$$

hat kompakten Träger und spannt mit ihren Translatierten zusammen den Differenzraum W_0 auf. Zudem gilt

$$\hat{\varphi}(\boldsymbol{\omega}) = H(\mathbf{A}^{-1}\boldsymbol{\omega}) \hat{\varphi}(\mathbf{A}^{-1}\boldsymbol{\omega}) = \prod_{m > 0} H(\mathbf{A}^{-m}\boldsymbol{\omega}) \hat{\varphi}(\mathbf{0})$$

unter Voraussetzungen, die die Konvergenz des unendlichen Produktes gegen eine L^2-Funktion sichern. Schließlich gilt das folgende Ergebnis:

Sei $H_n(\omega_1)$ der Fourierfilter zur orthogonalen eindimensionalen Skalierungsfunktion $\varphi_N(t)$ mit dem zugehörigen Fourierpolynom

$$G(\omega_1) = \sum_{k=0}^{N} g_k \exp(ik\omega).$$

Dann erfüllt

$$H_{NM}(\omega_1, \omega_2) := H_N(\omega_1)H_M(2\omega_2) + \exp(i(\omega_1 + \omega_2))G_N(\omega_1)G_M(2\omega_2)$$

die zweidimensionale Orthogonalitätsbeziehung des zweidimensionalen Fourierfilters, und eine Lösung der Skalierungsgleichung

$$\varphi(\mathbf{t}) = |\det(\mathbf{A})| \sum_{\mathbf{k} \in \mathbf{Z}^2} h_{\mathbf{k}}\varphi(\mathbf{At} - \mathbf{k})$$

ist Skalierungsfunktion einer zweidimensionalen Multiskalenanalyse. Das zugehörige Wavelet ist dann $\psi(\mathbf{t})$.

8.3.4 Algorithmen zur Wavelettransformation

Wir wollen nun Algorithmen zur Berechnung der Wavelettransformationen einer Multiskalenanalyse angeben [247]. Dazu sei eine Funktion $f(t)$ durch ihre Stützstellenwerte $f(hk) = c_k^0$, $k = 0,\ldots,N$, $h > 0$, gegeben. Seien weiter die Skalierungs– bzw. Waveletfunktionen φ und ψ bekannt mit ihren Filterkonstanten h_k, $k = 0,\ldots,N$, und g_k, $k = -N+1,\ldots,1$. Dann definieren wir mit Hilfe der Skalarprodukte die Terme

$$d_k^m := \langle f^0, \psi_{mk} \rangle, \quad c_k^m := \langle f^0, \varphi_{mk} \rangle.$$

Zunächst führen wir die auf Folgen $\{c_0, c_1, \ldots, c_n\}$ für beliebiges n definierten Faltungsoperatoren ein:

$$(Hc)_k := \sqrt{2} \sum_{l=0}^{N} h_l c_{2k+l}, \quad k = -N/2, \ldots, n/2,$$

$$(Gc)_k := \sqrt{2} \sum_{l=-N+1}^{1} g_l c_{2k+l}, \quad k = 0, \ldots, (N+n-1)/2.$$

Nun können wir die Koeffizienten mit Hilfe der folgenden Faltungen rekursiv berechnen:

$$c_k^m := \sqrt{2} \sum_{l=0}^{N} h_l c_{2k+l}^{m-1} = (Hc^{m-1})_k, \quad d_k^m := \sqrt{2} \sum_{l=-N+1}^{1} g_l c_{2k+l}^{m-1} = (Gc^{m-1})_k.$$

Da die Anzahl der neuen Koeffizienten in jedem Schritt im wesentlichen halbiert wird, ist der Gesamtaufwand des Algorithmus $O(n)$.

Die Rekonstruktion der c_k^0 geschieht mit Hilfe der adjungierten Operatoren, die folgendermaßen definiert sind:

$$(H^*c)_k := \sqrt{2}\sum_{l=0}^{n} c_l h_{k-2l}, \quad k = 0, ..., 2n + N,$$

$$(G^*d)_k := \sqrt{2}\sum_{l=0}^{n} d_l g_{k-2l}, \quad k = -1 + N, ..., 2n + 1,$$

$$H^*H + G^*G = Id, \quad c^0 = \sum_{m=1}^{M} (H^*)^{m-1}G^*d^m + (H^*)^M c^M.$$

Im Falle der zweidimensionalen Multiskalenauflösung werden die Parameter k und l durch Vektoren aus dem $\mathbf{Z}^2$ und der Skalierungsfaktor 2 durch die Dilatationsmatrix $\mathbf{A}$ ersetzt.

8.3.5 Anwendungen

Die wichtigsten Aufgaben in der Bildverarbeitung sind Rausch- und Fehlerunterdrückung, Kontrastverschärfungen, Kanten- und Mustererkennung. Hier kann nun die Wavelettheorie folgendermaßen eingesetzt werden. Mit Hilfe der Tensorwavelets einer zweidimensionalen Multiskalenanalyse können horizontale und vertikale Strukturen erkannt und analysiert werden. Berechnen wir dann für die zweidimensionale Grauwertfunktion $f(t_1, t_2)$ eines Bildschirms mit $2^r \times 2^r$ Pixel die Skalarprodukte mit den Waveletfunktionen $\psi_{mk_1}(t_1) \cdot \varphi_{mk_2}(t_2)$, $\varphi_{mk_1}(t_1) \cdot \psi_{mk_2}(t_2)$, so erhalten wir die Folgen $d^{mv}, d^{mh}, m = 1, ..., M$, die die vertikalen und horizontalen Strukturen im Auflösungsgrad m widerspiegeln. Bilden wir die Varianzen $(\sigma^{mv})^2, (\sigma^{mh})^2$, so können große Werte als Indikatoren für vertikale oder horizontale Linienstücke der Breite m und mehr Pixel dienen. Schließlich können durch Untersuchung mehrerer benachbarter Werte auch Strukturen der Breite m erkannt werden.

Eine weitere Anwendung findet sich beim Kompressionsschritt des JPEG–Algorithmus, der standardmäßig mit einer diskreten 8×8–Cosinustransformation eingeleitet wird. Hier sind, wie Maaß und Stark [155] unter Berufung auf neue Implementationen der diskreten Wavelettransformation an Beispielen zeigen, qualitativ bessere Ergebnisse bei gleichen Kompressionsraten möglich.

Wir wollen einen Kompressionsalgorithmus mittels Haar–Wavelet in Anlehnung an Lucier [153] noch genauer darstellen.

Dazu gehen wir von einem 512×512 Pixel umfassenden Grauwertbild aus mit Grauwerten aus dem Bereich von 0 bis 255. Ein derartiges Bild benötigt 2^{18} Bytes Speicherplatz. Durch geeignete Skalierung wollen wir das Grauwertbild mittels der Funktion

$$B : [0,1] \times [0,1] \to [0,1), \quad B(\mathbf{x}) := G_0 B(\mathbf{x}) = \sum_{1\times1 \ \text{Pixel } \mathbf{p}} B(\mathbf{x})\varphi_{\mathbf{p},1}(\mathbf{x}),$$

darstellen, wobei $\varphi_{\mathbf{p},1}(\mathbf{x})$ die charakteristische Funktion zum Pixel $\mathbf{p}$ ist. Die Summe erstreckt sich demnach über $2^9 \times 2^9$ Pixel. In weiteren Schritten fassen wir nun jeweils vier benachbarte Pixel zu einem $2^m \times 2^m$–Block, $m = 1, ..., 9$, zusammen, führen die zugehörigen charakteristischen Funktionen $\varphi_{\mathbf{p},m}(\mathbf{x})$ und die zugehörigen Graumittelwerte $B_m(\mathbf{x})$ ein. Damit ergeben sich wie schon im Beispiel der Gauß–Pyramiden um jeweils den Faktor vier komprimierte Bilder $G_m B(\mathbf{x}) = \sum_{2^m \times 2^m \ \text{Pixel } \mathbf{p}} B_m(\mathbf{x})\varphi_{\mathbf{p},m}(\mathbf{x})$, $m = 1, ..., 9$, und schließlich die Darstellung

$$B(\mathbf{x}) := G_0 B(\mathbf{x}) = (G_0 B(\mathbf{x}) - G_1 B(\mathbf{x})) + (G_1 B(\mathbf{x}) - G_2 B(\mathbf{x})) + \ldots$$
$$+ (G_8 B(\mathbf{x}) - G_9 B(\mathbf{x})) + G_9 B(\mathbf{x})$$
$$= \sum_{1 \times 1 \text{ Pixel } \mathbf{p}} D_0(\mathbf{x}) \varphi_{\mathbf{p},1}(\mathbf{x}) + \sum_{2 \times 2 \text{ Pixel } \mathbf{p}} D_1(\mathbf{x}) \varphi_{\mathbf{p},2}(\mathbf{x}) + \ldots + G_9 B(\mathbf{x})$$
$$= \sum_{\text{dyadische Blocks } \square} D_\square(\mathbf{x}) \varphi_{\mathbf{p},\square}(\mathbf{x}) + G_9 B(\mathbf{x}).$$

Es berechnen sich die $D_m(\mathbf{x})$ aus den Differenzen $B_m(\mathbf{x})$ und $B_{m+1}(\mathbf{x})$ angrenzender Stufen, und $G_9 B$ ist der Mittelwert aller Pixelgrauwerte.

Allerdings ist bisher statt einer Kompression eine größere Anzahl von Koeffizienten in der Darstellung für $B(\mathbf{x})$ entstanden, nämlich $4/3 \cdot 2^{18}$ anstelle von 2^{18}. Diese Aufblähung kann jedoch wieder rückgängig gemacht werden. Da die Summe je vier benachbarter Koeffizienten verschwindet, so können diese in Blocks der Form

$$\begin{bmatrix} a & b \\ c & d \end{bmatrix} = \alpha \begin{bmatrix} +1 & -1 \\ +1 & -1 \end{bmatrix} + \beta \begin{bmatrix} -1 & -1 \\ +1 & +1 \end{bmatrix} + \gamma \begin{bmatrix} -1 & +1 \\ +1 & -1 \end{bmatrix}$$

organisiert werden. So werden jeweils Gruppen von vier Koeffizienten und charakteristischen Funktionen in eine neue Darstellung mit drei Koeffizienten und alternierenden Basisfunktionen überführt. Dies sind die in der Menge Ψ zusammengefaßten

$$\psi^1 = \varphi_{[0,1/2) \times [0,1)} - \varphi_{[1/2,1) \times [0,1)},$$
$$\psi^2 = \varphi_{[0,1) \times [0,1/2)} - \varphi_{[0,1) \times [1/2,1)},$$
$$\psi^3 = \varphi_{[0,1/2) \times [0,1/2)} - \varphi_{[0,1/2) \times [1/2,1)} - \varphi_{[1/2,1) \times [0,1/2)} + \varphi_{[1/2,1) \times [1/2,1)}.$$

Für jede Funktion $\psi \in \Psi$ und $m \geq 0$ kann nun über dem dyadischen Block $2^{-m}([0,1] \times [0,1] + (k_1, k_2)^T)$ als Träger das uns schon bekannte orthogonale Funktionensystem $\psi_{-m,\mathbf{k}}(\mathbf{x}) = 2^{m/2} \psi(2^m \mathbf{x} - \mathbf{k})$ eingeführt werden. Daraus erhalten wir die Haar-Wavelet Zerlegung des Bildes B in der folgenden Form:

$$B = \sum_{m \geq 0} \sum_{\mathbf{k} \in \mathbb{Z}_{2^m} \times \mathbb{Z}_{2^m}} \sum_{\psi \in \Psi} c_{\mathbf{k},\psi}^m \cdot \psi_{-m\mathbf{k}} + G_9 B, \quad c_{\mathbf{k},\psi}^m = 0, \ m > 8.$$

Damit die Funktionen $\psi_{-m,\mathbf{k}}(\mathbf{x})$ die L^2-Norm $\|\psi\|_{L^2[0,1]^2} = \left(\int_{[0,1]^2} |\psi|^2 \right)^{1/2} = 1$ haben, sollte mit dem Skalierungsfaktor 2^m anstelle von $2^{m/2}$ gearbeitet werden. Wir nennen diese Funktionen $\kappa_{m\mathbf{k}}(\mathbf{x}) = 2^m \psi(2^m \mathbf{x} - \mathbf{k})$, schreiben noch $\varphi_{\mathbf{p},9}$ für die charakteristische Funktion des Einheitsquadrates und $b_{\mathbf{k},\psi}^m$ für die neuen Entwicklungskoeffizienten, haben dann ein vollständiges Orthonormalsystem und finden

$$\|B\|_{L^2[0,1]^2}^2 = \sum_{m \geq 0} \sum_{\mathbf{k} \in \mathbb{Z}_{2^m} \times \mathbb{Z}_{2^m}} \sum_{\psi \in \Psi} |b_{\mathbf{k},\psi}^m|^2 + |B_9|^2.$$

Wollen wir nun eine komprimierende Approximation $\widetilde{B}$ zu unserem Bild B finden, so setzen wir gewisse der Koeffizienten $b_{\mathbf{k},\psi}^m$ zu Null. Dabei sollte der L^2-Fehler, das ist die Summe der Quadrate der zu Null gesetzten Koeffizienten, eine vorgegebene Grenze nicht überschreiten, also große $b_{\mathbf{k},\psi}^m$ in die Darstellung von $\widetilde{B}$ einbezogen werden. Ein gangbarer Weg ist der folgende: Mit einer geeigneten Konstanten ε quantisieren wir die Koeffizienten $b_{\mathbf{k},\psi}^m$ zu

$$\widetilde{b}^{m}_{\mathbf{k},\psi} := \mathrm{round}\left(\frac{b^{m}_{\mathbf{k},\psi}}{2\varepsilon}\right) 2\varepsilon,$$

speichern oder übermitteln nur den Kode $\mathrm{round}(b^{m}_{\mathbf{k},\psi}/(2\varepsilon))$, und rekonstruieren mit

$$\widetilde{B} = \sum_{m\geq 0}\ \sum_{\mathbf{k}\in\mathbf{Z}_{2^m}\times\mathbf{Z}_{2^m}}\ \sum_{\psi\in\Psi}\widetilde{b}^{m}_{\mathbf{k},\psi}\cdot\kappa_{m\mathbf{k}} + G_9 B.$$

Dabei unterscheiden sich die genäherten Koeffizienten $\widetilde{b}^{m}_{\mathbf{k},\psi}$ von den wahren $b^{m}_{\mathbf{k},\psi}$ betragsmäßig höchstens um ε.

Schließlich können Wavelets auch bei Problemen der Objekterkennung eingesetzt werden. Dabei wird ein Bild mit gewissen Prototypbildern verglichen und nach Auswertung einer gewissen Kostenfunktion als bekannt oder unbekannt klassifiziert. Dabei
spielt Graphmatching eine wichtige Rolle. Über ein Bild wird der Gitterpunktgraph
mit Gitterpunkten und Kanten zu den vier horizontalen und vertikalen Nachbarn gelegt. Dieser Graph kann durch Drehung und Verzerrung variiert werden. Als Qua-
siwavelets benutzen wir mit einem Gaußkern multiplizierte zweidimensionale Wellen
$\psi_{\mathbf{k}}(\mathbf{t}) = c_{\mathbf{k}\sigma}\exp(i\mathbf{k}\mathbf{t} - (\mathbf{k}\mathbf{t})^2/(2\sigma^2))$ und wenden eine Skalierung in Richtung des Radius
$\|\mathbf{k}\|$ und des Arguments an. In die Kostenfunktion gehen dann die Wavelettransformatio-
nen der Bildfunktion in den Knoten des Gitterpunktgraphen zum Prototypbild B_j und
des deformierten Bildgraphen zu verschiedenen Auflösungsgraden in beiden Skalen ein.
Nun wird in einem Prototypbild der Gitterpunktgraph so verformt, daß die Kostenfunktion ein Minimum annimmt. Schließlich erfolgt weitere Minimumbildung über die B_j,
bei der nach einem Signifikanzkriterium schließlich das Ausgangsbild als erkannt oder
unbekannt klassifiziert wird.

8.4   Aufgaben

Aufgabe 8.1
Verifizieren Sie die Aufwandsabschätzung für ein $2^k \times 2^k$ Bild für den REDUCE– und
EXPAND–Operator.

Aufgabe 8.2
Beweisen Sie den Faltungssatz für die diskrete Fouriertransformation einer Variablen:

$$g(x) = \frac{1}{n}\sum_{k=0}^{n-1} f(x-k)\,d(k)\quad\Leftrightarrow\quad G(u) = F(u)\cdot D(u),\quad x,u = 0,\ldots,n-1.$$

Aufgabe 8.3
a) Gegeben sei die Funktion $f:\{0,\ldots,7\}\to\mathbf{C}$ vermöge

x	0	1	2	3	4	5	6	7
$f(x)$	1	1	2	0	3	3	4	2

   Geben Sie das ω für die Fourier–Transformation an und berechnen Sie die Werte
   $F(k)$ der Fourier-Transformierten für $k = 0,\ldots,7$.
b) Schreiben Sie ein Programm zur Berechnung der Werte $F(k)$ der Fourier–Transformierten für allgemeines n.

9 Anwendungen in der Bildverarbeitung

Bildverarbeitung und Mustererkennung spielen eine immer größere Rolle in der Biomedizin, der industriellen Automation und Produktion sowie der Robotik und Verkehrstechnik. Nachdem wir in den beiden vorherigen Kapiteln die theoretischen Grundlagen insbesondere zur Low–Level Analyse mit der Bearbeitung von Schwarzweiß–Bildern, Kantendetektion, Schwellwertberechnung, Histogrammodifikation, Texturanalyse und Filterung gelegt haben, wollen wir nun einige dieser Begriffe noch weiter vertiefen und Anwendungen zur Halbtonrasterung, Texturanalyse, Formerkennung, Bewegungsschätzung und zum Szenenverständnis erläutern. Dabei kommen moderne Techniken der Informatik und der Diskreten Mathematik zum Einsatz.

9.1 Halbtonrasterung

Die Hauptschwierigkeit, mit der eine graphische Darstellung immer zu kämpfen hat, ist die Tatsache, daß Ausgabegeräte nur ein zweidimensionales Fenster vorsehen, während die abzubildenden Körper im allgemeinen aus unserer dreidimensionalen Welt stammen. Um diesen Nachteil auszugleichen, sind Anstrengungen in die verschiedensten Richtungen unternommen worden. Die Holographie, die ein dreidimensionales Sehen verspricht, ist sicher die spektakulärste, aber auch die aufwendigste der neuen Techniken. Hier sind starke Laser–Lichtquellen, allerhöchste Auflösungen von tausenden Bildpunkten pro Millimeter und eine ausgefeilte Produktionstechnik gefragt. Klassisch sind die vielfältigen Projektionsmethoden, denen wir uns im Kapitel 11 widmen werden. Hier beschreiten wir nun einen anderen Weg: Die Farben oder Halbtöne sollen als dritte Dimension herhalten und einen räumlichen Eindruck vermitteln.

9.1.1 Oberflächenbeschreibung

Beschreiben wir die Oberfläche eines dreidimensionalen Körpers durch eine Funktion, so wollen wir verschiedene Methoden diskutieren, wie die Werte dieser Funktion $f(x, y)$, $a \leq x \leq b$, $c \leq y \leq d$, oder einer Matrix $\mathbf{A} = (a_{ik})$ am Bildschirm oder einem anderen Ausgabegerät dargestellt werden können. Dabei bieten sich zwei verschiedene Methoden an. Wir können den Definitionsbereich der Funktion mit einem Gitternetz (d_{ik}) überziehen und die Funktionswerte durch Rundung über jedem Teilrechteck diskretisieren und normieren. Diese Werte werden in eine Matrix (a_{ik}) überführt.

Jedem Teilrechteck des Definitionsbereichs entspricht aber ein Punkt oder ein Rechteck am Bildschirm, das den a_{ik} repräsentierenden Grau– oder Farbton bzw. eine Farbkombination annimmt. Hier spielt die Farbe die Rolle der dritten Dimension; Bild 9.1 zeigt ein Beispiel in dieser Technik. Andererseits können die Höhenlinien, das sind alle Punkte (x, y), die der Gleichung $f(x, y) = c$ genügen, gezeichnet werden. Interesse an derartigen Kurven besteht zum Beispiel in der Elektrotechnik, wo die Potentiallinien wichtige Erkenntnisse über Felder zulassen, oder in der Computertomographie, die große Bedeutung in der Medizin erlangt hat.

Während mit der Potentiallinienmethode gerade große Höhenunterschiede visualisiert werden können, ergeben die Linien jedoch keinen Aufschluß über die absolute Höhe. Demgegenüber veranschaulichen verschiedene Einfärbungen den Verlauf der Funktionsfläche dann gut, wenn sich die Funktionswerte gleichmäßig stetig und nicht zu stark ändern. Beide Methoden können kombiniert werden, wenn wir die Mengen zwischen den Höhenlinien mit einem passenden Farbton ausfüllen. Dieselben Prinzipien finden natürlich auch an anderen Ausgabegeräten wie Drucker oder Plotter Anwendung. Hier allerdings müssen Grautöne durch geeignete Schwarzweiß–Raster erzeugt werden.

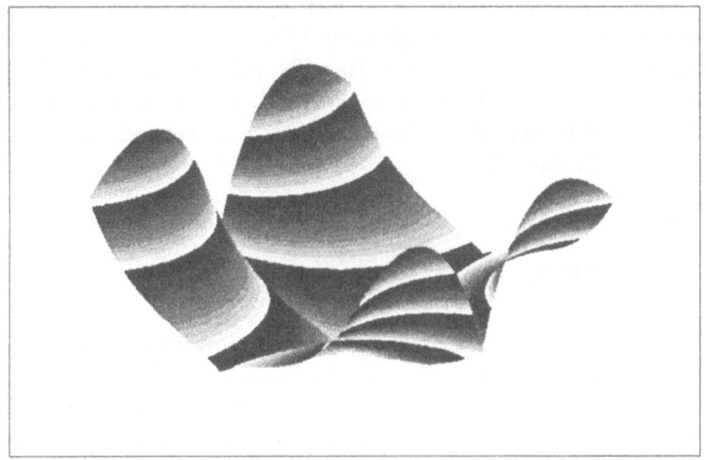

Bild 9.1: Grautonraster zur 3D–Darstellung

9.1.2   Grau– und Farbtönung durch Rasterung

Gegeben sei ein Grau– oder Farbwertbild $B : [0, m - 1] \times [0, n - 1] \to [0, N - 1]$. Wir wollen Methoden untersuchen, Grautöne durch Schwarzweiß–Muster bzw. Farbtöne durch Farbmuster zu ersetzen, die die Grau– bzw Farbtöne nachahmen. Dazu beschreiben wir eine Transformation des Bildes B in $S : [0, m - 1] \times [0, n - 1] \to [0, 1]$.

Zur Erzeugung von Farb– oder Graustufen sind zwei Verfahren denkbar. Zunächst geben wir eine feste Anzahl s von Stufen vor und legen die gerundeten Funktionswerte an den Mittelpunkten der Teilrechtecke d_{ik} in der Matrix $\mathbf{A} = (a_{ik})$ ab. Sodann berechnen wir das Maximum max und das Minimum min der a_{ik} und führen a_{ik} in $\lfloor (s - 0.5)(a_{ik} - min)/(max - min) \rfloor$ über. Nunmehr nimmt das zugehörige Rechteck r_{ik} entweder das den Matrizenwert repräsentierende Muster, einen Farbton oder eine Farbkombination an oder wird mit Hilfe eines Zufallszahlengenerators entsprechend aufgefüllt, indem eine den Wert a_{ik} veranschaulichende Anzahl von Pixeln gesetzt wird. Dabei kann es darauf ankommen, entweder gut unterscheidbare Grau– oder Farbtöne zu benutzen oder aber möglichst fließende Übergänge zwischen den Stufen zu erzeugen und auffällige Musterungen zu vermeiden.

Anstelle der Graustufen können auch Schwarzweiß– oder Farbmuster treten. Es wirkt ästhetisch ansprechend, sich auf zum Beispiel vier reine Farben zu beschränken und dann verschiedene Mischungsgrade zur Abstufung zu definieren. In Frage kommen hier Weiß, Hellblau, Dunkelblau, Schwarz oder Gelb, Rot, Cyan, Dunkelblau etc. So gelingt es, die Farbtiefe in einem Bild erheblich herabzusetzen und auch den Speicherplatz zu begrenzen.

Bei der Umsetzung mit Rasterausgabegeräten wie Druckern kommt es entscheidend auf die Anzahl der erzeugten Punkte pro Zoll an, auf die Form der Punkte und auch ihre Lage zueinander. Oftmals überlappen sich die erzeugten Muster, die Grautöne wirken dunkler als der Anteil der gesetzten Punkte. Außerdem kommt noch hinzu, daß der subjektive Helligkeitseindruck von dem objektiv reflektierten Lichtanteil stark abweichen kann.

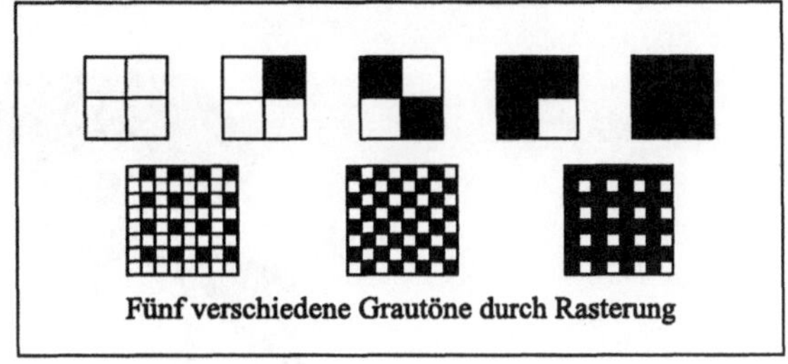

Bild 9.2: Grautonrasterung

Wir wollen nun verschiedene Methoden zur Erzeugung von Grau– oder Farbrastern besprechen. Gleichmäßigere Grauraster als mit der zufälligen Verteilung entsprechend einem festen Prozentsatz erhalten wir bei der Verwendung von magischen Quadraten als Masken. Erklären wir kurz die Methode:

Ein magisches Quadrat der Ordnung N ist eine Matrix von N^2 Einträgen, in der die Zahlen 1 bis N^2 oder 0 bis $N^2 - 1$ so verteilt sind, daß die Summen jeder Zeile, Spalte und eventuell auch der Diagonalen gleich sind. Sie heißen ausgeglichen, wenn aus den Abschnitten $[kN + 1, (k + 1)N]$, $k = 0, ..., N - 1$, zusätzlich je genau eine Zahl vorkommt. Im Leben unserer Vorfahren haben diese Quadrate eine wichtige Rolle gespielt. Aus dem alten China stammt das Siegel des Saturns mit der Ordnung drei, und das zweite Beispiel eines magischen Quadrats der Ordnung vier ist durch Permutation aus einem Bildelement des Kupferstichs „Melancholie" von A. Dürer (1514) entstanden. Die dritte Matrix im Schaubild stammt von Limb [149]:

$$
\begin{bmatrix} 4 & 9 & 2 \\ 3 & 5 & 7 \\ 8 & 1 & 6 \end{bmatrix}, \quad
\begin{bmatrix} 2 & 15 & 8 & 5 \\ 9 & 4 & 3 & 14 \\ 12 & 1 & 6 & 11 \\ 7 & 10 & 13 & 0 \end{bmatrix}, \quad
\begin{bmatrix} 0 & 8 & 2 & 10 \\ 12 & 4 & 14 & 6 \\ 3 & 11 & 1 & 9 \\ 15 & 7 & 13 & 5 \end{bmatrix}, \quad
\begin{matrix} \text{Siegel des Saturns} \\ \text{Melancholie} \\ 4 \times 4\text{–Limb–Matrix} \end{matrix}
$$

Nun wollen wir die Bedeutung magischer Quadrate zur Erzeugung von gleichmäßig verteilten Graurastern bei dennoch unterscheidbarer Stufung beschreiben: Gegeben sei eine z.B. per Videodigitalisierer eingelesene Vorlage in Form einer wie oben erläutert normalisierten Matrix $\mathbf{A} = (a_{ik})$. Mit einem magischen Quadrat (s_{ik}) der Ordnung N können N^2 Schwarzweiß–Rastertöne erzeugt werden. Der Algorithmus läuft folgendermaßen ab:

- Alle Bildschirmzeilen werden von links nach rechts bearbeitet.
- Zu einem Punkt (x, y) wird s_{ik} mit $i \equiv x \bmod N+1$ und $k \equiv y \bmod N+1$ bestimmt.
- Gilt dann $a_{ik} > s_{ik}$, so setzen wir $B(x, y) = 1$, anderenfalls $B(x, y) = 0$.

Bild 9.3 zeigt ein Beispiel in dieser Rastertechnik. Stehen M Farben zur Verfügung, so kann ein Intervall $[0, s]$ von ganzzahligen Funktionswerten mit $s := (M - 1)N^2$ abdeckt werden, indem statt Schwarz und Weiß die Farben mit den Nummern a_{ik} div N^2 bzw. a_{ik} div $N^2 + 1$ verwendet werden. Limb benutzt andere Vergleichsmatrizen $\mathbf{S}_j = (s_{ik})$ der Ordnung 2^j und beginnt bei $j = 1$ mit

$$
\mathbf{S}_1 = \begin{pmatrix} 0 & 2 \\ 3 & 1 \end{pmatrix}, \quad
\mathbf{S}_{j+1} = \begin{pmatrix} 4\mathbf{S}_j & 4\mathbf{S}_j + 2\mathbf{I}_j \\ 4\mathbf{S}_j + 3\mathbf{I}_j & 4\mathbf{S}_j + 1\mathbf{I}_j \end{pmatrix}, \quad j = 1, \ldots, k.
$$

Bild 9.3: Magische Quadrate–Ditherung des auf vier Bit Tiefe reduzierten Marabu–Bildes 7.6

Dabei bezeichnet $\mathbf{I}_j$ die Matrix der Ordnung 2^j, die nur Einsen als Eintrag enthält. Abschließend sei gesagt, daß beide Methoden zu deutlichen Texturen führen, die unnatürlich wirken.

9.1.3 Fehlerdiffusion zur Rasterung von Grauwertbildern

Eine weitere wichtige Lösung zur Umsetzung eines Grautonbildes B in ein Schwarzweiß–Rasterbild S wurde von Floyd und Steinberg [86] eingeführt und beruht auf Fehlerdiffusion:

Algorithmus F–S:

```
for i := 0 to m-1 do for j := 0 to n-1 do
  begin
    if B[i,j] < N/2 then S[i,j] := 0 else S[i,j] := 1;
    error := B[i,j] - N*S[i,j];
    B[i, j+1]   := B[i, j+1] + error * alpha;
    B[i+1, j-1] := B[i+1, j-1] + error * beta;
    B[i+1, j]   := B[i+1, j] + error * gamma;
    B[i+1, j+1] := B[i+1, j+1] + error * delta;
  end;
```

Alpha, beta, gamma und delta bezeichnen Konstanten, die dazu dienen, den Fehler, der bei der Umsetzung des Bildpunktes in einen Schwarzweiß–Wert entstanden ist, auf die nachfolgenden Pixel der 8–Umgebung zu verteilen. Floyd und Steinberg schlagen selbst die Wahl $(7/16, 3/16, 5/16, 1/16)$ vor.

Bild 9.4: Floyd–Steinberg Ditherung

Dieser Algorithmus erreicht im allgemeinen gute Ergebnisse, der Nachteil ist, daß der Fehler nur nach rechts unten verteilt wird und Geistereffekte im Bild erzeugt werden können. Dieser Effekt kann dadurch abgeschwächt werden, daß die Konstantensumme kleiner 1 gehalten oder das Bild vor der Transformation reskaliert wird. Ein verbesserter Algorithmus wurde auch von Stucki [231] angegeben.

Das Matrix– und das Fehlerdiffusionsverfahren können kombiniert werden, indem die Elemente einer 8 × 8 Matrix, die einem magischen Quadrat ähnelt, als Klassenzahlen k interpretiert und jeder Bildpunkt einer Klasse zugeordnet werden. So gelangen wir, wie in einem Beitrag von D. Knuth [140] dargestellt, zu folgendem Algorithmus:

Algorithmus K:

```
for k := 0 to 63 do
   for all (i,j) of class k do begin
     if B[i,j] <  N/2 then S[i,j] := 0 else S[i,j] := 1;
     error := B[i,j] - N*S[i,j];
     {Verteile error auf alle 8-Nachbarn aus hoeherer Klasse}
     w := 0; for all neighbors(u,v) of (i,j) do
     if class(u,v) > k then w := w + 3 - (u-i)^2 - (v-j)^2;
     if w > 0 then for all neighbors(u,v) of (i,j) do
       B[u,v] := B[u,v]+ error * (3 - (u-i)^2 -(j-v)^2 )/w;
   end;
```

Schließlich wird diese Methode noch mit kantenverschärfenden Algorithmen kombiniert.

Bild 9.5: Stucki–Ditherung des auf vier Bit Tiefe reduzierten Marabu-
Bildes 7.6

In diesem Zusammenhang wollen wir noch auf ein Problem hinweisen, das beim Skalieren von rasterorientierten Pixelbildern auftritt. Wollen wir zum Beispiel ein 0–1–
Streifenmuster (vgl. Bild 9.6, links oben) um den Faktor 1.5 vergrößern, so ist jeweils
eine weiße wie schwarze Pixelzeile durch 1.5 Zeilen zu ersetzen. Entscheiden wir uns
bei der Zusammenfassung der halben Zeilen für Schwarz oder Weiß, so ist in beiden
Fällen das Muster sichtbar verzerrt (vgl. Bild 9.6, links unten). Auch hier könnte eine
Fehlerverteilung durch Einführung von Grauwerten (vgl. Bild 9.6, rechts oben) und anschließender Ditherung nach Floyd–Steinberg (vgl. Bild 9.6, rechts unten) oder einem der
anderen verwandten Verfahren diesem Mangel abhelfen. Bei einer Vergrößerung werden
zu jedem Bildpunkt (u, v) die Urbildpunkte und ihr Flächenanteil, der als Gewichtsfaktor
dienen soll, berechnet. Dann werden die Grauwerte der Urbildpunkte mit den normierten Gewichtsanteilen multipliziert und summiert und so der Grauwert des Punktes (u, v)
ermittelt. Schließlich kann das Bild in ein Schwarzweiß–Bild überführt werden. Bei Verkleinerung gehen wir in analoger Weise vor.

9.2   Texturanalyse und Segmentation

Lokale regelmäßige Änderungen in Farbe und Intensität heißen Textur. Texturanalyse
ist in medizinischen Anwendungen zur Erkennung von Gewebeanomalien wie auch im
industriellen Umfeld zur Qualitätskontrolle von Bedeutung. Während strukturelle Methoden Texturen auf gewisse Primitive und Plazierungsregeln zurückführen, versuchen
wahrscheinlichkeitstheoretische Ansätze durch Berechnung statistischer Parameter oder
Kookkurrenz–Matrizen Texturen zu erkennen und zu klassifizieren. Wichtige Parameter

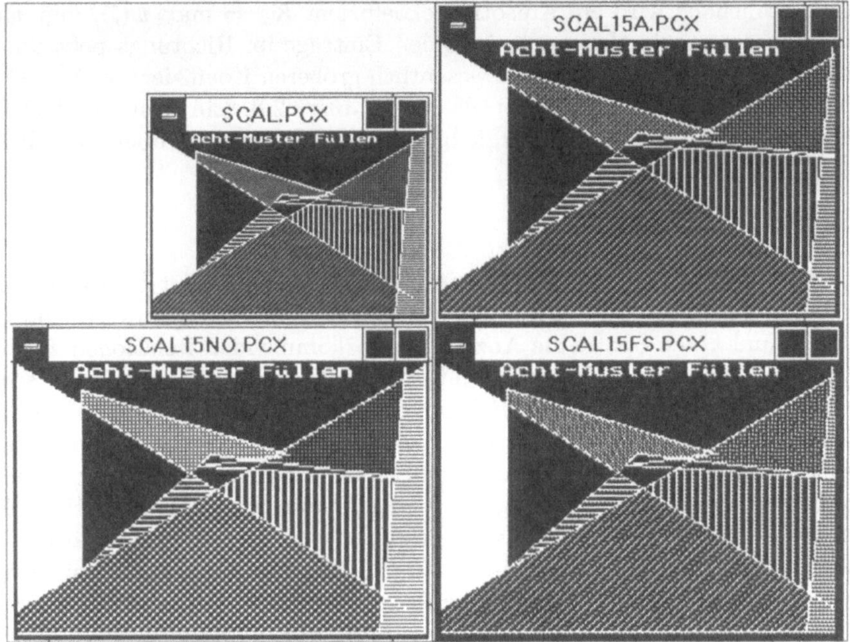

Bild 9.6: Vergrößerung eines Pixelbildes um den Faktor 1.5

sind Feinheit und Regelmäßigkeit der Muster, Kontrast, Richtung, verwendete Kurvenformen, Farbanzahl und –übergänge.

Eine wichtige Rolle in der Texturanalyse spielen Methoden zur Segmentation des Bildes in Teile mit homogener Textur. Hier kommen Mehrfach–Filterungen mit verschiedenen Bandpaß–Charakteristiken, die mit Gabor–Filtern zusammenhängen, oder $n \times n$–Masken neuronaler Netze mit zwei oder drei Schichten, die mit Back–Propagation trainiert werden, zur Anwendung. Dabei werden die Masken und der Klassifizierungsfehler optimiert. Anwendungen bieten die Segmentierung von Dokumenten in Text– und Bildteile sowie den Hintergrund, die Lokalisierung von Barcode in Warenaufdrucken oder die Erkennung von Fahrzeugen und Hindernissen in einer Verkehrslandschaft. Bisweilen führen auch Methoden zum Ziel, Kurvenformen zu erkennen. Sodann schließt sich eine Klassifikation der Muster an, die oft auf Datenbanken zurückgreift.

9.2.1 Gradientenmethoden

Kovalev [142] wendet Gradientenmethoden verbunden mit einer Histogrammanalyse zur Erkennung von Tumoren in Ultraschallbildern der Größe 64×64 Pixel an. Dabei handelt es sich um Ausschnitte aus Scanneraufnahmen, die sich auf Gebiete mit eventuellen Gewebeanomalien beschränken. Mit Hilfe der Sobel–Operatoren $\mathbf{G}_x$ und $\mathbf{G}_y$ wird in jedem Punkte (x, y) der Betrag des Gradientenvektors bestimmt. Sodann wird über den Bildausschnitt ein Gradientenhistogramm angefertigt. Schon hier ergeben sich verschiedene Verläufe der Grauwertverteilungen: Für befallene Leberregionen verläuft die Histogrammkurve i.allg. flacher. Bei zweifelhafter Einschätzung der Histogramme kann eine weitere Auswertung der Richtungen der Gradientenvektoren erfolgen, die in die einzelnen Sektoren eines in N Bereiche aufgeteilten Gesamtwinkels von $0°$ bis $360°$ einsortiert werden. Schließlich wird ein Anisotropiekoeffizient $K_a := \max_i w(i) / \min_i w(i)$ aus dem Quotienten der maximalen und minimalen Einträge im Richtungsspektrum ermittelt. Normales Lebergewebe weist einen wesentlich größeren Koeffizienten, z.B. $K_a = 8.5$ bzw. 15.3, auf als tumorbefallenes mit $K_a = 2.3$ bzw. 2.8. Ein Test mit 632 Bildern kranken Gewebes ergab eine befriedigende bis genaue Erkennung in über 93% aller Fälle.

9.2.2 Hopfield–Netze

Ausgehend von einer binären Nachbarschaftsrelation $R(.,.)$ notiert eine Kookkurrenz–Matrix in der Senkrechten und Waagerechten alle möglichen Pixelgrauwerte und trägt in der i–ten Zeile und k–ten Spalte die Anzahl der vorkommenden Relationen $R(i,k)$ vom Grauwert i zum Grauwert k ein. Dabei müssen die Distanz, z.B. ein Pixel, sowie der Nachbarschaftsbegriff oder Übergangsrichtungen in der Relation festgelegt werden. Die Berechnungen betreffen Fenster, in die das Bild zu Beginn zerlegt wird. Eine besondere Rolle spielen die Diagonal– sowie angrenzende Elemente der Matrix, da hier Gebiete gleicher Farbe oder mit wenigen Farbübergängen erkannt werden können. Mit Hilfe der Diagonalen, dem Maximum, einem Mittelwert der Grautöne oder Homogenität der Matrix wird ein Merge–Prozeß gestartet, der eine erste grobe Segmentierung mit den wichtigsten Objekten der Szene liefert. Dabei werden Fenster mit gleichen Parametern zusammengefaßt. Die Erkennung von Straßenverläufen und Hinderniskanten durch Übergänge zweier verschiedener Grauwerte war durch den Vergleich der Parameter benachbarter Fenster möglich [63]. Hier bieten sich auch zufallsgesteuerte Markovfeld–Methoden an, auf die wir später zurückkommen.

Ein anderer Zugang benutzt Hopfield–Netze zur Segmentation von Farbbildern. Dazu wird der Farbraum nach einer Histogramm–Analyse entsprechend den Extremwerten in hexaederförmige Cluster zerlegt. Einfache Segmentationsmethoden ordnen den zu jedem Cluster gehörigen Pixeln einen mittleren Farbwert zu. Allerdings hängen die Ergebnisse stark von der Berücksichtigung lokaler Maxima und den Abschneidewerten ab. Bessere Ergebnisse verspricht der folgende Algorithmus [48]:

Für jede der drei Farbkomponenten eines $n \times m$–Farbbildes werden die folgenden Schritte durchlaufen:

- Ermittle mit einer Histogramm–Analyse s signifikante Peaks p_i, $i = 1, ..., s$.
  Der erste Schritt kann folgendermaßen modifiziert werden:
  Teile den ganzen Farbraum in s hexaderförmige Cluster auf, berechne die Schwerpunkte $c_i, i = 1, ..., s$, und fahre analog fort.

- Betrachte ein Hopfield–Netz aus $n \times m \times s$ Neuronen, das in s Schichten angeordnet ist.

- Initialisiere jedes Neuron (x, y, i) mit dem Wert

$$V_i(x,y) := \frac{1}{|f(x,y) - p_i|} \cdot \frac{1}{\sum_{j=1}^{s} \frac{1}{|f(x,y)-p_j|}}.$$

Jedes Neuron entspricht einem Pixel mit Farbkomponentenwert $f(x,y)$ und wird entsprechend den Koordinaten und der Schicht mit dem Tripel (x,y,i), $1 \leq x \leq n$, $1 \leq y \leq m$, $1 \leq i \leq s$, bezeichnet. Der Ausgabewert $V_i(x,y) \in [0,1]$ bestimmt die Wahrscheinlichkeit, daß das Pixel (x,y) dem i–ten Farbcluster zugeordnet wird. Der Eingabewert $u_i(x,y)$ jedes Pixels ist das gewichtete Mittel der

Ausgabewerte aller Pixel, wobei die Gewichte $w_{ij}(x, y, x', y')$ für die Verbindungen zwischen den Neuronen (x, y, i) und (x', y', j) stehen. Nunmehr werden die Werte $u_i(x, y)$ mittels einer stetigen, monoton wachsenden Funktion g in die neuen Ausgabewerte $V_i(x, y) := g(u_i(x, y))$ umgerechnet. Mögliche Funktionen sind $g(u) = 0.5 \cdot (1 + \tanh(\beta u))$, wobei β ein Steifheitsparameter ist. Wird β groß gewählt, so kann das dynamische Verhalten in der Zeit t in jedem Neuron (x, y, i) durch ein System von Differentialgleichungen

$$\frac{\partial u_i(x, y)}{\partial t} = -\frac{\partial E}{\partial V_i(x, y)}$$

beschrieben werden. Dabei hat die Energie E die Form $E = -0.5 \cdot \mathbf{V}^T \mathbf{W} \mathbf{V} - \mathbf{V} \mathbf{I}$, gebildet aus der Matrix $\mathbf{W}$ der Gewichtsfaktoren $w_{ij}(x, y, x', y')$, dem Vektor $\mathbf{V}$ aller Ausgaben und dem externen Input–Stromvektor $\mathbf{I}$. Das Netz strebt einen stabilen Zustand an, wenn sich die Energie einem lokalen Minimum nähert. Zur Definition der Gewichtsfaktoren und damit der Energie E hat sich in der Bildverarbeitung der folgende Ansatz bewährt [125]:

$$E = AE_1 + BE_2 + CE_3, \quad A, B, C > 0,$$

$$E_1 := \sum_{x,y,i=1}^{n,m,s} \sum_{k,l=-1}^{1} (V_i(x, y) - V_i(x + k, y + l))^2,$$

$$E_2 := -\sum_{x,y,i=1}^{n,m,s} \sum_{j=1, j \neq i}^{s} \sum_{k,l=-1}^{1} (V_i(x, y) - V_j(x + k, y + l))^2,$$

$$E_3 := \sum_{x,y=1}^{n,m} \left(\sum_{i=1}^{s} V_i(x, y) - 1 \right)^2.$$

Die Größe E_1 mißt die Beiträge der angrenzenden Pixel der Achtnachbarschaftstopologie aus demselben Farbcluster i, $|E_2|$ ist minimal, wenn alle Pixel einer Achtnachbarschaft zum selben Cluster gehören und E_3 verschwindet, wenn die Summe aller Ausgaben zu (x, y) den Wert eins ergibt.

Die Änderung der Ausgabe jedes Neurons kann aus der Beziehung

$$\frac{\partial u_i(x, y)}{\partial t} = -2A \sum_{k,l=-1}^{1} (V_i(x, y) - V_i(x + l, y + k))$$

$$+ 2B \sum_{k,l=-1}^{1} \sum_{j=1, j \neq i}^{s} (V_i(x, y) - V_j(x + l, y + k)) - 2C \sum_{i=1}^{s} (V_i(x, y) - 1)$$

ermittelt werden.

- Benutze das Differentialgleichungssystem für u_i und eine geeignete Diskretisierung Δt von t mit der Schrittvariablen Δ, um sukzessive Δu_i und ΔV_i zu berechnen und das Netz zu stabilisieren, bis die Ausgabegrößen nur noch unter einem Schrankenwert T variieren.

- Segmentiere das Bild entsprechend der letzten Ausgabe.

Für die Konstanten A, B, C hat sich folgende Wahl bewährt:

$$A = B = 0.04, \ C = 1 + \Delta \cdot 0.1, \ T = 10^{-7}.$$

In [48] und [125] sind interessante Bildbeispiele mit Konturierung der Segmente angegeben.

9.2.3 Gaborfilterung

Eine weitere moderne Methode benutzt Phasenänderungen in gaborgefilterten Grauwertbildern, um Textursegmentationen zu berechnen [143]. Dazu wird ein Grauwertbild $B_0(x,y)$ mittels der Fouriertransformation in $b(u,v) = FB_0(u,v)$ überführt, mit der Funktion $g(u,v)$ durch Multiplikation gefiltert und dann mittels F^{-1} in $B(x,y)$ zurückgeführt. Im Ortsraum entspricht die Filterung einer Faltung mit der Filterfunktion $G(x,y)$. Als Gaborfilter kommen Realteil oder Imaginärteil der folgenden Funktion in Frage

$$G_{\vartheta,\sigma}(x,y) := \frac{1}{\sqrt{2\pi}\sigma} \exp\left(-\frac{x^2 + y^2}{2\sigma^2}\right) \exp\left(\frac{2\pi}{\lambda} i(x\cos\vartheta + y\sin\vartheta)\right).$$

Dabei bezeichnet λ die Gitterwellenlänge, z.B. $\lambda = \sigma/\sqrt{2}$, ϑ die Orientierungsrichtung mit z.B. $\vartheta \in \{0°, 45°, 90°, 135°\}$, und σ geeignete Varianzen mit $\sqrt{2}\sigma \in \{5, 8, 12, 19\}$ Pixeln. Oftmals werden auch Filter in Polarkoordinaten angegeben mit

$$G(\rho,\vartheta) = \exp\left(-(2\pi\sigma)^2 \frac{(\rho - 1/\lambda)^2}{2}\right) \exp\left(-\frac{(\vartheta - \vartheta_0)^2}{2\sigma_\theta^2}\right)$$

und dann für verschiedene charakteristische radiale Frequenzen $1/\lambda$ und ausgezeichnete Orientierungen ϑ_0 angewendet.

$B(x,y)$ ist nach Filterung komplexwertig und kann in der Form

$$B(x,y) = |B(x,y)| \exp(i\varphi(x,y))$$

geschrieben werden, wobei $\varphi(x,y)$ die nur modulo 2π bestimmte Phase darstellt. Der Hauptwert der Phase kann im Intervall $[-\pi/2, 3\pi/2)$ angenommen und im ersten und vierten Quadranten mit Hilfe von $\arctan(\mathrm{Im}(B(x,y))/\mathrm{Re}(B(x,y)))$ berechnet werden, im zweiten und dritten Quadranten muß π addiert werden, um die Unstetigkeiten auf der imaginären Achse auszugleichen. Die Phase φ ergibt sich dann durch Addition von $2k\pi$. Probleme treten allerdings in Punkten auf, in denen die Phase ein Vielfaches von 2π beträgt. Es stellt sich nun heraus, daß die Phase φ in einen globalen linearen Anteil φ_{glob} und einen lokalen Anteil φ_{lok} zerlegt werden kann. Letzterer nimmt Rauschanteile im Bild auf und ist Indikator für Grenzbereiche verschiedener Texturen. Ein möglicher Weg, den globalen Teil φ_{glob} abzuspalten, bietet die Berechnung der Richtungsableitung von $\varphi(x,y)$ in der Richtung θ:

$$D_\theta\varphi(x,y) = \frac{\mathrm{Im}(B^*(x,y)B_x(x,y))\cos\theta + \mathrm{Im}(B^*(x,y)B_y(x,y))\sin\theta}{|B(x,y)|^2}.$$

Dabei ist $B^*(x,y)$ der konjugiert komplexe Wert zu $B(x,y)$. Setzen wir für θ die Werte 0 und $\pi/2$ ein, so erhalten wir die partiellen Ableitungen φ_x und φ_y. Die globale Phase kann nun durch einen Ansatz der Form

$$\varphi_{\mathrm{glob}}(x,y) = \varphi(x_0,y_0) + \overline{\varphi}_x(x_0,y_0)(x - x_0) + \overline{\varphi}_y(x_0,y_0)(y - y_0)$$

bestimmt werden. Dabei sind $\overline{\varphi}_x$ und $\overline{\varphi}_y$ geeignete Mittelwerte, es ergibt sich

$$\varphi_{\text{lok}} = \varphi - \varphi_{\text{glob}},$$

und an Segmentgrenzen liegen die Ausschläge von φ_{lok}.

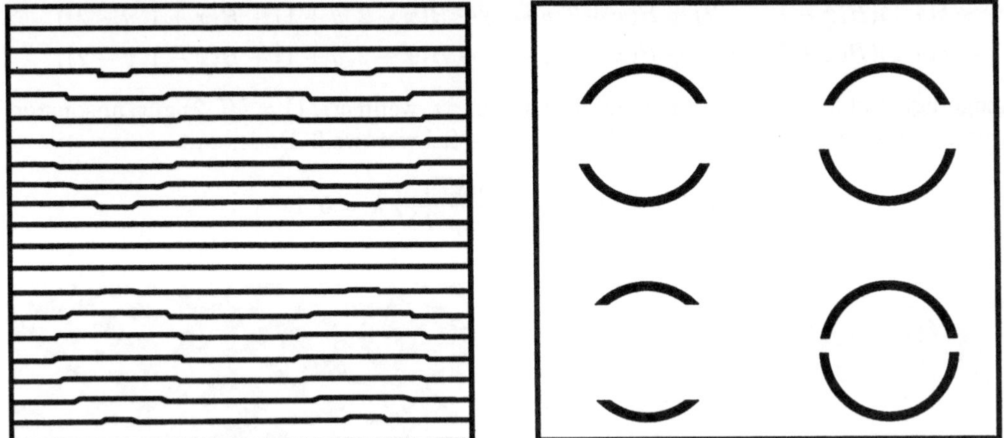

Bild 9.7: Beispiel für Segmentationsfilter nach Landraud et al. [143]

9.2.4 MRF–Texturen

In einem Übersichtsbeitrag zeigen Cross und Jain [63] auf, wie mit einem Markov–Modell (Markov Random Field, MRF) Texturen in einem $n \times n$ Grauwertbild mit den Werten $\{0, ..., N - 1\}$ beschrieben und erzeugt werden können. Dabei wird vorausgesetzt, daß die Werte eines Bildpunktes $B(x, y)$ mit den Werten der Nachbarpunkte korreliert sind. Hier heißt $\mathbf{y}$ Nachbar von $\mathbf{x}$, wenn die Übergangswahrscheinlichkeit $p(B(\mathbf{x}) \mid$ alle Gitterpunkte außer $\mathbf{x})$ von $B(\mathbf{y})$ abhängt: Genauer gilt für eine passende Umgebung U:

$$p(B(\mathbf{x}) \mid U) > 0 \quad \text{für alle } \mathbf{x}$$
$$p(B(\mathbf{x}) \mid U) = p(B(\mathbf{x}) \mid \text{ alle Gitterpunkte außer } \mathbf{x})$$
$$p(B(\mathbf{x}) \mid U) \text{ ist translationsinvariant.}$$

In vielen Fällen wird für $p(B(\mathbf{x}) = k \mid U)$, $k = 0, \ldots, N - 1$, eine Binomialverteilung $\mathcal{B}(N - 1, \vartheta)$ mit dem Parameter $\vartheta(T) = \exp(T)/(1 + \exp(T))$ gewählt. Dabei werden für T Ansätze verschiedener Ordnung gemacht, die entsprechende Mengen von Nachbarn berücksichtigen. Es werden immer gegenüberliegende Nachbarn gruppiert, ihre Grauwerte addiert und dann mit einem geeigneten Faktor multipliziert. Für ein Modell erster Ordnung kommen nur die Vierernachbarn, beim Modell zweiter Ordnung dagegen alle acht direkten Nachbarn ins Spiel:

$$\begin{aligned}
T = a &+ b(1,1)(B(x+1,y) + B(x-1,y)) \\
&+ b(1,2)(B(x,y+1) + B(x,y-1)) \\
&+ b(2,1)(B(x+1,y+1) + B(x-1,y-1)) \\
&+ b(2,2)(B(x-1,y+1) + B(x+1,y-1)).
\end{aligned}$$

Wir können auch Modelle höherer Ordnung betrachten, wenn wir noch weiter außen liegende Vier– oder Zwölfnachbarn berücksichtigen. Dann wird noch der Term

$$b(3,1)(B(x+2,y)+B(x-2,y))$$
$$+\ b(3,2)(B(x,y+2)+B(x,y-2))$$
$$+\ b(4,1)(B(x-1,y+2)+B(x+2,y-1)+B(x-2,y+1)+B(x+1,y-2))$$
$$+\ b(4,2)(B(x+1,y+2)+B(x-2,y-1)+B(x+2,y+1)+B(x-1,y-2))$$

hinzugefügt. Ein MRF heißt isotrop in der Ordnung i, wenn $b(i,1)=b(i,2)$ gilt, ansonsten anisotrop. Erwähnenswert ist noch der Fall eines Schwarzweiß–Bildes mit

$$p(B(\mathbf{x})=k\mid U)=\frac{\exp(kT)}{1+\exp(T)},\quad k=0,1.$$

$a=-0.25$, $b(1,1)=-2$, $b(1,2)=2$, $a=-1$, $b(1,\cdot)=1$, $b(2,\cdot)=1$,
$b(2,1)=0.5$, $b(2,2)=0.015$. $b(3,\cdot)=-0.5$, $b(4,\cdot)=-0.5$.

Bild 9.8: MRF Texturen

Zur Erzeugung einer Textur wird dann der folgende Algorithmus vorgeschlagen:
- Wähle eine Ausgangsfärbung $B(\mathbf{x})$ mit $N-1$ Grauwerten, gleichverteilt über alle $n \times n$ Bildpunkte.
- Bestimme die Ordnung und Konstanten $b(i,1)$, $b(i,2)$ usw. zur Festlegung der Übergangswahrscheinlichkeiten $p(B(\mathbf{x})=k\mid U)=\binom{N-1}{k}\vartheta(T)^k(1-\vartheta(T))^{N-1-k}$.
- Wiederhole die folgende Schleife, bis im Bild keine Änderung mehr auftritt:
  1) Wähle zwei Punkte $\mathbf{x}_0$ und $\mathbf{y}_0$ verschiedener Farbe $B(\mathbf{x}_0)$ und $B(\mathbf{y}_0)$. Erzeuge nun eine Färbung $B'(\mathbf{x})$, die mit $B(\mathbf{x})$ bis auf die vertauschten Werte der Punkte $\mathbf{x}_0$ und $\mathbf{y}_0$ übereinstimmt. Bestimme

$$r:=\prod_{x=0,y=0}^{n-1}\frac{p(B'(\mathbf{x})\mid U)}{p(B(\mathbf{x})\mid U)}.$$

Bemerkung: Hier sind nur die direkten Nachbarn der Punkte $\mathbf{x}_0$ und $\mathbf{y}_0$ im Produkt zu berücksichtigen, alle anderen Terme fallen heraus.

2) Wenn $r \geq 1$, dann vertausche die Farben von $\mathbf{x}$ und $\mathbf{y}$; anderenfalls erzeuge eine Zufallszahl $u \in [0, 1)$ mit einem Zufallszahlengenerator mit Gleichverteilung. Wenn $r > u$, dann vertausche die Farben von $\mathbf{x}$ und $\mathbf{y}$, ansonsten behalte die Färbungen bei.

3) Nenne die neue Färbung wieder $B(\mathbf{x})$.

Die Autoren haben verschiedene Beispiele zu MRF der Ordnung 1 bis 4 für Schwarz-weiß– und Grauwertbilder berechnet und realistische Muster verschiedener Werkstoffe erzeugt. Dabei wurde die Schleife ca. $10n^2$ mal wiederholt.

9.3 Handschrifterkennung

Handschrifterkennung spielt eine immer größere Rolle in der Datenverarbeitung, sei es bei der Unterschriftauthentifizierung, der Erfassung von Banküberweisungsträgern, der Auswertung von Steuererklärungen usw. Im Beitrag von Congedo et al. [60] wird ein analytischer Zugang für Anwendungen mit einem stark reduzierten Wortschatz präsentiert, der davon ausgeht, daß jeder Buchstabe aus einer Folge von Basiselementen, wie Halbkreisen, Kreisen, Buckeln, gerichteten Strecken, Spitzen, Punkten und Ansätzen besteht. Daher gestaltet sich der Erkennungsprozeß in vier Hauptphasen:

- Vorerkennung des Wortbereichs und Glättung
- Zerlegung in Basisschriftzüge
- Umsetzung in Merkmalsvektor und Klassifikation
- Worterkennung.

Nachdem der zu bearbeitende Schriftzug eingescannt ist, werden in einer ersten Phase mit einem Medianoperator die Schriftzüge geglättet, der Wortbereich erkannt und Raucheffekte, wie überflüssige Punkte oder isolierte Pattern weniger Pixel, entfernt. Mittels einer Histogrammanalyse können eine untere Basislinie, die mit der Schriftlinie identisch ist, und eine obere Basislinie, die die meisten Kleinbuchstaben abschließt, definiert werden. Der Zwischenbereich heißt mittlere Zone. Hier sind alle Buchstaben mit (Halb–) Kreisen, Buckeln, Spitzen etc. präsent. In der oberen Zone befinden sich die Aufstriche der Kleinbuchstaben, Punkte und Bögen oder Spitzen, in der unteren Zone die Abstriche. Nun muß beachtet werden, daß ein Schriftzug in einen einzigen oder einen unteren und oberen horizontalen Zug zerlegt werden kann.

In einer zweiten Phase wird der Text in eine Folge von Basiszügen zerlegt, die zwischen aufeinanderfolgenden lokalen Minima des gesamten oberen Zuges verlaufen. Dabei werden drei Strecken durch ein lokales Minimum M gelegt, die durch das vorherige Maximum P, durch das folgende Maximum Q und auf der Winkelhalbierenden des eingeschlossenen Winkels α verlaufen. Dadurch werden ausgehend vom Mittelpunkt sechs Winkelbereiche definiert, in denen Basiszüge verlaufen, die durch ihre Lage bezüglich der Punkte P, M, Q sowie des Öffnungswinkels, ihre Höhe und Breite sowie ihre Lage bezüglich der Basislinien charakterisiert sind (vgl. Bild 9.9).

Nach der Segmentierung wird jeder Basiszug in eine 45×45 Pixel umfassende Matrix übertragen, die wiederum in gleiche, 15×15 Pixel enthaltende Teilfelder aufgeteilt ist. Für jedes dieser Felder wird nun ein Merkmalvektor berechnet. Dazu wird der Zug mit einem Skelettierungsalgorithmus zu einer 8–Kurve verdünnt, der Kettencode ermittelt und ein Histogramm zu den acht Richtungen aufgestellt. Insgesamt ergibt sich zu jedem Basiszug ein 72–elementiger Zustandsvektor. In einem Lernprozeß müssen zunächst Gruppen von

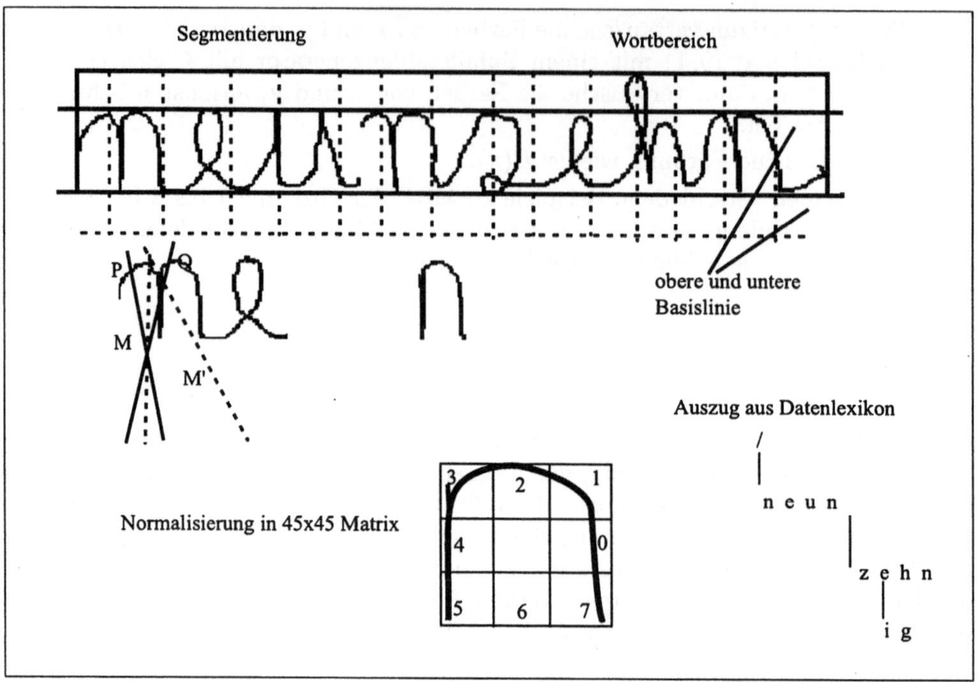

Bild 9.9: Handschrifterkennung

Basiszügen, wie Bögen, Buckel, Strecken etc. definiert werden, was durch Gruppierung der erkannten Züge mit manueller Hilfe erreicht werden kann. Gleichzeitig ergeben sich in jeder Klasse j Mittelwerte $\mu_j = (\mu_{1,j}, \mu_{2,j}, ..., \mu_{72,j})$ und Standardabweichungen $\sigma_j = (\sigma_{1,j}, \sigma_{2,j}, ..., \sigma_{72,j})$. Die Klassen können durch Angabe von räumlichen Bezügen zum Gesamtwort oder zu den Basislinien schließlich in Gruppen von Basiszügen überführt werden.

In einer Erkennungsphase werden nun die Teilzüge mit dem Merkmalvektor $\mathbf{v} = (v_1, v_2, ..., v_{72})$ mit Hilfe des Ähnlichkeitsmaßes

$$d(\mathbf{v}, \boldsymbol{\mu}_j, \boldsymbol{\sigma}_j) := \frac{1}{72} \sum_{i=1}^{72} \frac{|v_i - \mu_{i,j}|}{\sigma_{i,j}}$$

klassifiziert, entsprechend der Position gruppiert und als Basiszug erkannt. Dabei hat es sich als günstig herausgestellt, eine Rangliste zu ermitteln.

In einer letzten Erkennungsphase wird mit einer iterativen Strategie versucht, aufeinanderfolgende Repräsentanten aus den erkannten Gruppenranglisten als Buchstaben zu erkennen. Dazu sind passende Folgen von Basiszügen und ihre Positionen bezüglich der Basislinien im Speicher zu Vergleichszwecken abgelegt. Schließlich wird eine erkannte Folge von Buchstaben gegen ein baumartig organisiertes Datenlexikon, dessen Blätter Basiswörter darstellen, beginnend von der Wurzel abgeglichen.

Bei Nichterkennung von einzelnen Buchstaben können entsprechend den Eintragungen im Lexikon Ersatzbuchstaben generiert werden. Dazu ist allerdings notwendig, einen Ähnlichkeitsindex zu definieren, der Fehlerkennungen mißt und die Vertrauenswürdigkeit der Worterkennung beurteilt.

Tests haben ergeben, daß vor allem fehlerhafte Segmentationen zu Mißdeutungen führen. Bei korrekter Segmentation werden Worterkennungsraten bei Bankschecks von über 80% erreicht.

In eine ähnliche Richtung gehen Beiträge zur automatischen Feldidentifikation in Formularen. Dieser Prozeß geht einer Handschrifterkennung voraus.

9.3.1 Automatische Tabellenauswertung

In [239] wird ein System entwickelt, das Steuererklärungsformulare und Tabellen auf Einträge innerhalb von Linien, Klammern oder umrandeten Räumen, d.h. Zellen, untersucht. Die auftretenden Linien können verschieden dick oder infolge eines Scanprozesses von schlechter Qualität sein. Zur Ermittlung der Strecken wird die klassische Hough–Transformation benutzt. Hier sind jedoch nur Geraden mit der Steigung $0°$ und $90°$ von Interesse. Um dicke Linien nicht zweimal zu zählen, werden nur Pixel berücksichtigt, die angrenzend oberhalb oder unterhalb bzw. links oder rechts zwei weiße Pixel haben. Zudem wird ein Schwellwert definiert, damit genügend lange Strecken selektiert werden und nicht nur Teile von Buchstaben. Gestrichelte Linien und Klammern können durch Scanlinienverfahren erkannt werden.

Zur Zellensuche wird ein Graphenmodell verwendet, wobei Knoten Schnittpunkten zwischen vertikalen und horizontalen Strecken entsprechen. Der Graph wird als Inzidenzmatrix dargestellt: Ein Eintrag (i, j) entspricht einem Knoten, der die i–te horizontale mit der j–ten vertikalen Strecke verknüpft. Diese Strecken sind aufsteigend sortiert. Zwischen den Einträgen (i, j) kann eine lexikographische Ordnung hergestellt werden. Sodann werden Kreise im Graphen gesucht, die Zellen entsprechen, und zwar ist die Durchlaufrichtung im Uhrzeigersinn angenommen. Zunächst werden aus der Liste alle Knoten entfernt, die nur eine Kante haben. Die Suche nach einem Kreis startet im ersten unmarkierten Punkt der Liste, in dem ein Weg nach rechts läuft und einer von unten mündet, und läuft dann nach rechts mit dem Uhrzeigersinn. Gibt es keinen Weg nach rechts und von unten, so wird der Knoten markiert. Ist auf dem Weg der nächste Knoten erreicht, so wird die Suche längs einer weiteren Kante fortgesetzt. Dabei wird mit erster Priorität der Weg nach unten, mit zweiter der nach rechts und mit letzter der nach oben gewählt. Ein analoges Prioritätsschema gilt für Knoten, die von oben erreicht werden mit Fortsetzung des Wegs nach links, unten und rechts, und für Knoten die von rechts oder unten erreicht werden mit jeweils um 90 Grad gedrehtem Schema. Wird auf diese Weise ein Kreis mit Rückkehr zu einem bereits vorher durchlaufenen Knoten gefunden, so wird er abgespeichert. Damit dieser Kreis nicht noch einmal notiert wird, sind nun diejenigen Knoten zu markieren, die nach rechts verlassen oder von unten erreicht wurden. Sodann startet eine neue Suche im nächsten unmarkierten Knoten der Liste. Führt ein Weg auf einen bereits markierten Knoten, der vor dem Anfangsknoten liegt, so geht der Algorithmus einen Schritt zurück und versucht einen Weg mit niedrigerer Priorität. Gelangen wir durch wiederholte Fehlversuche dabei zum Ausgangsknoten ohne einen Kreis gefunden zu haben, so wird der Knoten markiert und eine neue Suche im nächsten Startpunkt begonnen. Ist die Liste leer, so endet die Suche.

Schließlich werden die gefundenen Zellen nach ihrem Inhalt in vier Klassen eingeordnet: Leer oder „weiß", Hintergrund oder „schwarz", Raster oder „grau", Information oder „item". Über die Dichte der schwarzen Pixel und Schwellenwerte kann eine Zuordnung zu den Klassen „weiß", „schwarz", „grau" oder „item" erfolgen, wobei eine sehr geringe Dichte auf „item" hinweist. Ist die Schwarzweißverteilung gleichmäßig, so deutet dies auf Grau hin. Insgesamt haben Tests mit einer Vielzahl von Formularen und Tabellen Erfolgsraten zwischen 90% und 100% beim Aufspüren von Strecken, Zellen und der Klassifikation ihres Inhalts ergeben.

9.4 Erkennung von Verkehrszeichen

Die Erkennung von Verkehrszeichen ist von großer Bedeutung bei der automatischen Steuerung von Fahrzeugen, die mit einer Kamera zur Überwachung der Verkehrssituation ausgestattet sind, deren optische Achse mit der Bewegungsrichtung übereinstimmt und damit im wesentlichen in Richtung der Normalen auf den beiden Suchebenen rechts und links neben dem Fahrzeug zeigt. Dabei werden im vorhinein gespeicherte bekannte Formen der Verkehrszeichen mit den Kantenzügen verglichen, die mit standardisieren Erkennungsalgorithmen aus Bereichen der Bildebene extrahiert worden sind. Wie in [193] beschrieben, kommt es zunächst auf die Erkennung der geometrischen Form des Verkehrszeichens aus einem Grauwertbild an.

Das aufgenommene Kamerabild stellt eine Zentralprojektion dar. Da die Zeichen parallel zur Bildebene angebracht sind, hängt der Skalierungsfaktor bei der Abbildung nur von der fokalen Weite der Kamera und der Entfernung des Objekts von derselben ab. Die Dreiecksform der Warnzeichen und die runde Form der Verbotszeichen sind recht charakteristisch in der Verkehrsszene und können daher wichtigstes Merkmal zu ihrer Erkennung sein. Außerdem ist ihre Höhe über der Straße standardisiert, was die Aufteilung der Bildebene in vier Bereiche, Straßenbett, Himmel und relevante Seitenzonen erleichtert.

Zunächst werden in letzteren Bildteilen Kanten– und Streckenerkennungsalgorithmen wie der Hough–Algorithmus eingesetzt, die Mengen von Streckenzügen ergeben. Dreieckige Verkehrszeichen zeichnen sich dadurch aus, daß die Ränder ein gleichseitiges Dreieck bilden mit Steigungen in den Bereichen

$$[-\varepsilon, \varepsilon], \ [60° - \varepsilon, 60° + \varepsilon], \ [-60° - \varepsilon, -60° + \varepsilon].$$

Dabei steht der Parameter ε für Abweichungen der Zeichenebene von der Bildebene, Drehungen in der Bildebene oder Rauscheffekte.

Schließlich müssen passende Strecken zu einem Zeichen verbunden werden. Dazu werden Segmente verschiedener Steigung mit einschließendem spitzen Winkel, deren Abstand einen Schwellwert unterschreitet, kombiniert und dann ein drittes fehlendes Segment gesucht. Die Autoren berichten in [193] über einen Test, bei dem über 92% korrekte Identifikationen erzielt wurden.

Die Erkennung runder Zeichen ist wesentlich komplizierter, da die Erkennung von Kreisbögen aus dem Kettencode sehr aufwendig ist (vgl. Kapitel 2). Die Radiusgröße der Zeichen in der Bildebene ist bestimmt durch den Quotienten von fokaler Weite und Abstand des realen Zeichens von der Kamera. Daher schränken Kenntnisse über seine maximale Entfernung die Anzahl der möglichen Radien ein. Die Dicke der Kreise beträgt typischerweise drei Pixel. Die verallgemeinerte Hough–Transformation für Kreise hat hier gute Ergebnisse mit einer über 90% liegenden Erfolgsrate gebracht, die gegen die Resultate der Streckenerkennung in dem Sinne abgeglichen wurden, daß erkannte Ketten die ermittelten Kreise gut approximieren. Allerdings ist die Ausführungszeit noch zu langsam. Außerdem sind Zeichen in einer Ausfallstraßenumgebung oder auf Fernstraßen leichter zu erkennen als in einem innerstädtischen Umfeld.

In einem weiteren Schritt kommt es nun darauf an, möglichst kostengünstig unter Nutzung einer Datenbank von über hundert Warn– und Verbotsschildern eine hochgenaue Erkennung auch unter verschiedenen Lichtverhältnissen und Verkehrsumgebungen zu gewährleisten. Dazu wird entsprechend seiner Form das Zeichen in einer 50×50 Pixel–Matrix unter linearer Interpolation der Grauwerte normalisiert. Sodann schließt sich die Berechnung von normalisierten Crosskorrelationen zwischen der Matrix und den Musterzeichen der Datenbank an, die zu einer geordneten Liste möglicher Kandidaten führt. Um die Erkennung auf eine Erfolgsrate von über 98% zu verbessern, werden noch neue Crosskorrelationen zwischen Teilbildbereichen in höherer Auflösung bestimmt. Darüber hinaus können aus dem Verkehrskontext unsinnige Verkehrszeichen verworfen werden. Die Ausführungszeiten liegen durchaus im Echtzeitbereich.

9.5   Optischer Fluß

Bei der Beurteilung von Verkehrsszenen aus Bildern, die von auf den Fahrzeugen montierten Kameras aufgenommen sind, ist es von entscheidender Bedeutung, die Bewegung der Verkehrsteilnehmer aus einer Folge von Grauwertbildern zu ermitteln, um Kollisionen vorherzusagen und eine automatische Steuerung zu ermöglichen. Ähnliche Probleme treten bei der Steuerung von Robotern auf. Wir erläutern hier einen allgemeinen Ansatz zur Berechnung der Geschwindigkeiten.

Optischer Fluß in einer zeitabhängigen Grauwertbildfolge $G(x, y, t)$ ist definiert als Geschwindigkeitsvektor $\mathbf{u}(x, y, t)$ der Grauwertstrukturen mit den Komponenten $(u_1, u_2, 1)^T$. Eine Bestimmungsgleichung für $\mathbf{u}$ nimmt an, daß dieser Vektor unter Einbeziehung einer lokalen Umgebung $\delta\mathbf{x} = (x + \delta x, y + \delta y, t + \delta t)$ der Pixelposition $\mathbf{x} = (x, y, t)$ senkrecht auf dem Gradienten von $G(x, y, t)$ steht:

$$0 = \nabla G^T(\mathbf{x} + \delta\mathbf{x}) \cdot \mathbf{u}(\mathbf{x} + \delta\mathbf{x}).$$

In der Vergangenheit sind viele Näherungsgleichungen untersucht worden. Dabei sind z.B. aus der linearen Gleichung $G_x u_1 + G_y u_2 + G_t = 0$ und einer Schätzung des Grauwertgradienten mit den bereits studierten Methoden eine Näherung für die Richtung des Vektors $\mathbf{u}$ berechnet worden. Zudem kann durch Gleichungen der Form

$$0 = G_x(x, y)(u_1 + u_{1x}(\widetilde{x} - x) + u_{1y}(\widetilde{y} - y)) + G_y(x, y)(u_2 + u_{2x}(\widetilde{x} - x) + u_{2y}(\widetilde{y} - y)) + G_t$$

und Variation des Punktes $(\widetilde{x}, \widetilde{y})$ in einer Umgebung des Punktes (x, y) die Gleichung zu einem überbestimmten System erweitert werden, um z.B. auch die örtliche Änderung des Vektors $\mathbf{u}$ zu schätzen. Wir führen die Einsteinsche Summationskonvention und einige Abkürzungen ein

$$x^n \approx \mathbf{x} = (x, y, t)^T, \ u^n \approx \mathbf{u} = (u_1, u_2, 1)^T, \ r^n \approx \mathbf{r} = (\delta x, \delta y, \delta t)^T,$$

$$G_n \approx \nabla G = \left(\frac{\partial G}{\partial x}, \frac{\partial G}{\partial y}, \frac{\partial G}{\partial t}\right)^T, \ G_{nm} \approx \frac{\partial}{\partial \mathbf{x}}(\nabla G)^T, \ u_n^m \approx \frac{\partial}{\partial \mathbf{x}}\mathbf{u}^T,$$

und können dann in unserer Bestimmungsgleichung Taylorreihenentwicklungen einführen:

$$0 = \left(G_n + G_{nm}r^m + \frac{1}{2}G_{nmk}r^m r^k + \mathbf{O}((r^i)^3)\right) \cdot \left(u^n + u^n_s r^s + \mathbf{O}((r^i)^2)\right).$$

Vernachlässigen wir die Ableitungen der Grauwertfunktion der Ordnungen vier und höher und beschränken wir uns auf eine lineare Näherung an den optischen Fluß, so erhalten wir ein Bestimmungspolynom dritter Ordnung der Form

$$0 = G_n u^n + (G_{nm}u^n + G_n u^n_m)r^m + (\frac{1}{2}G_{nmk}u^n + G_{nm}u^n_k)r^m r^k + \frac{1}{2}G_{nmk}u^n_s r^m r^k r^s.$$

Hier können nun drei verschiedene Bedingungen eingeführt werden, um Schätzungen der Funktionen $u_i(x,y,t)$, $i = 1,2$, und ihrer partiellen Ableitungen nach x,y und t zu erhalten.

- (RC): Alle Koeffizienten des Polynoms verschwinden identisch.
- (IC): Das bestimmte Integral über das Polynom, ausgewertet über einer Kugel um (x,y,t) mit kleinem Radius, verschwindet.
- (SC): Wir schreiben das Polynom für 27 Wertekombinationen $\mathbf{r} = (\delta x, \delta y, \delta t)^T \in [-1,1]^3$ auf, erhalten ein überbestimmtes Gleichungssystem und ermitteln daraus die gewünschten Schätzungen.

Die erste Methode führt auf ein Gleichungssystem von 20 Gleichungen für die acht Unbekannten

$$u_1, u_{1x}, u_{1y}, u_{1t}, u_2, u_{2x}, u_{2y}, u_{2t}$$

mit vollem Rang. Otte und Nagel [182] geben dieses System explizit an und zeigen, daß auch der zweite Ansatz (IC) auf dieses System führt.

Der Ansatz (SC) kann schließlich vereinfacht in die Gleichung

$$0 = c + c_n r^n + c_{1n}r^1 r^n + c_{22}r^2 r^2 + c_{23}r^2 r^3 + c_{33}r^3 r^3 + c_{11n}r^1 r^n + c_{122}r^1 r^2 r^2$$
$$+ c_{123}r^1 r^2 r^3 + c_{133}r^1 r^3 r^3 + c_{222}r^2 r^2 r^2 + c_{223}r^2 r^2 r^3 + c_{233}r^2 r^3 r^3 + c_{333}r^3 r^3 r^3$$

überführt werden, die dann für die 27 verschiedenen Wertekombinationen von $\mathbf{r}$ aufgeschrieben und noch auf 17 Gleichungen verringert werden können.

Qualitative Vergleiche mit 50 000 Flußvektoren, die aus Aufnahmen herrühren, die durch die Bewegung eines Roboterarms mit aufmontierter kalibrierter Kamera entlang einer präzise vorgegebenen Bahn erzeugt wurden, zeigen, daß alle vorgeschlagenen Methoden ohne signifikante Unterschiede akkurat arbeiten, mit einem mittleren absoluten Fehler zwischen Schätzwert $\hat{\mathbf{u}}$ und $\mathbf{u}$ von ca. 1/7 Pixel und maximalem Fehler von ca. 1/4 Pixel.

Einen anderen Ansatz haben wir bereits in Kapitel 8.1 kennengelernt und werden auf diese Fragestellungen im Rahmen der Animation von Figuren wieder zu sprechen kommen.

9.6   Aufgaben

Aufgabe 9.1
Ein magisches Quadrat der Ordnung n ist eine (n,n)-Matrix, in der alle Zahlen von 0 bis $n^2 - 1$ vorkommen, wobei die Summen aller Zeilen und Spalten gleich $0.5(n^3 - n)$ sind. Zeigen Sie:

a) Bezeichne (i,j) den Platz in der i–ten Zeile und der j–ten Spalte, und ist die Zahl k so plaziert, daß

$$j \equiv (b + d \cdot k + f\lfloor k/n \rfloor) \bmod n,$$
$$i \equiv (a + c \cdot k + e\lfloor k/n \rfloor) \bmod n,$$

$0 \leq i \leq n-1$, $0 \leq j \leq n-1$, $a,b,c,d,e,f \in \mathbf{Z}_n$, $(cf - de, n) = 1$,
$((x,y) = 1$ heißt x und y teilerfremd, $\mathbf{Z}_n := \{0, ..., n-1\})$,
so hat jede Zahl k ihren wohldefinierten Platz.

b) $(c,n) = (d,n) = (e,n) = (f,n) = 1$ ist hinreichend für die Konstruktion eines magischen Quadrats.

c) Die Diagonalsummen sind gleich $0.5 \cdot (n^3 - n)$, falls $(c \pm d, n) = (e \pm f, n) = 1$.

d) Für eine Primzahl n mit $n \geq 5$ und alle ihre Produkte können auf diese Weise magische Quadrate mit gleichen Diagonalsummen konstruiert werden.

Aufgabe 9.2
Gegeben sei die Spiralfläche

$$g(x,y) = \frac{3}{2} \cdot \sqrt{x^2 + y^2} \cdot \left(\arctan\left(\frac{y}{x}\right) + \pi\frac{2 - \operatorname{sgn}(x)}{2} \right), \quad (x,y) \in [-5,5] \times [-5,5].$$

Runden Sie die Funktion auf den Ganzzahlbereich $[0,48]$, wählen Sie die Dithermatrix

$$Q = \begin{pmatrix} 0 & 8 & 2 & 10 \\ 12 & 4 & 14 & 6 \\ 3 & 11 & 1 & 9 \\ 15 & 7 & 13 & 5 \end{pmatrix}$$

und stellen Sie die Funktion am VGA–Bildschirm, mit 640×480 Pixeln und 16 Farben, mit den Farbübergängen $\overrightarrow{fs} = (14, 12, 5, 6)$ dar.
Anleitung: Verwenden Sie die Konstruktion

```
x := (a - 319.5) / 64; y := (239.5 - b) / 64;
c := trunc( f(x,y) ); d := c div 16;
if c > (Q[a and 3, b and 3] + d shl 4) then
  PutPixel(a, b, fs[d+1])
else PutPixel(a, b, fs[d])
```

Aufgabe 9.3
Implementieren Sie den MRF–Textur Algorithmus für zwei und für sechszehn Grautöne und experimentieren Sie mit den Parametern.

10 3D–Datenstrukturen und –Transformationen

Nach der Behandlung der mathematischen Grundlagen in der Ebene wenden wir uns in diesem Kapitel den Bewegungen im Raum zu. Neben der Einführung von Vektoren, Geraden und Ebenen werden Translationen, Skalierungen, Scherungen, Spiegelungen und Drehungen analytisch beschrieben.

10.1 Geraden

Wie schon in Kapitel 4 für den euklidischen $\mathbb{R}^2$, wollen wir nun die Grundlagen der analytischen Geometrie und die elementaren Transformationen wie Drehung, Scherung, Skalierung und Translation im $\mathbb{R}^3$ untersuchen. Eine direkte Übertragung der Formeln ist in fast allen Fällen ohne große Abänderungen möglich. Beginnen wir mit den Elementen des $\mathbb{R}^3$, den Vektoren, die nunmehr drei statt zwei Komponenten besitzen:

$$\mathbf{x} = (x_1, x_2, x_3)^T, \ x_i \in \mathbb{R}.$$

Mit der komponentenweise Addition und skalaren Multiplikation bildet der $\mathbb{R}^3$ einen euklidischen Vektorraum, wenn wir das innere Produkt zweier und die Norm eines Vektors wie folgt festlegen:

$$(\mathbf{x}, \mathbf{y}) := x_1 \cdot y_1 + x_2 \cdot y_2 + x_3 \cdot y_3, \qquad |\mathbf{x}| := \sqrt{(\mathbf{x}, \mathbf{x})} \tag{10.1}$$

Dann können wir wie in (4.4) wieder die kartesische Orthonormalbasis

$$\mathbf{e}_1 := (1, 0, 0)^T, \ \mathbf{e}_2 := (0, 1, 0)^T, \ \mathbf{e}_3 := (0, 0, 1)^T$$

auszeichnen und Punkte $\mathbf{P}$ mittels des zugehörigen Ortsvektors

$$\mathbf{P} : \mathbf{x} = x_1 \cdot \mathbf{e}_1 + x_2 \cdot \mathbf{e}_2 + x_3 \cdot \mathbf{e}_3$$

charakterisieren. Diese Basis bildet ein positiv orientiertes System, da die zugehörige Determinante den Wert eins hat.

Eine Gerade G durch zwei Punkte $\mathbf{P}_1$ und $\mathbf{P}_2$ wird am einfachsten mit Hilfe ihrer Parameterdarstellung beschrieben:

$$G : x(t) = \mathbf{x}_1 + t(\mathbf{x}_2 - \mathbf{x}_1), \ t \in \mathbb{R}. \tag{10.2}$$

Dabei zeigt der Vektor $\mathbf{x}_1$ zum Punkt $\mathbf{P}_1$ und der Richtungsvektor $\mathbf{x}_2 - \mathbf{x}_1$ vom Punkt $\mathbf{P}_1$ zum Punkte $\mathbf{P}_2$.

Wir wollen nun den Rasterlinienalgorithmus von Bresenham aus Kapitel 2 auf den dreidimensionalen Fall übertragen. Der Algorithmus spielt eine entscheidende Rolle bei der modernen Technik des Ray–Tracings, die wir in Kapitel 15 näher untersuchen werden. Dabei geht es darum, eine große Anzahl von Sehstrahlen im Raum unter Berücksichtigung der Reflexionen und Brechungen zu verfolgen, die an den Körpern der Szene erfolgen, um die Lichtintensität und Farbe zu ermitteln, die das Auge wahrnimmt und die dem Durchstoßpunkt des Strahls an der Bildebene zu geben ist. Wie auch schon im zweidimensionalen Fall, muß die Koordinate ermittelt werden, in der der Abstand von P_1 und P_2 am größten ist. Sie wird die Treiberkoordinate, in deren Richtung bei jedem Schritt eine Inkrementation stattfindet, während bei den anderen beiden passiven Koordinaten nur nach Bedarf in- bzw. dekrementiert wird.

10.1.1 Dreidimensionaler Bresenham–Algorithmus

```
procedure line(xa, ya, za, xe, ye, ze : integer; farbe : byte);
var control1, control2 : integer;
    p0, p1, sig, delta : array['x'..'z'] of integer;
    treibend, vn, vnn, t : 'x'..'z';
begin
  delta['x'] := abs(xe - xa);
  delta['y'] := abs(ye - ya);
  delta['z'] := abs(ze - za);
  treibend := 'x'; (* Treiberkoordinate *)
  if delta['y'] > delta['x'] then
    if delta['z'] > delta['y'] then treibend := 'z'
    else treibend := 'y'
  else if delta['z'] > delta['x'] then treibend := 'z';
  case vt of
    'x': begin vn := 'y'; vnn := 'z'; end;
    'y': begin vn := 'z'; vnn := 'x'; end;
    'z': begin vn := 'x'; vnn := 'y'; end;
  end;
  p0['x'] := xa; p1['x'] := xe; p0['y'] := ya;
  p1['y'] := ye; p0['z'] := za; p1['z'] := ze;
  for t := 'x' to 'z' do
    if p1[t] >= p0[t] then sig[t] := 1 else sig[t] := -1;
  control1 := delta[vt] div 2; control2 := control1;
  repeat
    plot(p0['x'], p0['y'], p0['z'], farbe);
    control1 := control1 + delta[vn];
    control2 := control2 + delta[vnn];
    if control1 >= delta[treibend] then begin
      control1 := control1 - delta[treibend];
      p0[vn] := p0[vn] + sig[vn];
    end;
    if control2 >= delta[treibend] then begin
      control2 := control2 - delta[treibend];
      p0[vnn] := p0[vnn] + sig[vnn];
    end;
    p0[treibend] := p0[treibend] + sig[treibend];
  until sig[treibend] * (p0[treibend] - p1[treibend]) > 0;
end;
```

10.2   Ebenen im Raum

Wenden wir uns nun den Ebenen E im dreidimensionalen Raum zu, die sich wie auch schon die Geraden in Parameterform

$$E : \mathbf{x}(u,v) = \mathbf{c} + u\mathbf{a} + v\mathbf{b}, \tag{10.3}$$

mit u, $v \in \mathbb{R}$ und zwei linear unabhängigen Einheitsvektoren $\mathbf{a}$ und $\mathbf{b}$ beschreiben lassen. Dabei führt der Vektor $\mathbf{c}$ vom Nullpunkt in die Ebene, die von den Vektoren $\mathbf{a}$ und $\mathbf{b}$ aufgespannt wird. Bilden wir das Vektorprodukt

$$\mathbf{n} := \mathbf{a} \times \mathbf{b} = (a_2 \cdot b_3 - a_3 \cdot b_2, a_3 \cdot b_1 - a_1 \cdot b_3, a_1 \cdot b_2 - a_2 \cdot b_1)^T, \tag{10.4}$$

so steht dieser Vektor, der sogenannte Normalenvektor, senkrecht auf der Ebene. Er hat die Länge eins, und die drei Vektoren $\mathbf{a}$, $\mathbf{b}$ und $\mathbf{n}$ bilden ein orientiertes „Rechtsbasissystem": der Vektor $\mathbf{a}$ geht durch Drehung gegen den Uhrzeigersinn in $\mathbf{b}$, der Vektor $\mathbf{b}$ in $\mathbf{n}$ über. Die Ebene E kann auch mit Hilfe der Hesseschen Normalform (4.7) beschrieben werden:

$$E : (\mathbf{x}, \mathbf{n}) + d = 0, \ \text{mit } d = -(\mathbf{n}, \mathbf{c}). \tag{10.5}$$

$|d|$ ist der Abstand von E zum Ursprung. Ist d positiv, so weist der Normalenvektor $\mathbf{n}$ von E zum Nullpunkt. Dadurch haben wir nun die Möglichkeit, zu entscheiden, auf welcher Seite der Ebene ein Punkt $\mathbf{y}$ liegt. Sei $\delta := (\mathbf{y}, \mathbf{n}) + d$. Dann ist $|\delta|$ der Abstand des Punktes $\mathbf{y}$ von der Ebene E. Gilt nun $\delta \cdot d > 0$, so liegen $\mathbf{y}$ und $\mathbf{0}$ auf derselben Seite, ist jedoch $\delta \cdot d < 0$, so auf verschiedenen Seiten der Ebene.

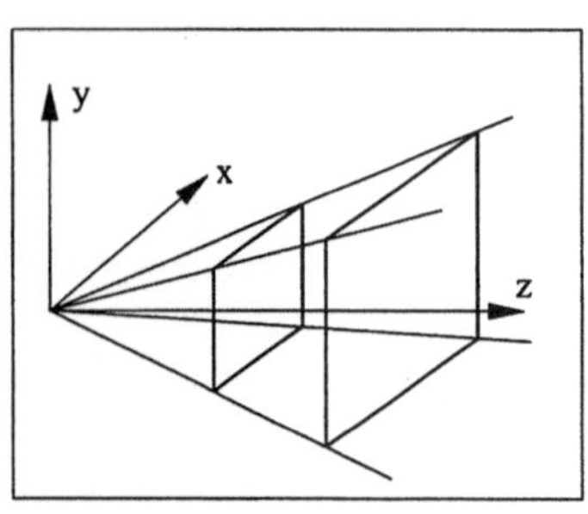

Bild 10.1:
Sichtpyramidenstumpf

δ ändert also, wenn wir eine Strahlgerade $\mathbf{y}(s)$ im Raum verfolgen, beim Durchstoßen der Ebene sein Vorzeichen. Bauen wir nun einen Körper, wie beispielsweise einen Quader oder eine Pyramide durch Schnitte verschiedener Ebenen E_1 bis E_p auf, so können wir mit Hilfe der verschiedenen Größen δ_i, $i = 1,\ldots,p$, entscheiden, ob der Strahl im Inneren des Körpers oder außerhalb verläuft. Es sind einfach die entsprechenden Ungleichungen nachzurechnen. Anwendung findet diese Technik beim dreidimensionalen Clipping. Hier geht es darum, eine Gerade am Sehpyramidenstumpf zu kappen. Der Augpunkt befinde sich dabei im Ursprung. Der Sehbereich sei durch eine Pyramide charakterisiert, die durch die sechs Ebenen

$$z = z_l, \ z = z_r, \ 0 \leq z_l < z_r, \ x = c \cdot z, \ x = -c \cdot z, \ y = c \cdot z, \ y = -c \cdot z, \ c > 0,$$

zu einem Stumpf begrenzt sei. Die Clippingroutine entscheidet, ob ein Teil und welcher Teil einer Strecke mit Anfangspunkt (x_1, y_1, z_1) und Endpunkt (x_2, y_2, z_2) innerhalb der Pyramide liegt. Nach dem Clipping liegen der neue Anfangs– und Endpunkt (x_1', y_1', z_1'), (x_2', y_2', z_2') innerhalb oder auf dem Rande des Pyramidenstumpfs, und eine Projektion in die Bildebene kann vorgenommen werden. Projizieren wir zunächst und nehmen dann das klassische zweidimensionale Clipping vor, so können z.B. Geraden, die nicht innerhalb der Sichtbarkeitspyramide liegen, im Fenster erscheinen. Auf der Buch–CD befindet sich eine ausführliche Pascal–Routine.

10.3 Transformationen im Raum

Wenden wir uns nun den linearen Transformationen im $\mathbb{R}^3$ zu. Auch hier können die Ergebnisse aus Kapitel 4 wieder einfach übertragen werden. Für eine lineare Transformation des euklidischen Vektorraumes mit unserer ausgezeichneten Orthonormalbasis in sich schreiben wir (vgl. (4.8))

$$\mathbf{x}' = \mathbf{A}\mathbf{x} \text{ bzw. } \mathbf{x}'^T = \mathbf{x}^T\mathbf{A}^T, \ \mathbf{A} = (a_{ik}). \tag{10.6}$$

Dabei ist $\mathbf{A}$ eine 3×3–Matrix, die als Spalten gerade die Bildvektoren $\mathbf{e}_1'$, $\mathbf{e}_2'$ und $\mathbf{e}_3'$ besitzt. Die einfachste Transformation ist wieder die Neuskalierung mit $\mathbf{A} = (S_i \cdot \delta_{ik})$. Die S_i, $i = 1,2,3$, sind positive Skalierungsfaktoren, mit dem Kroneckersymbol $\delta_{ik} = 0$ für $i \neq k$ und $\delta_{kk} = 1$. Da $\mathbf{A}$ eine Diagonalmatrix ist, bilden die Neuskalierungen eine kommutative Gruppe. Zur Erleichterung der Schreibweise wollen wir jetzt die Koordinaten mit x, y, z bezeichnen. Wir betrachten zunächst Scherungen und behandeln als Beispiel eine Scherung in z–Richtung. Hier wird

$$x' = x + S_{xz}z, \ y' = y + S_{yz}z, \ z' = z.$$

Die Matrizen für die Scherungen in die beiden anderen Richtungen haben das folgende Aussehen:

$$\text{Scherung in } x\text{–Richtung} \quad \text{Scherung in } y\text{–Richtung}$$

$$\begin{pmatrix} 1 & 0 & 0 \\ S_{yx} & 1 & 0 \\ S_{zx} & 0 & 1 \end{pmatrix} \qquad \begin{pmatrix} 1 & S_{xy} & 0 \\ 0 & 1 & 0 \\ 0 & S_{zy} & 1 \end{pmatrix} \tag{10.7}$$

Auch hier bilden die Scherungsabbildungen, wenn wir sie nach Richtungen getrennt betrachten, eine kommutative Gruppe.

Als nächstes werden wir Drehungen um die einzelnen Koordinatenachsen untersuchen, in einem weiteren Schritt Drehungen um eine beliebige Achse $\mathbf{a}$. Die zu den Elementardrehungen gehörigen Matrizen sind in Bild 10.2 dargestellt. Sie können direkt aus Bild 4.2 übernommen werden.

Allerdings ist darauf zu achten, daß bei der Drehung um die y–Achse entgegen dem Uhrzeigersinn eine kleine Zwischenüberlegung erforderlich ist. Führen wir die y–Achse durch Drehung entgegen dem Uhrzeigersinn in die z–Achse über, so nimmt die z–Achse den Platz der negativen y–Achse ein, während die x–Achse ihre Position nicht geändert hat. Insgesamt hat sich also die Orientierung umgekehrt. Es muß daher mit der transponierten Matrix gearbeitet werden.

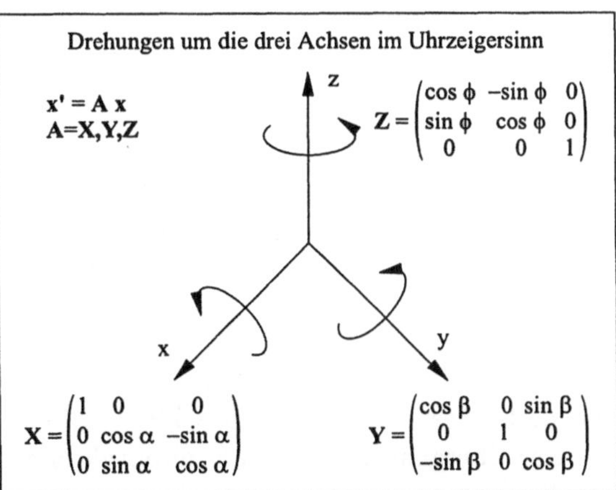

Bild 10.2: Drehmatrizen

Zur Berechnung der Drehmatrix um eine beliebige Achse beschreiben wir zunächst die Drehung eines Punktes $\mathbf{P}$ entgegen dem Uhrzeigersinn um eine Achse mit einem auf Länge eins normierten Richtungsvektor $(a_1, a_2, a_3)^T$. Wir bringen dazu durch zwei Drehungen die Achse $\mathbf{a}$ zur Deckung mit der z–Achse, drehen sodann den Punkt um diese und führen dann mittels den inversen Matrizen die Achse $\mathbf{a}$ wieder in ihre alte Position zurück. Diese Prozedur gestaltet sich im einzelnen so:

Mit $r = \sqrt{a_2^2 + a_3^2}$ wird der Punkt $(a_1, a_2, a_3)^T$ mittels der Matrix $\mathbf{X}$ durch Drehung um die x–Achse in $(a_1, 0, r)^T$ überführt und sodann durch eine Drehung um die y–Achse mit $\mathbf{Y}$ in $(0, 0, 1)^T$. Daran schließt sich die altbekannte Drehung des Punktes um die z–Achse an sowie die Rückführung der Achse $\mathbf{a}$ in die Ausgangsposition mittels $\mathbf{Y}^T$ und $\mathbf{X}^T$. Insgesamt erhalten wir die Transformation

$$\mathbf{y} = \mathbf{D}\mathbf{x} \text{ mit } \mathbf{D} = \mathbf{X}^T\mathbf{Y}^T\mathbf{Z}\mathbf{Y}\mathbf{X}.$$

Setzen wir zur Abkürzung co $:= \cos\phi$ und si $:= \sin\phi$, so lauten die Matrizen wie folgt:

$$\mathbf{X} = \begin{pmatrix} 1 & 0 & 0 \\ 0 & a_3/r & -a_2/r \\ 0 & a_2/r & a_3/r \end{pmatrix}, \quad \mathbf{Y} = \begin{pmatrix} r & 0 & -a_1 \\ 0 & 1 & 0 \\ a_1 & 0 & r \end{pmatrix}, \quad \mathbf{Z} = \begin{pmatrix} \cos\phi & -\sin\phi & 0 \\ \sin\phi & \cos\phi & 0 \\ 0 & 0 & 1 \end{pmatrix}$$

$$\text{(10.8)}$$

$$\mathbf{D} = \begin{pmatrix} a_1^2 + \text{co}(1 - a_1^2) & a_1a_2(1 - \text{co}) - a_3\text{si} & a_1a_3(1 - \text{co}) + a_2\text{si} \\ a_1a_2(1 - \text{co}) + a_3\text{si} & a_2^2 + \text{co}(1 - a_2^2) & a_2a_3(1 - \text{co}) - a_1\text{si} \\ a_1a_3(1 - \text{co}) - a_2\text{si} & a_2a_3(1 - \text{co}) + a_1\text{si} & a_3^2 + \text{co}(1 - a_3^2) \end{pmatrix}$$

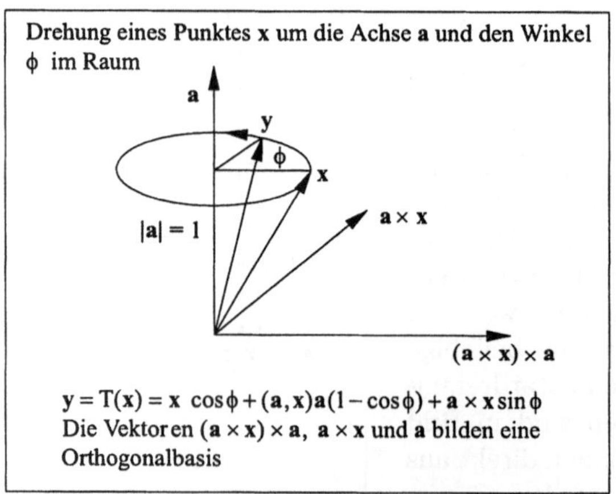

Bild 10.3: Drehung um eine Raumachse

In vielen Büchern finden wir die transponierte Matrix für $\mathbf{D}$ angegeben. Daher sind folgende Korrespondenzen zu beachten:

- Der Übergang von einem Spaltenvektor $\mathbf{x}$ zum Zeilenvektor $\mathbf{x}^T$,
- die Änderung des Drehsinns in den Uhrzeigersinn und
- der Übergang von einem Rechts– zu einem Linkssystem

bedeutet immer je eine Spiegelung der zugrundeliegenden Matrizen $\mathbf{A} \to \mathbf{A}^T$. Ein anderer Weg zur Darstellung der Drehmatrix wird in Hoschek und Lasser [122] mit der Einführung der Eulerschen Winkel beschritten. Hier sind nach der Berechnung dieser Winkel nur zwölf Multiplikationen zur Aufstellung der Matrix erforderlich.

Bei mehreren Drehungen nacheinander um dieselbe Achse verspricht die in Bild 10.3 angegebene Methode kurze Rechenzeiten. Wir führen ein neues, orthogonales, positiv orientiertes Koordinatensystem $\mathbf{a}$, $(\mathbf{a} \times \mathbf{x}) \times \mathbf{a}$, und $\mathbf{a} \times \mathbf{x}$ ein mit $\mathbf{a} = (a_1, a_2, a_3)^T$. Eine Drehung um die Achse $\mathbf{a}$ und den Winkel ϕ gegen den Uhrzeigersinn ist dann durch

$$\mathbf{y} = \mathbf{T}(\mathbf{x}) = \mathbf{x} \cos\phi + (\mathbf{a}, \mathbf{x})\mathbf{a}(1 - \cos\phi) + (\mathbf{a} \times \mathbf{x})\sin\phi \qquad (10.9)$$

gegeben. Es müssen also nur einmal die Größen $(\mathbf{a}, \mathbf{x})\mathbf{a}$ und $\mathbf{a} \times \mathbf{x}$ berechnet werden, und dann sind alle Positionen $\mathbf{T}(\mathbf{x})$ mittels obiger Formel nach Auswertung der Winkelfunktionen bestimmt.

Kommen wir noch zur Spiegelung, deren Berechnungsgrundlagen in Bild 10.4 dargestellt sind. Während bei einer Drehung Längen, Winkel und deren Orientierung erhalten bleiben, ist letzteres bei Spiegelungen nicht mehr der Fall. Die einfachsten Spiegelungen betreffen die Ebenen durch den Koordinatenursprung, die zwei Basisvektoren $\mathbf{e}_i$ und $\mathbf{e}_j$ enthalten. Die zugehörige Matrix entsteht aus der Einheitsmatrix einfach dadurch, daß wir für den verbleibenden Index $k \neq i, j$ das Diagonalelement $d_{kk} = 1$ in -1 überführen.

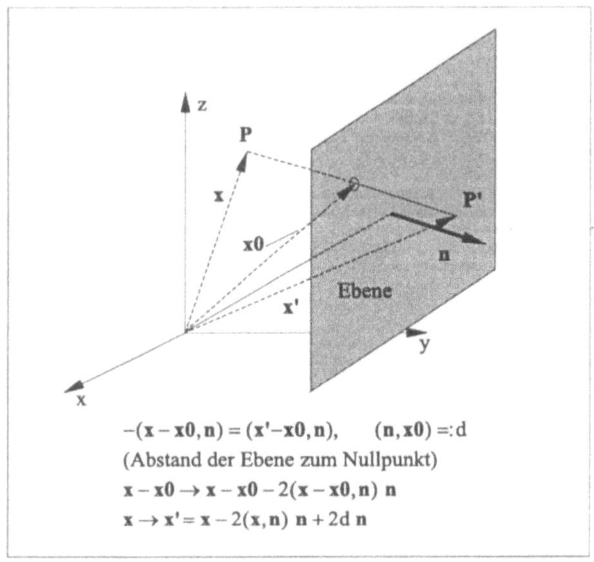

Bild 10.4: Spiegelung an einer Ebene

Nur die Translation

$$\mathbf{x}' = \mathbf{x} + \mathbf{x}_0$$

läßt sich nicht als lineare Abbildung schreiben. Aber durch Einführung der homogenen Koordinaten

$$(x', y', z', h') = (x, y, z, 1)\mathbf{H}, \quad h' = 1,$$

läßt sich dieses Problem in Analogie zu (4.11) umgehen. $\mathbf{H}$ ist dabei eine 4×4 Matrix, die aus $\mathbf{A}^T$ entsteht, wenn wir als vierte Zeile zunächst den Vektor $\mathbf{x}_0^T$ anfügen und dann als viertes Element eine Eins. In der vierten Spalte stehen ansonsten nur Nullen. Wir können jedoch die vierte Spalte dazu nutzen, Projektionen zu erzeugen, indem wir von Null verschiedene Elemente p, q und r verwenden. Es ist dann

$$x' = a_{11} \cdot x + a_{12} \cdot y + a_{13} \cdot z + x_0$$
$$y' = a_{21} \cdot x + a_{22} \cdot y + a_{23} \cdot z + y_0$$
$$z' = a_{31} \cdot x + a_{32} \cdot y + a_{33} \cdot z + z_0$$
$$h' = p \cdot x + q \cdot y + r \cdot z + 1.$$

Nun müssen wir alle gestrichenen Koordinaten noch durch h' teilen. In Bild 10.5 ist ein einfaches Beispiel zur Zentralprojektion dargestellt, auf die wir in Kapitel 11 noch näher eingehen werden.

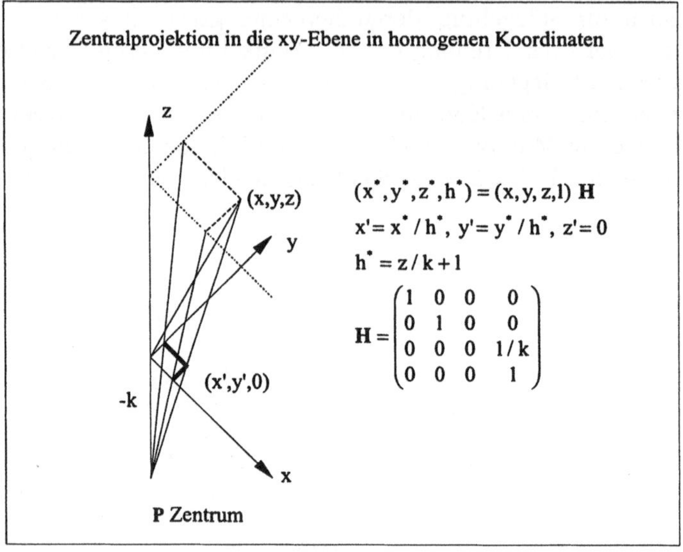

Bild 10.5: Zentralprojektion in homogenen Koordinaten

10.4 Schnittstellen für 3D–Graphik

3D–Computergraphik ist heute wichtigste Grundlage zur Visualisierung von Modellen verschiedenster Herkunft und Struktur, ihrer Animation, computerassistierter Modellierung, Simulation und künstlichen Realität. Ganze Filmszenen werden heute nicht mehr in der landschaftlichen Umgebung mit Schauspielern und Tieren, sondern vor künstlichen Szenen in perfekter Ausleuchtung mit eigens geschaffenen synthetischen Akteuren unter massivem Einsatz von Dutzenden leistungsfähiger 3D–Graphikworkstations geschaffen. Aus der Werbung sind animierte Spots, bestehend aus Textsequenzen mit raffinierten dreidimensionalen Fonts und texturaler Oberfläche, Morphingszenen und Licht– und Farbkompositionen, nicht mehr wegzudenken. Moderne Graphikrechner bieten eine eigene Graphiksprache mit mächtigen 3D–Graphikprimitiven, bei denen 2D–Rasteroperationen keine Rolle mehr spielen, die jedoch Körper schnell in kleine Dreiecke oder Drehkörper zerlegen, sie entsprechend vorgegebener Beleuchtungsszenarien und Oberflächenstrukturen einfärben können und gleichzeitig eine Szene in Realzeit so aufbauen, daß nur die dem Betrachter sichtbaren Flächen angezeigt werden. Dabei werden

zwei Graphikseiten, ein Z–Tiefenbuffer und parallel arbeitende 3D–Rasterchips eingesetzt. Einen anderen Zugang bieten schnelle hardwareunterstützte Strahlverfolgungsal-
gorithmen. In diesem Abschnitt wollen wir die Werkzeuge, die die Systeme GKS–3D,
PHIGS, OpenGL [173, 179] und SGI–GL zur Verfügung stellen, kurz besprechen.

10.4.1 GKS–3D

Das graphische Kernsystem GKS–3D baut auf den Darstellungselementen in der Ebene
auf und integriert sie in den Raum, ohne allerdings normierte Körper mit verschiedenen
Oberflächenstrukturen und Reflexions– bzw. Beugungsverhalten anzubieten. Es werden
die zweidimensionalen Grundelemente Linienzug, Polymarke, Text, Füllgebiet, Zellmatrix
und graphischer Arbeitsplatz so verallgemeinert, daß sie beliebig im Raum angeordnet
werden können. Dabei ist das Füllgebiet so erweitert, daß verschiedene, mehrfach zusammenhängende Polygone (mit Löchern) eine Füllgebietsmenge ausmachen. Die Flächenum-
randungen können individuell über Kantenattribute gesteuert werden. Der Projektions-
prozeß ist genau spezifiziert und unterzieht die 3D–Darstellungselemente zunächst einer
Normierungs– und Segmenttransformation mit eventuellem ersten Clippen. Sodann muß
die Szene im Falle der Zentralprojektion an einem vorgegebenen Pyramidenstumpf, der
von vier Strahlen aus dem Projektionszentrum und der vorderen und hinteren Clipp-
ebene begrenzt wird, abgeschnitten werden. Unter Einsatz von homogenen Koordinaten
und 4×4 Matrizen sind in einer Arbeitsplatztabelle verschiedene Projektionsabbildun-
gen definiert, die den definierten Pyramidenstumpf auf einen Quader mit normalisierten
Projektionskoordinaten abbilden. Die z–Koordinate ist dann bei der Unterdrückung von
verdeckten Linien und Flächen (**Hidden Line Hidden Surface Removal**) von Bedeutung,
x– und y–Koordinate definieren bereits die Projektionsebene. GKS–3D sieht verschiedene
Techniken zu HLHSR vor, wie das Unterdrücken oder Stricheln von Linien bei Draht-
gittermodellen oder das Zeichnen von Rasterelementen entsprechend ihrer Anordnung in
z–Richtung. Dabei können Teilbilder verschiedene HLHSR–Attribute tragen.

Die sechs Eingabeklassen von GKS sind nun durch 3D–Lokalisierer und Strichgeber erweitert. Es ist bei der Implementation von GKS–3D zu empfehlen, die zweidimensionalen
Eingabeverfahren benutzerfreundlich einzubetten.

10.4.2 Das Hierarchische Interaktive Graphische System für Programmierer (PHIGS)

Geometrische Modelle besitzen oft eine hierarchische Struktur, die durch ihre Konstruktion aus normierten Bausteinen heraus bestimmt ist. Wir behandeln in Kapitel 12 das
Beispiel eines Läufers, der aus Tetraedern aufgebaut ist, deren Anordnung durch einen
gerichteten azyklischen Graphen beschrieben werden kann. So ist es möglich, Körper in
modularer Weise durch Referenzhinweis auf Grundobjekte speicherplatzsparend zu definieren. PHIGS [10, 87, 123] hat sich zur Aufgabe gestellt, leistungsfähige Datenstrukturen
zur Manipulation geometrischer Objekte zur Verfügung zu stellen und dabei Kompati-
bilität zu den Konzepten von GKS zu erhalten. PHIGS speichert seine Informationen in
einer Datenbank (Zentraler Strukturspeicher CSS), wobei jede Struktur eine Folge von
Primitiven, Attributen, Transformationen und Referenzen zu Unterstrukturen enthält.
Zum Aufbau einer Struktur wird diese zunächst geöffnet, sodann die einzelnen Elemente

abgespeichert und schließlich die Struktur geschlossen. Es können ferner einzelne Elemente gelöscht werden. Davon getrennt ist die Generierung und Darstellung von Elementen zur Visualisierung in Bildschirmkoordinatensystemen und ihre Editierung. Zur Darstellung werden die genannten Strukturen, die die Form eines azyklischen gerichteten Graphen haben, von oben nach unten abgearbeitet, wobei nach Bearbeitung einer Unterstruktur der Rücksprung zum Ausgangspunkt der Verästelung erfolgt. Dabei erbt die Unterstruktur alle Darstellungselemente und Modellierungstransformationen, die nicht bei ihrer Generierung explizit vereinbart wurden. Die Attributsätze kommen also aus der rufenden Struktur. Bereits bestehende Attribute werden beim Aufruf mit Wirkung für alle weiteren Unterstrukturen aktualisiert. Allerdings können (nach Rückkehr von einer referenzierten Unterstruktur) neue Attribute gesetzt werden, die jedoch auf übergeordnete Strukturen keine Wirkung haben. In PHIGS ist die Normierungs– und Segmenttransformation von GKS–3D zu einer zusammengesetzten Modellierungstransformation mit einer 4×4–Matrix zusammengefaßt, das Normierungsclippen entfällt. Sie gilt als allgemeines Darstellungsattribut, das auf Unterstrukturen vererbt und durch weitere Transformationen (Matrixmultiplikationen) ergänzt werden kann. Attribute wie Sichtbarkeit, Anwählbarkeit und Hervorheben können für Klassen von Darstellungselementen gesetzt und durch verschiedene Filter manipuliert werden. Verbesserte Funktionalität unter Berücksichtigung von Lichtquellen, Schattierungen und gekrümmten Oberflächen mit texturaler Struktur bietet die Erweiterung PHIGS+.

10.4.3 Die Silicon Graphics–Graphikbibliothek und OpenGL

Wir wollen nun noch kurz einen Einblick in die Graphics Library (GL) geben, die auf Silicon Graphics–Workstations zur Graphikprogrammierung zur Verfügung gestellt wird und es erlaubt, Graphikroutinen in eine höhere Programmiersprache einzubinden. Um auf die Befehlspalette der GL im Rahmen der Programmiersprache C zugreifen zu können, sind die GL–Konstanten und Datentypen sowie der GL–Objektcode beim Compilieren einzubinden. Sodann kann ein GL–Fenster am Bildschirm frei plaziert werden, dessen Größe und Position spezifiziert werden muß. Nach Festlegung einer Zeichen– und Hintergrundfarbe steht die Erzeugung von 2D– und 3D–Objekten an. Bis auf einige Ausnahmen werden alle Objekte in einer einheitlichen Syntax definiert:

bgn *Objekt*( ) ;
   v *Dim Typ*(*KoordinatenArray*) ;

   ...

end *Objekt* ( ) ;

Objekt	::=	[**point** | **line** | **closedline** | **tmesh** | **qstrip**]
Dim	::=	[**2** | **3** | **4**]
Typ	::=	[**s** | **i** | **f** | **d**]
KoordinatenArray	::=	abhängig von *Dim* dimensioniertes Array, das Koordinaten enthält, deren Datentyp mit *Typ* festgelegt wurde.

Die durch *Objekt* definierten Objekte stellen wir sogleich vor, bemerken aber vorher, daß mit den Werten für *Dim* 2D–, 3D– oder Objekte in homogenen Koordinaten beschrieben werden können. Bei der Definition von *Typ* stehen 16 Bit– und 32 Bit–Integerzahlen (**s,i**) und 32 Bit– bzw. 64 Bit–Fließkommazahlen (**f,d**) zur Verfügung. Die verschiedenen Datentypen dürfen nach Festlegung der Dimension in einem **bgn–end**–Block gemischt werden. Als Objekte kommen 2D– bzw. 3D–Punkte und Geraden in Frage, Antialiasing wird unterstützt und Polygone können in einer Recordstruktur als geschlossener Linienzug oder gefülltes n–Eck durch Angabe der definierenden Punkte erzeugt werden:

bgnclosedline ( ) ;
    v*DimTyp (KoordinatenArray)* ;
    v*DimTyp (KoordinatenArray)* ;
    .
    .

endclosedline ( ) ;

Netze (Meshes, QStrips) gestatten es dem Anwender, Objekte aus Drei– oder Vierecken zu erzeugen [171]. Dazu geben wir eine Anzahl von Punkten ein, die sukzessive zu Dreier– oder Vierergruppen als definierende Punkte der Drei– und Vierecke zusammengefaßt werden. Dabei kommt es natürlich entscheidend auf die Reihenfolge und Anzahl der Punkte an. Kreise und Kreisbögen können nur zweidimensional dargestellt werden, und zwar approximiert die GL Kreise durch 80–Ecke, wobei in der höchsten Auflösung der Fehler kleiner als ein halbes Pixel ist (vgl. Kapitel 5). Weiterhin stehen rationale B–Splines (NURBS) zur Verfügung, die es erlauben, alle Kegelschnitte und Quadriken exakt darzustellen. Allerdings ist dann noch eine geeignete Rasterung erforderlich. Neben einer einfachen Textroutine **charstr**, die Text in einem GL–Fenster geschwindigkeitsoptimiert ausgibt, bietet das System die IRIS Font Library an, die den in Kapitel 5 formulierten Ansprüchen an Textmanipulation vollständig genügt und vielfältige Gestaltungsmöglichkeiten enthält. Schließlich unterstützt die GL 24 Bit–Farbdarstellungen im RGB–Modus sowie 4096 Farben in einem Indexmodus. Um Flimmern bei der Darstellung von Animationen durch den neuen Bildaufbau zu vermeiden, wird ein Doublebuffer–Modus bereitgestellt. Zugleich können mehrere Zeichenebenen übereinandergelegt werden, wodurch Farbseparationen und eine Layertechnik möglich sind. Nicht sichtbare Bildteile werden automatisch unterdrückt, da das System einen Z–Buffer unterstützt, in dem die z–Koordinaten der Bildobjekte, die die Entfernung vom Beobachter angeben, gespeichert sind. Soll ein bestimmtes Pixel neu gezeichnet werden, so kann anhand der z–Koordinate festgestellt werden, ob es näher am Betrachter liegt als die bereits gesetzten.

Alle von der GL erzeugten Objekte können mit vielfältigen Oberflächenfarben und Oberflächenstrukturen, Reflexions– und Brechungseigenschaften versehen und im Raum den beschriebenen Transformationen in homogenen Koordinaten unterworfen werden. Der Benutzer kann bis zu acht Lichtquellen definieren, deren Position, Farbe, Abstrahlungsrichtung und Strahlart innerhalb der Systemvorgaben wählbar sind. Damit liefert die GL alle Grundprozeduren, um leistungsfähige Ray–Tracer, Animations– und CAD–Programme zu entwickeln. Zur Eingabe sind verschiedene Schnittstellen wie Tastatur und Maus vorgesehen, Interaktion kann über frei steuerbare Fenster und Ikonen erfolgen. Abschließend ist zu bemerken, daß die GL unabhängig von der Ausstattung der Maschinen (8 Bit– oder 24 Bit–Farbtiefe, Software– oder Hardware–Graphikprozessoren) programmiert werden kann. Bei geringerer Farbtiefe werden die Farben gedithert (vgl. Kapitel 9), die Ausführung der 3D–Farbrasterung und –Schattierung wird bei Einsatz einer Elan– oder Extreme–Karte erheblich beschleunigt.

Als plattformübergreifende Weiterentwicklung der Silicon Graphics Library ist das OpenGL–Graphiksystem [173, 179] zur Erzeugung realistischer Computergraphikszenarien entwickelt worden. Dieses System bietet alle bereits in diesem Zusammenhang aufgeführten Features der SGI–GL. Hilfsbibliotheken enthalten zusätzlich Zeichenroutinen

der in Kapitel 12 und 14 dargestellten Körper als Drahtgitter oder realistisch schattierte
Objekte.

10.5 Aufgaben

Aufgabe 10.1
Berechnen Sie den Abstand d zweier windschiefer Geraden

$$\mathbf{x}(t) = \mathbf{x}_1 + \mathbf{g}t, \; \mathbf{y}(u) = \mathbf{y}_1 + \mathbf{h}u, \; \mathbf{g} \times \mathbf{h} \neq \mathbf{0}.$$

Anleitung: Betrachte den Vektor $\mathbf{n} := \mathbf{g} \times \mathbf{h}/|\mathbf{g} \times \mathbf{h}|$, der senkrecht auf beiden Geraden
steht und die Länge eins hat. Dann ist $d = (\mathbf{y}_1 - \mathbf{x}_1, \mathbf{n})$.

Aufgabe 10.2
Berechnen Sie das Bild des Einheitswürfels nach einer Drehung um 30° um die Achse
$(1, 1, 1)^T/3$.

Aufgabe 10.3
Die Punkte $(1, 2, 5)$, $(5, 10, 3)$, $(2, 4, 8)$, $(6, 7, 0)$, $(3, 1, 5)$, $(4, 8, 0)$, $(4, 3, 8)$, $(7, 9, 3)$ definieren einen Quader im $\mathbb{R}^3$.
Ermitteln und begründen Sie, ob die Punkte $(4, 4, 4)$, $(5, 4, 3)$, $(3, 6, 4)$ innerhalb oder
außerhalb des Quaders liegen.

Aufgabe 10.4
Die Formel 10.8 gibt die Berechnungvorschrift für die Drehung eines Punktes (x, y, z) um
den Winkel ϕ gegen den Uhrzeigersinn um einen normierten Vektor $(a_1, a_2, a_3)^T$ an.
Gegeben sei die Gerade

$$g = (4, -3, 0)^T + \lambda(0, 6, 8)^T, \qquad \lambda \in \mathbb{R}.$$

Drehen Sie den Quader aus Aufgabe 10.3 um 90° gegen den Uhrzeigersinn um diese
Gerade.

Aufgabe 10.5
Drehen Sie den Punkt $(1, 2, 5)$ mittels homogener Koordinaten um 90° gegen den Uhrzeigersinn um die Gerade

$$g = (4, -3, 0)^T + \lambda(0, 6, 8)^T, \qquad \lambda \in \mathbb{R}$$

und geben Sie die Transformationsmatrix an.

Aufgabe 10.6 ([176])
Sei $\mathbf{y} = \mathbf{T}(\mathbf{x}) = (\mathbf{a}, \mathbf{x})\mathbf{a} + (\mathbf{a} \times \mathbf{x}) \times \mathbf{a}\cos\phi + (\mathbf{a} \times \mathbf{x})\sin\phi$ mit $|\mathbf{a}| = 1$. Begründen Sie,
daß die Abbildung $\mathbf{T}$ eine Drehung mit den genannten Eigenschaften ist, und zeigen Sie
dazu:

a) Diese Darstellung ist zu (10.9) äquivalent. (Benutzen Sie: $(\mathbf{a} \times \mathbf{x}) \times \mathbf{a} = \mathbf{x} - (\mathbf{a}, \mathbf{x})\mathbf{a}$.)

b) $\mathbf{a}$, $(\mathbf{a} \times \mathbf{x}) \times \mathbf{a}$, und $\mathbf{a} \times \mathbf{x}$ bilden ein neues orthogonales, positiv orientiertes Koordinatensystem. (Zeigen Sie, daß die Determinante > 0 ist.)

c) $\mathbf{T}(\mu\mathbf{a}) = \mu\mathbf{a}$.

d) $(\mathbf{a}, \mathbf{x}) = (\mathbf{a}, \mathbf{y})$; $\mathbf{y} - (\mathbf{a}, \mathbf{x})\mathbf{a}$ liegt in einer Ebene mit $\mathbf{a}$ als Normale.

e) $(\mathbf{T}\mathbf{e}_1, \mathbf{e}_1) + (\mathbf{T}\mathbf{e}_2, \mathbf{e}_2) + (\mathbf{T}\mathbf{e}_3, \mathbf{e}_3) =: \text{spur}(\mathbf{T}) = 1 + 2\cos\phi.$

Aufgabe 10.7

Bestimmen Sie die Oberfläche und das Volumen eines Polyeders.

Anleitung: Das Polyeder sei durch die Polygonflächen P_1 bis P_m begrenzt. Berechnen Sie zunächst die Fläche von P_k. Benutzen Sie dazu Aufgabe 4.3. Es gelte $P_k :=$ $\{(x_1, y_1, z_1), ..., (x_{n+1}, y_{n+1}, z_{n+1})\}$ mit $(x_1, y_1, z_1) = (x_{n+1}, y_{n+1}, z_{n+1})$. P_k werde so durchlaufen, daß das Kreuzprodukt zweier aufeinanderfolgender Vektoren $\mathbf{x}_i - \mathbf{x}_{i-1}$ und $\mathbf{x}_{i+1} - \mathbf{x}_i$ ins Innere des Polyeders weist. Wir wollen einen gleichgerichteten Normalenvektor $\mathbf{n}$ finden, dessen Länge gerade gleich der Fläche F_k ist. Dazu projizieren wir das Polygon in die drei Koordinatenebenen $x = 0$, $y = 0$ und $z = 0$ und finden

$$n_1 = 0.5 \cdot \sum_{i=1}^{n} (y_i - y_{i+1})(z_i + z_{i+1}), \; y_{n+1} = y_1, \; z_{n+1} = z_1,$$

$$n_2 = 0.5 \cdot \sum_{i=1}^{n} (z_i - z_{i+1})(x_i + x_{i+1}), \; z_{n+1} = z_1, \; x_{n+1} = x_1,$$

$$n_3 = 0.5 \cdot \sum_{i=1}^{n} (x_i - x_{i+1})(y_i + y_{i+1}), \; y_{n+1} = y_1, \; x_{n+1} = x_1.$$

(Wir hätten diese Formel auch direkt herleiten können, wenn wir von der Formel für die Fläche des von den Vektoren $\mathbf{a}$ und $\mathbf{b}$ aufgespannten Parallelogramms $F_P = |\mathbf{a} \times \mathbf{b}|$ ausgegangen wären.) Es gilt nun für die Fläche

$$F_k = \sqrt{n_1^2 + n_2^2 + n_3^2}, \tag{10.10}$$

und für die Oberfläche des Polyeders folgt

$$O = F_1 + ... + F_m.$$

Zur Berechnung des Volumens zerlegen wir das Polyeder in m Pyramiden über den Polygonen P_k mit der gemeinsamen Spitze im Ursprung. Für das Volumen jeder Pyramide gilt dann, wenn h_k die Höhe bezeichnet, unabhängig vom Grundpolygon

$$V_k = h_k \cdot \frac{F_k}{3}.$$

h_k ist aber gerade gleich dem Abstand des k–ten Polygons vom Nullpunkt. Benutzen wir die Hessesche Normalform und geben Pyramiden, die außerhalb des Polyeders liegen, ein negatives Volumen, so dürfen wir $h_k \cdot F_k$ mit F_k aus (10.10) durch die Beziehung $V_k := -n_1 \cdot x_1 - n_2 \cdot y_1 - n_3 \cdot z_1$ ersetzen, wobei (x_1, y_1, z_1) der Anfangspunkt des k–ten Polygons und $(n_1, n_2, n_3)^T$ sein Normalenvektor ist. Dann folgt schließlich nach Berechnung dieser Größen für alle m Polygone

$$V = \frac{V_1 + ... + V_m}{3}. \tag{10.11}$$

11 Projektionen in eine Bildebene

Um dreidimensionale Szenen am Bildschirm darzustellen, wenden wir uns in diesem Kapitel den Projektionen zu. Zentral– und Parallelprojektion werden einander gegenübergestellt und die Grundlagen der Axonometrie dargelegt. Ausgewählte Beispiele demonstrieren die Grundregeln perspektivischen Zeichnens.

Wenn wir ein vorgegebenes räumliches Gebilde nicht durch ein eventuell verkleinertes oder vereinfachtes Modell darstellen wollen, müssen wir uns eine eindeutige Abbildungsvorschrift auf eine Zeichen– oder Bildebene Γ bzw. einen Ausschnitt derselben vorgeben. Dabei soll das Bild möglichst maßgetreu und anschaulich den räumlichen Körper wiedergeben, oft zwei Forderungen gegensätzlicher Natur. Ausgezeichnet sind die Projektionen, die im allgemeinen die Geraden als besonders häufig vorkommendes Konstruktionselement wieder auf Geraden abbilden. Wir diskutieren nun die gebräuchlichen Projektionsverfahren in den Bezeichnungen der Darstellenden Geometrie nach Müller–Kruppa [168] und Reutter [205].

11.1 Zentralprojektion

Wir verbinden einen festen Punkt $\mathbf{O}$, der dem Auge oder dem Projektionszentrum entspricht, mit dem Punkt $\mathbf{P}$ auf dem Körper, der abgebildet werden soll, durch den Sehstrahl. Dann bringen wir diesen nach einer eventuellen Verlängerung mit der Projektionsebene Γ oder einem Teil derselben zum Schnitt. So erhalten wir den Bildpunkt oder Riß $\mathbf{P'}$ und insgesamt ein Abbild des Körpers. Liegt der Augpunkt $\mathbf{O}$ im Unendlichen, so sprechen wir von einer Parallelprojektion, die wir später behandeln, ansonsten von einer Zentralprojektion. Mehrere Einschränkungen und Erklärungen sind erforderlich:

- Zentralprojektionen erzeugen eine recht anschauliche Darstellung, aber es ist schwierig, Größenverhältnisse exakt zu beschreiben. Sie sind für die Computergraphik gut geeignet, da die Option „Linie von einem festen Punkt aus" in allen Graphikpaketen vorhanden ist. Schneidet der Sehstrahl $\mathbf{OP}$ die Ebene Γ nicht oder liegt der Schnittpunkt außerhalb des sichtbaren Fensters, so hat der Punkt $\mathbf{P}$ keinen Bildpunkt. Das ist immer der Fall für Punkte in der sogenannten Verschwindungsebene, der Ebene, die parallel zur Projektionsebene liegt und durch $\mathbf{O}$ geht.

- Bewegt sich der Punkt $\mathbf{P}$ auf einer Geraden G, so streicht der Sehstrahl über eine Ebene, deren Schnittgerade G' mit der Projektionsebene die Bildpunkte $\mathbf{P'}$ enthält. Der Durchstoßpunkt der Geraden G durch die Bildebene, der mit seinem Bildpunkt identisch ist, heißt Spurpunkt, der Durchstoßpunkt durch die Verschwindungsebene dagegen Verschwindungspunkt. Die Bilder paralleler Geraden sind nun im allgemeinen nicht mehr parallel, sondern schneiden sich im Fluchtpunkt $\mathbf{G'_u}$. Dieser Punkt ist dadurch ausgezeichnet, daß sich die Bildgeraden auch aller anderen zu G parallelen Geraden in ihm schneiden.

- Starten wir auf der Bildgeraden G' in einem Punkt und bewegen uns auf den Fluchtpunkt zu, so strebt der entsprechende Urbildpunkt auf $\mathbf{G}$ einem unendlich fernen

Punkt $\mathbf{G}_u$ zu, den wir mit Recht als Urbild zum Fluchtpunkt bezeichnen dürfen. Dieser Punkt wird Fernpunkt genannt und erhält seine Bedeutung dadurch, daß er als Schnittpunkt aller zu G parallelen Geraden im Unendlichen angesehen wird. Der Sehstrahl $\mathbf{OG}'_u$ ist übrigens ebenfalls zu G parallel.

- Denken wir uns eine Ebene E aufgespannt zwischen dem Projektionszentrum $\mathbf{O}$ und der Projektionsebene Γ mit den Basisvektoren $\mathbf{a}$ und $\mathbf{b}$. Dann erzeugen die zu $\mathbf{a}$ und $\mathbf{b}$ parallelen Geraden in Parallelebenen zwei Fluchtpunkte, die wir durch die sogenannte Fluchtlinie verbinden können. Nach ihrer Konstruktion ist sie genauso Fluchtlinie zu allen zu E parallelen Ebenen und kann als Bild der Schnittgeraden aller dieser Ebenen im Unendlichen, der Ferngerade, interpretiert werden. Alle Ferngeraden bilden dann die Fernebene. Die Fluchtpunkte zweier Geraden werden vom Auge unter dem Winkel gesehen, den die Geraden einschließen.

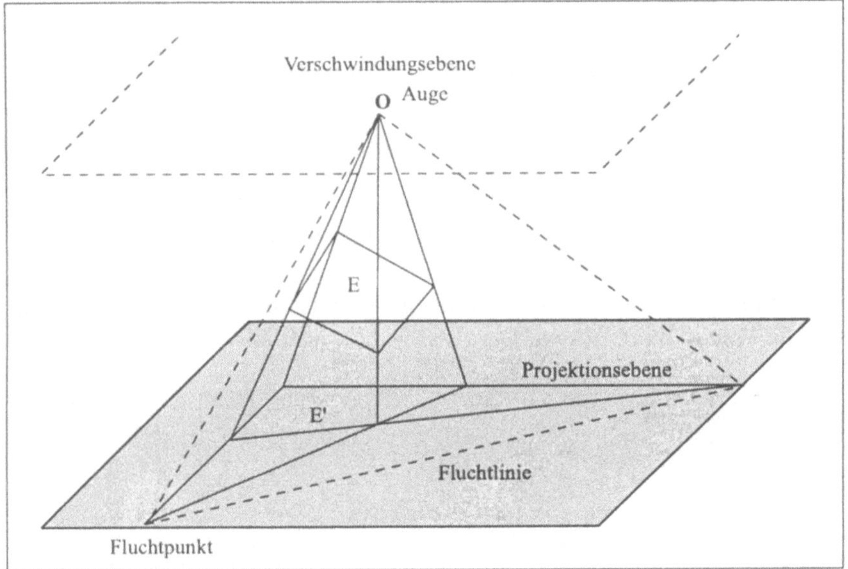

Bild 11.1: Zentralprojektion

In Bild 11.1 werden die Begriffe noch einmal verdeutlicht, in Bild 11.2 sind die Koordinaten des Punktes $\mathbf{P}'$ angegeben, wenn die Projektionsebene parallel zur xz–Ebene liegt. Damit ist die Thematik aus Bild 10.5 noch einmal aufgenommen. Der Fall einer allgemeinen Lage ist in Abschnitt 11.4 erläutert. In Bild 11.3 genannt „Der Zeichner der Laute" hat Dürer das Wesen der Zentralprojektion künstlerisch vertieft dargestellt. In denselben Kontext gehören auch der Zeichner des sitzenden Mannes und der Zeichner der Kanne. In allen Fällen ist der Spurpunkt mit Hilfe eines Sehstrahls oder eines an der Wand befestigten Fadens konstruktiv ermittelt.

Bei der Zentralprojektion sind es nur wenige Größen, die sich unter der Abbildung nicht verändern. Eine ebene Figur und ihr Abbild sind ähnlich, d.h. die Größenverhältnisse bleiben dann erhalten, wenn die Figur in einer zur Projektionsebene parallelen Ebene liegt. Genauso bleiben auch ihre Winkel und das Doppelverhältnis von vier auf einer Geraden liegenden Punkte unter der Abbildung invariant.

Eine Zentralprojektion liegt auch bei einer etwas anderen Betrachtungsweise zugrunde: Stellen wir uns eine stabförmige Lichtquelle aufrechtstehend auf einer Ebene vor, so

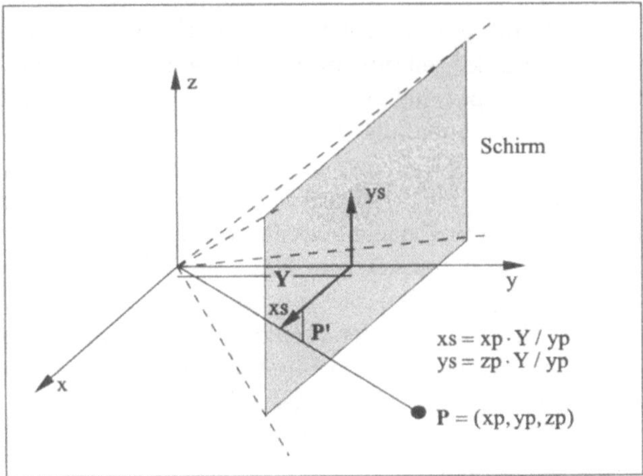

Bild 11.2: Zentralprojektion auf Schirmebene

sind die Schatten, die Materiepunkte werfen, Zentralbilder der punktförmigen Lichtquelle **P**. Den Lotfußpunkt **H** der Laterne nennen wir Hauptpunkt und sprechen von einem Schattenbild. In vergleichbarer Weise können wir eine Photographie als Lichtbild interpretieren. Hier entspricht **O** dem Objektivmittelpunkt. **H** erhalten wir, wenn wir das Lot auf die Filmebene fällen. **H** ist der Fluchtpunkt aller zur Projektionsebene normalen Geraden. Die Fluchtlinie aller waagerechten Ebenen ist der Horizont durch **H**, die der senkrechten die Vertikallinie durch **H**.

Bild 11.3: Der Zeichner der Laute

Je nachdem, wieviele Koordinatenachsen die Projektionsebene schneiden, unterscheiden wir zwischen einer Ein-, Zwei- oder Dreipunktperspektive. Im ersten Fall haben wir einen Fluchtpunkt im Lotfußpunkt zu **O**. Die zwei anderen Fluchtpunkte liegen in

Unendlich. In den verbleibenden Fällen liegen zwei oder drei der Fluchtpunkte im Endlichen.

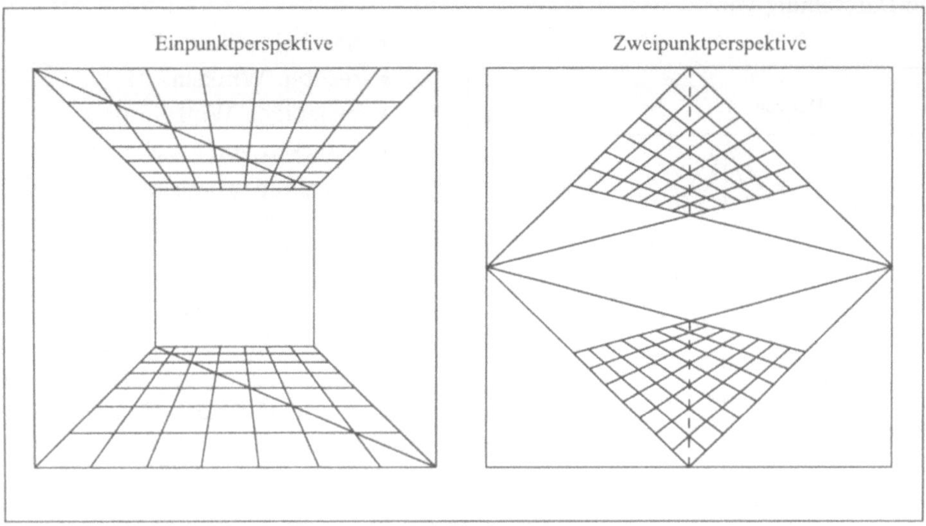

Bild 11.4: Ein- und Zweipunktperspektive

Das Bild 11.4 zeigt das Prinzip einer Ein- und einer Zweipunktperspektive. Dabei sei besonders auf die Staffelung der horizontalen Linien hingewiesen, die eine realistische Tiefenwirkung erzielt.

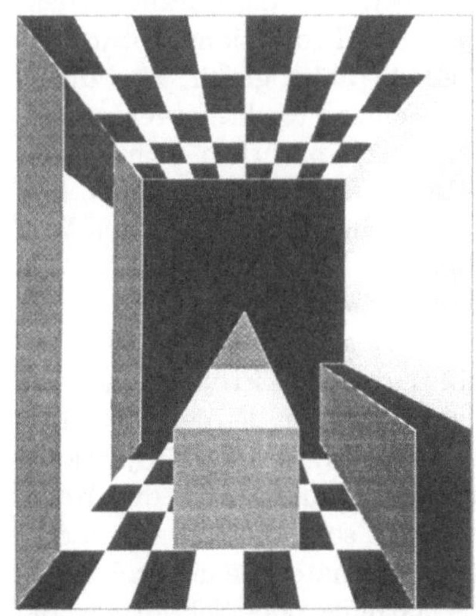

Bild 11.5: Einpunktperspektive

Die Einpunktperspektive findet bei Künstlern und Architekten ausgesprochen gern Verwendung. Das Bild 11.5 zeigt eine einfache Realisierung am Bildschirm. Bezeichnet d den Abstand des Auges vom Hauptpunkt, so ist der Distanzkreis bestimmt durch die Spur aller durch **O** führenden Geraden, die senkrecht gegen die Projektionsebene um einen festen Winkel geneigt sind. Der Radius des Distanzkreises ist im allgemeinen d, die Schnittpunkte **D1** und **D2** mit der Horizontlinie h werden Distanzpunkte genannt.

Sie spielen eine wichtige Rolle bei der Erzeugung einer Tiefenwirkung. In Bild 11.6 ist die Methode der Distanzpunkte frei nach einer künstlerischen Darstellung des Italieners Alberti aus dem 15. Jahrhundert verdeutlicht. Wir erkennen die Distanzpunkte **D1** und **D2** in gleichem Abstand vom Hauptpunkt **H** oder markieren sie in Verallgemeinerung so, daß das Produkt der Abstände konstant ist, und erhalten dann das Bild einer quadratisch getäfelten Fläche.

Der Distanzkreis wird hier durch die Spur aller durch **O** gegen die Projektionsebene um 45° geneigten Geraden beschrieben. Die Schnittpunkte mit dem Horizont h ergeben **D1** und **D2**.

In dem sehr anschaulichen Buch Geometrische Perspektive von F. Rehbock [203] sind die Hauptaufgaben der perspektivischen Konstruktion ausführlich behandelt: Es sind dies die Darstellung von

- parallelen Kanten,
- rechten Winkeln,
- beliebigen Winkeln und
- Strecken von gegebener Größe

im Zentralbild. Diese Regeln und Konstruktionsmethoden sind natürlich bei der Konstruktion am Bildschirm genauso verbindlich wie am Graphiktablett oder auf Papier. Das perspektivische Bild eines Würfels nach Reutter [205] ist in Bild 11.7 dargestellt. Dieses Bild nimmt Bild 11.6 noch einmal im dreidimensionalen auf und zeigt mit den gestrichelten Linien die Konstruktion der Ecken der Rückseite des Würfels.

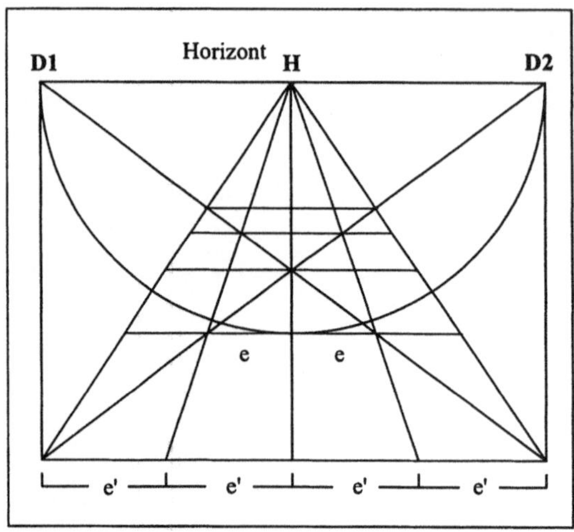

Bild 11.6: Perspektivische Tiefendarstellung

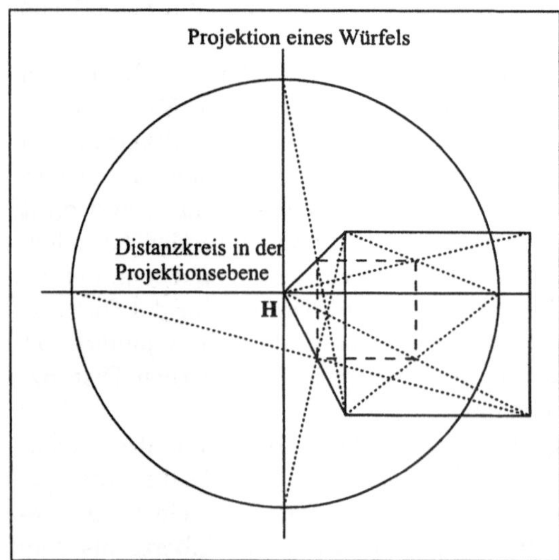

Bild 11.7: Perspektivischer Würfel

11.2 Parallelprojektion

Lassen wir das Projektionszentrum **O** gegen Unendlich rücken, so geht die Zentralprojektion in die Parallelprojektion über. Die Projektionsrichtung ist nun für alle Strahlen gleich, wird durch die Angabe eines Projektionsvektors bestimmt und soll natürlich nicht parallel zur Projektionsebene verlaufen. Gegenüber der schrägen oder schiefen Parallelprojektion ist die orthogonale dadurch ausgezeichnet, daß die Strahlen senkrecht auf die Ebene auftreffen (vgl. Bild 11.8), Projektions– und Normalenvektor der Projektionsfläche sind also parallel. Ist die Projektionsrichtung parallel zu einer der drei Koordinatenachsen, so projizieren wir in eine der drei Koordinatenebenen und erhalten Auf–, Grund– oder Seitenrisse. Bei einer axonometrischen Projektion liegt die Projektionsrichtung dagegen zu keiner der Achsen parallel. Die Zentralprojektion erzeugt sehr anschauliche Bilder. Allerdings ist es schwierig, aus einem Bild die Größenverhältnisse exakt zu rekonstruieren. Bei der allgemeinen Parallelprojektion gibt es jedoch mehr Invarianten:

- Abgesehen von Geraden, die als Punkte abgebildet werden, gehen parallele Geraden wieder in Parallelen über;
- die Größe von Strecken, Winkeln und damit Polygonen, die in Ebenen parallel zur Projektionsebene liegen, bleibt invariant; bei Nichtparallelität bleibt das Verzerrungsverhältnis konstant;
- rechte Winkel bei orthogonaler Parallelprojektion, auch wenn ein Schenkel nicht parallel zur Bildebene verläuft, bleiben erhalten.

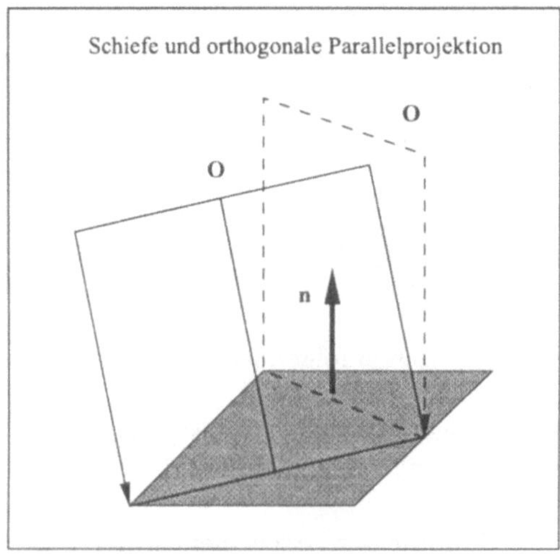

Bild 11.8: Parallelprojektionen

Kommen wir nun zu schiefen Parallelprojektionen. Wie vielfältig sie gewählt werden können, macht der Satz von Pohlke deutlich:

Drei beliebig lange und unter beliebigen Winkeln von einem Ursprungspunkt $\mathbf{O'}$ ausgehende, in einer Bildebene liegende Strecken mit den Vektoren $\mathbf{e}_1', \mathbf{e}_2', \mathbf{e}_3'$, die nicht kollinear sind, können stets als Bild eines orthogonalen Basissystems $\mathbf{O}$, $\mathbf{e}_1, \mathbf{e}_2, \mathbf{e}_3$ unter einer bestimmten Parallelprojektion angesehen werden.

Somit haben wir es in der Hand, Achsensystem und Verzerrungsverhältnisse den jeweiligen Aufgaben entsprechend zu wählen. In der Realität sind die Möglichkeiten jedoch erheblich eingeschränkt. Nur die wenigsten Perspektiven liefern brauchbare Bilder, die die wahren Größenverhältnisse erkennen lassen. Wir wollen zwei bekannte Beispiele anführen, die Kavalier- und die Vogelperspektive (vgl. Bild 11.9):

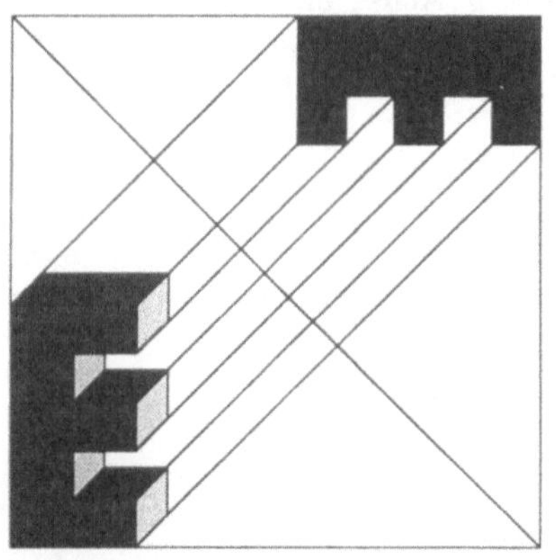

Bild 11.9: Kavalierperspektive

Bei der Kavalierprojektion liegt die y- und z-Achse ohne jede Verzerrung in der Zeichenebene, die x-Achse wird meist unter einem Winkel $= 45°$ mit einem Verzerrungsfaktor $u = 1/2$ abgetragen. Höhen und Breiten erscheinen so in wahrer Größe, Tiefen werden dagegen verkürzt. Bild 11.9 zeigt den Buchstaben E in einer Kavalierperspektive. Bei der Vogelperspektive können sowohl Grundriß als auch Höhen in wahrer Größe an den Achsen gezeichnet werden.

11.3 Axonometrie

Beleuchten wir den Fall der orthogonalen Parallelprojektion noch näher. Die Projektionsrichtung fällt nun mit dem Normalenvektor der Projektionsebene zusammen, und wir müssen ein orthogonales Achsensystem in die Ebene projizieren, dessen Richtungen nicht mit der Projektionsrichtung übereinstimmen. Dabei kommt es entscheidend auf die Angabe der drei

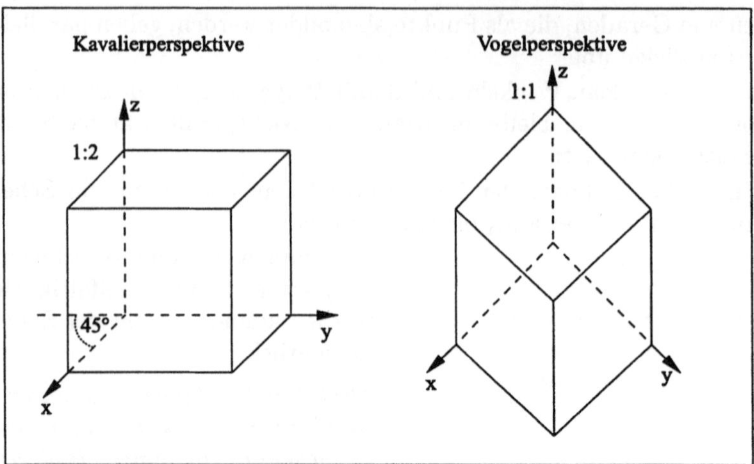

Bild 11.10: Kavalier– und Vogelperspektive

Verzerrungsverhältnisse u, v, w an. Wir unterscheiden zwischen folgenden Unterkategorien: ·

- Isometrische Parallelprojektion: Die drei Achsen des räumlichen Basissystems sind in der Projektion gleich lang. Die Projektionsrichtung bildet mit den drei Hauptachsen den gleichen Winkel.

- Dimetrische Parallelprojektion: Zwei der drei Hauptachsen erscheinen in der Projektion um den gleichen Faktor verkürzt.

- Trimetrische Parallelprojektion: Drei ungleiche Winkel und Verzerrungsverhältnisse sind hier gegeben.

Beginnen wir mit der isometrischen Axonometrie und modifizieren die Basisvektoren e_1, e_2, e_3 folgendermaßen:

Zunächst soll eine Drehung um den Winkel β um die y–Achse erfolgen, dann eine Drehung um den Winkel α um die x–Achse. Am Ende stehe eine Projektion $z' = 0$. In Bild 10.2 sind die entsprechenden Drehmatrizen $\mathbf{X}$ und $\mathbf{Y}$ angeben. Wir erhalten damit die folgende Transformation:

$$(x', y', z')^T = \mathbf{XY}(x, y, z)^T. \tag{11.1}$$

Die Bilder der Einheitsvektoren $(1, 0, 0)^T$, $(0, 1, 0)^T$ und $(0, 0, 1)^T$ ergeben sich als die Matrizenspalten:

$$\begin{aligned}
\mathbf{e}'_1 &= (\cos\beta, \sin\alpha \cdot \sin\beta, -\cos\alpha \cdot \sin\beta)^T \\
\mathbf{e}'_2 &= (0, \cos\alpha, \sin\alpha)^T \\
\mathbf{e}'_3 &= (\sin\beta, -\cos\beta \cdot \sin\alpha, \cos\alpha \cdot \cos\beta)^T.
\end{aligned} \tag{11.2}$$

Schließlich ist zur Projektion noch die dritte Koordinate zu Null zu setzen. Wir bezeichnen die projizierten Vektoren mit $\mathbf{e}'_x$, $\mathbf{e}'_y$ und $\mathbf{e}'_z$ und notieren zunächst die Beziehung

$${\mathbf{e}'_x}^2 + {\mathbf{e}'_y}^2 + {\mathbf{e}'_z}^2 = \cos^2\beta + \cos^2\alpha + \sin^2\beta + \sin^2\alpha \cdot (\sin^2\beta + \cos^2\beta) = 2.$$

Bei der isometrischen Axonometrie sind die Längen aller dieser Vektoren gleich. Die gemeinsame Länge der drei projizierten Einheitsvektoren ist demnach $\sqrt{2/3}$. Gerundet ergibt sich mit $u = 0.82$ der aus der Praxis des technischen Zeichnens her bekannte gemeinsame Verkürzungsfaktor. Zur Berechnung der Drehwinkel setzen wir

$$\cos^2 \beta + \sin^2 \alpha \sin^2 \beta = \cos^2 \alpha = \sin^2 \beta + \cos^2 \beta \sin^2 \alpha.$$

Durch Addition des ersten und dritten Ausdruckes finden wir das Doppelte des zweiten

$$1 + \sin^2 \alpha = 2 - 2\sin^2 \alpha, \quad \text{d.h.} \quad \sin^2 \alpha = \frac{1}{3}, \ \alpha = \pm 35.2644°.$$

Daraus schließen wir durch Einsetzen in den ersten und dritten Ausdruck

$$\cos^2 \beta = \sin^2 \beta, \quad \sin^2 \beta = \frac{1}{2}.$$

und der Drehwinkel β ist zu $\pm 45°$ ermittelt.

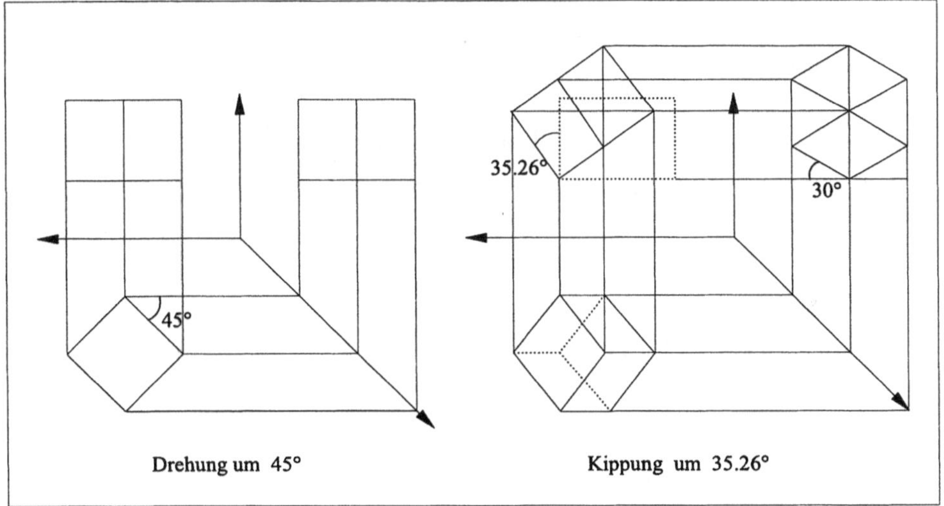

Bild 11.11: Isometrische Darstellung (DIN 5) nach Böttcher und Forberg [47]

Wie unser Bild 11.11 zeigt, erfolgt bei der isometrischen Darstellung zunächst eine Drehung um 45° um die y–Achse und dann eine Kippung um 35.2644° um die x–Achse, gefolgt von der Projektion $z' = 0$. In der Praxis werden die Kanten meist unverkürzt gezeichnet: Wir tragen also nicht Strecken ux, vy, wz mit den Verzerrungszahlen u, v, w im gedrehten Achsenkreuz an, sondern stattdessen $\mu ux, \mu vy, \mu wz$ mit dem Ähnlichkeitsfaktor μ .

Kommen wir zur Dimetrie. Hier werden zwei verschiedene Maßstäbe zur Vorderansicht und Tiefe benutzt. Wir setzen die Längen von $\mathbf{e}'_x$ und $\mathbf{e}'_y$ gleich und finden aus (11.2)

$$\cos^2 \beta + \sin^2 \alpha \sin^2 \beta = \cos^2 \alpha = \frac{2 - \sin^2 \beta - \cos^2 \beta \sin^2 \alpha}{2}.$$

Sei nun

$$\mathbf{e}'^2_z = \sin^2 \beta + (1 - \sin^2 \beta) \sin^2 \alpha =: a^2,$$

so ergibt sich

$$\cos^2\beta + \sin^2\alpha\sin^2\beta = \cos^2\alpha$$
$$\Rightarrow 1 = \cos^2\alpha(1 + \sin^2\beta) \;\Rightarrow\; \sin^2\alpha = \cos^2\alpha\sin^2\beta$$
$$\Rightarrow \sin^2\beta(1 + \sin^2\beta) + (1 - \sin^2\beta)\sin^2\beta = a^2(1 + \sin^2\beta)$$
$$\Rightarrow \sin^2\beta = \frac{a^2}{2 - a^2} \;\Rightarrow\; \cos^2\alpha = 1 - \frac{a^2}{2} \;\Rightarrow\; \sin^2\alpha = \frac{a^2}{2}.$$

Interessant ist der Fall der Verhältnisse 2:2:1. Dann ist $a^2 = 2/9$, $\sin^2\alpha = 1/9$ und $\sin^2\beta = 1/8$.

Wir wollen noch die Drehwinkel für die bekannte Ingenieuraxonometrie mit den Verhältnissen 1:2:2 zugrunde legen. Die Winkel α und β ermitteln sich aus (11.2) wie folgt:

$$4\cos^2\beta + 4\sin^2\alpha\sin^2\beta = \cos^2\alpha = \sin^2\beta + \cos^2\beta\sin^2\alpha.$$

Aus dem zweiten und dritten Ausdruck folgt

$$\cos^2\alpha = \sin^2\beta + \cos^2\beta(1 - \cos^2\alpha) = 1 - \cos^2\alpha\cos^2\beta$$
$$\cos^2\alpha = \frac{1}{1 + \cos^2\beta}.$$

Die beiden ersten Terme werden nach Einsetzen von $\cos^2\alpha$ zu

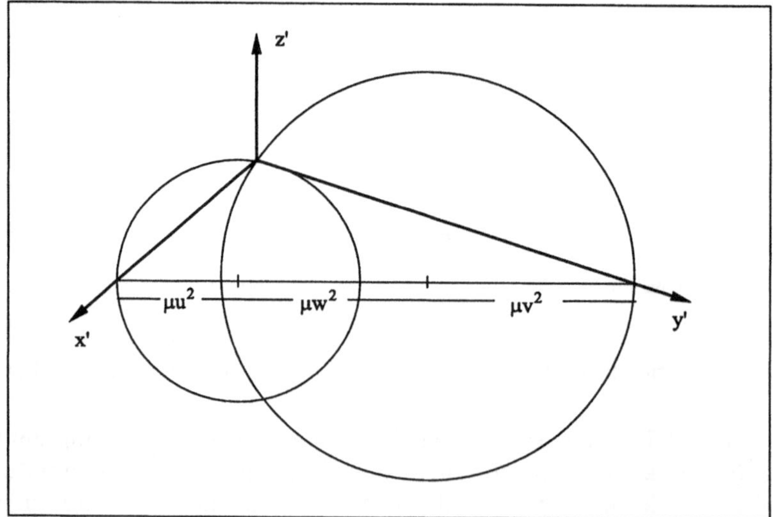

Bild 11.12: Konstruktion eines axonometrischen Achsenkreuzes

$$4\cos^2\beta + 4\sin^2\beta\left(1 - \frac{1}{1 + \cos^2\beta}\right) = \frac{1}{1 + \cos^2\beta}$$
$$4\cos^2\beta(1 + \cos^2\beta) + 4(1 - \cos^2\beta)\cos^2\beta = 8\cos^2\beta = 1.$$

Und schließlich finden wir als Resultat

$$\cos^2\beta = \frac{1}{8}, \qquad \cos^2\alpha = \frac{8}{9}.$$

Wir haben also zunächst eine Drehung um 69.3° um die y–Achse und sodann eine Kippung um 19.47° um die x–Achse, gefolgt von der Parallelprojektion. Tragen wir die Einheitsvektoren im Verhältnis 1:2:2 ab, so ergibt sich ein Ähnlichkeitsfaktor $\mu = 3/\sqrt{2}$.

Unser Bild 11.12 zeigt die Konstruktion des axonometrischen Dreibeins bei gegebenen Verzerrungszahlen u, v, w. Wir teilen eine waagerechte Strecke im Verhältnis $u^2 : w^2 : v^2$ und schlagen um die innenliegenden Teilungspunkte je einen Kreis mit dem Radius u^2 und v^2. Ein Schnittpunkt bildet dann den Ursprung, auf dem die z'–Achse senkrecht steht, die äußeren Teilungspunkte verbinden wir mit dem Ursprung und erhalten so die x'– und y'–Achse.

Umgekehrt können wir auch aus gegebenem Dreibein die Verkürzungsverhältnisse konstruieren. Bild 11.13 zeigt zugleich die axonometrische Darstellung eines Quaders aus zwei Normalschnitten. Durch Antragen der Thaleskreise über dem Konstruktionsdreieck erhalten wir über zwei seiner Seiten zwei rechtwinklige Hilfsdreiecke mit den vorgegebenen Achsen als Höhen. Aus den Einheitsstrecken in diesen ebenen Koordinatensystemen können wir die verkürzten Einheitsvektoren durch Antragen der Parallelen konstruieren, was auch in einfachen Graphikpaketen ohne Schwierigkeiten zu bewerkstelligen ist.

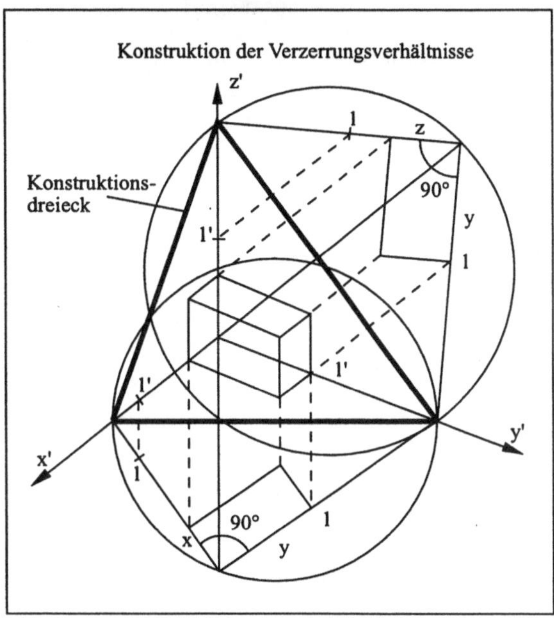

Bild 11.13: Verzerrungverhältnisse

11.4 Projektion auf eine beliebige Ebene

Wir wollen nun annehmen, daß das Projektionszentrum O sich nicht im Ursprung des Koordinatensystem befinde, sondern in einem Punkte $P = (p_1, p_2, p_3)^T$ mit den Kugelkoordinaten $(r \cos \alpha \sin \beta, r \sin \alpha \sin \beta, r \cos \beta)^T$ (vgl. Bild 11.14). Die Projektionsebene gehe durch den Ursprung, und der Ortsvektor von P sei ihr Normalenvektor. Es soll ein neues Koordinatensystem dann so eingeführt werden, daß der Nullpunkt mit P übereinstimmt, die z_0–Achse mit dem umgekehrten Normalenvektor zusammenfällt und die x_0– und y_0–Achsen parallel zur Projektionsebene liegen.

Das alte Koordinatensystem kann mit Hilfe zweier Drehungen sowie einer Translation in das neue System überführt werden. Die erste Drehung um die z–Achse mittels der Drehmatrix $\mathbf{A}$ transformiert den Punkt $(p_1, p_2, p_3)^T$ in $(0, r \sin \beta, r \cos \beta)^T$. Dieser Punkt geht sodann mittels einer Drehung um die x_0– Achse in $(0, 0, -r)^T$ über, und es schließt sich eine Translation nach $(0, 0, 0)^T$ an. Die zweite Drehmatrix sei $\mathbf{B}$, und die gesamte Transformation ist durch $\mathbf{x}' = \mathbf{B}\mathbf{Ax} + (0, 0, r)^T$ gegeben. Dabei beschreibt $\mathbf{x}'$ die Koordinaten eines Punktes im neuen $x_0 y_0 z_0$–System, $\mathbf{x}$ seine Koordinaten im alten xyz–System.

Die drei Drehmatrizen lauten wie folgt:

$$\mathbf{A} = \begin{pmatrix} \sin\alpha & -\cos\alpha & 0 \\ \cos\alpha & \sin\alpha & 0 \\ 0 & 0 & 1 \end{pmatrix}, \qquad \mathbf{B} = \begin{pmatrix} 1 & 0 & 0 \\ 0 & \cos\beta & -\sin\beta \\ 0 & -\sin\beta & -\cos\beta \end{pmatrix}$$

$$\mathbf{B}\cdot\mathbf{A} = \begin{pmatrix} \sin\alpha & -\cos\alpha & 0 \\ -\cos\alpha\cos\beta & -\sin\alpha\cos\beta & \sin\beta \\ -\cos\alpha\sin\beta & -\sin\alpha\sin\beta & -\cos\beta \end{pmatrix}. \qquad (11.3)$$

Beide Koordinatensysteme sind Rechtssysteme, die Projektion findet längs der neuen

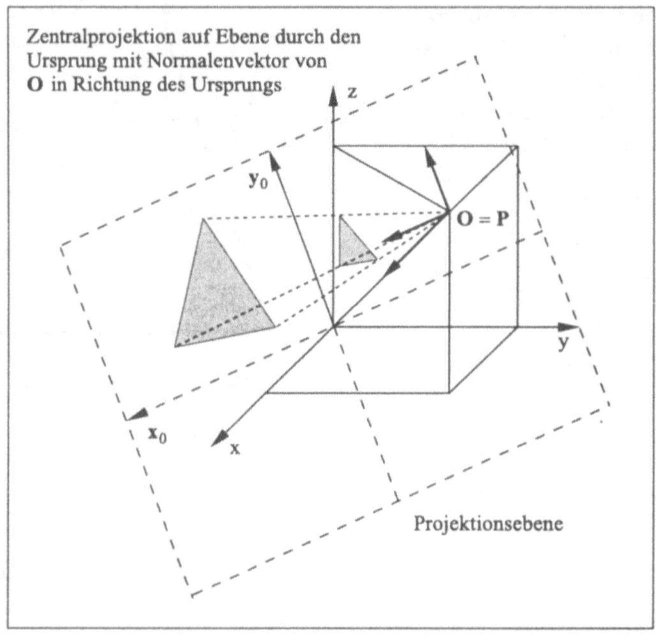

Bild 11.14: Zentralprojektion auf Ebene

z_0–Achse statt, die Achse x_0 ist so gewählt, daß der zugehörige Vektor in der xy–Ebene liegt. Sowohl eine Parallel– wie auch eine Zentralprojektion mit Zentrum $\mathbf{O}$ auf die Projektionsebene mit Normalen längs der z_0–Achse ist nunmehr in den neuen Koordinaten $\mathbf{x}'$ leicht zu berechnen, da der Abstand der Ebene gleich r ist. Im ersten Falle muß nur die z_0–Koordinate angepaßt werden, und wir können x' und y' direkt am Bildschirmkoordinatensystem abtragen, im zweiten Falle wenden wir den Strahlensatz wie in den Bildern 11.2 oder 10.5 an und finden $X' = x'r/z'$, $Y' = y'r/z'$ als neue Koordinaten. Auch die Umkehrtransformation ist wegen $(\mathbf{B}\cdot\mathbf{A})^{-1} = \mathbf{A}^T\cdot\mathbf{B}^T = (\mathbf{B}\cdot\mathbf{A})^T$ leicht zu ermitteln. Wir geben ein Rechenbeispiel:

Sei $\mathbf{P} = (2,3,3)^T$. Dann ergibt sich

$$r^2 = x^2 + y^2 + z^2, \quad \sin\alpha = \frac{y}{\sqrt{r^2 - z^2}}, \quad \cos\beta = \frac{z}{r},$$

$$\mathbf{x}_0 = \frac{1}{\sqrt{13}}(3,-2,0)^T, \quad \mathbf{y}_0 = \frac{1}{\sqrt{286}}(-6,-9,13)^T, \quad \mathbf{z}_0 = \frac{1}{\sqrt{22}}(-2,-3,-3)^T,$$

$$r = \sqrt{22}, \quad \cos\alpha = 0.5547, \quad \sin\alpha = 0.832, \quad \cos\beta = 0.64, \quad \sin\beta = 0.769,$$

und wir können die Einträge in der Matrix (11.3) vornehmen.

Wir wollen nach unseren theoretischen Vorbetrachtungen noch einmal auf die Betrachtungstransformationen eingehen, wie sie in den gängigen Graphikstandards festgelegt sind. Die wichtigsten Bezeichnungen sind auch in Bild 11.15 festgehalten. Zunächst wird ein rechtsorientiertes Koordinatendreibein (u, v, n), das VRC–System, in der Bildebene (View Plane) festgelegt. Dabei hat der **n**–Vektor die Orientierung des ViewUP–Vektors. Der Ursprung des Koordinatendreibeins, der ViewReferencePoint, muß nicht im Zentrum CW des schraffierten Bildebenenfensters liegen. Das Weltkoordinatensystem WC wird nun mittels einer Translation und dreier Drehungen wie in Kapitel 10 beschrieben in das VRC–System überführt. Danach schließt sich im Falle einer Zentralprojektion ein Clipping an der vorderen und hinteren Begrenzungsebene (front plane, back plane) des Pyramidenstumpfes an. Im Fall der Parallelprojektion handelt es sich um einen Spat. Dabei bezeichnet PRP den Augpunkt. Zu beachten ist jedoch, daß i.allg. die Projektionsrichtung DOP und der **n**–Vektor nicht parallel zu sein brauchen. Daher wird aus Effizienzgründen mittels einer Scherung der Pyramidenstumpf zunächst auf einen regelmäßigen Pyramidenstumpf mit einem Quadrat als Grundfläche und 45 Grad Winkel zu den Seitenflächen wie in der Figur abgebildet bzw. der Spat auf einen orthogonalen Quader. Sodann schließt sich noch eine Transformation auf einen Einheitswürfel mit dem normalisierten Koordinatensystem NPC an, die das Clipping erleichtert.

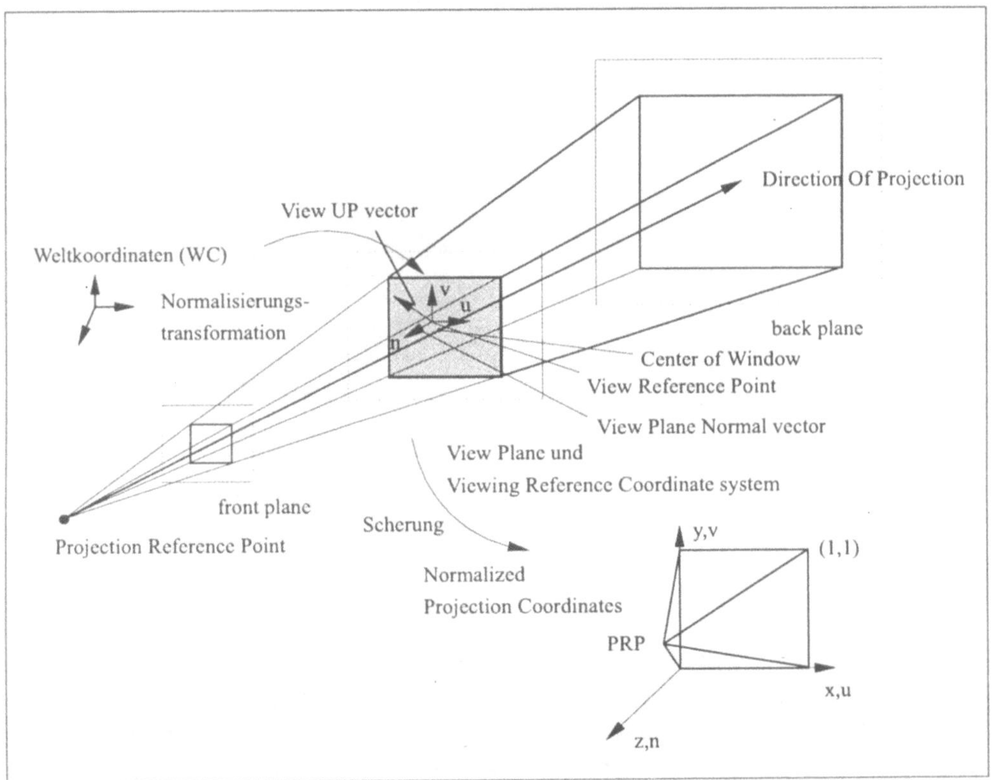

Bild 11.15: Betrachtungstransformationen

11.5 Dreidimensionales Sehen

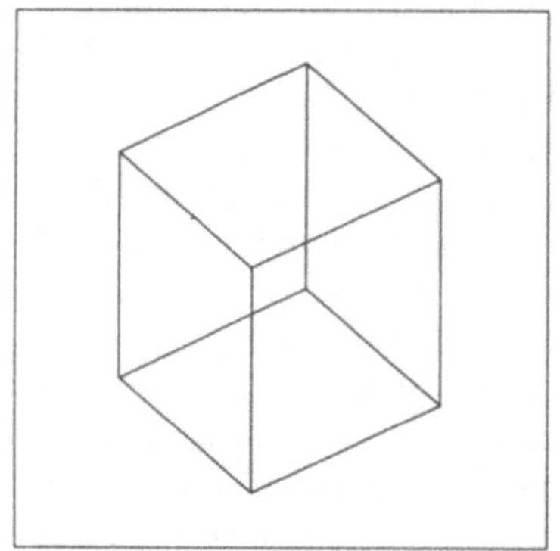

Bild 11.16: Drahtwürfel

Bevor wir daran gehen wollen, dreidimensionale Darstellungen von Objekten zu erzeugen, müssen wir uns zuerst damit befassen, worauf die dreidimensionale Wahrnehmung des Raumes durch den Menschen beruht. Räumliches Sehen wird dadurch möglich, daß wir zwei Augen besitzen. Da unsere Augen einen gewissen Abstand zueinander haben (ca. 6 cm), erhalten sie geringfügig unterschiedliche Sinneseindrücke von der Umgebung. Ein kleines Experiment veranschaulicht dies.

Experiment (*Daumensprung*)

Strecke einen Arm aus und blicke an diesem entlang über den ausgestreckten Daumen hinweg auf ein weit entferntes schmales Objekt, zum Beispiel einen Fahnenmasten. Der Daumen soll einen Teil des angepeilten Objektes verdecken. Kneift man nun abwechselnd das linke und das rechte Auge zu, so erscheint der Daumen jeweils links bzw. rechts vom anvisierten Gegenstand. Gleichzeitig verschwindet beim Zukneifen eines Auges der dreidimensionale Raumeindruck zumindest teilweise.

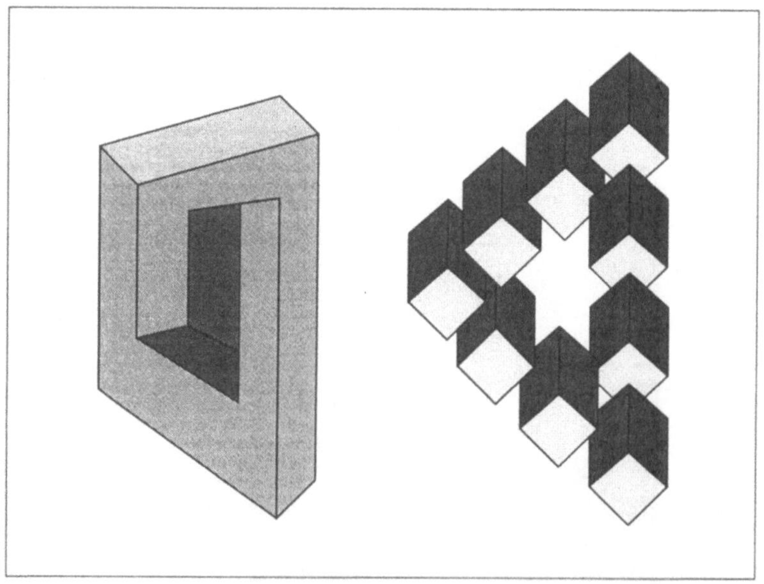

Bild 11.17: Drei–Balken–Konstruktion

Wie entscheidend es für die räumliche Wahrnehmung ist, daß beide Augen ein verschiedenes Bild erhalten, erkennen wir bei Betrachtung von Bild 11.16. Das Gehirn ist aufgrund der von den Augen gelieferten Informationen nicht in der Lage, bei dem Drahtwürfelmodell zu entscheiden, welche Kanten im Vordergrund liegen und welche vom Betrachter weiter entfernt sind. Es gibt zwei konsistente Interpretationsmöglichkeiten, und mit etwas Übung kann man zwischen diesen beiden hin- und herschalten. Allerdings müssen wir zugeben, daß ca. 15% der Menschen nicht in der Lage sind, mit beiden Augen synchron zu sehen. Hier schaltet das Gehirn von einem zum anderen Auge um; die Sinneswahrnehmung eines Auges kann sogar völlig ausgeschaltet werden. Diese Menschen können die im weiteren Verlauf des Kapitels besprochenen Methoden nicht nachvollziehen.

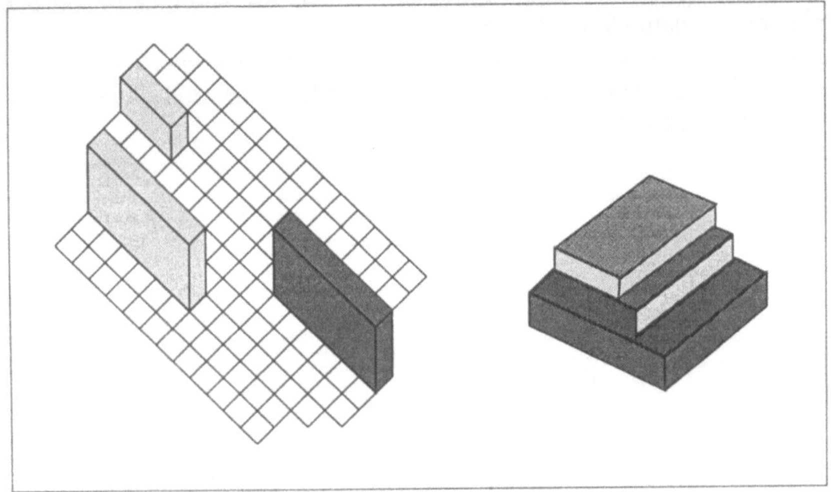

Bild 11.18: Treppenkonstruktion

Bei der normalen Wahrnehmung des dreidimensionalen Raumes liefert die teilweise Verdeckung des Hintergrundes durch vorn liegende Gegenstände dem Auge zusätzliche Informationen, so daß diese Zweideutigkeit auf Photos nicht entsteht. Unwillkürlich ergänzt das Gehirn die Informationen der zweidimensionalen Darstellung des Lichtbilds zu einem dreidimensionalen Eindruck. Dies geschieht sogar bei Darstellungen, die gar keine dreidimensionale Szene wiedergeben.

Im Jahre 1934 zeichnete der schwedische Künstler Oscar Reutersvärd verschiedene unmögliche räumliche Motive, beruhend auf der Drei–Balken–Konstruktion, die 1982 auch auf schwedischen Briefmarken abgebildet wurde [77]. Unser Bild 11.17 zeigt eine typische Drei– und Vier–Balken–Konstruktion. Bekannt sind auch die interessanten und sehr ansprechenden Motive von Escher [78].

Wir wollen kurz noch die geschlossenen Treppenkonstruktionen erwähnen, die den Eindruck erwecken, immer aufwärts oder abwärts zu führen, oder Fliesenböden, die widersprüchliche Treppenstufungen in Einklang bringen.

In allen Fällen ist es die Computergraphik, die derartige Konstruktionen mit geringem Aufwand erlaubt. Unmögliche Figuren dienen als Testmaterial, um die Funktionsprinzipien des menschlichen Auges zu erforschen, die bei der Entwicklung von Computervision, zum Bei-

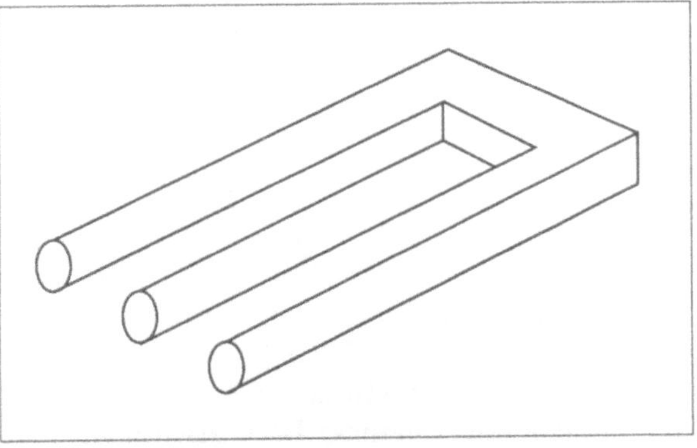

Bild 11.19: Unmögliche Stimmgabel

spiel zur automatischen Steuerung eines Fahrzeugs, von großer Bedeutung sind.

Wollen wir nun mit einem Computer einen echten dreidimensionalen Sinneseindruck hervorrufen, so müssen wir zwei Aufgaben lösen:

- Zuerst müssen wir untersuchen, wie sich die Bilder der beiden Augen voneinander unterscheiden. Diese beiden Teilbilder werden wir dann später auch getrennt voneinander mit dem Computer erzeugen.

- Im zweiten Schritt müssen wir ein Hilfsmittel bereitstellen, das dafür sorgt, daß das linke Auge nur das für es bestimmte Teilbild wahrnimmt und das rechte Auge nur das andere Teilbild sieht.

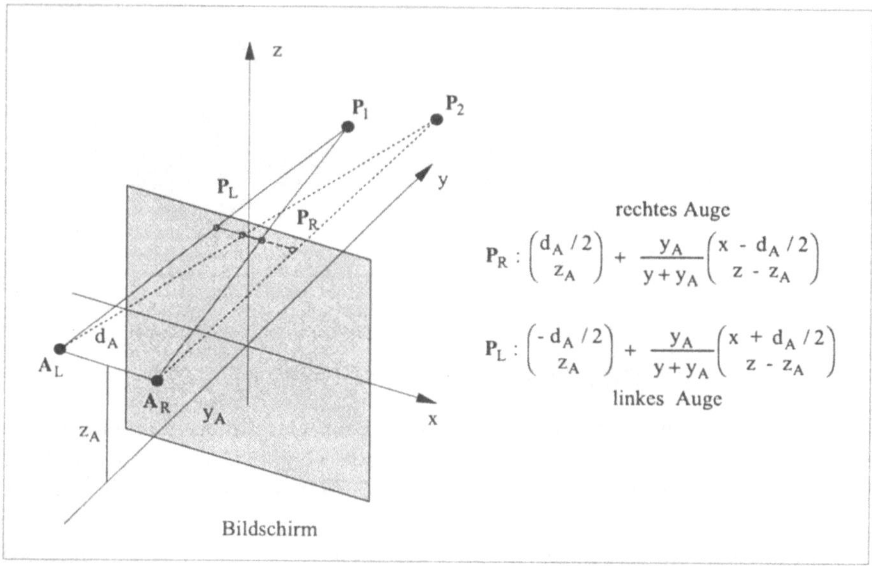

Bild 11.20: Dreidimensionales Sehen

Um das erste Problem zu behandeln, betrachten wir Bild 11.20. Ausgehend von einem Objektpunkt $\mathbf{P}_1$ sind zwei Lichtstrahlen eingezeichnet, die das rechte Auge $\mathbf{A}_R$ bzw. das linke Auge $\mathbf{A}_L$ erreichen. Die Strahlen treffen den Bildschirm, unser Fenster zum Objektraum, in den Punkten $\mathbf{P}_R$ und $\mathbf{P}_L$. Wir geben nun die Lage aller Punkte bezüglich des eingezeichneten Koordinatensystems an, dessen Ursprung im Mittelpunkt des Bildschirms liegt und dessen $x-$ und $z-$Achse zu seinen Kanten parallel liegen. Die Augen sollen sich in einem Abstand $y_A > 0$ vor dem Bildschirm befinden, und zwar symmetrisch in einer Höhe z_A über seiner Mitte. Schließlich bezeichnen wir den Augenabstand mit d_A. Die Augpunkte $\mathbf{A}_R$ bzw. $\mathbf{A}_L$ haben damit die Koordinaten:

$$\mathbf{A}_R : \left(\frac{d_A}{2}, -y_A, z_A \right), \quad \mathbf{A}_L : \left(-\frac{d_A}{2}, -y_A, z_A \right).$$

Mit den Objektkoordinaten des Punktes $\mathbf{P}_1 : (x, y, z)$ entnehmen wir die Bildschirmkoordinaten (x_s, z_s) der Punkte $\mathbf{P}_R$ bzw. $\mathbf{P}_L$ des Bildes 11.20. Die beiden Zentralprojektionen beschreiben also die Beziehung zwischen den Objektkoordinaten und den zugehörigen Bildschirmkoordinaten unter Berücksichtigung der Augenpositionen. Je nachdem, welche Projektion wir verwenden, können wir damit auf dem Bildschirm das linke bzw. rechte Teilbild zeichnen.

Nachdem bereits im Jahre 1838 der englische Physiker Wheatstone Untersuchungen unternommen hatte, die zeigten, daß das menschliche Gehirn räumliche Informationen mittels der Verschiebung zwischen den beiden Bildeindrücken des rechten und linken Auges rekonstruieren kann, wollen wir in Abschnitt 11.6 die Sehhilfe der Rot–Grün–Brille näher erläutern.

Bei den in der letzten Zeit wieder in Mode gekommenen Autostereogrammen muß der Betrachter hingegen ohne jede Sehhilfe auskommen. Das Auge sieht nicht wie angenommen die vier Bildpunkte der Punkte P_1, und P_2 in der Bildschirmebene, sondern verschmilzt sie zu zwei Punkten. Allerdings werden die Abstände zwischen dem rechten und linken Bildpunkt genutzt, um P_1 und P_2 räumlich anzuordnen; je weiter der Punkt von der Bildebene entfernt ist, umso größer wird der Abstand. Versehen wir nun die Bildpunkte P_L und P_R mit einer Farbinformation in Abhängigkeit von der Entfernung, so sind damit die Grundlagen des Autostereoalgorithmus schon gelegt. Allerdings muß im Konfliktfall, wenn die Projektionen zweier verschiedener Punkte am Schirm gleich sind, eine Lösung gefunden werden.

Ein einfacher Lösungsansatz geht von einem Musterbild aus, dessen Breite ungefähr dem Augenabstand entspricht. Dazu kommt dann ein Tiefenreliefbild, mit dessen Hilfe das Musterbild modifiziert wird. Schauen wir auf ein Autostereogramm, so sehen wir zunächst nur mehrfache, leicht modifizierte Wiederholungen des Musterstreifens. Meistens liegen beide Bilder in einem Rasterformat vor.

Zum Aufbau des Stereogramms beginnen wir mit dem Musterstreifen und fügen dann von links nach rechts Spalte für Spalte neue Farbpunkte hinzu. Für jeden Punkt entnehmen wir dem Tiefenbild die zugehörige Distanz, die den Abstand des an diese Stelle zu kopierenden Punktes des linken Vormusters variiert. So kann es passieren, daß Teile des Musters verloren gehen oder doppelt wiederholt werden. In Claussen und Pöpsel [55] sind Algorithmen zur Erstellung von Autostereogrammen vorgestellt, die Verbesserungen der hier vorgestellten Methode enthalten.

Die Buch–CD enthält ein Programm, mit der eine Kreisscheibenfigur erstellt werden kann.

11.6 Anaglyphentechnik

Nachdem wir nun wissen, wie wir das linke und rechte Teilbild erzeugen, müssen wir das Problem lösen, wie wir diese Teilbilder den Augen getrennt zuführen können. Eine einfache Methode besteht darin, das linke Teilbild auf die linke Bildschirmhälfte zu zeichnen und analog mit dem rechten Teilbild zu verfahren. Um zu erreichen, daß das linke Auge das rechte Teilbild nicht sieht, halten wir ein Blatt Papier als Trennhilfe senkrecht zwischen die Bildschirmhälften. Nun müssen wir versuchen, die beiden Teilbilder beim Betrachten zur Deckung zu bringen. Das erweist sich jedoch als sehr schwierig und erfordert viel Übung, so daß diese Methode, die wir manchmal in Büchern zur Betrachtung von Stereobildern angegeben finden, nicht akzeptabel erscheint.

Eine andere Möglichkeit wäre die Verwendung optischer Hilfsmittel, wie Linsen und Spiegel, um die Bilder den Augen geeignet zuzuführen. Aus Kostengründen wird man jedoch auch vor dieser Methode zurückschrecken.

Wesentlich einfacher ist das Anaglyphenverfahren, das bereits um 1855 entwickelt wurde. Es beruht darauf, die beiden Teilbilder in verschiedenen, komplementären Farben darzustellen. Die Bilder werden dann durch eine Brille betrachtet, deren Gläser entsprechend

gefärbt sind, so daß jedes Auge sein Bild wahrnimmt. In den letzten Jahren wurden sogar
einige Fernsehfilme in dieser Technik gezeigt. Die Teilbilder stellen wir rot und grün dar,
und zur Betrachtung dient eine billige Papierbrille aus gefärbten Folien, die man inzwischen bei vielen Optikern als sogenannte 3D–Brille kaufen kann. Auch einige Videospiele
nutzen diese Technik.

Da Farben zur Teilbildtrennung verwendet werden, können wir mit dieser Methode
nur ursprünglich schwarzweiße Szenen dreidimensional darstellen. Wir wollen uns nun
damit beschäftigen, wie wir bei einem Rasterfarbbildschirm vorgehen müssen, um eine
Anaglyphendarstellung zu realisieren. Dazu treffen wir folgende Vereinbarungen:

- Die Zeichnung erfolgt auf weißem Hintergrund.

- Es wird eine Rot–Grünbrille zur Betrachtung verwendet, wobei das rechte Auge
  durch die grüne Folie blickt.

Wie müssen wir nun die Teilbilder zeichnen, damit die beiden Augen sie getrennt
wahrnehmen? Da das rechte Auge den Bildschirm durch eine grüne Folie betrachtet,
nimmt es den weißen Hintergrund als grün gefärbt wahr und kann eine grüne Linie nicht
vom Hintergrund unterscheiden. Zeichnen wir also das für das linke Auge bestimmte
Teilbild mit grüner Farbe, so wird es vom rechten nicht wahrgenommen. Umgekehrt
werden wir für das rechte Teilbild rote Farbe verwenden. Die grüne Folie vor dem rechten
Auge absorbiert rote Farbe, so daß ihm rote Linien als schwarz erscheinen.

Im weiteren wollen wir davon ausgehen, daß sich beide Teilbilder aus Geradenstücken
zusammensetzen. Beim Zeichnen transformieren wir die Objektkoordinaten der Endpunkte dieser Strecken für das linke und rechte Teilbild getrennt in die Bildschirmkoordinaten und verbinden sie mit Hilfe des zweidimensionalen Bresenham–Algorithmus aus
Kapitel 2.3.

Im allgemeinen werden sich die Teilbilder überlappen. Diejenigen Pixel, die zu beiden Teilbildern gehören, müssen so eingefärbt werden, daß sie beiden Augen als dunkel
erscheinen, sie werden also schwarz gezeichnet. Da die beiden Teilbilder im Normalfall
nacheinander erstellt werden, benötigen wir eine besondere Überlagerungsvorschrift beim
Linienzeichnen, wie wir sie mit den folgenden Prozeduren erzielen können:

```
procedure zeichne_rot(x,y);
begin
   if test (x,y) = 'weiss' then plot(x, y, 'rot')
   else if test (x,y) = 'gruen' then plot(x, y, 'schwarz')
end ;


procedure zeichne_gruen(x,y);
begin
   if test (x,y) = 'weiss' then plot(x, y, 'gruen')
   else if test (x,y) = 'rot' then plot(x, y, 'schwarz')
end ;
```

Der Umstand, daß gemeinsame Punkte der Teilbilder schwarz einzufärben sind, bedingt, daß wir die schon vorhandene Routine zum Zeichnen einer Linie in einer Farbe
nicht verwenden können und den Bresenham–Algorithmus modifizieren müssen (vgl. Kapitel 2, 10 und die Buch–CD). Verfügt der Computer über einen Farbpalettengenerator,
wie in Kapitel 1 beschrieben, so können wir allerdings oft eine günstige Realisierung der
Zeichenroutinen erreichen, wenn wir den Farben geeignete Bitcodierungen so zuordnen,
daß Farbmischungen einer einfachen logischen Verknüpfung entsprechen:

Beispiel:

Farbe	weiß	rot	grün	schwarz
Codierung (binär 2 Bit)	00	01	10	11

Bei dieser Codierung geschieht das Zeichnen grüner Punkte einfach durch die logische OR–Verknüpfung des alten Farbwertes mit 10; war der alte Wert bereits 01, so wird daraus als neuer Wert der Code 11, und es sind keine aufwendigen Abfragen erforderlich. Bisher sind wir davon ausgegangen, daß das Zeichnen der Farben rot, grün und schwarz bei Betrachtung durch die 3D–Brille eine vollkommene Teilbildtrennung ermöglicht. Leider ist dies in der Realität nicht der Fall, da die Farbtöne der Brille und die Farben des Bildschirms nicht ideal komplementär sind. So wird im allgemeinen keine vollkommene Trennung erreicht.

Verfügt der verwendete Graphikbildschirmtreiber über mehrere Farbtöne im roten und grünen Bereich, sollte man unbedingt Töne zur Darstellung wählen, die optimale Trennungseigenschaften besitzen. Dabei sind die folgenden Kriterien maßgeblich:

1) Der grün entsprechende Farbton sollte vom rechten Auge möglichst schwach wahrgenommen werden.

2) Der rot entsprechende Farbton sollte vom linken Auge möglichst schwach wahrgenommen werden.

3) Rote bzw. grüne Bereiche sollten die entsprechenden Augen als gleich dunkel empfinden.

4) Schwarze Bereiche sollten beide Augen als gleich dunkel empfinden, und zwar genauso dunkel wie rote bzw. grüne Bereiche.

11.7 Anwendungen

Nach der Diskussion der zur Teilbilderzeugung notwendigen Projektionen und der Erläuterung der Anaglyphentechnik zusammen mit einigen Aspekten der technischen Realisierung haben wir nun die nötigen Hilfsmittel zur Hand, um Flächen, Körper und Diagramme dreidimensional darzustellen. Die Betrachtung von Anaglyphendarstellungen erfordert allerdings eine gewisse Übung. Insbesondere die Wahrnehmung von unrealistischen Bildern bereitet dem Gehirn oft Schwierigkeiten. Aus diesem Grunde sollte mit einfachen Darstellungen begonnen werden.

Mit den in Kapitel 13 entwickelten Techniken können wir unter Benutzung des Koordinatensystems aus Bild 13.21 auch Flächen der Form $y = f(x,z)$ darstellen. Dazu zeichnen wir einfach ein Drahtmodell über den Linien $x = const.$ bzw. $z = const.$ mit $y = f(x,z)$. Auf der Buch–CD befindet sich ein Pascal–Programm, das die Fläche $f(x,z) = \sin(x) \cdot \sin(z) - \sin(x - z)$ erzeugt. Bei der Betrachtung mit der 3D–Brille erkennen wir gut die Extremwerte der Fläche.

Bei der Darstellung von Szenen, bei denen eine teilweise Verdeckung des Hintergrundes durch Objekte zu berücksichtigen ist, müssen wir die Sichtbarkeitsprüfung für beide Augen getrennt ausführen, was doppelten Rechenaufwand bedeutet. Die praktische Erfahrung hat jedoch ergeben, daß es oft ausreicht, die nur für ein Auge gewonnenen Resultate auch für das andere Teilbild zu verwenden. Bei Szenen, die sich weiter von den Augen des Betrachters weg befinden, sehen beide Augen in etwa das Gleiche.

11.8   Aufgaben

Aufgabe 11.1

Gegeben sei die Projektionsebene $E : (\mathbf{n}, \mathbf{x} - \mathbf{x}_0) = 0$, $\mathbf{n}$ normierter Normalenvektor, und das Projektionszentrum $\mathbf{O} : \mathbf{c} = (c_1, c_2, c_3)^T$. Berechnen Sie das Bild $\mathbf{x}'^T = \mathbf{x}^T \mathbf{P}$ in homogenen Koordinaten unter einer Zentralprojektion und zeigen Sie für die Fluchtpunkte $\mathbf{f}_i$ der Hauptrichtungen $\mathbf{e}_i$ die Beziehung $\mathbf{f}_i = \mathbf{c} + \mathbf{e}_i \cdot d/n_i$ mit $d = d_0 - d_1 = (\mathbf{n}, \mathbf{x}0) - (\mathbf{n}, \mathbf{c})$, falls $n_i \neq 0$, $i = 1, 2, 3$, gilt.

Anleitung: Betrachten Sie zunächst den Fall $\mathbf{c} = \mathbf{0}$ und zeigen Sie $\mathbf{x}_P = \mathbf{x} \cdot d/(\mathbf{n}, \mathbf{x})$. Stellen Sie dann die zugehörige homogene Matrix $\mathbf{P}$ auf und schalten Sie eine passende Translation vor und nach. Zeigen Sie, daß im allgemeinen Fall

$$\mathbf{P} = d \cdot \mathbf{E} + (n_1, n_2, n_3, -d_0)^T (c_1, c_2, c_3, 1)$$

gilt. Untersuchen Sie zur Berechnung der Fluchtpunkte die Bilder der Einheitsvektoren $u\mathbf{e}_i$, $i = 1, 2, 3$, unter $\mathbf{P}$, normieren Sie sie und lassen Sie u gegen Unendlich streben.

Aufgabe 11.2

Stellen Sie die Matrix $\mathbf{X} \cdot \mathbf{Y}$ der isometrischen Axonometrie aus Abschnitt 11.3 auf und berechnen Sie die Bildpunkte des Einheitswürfels $(0, 0, 0), ..., (1, 1, 1)$ nach ihrer Projektion in die xy–Ebene.

Anleitung: Die Orthonormalmatrix aus (11.1) und (11.2) lautet

$$\begin{pmatrix} \dfrac{1}{\sqrt{2}} & 0 & \dfrac{1}{\sqrt{2}} \\[2mm] \dfrac{1}{\sqrt{6}} & \dfrac{2}{\sqrt{6}} & -\dfrac{1}{\sqrt{6}} \\[2mm] -\dfrac{1}{\sqrt{3}} & \dfrac{1}{\sqrt{3}} & \dfrac{1}{\sqrt{3}} \end{pmatrix} \tag{11.4}$$

$(1, 1, 1)$ geht über in $(\sqrt{2}, 2/\sqrt{6}, 1/\sqrt{3})$ etc. Sie können die Punkte auch direkt an den neuen Achsen abtragen.

Aufgabe 11.3

Berechnen Sie das Bild eines Einheitswürfels mit den Kanten $(0, 0, 2), \ldots, (1, 1, 3)$ nach einer Drehung (11.4) der isometrischen Axonometrie und einer anschließenden Zentralprojektion mit Zentrum in $z = -1$ nach Bild 10.7. Beachten Sie die unnatürliche Verzerrung.

Aufgabe 11.4

Berechnen Sie das Bild des Punktes $(1, 1, 1)^T$ unter der Zentralprojektion mit Zentrum $\mathbf{O}$ mit den Formeln aus Abschnitt 11.4 im neuen und ursprünglichen Koordinatensystem.

Anleitung: $\mathbf{x}' = \mathbf{B}\mathbf{A}\mathbf{x} + (0, 0, r)^T$, $X' = x' \cdot r/z'$, $Y' = y' \cdot r/z'$, $Z' = r$, und das Bild unter der Projektion wird $\mathbf{X} = (\mathbf{B} \cdot \mathbf{A})^T (X', Y', 0)$.

Aufgabe 11.5

Gegeben seien eine Projektionsebene

$$E : (\mathbf{n}, \mathbf{x} - \mathbf{o}) = 0, \qquad \mathbf{n} = (n_1, n_2, n_3)^T \text{ normierter Normalenvektor,}$$

$$\mathbf{o} = (o_1, o_2, o_3)^T \text{ beliebiger Punkt der Ebene}$$

und ein Projektionsvektor

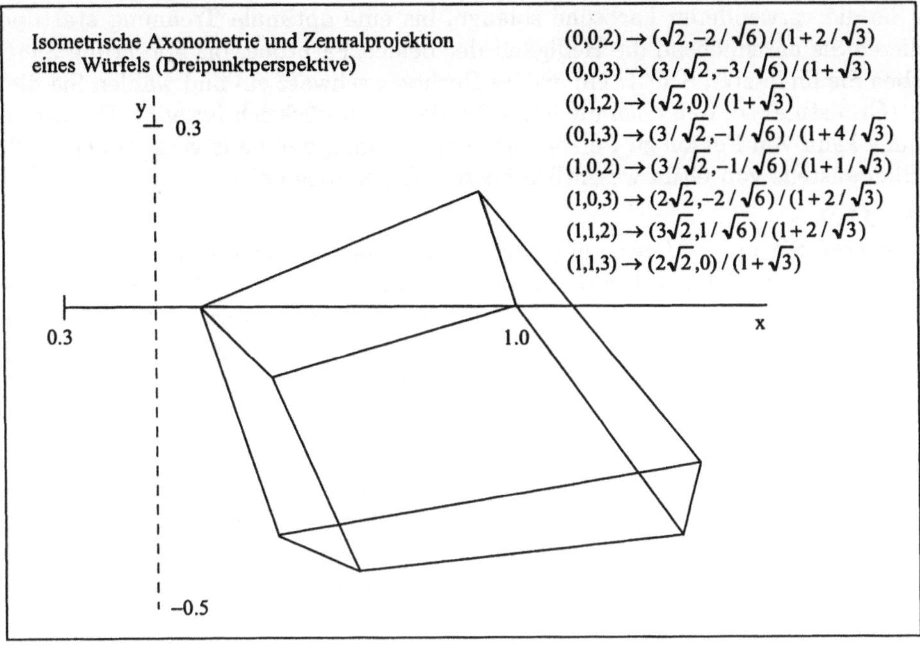

Bild 11.21: Zentralprojektion nach isometrischer Drehung

$$\mathbf{v} = (v_1, v_2, v_3)^T.$$

Geben Sie für die Parallelprojektion, die $\mathbf{p} = (p_1, p_2, p_3)^T$ auf $\mathbf{q} = (q_1, q_2, q_3)^T$ abbildet, die homogene Matrix M_P an.

Anleitung: Sei E die xy–Ebene, zeigen Sie dann $\mathbf{q} = \mathbf{p} - (p_3/v_3)\mathbf{v}$. Schalten Sie die Transformation, die E in die xy–Ebene überführt vor und nach.

Aufgabe 11.6

Zeichnen Sie das linke und das rechte Teilbild für das Daumensprungexperiment. Stimmen die Teilbilder mit dem Experiment überein?

Anleitung: Der Daumen soll durch die Verbindungsstrecke der Punkte $(0, -5, -1)$ und $(0, -5, 1)$ dargestellt werden, er befindet sich also in einer Entfernung von fünf Einheiten (z.B. cm) vor der Bildschirmmitte. Der 1000 Einheiten entfernt liegende Fahnenmast sei die Verbindungsstrecke der Punkte $(0, 1000, -100)$ und $(0, 1000, 100)$, und für die Lage der Augen gelte $y_A = 50$, $d_A = 10$ und $z_A = 0$.

Aufgabe 11.7

Ein Punkt mit festen Koordinaten $(x, ., z)$ bewegt sich entlang der positiven y–Achse ins Unendliche. Welchen Punkten streben die zugehörigen Bildpunkte $\mathbf{P}_L$ und $\mathbf{P}_R$ zu? Erklären Sie aufgrund dieses Resultats, weshalb die Genauigkeit, mit der man die Länge einer Strecke schätzen kann, mit wachsender Entfernung abnimmt.

Aufgabe 11.8

Bestimmen Sie beim eigenen Farbbildschirm die Farbtöne zum dreidimensionalen Sehen mittels 3D–Brille, die die gestellten Forderungen von Seite 229 am besten erfüllen.

Anleitung: Zeichnen Sie zuerst zwei gleich große Rechtecke in rot und grün auf weißem Hintergrund und betrachten sie diese mit der 3D–Brille. Überprüfen Sie durch wechselndes Schließen eines der beiden Augen zunächst die ersten beiden Forderungen und ändern Sie die verwendeten Farbtöne solange, bis eine optimale Trennung stattfindet. Modifizieren Sie anschließend die Helligkeit der beiden Farbtöne, bis Forderung 3 erfüllt ist. Färben Sie im letzten Schritt ein drittes Rechteck schwarz ein und wählen Sie die Intensität (Graustufe) so, daß auch die letzte Forderung berücksichtigt wird. Die optimale Einstellung kann von Person zu Person variieren. Es mag durchaus vorkommen, daß die Farbe Blau anstelle von Grün wesentlich bessere Ergebnisse liefert.

Aufgabe 11.9
Programmieren Sie unter Verwendung der in Aufgabe 11.8 gefundenen Farbtöne eine Routine zum Linienzeichnen `line(x1, y1, z1, x2, y2, z2, code)`, die die Strecke zwischen zwei Objektpunkten mit den Koordinaten $(x1,y1,z1)$ und $(x2,y2,z2)$ zieht, und zwar für das rechte wie auch das linke Auge. Es soll die entsprechende Farbe unter Berücksichtigung, daß gemeinsame Punkte schwarz sind, Verwendung finden.

Aufgabe 11.10
Programmierer A hat die vorherige Aufgabe wie folgt gelöst. Zuerst zeichnet er die Linie für das rechte Auge mit roter Farbe. Anschließend zieht er die Linie für das linke Auge punktweise unter Verwendung der oben angegebenen Routine `zeichne_gruen`, die gemeinsame Punkte schwarz färbt. Ist diese Vorgehensweise korrekt, wenn man berücksichtigt, daß man später Bilder aus vielen Linien zusammensetzt?

12 Modellierung und Animation

In diesem Kapitel betrachten wir Polyeder, deren Seiten von ebenen Polygonbereichen gebildet werden, und diskutieren ihre Beschreibungsmöglichkeiten und Eigenschaften. Die fünf Platonischen Körper sind in ihrer einfachen und symmetrischen Bauart besonders ausgezeichnet. Sie können neben Rotationskörpern als Grundbausteine komplizierterer Objekte dienen. Wir geben einen Einblick in die Grundprinzipien der CSG (Constructive Solid Geometry) und werden abschließend eine einfache Computeranimation mit einem Drahtmodell und die zugehörigen Dateiformate erläutern.

12.1 Vielflache

Unter einem Vielflach oder Polyeder verstehen wir einen aus Polygonflächen derart aufgebauten Körper, daß jede Seite eines Vielecks an genau eine Seite eines anderen Vielecks anschließt. Die Vielecke sind die Flächen oder Facetten des Polyeders, ihre Spitzen die Ecken und ihre Seiten die Kanten. Mathematisch ausgedrückt ist ein Polyeder eine beschränkte, abgeschlossene Menge des $\mathbb{R}^3$, deren Rand aus endlich vielen einfach geschlossenen, ebenen Polygonbereichen besteht, die nur Kanten gemeinsam haben. Wir können demnach zwischen Innerem und Äußerem des Polyeders unterscheiden. Das Polyeder heißt konvex, wenn die Verbindungsstrecke zweier Punkte wieder ganz im Polyeder liegt. Hier ist es hinreichend, wenn wir nur die Eckpunkte der begrenzenden Polygone untersuchen. Das Polyeder wird dann von endlich vielen Ebenen aus dem Raum „herausgeschnitten". Ein einfacher Konvexitätstest gestaltet sich folgendermaßen:
Für jede Seitenfläche $i = 1, \ldots, m$ des Polyeders durchlaufe folgende Schritte
- Stelle die Hessesche Normalform $(\mathbf{n}, \mathbf{x}) - d_i = 0$ der Ebene auf, die die Seitenfläche enthält.
- Setze die Koordinaten der Eckpunkte aller Polygonseitenflächen in die Hesseform ein.
- Hat die Differenz immer das gleiche Vorzeichen, so heißt das Polyeder konvex bezüglich der Seite i.

Ist das Polyeder konvex im Hinblick auf alle Seiten, so ist es konvex. Nichtkonvexe Polyeder können in konvexe Teilpolyeder zerlegt werden, in dem wir nach Feststellung der Konkavität bezüglich einer Seite das Polyeder in zwei Teilpolyeder aufsplitten. Dabei legen wir den Schnitt bei $z = 0$ und beginnen dann die Untersuchung auf Konvexität von neuem.

Fassen wir die Ecken aller Seitenflächen zusammen und bezeichnen sie, so können wir den Vielflach durch Aufzählung der Ecken beschreiben. In Bild 12.1 ist ein Würfel durch Angabe der sechs begrenzenden Polygonseiten und ihrer Ecken $\mathbf{E}_k$ definiert. Legen wir einen Durchlaufsinn geeignet fest, so können wir mit Hilfe der die Ecken verbindenden Vektoren $\mathbf{a} := \mathbf{E}_k - \mathbf{E}_{k-1}$, $\mathbf{b} := \mathbf{E}_{k+1} - \mathbf{E}_k$ die Normalenvektoren der Polygonseiten berechnen: $\mathbf{n} := \mathbf{a} \times \mathbf{b}$, und sie zeigen ins Innere des Parallelepipeds. Die Normalenvektoren haben zwei wichtige Bedeutungen. Mit ihrer Hilfe können wir feststellen, ob wir uns beim Durchstoßen einer Polyederseite ins Innere oder ins Äußere des Körpers bewegen, das Skalarprodukt aus Richtungsvektor und Normalenvektor ist nämlich positiv oder negativ. Ebenso können wir die Sichtbarkeit einer Seite von einem Beobachter O aus entscheiden. Führt der Vektor $\mathbf{b}$ vom Beobachter zum Fußpunkt der Normalen $\mathbf{n}$, so ist die Seite genau dann sichtbar, wenn $(\mathbf{n}, \mathbf{b}) > 0$ gilt. Der Wert des Skalarprodukts ist als Maß für die reflektierte Intensität einer diffusen Ausleuchtung verwendbar.

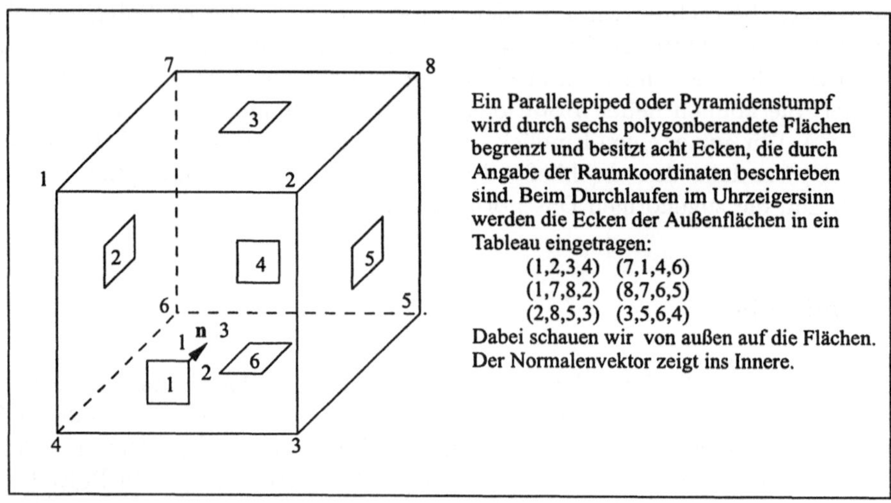

Bild 12.1: Beschreibung eines Körpers (Parallelepiped)

Nach Bestimmung der Ecken kann der Körper mit Hilfe von Bewegungen im Raum, wie in Kapitel 10 behandelt, beliebig manipuliert werden: Wir müssen nur die neuen Koordinaten der in der Eckenliste aufgeführten Ecken berechnen und die entsprechenden Punkte miteinander verbinden. Auf der Buch–CD ist ein Pascal–Programm zur Drehung eines Parallelepipeds um eine beliebige Achse $\mathbf{a}$ enthalten.

Schreiben wir ein Programm zur Drehung eines Sechsflachs um eine Achse, so könnte die Deklaration der Ecken– und Kantenliste in Turbo Pascal folgendermaßen aussehen:

```
(* Rotation eines Parallelepipeds *)
type ecke = 1..8; coord = 1..3; seite = 1..6; kante = 1..4;
    koerper = record
                ecken : array[ecke, coord] of real;
                eckenfolge : array[seite, kante] of ecke;
             end;

const anfangswerte : koerper =
        (ecken : ((-45,-45, 30), (45,-30, 15), (45, -30,-15),
                  (-45,-45,-30), (45, 30,-15), (-45, 45,-30),
                  (-45, 45, 30), (45, 30, 15));
         (* Schirmkoordinaten *)
        eckenfolge :
            ((1, 2, 3, 4), (7, 1, 4, 6), (1, 7, 8, 2),
             (8, 7, 6, 5), (2, 8, 5, 3), (3, 5, 6, 4)));
(* Pyramidenstumpf - Ecken und Eckenfolge der sechs Koerperseiten *)
```

Wie schon bemerkt, kann die Sichtbarkeitsuntersuchung bei einem konvexen Polyeder mit Hilfe des Skalarproduktes erfolgen. Ist $\mathbf{p}$ der zum Betrachter zeigende Richtungsvektor einer Parallelprojektion und $\mathbf{n}_i$ der ins Äußere gerichtete Normalenvektor der i–ten Seite, so ist diese Seite nur sichtbar, wenn $(\mathbf{p}, \mathbf{n}_i) > 0$ gilt. Seien nun s konvexe Polyeder $P_1, \ldots, P_s$ in der Szene enthalten. Dann werden wir zunächst die Kanten und Seiten der P_j bestimmen, die bezüglich sich selbst ohne Einbeziehung der anderen Polyeder sichtbar sind, und die verborgenen ausschließen. Zeichnen wir nun die verbleibenden Kanten der P_j, so haben wir nicht berücksichtigt, daß Teile davon durch davorliegende P_k verdeckt werden können. Mit Hilfe des Algorithmus von Roberts werden sichtbare Teilstücke verbliebener Kanten jedes der P_j ermittelt. Seien also zwei

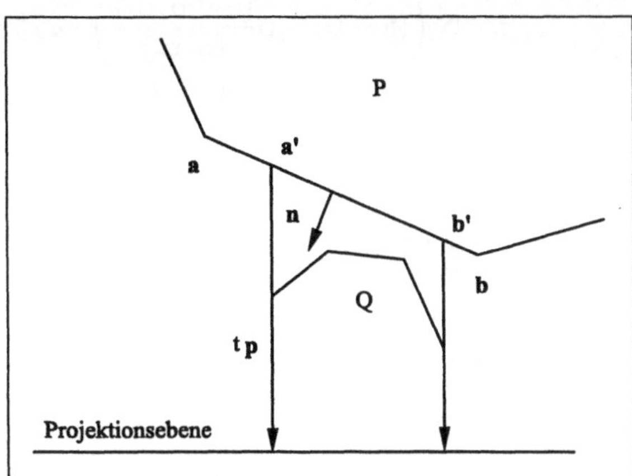

konvexe Polyeder P und Q herausgegriffen und die sichtbaren Kanten von P bezüglich sich selbst bereits ermittelt. Eine dieser Kanten sei durch die Eckpunkte $\mathbf{a}$ und $\mathbf{b}$ beschrieben. Ein Teil der Kante wird nun genau dann von Q verdeckt, wenn der Projektionsstrahl

$$\mathbf{g}(t, u) := t\mathbf{p} + u\mathbf{a} + (1 - u)\mathbf{b}, \quad t \geq 0,\ 0 \leq u \leq 1,$$

von einem Punkt der Kante aus das Polyeder Q trifft. Dazu stellen wir die Gleichungen der Ebenen auf, die die Seiten von Q enthalten:

$$(\mathbf{x}, \mathbf{n}_i) = (\mathbf{f}_i, \mathbf{n}_i) = r_i, \quad i = 1, \ldots, m.$$

$\mathbf{n}_i$ sei der ins Äußere gerichtete Normalenvektor der i–ten Seite, $\mathbf{f}_i$ eine ihrer Ecken. Der Projektionsstrahl $\mathbf{g}$ schneidet nun Q genau dann, wenn mit $\mathbf{N} = (\mathbf{n}_1, \ldots, \mathbf{n}_m)$ das System mit $m + 3$ Ungleichungen

$$\begin{aligned}
\mathbf{N}\mathbf{g}(t, u) &\leq \mathbf{r}, \\
-t &\leq 0, \\
-u &\leq 0, \\
u &\leq 1,
\end{aligned}$$

eine Lösung hat. Da Q konvex ist, genügt es, einen maximalen Wert u_{max} und einen minimalen Wert u_{min} zu bestimmen, die dann zu den Endpunkten der verborgenen Teilkante führen:

$$\mathbf{a}' = u_{min}\mathbf{a} + (1 - u_{min})\mathbf{b}, \quad \mathbf{b}' = u_{max}\mathbf{a} + (1 - u_{max})\mathbf{b}.$$

Zur Erleichterung werden wir noch den Parameter t eliminieren und bedenken dazu, daß der Projektionsstrahl im Falle der Lösbarkeit unseres Ungleichungssystems mindestens eine sichtbare Seite der Polyeders Q schneidet. Wir finden

$$(u\mathbf{a} + (1 - u)\mathbf{b} + t\mathbf{p}, \mathbf{n}_i) = r_i,$$
$$t = \frac{r_i - u(\mathbf{a} - \mathbf{b}, \mathbf{n}_i) - (\mathbf{b}, \mathbf{n}_i)}{(\mathbf{p}, \mathbf{n}_i)}, \quad (\mathbf{p}, \mathbf{n}_i) > 0.$$

Daher können wir die Suche nach versteckten Kantenteilen folgendermaßen modifizieren:

- Untersuche für alle sichtbaren Seiten von Q mit $(\mathbf{p}, \mathbf{n}_i) > 0$ das Ungleichungssystem und die drei Gleichungen mit einer Unbekannten

$$
\mathbf{N}\left((\mathbf{a} - \mathbf{b}) - \mathbf{p}\frac{(\mathbf{a} - \mathbf{b}, \mathbf{n}_i)}{(\mathbf{p}, \mathbf{n}_i)}\right) \cdot u \leq \mathbf{r} - \mathbf{Nb} - \mathbf{Np}\frac{r_i - (\mathbf{b}, \mathbf{n}_i)}{(\mathbf{p}, \mathbf{n}_i)},
$$
$$
(\mathbf{a} - \mathbf{b}, \mathbf{n}_i) \cdot u \leq r_i - (\mathbf{b}, \mathbf{n}_i),
$$
$$
-u \leq 0,
$$
$$
u \leq 1,
$$

  und bestimme gegebenenfalls die maximale und minimale Lösung $u_{i,max}$ und $u_{i,min}$ für alle in Frage kommenden Werte von i.

- Sodann bilde das Maximum u_{max} über alle $u_{i,max}$ und das Minimum u_{min} über alle $u_{i,min}$. Damit ist im Falle von $u_{min} < u_{max}$ die durch das Polygon Q verborgene Teilkante bestimmt, und es sind zwei sichtbare Teilkanten verblieben.

- Nun müssen die verbliebenen Kanten und Teilkanten noch bezüglich der anderen konvexen Polyeder P_j im Vordergrund auf Sichtbarkeit untersucht werden. Dabei kann nur einer der aus einer Kante entstandenen Teile weiter in zwei sichtbare und eine unsichtbare Strecke zerfallen, es ergeben sich also pro Kante höchstens s sichtbare Teilstrecken.

Der Algorithmus ist in [206] beschrieben und in rekursiver Struktur von Bielig–Schulz und Schulz [30] in Turbo Pascal implementiert worden.

Auf der Buch–CD befindet sich ebenfalls eine Implementation des Algorithmus. Zur Beschleunigung können die Körper in begrenzende Quader (bounding boxes) eingeschlossen werden. Weiterhin sollten die z–Koordinaten in einem Speicher abgelegt werden. So ist schneller zu entscheiden, ob sich Körper durchdringen oder vom Beobachter aus in der Szene hinten liegen. Sollten sich Körper durchdringen, so werden Durchstoßpunkte in einer Liste abgelegt und später miteinander verbunden, wenn dadurch neue Kanten erzeugt sind. Allerdings ist auch hier ein Test auf Sichtbarkeit gegen die anderen Körper erforderlich.

In Aumann und Spitzmüller [15] sind Datenstrukturen und Algorithmen zur Sichtbarkeitsentscheidung und Weiterverarbeitung sich schneidender Kanten angegeben. Dabei werden die sichtbaren Teile der Kanten des durch Parallel– oder Zentralprojektion abgebildeten Polyeders gezeichnet. In letzterem Fall müssen die zu den Schnittpunkten gehörigen Parameter u_i umgerechnet werden. Mit einem Boundingtest zum Ausschluß sich nicht überlappender Facetten kann die Abarbeitung beschleunigt werden.

Wir wollen nun weitere Körper kennenlernen, die zum Bau komplizierterer Drahtmodelle dienen können [181]. In Kapitel 14 diskutieren wir dann Körper, die von gekrümmten Oberflächen begrenzt sind [80].

12.2   Die Platonischen Körper

Sind alle Seitenvielecke gleich, so verwenden wir das Schläfli–Symbol $\{p, q\}$. Dabei bedeutet der erste Parameter, daß regelmäßige p–Ecke, d.h. Seiten und Innenwinkel sind gleich, als Flächen verwendet sind, von denen je q an einer Ecke zusammenstoßen. Der prominenteste Vertreter ist natürlich der Würfel $\{4, 3\}$. Weitere bekannte Polyeder sind die Pyramiden. Ihre Grundflächen sind regelmäßige n–Ecke, an die sich gleichschenklige Dreiecke anschließen. Eine dreieckige Pyramide heißt Tetraeder. In Bild 12.2 ist die Konstruktion eines Tetraeders aus einem Würfel dargestellt. Sind alle Dreiecke gleichseitig, so ist das Tetraeder regelmäßig.

Prismen sind aus zwei regelmäßigen n–Ecken und n Rechtecken aufgebaut. Für $n = 4$ ergibt sich als regelmäßiger Spezialfall wieder der Würfel. Das Antiprisma [62] erhalten wir aus dem Prisma, indem wir statt der n Rechtecke $2n$ gleichschenklige Dreiecke zur Verbindung mit den zwei Grundflächen verwenden. Sind im Falle $n = 3$ alle verwendeten Dreiecke gleichseitig, so haben wir ein Oktaeder (vgl. Bild 12.3) vor uns.

Stoßen an jeder Ecke fünf gleichseitige Dreiecke aneinander, so erhalten wir das aus 20 Flächen aufgebaute Ikosaeder, bei dem fünfeckige Pyramiden das hervorstechende Bauelement bilden (vgl. Bild 12.4). Das fünfte regelmäßige Polyeder ist das aus zwei Schalen zusammengefügte und in Bild 12.5 wiedergegebene Dodekaeder $\{5, 3\}$. Jede Schale besteht aus einem gleichseitigen Fünfeck, um das sich je fünf weitere Fünfecke gruppieren. Damit haben wir die fünf Platonischen Körper übrigens die einzigen konvexen regelmäßigen Polyeder aufgezählt.

Einfache Beweise für diese Aussage finden sich in den Büchern von Behnke et al. [26] und Coxeter [62] über Geometrie. Letzterer argumentiert etwa folgendermaßen:

Wir gehen von der Eulerschen Anzahl–Formel für konvexe Polyeder

$$E(\text{cken}) - K(\text{anten}) + F(\text{lächen}) = 2$$

aus, die leicht einzusehen ist, wenn wir den Körper schrittweise aufbauen und nur die Änderung der Werte von E, K und F beim Hinzufügen einer neuen Kante betrachten. Sodann berücksichtigen wir die Beziehungen $q \cdot E = 2K = p \cdot F$ für ein regelmäßiges Polyeder $\{p, q\}$. An jeder Ecke stoßen nämlich q Flächen begrenzt von je zwei Kanten zusammen, die doppelt gezählt werden. Zum selben Resultat führt die Addition der p Kanten aller Flächen.

Diese drei Gleichungen können wir nach E, K und F auflösen und erhalten mit

$$N = N(p, q) := 2(p + q) - pq \qquad \text{dann}$$

$$E = \frac{4p}{N}, \quad K = \frac{2pq}{N}, \quad F = \frac{4q}{N}.$$

Dann folgt $N > 0$ bzw. $(p - 2)(q - 2) < 4$, und für p und q bestehen nur fünf Möglichkeiten:

$\{3, 3\}$: Tetraeder, $\quad \{3, 4\}$: Oktaeder, $\qquad \{4, 3\}$: Würfel,
$\{3, 5\}$: Ikosaeder, $\quad \{5, 3\}$: Dodekaeder.

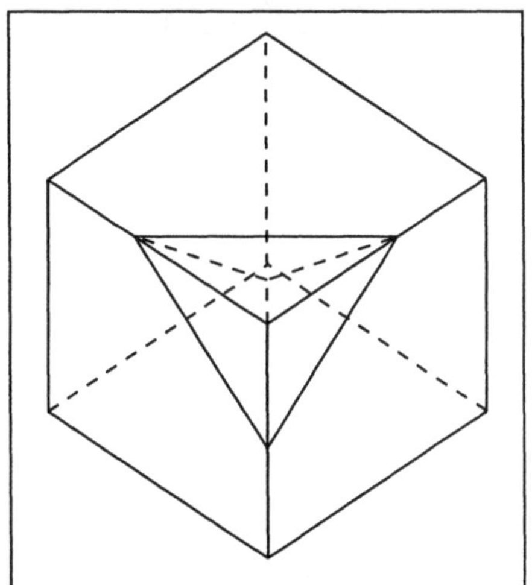

Bild 12.2: Tetraeder

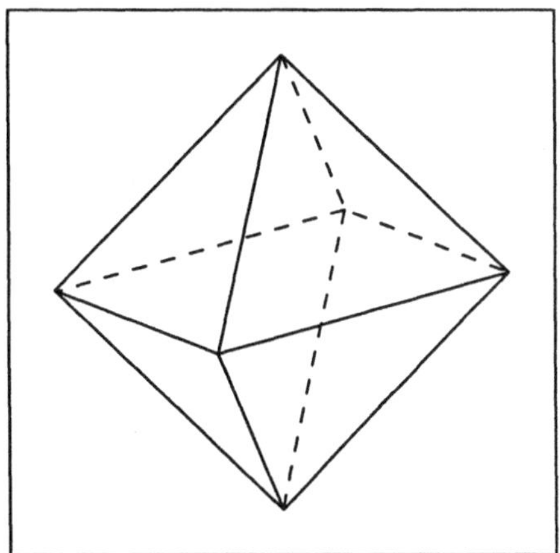

Bild 12.3: Oktaeder

Diese regelmäßigen Polyeder haben wir aber bereits angegeben. Wir überlegen uns zusätzlich, daß prinzipiell andere Körper nicht existieren. Unsere Polyeder sind deswegen so wichtig für die Konstruktion am Bildschirm, weil eine Vielzahl von komplizierteren Körpern direkt mit ihrer Hilfe konstruiert werden kann.

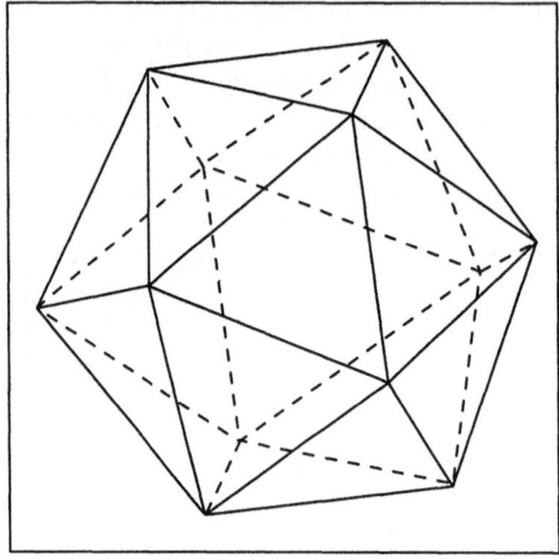

Bild 12.4: Ikosaeder

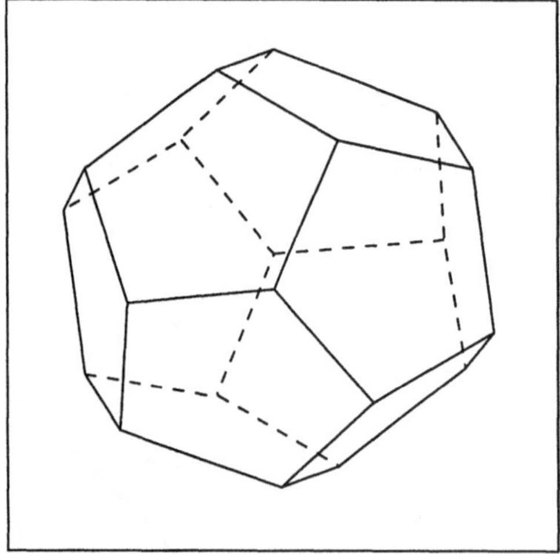

Bild 12.5: Dodekaeder

Wir wollen aus diesem Grund noch mögliche Koordinatendarstellungen und Konstruktionshinweise geben. Ein Würfel mit der Kantenlänge 2 hat als Ecken die Koordinaten $(\pm 1, \pm 1, \pm 1)$, ein Tetraeder mit den Ecken $(0,0,0), (0,1,1), (1,0,1)$ und $(1,1,0)$ und der Kantenlänge $\sqrt{2}$ kann leicht eingeschrieben werden (vgl. Bild 12.2). Das gleiche gilt für ein Oktaeder mit den Ecken $(\pm 1, 0, 0), (0, \pm 1, 0)$ und $(0, 0, \pm 1)$.

Ein wenig komplizierter ist die Konstruktion eines Dodekaeders. Seien

$$\tau := \frac{1 + \sqrt{5}}{2} \quad \text{und}$$

$$u := \frac{1}{\tau} = -\frac{1 - \sqrt{5}}{2}$$

die bekannten Größen des goldenen Schnittes. Wir schneiden dann nach Coxeter den Würfel $(\pm 1, \pm 1, \pm 1)$ mit den drei Rechtecken $(0, \pm u, \pm \tau)$, $(\pm \tau, 0, \pm u)$ und $(\pm u, \pm \tau, 0)$. Sodann verbinden wir jeweils die kürzere Seite der Rechtecke mit zwei benachbarten Würfelecken im Abstand von $2u$ und dieselben Ecken mit einer dazwischenliegenden Rechteckecke im selben Abstand. So erhalten wir für jede der zwölf Würfelkanten ein, für jede kurze Rechteckseite zwei regelmäßige Fünfecke, die den gesuchten Körper ergeben. Die Kanten werden allerdings doppelt gezeichnet.

Ähnlich können wir im Falle des Ikosaeders vorgehen. Hier legen wir drei Rechtecke in die Koordinatenebenen mit den Ecken $(0, \pm \tau, \pm 1)$, $(\pm 1, 0, \pm \tau)$ und $(\pm \tau, \pm 1, 0)$ und verbinden jede kurze Seite mit einer im Abstand zwei liegenden anderen Ecke. So erhalten wir zwölf gleichseitige Dreiecke. Die fehlenden acht ergeben sich automatisch. Unsere Bilder 12.3 – 12.5 zeigen die drei Körper in einer speziellen Axonometrie. Mit den schon früher diskutierten Transformationen können sie um eine beliebige Achse gedreht werden. Pascal–Programme zur Erzeugung der fünf Platonischen Körper befinden sich in [30].

12.3 Boolesche Operationen mit Polygonen und Polyedern

Seien zwei Polygone A und B gegeben mit Rändern ∂A und ∂B, die so durchlaufen seien, daß die Innengebiete links liegen. Wir wollen den Rand von $A \cup B$, $A \cap B$ und $A - B$ ermitteln. Dazu parametrisieren wir die Ränder von A und B über dem Parameterintervall $[0, 1]$. Haben die Ränder von A und B keine Schnittpunkte oder gemeinsame Kanten, so ist eine Sonderbehandlung erforderlich.

Sodann tragen wir die zu den Schnittpunkten gehörigen Randsegmente in zwei zu A und B gehörige Listen ein. Zur Bestimmung des Randes von $A \cup B$ starten wir in einem Punkt des Randes von A im ersten Randsegment, der nicht zum Rand von B gehören möge. Wir durchlaufen abwechselnd Randsemente von A und B in der jeweiligen Durchlaufrichtung, bis wir wieder in den Ausgangspunkt zurückgelangen. Gibt es dann Schnittpunkte, die noch nicht durchlaufen sind, so beginnen wir in einem zugehörigen Punkt eines neuen Randstücks und fahren wie zu Beginn fort, bis keine Schnittpunkte mehr übrig sind.

Weiter sind noch die beiden Fälle $A \cap B = \emptyset$ und $A \subseteq B$ zu beachten. Einmal sind beide Ränder, zum anderen nur der von B zu zeichnen. Gemeinsame Randsegmente von A und B werden bis auf die Endpunkte außer acht gelassen.

Für die Operation der Differenz $A \backslash B$ wenden wir einen ähnlichen Algorithmus an, zeichnen jedoch die Segmente von B entgegen dem Durchlaufsinn. Bei Schnittoperation beginnen wir in einem Punkt von ∂A, der in B liegt, und verfolgen abwechselnd Segmente von ∂B und ∂A, die jeweils wieder in A oder B liegen müssen.

Gemeinsame Randsegmente können jedoch bei Schnitten zu niedrigerdimensionalen Teilmengen wie Kanten führen, die nur durch eine Regularisierung zu verhindern sind, indem wir verlangen, daß auf mindestens einer Seite der Kante andere Punkte des Schnittes liegen. Bei der Implementierung der Algo-

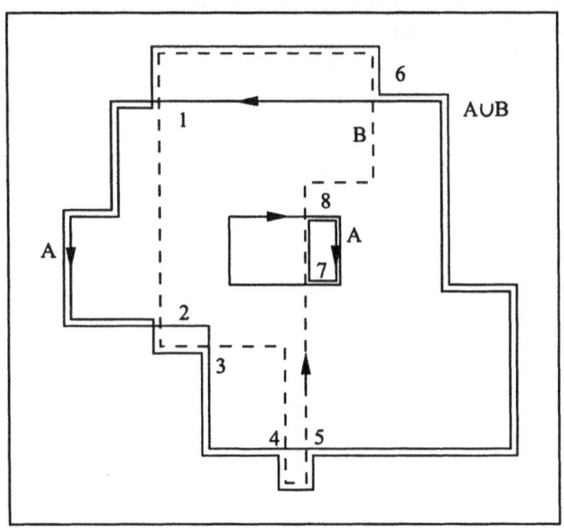

Bild 12.6: Bestimmung des Randes von $A \cap B$

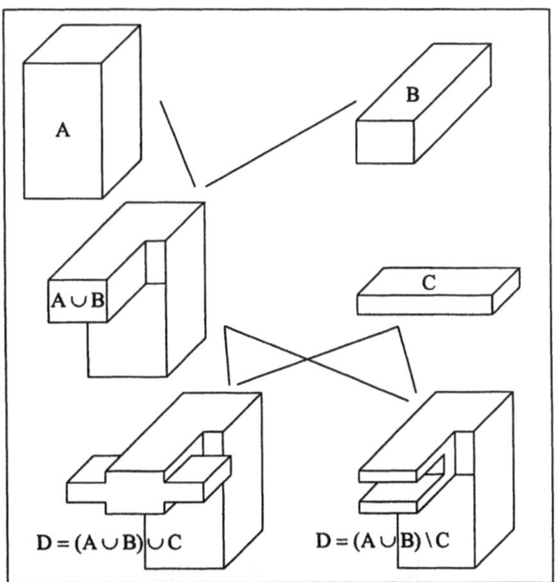

Bild 12.7: Binärer Konstruktionsbaum

rithmen kommen die Routinen zur Schnittpunktberechnung zweier Geraden, zur Bestimmung der Zugehörigkeit eines Punktes zu einem Polygongebiet und zum Linienzeichnen zum Zuge. Eine genauere Betrachtung ist im Buch von Mortensen [166] angegeben.

Ist ein 3D-Objekt C darstellbar durch Boolesche Operationen mit zwei oder mehr einfacheren Objekten $A, B, \ldots$, so sprechen wir von einem Booleschen oder CSG-Modell: $C = A \langle \text{OP} \rangle B$, $\text{OP} \in \{\cap, \cup, \backslash\}$. Als Beispiel zeigen wir in Bild 12.7 zwei Körper D, die aus $(A \cup B) \backslash C$ und $(A \cup B) \cup C$ hervorgehen. Zur Darstellung kann auch eine Adjazenzmatrix benutzt werden, in der das Element a_{ij} festlegt, ob zwischen den Punkten i und j eine Kante liegt.

Der Nachteil der CSG-Modellierung liegt darin, daß die Datenstruktur unevaluiert ist, d.h. Kanten und Ecken des durch den Baum repräsentierten Drahtgitterkörpers liegen nicht vor und müssen zu einer Visualisierung berechnet werden. Demgegenüber werden im Boundary Representation Modell (BREP) Körper durch ihre Ecken, Kanten und Flächen dargestellt und deren topologisch kombinatorischen Zusammenhänge, die in einem Relationengraph niedergelegt sind. Hier ist die Datenstruktur wesentlich komplizierter, dafür die Visualisierung erleichtert. Mögliche Relationen zwischen Flächen, Kanten und Punkten sind vielfältiger Natur: Kanten begrenzen Flächen und werden selber durch Punkte begrenzt; Flächen besitzen Eckpunkte, Kanten sind Kanten, Flächen sind Flächen und Punkten sind Punkte benachbart, wenn sie aneinanderstoßen oder durch eine gemeinsame Kante verbunden sind. Hier ergeben sich neben der bereits in Abschnitt 12.1 angegebenen Datenstruktur eine Vielzahl anderer Beschreibungsmöglichkeiten (vgl. Bild 12.8). Allerdings sollte darauf geachtet werden, die vielfältige Redundanz in den Rela-

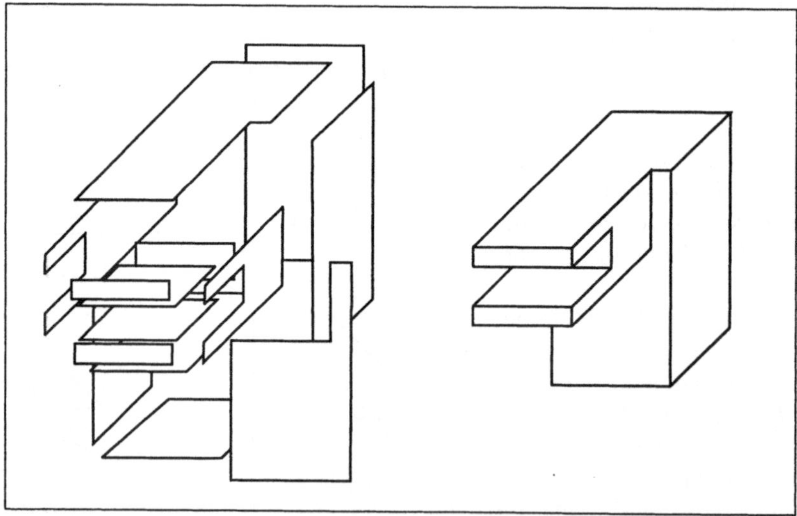

Bild 12.8: CSG-Körper und seine Oberflächen

tionenmengen durch eine geeignete Auswahl einzuschränken. Die CSG-Primitive Kugel, Würfel, Kegel, Zylinder und Torus sind in ihren lokalen Koordinatensystemen in Bild 12.9 dargestellt. Einige Systeme lassen auch Primitive in Form von Freiformflächen zu, andere arbeiten mit Halbräumen. Allerdings sollte die Geschlossenheit, homogene Dimensionalität, Orientierbarkeit der Oberflächen und Durchdringungsfreiheit (kein Sich-Selbst-Schneiden) des Körpers auf alle Fälle gesichert sein. Der CSG-Baum kann durch eine BNF-Grammatik mit folgender Regelmenge beschrieben werden:

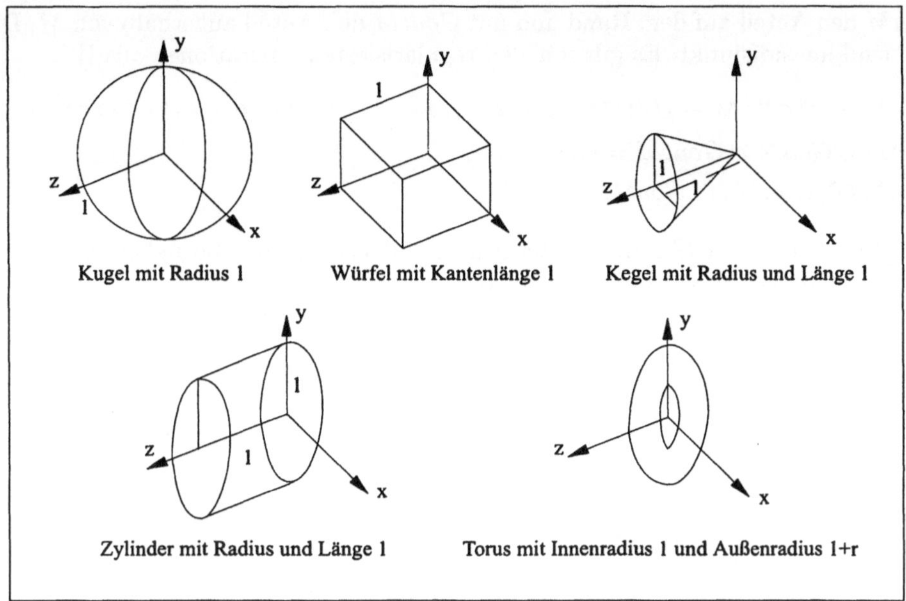

Bild 12.9: CSG–Primitive mit lokalen Koordinatensystemen

$$\langle\text{CSG–Baum}\rangle ::= \langle\text{CSG–Primitive}\rangle \mid \langle\text{CSG–Baum}\rangle \,\langle\text{OP}\rangle\, \langle\text{CSG–Baum}\rangle$$
$$\mid \langle\text{CSG–Baum}\rangle \,\langle\text{Transformation}\rangle\, \langle\text{Parameter}\rangle .$$
$$\langle\text{Primitive}\rangle ::= \text{Kugel} \mid \text{Würfel} \mid \ldots .$$
$$\langle\text{OP}\rangle ::= \cap \mid \cup \mid \setminus .$$
$$\langle\text{Transformation}\rangle ::= \text{Translation} \mid \text{Rotation} \mid \ldots .$$
$$\langle\text{Parameter}\rangle ::= \text{Matrixelemente} .$$

Um die homogene Dimensionalität zu gewährleisten, sind auch hier regularisierte Operatoren erforderlich, um die bei Schnitt– oder Differenzbildung auftretenden niedrigerdimensionalen Flächen, Kanten und Ecken zu vermeiden. Entfernen wir aus einer Menge M im $\mathbb{R}^3$ alle Randpunkte δM, so bleibt der offene Kern ιM. Nehmen wir nun wieder alle Randpunkte von ιM dazu, so ergibt sich die abgeschlossene Hülle $\kappa(\iota M)$, die Regularisierung ρM der Ausgangsmenge M, und M heißt regulär, wenn es mit ρM übereinstimmt.

Wir definieren nun den regularisierten Schnitt–, Vereinigungs– und Differenzoperator

$$Y \cap^* Z := \kappa(\iota(Y \cap Z)), \quad Y \cup^* Z := \kappa(\iota(Y \cup Z)), \quad Y \setminus^* Z := \kappa(\iota(Y \setminus Z))$$

als Bildung der herkömmlichen Mengenoperationen, Entfernung der Randpunkte und Abschlußbildung. Es können auch zunächst die Randpunkte entfernt und dann die Mengenoperationen $\cup$ und $\cap$ angewendet werden. In Bild 12.10 ist ein Beispiel für den (nicht–) regularisierten Schnittoperator angegeben. Wird nun ein CSG–Baum mit regularisierten Operationen aufgebaut, so ist das repräsentierte Objekt selbst regulär (vgl. Requicha [204]).

Für verschiedene Anwendungen ist es nun notwendig, zu entscheiden, ob sich zwei Mengen M und G schneiden, und welcher Teil von G zum Inneren, zum Rand oder zum Äußeren αM von M gehört. M sei dabei regulär in einer Referenzmenge $W = \mathbb{R}^3$ und N regulär in $W' = \mathbb{R}^k, k \leq 3$. Hierzu hat Tilove [235] eine „Membership Classification Function" (MCF) angeben, die mit $GinM$ den Anteil von G im offenen Kern ιM angibt, mit $GonM$ den Anteil auf dem Rand und mit $GoutM$ den Anteil außerhalb von M. Diese Mengen sind quasidisjunkt: Es gilt mit den regularisierten Operationen aus W':

$$GinM := G \cap^{*'} \iota M = \kappa' \iota'(G \cap \iota M), \quad GonM := G \cap^{*'} \delta M, \quad GoutM := G \cap^{*'} \alpha M,$$

$$GinM \cup GonM \cup GoutM = G,$$

$$GinM \cap^{*'} GonM \cap^{*'} GoutM = \emptyset.$$

Beim Ray-Tracing ist G z.B. eine Strecke: der Sehstrahl, der bezüglich eines dreidimensionalen Objekts klassifiziert werden soll.

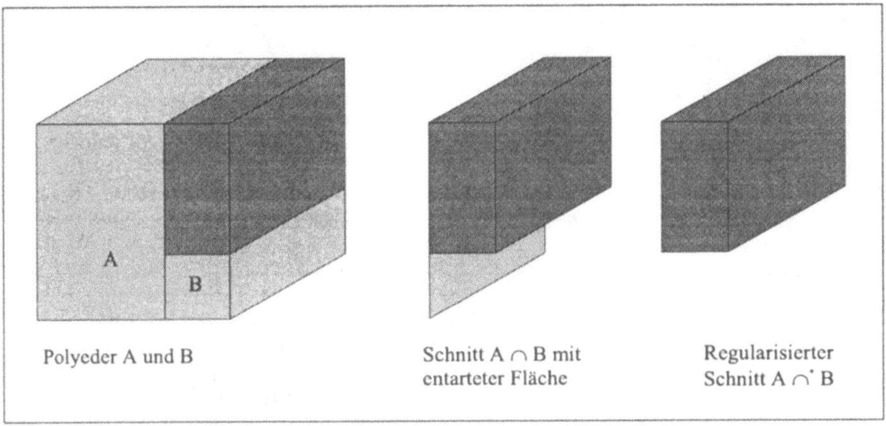

Bild 12.10: Schnitt von zwei CSG–Primitiven

Nunmehr können wir einen Algorithmus zur Klassifizierung der Kandidatenmenge G bezüglich einer durch einen CSG–Baum dargestellten Referenzmenge M angeben:
Klassifizierung $MCF(G, M)$:
Falls M Primitive dann $MCF(G, M)$
    ansonsten
    Setze_gemäß_Operator_zusammen
        $(MCF(G, \text{linker\_Teilbaum\_von\_}M), MCF(G, \text{rechter\_Teilbaum\_von\_}M), \langle OP \rangle)$;
Unser Bild 12.11 zeigt an einem Beispiel die Problematik der Klassifizierung $GonM$ beim Schnitt $A \cap B$.
Aus der Klassifizierung des Strahls g bezüglich der Mengen A und B allein ist es nicht möglich, sie bezüglich des Schnittes zu klassifizieren. Sind zwei Segmente als „on" erkannt, so müssen wir wissen, welche Punkte der Menge M in der Nähe des Schnitts der Segmente liegen. Dazu führen wir durch offene Kugeln $K(\mathbf{P}; r)$ mit dem Radius r um den Punkt $\mathbf{P}$ auf M induzierte reguläre offene Nachbarschaften $N(\mathbf{P}, M; r) := K(\mathbf{P}; r) \cap^* M$ ein. Es ist für $M := A \langle OP \rangle B$ dann $N(\mathbf{P}, M; r) = N(\mathbf{P}, A; r) \langle OP \rangle N(\mathbf{P}, B; r)$, und ein Punkt $\mathbf{P}$ liegt auf dem Rand von M, wenn jede reguläre Nachbarschaft von $\mathbf{P}$ weder voll noch leer ist (vgl. Bild 12.11). Genauer weist die erweiterte Nachbarschaftsfunktion $N^*(G', M)(\mathbf{P}; r)$ jeder bezüglich W' regulären Menge G' aus G eine Teilmenge von $\kappa K(\mathbf{P}; r)$ zu, die für $r \sim 0$ fast überall der Nachbarschaft $N(\mathbf{P}, M; r)$ entspricht. Mit Hilfe dieser erweiterten Nachbarschaftsfunktion können nun die on/on-Zweideutigkeiten der „Setze_gemäß_Operator_zusammen"–Funktion beseitigt werden.

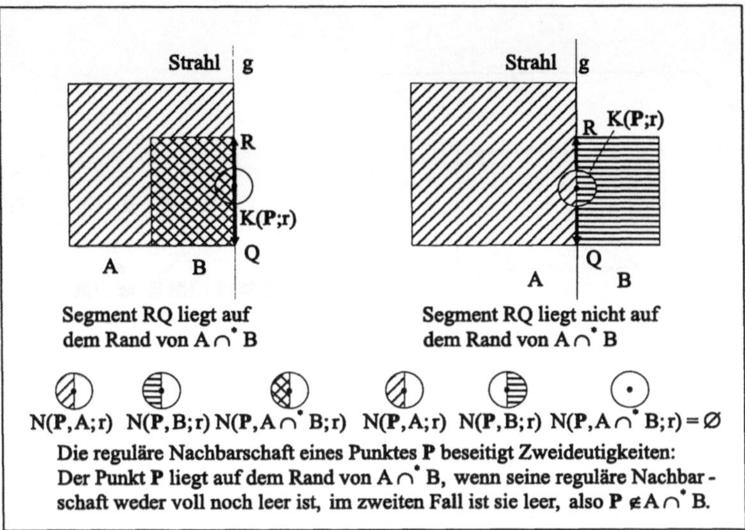

Bild 12.11: Erweiterte Klassifizierung

Zur Implementierung der Funktion werden im Falle $W = W' = \mathbb{R}^3$ die Normalenvektoren benötigt, im Fall $W' = \mathbb{R}$ und G Strecke reicht es, die Nachbarschaften im Mittelpunkt der Segmente $GonM$ zu betrachten. Die erweiterten Nachbarschaftsfunktionen $N^*(GonA \cap^{*\prime} GonB, M)(\mathbf{P}; r)$ können dann mit Hilfe vom $N^*(GonA \cap^{*\prime} GonB, A)(\mathbf{P}; r)$ $\langle OP \rangle N^*(GonA \cap^{*\prime} GonB, B)(\mathbf{P}; r)$ berechnet werden. Eine genauere Untersuchung befindet sich mit Beispielen in Chalupka [51].

Eine andere Methode benutzt Octrees, bei denen ein Würfel sukzessive durch binäre Koordinatenteilung in acht, vierundsechzig, ... Teilwürfel unterteilt wird. Bei der ersten Teilung können die unteren vier Teilwürfel je nach Himmelsrichtung SW, SO, NW, NO mit $1, \ldots, 4$, die oberen mit $5, \ldots, 8$ durchnumeriert werden.

Octrees können bei den verschiedensten Aufgaben der Computergraphik eingesetzt werden, zur Evaluierung von CSG–Modellen und zur Verringerung der Berechnungszeit der Schnittpunkte beim Ray–Tracing und der Formfaktoren beim Radiosity–Verfahren durch eine Zerlegung und Hierarchisierung der Szene.

Die Datenstruktur des Octrees kann auch zur Reduktion der Anzahl der verwendeten Farben eines Pixelbildes, dessen Farbhistogramm vorliegt, verwendet werden. Dazu zerlegen wir den RGB–Raum mit den Koordinaten $[0, 1] \times [0, 1] \times [0, 1]$ sukzessive in acht Teilwürfel und notieren in den Blättern die Anzahl der Pixel mit Farbwerten aus dem Teilwürfel. Solange noch verschiedene Farbwerte in einem Blatt stehen, wird dieses weiter unterteilt. Sind nun mehr Blätter vorhanden als die gewünschte neue Farbanzahl, so werden die Geschwisterknoten eines Elternteiles verschmolzen, die die geringste Anzahl an Pixeln enthalten, und im Elternknoten die Gesamtanzahl der Pixel mit dem Farbmittelwert oder der nächsten Farbe aus einer erwünschten Palette abgelegt. Dieses Verschmelzen wird solange fortgesetzt, bis die angestrebte Farbanzahl erreicht ist. Sodann kann jedes Pixel mit Hilfe des Octrees neu eingefärbt werden, indem wir entsprechend dem ursprünglichen RGB–Wert im reduzierten Octree von der Spitze solange nach unten laufen, bis wir in einem Blatt angelangt sind. Das Verfahren kann auch dahingehend modifiziert werden, daß wir die Reduktion schon beim Aufbau des Octrees in dem Moment vornehmen, in dem die gewünschte Farbzahl erreicht ist.

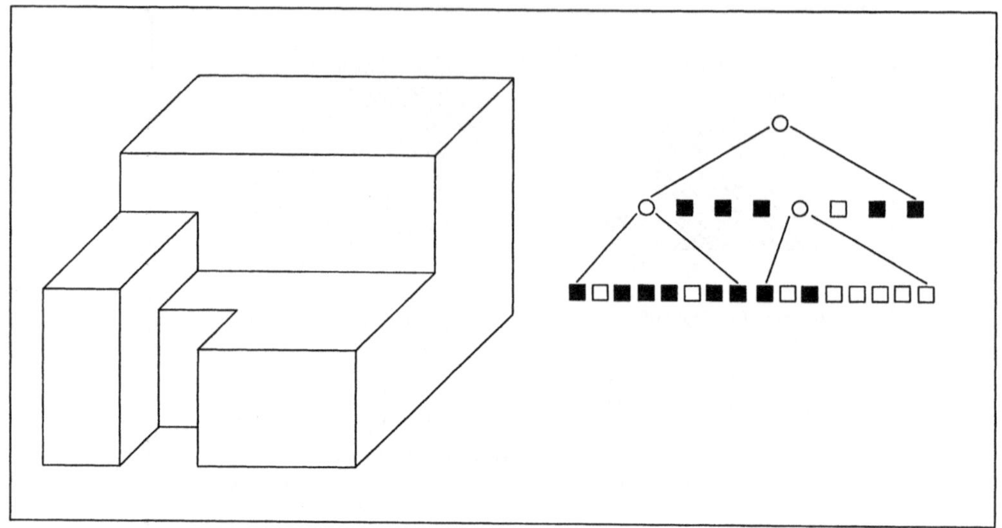

Bild 12.12: Körper als Octree

12.4 Computeranimation

Einen einfachen Ansatz, den Umriß eines Läufers und seine Bewegung aus einer Folge von Bildern heraus zu modellieren, gehen Baumberg und Hogg [22].

Sie beschränken sich auf eine 2D–Modell und generieren den Umriß durch Trennung der in Betracht kommenden Objekte vom Hintergrund. Dabei behandeln sie eine große Menge von Daten aus einer Vielzahl von Bildern einer Zeitreihe und können damit Einflüsse von Verdeckungen und Rauschen oder Fehlsegmentierungen verringern. Die Umrisse werden mit periodisch geschlossenen kubischen B–Splines dargestellt. Bild 12.13 zeigt die einzelnen Arbeitsetappen und eine Menge von typischen Umrissen, mit deren Hilfe sich ein Bewegungsablauf darstellen läßt. In einem ersten Schritt geht es darum, mittels Filterungen und Schwellwertverfahren den Hintergrund von den Objekten im Vordergrund zu trennen. Dabei wird der Läufer schwarz auf weißem Grund abgebildet. Wir gehen davon aus, daß das Objekt durch eine einfach zusammenhängende Menge von Pixeln in der Achtnachbarn–Topologie repräsentiert ist. Um die Umriß–Splinekurve zu generieren, müssen $N + 1$ $(= 40)$ Kontrollpunkte $\mathbf{P}_i = (r_i, s_i)$, $\mathbf{P}_0 = \mathbf{P}_{N+1}$, nahe an Randpunkten $\mathbf{w}_i = (x_i, y_i)$, $i = 0, \ldots, n + 1$, $\mathbf{w}_0 = \mathbf{w}_{N+1}$, gefunden werden. Dabei sollten die Randpunkte symmetrisch bezüglich des Schwerpunkts, einer Mittelachse und lokaler Extremwerte des Umrisses gewählt sein. Wir ordnen den Datenpunkten $\mathbf{w}_i$ Parameterwerte u_i so zu, daß

$$u_j = \lambda \sum_{i=1}^{j} |\mathbf{w}_i - \mathbf{w}_{i-1}|, \ u_{n+1} = N + 1,$$

und minimieren die Fehlerquadratsumme Δ zur Splinekurve

$$\mathbf{p}(u) = (p_x(u), p_y(u)) = \sum_{i=0}^{N} \mathbf{P}_i N_{i,k}(u), \ k = 4,$$

$$\Delta := \sum_{i=0}^{n} (p_x(u_i) - x_i)^2 + (p_y(u_i) - y_i)^2.$$

Dies führt auf zwei Gleichungssysteme von je $N + 1$ Gleichungen für die r_i und s_i der Form

$$\sum_{j=0}^{N} \left(\sum_{l=0}^{n} N_{i,4}(u_l) N_{j,4}(u_l) \right) r_j = \sum_{l=0}^{n} N_{i,4}(u_l) x_l, \; i = 0, ..., N.$$

Es zeigt sich, daß wir auch Parameterwerte u_i gleichen Abstands verwenden können, um Gleichungssysteme mit gleicher linker Seite zu erhalten, die dann simultan bei verschiedenen rechten Seiten gelöst werden können. Die Kontrollpunkte $(\mathbf{p}_i)$ werden in den Umrißvektor $\mathbf{x}$ mit $2N + 2$ Komponenten überführt und durch Differenzbildung mit dem Mittelwertvektor $\bar{\mathbf{x}}$ zu $\mathbf{dx} := \mathbf{x} - \bar{\mathbf{x}}$ normalisiert.

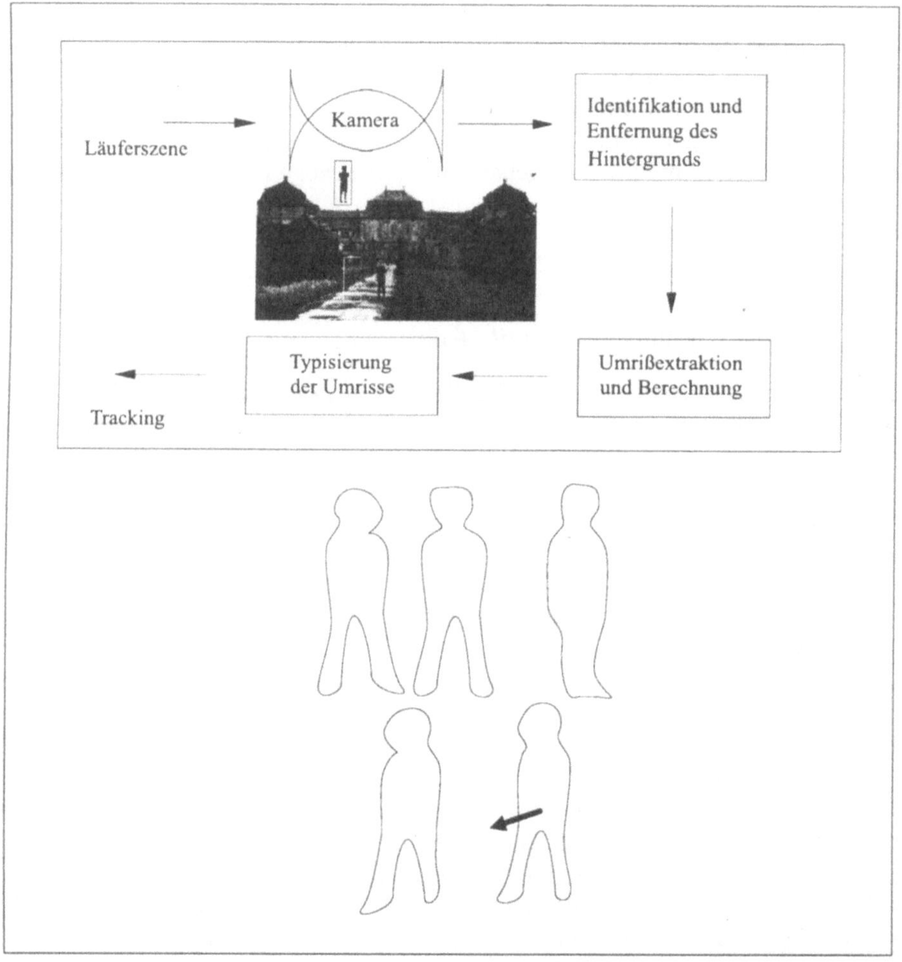

Bild 12.13: Generierung eines Bewegungsablaufes

Nunmehr nehmen wir eine Zeitreihe von Umrissen und ihren Vektoren $\mathbf{dx}(t)$ auf (z.B. 700) und erhalten dann eine Kovarianzmatrix $\mathbf{C}$ der Größe $2(N + 1) \times 2(N + 1)$

mit den Einträgen $C_{i,j} = E(\mathbf{dx}_i \cdot \mathbf{dx}_j)$ aus über der Zeit gemittelten Werten. Diese Matrix ist reell und symmetrisch, und wir können die betragsgrößten z ($= 18$) Eigenwerte $\lambda_1, ..., \lambda_z$ und die zugehörigen Eigenvektoren $\mathbf{q}_1, ..., \mathbf{q}_z$ der Länge 1 berechnen, die die z wichtigsten Umrißformen charakterisieren (vgl. Bild 12.13). Schließlich erhalten wir eine gefilterte und rauschfreie Darstellung der Umrißvektoren über dem von den Vektoren $\mathbf{q}_1, ..., \mathbf{q}_z$ aufgespannten Raum

$$\mathbf{x} = \overline{\mathbf{x}} + \sum_{i=1}^{z} \mu_i \mathbf{q}_i, \quad \mu_i := \mathbf{q}_i \cdot (\mathbf{x} - \overline{\mathbf{x}}).$$

Die extrahierten Umrisse werden nun in eine zeitliche Reihenfolge gebracht und jedem Umrißvektor ein Einheitsvektor zugeordnet, der die Richtung der Bewegung mittelt.

Einen anderen Weg geht Markau [161], der im Rahmen einer Hochschularbeit ein einfaches Programm erstellt hat, das eine dreidimensionale Drahtfigur am Bildschirm zum Laufen bringt. Dazu wird der Körper in unregelmäßige Vierflache zerlegt, und zwar in fünfzehn Körperteile wie in Bild 12.14 dargestellt: Unter- und Oberarme, Unter- und Oberschenkel, Hände, Füße, Kopf, Brust und Becken.

Die fünfundvierzig Ecken und siebenundachtzig verbindenden Kanten sind durchnumeriert und in eine Ecken- und Kantenliste aufgenommen (vgl. Bild 12.14). Die Ecken hat der Autor in abgewandelten Kugelkoordinaten bezogen auf einen Ursprung in der Mitte der Figur ausgedrückt:

$$x[i] := x[i-1] - \sin(Koerperteil_a + a[i]) \cdot r[i];$$
$$y[i] := y[i-1] - \cos(Koerperteil_a + b[i]) \cdot \cos(Koerperteil_b + c[i]) \cdot r[i];$$
$$z[i] := z[i-1] + \sin(Koerperteil_b + d[i]) \cdot r[i];$$

Der Ursprung verschiebt sich nun bei der Bewegung des Läufers. Entscheidend ist die Angabe der Winkellisten $\{Koerperteil_a, Koerperteil_b\}$ für jede Momentaufnahme im Bewegungsablauf.

Dabei sind die Winkel nach physikalischen wie ästhetischen Regeln bei jedem Körperteil zu ermitteln. Hier genügt es, Hauptphasen festzulegen und Zwischenphasen zu interpolieren. Schließlich ist noch eine geeignete Projektion auszuwählen und das Drahtmodell für jede Momentaufnahme des Phasenablaufs am Bildschirm zu zeichnen.

Zur Realisierung sollten die benötigten Werte der Winkelfunktionen in einer Tabelle abgelegt werden. Da auf Rechnern mit schwächerer Rechenleistung das Über- und Neuzeichnen der Figur wegen der umfangreichen Zwischenrechnungen kaum einen kontinuierlichen Bewegungsablauf vermittelt, könnte hier ein anderer Weg eingeschlagen werden. Durch den Drahtkörper werden nur wenige Bytes im Bildspeicher modifiziert. Daher können wir eine Bildfolge in einfacher Weise komprimieren und auf einer RAM-Disk ablegen. Dazu speichern wir statt einer Vielzahl von Bytes gleichen Wertes nur einmal den Wert und die Anzahl ab. Nach Fertigstellung wird dann die Bildfolge dekomprimiert und von der RAM-Disk schnell in den Bildschirmspeicher zurückgebracht. So ist tatsächlich, wie Experimente auf PC-Rechnern ergeben haben, ein filmartiger Phasenablauf möglich. Einen anderen Weg bietet z.B. das FLI-Format, das es erlaubt, Standbilder im TGA-Format zu filmartigen Sequenzen zusammenzufassen, die dann von einem Speichermedium geladen und mit einem FLI-Viewer sichtbar gemacht werden können.

Auf der Buch-CD befindet sich zum 3D-Läufer ein Assembler- und ein C-Programm von A. Schürhoff und K. Werner, das auf einen Standard-PC ab Intel 80386-Prozessor mit ISA-Bus und VGA-Karte lauffähig ist. Dabei werden die Daten der Figur und des

Bewegungsablaufes von Markau übernommen. Die Ausgabe der Figur auf dem Bildschirm erfolgt aber in Echtzeit mit mehr als 50 Bildern pro Sekunde, Hidden Surface–Unterdrückung und Anwendung eines einfachen Beleuchtungsmodells.

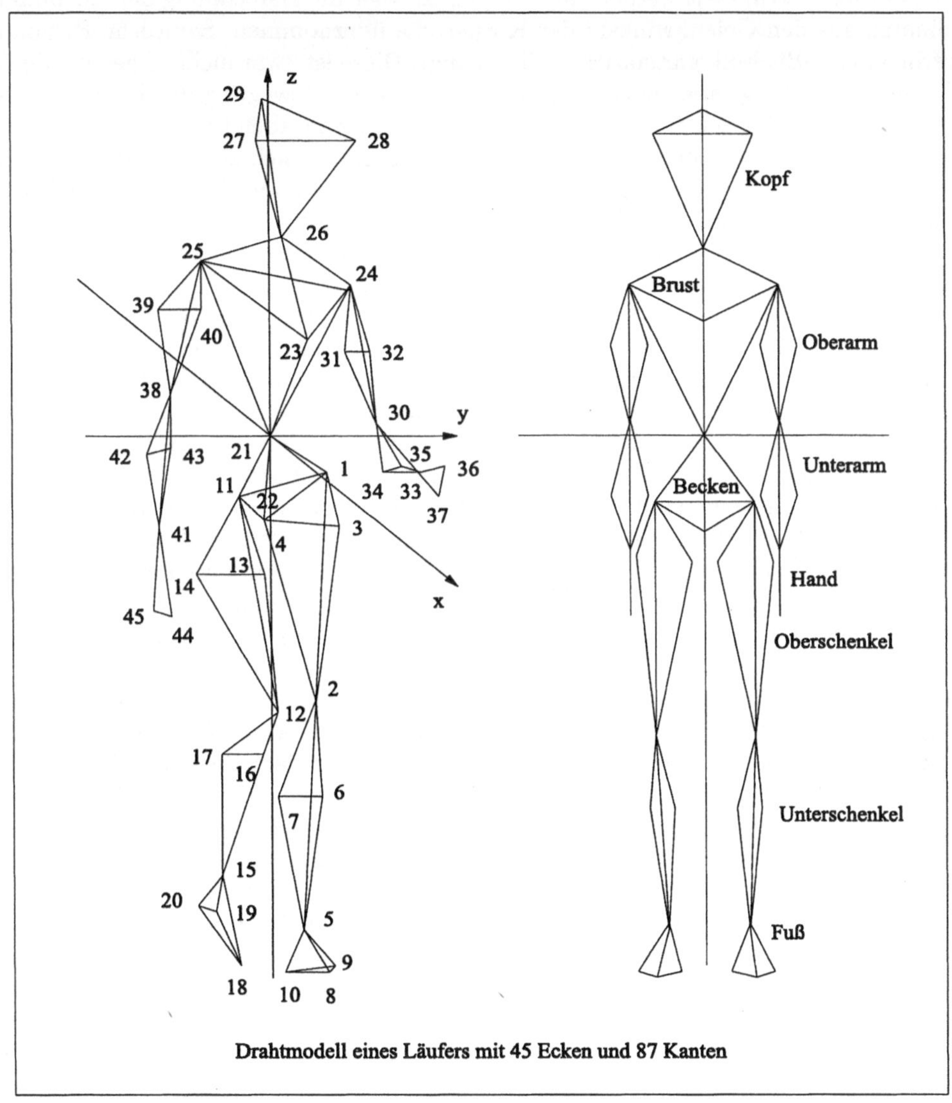

Bild 12.14: Drahtmodell eines Läufers

Grundlage für die schnellen 3D–Routinen ist natürlich eine geeignete Datenstruktur, die schnelle Berechnung und Ausgabe unterstützt. Zusätzlich zu den 45 Eckpunkten der Figur werden zwei weitere Strukturen für die 56 Dreiecke und 15 Körperteile der Figur erklärt. Diese werden alle in Arrays gespeichert, so daß sie nur noch über einen Index referenziert werden müssen. Dadurch lassen sich die Eckpunkte der Körperteile redundant, d.h. jeweils in den zugehörigen Dreiecken und jeder Eckpunkt nochmal in der Struktur selbst abspeichern, ohne daß zuviel Speicherplatz verwendet wird. Der gesonderte Zugriff auf die Eckpunkte eines Körperteils beschleunigt die Ermittlung der Entfernung desselben zum Betrachter erheblich, da die Punkte nicht einzeln aus den Dreiecken zusammengestellt werden müssen. Die Größe der Strukturen wird durch Dummy–Variablen auf ein Vielfaches einer Zweierpotenz gebracht. So können ihre Adressen durch einfache Shift–Operationen ermittelt werden. Im übrigen ist aber die Berechnung der Eckpunkt-Koordinaten aus den Gelenkwinkeln der Körperteile übernommen. Sämtliche Rechnungen werden in 32–Bit Fixkommaarithmetik erledigt. Diese ist zwar nicht so genau wie die Fließkommadarstellung, aber wesentlich schneller. Da die Bewegung der Figur im Programm bis auf Zwischenschritte fest durch Konstanten vorgegeben ist, baut kein Teil der Rechnungen so lange auf vorhergehende Ergebnisse auf, daß sich zu große Rechen– und Rundungsfehler aufschaukeln können. Eine Fließkomma–Version des Programms weist subjektiv keine Unterschiede auf. Eine weitere Beschleunigung bringt das Auslesen von Sinus und Cosinus aus vorher errechneten Tabellen. Die Wahl des geeigneten VGA–Modus fällt auf den „X–Modus“ der VGA–Karte, der von Michael Abrash in [2] beschrieben wird. Dieser Modus besitzt eine Auflösung von 320×240 Pixeln, was annähernd quadratische Pixel garantiert. Seine zwei Bildschirmseiten und die Organisation der Graphik machen ihn für schnelle Animation interessant. Grundsätzlich speichert ein Byte die Farbe eines Pixels, wodurch zeitaufwendige Ausmaskierungsoperationen unnötig werden. Durch die Aufteilung des Bildschirmes in vier „Latches“, die virtuell an derselben Adresse liegen, ist es möglich, mit einem Zugriff bis zu vier Pixel zu setzen. Die Latches sind so angeordnet, daß diese vier Pixel nebeneinander liegen, so daß schnelles Ziehen von horizontalen Linien gewährleistet ist. In der Tat nutzt die einzige Graphikroutine des Programms, die einfach nur ein Dreieck zeichnet, genau das aus. Es werden alle linken und rechten Randpunkte des Dreiecks in zwei Arrays im Hauptspeicher berechnet, und dann das Dreieck mit horizontalen Linien ausgefüllt. Die Werte für die Endpunkte erhalten wir ähnlich wie beim Scanlinienfüllen (vgl. Kapitel 3). Wir verbinden die Eckpunkte des Dreiecks durch den „Run–Length“–Algorithmus von M. Abrash, zeichnen aber die Geraden nicht, sondern legen nur die x–Werte an den entsprechenden y–Stellen im Array ab. Dieser Algorithmus zum Linienziehen beruht im wesentlichen darauf, vor dem Zeichnen die Steigung der Gerade in der Form $1/r$ zu bestimmen, wobei dann der ganzzahlige Anteil von r die minimale Länge eines „Runs“ ist, der in der Vertikalen aufsteigend für jedes Pixel horizontal gezeichnet werden muß. Im Falle $r < 1$ werden die x– und y–Achse vertauscht. Bevor wir ein Dreieck des Läufers überhaupt füllen, wird der Normalenvektor der Ebene, die durch die drei Eckpunkte bestimmt ist, berechnet. Zeigt dieser vom Betrachter weg, so wird dieses Dreieck von den anderen Dreiecken des Körperteils verdeckt, und braucht nicht behandelt zu werden. Andernfalls wird über den Winkel des Normalenvektors zum Betrachter die Farbe des Dreiecks bestimmt. Da es sich bei den Gliedmaßen um konvexe Körper handelt, ist diese Methodik für einen Körperteil hinreichend. Die Gliedmaßen selbst, bzw. ein Array von Zeigern auf sie, werden nach den z–Koordinaten sortiert und dann von hinten nach vorne gezeichnet, d.h. verdeckte Teile von Gliedmaßen werden einfach übermalt. Das ist selbstverständlich nur eine grobe Beschreibung, die aber ein gutes Licht darauf wirft, wo Ansätze zur Optimierung von Graphikroutinen zu finden sind. Ein Profiler leistet ebenfalls gute Dienste und zeigt, daß immer noch über die Hälfte der Laufzeit für das Zeichnen der Dreiecke gebraucht wird. Entscheidend für die Anzahl der Bilder pro Sekunde ist die Transferleistung des Busses zur VGA–Karte.

Das einfache Drahtmodell eines Läufers kann nun in vielfältiger Weise verbessert und weiterentwickelt werden [16, 65, 95, 233]:

- Die Gliedmaßen können durch feinere Netze wirklichkeitsgetreuer modelliert und
- die Oberflächenstruktur kann auf vielfältige Weise realistisch gestaltet werden.

- Die Darstellungen von Haut, Haaren und Kleidungsstücken stellen weitere Hauptaufgaben dar,
- die Bewegungsabläufe sind durch physikalisch sinnvolle Bahnkurven zu beschreiben.

Gerade die letzte Aufgabe hat in der letzten Zeit sehr an Wichtigkeit gewonnen, da sie eng mit der Lösung von Simulationsproblemen von Robotern, deren Struktur durch Vorgabe in Gelenken beweglicher Gliedmaßen beschrieben wird, zusammenhängt. Ist nun ein Auftrag zu erfüllen, wie das Greifen nach einem Gegenstand, so muß die Hand von einem Anfangspunkt A zu einem Endpunkt B bewegt werden. Diese Bewegung kann zunächst durch Streckung des Arms, also durch Änderung der Winkel zwischen den Teilen des Arms, ermöglicht werden, benötigt aber bei weiteren Entfernungen eine zusätzliche Beugung des Oberkörpers oder sogar einen oder mehrere Schritte in die Richtung von B, wobei die gesamte Figur nicht aus dem Gleichgewicht geraten darf und die entsprechende Bewegung „harmonisch" sein soll. Letztere Vorgabe muß näher präzisiert werden. Kriterien, die zum Beispiel eine möglichst geringe Änderung der Summe der Gelenkwinkel fordern oder voraussetzen, daß zwischen der Bewegung von Füßen eine feste Phasenverschiebung herrscht und der Schwerpunkt der Figur sich sinnvoll bewegt, sind leicht einsichtig.

12.5   Datenformate zur Animation

Zur Darstellung von Animationen am Bildschirm sind effektive Dateiformate vonnöten. Dabei kommt es auf zwei Gesichtspunkte an. Um eine ruckfreie Wiedergabe zu erlauben, sollten mindestens 50 Bilder pro Sekunde angezeigt werden. Selbst wenn wir eine Interlace–Technik anwenden, reduziert das die Anzeigerate nur auf 25 Halbbilder. Haben wir ein Pixelbild von 512×256 Pixeln und 4096 Farben, so bedeutet das einen Datentransfer von 4.7 Megabyte pro Sekunde. Da Speichermedien mit akzeptabler Zugriffszeit auf eine Größe von 1–2 Gigabyte begrenzt sind, ist eine Komprimierung der Bilder absolut erforderlich. Soll eine Echtzeit–Kompression und Dekompression erfolgen, geht diese nicht ohne aufwendige Hardwareunterstützung mit leistungsfähigen standardisierten Verfahren. Eine erste Idee zur Beschleunigung und sorgsamen Verwendung der Ressourcen ist es, nach einer vollständigen Ablage des ersten Bildes in kodierter Form nur noch die Differenz aufeinanderfolgender Bilder abzuspeichern, da oftmals ganze Bildteile unverändert bleiben. Ein einfaches RLE–Kompressionsverfahren bringt dann schon erhebliche Speicherplatzersparnis.

So beginnt das von AutoDesk zu Beginn der neunziger Jahre verwendete FLI–Format [35, 146] zunächst mit einem 128 Byte großen Header, in dem die technischen Details wie Dateigröße, Dateikennzeichnung, Anzahl der Bilder, Breite, Höhe und Farbtiefe der Animation sowie die Verweilzeit zwischen den einzelnen Bildern abgelegt sind. Die maximale Bildgröße ist auf 320×200 Pixel festgelegt. Sodann folgen die Daten der einzelnen Bilder mit jeweils der Farbpaletteninformation und den Bildpunktwerten, die in Datenstrukturen verschiedenen Typs abgelegt werden. Auch die Daten der einzelnen Bilder beginnen wieder mit einem Header, der Größe und Anzahl der Chunks (wörtlich „Klötze") beschreibt. Jeder der fünf verschiedenen Chunktypen besteht aus Steuerinformation und Daten, die die Farbinformationen mit 64 Werten nach getrennten Farbanteilen Rot, Grün und Blau, eine Zeilen- oder RLE–Komprimierung und ein leeres oder ein unkomprimiertes Bild (FLI–Copy Format) betreffen. Auch jeder Chunk beginnt wieder mit einer

Headerinformation betreffend seine Länge und seinen Typ. Im Farbchunk können Farbregisterwerte neu definiert oder durch Überspringen beibehalten werden. Es ist nur eine Palette von 64 RGB–Werten zugelassen, Bilder mit 256 Farben werden heruntertransformiert. Der Delta–FLI–Chunk mit Linienkodierung beginnt mit der Nummer der ersten Zeile, in der eine Veränderung zum vorhergehenden Bildschirm besteht, alle vorhergehenden bleiben unverändert. Folgt auf den Header nichts, so bleibt das Bild gleich. Sodann folgt die Zahl der zu verändernden Zeilen. Jede Zeile besteht wieder aus Paketen, deren Anzahl zu Beginn kodiert wird. Im Kopf eines Pakets wird im Zahlbyte die Anzahl der zu überspringenden Pixel angegeben, sodann die Anzahl m der neu zu kopierenden. Diese sind direkt danach abgelegt. Liegt die Zahl m allerdings zwischen 128 und 256, so wird das folgende Datenbyte $(256-m)$–mal kodiert. Erweist sich die Kompressionsmethode als ineffektiv, so wird das Bild im FLI–Copy–Format abgelegt. Für das Startbild verwendet AutoDesk eine einfache RLE–Codierung, die ähnlich schon in Kapitel 2 erläutert wurde. Die Bedeutung des Zahlbytes ist hier jedoch genau umgekehrt wie bei der Zeilencodierung. Das letzte Bild definiert schließlich einen „Ringbildschirm", der die Differenz zum Startbild enthält. So kann eine Animation mehrfach abgespielt werden. Zum FLI–Format ist inzwischen das leistungsfähigere FLC–Format getreten, das auch größere Bildformate und Farbtiefen zuläßt. Auf der Buch–CD befindet sich ein FLI–Viewer von H. Jopen, der in Borland–Pascal realisiert ist.

Einen Schritt weiter geht das Resource Interchange File Format (RIFF) von Microsoft, das zum Abspeichern von Multimedia–Ressourcen in AVI (Audio Video Interleaved)–Dateien dient, die aus Klängen, MIDI–Informationen, Animationen und Videos bestehen. MIDI ist die Abkürzung für Musical Instruments Digital Interface und definiert eine Schnittstelle zur Koppelung von Musikinstrumenten miteinander oder mit dem Computer. Über diese Schnittstelle werden Steuerdaten ausgetauscht.

Die RIFF–Dateien bestehen wiederum aus Chunks und Unterchunks. Ein Header enthält den Namen, z.B. RIFF, gefolgt von der Längenangabe und den Daten selbst, die mit dem Formtyp, z.B. AVI, beginnen. Kleine Buchstaben werden für die Identifikation von Unterchunks benutzt. Die folgenden Daten haben Listen– oder Indexform. Dabei sind Bild und Ton in verschiedenen Streams abgelegt, deren Struktur wiederum in speziellen Headern festgelegt ist. Um Bild und Ton gemeinsam laden zu können, sind sie oft in Unterchunks verschachtelt abgespeichert. Die genaue Struktur– und Konstantendefinitionen der AVI–Dateien sind in dem Beitrag J. Pöpsel [199] dargestellt. RIFF–Strukturen können mit Analyseprogrammen entschlüsselt und die Daten in lesbarer Form ausgegeben werden. Während beim FLI–Format nur einfache Kompressionsverfahren eingesetzt sind, dürfen Bilder einer AVI–Datei andere herstellerspezifische Kompressoren verwenden, wozu auch das JPEG der Joint Photographic Experts Group und das MPEG der Motion Pictures Experts Group gehören.

Wir wollen hier kurz die Grundlagen von JPEG skizzieren, die in Wallace [241] dargestellt sind. Ein ausführliches Beispiel wird in Gonzalez und Woods [103] behandelt. Teil 1 des dreiteiligen Standards basiert auf der Diskreten Cosinustransformation. Wir erläutern die Schritte, die auch auf verschiedenen Video–Spezialchips implementiert werden. Ausgehend von einem RGB–Bild mit 24 Bit Farbtiefe werden die Werte zunächst in das Luminanz–Chrominanz YUV–Modell umgerechnet, da die Farbkomponenten eine höhere Datenverdichtung erlauben. Dies geschieht mit der Abbildung

$$\begin{pmatrix} Y \\ U \\ V \end{pmatrix} = \begin{pmatrix} 0.299 & 0.587 & 0.114 \\ -0.169 & -0.331 & 0.5 \\ 0.5 & -0.4186 & -0.0814 \end{pmatrix} \begin{pmatrix} R \\ G \\ B \end{pmatrix}.$$

Die Werte für Y, U, V werden in Integerzahlen umgesetzt. Dabei kann für die Helligkeit eine feinere Abtastung als für die Farbanteile vorgenommen werden, da das Auge Helligkeitsunterschiede besser als Farbunterschiede wahrnimmt. Eine 2:1:1 Abtastung reduziert die Datenmenge. Der nächste Schritt besteht aus einer zweidimensionalen diskreten Cosinustransformation (vgl. Kapitel 7), die auf 8×8–Unterblöcke des Pixelbildes angewendet wird:

$$F(u,v) = \frac{1}{4}c(u)c(v) \sum_{x=0}^{7} \sum_{y=0}^{7} f(x,y) \cos \frac{(2x+1)u\pi}{16} \cos \frac{(2y+1)v\pi}{16},$$

$$c(u), c(v) = \begin{cases} \dfrac{1}{\sqrt{2}}, & u = v = 0, \\ 1, & u, v > 0. \end{cases}$$

Die Rücktransformation sieht genauso aus.

Nach einer Gewichtung mit einer dem Auge angepaßten psychovisuellen Funktion werden die Einträge $F(u,v)$ gerundet und in eine Tafel eingetragen. Dabei stellt $F(0,0)$ einen DC–Mittelwert dar, die anderen 63 Einträge werden AC–Koeffizienten genannt. Während schon das 2:1:1 Subsampling verlustbehaftet ist, tritt bei der Cosinustransformation dadurch ein weiterer Verlust auf, daß wir nach einer genau zu spezifizierenden Vorschrift runden und dabei betragsmäßig kleine Einträge zu Null setzen. Diese Quantisierung ist der eigentliche verlustbehaftet Prozeß im JPEG–Algorithmus, führt jedoch zu erheblicher Datenreduktion.

Sodann werden die AC–Tafeleinträge mit einem Zick–Zack–Durchlauf in eine Folge überführt:

$$F(0,1), F(1,0), F(2,0), F(1,1), F(0,2), F(0,3), \ldots \to ZZ(1), \ldots ZZ(63)$$

Es folgt eine differentielle Kodierung der DC–Koeffizienten und eine Darstellung der AC–Folge als R/S–Elemente, bestehend abwechselnd aus einer Anzahl von Nulleinträgen R und z.B. logarithmischen Kodierung des Datenbytes S nach einer kombinierten Tafel, gefolgt von den niederwertigen Bits und einem Begrenzer.

Im letzten Schritt kann dann noch eine Einpaß–Huffmankodierung mit einer Standardtabelle oder aber eine Zweipaß–Kodierung erfolgen, die in einem ersten Durchgang eine Statistik der vorkommenden Folgen für ein Bild oder eine Gruppe von Bildern erstellt, einen Codebaum herleitet und dann die Kompression in einem zweiten Durchgang vornimmt. Zwischenlösungen sind dabei durchaus denkbar. Je nach Grobheit der Quantisierung und Güte der abschließenden Huffman–Kompression sind ohne erkennbaren Verlust Kompressionsraten bis zu 1:25 möglich. Zur Dekodierung sind alle Schritte rückwärts zu durchlaufen.

In einem zweiten Teil des JPEG–Standards sind effizientere, aber auch aufwendigere Kompressionsverfahren und ein progressiv verfeinerter Aufbau des Bildes vorgesehen. Teil 3 befaßt sich mit Alternativen zur Diskreten Cosinustransformation, wie z.B. die Wavelettransformation.

Im Gegensatz zur JPEG–Kompression, die für Einzelbilder entwickelt wurde, betrifft das MPEG–Verfahren vor allem bewegte Bilder, bei denen nur Änderungen zwischen aufeinanderfolgenden Bildern gespeichert werden. Dabei wird der oft statische Hintergrund nur einmal abgespeichert.

MPEG soll neben einer starken Kompression

- schnelle Zugriffszeiten ermöglichen,

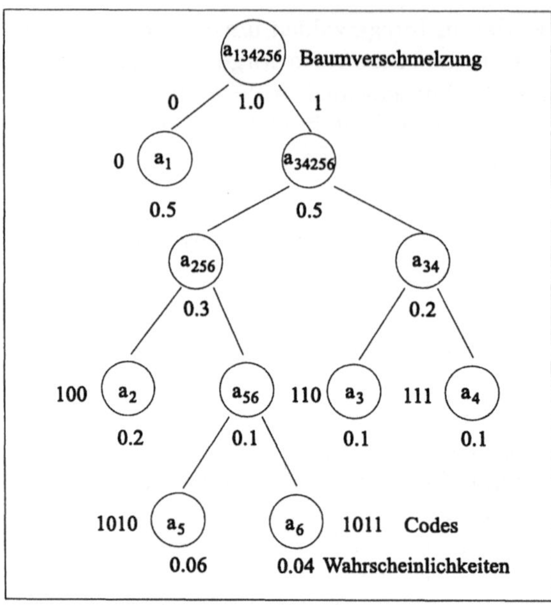

Bild 12.15: Beispiel zur Huffmann–Codierung

- einen wahlfreien Zugang auf jedes Bild der Videosequenz sicherstellen,
- eine schnelle Vor– und Rückwärtssuche ermöglichen,
- die Synchronisation von Ton und Bild sicherstellen,
- eine Wiedergabe im Rückwärtsmodus ohne große Einbußen vorsehen,
- das Bildformat an das Ausgabefenster anpassen,
- eine Echtzeitkodierung unterstützen und
- ein Editieren des Datenstroms ermöglichen.

Im ersten Arbeitsschritt konvertiert MPEG das Ausgangsformat ähnlich wie JPEG in das YUV–Format. Dabei wird wiederum das Subsampling–Verfahren angewendet und der Helligkeitsbereich halbiert, der Wertebereich der Farbfaktoren geviertelt. Mindestens wird jedoch VHS–Qualität erreicht.

Das MPEG–Verfahren unterscheidet drei Arten von Bildern, Intra–Bilder, die nach der JPEG–Methode komplett gespeichert werden, Vorhersage–Bilder, bei denen für 16×16–Unterblöcke aus einer Schätzung der Bewegungstransformation ein approximatives Bild berechnet und nur noch das Differenzbild abgespeichert wird, und bidirektional interpolierte Bilder, die Referenzen in beiden Richtungen verwenden und für den Reversemodus von Wichtigkeit sind.

Der Ablauf stellt sich dann folgendermaßen dar: Zunächst werden zwei Intrabilder übertragen. Daraufhin wird ein Mittelbild durch Bewegungsabschätzung vorhergesagt und die Differenz zum wahren Bild gespeichert. Anschließend werden zwischen Intra– und Mittelbild je zwei bidirektionale Bilder errechnet.

Das vorgestellte Verfahren beruht im wesentlichen auf einer Hardwarelösung: nur die Dekodierung ist softwaremäßig realisierbar. Insgesamt sind jedoch die Anforderungen an die Rechnerausstattung hoch. Inzwischen ist der Standard zu MPEG 2 und 4 weiterentwickelt.

12.6 Morphing

In Film und Werbung werden in der letzten Zeit immer häufiger sogenannte Morphing-effekte eingesetzt. Dabei wird ein Ausgangsbild mittels einer rasch aufeinanderfolgenden Zwischensequenz von Bildern derart in ein Zielbild überführt, daß die Übergänge der Bildinhalte fließend in Form und Farbe stattfinden. Damit sind Verwandlungen von menschlichen in tierische Wesen wie Prinz in Frosch, aber auch von Landschaftsszenen wie durch Zauberhand möglich. Die Verformung eines einzelnen Bildes wird Warping genannt [200, 248].

Um eine derartige Überblendung zu bewerkstelligen, werden im Ausgangs– wie im Ziel-bild, die als zweidimensionale Farbrasterbilder vorliegen mögen, Teilbereiche z.B. mittels zweier Triangulierungen oder aber Start– und Zielpunkte einander zugeordnet. Bilden wir dann die Ränder zweier Dreiecke aufeinander ab, folgen durch Interpolation und an-schließende Rundung auch eine Zuordnung der in den Dreiecken liegenden Pixel. Bei der Erzeugung einer Morphfolge geht es nun darum, die Zwischengitter geeignet zu erzeugen. Das kann z.B. so erfolgen, daß wir für zwei Strecken

$$S_1 := \mathbf{a}_1 + (\mathbf{b}_1 - \mathbf{a}_1)t, \ S_2 := \mathbf{a}_2 + (\mathbf{b}_2 - \mathbf{a}_2)t, \ 0 \le t \le 1,$$

die Zwischenstrecken aus den Endpunkten der Ausgangs– und Zielstrecke interpolieren:

$$S_k := \mathbf{a}_k + (\mathbf{b}_k - \mathbf{a}_k)t, \ \mathbf{a}_k = \mathbf{a}_1 + (\mathbf{a}_2 - \mathbf{a}_1)u_k, \ \mathbf{b}_k = \mathbf{b}_1 + (\mathbf{b}_2 - \mathbf{b}_1)u_k,$$

$$0 < u_1 < ... < u_k < ... < u_m < 1.$$

Hier können natürlich die inkrementellen Scanlinienalgorithmen aus Kapitel 3 oder aber kubische Spline–Interpolation wie in Kapitel 5 mit Erfolg eingesetzt werden. Interpolieren wir die Farbwerte für die Pixel auf den Randstrecken und dann auch in den Zwischen-bereichen, so sind damit die Zwischenbilder sinnvoll erklärt. Schnelles Abspielen der ge-eignet im Speicher abgelegten Bilderfolge mittels spezieller Abspielprogramme erzeugen den Morphingeffekt. Das Hauptproblem liegt neben der erforderlichen schnellen Abfolge der Bilder allerdings darin, im Ausgangs– und Endbild geeignete Teilbereiche zu defi-nieren und einander zuzuordnen. Da hierbei die geometrischen Formen lokal sehr stark voneinander abweichen können, wirken die Farbübergänge an den Grenzen oft brüsk. Die wesentlichen Prinzipien sind in Bild 12.16 veranschaulicht.

Ruprecht und Müller [216] gehen einen anderen Weg. Sie zeichnen im Ausgangs– und Endbild je N sich entsprechende Punkte $\mathbf{P}_{i,a}$ und $\mathbf{P}_{i,e}$ aus und ermitteln die Punkte $\mathbf{P}_{i,z}$ im Zwischenbild durch lineare Interpolation: $\mathbf{P}_{i,z} = \mathbf{P}_{i,a} + t_z(\mathbf{P}_{i,e} - \mathbf{P}_{i,a})$. Sodann konstruieren sie zwei stetige Vektorfunktionen, die die Punkte des Zwischenbildes zum Parameterwert t_z auf die Punkte des Anfangs– bzw. Endbildes abbilden, wobei die Zu-ordnung der N Stützpunkte erhalten bleiben soll. Dazu stellen sie mehrere Ansätze vor, darunter

$$\mathbf{f}(x,y) = \mathbf{g}(x,y) + \sum_{i=1}^{N} \alpha_i R_i(x,y)\mathbf{x}, \ \mathbf{x} = (x,y).$$

Die Wahl $\mathbf{g}(x,y) = (x,y)$ oder allgemeiner als Polynom m–ten Grades und $R_i(x,y) = (d_i^2 + r_i^2)^{-1}$ hat sich bewährt. Dabei bezeichnet $d_i(x,y)$ den euklidischen Abstand des Punktes (x,y) zum Stützpunkt $\mathbf{P}_{i,z}$ und r_i zum Beispiel den Abstand des Punktes $\mathbf{P}_{i,z}$ zur nächsten Stützstelle. Die α_i werden durch Lösung des Gleichungssystems berechnet, das entsteht, wenn wir die Korrespondenzen der N Punkte im Anfangs– bzw. Endbild mit

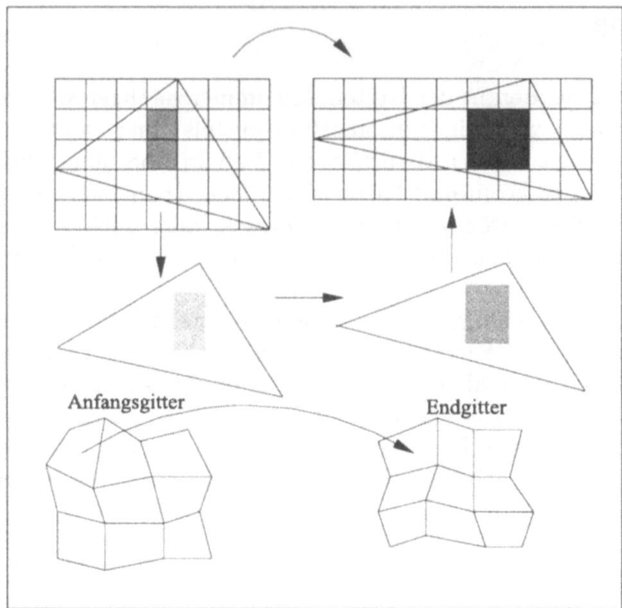

Bild 12.16: Prinzipien zum Morphing

denen des Zwischenbildes einsetzen. Nachteilig ist, daß der Einfluß der Kontrollpunkte nicht lokal ist, sondern für jedes Pixel alle Kontrollpunkte zur Funktion beitragen. Leider ist der Aufwand bedingt durch die Lösung der zwei Gleichungssysteme für jedes Zwischenbild relativ hoch.

Einen weiteren Weg schlagen Beier und Neely [27] vor und definieren dazu mehrere, z.B. m orthogonale Basissysteme aus je zwei Strecken im Ausgangs- und Zielbild, die einander zugeordnet werden. Natürlich kann die zu einer Basis im Ursprungsbild gehörige Zielbasis verschoben, gedreht und geschert werden. Jeder Punkt (x, y) hat nun bezüglich jeder Basis eine Darstellung (x_1, y_1), ..., (x_m, y_m). Je nach Abstand vom Ursprung der Basis oder auch komplizierteren Beschreibungen der Einflußbereiche der Basen kann nun die Darstellung mit positiven Gewichtsfaktoren $\alpha_1, ..., \alpha_m$, $\sum \alpha_i = 1$, belegt werden. Der Bildpunkt (x', y') errechnet sich dann aus den Bildern (x_1', y_1'), ..., (x_m', y_m') mit denselben Gewichtsfaktoren. Auf der Buch–CD sind Beispiele zum Morphing enthalten.

12.7 Aufgaben

Aufgabe 12.1

Konstruieren Sie am Bildschirm mit Hilfe dreier Rechtecke, deren Seiten im Verhältnis $\tau : 1$ stehen, ein Ikosaeder.

Anleitung: Nach Coxeter führe einen Schnitt in der Mitte jeder Karte parallel zur längeren und so lang wie die kürzere Seite aus. Eine der Karten schneide bis zum Rand auf. Sodann stecke jede Karte durch die Mitte der anderen und verbinde die Ecken geeignet.

Aufgabe 12.2 ([26])

a) Bestimmen Sie s_5 bzw. s_{10} und zeigen Sie, daß sie die Kantenlängen eines regelmäßi-

gen, in den Einheitskreis eingeschriebenen Fünf- bzw. Zehnecks sind.
Anleitung: Begründen Sie $|\overline{AB}| = |\overline{BD}| = |s_{10}|$ und bestimmen Sie anschließend mit dem Strahlensatz s_{10}. Zeigen Sie, daß $s_{10}^2 + 1 = s_5^2$ gilt, indem Sie die Ceulensche Verdoppelungsformel ($c_{2n}^2 = c_n + 2$) benutzen, wobei c_n die Komplementseite zu s_n im Einheits–Thaleskreis ist (also $s_n^2 + c_n^2 = 4$).

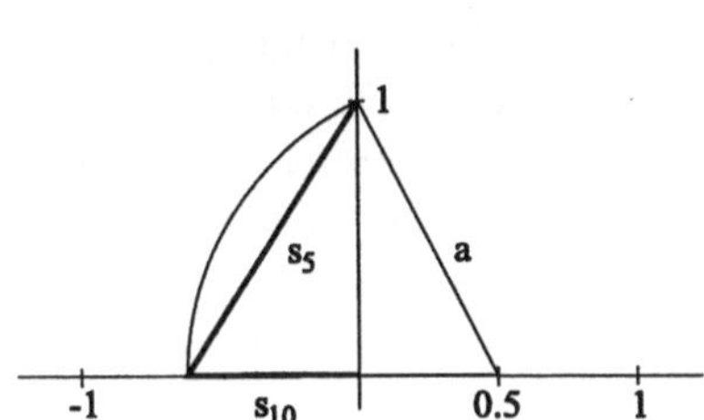
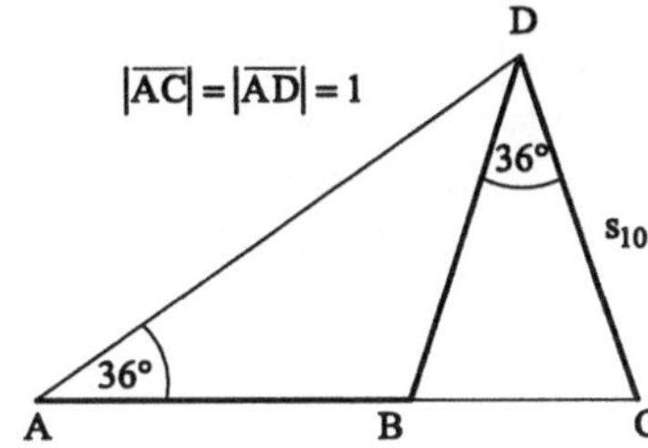

b) Konstruieren Sie ein regelmäßiges Fünfeck bzw. Zehneck nur mit Hilfe eines Zirkels und eines maßstablosen Lineals oder den entsprechenden Tools eines Zeichenprogramms nach der Methode aus Teil a).

Aufgabe 12.3
Konstruieren Sie ein Dodekaeder als Drahtgittermodell. Sei $\tau = \frac{\sqrt{5}+1}{2}$ und $\sigma = \frac{1}{\tau} = \frac{\sqrt{5}-1}{2}$. Vorgegeben sind der Würfel ($\pm 1, \pm 1, \pm 1$) und die drei Rechtecke $(0, \pm\sigma, \pm\tau)$, $(\pm\tau, 0, \pm\sigma)$, $(\pm\sigma, \pm\tau, 0)$. Die kürzeren Rechteckseiten werden gezeichnet und jeder Rechteckpunkt mit den beiden jeweils nächstgelegenen Würfelpunkten verbunden.

Aufgabe 12.4
Zeigen Sie Verbesserungsmöglichkeiten zur Darstellung des 3D–Läufers aus Abschnitt 12.4 auf, indem Sie die Tetraeder des Läufermodells entsprechend der reflektierten Lichtintensität und ihrer Ausrichtung zum Beobachter mit einem Dreiecks–Scanlinienalgorithmus einfärben und nur die sichtbaren Dreiecke zeichnen. Streben Sie dann eine Echtzeitdarstellung am Bildschirm an.

Aufgabe 12.5
Gegeben sei folgende geshiftete 8×8 Farbmatrix $A = a_{ij}$

$$A = \begin{pmatrix} -76 & -73 & -67 & -62 & -58 & -67 & -64 & -55 \\ -65 & -69 & -62 & -38 & -19 & -43 & -59 & -56 \\ -66 & -69 & -60 & -15 & 16 & -24 & -62 & -55 \\ -65 & -70 & -57 & -6 & 26 & -22 & -58 & -59 \\ -61 & -67 & -60 & -24 & -2 & -40 & -60 & -58 \\ -49 & -63 & -68 & -58 & -51 & -65 & -70 & -53 \\ -43 & -57 & -64 & -69 & -73 & -67 & -63 & -45 \\ -41 & -49 & -59 & -60 & -63 & -52 & -50 & -34 \end{pmatrix}$$

Berechnen Sie die Diskrete Cosinustransformation

$$f_{ij} = \text{round}\left(\frac{c(i)c(j)}{4} \sum_{x=0}^{7} \sum_{y=0}^{7} a_{xy} \cos\frac{(2x+1)i\pi}{16} \cos\frac{(2y+1)j\pi}{16} \right), \quad c(i) = \begin{cases} \dfrac{1}{\sqrt{2}} & i = 0 \\ 1 & \text{sonst} \end{cases}$$

und geben Sie die erste Zeile der transformierten Matrix $F = f_{ij}$ an.

13 Hidden Lines und Hidden Surfaces

In diesem Kapitel wollen wir uns mit einem Verfahren beschäftigen, das es erlaubt, Flächen perspektivisch unter Berücksichtigung der verdeckten Partien darzustellen. Es ist das Ziel, den Leser anhand einer konkreten Programmentwicklung zum Entwurf derartiger Flächen in die damit verbundene Problematik der Sichtbarkeitsprüfung einzuführen und ihn in die Lage zu versetzen, eine solche Aufgabenstellung zu lösen. In einem weiteren Abschnitt werden andere Verfahren zur Unterdrückung nicht sichtbarer Flächen, wie der z–Buffer– und der Algorithmus von Warnock beschrieben. Beginnen wir mit der mo-

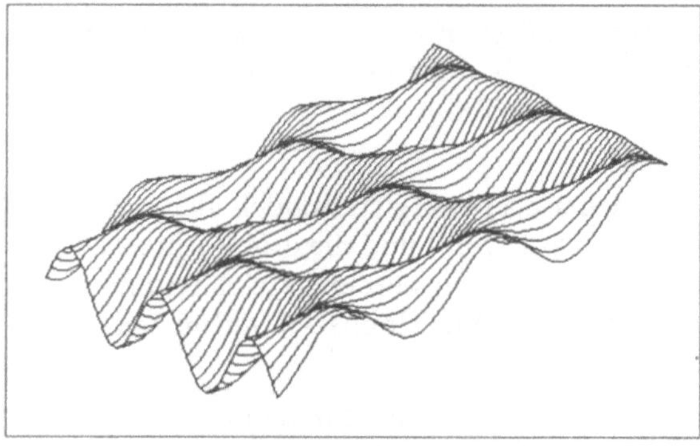

Bild 13.1: Fläche über xy–Ebene

dularen Entwicklung eines Programmes zur Visualisierung von Oberflächen über einem Gitter in der xy–Ebene mit Hilfe eines Plotters, die mittels einer Funktion definiert sind (vgl. Bild 13.1). Einige Ideen zum Einsatz des Programms und seiner Modifizierung sind in Abschnitt 13.3.1 beschrieben. Die einzelnen Module werden in einer pascalähnlichen Notation angegeben, die allerdings auf Details wie Variablen– und Parameterdeklaration verzichtet. Ein vollständiges Programm befindet sich auf der Buch–CD.

13.1 Hidden Line–Algorithmus

Bild 13.1 wurde mit einem Hidden Line–Verfahren (Hidden Line: verborgene Linie) erstellt, das geeignet ist, Flächen der Form

$$z = f(x, y) \tag{13.1}$$

über einem Bereich der xy–Ebene darzustellen. Flächen, die in dieser Form gegeben sind, kommen in Anwendungen der Ingenieurwissenschaften häufig vor. In Bild 13.2 ist beispielsweise die stationäre Temperaturverteilung $T(x, y)$ innerhalb einer quadratischen Metallplatte wiedergegeben, die an drei Rändern gekühlt (Temperatur $T = 0°K$) wird, während die vierte Seite auf einer erhöhten Temperatur ($T = 100°K$) gehalten wird. Die

Zeichnung des Bildes erfolgt mittels der Darstellung von Linien mit konstantem y–Wert (siehe Bild 13.3). Zuerst wird die Linie gezogen, die für den Betrachter im Vordergrund liegt. Anschließend werden die weiter entfernt liegenden Linien nacheinander gezeichnet. Aufgrund dieser Vorgehensweise gilt die folgende **Annahme A**:

Jede Linie wird nur durch bereits gezogene Linien verdeckt, und später zu zeichnende Linien überdecken nicht bereits gezeichnete.

Dieser Sachverhalt ist entscheidend dafür, daß wir die Fläche mit einem relativ einfachen Verfahren darstellen können. Immer wenn wir eine Fläche im dreidimensionalen Raum mit Linien so aufbauen können, daß diese Annahme gilt, können wir den Algorithmus, den wir nun erarbeiten werden, benutzen, um sie darzustellen. Später werden wir dann das Verfahren auf einige Beispiele anwenden, bei denen die Fläche nicht von der Form (13.1) ist.

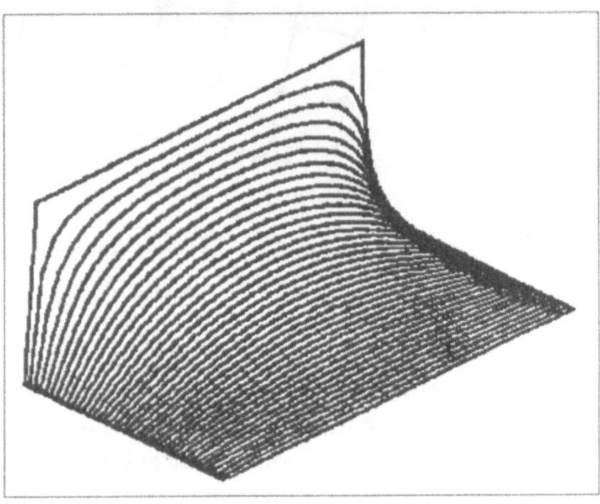

Bild 13.2: Temperaturverteilung

Jede einzelne Linie setzt sich aus Liniensegmenten zusammen. Jedes dieser Segmente ist eine Strecke zwischen zwei Punkten. Nur für diese Punkte, die wir im folgenden Stützgitterpunkte nennen wollen, wird der Funktionswert $f(x,y)$ berechnet. Jede Linie wird im $\mathbb{R}^3$ also durch die Punkte $\mathbf{P}_i$ beschrieben:

$$\mathbf{P}_i : (x_i, y_i, z_i = f(x_i, y_i)), \quad i = 1, \ldots, \texttt{NLINESX}; \ y_i = const. \tag{13.2}$$

Die gesamte Fläche besteht aus `NLINESY` solcher Linien. Das Stützgitternetz kann mit dem folgenden Programmsegment erzeugt werden:

Programmsegment 13.1 (Erzeugung des Stützgitters)

```
dx := (xb - xa)/(NLINESX - 1); dy := (yb - ya)/(NLINESY - 1);
y := ya;
for LINEY := 1 to NLINESY do begin
  x := xa;
  for LINEX := 1 to NLINESX do begin
    z := f(x,y)    { Verarbeitung des Punktes (x,y,z) }
    x := x + dx;
  end ;
  y := y + dy;
end;
```

Aufgabe des Hidden Line–Verfahrens ist es nun, aufgrund der gegebenen Punktekoordinaten (x,y,z) eine dreidimensional erscheinende Darstellung der Fläche

$$z = f(x,y), \ x = xa, \ldots, xb, \ y = ya, \ldots, yb,$$

zu erstellen und dabei die teilweise Abdeckung der Fläche durch ihre anderen Teile zu berücksichtigen. Zuerst werden die Objektkoordinaten (x,y,z) des $\mathbb{R}^3$ in Bildschirmkoordinaten (`XSCREEN`, `YSCREEN`) transformiert. Dazu verwenden wir zum Beispiel eine

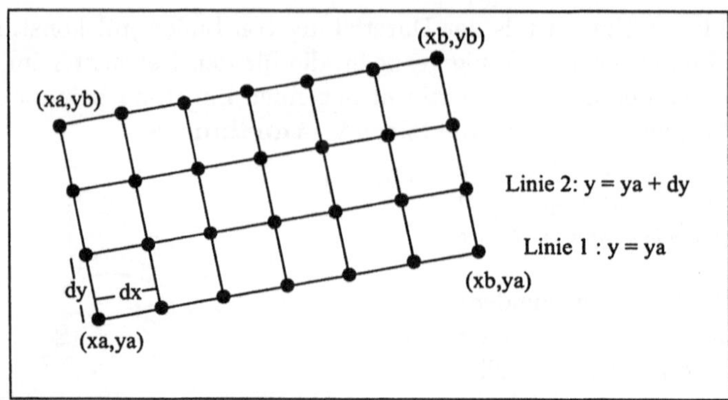

Bild 13.3: Gitternetz

Zentral– oder eine Parallelprojektion, wie wir sie in Kapitel 11 besprochen haben. Vorher führen wir gegebenenfalls noch eine Drehung im $\mathbb{R}^3$ aus (vgl. Kapitel 10).

Im weiteren werden wir davon ausgehen, daß wir die Fläche auf einem Rasterbildschirm oder Plotter darstellen wollen. Die Koordinaten XSCREEN und YSCREEN sind also ganzzahlig. Die Bildpunkte sollen vorerst ganz innerhalb des verfügbaren Koordinatenbereiches liegen:

$$0 \leq \text{XSCREEN} \leq \text{XMAX}, 0 \leq \text{YSCREEN} \leq \text{YMAX}.$$

Dadurch umgehen wir das Clipping–Problem (vgl. Kapitel 3, 10). Wie wir später noch sehen werden, ist unsere Annahme bei der hier gewählten Vorgehensweise leicht zu erfüllen. Verzichten wir auf die Unterdrückung verborgener Linien, so können wir das Programmsegment 13.1 wie folgt ergänzen, um das Liniennetz zu zeichnen:

Programmsegment 13.2 (Zeichnen eines Drahtmodells)
```
z := f(x,y);
XSCREEN := xprojection (x, y, z);
YSCREEN := yprojection (x, y, z);
if LINEX <> 1 then line (X1,Y1, XSCREEN,YSCREEN);
X1 := XSCREEN;
Y1 := YSCREEN;
```

Die Variablen X1, Y1 enthalten so immer den Anfangspunkt des nächsten zu zeichnenden Liniensegments.

Wenn der Punkt mit den Bildschirmkoordinaten (XSCREEN,YSCREEN) nicht gerade der erste Punkt einer Linie ist, wird mit der Prozedur line das entsprechende Liniensegment gezeichnet.

Wir wollen uns nun dem eigentlichen Hidden Line–Algorithmus zur Unterdrückung verborgener Linien zuwenden und betrachten dazu Bild 13.4a und 13.4b. In Bild 13.4a sind die ersten drei Linien bereits gezogen worden, und es ist zu klären, wie die vierte Linie aufgrund der gegebenen Punkte zu zeichnen ist. (Sie ist bereits gestrichelt bzw. punktiert dargestellt.) Die Linie verbindet die Punkte **P1** bis **P4** durch Geradenstücke, von denen einige ganz, einige teilweise und manche gar nicht sichtbar sind. Eine wesentliche Aufgabe des Hidden Line–Algorithmus besteht nun darin, zu entscheiden, welche Teile sichtbar sind.

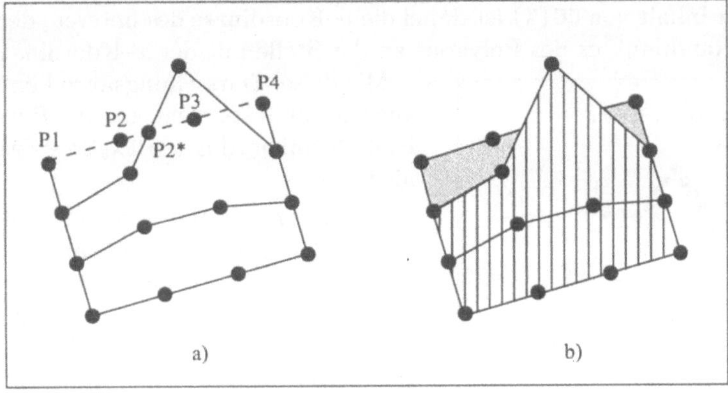

Bild 13.4: Linienunterdrückung

Die sichtbaren Teile sind diejenigen, die nicht durch bereits gezogene Linien verdeckt werden. Da wir die Linien vom Vordergrund zum Hintergrund fortschreitend zeichnen, wird der bereits verdeckte Bereich des Bildschirms genau durch denjenigen Bereich festgelegt, der „zwischen" den bereits gezeichneten Linien liegt, er ist in Bild 13.4b schraffiert dargestellt. Im weiteren werden wir diesen Bereich des Bildschirms den verdeckten Bereich nennen, und es müssen genau die Linienteile gezeichnet werden, die nicht innerhalb des verdeckten Bereiches liegen. In Bild 13.4a ist dies beim Liniensegment **P2P3** der Teil **P2P2***. Dabei ist **P2*** der Schnittpunkt des Liniensegmentes mit dem Rand des verdeckten Bereich. Für die Ausführung des Hidden Line–Algorithmus müssen also derartige Schnittpunkte von Liniensegmenten mit dem verdeckten Bereich bestimmt werden. Dazu ist es erforderlich, innerhalb des Computers eine Beschreibung des verdeckten Bereiches zu speichern, die diese Schnittpunktberechnung erlaubt.

Sind alle sichtbaren Teile einer Linie $y = const.$ gezeichnet, muß der verdeckte Bereich entsprechend angepaßt werden (Update). In Bild 13.4b sind die neu hinzukommenden Teile grau dargestellt. Die rechnerinterne Darstellung dieser Bereiche sollte auch eine einfache Ausführung des Update–Schritts erlauben. Der Verdeckungsbereich ist im allgemeinen ein Polygon. Wir könnten ihn also durch eine Eckpunktliste innerhalb des Bildschirmkoordinatensystems beschreiben. Bei dieser Darstellung sind aber sowohl die Schnittpunktbestimmung wie auch der Anpassungsvorgang nur schwer zu vollziehen. Eine Alternative zur Polygondarstellung wäre die Rasterdarstellung des verdeckten Bereichs auf einem Hilfsbildschirm, auf dem jedes Pixel, das verdeckt ist, markiert wird. Eine Anpassung des verdeckten Bereiches besteht in diesem Fall aus dem Füllen der neu hinzugekommenen Bereiche. Neben einem hohen Speicherplatzbedarf wird damit zusätzlich ein großer Rechenaufwand nötig, so daß wir auch diese Darstellungsform verwerfen wollen. Um zu einer einfachen Beschreibung des verdeckten Bereiches zu gelangen, machen wir daher die folgende zusätzliche **Annahme B**:

Das Polygon, das den verdeckten Bereich beschreibt, hat zu jeder x–Koordinate genau einen unteren und einen oberen Grenzpunkt UG [X] , OG [X], *die den zusammenhängenden verdeckten Bereich begrenzen.*

In Bild 13.5 sind für unser Beispiel aus Bild 13.4 die dadurch festgelegten Grenzlinien eingezeichnet. Machen wir diese zusätzliche Annahme, so können wir den verdeckten Bereich einfach durch zwei Felder

```
UG, OG : array [0..XMAX] of integer;
```

beschreiben. Der Inhalt von UG[X] ist dabei die y–Koordinate des unteren, der von OG[X] die des oberen Randpunktes des Polygons an der Stelle mit der x–Koordinate X.

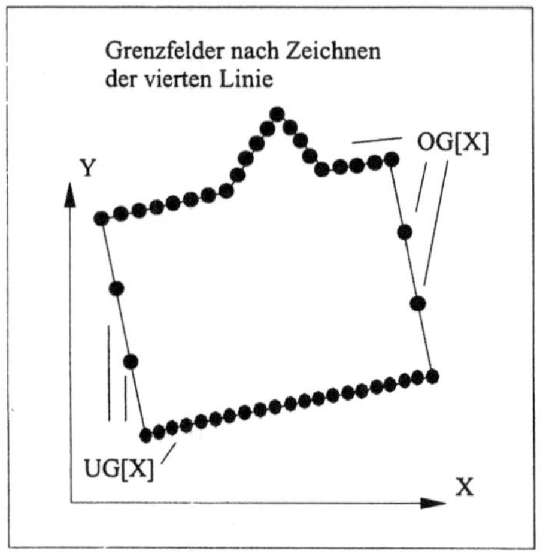

Bild 13.5: Verdeckter Bereich

Mit dieser Darstellungsform können wir nun auch leicht feststellen, ob ein Punkt mit den Bildschirmkoordinaten (X,Y) sichtbar ist oder nicht:

```
if (Y < UG[X]) or (Y > OG[X])
then {Punkt sichtbar  }
else {Punkt unsichtbar}
```

Wie können wir nun aber von einer Linie feststellen, welche ihrer Teile sichtbar sind? Im allgemeinen kann aus der Sichtbarkeit der Endpunkte überhaupt nicht auf die Sichtbarkeit einzelner Teile der Strecke geschlossen werden, sondern diese Entscheidung muß für jeden Punkt gesondert getroffen werden. Da wir uns aber mit der Darstellung innerhalb einer Rastergraphik beschäftigen, können wir dieses Problem leicht lösen:

Wir berechnen die Pixel (Xi,Yi) der Linie (X1,Y1) — (XSCREEN,YSCREEN) aus Programmsegment 13.2 mit Hilfe des Bresenham–Algorithmus aus Kapitel 2 oder irgendeines entsprechenden Verfahrens. Für jedes Pixel entscheiden wir einzeln die Sichtbarkeit. Nur in dem Fall, daß der Punkt im Sichtfenster liegt und nicht verdeckt ist, zeichnen wir ihn tatsächlich auf dem Bildschirm.

Bisher haben wir noch nicht erklärt, wie wir den verdeckten Bereich bestimmen. Dazu sollen nun zwei Möglichkeiten vorgestellt werden. Zuerst muß der Inhalt der Felder UG, OG so initialisiert werden, daß die erste zu zeichnende Linie vollkommen sichtbar ist. Dies erreichen wir durch die folgende Initialisierung:

```
procedure CLEAR;
begin
  for X := 0 to XMAX do begin
    UG[X] := YMAX + 1;
    OG[X] := -1;
  end ;
end ;
```

Damit gilt nämlich für jeden zulässigen Punkt: Y < UG[X] oder Y > OG[X].
Eine einfache Möglichkeit, den Inhalt der Felder UG und OG an die bereits gezeichneten Linien anzupassen, besteht darin, zuerst die gesamte Linie unter Ausführung des punktweisen Sichtbarkeitstests zu zeichnen. Anschließend berechnen wir sämtliche Pixelpunkte der Linie noch einmal und nehmen folgende Aktualisierung vor:

```
if Y > OG[X] then OG[X] := Y;
if Y < UG[X] then UG[X] := Y;
```

Diese Befehle bewirken, daß für alle bisher gezeichneten Punkte mit den Koordinaten (X,Y) mit fester x–Koordinate gilt: UG[X] $\leq$ Y $\leq$ OG[X]. Damit bilden die Felder UG und OG aber die Grenzen des gesuchten Bereiches zwischen den bereits gezeichneten Linien.

Ein Nachteil dieser einfachen Vorgehensweise ist der erhöhte Rechenaufwand, da jeder Linienpunkt des Bildes zweimal berechnet werden muß. Wollen wir diesen Nachteil vermeiden, müssen wir versuchen, die Anpassung der Felder UG und OG direkt nach dem Zeichnen eines Punktes mit den Koordinaten (X,Y) auszuführen.

Dies ist allerdings mit einem Problem verbunden, das oft nicht korrekt berücksichtigt wird. Dazu betrachten wir Bild 13.6. Zu zeichnen ist eine Linie mit den Pixeln **P1** bis **P15**. Die Inhalte der Felder UG und OG seien vor Zeichnung der Punkte so angenommen, daß alle Punkte der Linie sichtbar sind. Zeichnen wir nun die Pixel **P1** bis **P6** und führen jeweils im direkten Anschluß daran die Anpassung der Grenzen aus, so ergeben sich die mit „x" markierten Felder als neue Obergrenze. Anschließend wird der Punkt **P7** gezeichnet.

Direkt danach dürfen wir seine y–Koordinate noch nicht als neuen Wert in das Feld OG[X] eintragen! Würden wir dies nämlich tun, so wären von da an die Punkte **P8** und **P9** unsichtbar und würden nicht

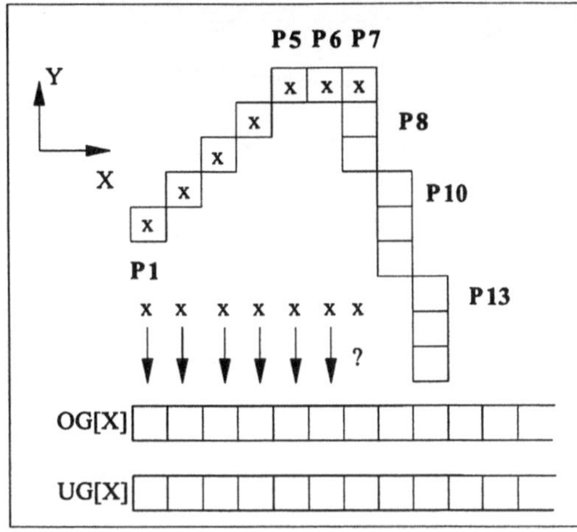

Bild 13.6: Verzögerte Anpassung des Verdeckungsbereichs

gezeichnet. Die Anpassung von UG und OG darf daher erst dann erfolgen, wenn ein Punkt mit einer neuen x–Koordinate zu zeichnen ist.

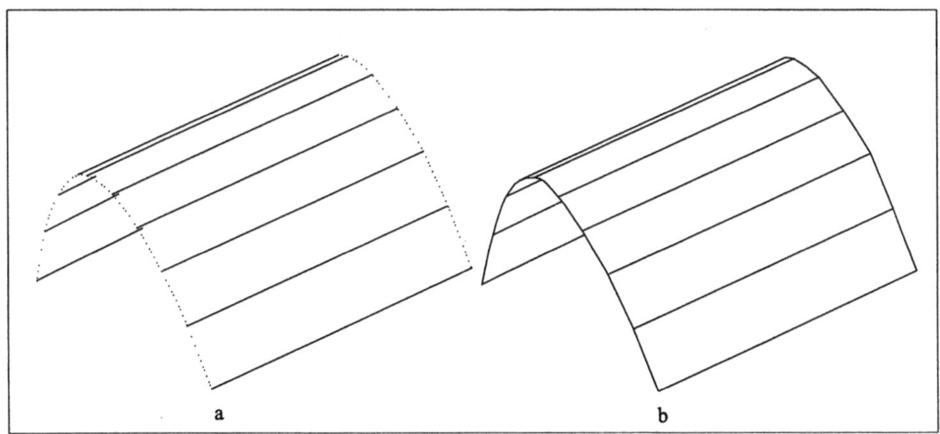

Bild 13.7: Ergänzung der Randsegmente

Bild 13.7a wurde mit diesem Verfahren erzeugt. Am linken Rand entdecken wir kleine Unschönheiten. Ihr Entstehen wird beim Betrachten von Bild 13.8a klar. Dort ist der verdeckte Bereich nach dem Zeichnen der ersten drei Linien schraffiert dargestellt. Die vierte Linie gilt damit als vollkommen sichtbar. Das erscheint jedoch unnatürlich, da das Auge den in Bild 13.8b dargestellten Bereich als verdeckt annimmt, wodurch auch ein Teil der vierten Linie verdeckt wird.

Um diesen Makel zu beseitigen, fügen wir zu der jeweils zu zeichnenden Linie noch die in Bild 13.7a punktiert dargestellten Randsegmente hinzu. Diese Ränder zeichnen wir wiederum mit der gleichen Prozedur `line` wie die normalen Liniensegmente. Das Bild 13.7a entsprechende Bild ist in Bild 13.7b dargestellt.

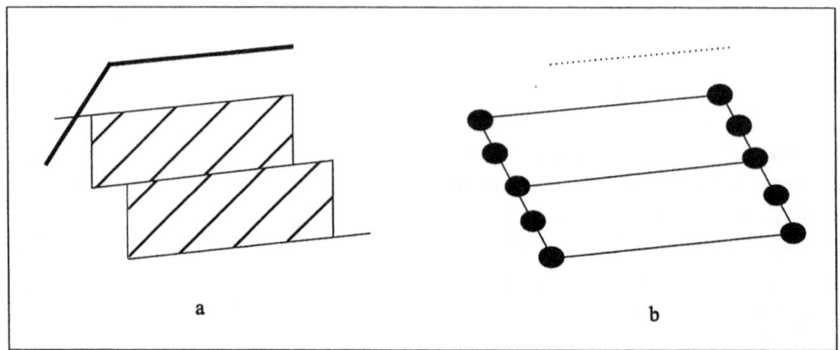

Bild 13.8: Korrigierte Verdeckungsbereiche

Damit haben wir alle Schritte zur Programmierung eines leistungsfähigen Hidden Line–Algorithmus vorgestellt. Wenn der Leser die Ideen aufmerksam verfolgt hat, ist ihm sicher nicht entgangen, daß fast alle notwendigen Berechnungen durch reine Integer–Additionen, Subtraktionen und Vergleiche realisiert werden können. Einzige Ausnahme ist die Erzeugung der Stützgitterpunkte und ihre anschließende Projektion auf Bildschirmkoordinaten. Der gesamte eigentliche Hidden Line–Algorithmus kann daher mit relativ geringem Aufwand in Maschinensprache programmiert werden.

Bisher sind wir davon ausgegangen, daß die Fläche auf einem Rasterbildschirm dargestellt werden sollte. Das vorgestellte Konzept muß nur ein wenig erweitert werden, um auch die Ansteuerung eines Plotters zu ermöglichen. Das auf der Buch–CD dargestellte Programm beinhaltet diese Erweiterung bereits.

Bei der Plottersteuerung erfolgt die Darstellung durch das Zeichnen von Linien mittels eines `draw(X,Y)`-Befehls. Er bewirkt das Zeichnen einer Linie vom zuletzt angefahrenen Punkt zum Punkt mit den Koordinaten `(X,Y)`. Um einen beliebigen Punkt zu erreichen, ohne eine Linie zu zeichnen, wird der Befehl `move(X,Y)` benutzt.

Wir müssen nun unser Programm so ergänzen, daß es das Bild unter Verwendung dieser Befehle zeichnet. Dazu führen wir eine Hilfsvariable `PenState` ein, die festhält, ob die punkteerzeugende Prozedur `line` gerade sichtbare (`PenState = 1`) oder unsichtbare (`PenState = 0`) Punkte generiert. Bei jedem Wechsel sichtbar/unsichtbar und umgekehrt ändern wir den Wert dieser Hilfsvariablen und benutzen die Koordinaten des gerade zu zeichnenden Punktes zur Plottersteuerung. Bei einem Wechsel sichtbar/unsichtbar ziehen wir jeweils das sichtbare Linienstück mit `draw`, bei einem Wechsel unsichtbar/sichtbar bewegen wir den Plotter–Zeichenstift mittels `move` zu der Position, an welcher der sichtbare Linienteil beginnt. Auch wenn wir beginnen, ein neues Liniensegment zu zeichnen, ziehen wir den Rest des alten Liniensegments, sofern er sichtbar war, mit einem `draw`-Befehl. Die zulässigen Koordinatenbegrenzungen und damit die Dimensionierung und Initialisierung der Felder `UG` und `OG` müssen natürlich genauso wie die Projektion an den Plotter angepaßt werden.

Mit dieser Vorgehensweise werden sozusagen die einzelnen Pixelpunkte einer Linie wieder gesammelt. Wollen wir ein Bild abspeichern, das mit unserem Programm erzeugt wurde, ist es natürlich sinnvoll, das Bild nicht als Rastergraphik, sondern in einer Folge von Plotterbefehlen abzulegen. Auf diese Weise können wir sehr viel Platz sparen. Die Umsetzung der Pixelgraphik in Plotterbefehle ist also nicht nur für den Plotterbesitzer eine gute Programmierübung.

13.2 Darstellung anderer Flächen

Betrachten wir die Arbeitsweise des vorgestellten Programms, so erkennen wir, daß durch Abänderungen in der Stützgittererzeugung (13.2) auch andere Flächen als die der Form $z = f(x, y)$ darstellbar sind. Das ist sicher ein Vorteil des hier gewählten Programmaufbaus. Durch die Einfachheit des Verfahrens und die modulare Struktur können wir nach kleinen Modifikationen Flächen anschaulich darstellen, die mit üblichen Programmen nicht behandelt werden können. Einige Vorschläge sollen hier gemacht werden:

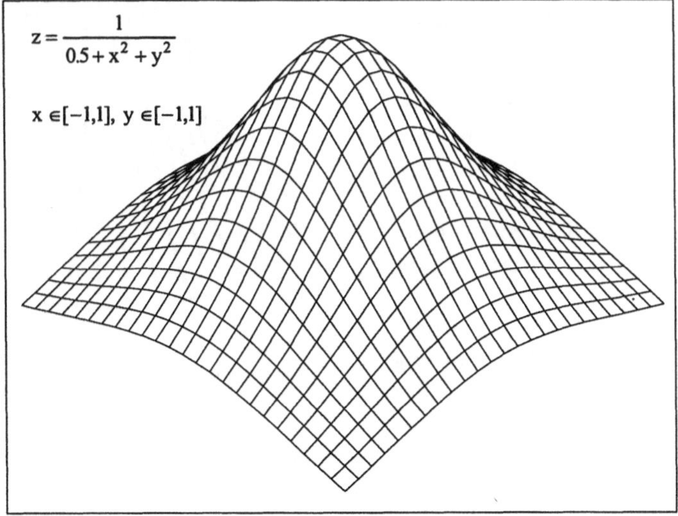

Bild 13.9: Crosshatching

1) Crosshatching

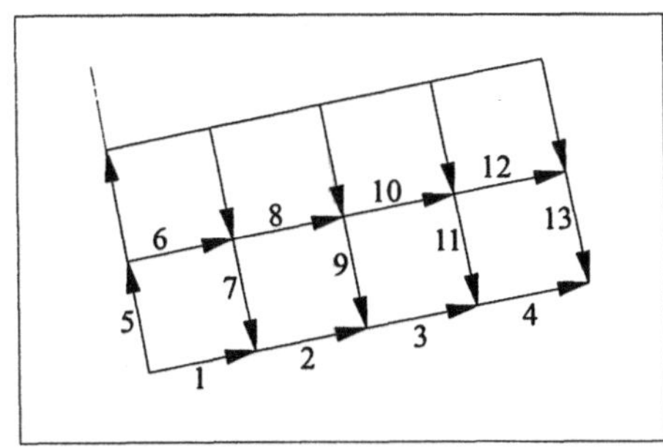

Bild 13.10: Gitternetz

Zeichnen wir zuerst die Fläche, wie beschrieben, durch Linien $y = const.$ und vertauschen anschließend die Rollen der Koordinaten x und y, so daß wir die Fläche zusätzlich noch durch Linien $x = const.$ darstellen, gelangen wir zu einer Figur wie in Bild 13.9. Diese Darstellung durch ein Gitternetz wird im Englischen als Crosshatching bezeichnet. Die Abarbeitungsreihenfolge des Gitters wird in Bild 13.10 dargestellt.

In der vorgestellten Weise ausgeführt ist sie allerdings nicht ganz korrekt, was besonders bei Flächen auffällt, die Spitzen oder Punkte mit hoher Krümmung aufweisen. Dies liegt daran, daß eigentlich ein (aufwendiger) Hidden Surface–Algorithmus notwendig wäre, um über die Sichtbarkeit der Flächenelemente zu entscheiden. Auf der Buch–CD befindet sich ein Turbo Pascal Programm, das ein Funktionsnetz erzeugt.

2) Rotationsflächen

Eine wesentliche Voraussetzung zur Anwendung des vorgestellten Verfahrens haben wir in den beiden Annahmen formuliert. Wir können nun auch Flächen, die nicht in der Form (13.1) parametrisiert sind, so durch Linien aufbauen, daß die erste Annahme erfüllt wird. Bild 13.11 zeigt ein Beispiel, wie es nach kleinen Abänderungen des auf der Buch–CD gezeigten Programms erzeugt wurde. Es stellt die Oberfläche einer Seifenlamelle zwischen zwei konzentrischen Ringen gleichen Durchmessers dar.

3) Darstellung einer Schraubfläche

Auch die Schraubfläche, die in Bild 13.12 dargestellt ist, wurde mit dem Programm auf der Buch–CD erzeugt. Zeichnen wir die Linien nämlich von „oben" nach „unten", trifft wieder unsere Annahme A zu.

Diese Beispiele illustrieren deutlich, wie durch eine geschickte Verwendung der Basisroutinen `line` und `pixel` sehr verschiedenartige Darstellungsprobleme von Flächen im auf einfache Weise gelöst werden können. Eine wesentliche Erweiterung unserer Ansätze befindet sich im Artikel von F. G. Boese [32].

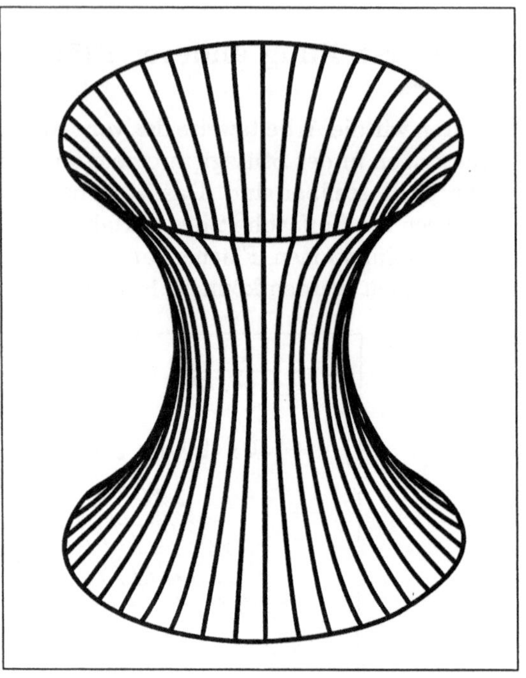

Bild 13.11: Rotationshyperboloid

Kommen wir nun noch einmal auf das Hidden Surface–Problem zurück: Eine sehr einfache Methode, das Problem der verdeckten Flächen anzugehen, bietet der Maleralgorithmus. Die Kernidee des Algorithmus besteht darin, beim Zeichnen einer Szene mit mehreren Objekten mit demjenigen zu beginnen, das sich am weitesten im Hintergrund befindet, und anschließend in der richtigen Reihenfolge die weiteren Körper einzufügen. Dabei werden vorhandene Objekte einfach übermalt. Natürlich eignet sich diese Methode eher für Rasterausgabegeräte als für diejenigen, die Linien zeichnen. Zusätzlich muß die Reihenfolge der Objekte für alle Punkte ihrer Oberflächen die gleiche sein.

13.3 Andere Verfahren

13.3.1 Tiefenpufferalgorithmus

Der Tiefenpufferalgorithmus gibt eine einfache Möglichkeit an die Hand, komplexe dreidimensionale Bilder unter Berücksichtigung der Sichtbarkeit der in verschiedener Tiefe

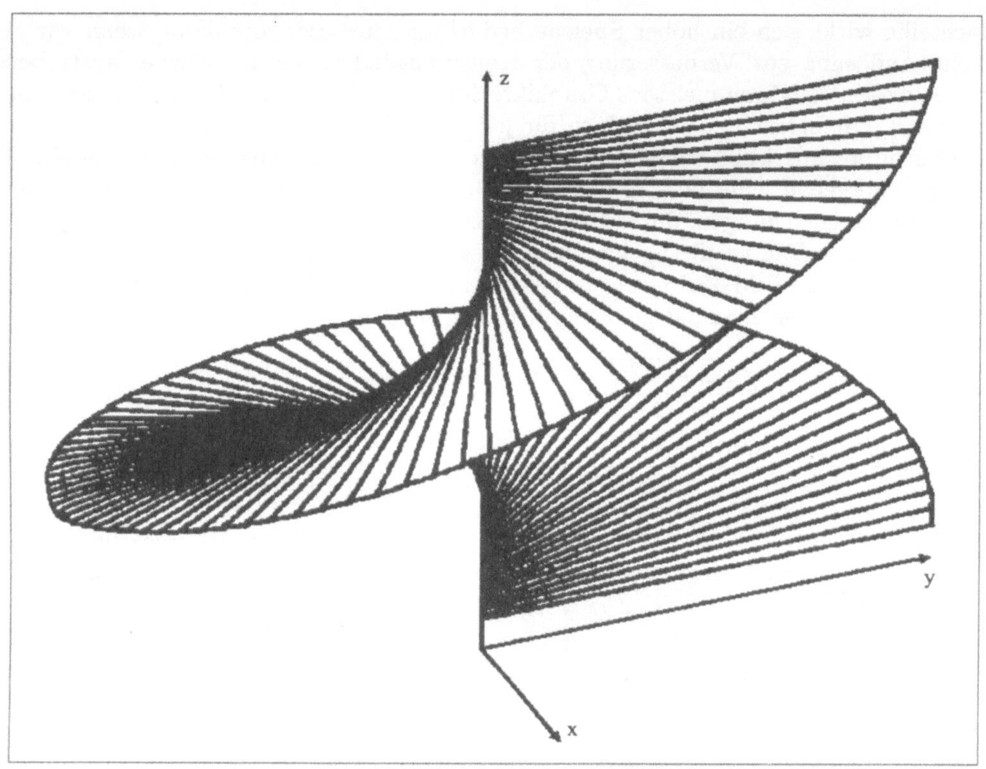

Bild 13.12: Schraubfläche (Plotterzeichnung)

angeordneten Körper am Bildschirm darzustellen. Dazu bedarf es für jeden Bildschirmpunkt der xy–Ebene einer gewissen Anzahl von Bytes, um die zugehörige z–Koordinate des betrachteten Körpers und sein Farbattribut aufzunehmen. Der Algorithmus läuft etwa folgendermaßen ab:

- Der Betrachter blicke längs der z–Achse und sei in $(0, 0, k)$, $k \gg 0$ ($k \ll 0$) plaziert.
- Zunächst wird der zu jedem Bildschirmpunkt gehörige z–Wert auf den kleinstmöglichen (größtmöglichen) Wert gesetzt und das Farbattribut mit der Hintergrundfarbe belegt.
- Sodann werden Linie für Linie für jeden Körper alle Oberflächen untersucht und die Pixel ermittelt, die innerhalb der Flächen liegen, wenn diese auf den Bildschirm projiziert sind. Ihre zugehörigen z–Werte werden mit dem zum Pixel (x, y) gespeicherten bisherigen Wert z_0 verglichen. Ist z_0 kleiner (größer) als der neue Wert z, so wird bis auf weiteres die gerade betrachtete Körperfläche als sichtbar angenommen und ihr z–Wert wie auch das Farbattribut eingetragen.
- Nach Bearbeitung aller Körper stehen im Tiefenpuffer die jeweils größten (kleinsten) z–Werte und die Farbattribute des zugehörigen, sichtbaren Körpers.

Der Tiefenpufferalgorithmus leistet auf einfache Weise Erstaunliches: Das Problem der versteckten Flächen ist einschließlich der Durchdringung verschiedener Körper gelöst. Dabei ist zur Erleichterung hier angenommen, daß der Betrachter in die negative (positive) z–Richtung blickt. In anderen Fällen müßte noch eine Transformation mit einer Drehmatrix vorgenommen werden (vgl. Kapitel 10).

Nachteilig wirkt sich ein hoher Speicherbedarf aus, insbesondere dann, wenn wir eine hohe Auflösung zur Verbesserung der Konturenwiedergabe der Körper anstreben. So bleibt dieses Verfahren meistens Graphikrechnern mit Hardware–Graphikprozessoren vorbehalten. Oft betrachten wir jedoch für jeden Punkt (x, y) alle Körper in Folge und verzichten auf rechnerische Vorteile, die sich aus der zeilenweise Abarbeitung eines einzelnen Körpers ergeben. Hier denken wir an die Inkrementierungstechnik bei der Behandlung der Ebenengleichungen, durch die begrenzende Randflächen ja beschrieben werden können. In diesem Fall ist die Speicherung des z–Wertes nicht mehr erforderlich.

Als Beispiel möge Bild 13.13 dienen, das zwei sich senkrecht durchdringende Kreiszylinder wiedergibt. Die Zylinder genügen den Gleichungen

$$z = \frac{ax - by \pm \sqrt{512 - 9a^2x^2 - 6abxy - b^2y^2}}{2c}$$

$$z = \frac{ax + by \pm \sqrt{512 - 9a^2x^2 + 6abxy - b^2y^2}}{2c}, \quad a = \frac{1}{\sqrt{6}}, \; b = \frac{1}{\sqrt{2}}, \; c = \frac{1}{\sqrt{3}}.$$

Bild 13.13: Zwei Zylinder

Je nach z–Wert ist den Zylindern ein verschiedener Grauton zugeordnet. Die Durchdringung kommt trotz der einfachen Darstellungsweise eines Aufrisses und der geringen Auflösung gut zur Geltung.

Hat der Bildpunkt $\mathbf{P}'$ in der Projektionsebene die Koordinaten $(x', y', z')^T$, so ist der Zusammenhang zwischen dem Punkt $\mathbf{P}$ aus einem Polygon, das in der Ebene $(\mathbf{n}, \mathbf{q}) = e$ liegt, und seinem Bildpunkt $\mathbf{P}'$ bei einer Zentralprojektion mit Zentrum im Ursprung gegeben durch die Beziehung

$$\mathbf{P} = \mathbf{P}' \cdot \frac{e}{(\mathbf{n}, \mathbf{P}')}.$$

Die Zahl der Überschreibungen im z–Puffer werden minimiert, indem wir die abzubildenden Polygone im Vorhinein nach aufsteigender z–Koordinate vorsortieren und abarbeiten.

Bild 13.14 zeigt zwei sich durchdringende Zylinder, die aus Rechtecknetzen aufgebaut und dann mit dem z–Bufferalgorithmus unter einer geeigneten Beleuchtung gerendert worden sind.

13.3.2 Scanlinienalgorithmus

Wir wollen kurz auf einen weiteren Algorithmus eingehen, der das Problem der verdeckten Seiten für eine Szene aus Polyedern mit konvexen Polygonseiten behandelt. Dabei sollen sich die Körper nicht durchdringen. Beim Scanlinienalgorithmus, den wir bereits beim

Füllen eines Rastergebiets kennengelernt haben, werden die Bildschirmlinien $y = const.$ sukzessive abgearbeitet.

Werden nun konvexe Polyederseiten auf den Bildschirm abgebildet, so besteht die Projektion des Polygongebiets in der Bildebene aus gewissen konvexen Mengen von Teilstrecken, deren Endpunkten Urbilder auf dem Randpolygonzug entsprechen. Wir werden nun eine Liste erstellen, die alle zu projizierenden Polygone sowie ihre maximale und minimale Ausdehnung y_{max} und y_{min} in der Projektionsebene enthält. Aktiv sind dann beim fortschreitenden Abarbeiten der Zeilen y_{scan} nur Polygone, für die $y_{min} \leq y_{scan} \leq y_{max}$ gilt, die anderen brauchen nicht mehr berücksichtigt zu werden. Jedes aktive Randpolygon besteht wiederum aus Kanten, von denen jedoch höchstens zwei aktiv sind und Bildpunkte (x_1, y_{scan}), (x_2, y_{scan}) auf der Scanlinie besitzen.

Alle aktiven Kanten sind nach den minimalen Abszissenwerten zu sortieren. Diese Liste muß natürlich in jedem Schritt von y_{scan} nach $y_{scan} + 1$ noch aktualisiert werden. Bei einer Parallelprojektion in Richtung der z–Achse kann dies durch Ablegung der reziproken Steigung der Urbildstrecken wie im Füllalgorithmus oder analog zum Bresenham–Algorithmus erfolgen. Die Scangerade enthält nun zunächst die Hintergrundfarbe, bis wir auf eine aktive Kante mit der minimalen Abszisse treffen.

Nun laufen wir in das zugehörige Polygongebiet und geben der Scangeraden die zugehörige Farbe. Der nächste Abszissenwert in der Kantenliste kann entweder zu einer Kante desselben Polygons gehören (Fall a) oder zu einem neuen Polygongebiet. Im ersten Fall laufen wir aus der Polyederseite des Körpers heraus und stellen wieder auf Hintergrundfarbe um, im zweiten Fall (Fall b) befinden wir uns innerhalb von zwei Polygongebieten und müssen durch Rückwärtsprojektion entscheiden, welches der beiden sichtbar ist. Weiterhin ist möglich, daß mehrere Strecken zwischen Polygonseiten auf dieselbe Scanlinie abgebildet werden (Fall c). Bei jedem Wechsel muß daher festgestellt werden, welche Seite und damit welcher Farbwert aktiv

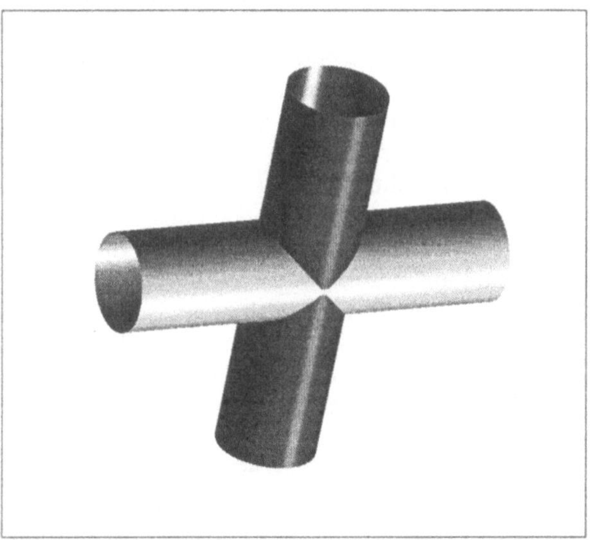

Bild 13.14: Zwei Zylinder

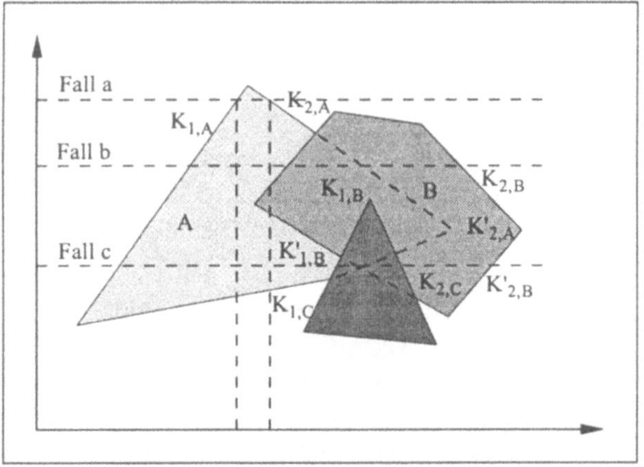

Bild 13.15: Scanlinienalgorithmus

ist. In Bild 13.15 treffen wir zunächst auf die Kante $K_{1,A}$, sodann auf die Kante $K_{1,C}$ mit Farbwechsel. Nun ist die Kante $K'_{1,B}$ des Dreiecks B aktiv, es liegt jedoch hinter C und vor A und kommt beim Wechsel an Kante $K_{2,C}$ zur Geltung.

13.3.3 Der Algorithmus von Warnock

Ein Bereichsteilungsalgorithmus zur Unterdrückung verdeckter Oberflächen wurde 1969 von Warnock veröffentlicht [242]. Er arbeitet im Bildbereich, der auf einem Rasterausgabegerät angenommen wird, und trägt die Farben der jeweils sichtbaren polygonalen Körperoberflächen (nach einer Projektion) ein. Dabei erzeugt der Algorithmus Teilfenster und unterteilt sie weiter, wenn noch keine Sichtbarkeitsentscheidung aus dem Vergleich der verschiedenen Polygone, die in das Fenster projiziert werden, gefällt werden kann.

Für die Sichtbarkeitsentscheidung ist die Beziehung zwischen den Projektionen der Polygone und dem Fenster entscheidend:

Sind alle Polygone disjunkt zum Fenster, so kann das Fenster mit der Hintergrundfarbe direkt angezeigt werden.

Gilt obige Annahme für alle Polygone bis auf eines, so ist dieses sichtbar und kann angezeigt werden, wobei gegebenenfalls eine Clippingoperation erforderlich ist und der Rest des Fensters die Hintergrundfarbe erhält. Es können die Fälle „umrahmend" und „schneidend" auftreten.

Existiert ein das Fenster enthaltendes Polygon, das näher am Betrachter liegt als alle anderen nicht disjunkten, so kann dieses Polygon im Fenster sichtbar gemacht werden, da es alle anderen verdeckt. Ein Polygon dominiert dann ein anderes, wenn alle seine Eckpunkte näher am Betrachter liegen als der nächste Eckpunkt eines anderen Polygons.

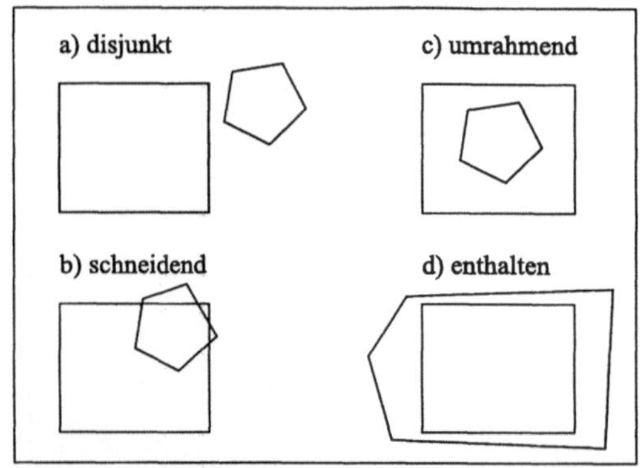

Bild 13.16: Warnock–Algorithmus

In den anderen Fällen wird noch keine Entscheidung getroffen, jedoch die disjunkten Polygone für die weitere Betrachtung ausgenommen und das Fenster unterteilt, bis einer der obigen Fälle auftritt. Diese Unterteilungen können sich soweit fortsetzen, bis ein Fenster nur noch aus einem Pixel besteht, — dann muß das Polygon ermittelt werden, dessen Projektion dieses Pixel enthält und das beim Vergleich der Urbildpunkte dem Betrachter am nächsten liegt —, oder aber bis eine gegebene Genauigkeitsschranke erreicht ist. In beiden Fällen muß bei der Überdeckung durch mehrere nichtdominante Polygone ein Kriterium zur Auswahl der Farbe bereitgestellt werden.

So verlangt der Algorithmus die Eingabe einfach geschlossener Polygone durch ihre Eckpunkte in eine Liste, die Angabe ihres Farbwertes sowie eines umfassenden Rechtecks, um mit dem Boxtest den Fall eines disjunkten Polygons behandeln zu können. Zur Entscheidung der Eigenschaft schneidend kann der Algorithmus Punkt_in_Polygon aus Kapitel 2 verwendet werden. Schließlich muß zur Berechnung der Rücktransformation und zur Bestimmung der Höhe z die Ebenengleichung $ax + by + cz = d$ bekannt sein, in der das Polygon liegt. Am einfachsten ermittelt sich der Höhenwert eines Punktes, wenn eine Parallelprojektion entlang der z–Achse vorliegt. Unser Bild zeigt eine Momentaufnahme zur Anwendung des Warnock–Algorithmus auf eine Szene die aus einem Zylinder mit Streifenmuster und zwei schneidenden Teilebenen besteht. Wir erkennen deutlich, daß die Unterteilung in der Nähe schräger begrenzender Geradenstücke bis auf Pixelgröße erfolgt. Auf der Buch–CD befindet sich hierzu ein Pascal–Programm.

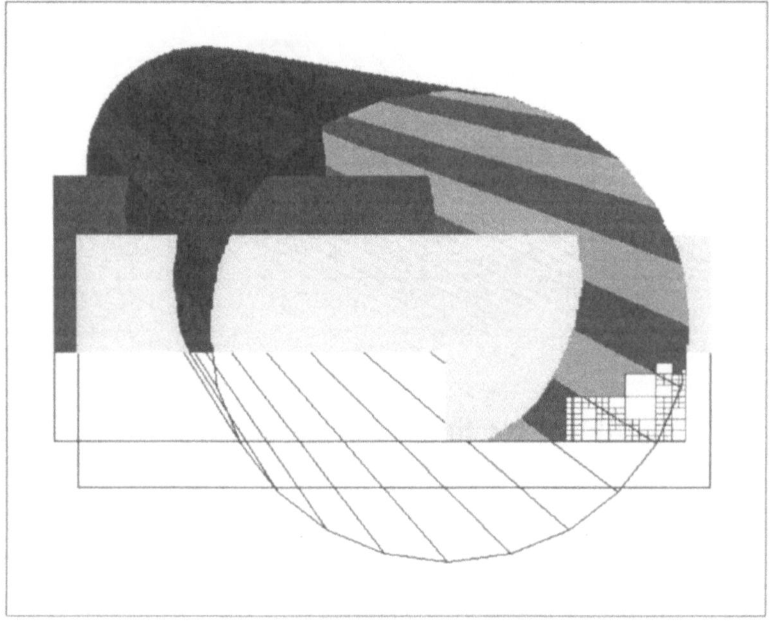

Bild 13.17: Zwischenergebnis zum Warnock–Algorithmus

Verbesserte Versionen des Warnock–Algorithmus lassen variable Aufteilungen der polygonalen Fenster an den Begrenzungskanten der Polygone zu und sortieren die Polyeder geeignet vor.

Ein Vergleich der Leistungsfähigkeit der Algorithmen, wie es in Th. Rauber [202] nach Auswertung der Literatur geschieht, ergibt, daß die Scanlinienverfahren kombiniert mit einer Tiefenstaffelung für kleinere und mittlere Szenengrößen bis zu 5000 Oberflächen die besten Ergebnisse liefern, während der z–Buffer Algorithmus für große Szenen mit vielen kleinen Flächen optimal ist. Hier kann auch effiziente Hardwareunterstützung eingesetzt werden.

13.4 Aufgaben

Aufgabe 13.1
Vervollständigen Sie die Programmsegmente 13.1 und 13.2 zu einem lauffähigen Programm, welches das Drahtmodell der Fläche: $z = 2 \cdot \exp(x + y)$ über dem Rechteck $x \in [-5, 0]$, $y \in [-5, 0]$ zeichnet.
Realisieren Sie die Prozedur `line` mit vorhandenen Graphikroutinen und verwenden Sie die Projektionen:
`XSCREEN := round(X0 + Sx * (x - 0.6 * y))`, (X0,Y0) Bildschirmmittelpunkt,

`YSCREEN := round(Y0 + Sy * (0.5 * x + 0.3 * y + z))`, Sx, Sy Skalierfaktoren.
Das Ergebnis ist in Bild 13.18 dargestellt.

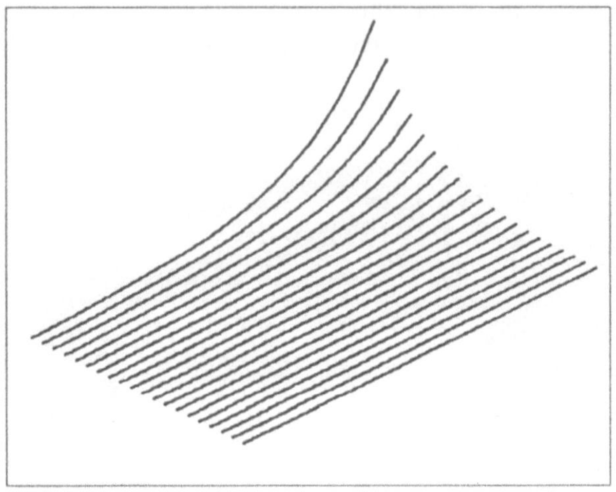

Bild 13.18: Ergebnis der Aufgabe 13.1

Aufgabe 13.2

Erweitern Sie das Programm aus Aufgabe 13.1 in der folgenden Weise:

1) Ergänzen Sie die Felder `UG`, `OG` wie auf Seite 259 beschrieben.
2) Überprüfen Sie in der Prozedur `pixel` mit Hilfe der Felder aus 1) die Sichtbarkeit eines Punktes und zeichnen Sie ihn gegebenenfalls.
3) Besetzen Sie die Felder `UG` und `OG` so, daß aus der Mitte des Bildschirms ein quadratisches Feld als verdeckt gekennzeichnet wird.
4) Starten Sie nach diesen Erweiterungen das Programm und überprüfen Sie, daß der markierte Bereich korrekt berücksichtigt wird.

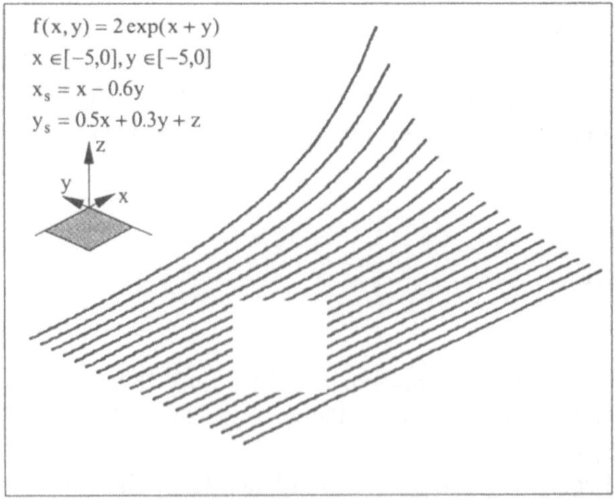

Bild 13.19: Ergebnis der Aufgabe 13.2

Das Ergebnis von Aufgabe 13.2 ist in Bild 13.19 dargestellt. Wie wir an dieser Aufgabe sehen, können wir die verwendeten Ideen zum Beispiel benutzen, um zwei Bilder ineinander zu kopieren.

Aufgabe 13.3
Realisieren Sie das Konzept zur Bestimmung der sichtbaren Linien wie auf Seite 260 beschrieben und stellen Sie damit die Fläche $z = f(x,y) = c \cdot \cos(r)/(1 + r)$ über dem Rechteck $x \in [-10, 10]$, $y \in [-10, 10]$ dar. Es sollte sich das Bild 13.20 ergeben.

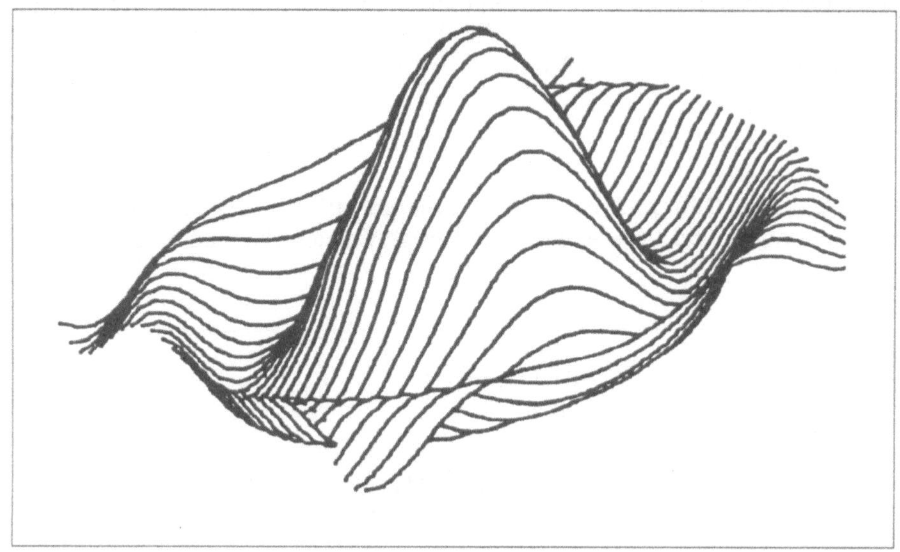

Bild 13.20: Implementation des Sichtbarkeitstests

Aufgabe 13.4
Realisieren Sie das Konzept zur verzögerten Anpassung des Verdeckungsbereiches (vgl. Bild 13.6).
Anleitung: Wenn die Prozedur `line`, die die Punkte erzeugt, einen Punkt mit einer neuen x–Koordinate X1 erzeugt, kopieren Sie die Werte UG[X1], OG[X1] in zwei temporäre Variable UGTMP und OGTMP. Solange im weiteren Verlauf Punkte mit dieser x–Koordinate erzeugt werden, überprüfen Sie die Sichtbarkeit anhand der Werte von UG[X1] und OG[X1]. Zur Anpassung der Sichtbarkeitsgrenzen benutzen Sie aber die temporären Variablen UGTMP und OGTMP. Erst wenn ein Punkt (X2,Y2) mit einer neuen x–Koordinate X2 erzeugt wird, kopieren Sie die neuen Grenzen aus den temporären Variablen nach UG[X1], OG[X1].

Aufgabe 13.5
Vervollständigen Sie das Programm aus Aufgabe 13.4, so daß es die Ränder zeichnet (vgl. Bild 13.7).

Aufgabe 13.6 (Floating Horizon–Algorithmus)
Was passiert, wenn wir nur das Feld OG[X] realisieren? Welche Darstellungsform erhalten wir?

Aufgabe 13.7 (für Spezialisten)
Programmieren Sie die Kernroutinen `line` und `pixel` des vorgestellten Hidden Line–

Verfahrens in Assembler– bzw. Maschinensprache.

Aufgabe 13.8
Passen Sie das in den bisherigen Aufgaben erstellte Programm für einen Plotter an.

Aufgabe 13.9
Realisieren Sie die einfache Form des Crosshatchings und suchen Sie eine Fläche, bei der die erwähnte Unkorrektheit deutlich zutage tritt.

Aufgabe 13.10
Zeichnen Sie die in Aufgabe 13.9 gefundene Fläche unter Benutzung der Routinen `pixel` und `line`, indem Sie das Gitternetz in der Weise erzeugen, wie es durch Bild 13.10 angedeutet wird (Numerierung der Punkte!). Ist das Ergebnis besser?

Aufgabe 13.11
Erstellen Sie ein Bild der Fläche, die durch Rotation der Kurve $y = 1.75 + \cos z$, $z \in [0, 4]$, um die z–Achse entsteht.
Anleitung (vergleiche Bild 13.21b): Zeichnen Sie das Bild in der skizzierten Lage und erstellen Sie die obere und untere Hälfte getrennt. Wählen Sie eine entsprechende Projektion.

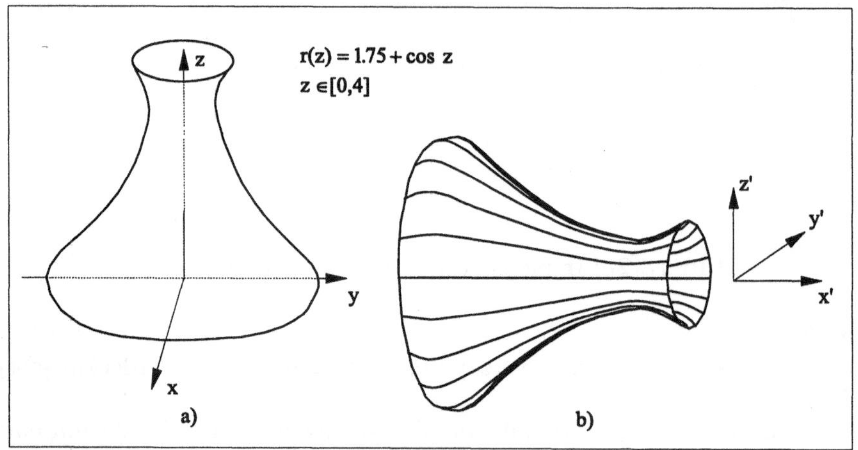

Bild 13.21: Drehkörper

Aufgabe 13.12
Bei der Entscheidungsfindung im Warnock–Algorithmus wird u.a. festgestellt, ob eine Fensterecke im Polygon enthalten ist. Schreiben Sie die Funktion

```
type
  eck_ptr = ^eck_liste;
  eck_liste = record
    x, y : integer;
    next : eck_ptr;
  end;
function in_polygon (polygon : eck_ptr; xl, yo : integer) : boolean;
```

die TRUE liefert, wenn (x_l, y_o) innerhalb des Polygons liegt. (Der letzte Punkt in `polygon` ist gleich dem ersten, so daß das Polygon automatisch geschlossen ist.)

14 Oberflächen im Raum

In diesem Kapitel diskutieren wir Flächen zweiter Ordnung und dann allgemeiner die Eigenschaften gekrümmter Oberflächen wie Dreh– und Schraubflächen, die wiederum zum Aufbau von Objekten im Raum dienen können. Sodann stellen wir verschiedene Methoden zu ihrer Darstellung am Bildschirm vor. Ein ausführlich kommentiertes Beispiel und ein Blick auf die Anwendungen schließen das Kapitel ab.

14.1 Flächen zweiter Ordnung

Die Modellierung von Oberflächen spielt eine entscheidende Rolle in der industriellen Fertigungstechnik. Denken wir dabei an die Studien zur Verringerung des Luftwiderstands und zur Verbesserung des Crashverhaltens durch besondere Formgebung im Automobilbau. Zur Beschreibung der Oberflächen bieten sich zwei Ansätze an. Wir können eine analytische Funktion vorgeben und dann die hierdurch beschriebene Oberfläche klassifizieren, diskutieren und skizzieren. Der umgekehrte Weg besteht darin, eine Oberfläche mittels Leitpunktmenge und Glattheitsvoraussetzungen wie Stetigkeit oder Differenzierbarkeit festzulegen. Danach können wir zum Beispiel die Fläche näherungsweise aus Ebenenstücken aufbauen, die die Leitpunkte enthalten und stetig aneinandergrenzen. Es ist aber auch eine Spline–Approximation mit gekrümmten Flächenstücken denkbar (vgl. Kapitel 5). Obwohl dieser Weg der wichtigere ist, wollen wir zunächst einfache Flächen, Körper und ihre Eigenschaften kennenlernen. Sie sollen dann als Bausteine komplizierterer Strukturen dienen.

Da sind zunächst die Ebenen E im dreidimensionalen Raum, die wir in Kapitel 10 diskutiert haben und die sich in Parameterform

$$E : \mathbf{x}(u, v) = \mathbf{c} + u\mathbf{a} + v\mathbf{b},$$

u, v reell, $\mathbf{a}, \mathbf{b}$ linear unabhängige Einheitsvektoren, beschreiben lassen. Dabei führt der Vektor $\mathbf{c}$ vom Nullpunkt in die Ebene, die von den linear unabhängigen Vektoren $\mathbf{a}$ und $\mathbf{b}$ aufgespannt wird. Eine andere wichtige Darstellungsmöglichkeit ist die Hessesche Normalform $(\mathbf{n}, \mathbf{x} - \mathbf{c}) = 0$, $\mathbf{n} = \mathbf{a} \times \mathbf{b}$.

Nach den Ebenen wollen wir uns nun den Flächen F zweiter Ordnung zuwenden. Hier treten die Koordinaten x_1, x_2 und x_3 des Ortsvektors $\mathbf{x}$ und ihre Kombinationen in der beschreibenden Gleichung $h(x_1, x_2, x_3) = 0$ nur bis zur zweiten Potenz auf:

$$F : (\mathbf{x}, \mathbf{A}\mathbf{x}) + 2(\mathbf{b}, \mathbf{x}) + d = 0, \quad \text{mit} \tag{14.1}$$

$\mathbf{A}$ symmetrische 3×3–Matrix, $\mathbf{b}$ reeller Vektor und d reeller Skalar.

Wir können unter Einsatz von homogenen Koordinaten und mit der üblichen Setzung $x_4 = 1$ auch eine symmetrische 4×4–Matrix $\mathbf{A}$ verwenden. Dazu fügen wir den Vektor (b_1, b_2, b_3, d) an und schreiben direkt

$$F : (\mathbf{x}, \mathbf{A}\mathbf{x}) = 0. \tag{14.2}$$

Transformieren wir die Form (14.2) durch eine orthogonale Koordinatentransformation auf Hauptachsen, indem wir die Eigenwerte λ_i als Nullstellen des charakteristischen Polynoms $\det(\mathbf{A} - \lambda \cdot \mathbf{E})$ und die auf Länge Eins normierten Eigenvektoren $\mathbf{t}_i$, $i = 1, 2, 3$, als Lösungen des Gleichungssystems $\mathbf{A}\mathbf{t}_i = \lambda_i\mathbf{t}_i$ bestimmen, so geht (14.1) mit den Setzungen

$$\mathbf{x} = (\mathbf{t}_1, \mathbf{t}_2, \mathbf{t}_3)\mathbf{u} = \mathbf{T}\mathbf{u}, \quad \mathbf{u} = \mathbf{T}^T\mathbf{x} \text{ und } \mathbf{T}^T\mathbf{A}\mathbf{T} = \mathbf{\Delta}$$

über in

$$
\begin{aligned}
F: \quad & (\mathbf{u}, \mathbf{\Delta}\mathbf{u}) + 2(\mathbf{T}^T\mathbf{b}, \mathbf{u}) + d \\
& = \lambda_1 u_1^2 + \lambda_2 u_2^2 + \lambda_3 u_3^2 + 2\beta_1 u_1 + 2\beta_2 u_2 + 2\beta_3 u_3 + d = 0. \quad (14.3)
\end{aligned}
$$

Verschwindet keiner der Eigenwerte λ_i, so wird durch eine Translation $y_i = u_i + \beta_i/\lambda_i$ noch der lineare Term in u_i wegtransformiert, und wir erhalten in Analogie zum zweidimensionalen Fall je nach Vorzeichen der λ_i die folgenden nicht entarteten Flächen zweiter Ordnung:

Ellipsoid

$$\left(\frac{y_1}{a}\right)^2 + \left(\frac{y_2}{b}\right)^2 + \left(\frac{y_3}{c}\right)^2 = 1$$

(Ellipsoid mit den Halbachsen a, b, c)
Parameterdarstellung:

$$
\begin{aligned}
y_1 &= a\cos u \cos v \\
y_2 &= b\cos u \sin v \\
y_3 &= c\sin u \\
-\frac{\pi}{2} &\leq u \leq \frac{\pi}{2},\ 0 \leq v < 2\pi
\end{aligned}
$$

Beispiel: Melone

Einschaliges Hyperboloid

$$\left(\frac{y_1}{a}\right)^2 + \left(\frac{y_2}{b}\right)^2 - \left(\frac{y_3}{c}\right)^2 = 1$$

Parameterdarstellung:

$$
\begin{aligned}
y_1 &= a\cosh u \cos v \\
y_2 &= b\cosh u \sin v \\
y_3 &= c\sinh u \\
-\infty &< u < \infty,\ 0 \leq v < 2\pi
\end{aligned}
$$

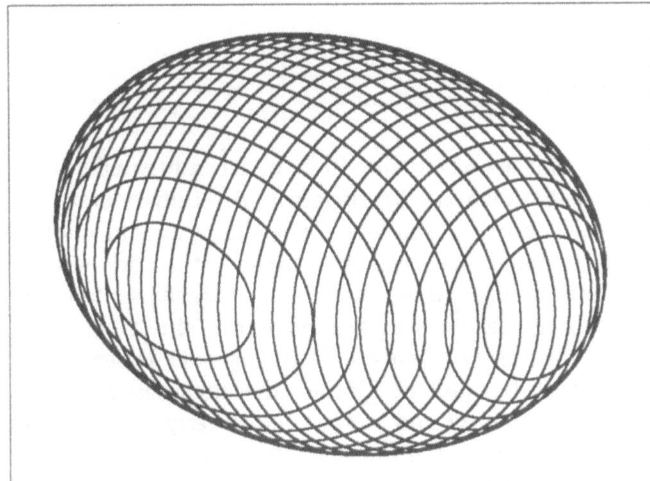

Bild 14.1: Ellipsoid

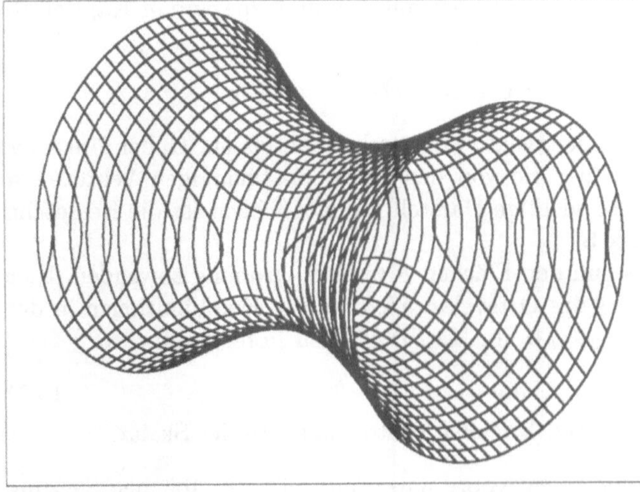

Bild 14.2: Einschaliges Hyperboloid

oder auch

$$y_1 = a(\cos u)^{-1} \cos v$$
$$y_2 = b(\cos u)^{-1} \sin v$$
$$y_3 = c \tan u$$
$$-\frac{\pi}{2} < u < \frac{\pi}{2}, \; 0 \leq v < 2\pi$$

Beispiel: Kühlturm

Zweischaliges Hyperboloid

$$-\left(\frac{y_1}{a}\right)^2 - \left(\frac{y_2}{b}\right)^2 + \left(\frac{y_3}{c}\right)^2 = 1$$

Parameterdarstellung:

$$y_1 = a \sinh u \cos v$$
$$y_2 = b \sinh u \sin v$$
$$y_3 = \pm c \cosh u$$
$$0 < u < \infty, \; 0 \leq v < 2\pi$$

oder auch

$$y_1 = a \tan u \cos v$$
$$y_2 = b \tan u \sin v$$
$$y_3 = \pm \frac{c}{\cos u}$$
$$0 \leq u < \frac{\pi}{2}, \; 0 \leq v < 2\pi$$

Elliptischer Kegel

$$\left(\frac{y_1}{a}\right)^2 + \left(\frac{y_2}{b}\right)^2 = \left(\frac{y_3}{c}\right)^2$$

Parameterdarstellung:

$$y_1 = au \cos v$$
$$y_2 = bu \sin v$$
$$y_3 = cu$$
$$-\infty < u < \infty, \; 0 \leq v < 2\pi$$

Beispiel: Zuckerhut

Die Namensbildung sehen wir leicht ein, wenn wir eine der Koordinaten $y_i = const.$

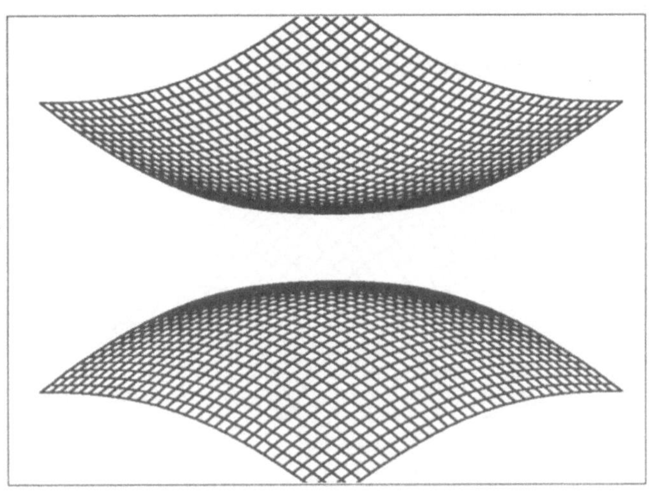

Bild 14.3: Zweischaliges Hyperboloid

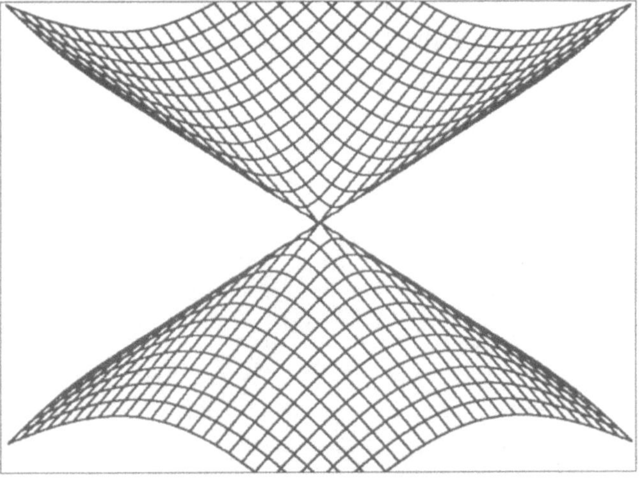

Bild 14.4: Kegel

setzen und die verbleibenden Schnittkurven identifizieren. Im Falle des zweischaligen Hyperboloids erhalten wir z.B. Hyperbeln beim Schnitt mit den Ebenen $y_1 = const.$ und $y_2 = const.$ und Ellipsen beim Schnitt mit $y_3 = const.$, wenn die Konstanten passend gewählt sind. Wir wollen noch den Fall $\lambda_3 = 0$ in (14.3) diskutieren. Dann finden wir wiederum nach einer Translation einen Paraboloiden.

Paraboloid

$$\left(\frac{y_1}{a}\right)^2 + \left(\frac{y_2}{b}\right)^2 - y_3 = 0$$

Parameterdarstellung:

$$y_1 = au \cos v$$
$$y_2 = bu \sin v$$
$$y_3 = u^2$$
$$0 < u < \infty,\ 0 \le v < 2\pi$$

Beispiel: Parabolantenne

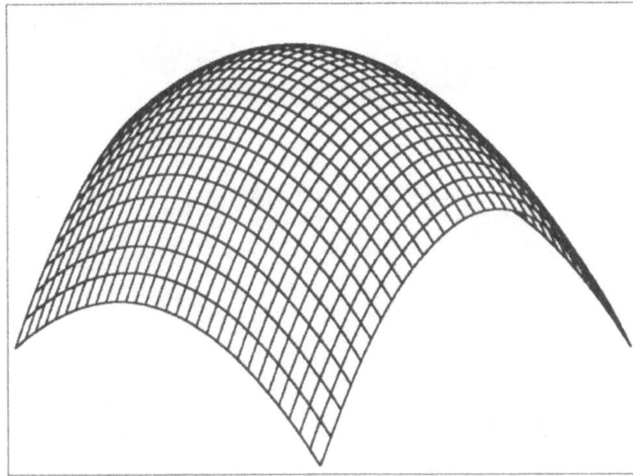

Bild 14.5: Paraboloid

Hyperbolisches Paraboloid

$$\left(\frac{y_1}{a}\right)^2 - \left(\frac{y_2}{b}\right)^2 - y_3 = 0$$

Parameterdarstellung:

$$y_1 = au$$
$$y_2 = bv$$
$$y_3 = u^2 - v^2$$
$$-\infty < u, v < \infty$$

oder auch

$$y_1 = au \cosh v$$
$$y_2 = bu \sinh v$$
$$y_3 = u^2$$
$$-\infty < u, v < \infty$$

bzw.

$$y_1 = au \sinh v$$
$$y_2 = bu \cosh v$$
$$y_3 = -u^2$$
$$-\infty < u, v < \infty$$

Beispiel: Sattelfläche

Die entarteten Fälle der Zylinder und Ebenen wollen wir beiseite lassen. Bild 14.7 zeigt einen Kreiszylinder, der ein Ellipsoid symmetrisch durchdringt. Deutlich wird bereits bei diesen Beispielen ein bedeutender Fundus an Grundflächen und Körpern zur Gestaltung und Zusammensetzung von Objekten. Bis auf eine Ausnahme handelt es sich hier um verallgemeinerte Drehflächen mit der Darstellung

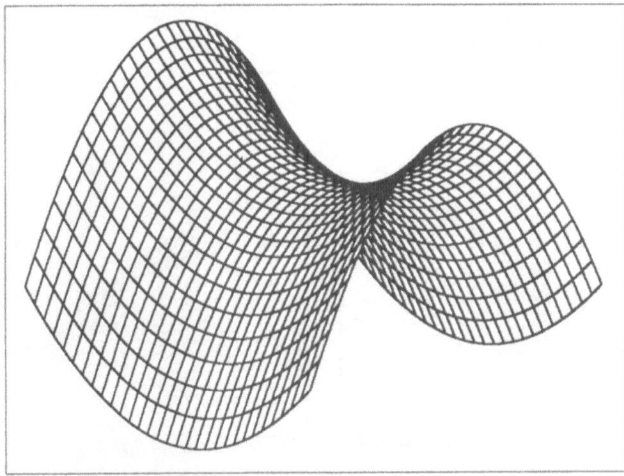

Bild 14.6: Hyperbolisches Paraboloid

$$y_1 = a \cdot r(u) \cdot \cos v,$$
$$y_2 = b \cdot r(u) \cdot \sin v,$$
$$y_3 = h(u),$$
$$u \in [\alpha, \beta], \ v \in [0, 2\pi)$$

Ist r global umkehrbar über $[\alpha, \beta]$, so kann die Fläche auch in folgender expliziter Form

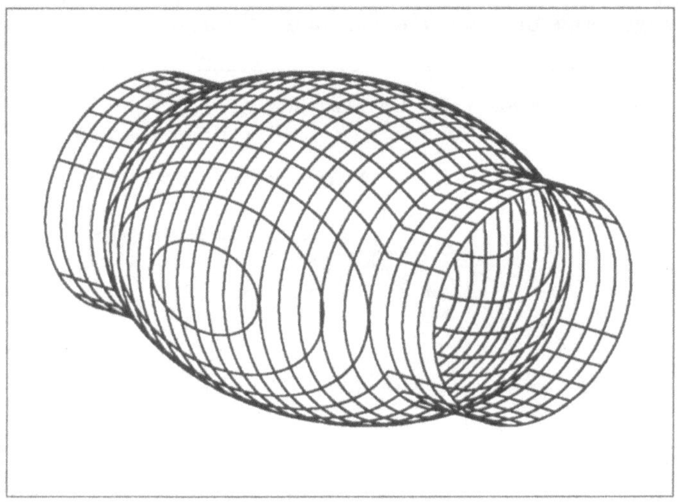

Bild 14.7: Ellipsoid und Zylinder

beschrieben werden

$$h\left(r^{-1}\left(\sqrt{\left(\frac{y_1}{a}\right)^2 + \left(\frac{y_2}{b}\right)^2}\right)\right) - y_3 = 0. \tag{14.4}$$

Giering und Seybold [98] geben leistungsfähige Basic–Programme zur Darstellung von Dreh– und auch allgemeinen Raumflächen mit Unterdrückung der verdeckten Bereiche an.

14.2 Allgemeine Flächenstücke im Raum

Sei ein Gebiet D der Ebene vorgegeben, über dem eine stetig differenzierbare, umkehrbar eindeutige Vektorfunktion $\mathbf{x} : D \to \mathbb{R}^3$ definiert sei mit

$$\mathbf{x}(\mathbf{u}) = (x_1(u_1, u_2), x_2(u_1, u_2), x_3(u_1, u_2))^T, \ \mathbf{u} \in D. \tag{14.5}$$

Das Bild dieser Vektorabbildung stellt dann ein zweidimensionales, glattes Flächenstück F im Raume dar mit der Parametrisierung $\mathbf{x}(\mathbf{u})$. Wir wollen annehmen, daß die Funktionaldeterminante der partiellen Ableitungen der x_i, $i = 1, 2$, größer Null ist:

$$\det\begin{pmatrix} x_{1|1} & x_{1|2} \\ x_{2|1} & x_{2|2} \end{pmatrix} > 0 \text{ in } D.$$

$x_1 = x_1(\mathbf{u})$ und $x_2(\mathbf{u})$ sollen nach u_1 und u_2 auflösbar sein. Dann haben wir für F die explizite Darstellung

$$F : (x_1, x_2, f(x_1, x_2))^T, \quad (x_1, x_2) \in D'. \tag{14.6}$$

Setzen wir nun zur Abkürzung $u = u_1$ und $v = u_2$. In jedem Punkt von D können wir mit Hilfe der partiellen Ableitungen die Tangentialvektoren $\mathbf{x}_{|u}$ und $\mathbf{x}_{|v}$ an das Flächenstück berechnen. Sie spannen die Tangentialebene im Punkte (u, v) auf (vgl. Bild 14.8). $\mathbf{n} := \mathbf{x}_{|u} \times \mathbf{x}_{|v}$ ist der zugehörige unnormierte Normalenvektor.

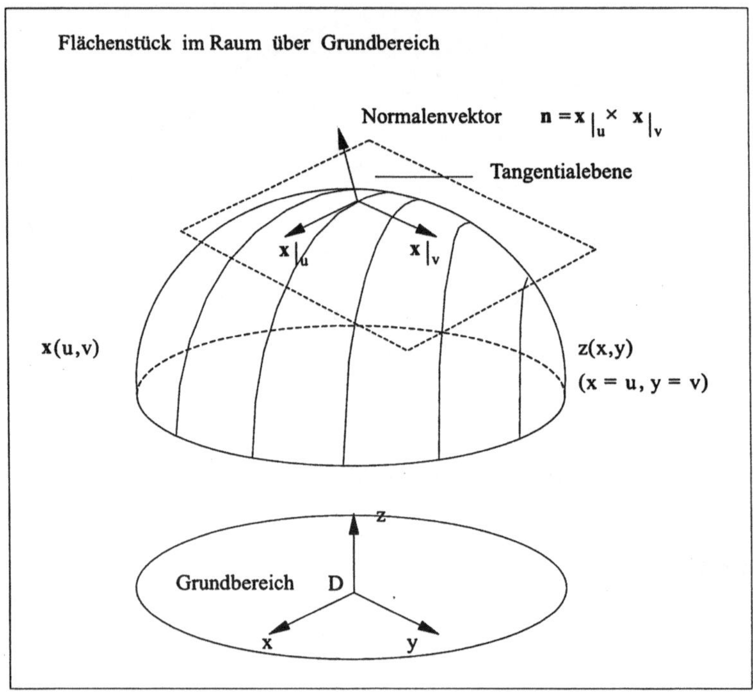

Bild 14.8: Flächenstück im Raum

Eine dritte Möglichkeit ist die implizite Darstellung in Form von

$$F : h(x_1, x_2, x_3) = 0, \tag{14.7}$$

soweit der Gradient **grad** h existiert, stetig ist und nicht verschwindet. Nehmen wir zu den Flächenstücken noch ihren Rand hinzu, so können wir mit ihrer Hilfe die verschiedenen Körper zusammensetzen. Dabei geht allerdings die umkehrbar eindeutige Zuordnung zwischen Oberfläche und Grundbereich verloren.

Studieren wir als Beispiel einen Torus mit Mittelpunkt im Ursprung. Seine explizite Darstellung nach (14.6) lautet, wenn wir abkürzend $x = x_1$, $y = x_2$ und $z = x_3$ setzen

$$T : \left(x, y, \pm\sqrt{b^2 - (r - a)^2}\right), \quad r^2 = x^2 + y^2. \tag{14.8}$$

Legen wir einen Schnitt $y = 0$, so bleiben zwei Kreise in der xz–Ebene mit den Mittelpunkten $(\pm a, 0)$ und den Radien b übrig (vgl. Bild 14.9). Der Torus kann somit als Drehfläche aufgefaßt werden, und eine andere Parameterdarstellung ist (vgl. (14.5))

$$x = (a + b\cos u)\cos v,$$
$$y = (a + b\cos u)\sin v,$$
$$z = b\sin u,$$
$$(u,v) \in [0,2\pi) \times [0,2\pi)$$

Daraus ergibt sich als implizite Gleichung (vgl. (14.8), (14.7), (14.4))

$$T : \left(\sqrt{x^2 + y^2} - a\right)^2 + z^2 - b^2 = 0.$$

Wir wollen die Lage eines Oberflächenstücks bezüglich seiner Tangentialebene in einer

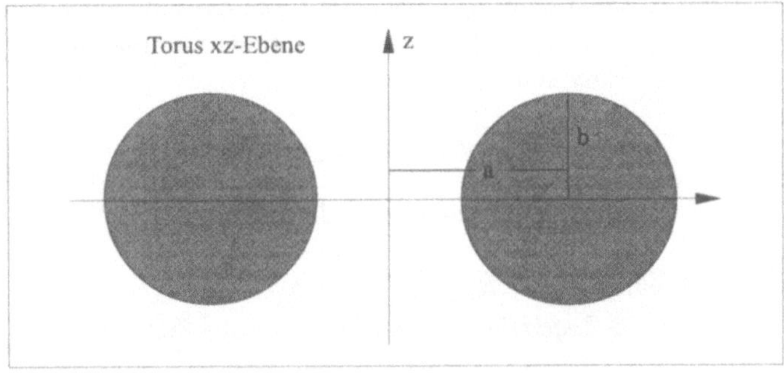

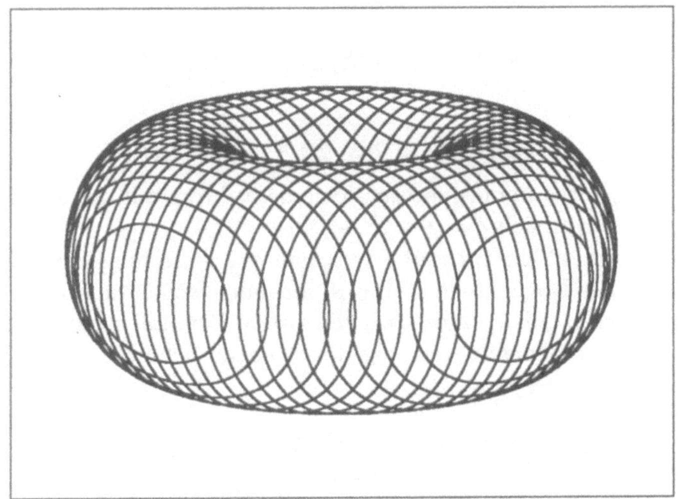

Bild 14.9: Torus

Umgebung des Punktes (x_0, y_0, z_0) noch etwas näher studieren. Dazu bedienen wir uns seiner expliziten Darstellung $z = f(x,y)$ und entwickeln f in eine Taylorreihe um (x_0, y_0):

$$f(x,y) = z_0 + p \cdot (x - x_0) + q \cdot (y - y_0)$$
$$+ \frac{r}{2} \cdot (x - x_0)^2 + s \cdot (x - x_0)(y - y_0) + \frac{t}{2} \cdot (y - y_0)^2 + \cdots$$
$$p = f_x(x_0, y_0), \quad q = f_y(x_0, y_0),$$
$$r = f_{xx}(x_0, y_0), \quad s = f_{xy}(x_0, y_0), \quad t = f_{yy}(x_0, y_0).$$

Die Differenz zwischen Flächenstück und Tangentialebene ist also in erster Näherung durch die quadratische Form

$$Q(x - x_0, y - y_0) = \frac{1}{2}(r \cdot (x - x_0)^2 + 2s \cdot (x - x_0)(y - y_0) + t \cdot (y - y_0)^2)$$

gegeben. Nun hilft uns unsere Diskussion der Kurven und Flächen zweiter Ordnung weiter. Ist die Determinante $rt - s^2$ größer Null, so hat F in erster Näherung das Aussehen eines elliptischen Paraboloids, das sich für $r > 0$ nach oben öffnet (Minimum), für $r < 0$ jedoch nach unten (Maximum); ist die Determinante kleiner Null, so ähnelt F der Sattelfläche eines hyperbolischen Paraboloids. Verschwindet die Determinante, so ist Q entartet und eine besondere Diskussion erforderlich.

Die oben eingeführten Ableitungen können auch dazu dienen, die Krümmungen eines Flächenstücks zu berechnen. Sei dazu das Flächenstück F zweimal stetig differenzierbar und eine Kurve C auf dem Flächenstück in der Form

$$C : (x(t), y(t), f(x(t), y(t)))^T$$

gegeben. Für die Länge ihres Bogenelements gilt dann

$$\begin{aligned} ds^2 &= g_{11}du^2 + 2g_{12}dudv + g_{22}dv^2 \\ &= (1 + p^2)dx^2 + 2pqdxdy + (1 + q^2)dy^2 \quad \text{(erste Fundamentalform)}. \end{aligned} \tag{14.9}$$

Erinnern wir daran, daß im Falle einer allgemeinen Parameterdarstellung $F : \mathbf{x}(u, v)$ hier

$$g_{11} = (\mathbf{x}_{|u}, \mathbf{x}_{|u}), \quad g_{12} = (\mathbf{x}_{|u}, \mathbf{x}_{|v}), \quad g_{22} = (\mathbf{x}_{|v}, \mathbf{x}_{|v})$$

zu setzen und

$$g := g_{11} \cdot g_{22} - g_{12} \cdot g_{12} = |\mathbf{x}_{|u} \times \mathbf{x}_{|v}|^2$$

das Quadrat der Länge des unnormierten Normalenvektors auf der Fläche ist. In kartesischen Koordinaten ergibt sich $g = 1 + p^2 + q^2$.

Berechnen wir nun das Skalarprodukt zwischen der Ableitung des Tangentialvektors $\mathbf{t}'$ der Kurve C nach der Bogenlänge s (Hauptnormalenvektor) und dem Flächennormalenvektor $\mathbf{n} = (\mathbf{x}_{|u} \times \mathbf{x}_{|v})/\sqrt{g}$, so finden wir die zweite Fundamentalform. Sie ist ein Maß für die Krümmung der Flächenkurven, die durch ebene Schnitte längs der durch $\mathbf{t}$ und $\mathbf{n}$ aufgespannten Ebene erzeugt werden:

$$\begin{aligned} (\mathbf{t}', \mathbf{n})ds^2 &= l_{11}du^2 + 2l_{12}dudv + l_{22}dv^2 \\ &= \frac{rdx^2 + 2sdxdy + tdy^2}{\sqrt{g}}. \end{aligned} \tag{14.10}$$

Wie oben ist im Falle einer allgemeinen Parameterdarstellung $F : \mathbf{x}(u, v)$ hier

$$l_{11} = (\mathbf{x}_{|u|u}, \mathbf{n}), \quad l_{12} = (\mathbf{x}_{|u|v}, \mathbf{n}), \quad l_{22} = (\mathbf{x}_{|v|v}, \mathbf{n})$$

zu setzen, und

$$l := l_{11} \cdot l_{22} - l_{12} \cdot l_{12}$$

ist die zugehörige Determinante. Definieren wir noch die gemischte Form

$$m := g_{11} \cdot l_{22} + l_{11} \cdot g_{22} - 2 \cdot g_{12} \cdot l_{12}.$$

Zur Berechnung der Hauptkrümmungen im Punkte (x_0, y_0) bestimmen wir nun die Extremwerte der zweiten Fundamentalform $(\mathbf{t'}, \mathbf{n})$ unter der Nebenbedingung, daß die erste Fundamentalform

$$(\mathbf{t}, \mathbf{t}) = g_{11} u'^2 + 2 g_{12} u' v' + g_{22} v'^2$$

bei beliebiger Parametrisierung den Wert eins besitzt. Dazu lösen wir einfach die Gleichung $\det(l_{ik} - k \cdot g_{ik}) = 0$ mit der Unbekannten k.

Ausrechnen ergibt

$$k^2 \cdot g - m \cdot k + l = 0, \quad k^2 - \frac{m}{g} k + \frac{l}{g} = (k - k_1)(k - k_2) = 0,$$

$$K := k_{max} \cdot k_{min} = \frac{l}{g}, \quad \text{(Gaußsche Krümmung)} \tag{14.11}$$

$$H := \frac{k_{max} + k_{min}}{2} = \frac{m}{2g}, \quad \text{(mittlere Krümmung)}.$$

Die Werte von g, l und m für den Spezialfall kartesischer Koordinaten sind:

$$g = 1 + p^2 + q^2, \quad l = \frac{rt - s^2}{g},$$

$$m = \frac{(1 + p^2)t + (1 + q^2)r - 2pqs}{\sqrt{g}}. \tag{14.12}$$

Eine wichtige Rolle in der konstruktiven Geometrie spielen nach [98] auch Umrisse einer Fläche.

Ein Flächenpunkt $\mathbf{P}$ heißt Umrißpunkt, wenn für den Sehstrahlvektor $\mathbf{s}$ und den Normalenvektor $\mathbf{n}$ die Gleichung $(\mathbf{s(P)}, \mathbf{n(P)}) = 0$ gilt. Der Sehstrahl ist demnach Flächentangente im Punkte $\mathbf{P}$. Alle diese Flächenpunkte bilden eine Raumkurve, den wahren Umriß der Fläche. Ihre Projektion ist der scheinbare Umriß der Fläche.

14.3 Oberflächendarstellungen durch NURBS

Da in modernen Graphikpaketen wie OpenGL und SGI–GL drei– und vierdimensionale rationale B–Spline–Flächen als Gestaltungselement angeboten werden, wollen wir angeben, wie die wichtigsten in diesem Kapitel diskutierten Oberflächen mit ihrer Hilfe konstruiert werden können. Dazu stützen wir uns auf die Darstellung von Les Piegl und W. Tiller [194], die in dem Buch von Hoschek und Lasser [122] zusammengefaßt ist.

Die Hauptidee besteht in der Einführung von Fernpunkten unter den vierdimensionalen homogenen Stützpunkten $\mathbf{P}_{ij} = (\beta_{ij} x_{ij}, \beta_{ij} y_{ij}, \beta_{ij} z_{ij}, \beta_{ij})^T$, $i = 0, \ldots, n$, $j = 0, \ldots, m$, bei denen die Gewichtsfaktoren β_{ij} Null sind. Während den Stützpunkten mit $\beta_{ij} \neq 0$ die kartesischen Koordinaten $\mathbf{p}_{ij} = (x_{ij}, y_{ij}, z_{ij})$ entsprechen, ordnen wir den Fernpunkten die Fernrichtungen $\hat{\mathbf{p}}_{ij} = (x_{ij}, y_{ij}, z_{ij})$ zu. In der Darstellungsformel für die dreidimensionale Bézierfläche werden die Fernpunkte $\mathbf{P}_{rs}$ nun dergestalt berücksichtigt, daß an Stelle der verschwindenden Anteile $\beta_{rs} \mathbf{p}_{rs} b_{n,r}(u) b_{m,s}(v)$ in den Summen des Zählers der Fernvektor $\hat{\mathbf{p}}_{rs} b_{n,r}(u) b_{m,s}(v)$ eingeführt wird, während der Term im Nenner verschwindet:

$$\mathbf{p}(u,v) = \frac{\displaystyle\sum_{i=0}^{n}\sum_{j=0}^{m}\beta_{ij}\mathbf{p}_{ij}b_{n,i}(u)b_{m,j}(v)}{\displaystyle\sum_{i=0}^{n}\sum_{j=0}^{m}\beta_{ij}b_{n,i}(u)b_{m,j}(v)} + \frac{\hat{\mathbf{p}}_{r,s}b_{n,r}(u)b_{m,s}(v)}{\displaystyle\sum_{i=0}^{n}\sum_{j=0}^{m}\beta_{ij}b_{n,i}(u)b_{m,j}(v)}, \quad 0 \le u,v \le 1.$$

$$(14.13)$$

Gibt es weitere Fernvektoren, so müssen die anderen Terme mit den Fernrichtungen genauso angefügt werden. Da beim Casteljau–Algorithmus die Anteile mit verschwindenden Gewichten mitgeführt werden müssen, sind sie auch hier in den Summen mitgeführt.

Betrachten wir zunächst einen halben Kreiszylinder mit Radius r und Höhe a und wählen die Polynomgrade 2 und 1 bzw. die Grade der B–Spline–Funktionen $N_{i,k}(u)$ und $N_{j,l}(v)$ mit $k = 3$ und $l = 2$ so, daß sie bei einem geeigneten Knotenvektoransatz $(0,0,0,1,1,1)$ und $(0,0,1,1)$ mit den Bézier–Funktionen $b_{2,i}(u)$ und $b_{1,j}(v)$ übereinstimmen, d.h. $n = 2$ und $m = 1$.

Zum Ziel führt der Aufruf

```
bgnsurface();
nurbssurface (6, {0,0,0,1,1,1}, 4, {0,0,1,1},
            sizeof(double)*8, sizeof(double)*4,
            (double*)cylinder, 3, 2, N_V3DR);
endsurface();
```

mit

```
cylinder[6][4] =
 {{ r, 0, 0, 1}, { r, 0, a, 1}, { 0, r, 0, 0},
  { 0, r, 0, 0}, {-r, 0, 0, 1}, {-r, 0, a, 1}};
```

Dabei bedeutet `N_V3DR` die Benutzung homogener Koordinaten.

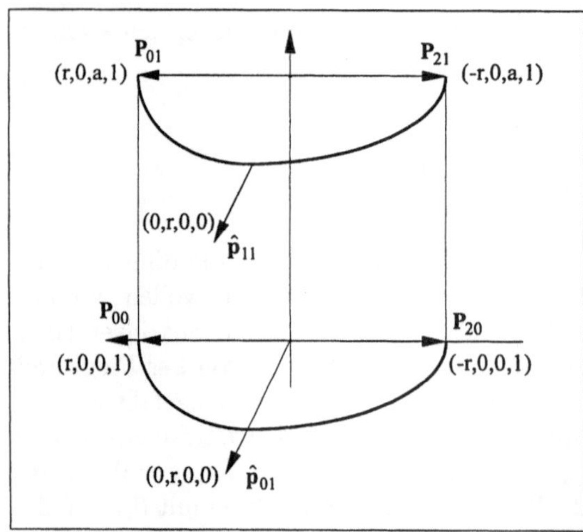

Bild 14.10: Halbzylinder

Der Halbzylinder kann durch einen erneuten Aufruf mit den Fernvektoren $\hat{\mathbf{p}}_{01} = \hat{\mathbf{p}}_{11} = (0, -r, 0, 0)$ und Vertauschung der Durchlaufreihenfolge zu einem vollen Zylinder ergänzt werden. Weiterhin sind durch Ähnlichkeitsabbildungen auch elliptische Zylinder erstellbar.

Kommen wir zur Konstruktion einer Torusschale. Hier ist in beiden Richtungen der Polynomgrad zwei und damit die Wahl $k = l = 3$ erforderlich. Wir werden die vier Stützpunkte und fünf Fernrichtungen explizit angeben und mit dem gleichen Knotenvektor $(0,0,0,1,1,1)$ arbeiten. Der innere Radius sei a, der Schlauchradius r. Durch Umorientierung der Fernvektoren sind auch das Innere der Halbschale und die hintere Hälfte konstruierbar, so daß sich mit vier Aufrufen und der Annahme $a > r$ der gesamte Torus ergibt. Auch hier bringt die Verwendung des z–Buffers sofort nur die sichtbaren Flächen zur Darstellung, und durch Hinzufügung geeigneter Lichtquellen und Oberflächenmerkmale entsteht eine realistische

Szene. Mit

```
torus[9][4] = {{0,-a,-r, 1}, {a, 0, 0, 0}, {0, a,-r, 1},
               {0,-r, 0, 0}, {r, 0, 0, 0}, {0, r, 0, 0},
               {0,-a, r, 1}, {a, 0, 0, 0}, {0, a, r, 1}};
```

führt der Aufruf

```
bgnsurface();
nurbssurface(6, {0,0,0,1,1,1}, 6, {0,0,0,1,1,1}, sizeof(double)*4,
          sizeof(double)*12, (double*)torus, 3, 3, N_V3DR);
endsurface();
```

zum Zeichnen des äußeren Torusviertels.

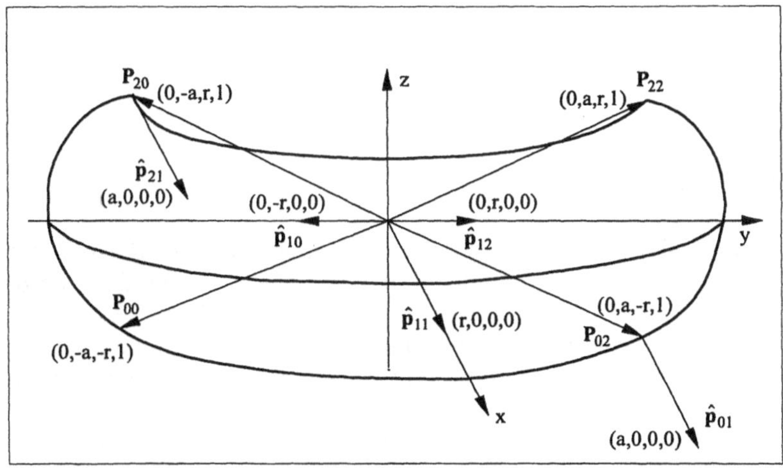

Bild 14.11: Torusschale

Kehren wir $\hat{p}_{01}, \hat{p}_{11}, \hat{p}_{21}$ in $-\hat{p}_{01}, -\hat{p}_{11}, -\hat{p}_{21}$ um, so erhalten wir das rückseitige äußere Viertel, wechseln wir in $\hat{p}_{10}, \hat{p}_{11}, \hat{p}_{12}$ das Vorzeichen von r, so das Innere; zusätzlich sind im Aufruf die Parameter 5 und 6 zu vertauschen oder die Matrix zu transponieren, um die Fläche für eine Farbgebung und Ausleuchtung richtig zu orientieren. Strebt a gegen 0, so erhalten wir eine Kugel.

Kommen wir nun noch auf eine Rotationsfläche mit Rotationsachse z zu sprechen. Hier können die gleichen Knotenvektoren verwendet werden, allerdings nehmen wir für den Anfangspunkt der zu drehenden Kurve den Punkt $(0, -r, 0)$ an, für den Endpunkt jedoch $(0, a, b)$. Dann ist noch ein Formfaktor c für die vierte Koordinate vonnöten, den wir bereits in der Form $\cos\phi$ bei der Herleitung der Kegelschnitte als rationale Bézier–Kurven zweiter Ordnung in Kapitel 5 kennengelernt haben. Wir benutzen dann die folgende Leitpunktmatrix zum Aufruf eines Drehflächenstücks:

```
drehflaeche[9][4] = {{0, -r, 0, 1}, {r, 0, 0, 0}, {0, r, 0, 1},
               {0, -r*c, b*c, c}, {r*c, 0, 0, 0}, {0, r*c, b*c, c},
               {0, -a, b, 1}, {a, 0, 0, 0}, {0, a, b, 1}};
```

Auch hier kann wiederum die Rückseite durch Umorientierung der Fernvektoren erzeugt werden.

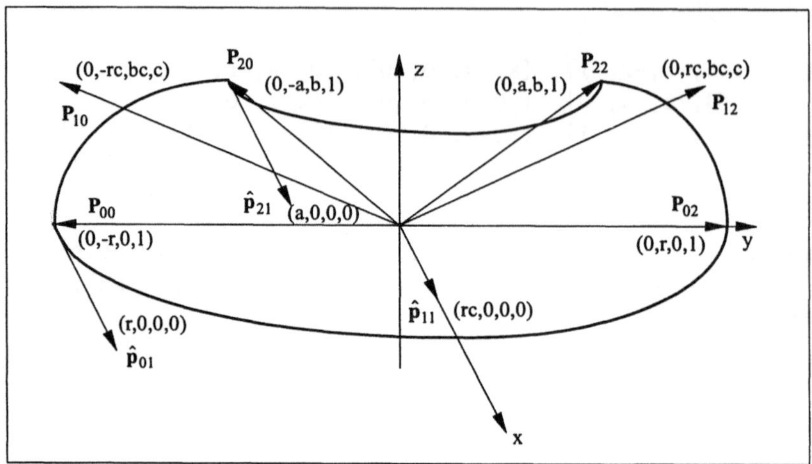

Bild 14.12: Drehfläche

14.4 Flächendarstellungen

Wir haben bereits einige Methoden diskutiert, Flächen, die zum Beispiel mittels einer
Funktion $z = f(x,y)$ über einer Teilmenge der xy–Ebene beschrieben werden, in der
Ebene anschaulich darzustellen. Dabei spielt die Farbe als dritte Dimension eine entscheidende Rolle: Entsprechend dem Funktionswert wird jedem Punkt (x,y) ein Farbton
zugeordnet. Eine andere Möglichkeit besteht darin, die Höhenlinien $f(x,y) = const.$
in der xy–Ebene zu zeichnen und sie gegebenenfalls mit den zugehörigen Werten der
Konstanten zu markieren. Diese 2D–Methoden bringen ohne großen Aufwand durchaus
anschauliche Resultate. Nunmehr stehen uns jedoch die programmtechnischen Mittel der
3D–Darstellung von Funktionsflächen aus Kapitel 13 zur Verfügung. Ein lauffähiges Pas-
calprogramm für IBM–kompatible Rechner befindet sich zum Beispiel auch in Beaufils
und Luther [23] und auf der Buch–CD. Im allgemeinen werden zur Veranschaulichung
des Flächenverlaufes die Kurven $f(c,y)$ und $f(x,d)$ für verschiedene Konstanten c und
d über einem Grundbereich der xy–Ebene perspektivisch im Gitternetz mit einer Unterdrückung der verdeckten Linien dargestellt. Hier sind nun aber auch andere Ansätze
denkbar. Es können zum Beispiel die Höhenlinien oder Linien gleicher Krümmung gezeichnet werden. Es entsteht ein noch plastischeres Bild, wenn wir die Flächen zwischen
den Höhenlinien mit Farben aus einer Farbpalette ausfüllen. Dabei kann eine Stufung von
Hell nach Dunkel oder umgekehrt zur Charakterisierung der absoluten Höhe eingesetzt
werden. Der einzige etwas heikle Punkt ist, in die Zwischengebiete zu treffen, um den
Füllalgorithmus mit dem entsprechenden Muster oder der Farbe ablaufen zu lassen. Es
kann jedoch der Startpunkt einer Höhenlinie für eine Zwischenhöhe verwendet werden.
Wesentlich schwieriger ist es, dieselbe Idee bei der Gitternetzdarstellung über der xy–
Ebene einzusetzen. Hier entspricht einem Rechteck in der Ebene ein von im allgemeinen
vier Bögen begrenztes, gekrümmtes und gedrehtes Flächenelement. Zur Anwendung eines Füllalgorithmus ist es absolut erforderlich, in das Element hineinzutreffen und einen
Punkt mit der Hintergrundfarbe anzugeben. Nähern wir uns jedoch der Grenze des Sicht-
barkeitsbereiches oder stark gekrümmten konvexen oder konkaven Flächenabschnitten,
so ist diese Aufgabe kaum zu lösen.
Hier werden wir einfacher mit Dreieckspflasterungen arbeiten oder im 3D–Zeichenpro-

gramm die Liniendichte auf der Fläche über dem Gitternetz der xy–Ebene so groß wählen und die Schrittweite so weit verkleinern, daß alle Flächenpunkte eingefärbt werden. Die Farbe richtet sich dabei nach einer wohldefinierten Funktionsvorschrift.

In Beck, Farouki und Hinds [25] werden weitere, verfeinerte Methoden zur Veranschaulichung von Flächen und ihrem Verlauf vorgestellt, die jedoch zum Teil sehr rechenintensiv sind: Statt eines Gitternetzes und der Höhenlinien können wir auch Kurven gleicher Krümmung oder Geodäten kennzeichnen.

Wir wollen nun etwas ausführlicher am Beispiel des Torus die verschiedenen Möglichkeiten der Flächendarstellung im $\mathbb{R}^3$ erläutern. Dazu gehen wir von seiner Gleichung (14.8) aus (vgl. Bild 14.9):

$$z(x,y) = \pm\sqrt{b^2 - (r-a)^2}, \quad r^2 = \sqrt{x^2 + y^2}$$

Im Schnitt der xz–Ebene erkennen wir zwei Kreise mit Mittelpunkt $(\pm a, 0)$ und Radius b. Der Torus entsteht, indem wir einen der Kreise um die z–Achse rotieren lassen. Die Höhenlinien sind offensichtlich durch die Gleichung $r = const.$ gegeben. In vektorieller Form kann jeder Punkt auf dem Torus dargestellt werden als $u(x,y) = (x,y,z(x,y))^T$. Partielle Differentiation nach x und y ergibt zwei Tangentialvektoren, die die Tangentialebene aufspannen. Ihr Vektorprodukt steht dann senkrecht auf dieser Ebene und kann nach Normierung als Normalenvektor Verwendung finden: $\mathbf{n} = (\mathbf{u}_{|x} \times \mathbf{u}_{|y})/|\mathbf{u}_{|x} \times \mathbf{u}_{|y}|$. Setzen wir zur Abkürzung wie in Abschnitt 14.3 Formeln (14.9) – (14.12)

$$p = z_x, \quad q = z_y, \quad g = 1 + p^2 + q^2 = |\mathbf{u}_{|x} \times \mathbf{u}_{|y}|^2$$

so finden wir

Bild **14.13**: Torusdarstellung mit Zonen gleicher Krümmung

$$\mathbf{u}_{|x} = \left(1,\, 0,\, -\frac{x}{z}\left(1 - \frac{a}{r}\right)\right)^T, \quad \mathbf{u}_{|y} = \left(0,\, 1,\, -\frac{y}{z}\left(1 - \frac{a}{r}\right)\right)^T,$$

$$\mathbf{n} = \left(\frac{x}{b}\left(1 - \frac{a}{r}\right),\, \frac{y}{b}\left(1 - \frac{a}{r}\right),\, \frac{z}{b}\right)^T.$$

Der Normalenvektor steht senkrecht auf der Torusfläche und zeigt ins Äußere. Wir notieren noch zwei nützliche Beziehungen:

$$g = \frac{b^2}{z^2}, \quad (xp + yq)^2 = (r - a)^2 \left(\frac{r}{z}\right)^2.$$

Wie schon vorher gesagt, kann es durchaus von Interesse sein, Verlauf und Eigenschaften einer Fläche im Raum durch Darstellung der Kurven gleicher Krümmung plastisch augenfällig zu machen. Es kommen hierbei die Gaußsche Krümmung K als Produkt und die mittlere Krümmung H als arithmetisches Mittel der maximalen und minimalen Krümmungen k_M und k_m in Frage, die nunmehr für den Fall unseres Torus berechnet werden sollen. Es gilt, wie in (14.12) hergeleitet:

$$K = \frac{z_{xx}z_{yy} - z_{xy}^2}{g^2}$$

$$H = \frac{z_{xx}(1 + q^2) + z_{yy}(1 + p^2) - 2z_{xy}pq}{2g^{3/2}}.$$

Zunächst differenzieren wir noch einmal:

$$z_{xx} = -\frac{1}{z}\left(1 - \frac{a}{r}\right) - \frac{ax^2}{r^3 z} + \frac{xp}{z^2}\left(1 - \frac{a}{r}\right) = -\frac{1}{z}\left(1 + p^2 - \frac{ay^2}{r^3}\right).$$

Genauso ergibt sich

$$z_{yy} = -\frac{1}{z}\left(1 + q^2 - \frac{ax^2}{r}\right), \quad z_{xy} = -\frac{1}{z}\left(pq + \frac{axy}{r^3}\right),$$

und schließlich finden wir

$$K = \frac{1}{(gz)^2}\left(1 + p^2 + q^2 - \frac{a}{r} - (px + qy)^2\frac{a}{r^3}\right) = \frac{1}{(gz)^2}\left(1 - \frac{a}{r}\right)\left(\frac{b}{z}\right)^2 = \frac{1}{b^2}\left(1 - \frac{a}{r}\right).$$

Einsetzen der Größen p, q, z_{xx}, z_{yy} und z_{xy} in H ergibt dann

$$H = \frac{z^2}{2b^3}\left(\frac{a}{r} - 2(1 + p^2 + q^2) + (xp + yq)^2\frac{a}{r^3}\right)$$

$$= \frac{z^2}{2b^3}\left(\frac{a}{r}\left(1 + \frac{(r - a)^2}{z^2}\right) - 2\frac{b^2}{z^2}\right) = \frac{1}{b}\left(\frac{a}{2r} - 1\right).$$

Wie zu erwarten war, hängen auch die Krümmungen H und K nur von r ab. Das Ergebnis hätten wir unter Benutzung der minimalen und maximalen Krümmungen $k_m = -1/b$ und $k_M = k_m(1 - a/r)$ aus der Zeichnung schneller herleiten können. Unser Bild 14.13 zeigt den Torus unter Markierung von 64 Zonen gleicher Gaußscher Krümmung.

14.5   3D–Rekonstruktion

An anatomischen Instituten stellt sich das Problem, aus histologischen Gewebeschnitten auf die räumliche Struktur eines Organs zu schließen. Wie in H. Lotze [152] berichtet, geschieht das seit hundert Jahren mit einer Wachsplattenmethode und neuerdings auch mit Styroporplättchen. Dazu werden die Schnitte vom Objektträger auf millimeterstarke Platten aus Bienenwachs projiziert, ausgeschnitten und dann zusammengesetzt. In der letzten Zeit haben sich jedoch immer mehr Graphikpakete zur 3D–Rekonstruktion durchgesetzt. Dazu digitalisieren wir die Schnitte und setzen sie zu einem Drahtmodell zusammen, indem wir die Gitterpunkte durch geglättete Splinekurvenbögen verbinden (vgl. Kapitel 5). Zwanzig Schnitte erlauben oft schon Näherungen bis auf zwei Prozent Abweichung. Das fertige Modell kann dann gezoomt oder gedreht, es können sogar Bildsequenzen verschiedener Ansichten erstellt werden. Gegenüber den bekannten Styropormodellen erreichte H. Lotze so bei der Herstellung eine Zeitersparnis von 75%. Neuere Entwicklungen gestatten es, mit Hilfe der Computertomographie, wie in Natterer [172] dargestellt, sogar dreidimensionale Modelle der Organe lebender Patienten herzustellen. Bei der Operationsvorplanung sind seitdem realistische Simulationen möglich, bei kosmetischen Eingriffen kann dem Patienten schon das zu erwartende Resultat vorgeführt werden. Dabei zeigt es sich, daß nach Umwandlung eines Analogbildes in ein Digitalbild erhebliche Kontrastverbesserungen erreicht werden und so krankhafte Veränderungen wesentlich schneller zu erkennen sind. Unter– und Überbelichtungen können korrigiert werden, Aufklappungen, Wegblendungen, farbliche Differenzierungen und erleichterte Flächen– und Volumenbestimmungen spielen bei diesen neuen medizinischen Konzepten, die sich auf Methoden der Computergraphik stützen, eine wichtige Rolle.

In diesem Zusammenhang bietet es sich an, das Problem der Rekonstruktion dreidimensionaler Szenen aus Projektionen, wie sie bei Röntgenbildern entstehen, zu betrachten. Dazu stützen wir uns auf die Darstellung in Rogers und Adams [207]. Sei eine 4×4–Matrix vorgegeben, die eine perspektivische Transformation mit anschließender Projektion in die Ebene $z = 0$ bewirke. Wir benutzen homogene Koordinaten und schreiben

$$(su, sv, 0, s) = (x, y, z, 1)\mathbf{M}$$

bzw. in Koordinaten ausgeschrieben

$$m_{11}x + m_{21}y + m_{31}z + m_{41} = su$$
$$m_{12}x + m_{22}y + m_{32}z + m_{42} = sv$$
$$m_{14}x + m_{24}y + m_{34}z + m_{44} = s.$$

Wir setzen die letzte Zeile in die ersten beiden ein und erhalten so zwei Bestimmungsgleichungen, die die Transformationsmatrix und die Bild– und Urbildvektoren von Polyederecken wechselseitig in Beziehung zueinander setzen:

$$(m_{11} - m_{14}u)x + (m_{21} - m_{24}u)y + (m_{31} - m_{34}u)z = -(m_{41} - m_{44})$$
$$(m_{12} - m_{14}v)x + (m_{22} - m_{24}v)y + (m_{32} - m_{34}v)z = -(m_{42} - m_{44}).$$

Sind $\mathbf{M}$ und der Urbildvektor $\mathbf{x}$ bekannt, so können wir u und v unter der Voraussetzung der eindeutigen Lösbarkeit aus den zwei Gleichungen ermitteln. Fragen wir nun nach der Auflösbarkeit nach dem Urbildvektor $\mathbf{x}$ und setzen $\mathbf{M}$ und (u, v) als bekannt voraus. Dann ist das Gleichungssystem jedoch unterbestimmt, und wir müssen eine zweite Transformationsmatrix $\mathbf{M}'$ und den Bildvektor (u', v') zu Hilfe nehmen. Damit haben wir dann vier Gleichungen zur Bestimmung von nur drei Unbekannten zur Verfügung. Wegen Meß– und Auswertungsfehlern ist keine lineare Abhängigkeit zu erwarten. Daher kann nicht einfach eine der Gleichungen herausgestrichen werden, und das System ist überbestimmt, eine exakte Lösung also unmöglich. Wir nennen die neue 4×3–Koeffizientenmatrix $\mathbf{A}$, die rechte Seite $\mathbf{b}$ und suchen nun nach dem Urbild $\mathbf{x}$, das das euklidische Abstandsquadrat

$$d(\mathbf{x})^2 := (\mathbf{b} - \mathbf{A}\mathbf{x})^T(\mathbf{b} - \mathbf{A}\mathbf{x})$$

minimiert. Setzen wir **grad** $d(\mathbf{x}) = \mathbf{0}$, so ergibt sich das neue Gleichungssystem $\mathbf{A}^T\mathbf{A}\mathbf{x} = \mathbf{A}^T\mathbf{b}$ mit eindeutiger Lösbarkeit, wenn die Determinante $\det(\mathbf{A}^T\mathbf{A})$ von Null verschieden ist. Leider ist die Matrix $\mathbf{A}^T\mathbf{A}$ meist schlecht konditioniert, was die numerische Behandlung der Probleme erschwert.

Seien zum Schluß sechs Urbild– und sechs Bildpunkte x_i und u_i, $i = 1,\ldots,6$, vorgegeben. Dann müssen wir unsere beiden Bestimmungsgleichungen für alle Indizes i notieren und erhalten so ein Gleichungssystem für die zwölf unbekannten Koeffizienten $m_{11},\ldots,m_{41},m_{12},\ldots,m_{42},m_{14},\ldots,m_{44}$ der gesuchten Matrix $\mathbf{M}$. Auch hier sind Schwierigkeiten bei der numerischen Behandlung nicht auszuschließen.

Daher wollen wir die Diskussion noch etwas vertiefen und beziehen uns auf die Darstellung in [201]. Ausgehend von einem Weltkoordinatensystem mit den homogenen Koordinaten (x,y,z,w) wollen wir mit einer 3×4–Matrix $\mathbf{M}$ einen Punkt $\mathbf{P} = (x,y,z,w)$ mittels einer Perspektivtransformation auf den Bildpunkt $\mathbf{p}$ mit den affinen Koordinaten (u,v) abbilden:

$$u = \frac{m_{11}x + m_{12}y + m_{13}z + m_{14}w}{m_{31}x + m_{32}y + m_{33}z + m_{34}w}, \quad v = \frac{m_{21}x + m_{22}y + m_{23}z + m_{24}w}{m_{31}x + m_{32}y + m_{33}z + m_{34}w}.$$

Wir können diese Beziehungen als Bilinearformen schreiben:

$$(um_{31} - m_{11})\,x + (um_{32} - m_{12})\,y + (um_{33} - m_{13})\,z + (um_{34} - m_{14})\,w = 0,$$
$$(vm_{31} - m_{21})\,x + (vm_{32} - m_{22})\,y + (vm_{33} - m_{23})\,z + (vm_{34} - m_{24})\,w = 0.$$

Da die Projektionsmatrix nur bis auf eine 3D–Kollineation, das ist eine bijektive, strukturerhaltende Abbildung projektiver Räume (vgl. [188], S. 54), bestimmt ist, können wir eine Menge von fünf Punkten als eine 3D–projektive Basis vorgeben und die Rekonstruktion bezüglich dieser Basis vornehmen. Hier bieten sich das Tetraeder mit den Punkten $(1,0,0,0),(0,1,0,0),(0,0,1,0),(0,0,0,1)$ und der Einspunkt $(1,1,1,1)$ an, deren Bildpunkte mit (u_i,v_i), $i = 1,\ldots,5$, bezeichnet seien. Bringen wir diese Punkte und einen beliebigen Punkt $\mathbf{P}$ in die Bilinearformen ein, so ergeben sich die folgenden Beziehungen:

$$m_{1i} = u_i m_{3i}, \quad m_{2i} = v_i m_{3i}, \quad i = 1,\ldots,4,$$

$$\begin{pmatrix} u_5 - u_1 & u_5 - u_2 & u_5 - u_3 & u_5 - u_4 \\ v_5 - v_1 & v_5 - v_2 & v_5 - v_3 & v_5 - v_4 \\ (u - u_1)\cdot x & (u - u_2)\cdot y & (u - u_3)\cdot z & (u - u_4)\cdot w \\ (v - v_1)\cdot x & (v - v_2)\cdot y & (v - v_3)\cdot z & (v - v_4)\cdot w \end{pmatrix} \cdot \begin{pmatrix} m_{31} \\ m_{32} \\ m_{33} \\ m_{34} \end{pmatrix} = \begin{pmatrix} 0 \\ 0 \\ 0 \\ 0 \end{pmatrix}.$$

Eine nichttriviale Lösung existiert nur, wenn die Determinante des Systems verschwindet. Daher erhalten wir eine quadratische Gleichung in x,y,z,w. Insgesamt läßt sich $\mathbf{M}$ also aus der Kenntnis des sechsten Punktes $\mathbf{P}$ aus drei unkalibrierten Kameraaufnahmen mittels dreier Gleichungen für vier homogene oder drei nicht–homogene Variablen rekonstruieren. Ponce et al. [201] haben diesen Zugang implementiert und zeigen weiterhin für eine binoculare Rekonstruktion mit den unbekannten Matrizen $\mathbf{M}^1$ und $\mathbf{M}^2$ durch Diskussion der letzten beiden Gleichungen, die sie für zwei Sichten einer Szene in der Form

$$\begin{pmatrix} (u^1 - u_1^1)m_{31}^1 & (u^1 - u_2^1)m_{32}^1 & (u^1 - u_3^1)m_{33}^1 & (u^1 - u_4^1)m_{34}^1 \\ (v^1 - v_1^1)m_{31}^1 & (v^1 - v_2^1)m_{32}^1 & (v^1 - v_3^1)m_{33}^1 & (v^1 - v_4^1)m_{34}^1 \\ (u^2 - u_1^2)m_{31}^2 & (u^2 - u_2^2)m_{32}^2 & (u^2 - u_3^2)m_{33}^2 & (u^2 - u_4^2)m_{34}^2 \\ (v^2 - v_1^2)m_{31}^2 & (v^2 - v_2^2)m_{32}^2 & (v^2 - v_3^2)m_{33}^2 & (v^2 - v_4^2)m_{34}^2 \end{pmatrix} \cdot \begin{pmatrix} x \\ y \\ z \\ w \end{pmatrix} = \begin{pmatrix} 0 \\ 0 \\ 0 \\ 0 \end{pmatrix}$$

notieren, daß für jede Wahl von sieben Punktkorrespondenzen drei nichttriviale Lösungen existieren.

Betrachten wir nun statt zweier von verschiedenen Kameras aufgenommenen Bildern auch Bilder einer beweglichen Kamera mit festen Abbildungsparametern. Hier zeigen Ponce et al. [201] einen Zugang auf, mit dem die Vergrößerungsfaktoren k_u und k_v in beiden Koordinatenrichtungen bestimmt werden können. Selbstkalibrierung einer Kamera ist gerade in der Robotik und Computervision von entscheidender Bedeutung, wenn Verkehrszenen beurteilt und Roboterbewegungen kontrolliert werden sollen. Hartley [116] zeigt auf, daß mit drei Sichten vom selben Punkt aus aber bei verschiedener Orientierung der Kamera die Kalibrierungsmatrix berechnet werden kann. Dazu werden Korrespondenzen zwischen Punkten der verschiedenen Sichten ausgenutzt, aber keine Kenntnisse über die Orientierung. Wir zerlegen die Projektionsmatrix $\mathbf{M}$ in $\mathbf{K}(\mathbf{R}-\mathbf{R}\mathbf{t})$ mit der Rotationsmatrix $\mathbf{R}$ und dem Translationsvektor $\mathbf{t}$, die die Orientierung und den Mittelpunkt der Kamera bezüglich dem Weltkoordinatensystem angeben, und der Kalibrierungsmatrix $\mathbf{K}$ mit den Vergrößerungsfaktoren k_u und k_v, dem projizierten Mittelpunkt (p_u, p_v), der den fokalen Abstand $|\mathbf{f}|$ vom Kameramittelpunkt hat, und dem Scherungsfaktor σ :

$$\mathbf{K} = \begin{pmatrix} k_u & \sigma & p_u \\ 0 & k_v & p_v \\ 0 & 0 & 1 \end{pmatrix} .$$

Zur Erleichterung können wir $\mathbf{t} = \mathbf{0}$ annehmen und erhalten dann $\mathbf{u} = (u, v, s)^T = \mathbf{K}\mathbf{R}_j(x, y, z)^T$ für verschiedene Ausrichtungen der Kamera. Nehmen wir nun zwei Bilder mit Kameras j und i mit derselben Kalibrierungsmatrix $\mathbf{K}$ von einem Punkt aus auf, so existiert eine projektive Transformation $\mathbf{P}_j$ zwischen den Bildern, deren Matrix einer Rotationsmatrix mittels der oberen Dreiecksmatrix $\mathbf{K}$ ähnlich ist: $\mathbf{P}_j = \mathbf{K}\mathbf{R}_j\mathbf{R}_i^{-1}\mathbf{K}^{-1}$. Dabei kann die Matrix $\mathbf{R}_j\mathbf{R}_i^{-1}$ als relative Drehung der Kamera j bezüglich der Kamera i aufgefaßt werden. Haben wir nun eine Folge von sich überlappenden Bildern $B_0, B_1, \ldots, B_N$, $N \geq 2$, die alle vom selben Ort aus mit derselben Kamera verschieden orientiert aufgenommen wurden, so stellen wir Punktkorrespondenzen zwischen den Bildern her, ermitteln die projektiven Transformationen $\mathbf{P}_j$ von Bild B_0 zu Bild B_j und bestimmen eine obere Dreiecksmatrix $\mathbf{K}$ so, daß $\mathbf{K}^{-1}\mathbf{P}_j\mathbf{K} = \mathbf{R}_j$ für alle j eine Rotationsmatrix ist, die die Orientierung der j–ten Kamera bezüglich der nullten beschreibt. Dieser letzte Schritt wird im Artikel von Hartley [116] ausführlich beschrieben. Beispiele zeigen die Leistungsfähigkeit der Methode.

Nach diesen theoretischen Betrachtungen wollen wir noch zur Auswertung von Röntgenbildern Stellung nehmen. Hier kommt es bei der Durchdringung des Objekts durch einen Raumstrahl zu einer Schwächung der Intensität der elektromagnetischen Wellen in Abhängigkeit von der Materiedichte, die durch einen Grauwert modelliert werden kann. Teilen wir nun den würfelförmigen Raum in n kleine Würfel (Voxel) auf und numerieren diese durch, so ergibt sich ein Gleichungssystem $\mathbf{A}\mathbf{g} = \mathbf{b}$ für die Grauwerte g_j der Voxel, das mit Hilfe der Inzidenzmatrix

$$\mathbf{A} = (a_{ij}), \ i = 1, \ldots, s, \ j = 1, \ldots, n \text{ mit } a_{ij} = \begin{cases} 1, & \text{falls Strahl } j \text{ Voxel } i \text{ trifft} \\ 0, & \text{sonst} \end{cases}$$

und den Intensitäten $b_1, \ldots, b_s$ [178] der auftreffenden Strahlen gebildet wird.

Um nun die Grauwerte eindeutig bestimmen zu können, sind $s = n$ Messungen von Strahlen aus verschiedenen Richtungen so auszuführen, daß die Matrix $\mathbf{A}$ nicht singulär ist. Zusätzlich sind die Richtungen der Strahlen so zu variieren, daß das Gewebe gleichmäßig bestrahlt wird, damit keine Schäden entstehen. Lassen wir die Strahlen senkrecht auf die Ebene auftreffen, so kann die Dimension des Problems um eins reduziert und Projektionen auf parallele Geraden betrachtet werden. Hier hat es sich nun bewährt, Strahlen mit Steigungen $0, 1, 2, \ldots$, zu betrachten, um lineare Unabhängigkeit der entstehenden Gleichungen zu gewährleisten. Ein einfaches Beispiel für $3 \times 3 = 9$ Pixel einer Ebene führt mit den Steigungen $0, 1, 2$ auf ein Gleichungssystem $\mathbf{Ag} = \mathbf{b}$, das von oben nach unten sukzessive aufgelöst werden kann, wobei $\mathbf{A}$ wie folgt gegeben ist:

$$
\mathbf{A} = \begin{pmatrix}
1 & 0 & 0 & 0 & 0 & 0 & 0 & 0 & 0 \\
1 & 0 & 0 & 1 & 0 & 0 & 0 & 0 & 0 \\
0 & 1 & 0 & 1 & 0 & 0 & 1 & 0 & 0 \\
0 & 1 & 0 & 1 & 0 & 0 & 0 & 0 & 0 \\
0 & 0 & 1 & 0 & 1 & 0 & 1 & 0 & 0 \\
0 & 0 & 0 & 0 & 0 & 1 & 0 & 1 & 0 \\
1 & 1 & 1 & 0 & 0 & 0 & 0 & 0 & 0 \\
0 & 0 & 0 & 1 & 1 & 1 & 0 & 0 & 0 \\
0 & 0 & 0 & 0 & 0 & 0 & 1 & 1 & 1
\end{pmatrix}
$$

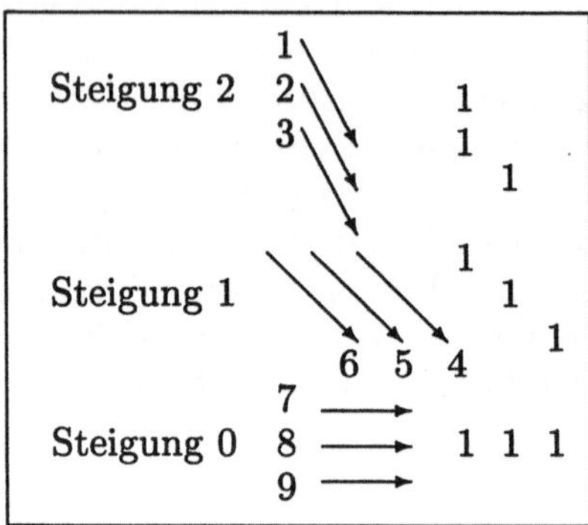

Bild 14.14a: Steigungsmuster

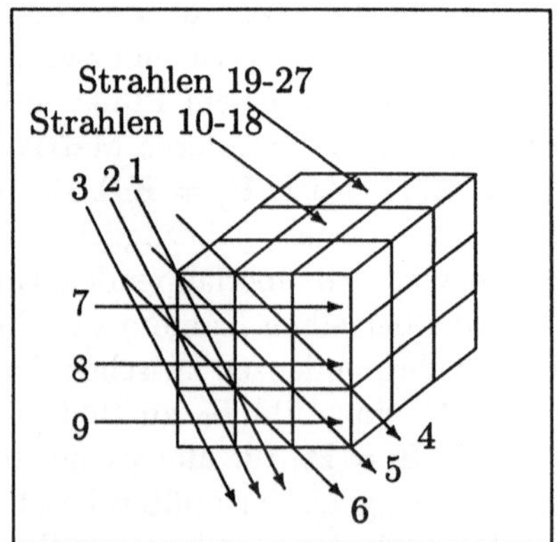

Bild 14.14b: Strahlenverlauf

Zugeordnete Untermatrizen
und Auflösungsfolge

1	2	3
4	5	6
7	8	9

Bild 14.14c: Untermatrizen

In Bild 14.14a sind die Steigungsmuster angegeben, mit der die Matrix $\mathbf{A}$ aufgebaut ist. Bild 14.14b zeigt den zugehörigen Strahlverlauf der 27 Strahlen und Bild 14.14c gibt die Auflösungsreihenfolge an, mit der die Unbekannten sukzessive ermittelt werden können.

14.6 Aufgaben

Aufgabe 14.1 ([176])
Transformieren Sie den Kegelschnitt $(c+6)x_1^2 + 8x_1x_2 + cx_2^2 + 3x_3^2 = 1$ auf Hauptachsen, klassifizieren Sie ihn in Abhängigkeit von c und drucken Sie ihn aus.
Anleitung: Die transformierte Gleichung lautet $3y_1^2 + (c-2)y_2^2 + (c+8)y_3^2 = 1$.

Aufgabe 14.2

Berechnen Sie den Normalenvektor $\mathbf{n}$ der Schraubfläche F, deren Parameterdarstellung mit der Erzeugenden $\mathbf{f}(u)$ und der Ganghöhe $2\pi p$

$$
\begin{aligned}
x_1(u,v) &= f_1(u)\cos v - f_2(u)\sin v, \ u \in [\alpha,\beta], \ v \in \mathbb{R}, \\
x_2(u,v) &= f_1(u)\sin v + f_2(u)\cos v \\
x_3(u,v) &= f_3(u) + p \cdot v
\end{aligned}
$$

lautet.

Aufgabe 14.3 ([98])

Zeigen Sie: Der wahre Umriß einer Fläche $F : (\mathbf{x},\mathbf{A}\mathbf{x}) = 0$ zweiter Ordnung mit der symmetrischen 4×4–Matrix $\mathbf{A}$ nach (14.2) liegt bei Zentralprojektion mit dem Zentrum $\mathbf{O} : (z_1, z_2, z_3, 1)^T$ in der Ebene $(\mathbf{z},\mathbf{A}\mathbf{x}) = 0$ und ist damit ein Kegelschnitt. Im Falle einer Parallelprojektion längs $(z_1, z_2, z_3)^T$ setze man nur $z_4 = 0$.

Anleitung: Berechnen Sie zunächst die Gleichung der Tangentialebene im Punkte $\mathbf{x}_0$ in der Hesseform und setzen Sie dann den Sehstrahlvektor $\mathbf{s} = \mathbf{z} - \mathbf{x}_0$ bzw. bei Parallelprojektion $(z_1, z_2, z_3, 0)^T$ in die Gleichung ein. Bringen Sie die Parameterdarstellung der Fläche $(\mathbf{z},\mathbf{A}\mathbf{x}) = 0$ ein, so ergibt sich ein funktionaler Zusammenhang zwischen den Parametern u und v. Damit wird der wahre Umriß eine Raumkurve auf der Fläche.

Aufgabe 14.4

Berechnen Sie den wahren Umriß der Drehfläche

$$
F : \mathbf{x}(u,v) := (r(u)\cos v, r(u)\sin v, h(u))^T
$$

unter einer Zentralprojektion mit Zentrum $\mathbf{O} : (z_1, z_2, z_3)^T$.

Anleitung: Der unnormierte Normalenvektor $\mathbf{n}$ ergibt sich als Vektorprodukt zu

$$
\begin{aligned}
&(r'(u)\cos v, r'(u)\sin v, h'(u))^T \times (-r(u)\sin v, r(u)\cos v, 0)^T \\
&= r(u)(-h'(u)\cos v, -h'(u)\sin v, r'(u))^T.
\end{aligned}
$$

Damit setzen wir die Gleichung $(\mathbf{z} - \mathbf{x}, \mathbf{n}) = 0$ an, und finden

$$
z_1 \cos v + z_2 \sin v = (z_3 - \delta \cdot h(u))r'(u)/h'(u) + \delta \cdot r(u), \ \delta = 1.
$$

(Im Falle der Parallelprojektion längs z ist $\delta = 0$.) Diese Gleichung kann jedoch i.allg. nach v aufgelöst werden, wenn $\sin w := z_1/c$ und $\cos w := z_2/c$ mit $c^2 := z_1^2 + z_2^2$ gesetzt wird, und wir erhalten

$$
v = -w + \arcsin\left(\frac{(z_3 - \delta \cdot h(u)) \cdot r'(u) + \delta \cdot r(u) \cdot h'(u)}{c \cdot h'(u)} \right).
$$

Diese Beziehung ist sinnvoll, wenn das Argument dem Betrag nach nicht größer als eins ist. Dann bestimmt sie die Umrißpunkte auf den Breitenkreisen der Fläche F.

Aufgabe 14.5

Skizzieren Sie den scheinbaren Umriß des Torus

$$
\begin{aligned}
x_1 &= (6 \pm 4\cos u)\cos v, \ -\frac{\pi}{2} \leq u < \frac{\pi}{2}, \ 0 \leq v < 2\pi, \\
x_2 &= (6 \pm 4\cos u)\sin v, \\
x_3 &= 4\sin u
\end{aligned}
$$

unter einer Parallelprojektion längs $(1,1,1)^T$.

Anleitung: Es ergibt sich aus $-\cos v - \sin v = \pm \tan u$ mit Hilfe von Aufgabe 14.4: $-u = \pm \arctan(\sqrt{2}\sin(v + \pi/4))$. u setzen wir für beide Vorzeichen getrennt in die Parameterdarstellung des Torus ein und erhalten so den wahren Umriß. Dann benutzen wir die Transformation aus Abschnitt 11.4 mit $\sin\alpha = 1/\sqrt{2}$ und $\cos\beta = 1/\sqrt{3}$. Am Bildschirm können wir direkt die neuen Koordinaten x' und y' abtragen. Es sind dies $x' = (x_1(v) - x_2(v))/\sqrt{2}$ und $y' = (2x_3(v) - x_2(v) - x_1(v))/\sqrt{6}$.

Aufgabe 14.6

Seien die Punkte $\mathbf{p}$ eines Flächenstückes F gegeben durch

$$\mathbf{p}(u,v) = \begin{pmatrix} x(u,v) \\ y(u,v) \\ z(u,v) \end{pmatrix}.$$

Zur Berechnung der Hauptkrümmungen $k_{1,2}$ von F bildet man

$$f_{11} = (\mathbf{p}_u, \mathbf{p}_u), \quad f_{12} = (\mathbf{p}_u, \mathbf{p}_v), \quad f_{22} = (\mathbf{p}_v, \mathbf{p}_v),$$
$$f = f_{11}f_{22} - f_{12}^2, \quad \mathbf{n} = (\mathbf{p}_u \times \mathbf{p}_v)/\sqrt{f},$$
$$g_{11} = (\mathbf{p}_{u^2}, \mathbf{n}), \quad g_{12} = (\mathbf{p}_{uv}, \mathbf{n}), \quad g_{22} = (\mathbf{p}_{v^2}, \mathbf{n})$$

und löst anschließend

$$\begin{vmatrix} g_{11} - kf_{11} & g_{12} - kf_{12} \\ g_{12} - kf_{12} & g_{22} - kf_{22} \end{vmatrix} = 0.$$

Bestimmen Sie die Hauptkrümmungen für den Torus

$$r(u) = 6 + 4\cos u, \quad h(u) = 4\sin u.$$

Aufgabe 14.7

Zeigen Sie, daß sich nach Einsetzen der Stützpunkte und Fernrichtungen aus torus[9][4] sowie der Bézier–Polynome in (14.13) die Parameterdarstellung eines Torusviertels ergibt.

Anleitung: Zunächst berechnen wir aus der Matrix torus[9][4] den Nenner N der Flächenkoordinaten $x(u,v)$, $y(u,v)$, $z(u,v)$.

Es ergibt sich mit $b_{2,0}(t) = (1-t)^2$, $b_{2,1}(t) = 2t(1-t)$, $b_{2,2}(t) = t^2$ die folgende Darstellung für den Nenner: $N(u,v) = (u^2 + (1-u)^2)(v^2 + (1-v)^2)$. So erhalten wir aus der Matrix mit

$$x(u,v) = 2v(1-v)\frac{a(u^2 + (1-u)^2) + 2ru(1-u)}{N}$$

$$y(u,v) = (v^2 - (1-v)^2)\frac{a(u^2 + (1-u)^2) + 2ru(1-u)}{N}$$

$$z(u,v) = r(u^2 - (1-u)^2)\frac{v^2 + (1-v)^2}{N}$$

dann die Beziehung $\sqrt{x^2 + y^2} - a = 2ru(1-u)/N$ und dann $(\sqrt{x^2 + y^2} - a)^2 + z^2 = r^2$, was zu zeigen war.

Aufgabe 14.8 ([178])

Bei der Rekonstruktion von Organen mit Hilfe von Röntgenbildern, wird das Organ mit waagerechten Röntgenstrahlen der Steigung $0, \ldots, n-1$ durchschossen. Abhängig von der Absorptionsfähigkeit der einzelnen Organteile entstehen dabei auf den n Photoplatten verschiedene Grautöne.

Jetzt unterteilt man das Organ in waagerechte Ebenen und legt auf jede Ebene ein Raster aus $n \times n$ Voxeln, die durch den Vektor $\mathbf{x}$ repräsentiert werden. Die Grautonzeilen, die eine Ebene auf den n Photoplatten erzeugt hat, werden in dem n^2 großen Vektor $\mathbf{b}$ zusammengefaßt. Durch Lösung des linearen Gleichungssystems

$$\mathbf{Ax} = \mathbf{b}$$

erhält man dann die Beschaffenheit der einzelnen Voxel.

Sei $n = 4$ und

Röntgenstrahlen mit Steigung 2

x_1	x_2	x_3	x_4
x_5	x_6	x_7	x_8
x_9	x_{10}	x_{11}	x_{12}
x_{13}	x_{14}	x_{15}	x_{16}

Photoplatte

$b_9\ b_{10}\ b_{11}\ b_{12}$

$$\mathbf{A} = \begin{pmatrix}
0 & 0 & 0 & 0 & 0 & 0 & 0 & 0 & 0 & 0 & 0 & 0 & 1 & 1 & 1 & 1 \\
0 & 0 & 0 & 0 & 0 & 0 & 0 & 0 & 1 & 1 & 1 & 1 & 0 & 0 & 0 & 0 \\
0 & 0 & 0 & 0 & 1 & 1 & 1 & 1 & 0 & 0 & 0 & 0 & 0 & 0 & 0 & 0 \\
1 & 1 & 1 & 1 & 0 & 0 & 0 & 0 & 0 & 0 & 0 & 0 & 0 & 0 & 0 & 0 \\
0 & 0 & 0 & 0 & 1 & 0 & 0 & 0 & 0 & 1 & 0 & 0 & 0 & 0 & 1 & 0 \\
1 & 0 & 0 & 0 & 0 & 1 & 0 & 0 & 0 & 0 & 1 & 0 & 0 & 0 & 0 & 1 \\
0 & 1 & 0 & 0 & 0 & 0 & 1 & 0 & 0 & 0 & 0 & 1 & 0 & 0 & 0 & 0 \\
0 & 0 & 1 & 0 & 0 & 0 & 0 & 1 & 0 & 0 & 0 & 0 & 0 & 0 & 0 & 0 \\
0 & 0 & 0 & 0 & 1 & 0 & 0 & 0 & 1 & 0 & 0 & 0 & 0 & 1 & 0 & 0 \\
1 & 0 & 0 & 0 & 1 & 0 & 0 & 0 & 0 & 1 & 0 & 0 & 0 & 1 & 0 & 0 \\
1 & 0 & 0 & 0 & 0 & 1 & 0 & 0 & 0 & 1 & 0 & 0 & 0 & 0 & 1 & 0 \\
0 & 1 & 0 & 0 & 0 & 1 & 0 & 0 & 0 & 0 & 1 & 0 & 0 & 0 & 1 & 0 \\
0 & 0 & 0 & 0 & 0 & 0 & 0 & 0 & 0 & 0 & 0 & 0 & 1 & 0 & 0 & 0 \\
0 & 0 & 0 & 0 & 0 & 0 & 0 & 0 & 1 & 0 & 0 & 0 & 1 & 0 & 0 & 0 \\
0 & 0 & 0 & 0 & 1 & 0 & 0 & 0 & 1 & 0 & 0 & 0 & 1 & 0 & 0 & 0 \\
1 & 0 & 0 & 0 & 1 & 0 & 0 & 0 & 1 & 0 & 0 & 0 & 0 & 1 & 0 & 0
\end{pmatrix}, \quad \mathbf{b} = \begin{pmatrix} 6 \\ 10 \\ 10 \\ 6 \\ 7 \\ 8 \\ 7 \\ 4 \\ 6 \\ 8 \\ 9 \\ 10 \\ 1 \\ 3 \\ 5 \\ 7 \end{pmatrix}$$

Bestimmen Sie $\mathbf{x}$.

15 Licht und Schatten

In diesem Kapitel erläutern wir einfache Modelle zur Ausleuchtung einer dreidimensionalen Szene unter Einbeziehung der Reflexion und Brechung von Lichtstrahlen und benutzen sie zur Darstellung verschiedener Objekte am Bildschirm. Dabei spielen Strahlverlauf, Oberflächenbeschaffenheit, Farbe und Lichtintensität eine wichtige Rolle. Weiterhin werden einfache Beispiele zur Strahlverfolgung und die Methode der Strahldichte vorgestellt. Es sei in diesem Zusammenhang an das Werk Georges de la Tours (1593–1652) erinnert, dessen Farbschöpfungen realistischer Kerzenlicht- und Schattenszenen einer oder mehrerer Personen unerreichte Maßstäbe gesetzt haben.

15.1 Licht

Nachdem wir uns in den vorigen Kapiteln mit der Darstellung dreidimensionaler Körper beschäftigt und den Begriff der verdeckten Linien diskutiert haben, soll nunmehr der Einfluß von Licht und Schatten mit einbezogen werden. Wir beziehen uns hier auf die umfassende Darstellung in Duin, Symanzik und Claussen [68].

Licht wird bekanntlich mit zwei verschiedenen Modellen beschrieben: Während sich mit seinem Wellencharakter Reflexion, Brechung, Beugung und Polarisation beschreiben lassen, können mit der Teilchentheorie andere Effekte der Quantentheorie wie das Plancksche Strahlungsgesetz für die Emission eines schwarzen Körpers erklärt werden. Trifft Licht auf eine Oberfläche auf, so dringt es in das Material ein oder wird reflektiert. Dabei können wir ein diffuse, ungerichtete Ausbreitung mit Transluenz, Absorption oder Remission wie auch eine gerichtete Ausbreitung in idealisierten Strahlen mit Brechung bzw. Reflexion beobachten.

Der Lichtstrom Φ beschreibt den Fluß pro Zeiteinheit durch eine Fläche und ist durch folgendes Integral gegeben:

$$\Phi = K \int_{\lambda min}^{\lambda max} \Phi_{e|\lambda}(\lambda)V(\lambda)d\lambda = K \cdot \Phi_e. \tag{15.1}$$

Dabei ist

- Φ_e die Strahlungsleistung in Watt (W),
- $\Phi_{e|\lambda}(\lambda)$ die wellenlängenanhängige spektrale Strahlungsleistung $d\Phi_e/d\lambda$,
- $K = 683\ lm/W$ das photometrische Strahlungsäquivalent,
- $[\lambda_{min}, \lambda_{max}]$ der Bereich der sichtbaren Wellenlängen und
- $V(\lambda)$ die augen- oder geräteabhängige relative spektrale Hellempfindlichkeit.

In der Normgebung der Commission Internationale de l'Eclairage (CIE) von 1931 sind drei spezielle Hellempfindlichkeitskurven V_X, $V_Y = V$, V_Z tabelliert vorgegeben, die in obiges Integral eingesetzt auf ein Lichtstromtripel (Φ_X, Φ_Y, Φ_Z) führen, mit dessen Hilfe ein Punkt im dreidimensionalen XYZ-Farbraum der CIE definiert wird. Es handelt sich dabei im allgemeinen nicht um spektralreines Licht einer Wellenlänge, sondern abhängig

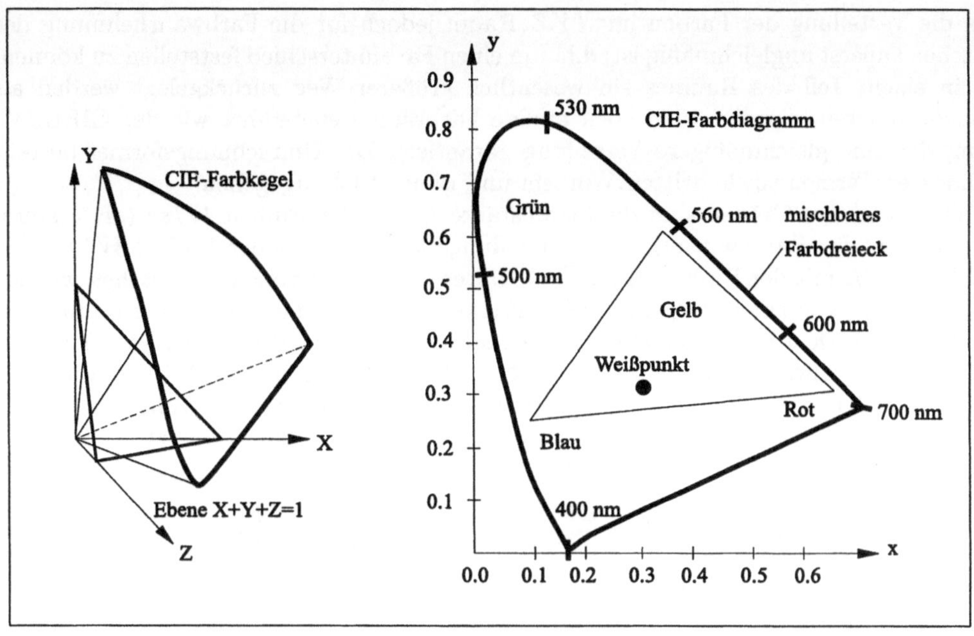

Bild 15.1: Farbraum

von $\Phi_{e|\lambda}(\lambda)$ um Licht mit kontinuierlichem Spektrum. Damit waren erste Ansätze zur Definition eines geräteunabhängigen Farbraums gegeben. Ein derartiger Farbraum muß die folgenden Anforderungen erfüllen [135]:

- Darstellung möglichst vieler Farben des sichtbaren Farbspektrums.
- Gleichmäßig genaue Darstellung der Farben zu einer vorgegebenen Farbtiefe.
- Exakte Transformationen zu anderen Farbräumen und geringe Kosten für die Umwandlung in gängige geräteabhängige Farbräume.

Die Darstellung im XYZ-Raum wird oftmals auch so transformiert, daß der Weißpunkt $\mathbf{W}$ die Y-Koordinate 1 hat. Ein wichtiges System ist das D65-System, hier gilt $\mathbf{W} = (0.9504, 1.0, 1.0889)$.

Die Darstellung im XYZ_{D65}-Raum kann in die bekannte RGB-Darstellung mittels

$$\begin{pmatrix} R \\ G \\ B \end{pmatrix} = \begin{pmatrix} 3.5064 & -1.7400 & -0.5441 \\ -1.0690 & 1.9777 & 0.0352 \\ 0.0563 & -0.1970 & 1.0501 \end{pmatrix} \cdot \begin{pmatrix} X \\ Y \\ Z \end{pmatrix}$$

umgerechnet werden. Sodann schließt sich noch eine Transformation mit γ-Korrektur mittels

$$R = sgn(R) \cdot |R|^{1/\gamma}$$
$$G = sgn(G) \cdot |G|^{1/\gamma}$$
$$B = sgn(B) \cdot |B|^{1/\gamma}$$

und der geräteabhängigen γ-Konstante an, die im allgemeinen zwischen 2 und 3 liegt.

Da die Verteilung der Farben im XYZ–Raum jedoch für die Farbwahrnehmung des Menschen äußerst ungleichmäßig ist, d.h. um einen Farbunterschied feststellen zu können, muß in einem Teil des Raumes ein wesentlich größerer Weg zurückgelegt werden als in einem anderen, wurden 1976 noch andere Farbräume eingeführt wie der CIELUV–Raum, der eine gleichmäßigere Verteilung garantiert. Die Umrechnungsformel besteht aus linearen Termen sowie dritten Wurzeln und ist in [135] angegeben.

Weitere wichtige Größen sind die Strahlstärke I_e mit der Einheit W/sr (sr = sterodiant, Einheit für Raumwinkel), die Bestrahlungsstärke E_e mit der Einheit W/m^2 und Strahldichte B_e mit der Einheit $W/(m^2 sr)$. Unter dem Raumwinkel ω verstehen wir den Quotienten aus von einem Kegel ausgeschnittener Kugeloberfläche und dem Radiusquadrat der Kugel. Dem Raumwinkel von $1sr$ entspricht dabei ein Winkel von ca. 65.5°. Für die äquivalenten lichttechnischen Größen Φ, I, E und B, die durch Multiplikation mit dem photometrischen Strahlungsäquivalent K aus den strahlungsphysikalischen Größen Φ_e, I_e, E_e und B_e hervorgehen, wird die Einheit $Watt$ durch $Lumen$ ersetzt. In der Folge werden wir daher den Index e weglassen. Es gelten die Beziehungen

$$I = \frac{d\Phi}{d\omega}, \quad E = \frac{d\Phi}{dA} \quad \text{und} \quad B = \frac{dI}{dA} = \frac{d^2\Phi}{dA d\omega}. \tag{15.2}$$

Beleuchtet eine punktförmige Lichtquelle L eine unter dem Winkel α geneigte Fläche ΔA, so gilt

$$E = \frac{d\Phi}{d\omega}\frac{d\omega}{dA} = \frac{I\cos\alpha}{r^2}, \quad \alpha \in \left[0, \frac{\pi}{2}\right]. \tag{15.3}$$

Die Leuchtdichte einer matten weißen Fläche erscheint nach Lambert dem Beobachter

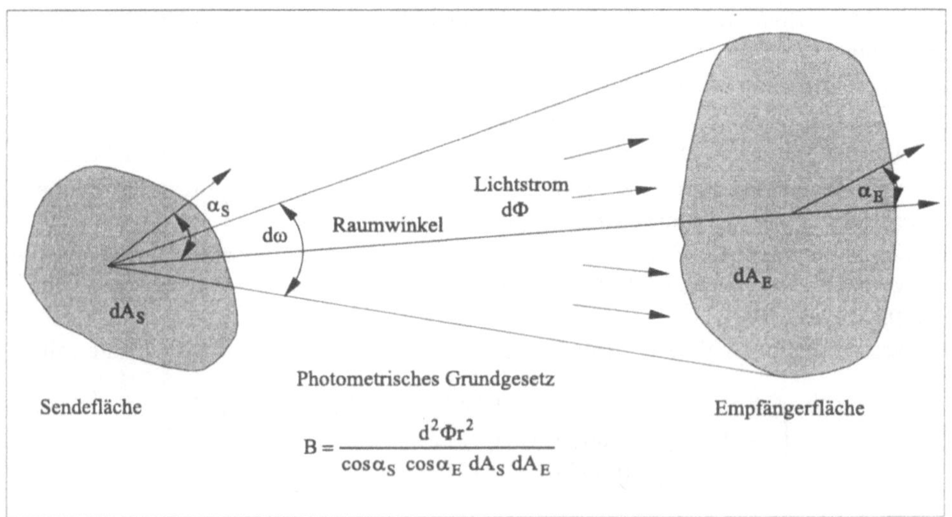

Bild 15.2: Photometrisches Grundgesetz

unabhängig von der gegen die Flächennormale gemessenen Betrachtungsrichtung ϕ:

$$\frac{I}{A\cos\phi} = B_0. \tag{15.4}$$

Der Strahlfluß, der in den Raumwinkel $d\omega$ gestrahlt wird, ist proportional zu $\cos\phi$. Die Pfeillängen in der Kugel in Bild 15.3 entsprechen den Strahlstärken. Streng ist das Gesetz nur für Strahlung aus der Hohlraumöffnung eines schwarzen Körpers erfüllt.

Eine derartige Fläche sendet in den gesamten Halbraum den Strahlungsfluß

$$\Phi = \int_{Halbkugel} I \, d\omega = A \int_0^{\pi/2} \int_0^{2\pi} B \cdot \cos\varphi \sin\varphi \, d\theta \, d\varphi = AB\pi.$$

Daraus entnehmen wir mit dem diffusen Reflexionskoeffizienten k_d für die Strahldichte eines homogenen diffusen Strahlers

$$B = \frac{E \cdot k_d}{\pi} = \frac{I \cos\alpha}{r^2} \frac{k_d}{\pi}. \tag{15.5}$$

So wird in allen Beleuchtungsmodellen mit einer Lichtquelle L_p diffus reflektiertes Licht in Abhängigkeit von der Wellenlänge λ und dem Winkel α zwischen Flächennormaler und Lichteinfallsrichtung in der Form

$$B_{diffus}(\lambda, \alpha) = f(r)k_d I_{L_p}(\lambda) \cos\alpha, \quad \alpha \in [0, \pi/2] \tag{15.6}$$

modelliert. Allerdings wählen wir für die Abstandsfunktion $f(r)$ zwischen Lichtquelle und Fläche aus ästhetischen Gründen die Funktion $f(r) = 1/(d_0 + d_1 r + d_2 r^2)$ mit geeignet gewählten Konstanten d_i. Weiterhin setzt die Angabe von $k_d(\lambda)$ auch die Modellierung der Körperoberflächen voraus. Allerdings hat es sich gezeigt, daß für zerklüftete diffuse Oberflächen andere Gesetze gelten. Dieses Phänomen können wir gerade bei Vollmond sehr gut beobachten, die Kugel ähnelt einer flachen Scheibe mit konstanter Helligkeit. Eine Modellierung solcher Nicht–Lambert–Strahler mit V–ähnlichen Aushöhlungen und viele weiterführende Betrachtungen finden sich in Oren und Nayar [180].

Wir unterscheiden drei Arten von Lichtquellen: ambientes, isotropes und Spotlicht.

Ambientes oder gleichmäßig über den Raum verteiltes Licht $B_a(\lambda) = k_a E_a(\lambda)$ als Produkt von Beleuchtungsstärke und körperabhängigem Reflexionskoeffizienten k_a wird, obwohl es keine physikalische Begründung hat, in fast allen Szenen zur Aufhellung eingesetzt, um die Körperkonturen sichtbar zu machen, und ersetzt oft diffuses flächiges Licht.

Punktförmiges (isotropes) Licht strahlt von einem Punkt $\mathbf{P}_L$ mit der konstanten wellenlängenabhängigen Strahlstärke $I_l(\lambda)$ gleichmäßig in alle Richtungen aus, während direktionales Licht von einer Lichtquelle im Unendlichen in Richtung $\mathbf{D}_L$ seine parallelen Strahlen mit der Stärke $I_l(\lambda)$ aussendet.

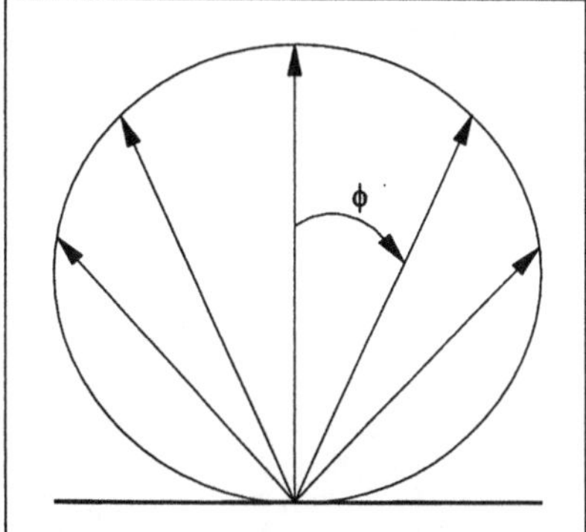

Bild 15.3: Lambert–Strahlung

Eine Mischung beider Modelle bildet das Spotlicht, das von einem Punkt $\mathbf{P}_L$ in einen Kegel mit Achse $\mathbf{D}_L$ und Öffnungswinkel δ und geeigneten Konstanten mit der Strahlstärke

$$I_L(\lambda, \theta) = \begin{cases} \cos^\gamma\left(\dfrac{\theta}{\theta_0}\right) \cdot I_L(\lambda), & \theta \le \delta \\ 0, & \theta > \delta \end{cases} \tag{15.7}$$

Licht abstrahlt. Je größer γ gewählt wird, umso stärker ist der Intensitätsabfall.

Die Oberfläche der Körper wird entsprechend ihrer Farbe und Materialeigenschaften in Abhängigkeit von den vorhandenen Lichtquellen und ihrer Strahlstärke I eingefärbt. Dabei spielen natürlich die Positionen der Lichtquellen, die Anordnung der Körper und die Blickrichtung des Beobachters eine Rolle. Jedermann sieht sofort ein, daß hier sehr komplexe Berechnungen erforderlich werden können, die Zeit benötigen, insbesondere wenn mehrere Körper und Lichtquellen die Szene bereichern und eine hohe Auflösung in der Bildebene gefordert ist. Die verwendete Rechnerkonfiguration setzt dann sofort spürbare Grenzen. Eine gängige VGA–Graphikkarte erlaubt die gleichzeitige Darstellung von 262144 verschiedenen Farben im RGB–Modell, wenn jede der drei Grundfarben Rot, Grün und Blau mit sechs Bit Hintergrundspeicher pro Pixel versehen ist. Nun enthält ein hochauflösender Schirm ca. 1 Million Pixel, und alle diese Farbkombinationen werden nicht gleichzeitig Verwendung finden. So können wir ein wesentlich kleineres Schlüsselsystem zur Color Look Up Table (CLUT) von z.B. acht Bit pro Pixel verwenden, den Graphikspeicher wesentlich reduzieren und damit die Zugriffe auf die drei Grundfarbregister wesentlich beschleunigen (vgl. Kapitel 1). Natürlich sind erheblich teurere CPUs und Graphikprozessoren für die schattierte Echtfarbdarstellung erforderlich. Wir wollen uns daher in der Hauptsache auf die weitverbreiteten Standardkonfigurationen mit 256 Farbtönen beschränken, da auch auf gängigen Ausgabegeräten kaum mehr als 256 Grautöne darstellbar sind.

15.2 Beleuchtungsmodelle

Nachdem wir nun Lichtquellen und Körperoberflächen modelliert haben, wollen wir uns mit Beleuchtungsmodellen befassen, mit deren Hilfe wir die Strahldichten getrennt für jede Farbkomponente bzw. Wellenlänge in jedem Punkt des Objektraumes oder nach einer Projektion verbunden mit Sichtbarkeitsuntersuchungen in der Bildebene berechnen können. Oft wird Spektralreinheit der Farbkomponenten angenommen, obwohl diese Voraussetzung nicht erfüllt ist.

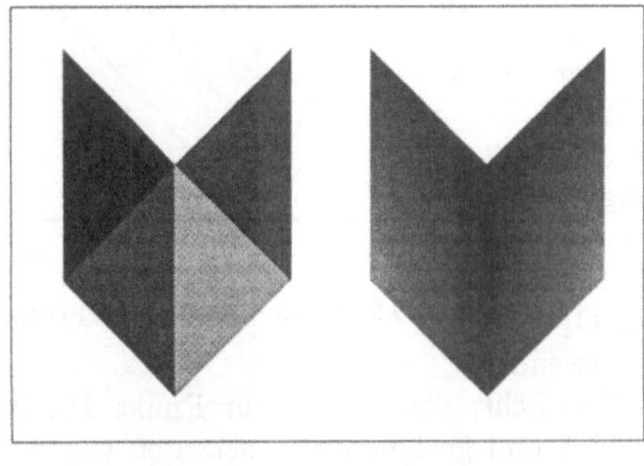

Bisher haben wir einfache Modelle benutzt, bei denen die Farbintensität für die polygonalen Körperoberflächen konstant war und nur vom Winkel zwischen Betrachtungsrichtung und Normalenvektor der Oberfläche abhing. Diese Art von Schattierung berücksichtigt keinerlei Interreflexion und ist höchstens für Polyeder sinnvoll. Bei der Approximation von glatten Oberflächen durch Dreiecks– oder Vierecksnetze entstehen Streifungen, die 1865 von Mach das erste Mal beschrieben wurden: Farbunterschiede an den Polyederkanten werden vom Auge verstärkt

Bild 15.4: Band– und Gouraudschattierung wahrgenommen.

Ein verbessertes Verfahren stammt von Gouraud [104]. Er legt mit der Netzapproximation der Flächen die Normalenvektoren in den Ecken gleichzeitig ab. Bei einem Polyedergebiet wird der Normalenvektor aus den Normalenvektoren der angrenzenden Polygonflächen gemittelt. Dabei sollte bei einer Triangulierung aber die Gewichtung so erfolgen, daß nur Normalen berücksichtigt werden, die nicht durch scharfe Farbgrenzen getrennt sind. Nunmehr kann mit Hilfe eines geeigneten Beleuchtungsmodells, wie schon im vorigen Abschnitt beschrieben, die Strahldichte $B(\lambda, \mathbf{E}_k)$ in jedem Eckpunkt $\mathbf{E}_k$ des Polygonnetzes bestimmt werden.

In einem ersten Schritt können sodann mittels linearer Interpolation die Strahldichten auf den Kanten der Polygone, in einem zweiten Schritt auch im Inneren bestimmt werden. Dabei sollte die Schattierung mit einem Algorithmus zur Berechnung der sichtbaren Flächen und Kanten, wie dem Scan–Linien– oder dem Algorithmus von Roberts kombiniert werden. Statt der Interpolation der Intensitätswerte interpoliert Bui–Tuong Phong [44] die Normalenvektoren, was bei stark nichtlinearer Abhängigkeit der

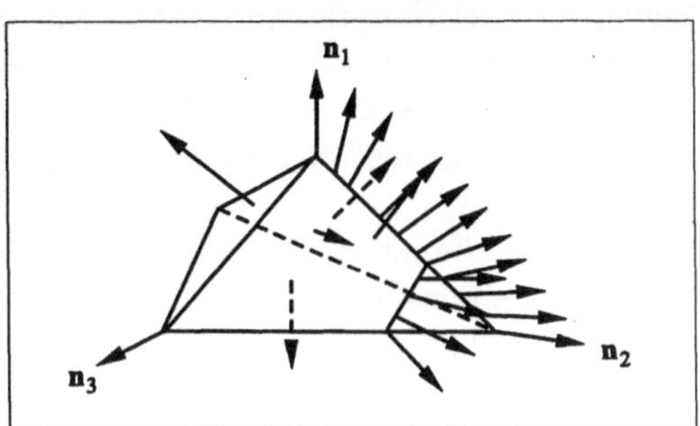

Bild 15.5: Normaleninterpolation

Strahldichte vom Normalenvektor zu besseren Ergebnissen führt. Schließlich erhalten wir für jedes Pixel der Bildebene die dazu sichtbare Oberfläche mit einem linear interpolierten Normalenvektor zur Ermittlung der stetigen Farbintensitätsfunktion. Allerdings erreichen wir in keinem Fall Gradientenstetigkeit.

In der Folge wollen wir nun ein Beleuchtungsmodell besprechen, das 1980 von Whitted [246] eingeführt wurde und gerichtete wie rekursive Brechungen und Reflexionen berücksichtigt. Andere Modelle sind von Blinn, Catmull, Cohen, Greenberg, Hall, Torrance und Wallace vorgeschlagen worden. Eine Übersicht befindet sich in Hall [114] sowie in Duin et al. [68]

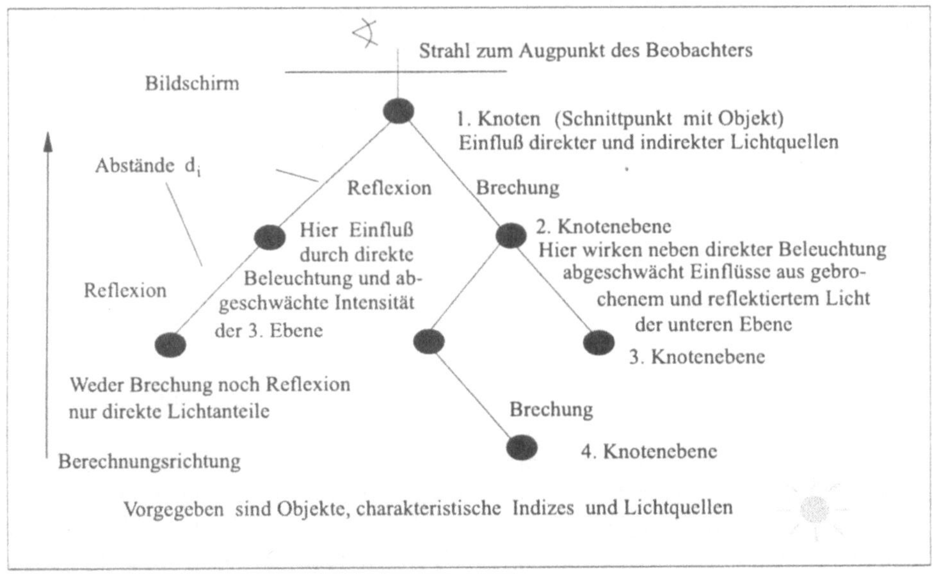

Bild 15.6: Strahlbaum

Welche Einflüsse sind nun bei der Ausleuchtung einer Szene zu berücksichtigen? Trifft auf die Oberfläche eines Körpers ein Lichtstrahl, so kommt es zu Reflexionen und Brechungen. Handelt es sich um Strahlungen verschiedener Wellenlängen, so erscheint die Oberfläche farbig. Zur Bestimmung der Farbe, die sich durch Kombination der Rot-, Grün- und Blaukomponenten ergibt, muß ihre Intensität ermittelt werden. Hier unterscheiden wir zwei Hauptkomponenten, eine direkte sowie eine indirekte. Die erste Komponente berücksichtigt die direkten Lichtquellen und umfaßt

- die ambiente Grundintensität der gleichmäßigen Hintergrundbeleuchtung,
- die Primärintensitäten der diffusen Reflexion der einfallenden Strahlen aller Lichtquellen und
- die Primärintensität der Spiegelungsreflexion,

die zweite Komponente betrifft die Vorkörper und insbesondere

- die Sekundärintensität des Reflexionsanteils des ankommenden Sehstrahls und
- die Sekundärintensität des Brechungsanteils des durch den Körper ankommenden Strahls.

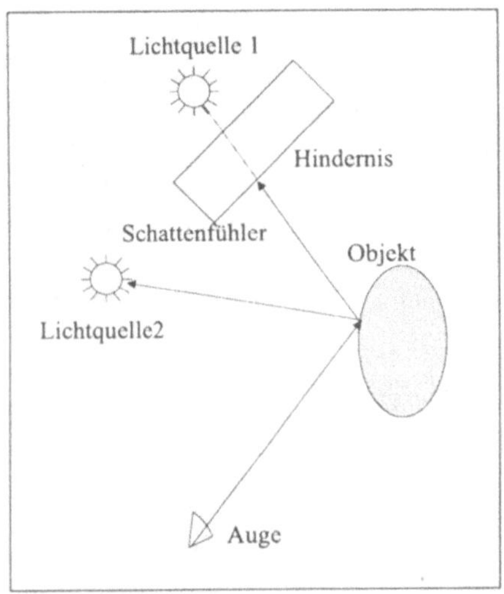

Bild 15.7: Schattenfühler

So muß tatsächlich der Sehstrahl durch die ganze Szene verfolgt werden, bis er dieselbe verläßt, und dann rückwärts an allen Knotenpunkten auf Oberflächen von sichtbaren Körpern die Farbe und die Intensität berechnet werden. Der Strahlverlauf ist einer binären Baumstruktur (vgl. Bild 15.6) vergleichbar: Je ein Ast entspricht dem sekundären Reflexions- und Brechungsanteil. Dazu ist in jedem Knotenpunkt die direkte Intensität hinzuzufügen. Mit Strahlen, die vom Objekt zu den Lichtquellen ausgesandt werden, den Schattenfühlern, kann geprüft werden, ob die Lichtquelle bei der direkten Beleuchtung berücksichtigt werden muß.

Die Blätter veranschaulichen die letzten Oberflächenpunkte vor Verlassen der Szene, alle Einflüsse der unterhalb liegenden Knoten wirken sich beim Durchlaufen bis zur Wurzel aus. Je länger der durchlaufene Weg ist, umso mehr wird die Intensität abgeschwächt.

Wir wollen nun in Anlehnung an Whitted [246] und Rogers [206] Möglichkeiten erläutern, die einzelnen Intensitätskomponenten mathematisch zu quantifizieren:
Die ambiente Strahldichte $B_a(\lambda)$ kann in der Form $k_a(\lambda) \cdot E_a(\lambda)$ angenommen werden. Dabei ist E_a die Grundbestrahlungsstärke der Szene und k_a der ambiente Reflexionskoeffizient an der Oberfläche mit Werten zwischen Null und Eins. Matte Oberflächen weisen diffuse Reflexion auf. Die diffuse Reflexionsstrahldichte wird für jede Lichtquelle L, die einen Oberflächenpunkt bestrahlt, nach dem oben erklärten Lambertschen Kosinusgesetz (15.6) in der Form $B_{diffus}(\lambda, \alpha) = f(r)k_d I_L(\lambda) \cos \alpha$ ermittelt. Dabei ist B_{diffus} die Strahldichte im betrachteten Punkt, k_d eine wellenlängen- und materialabhängige Konstante der diffusen Reflexion, I_L die Intensität der einfallenden Lichtquelle L und $0 \leq \alpha < \pi/2$ der Einfallswinkel zwischen dem ins Äußere zeigenden Normalen- und dem zur Lichtquelle gerichteten Vektor am Auftreffpunkt. Der Winkel kann mit Hilfe des Skalarprodukts (15.2) zwischen dem auf Eins normierten Normalenvektor und dem

Einheitsrichtungsvektor des Strahles berechnet werden. Wird der Winkel größer als $\pi/2$, so ist die Strahldichte auf Null zu setzen. Oftmals fehlt die Abstandsfunktion $f(r)$, und wir ersetzen die Intensität I_L noch durch $I_L/(const. + dist.)$ wobei die Konstante $const.$ für den Abstand zwischen Lichtquelle und Objekt steht, $dist.$ der Abstand des Objekts vom Beobachter ist. Dadurch wird der Intensitätsabfall berücksichtigt, der bei weiterer Entfernung des betrachteten Körpers eintritt.

Ist die Oberfläche zum Beispiel in parametrisierter Form durch $\mathbf{x}(u, v)$ beschrieben, so bilden wir zunächst die Tangentialvektoren $\mathbf{x}_{|u}$ und $\mathbf{x}_{|v}$ durch partielle Ableitung, sodann ihr Kreuzprodukt und erhalten den Normalenvektor durch Normierung auf Länge eins (vgl. Bild 14.8). Sind mehrere Lichtquellen vorhanden, so addieren sich die Strahlungsdichten. Das Bild 15.8 zeigt einen Torus, der von einer rechts seitlich vom Beobachter schräg oben angebrachten Lichtquelle beleuchtet ist, mit 64 durch Grautöne wiedergegebenen Intensitätsstufen und den Konstanten $k_a = 0.1$, $k_d = 0.5$.

Betrachten wir nun die Spiegelungsreflexion. Hier kommt es bei der Berechnung der resultierenden Primärintensität auf die Position des Beobachters an. Der ankommende Lichtstrahl wird an der Oberfläche des betrachteten Körpers reflektiert. Dabei liegen der Einfallsvektor $\mathbf{l}$, der Normalenvektor $\mathbf{n}$ und der Richtungsvektor $\mathbf{r}$ des reflektierten Strahles in einer Ebene, und Einfalls– wie Ausfallswinkel α sind gleich groß. In Bild 15.9 ist der Reflexionsvektor mit Hilfe des Einfalls– und des Normalen-

Bild 15.8: Torus mit diffuser Reflexion

vektors ausgedrückt. Dabei ist der Normalenvektor zur Länge eins normiert und zeigt ins Äußere. Zur Herleitung beachten wir die Gleichheit der Winkel, aus der die Betragsgleichheit der Skalarprodukte folgt: $(\mathbf{n}, \mathbf{l}) = -(\mathbf{n}, \mathbf{r})$. Alle drei Vektoren liegen in einer Ebene, und so folgt unter Benutzung der Parallelogrammidentität (Durchmesser = Summe beider Seiten) $\mathbf{r} - \mathbf{l} = 2\mathbf{n}(\mathbf{n}, -\mathbf{l})$, bzw. $\mathbf{r} = \mathbf{l} + 2\mathbf{n}(\mathbf{n}, -\mathbf{l})$, wenn $\mathbf{r}$ und $\mathbf{l}$ die gleiche Länge haben und wie im Bild gerichtet sind. Wir wollen auch hier beide Vektoren zu Eins normiert annehmen.

Empirische Versuche haben ergeben, daß die Strahlungsdichte B_r des vom Betrachter gesehenen Lichtstrahls vom Einfallswinkel α, vom Winkel ϕ zwischen Beobachter und reflektiertem Strahl mit Richtung $\mathbf{r}$ und von der Wellenlänge λ abhängt. Phong Bui-Tuong [44] setzt B_r an mit

$$B_r(\lambda) = I_L(\lambda) \cdot k_r(\alpha, \lambda) \cdot \cos^n \phi. \tag{15.8}$$

$\cos \phi$ kann als Skalarprodukt der zu Eins normierten zugehörigen Richtungsvektoren berechnet werden und wird für $|\phi| \geq \pi/2$ zu Null gesetzt. Der Exponent n liegt zwischen 1 und 100. Je größer n ist, umso mehr nimmt $\cos^n \phi$ den Charakter einer Peakfunktion an: die Funktion fällt außerhalb einer Umgebung von Null vom Ausgangswert 1 sehr schnell ab. Metalle und spiegelnde Flächen werden für große n erfaßt. Matte, nichtmetallische Flächen wie Papier lassen kleine Werte von n angemessen erscheinen. In Rogers [206] befinden sich Schaubilder der Kurven $k_r(\alpha, \lambda)$ in Abhängigkeit von Wellenlänge und Einfallswinkel für verschiedene Materialien, wie Gold, Silber, Stahl und Glas. In einem gröberen Modell wird k_r als konstant angenommen. Blinn verwendet statt des Winkels ϕ einen Winkel ϕ', der zwischen dem Normalenvektor und der Summe der Vektoren zur Lichtquelle und zum Auge liegt. Auf der Buch–CD findet sich ein Bild mit Kugeln und

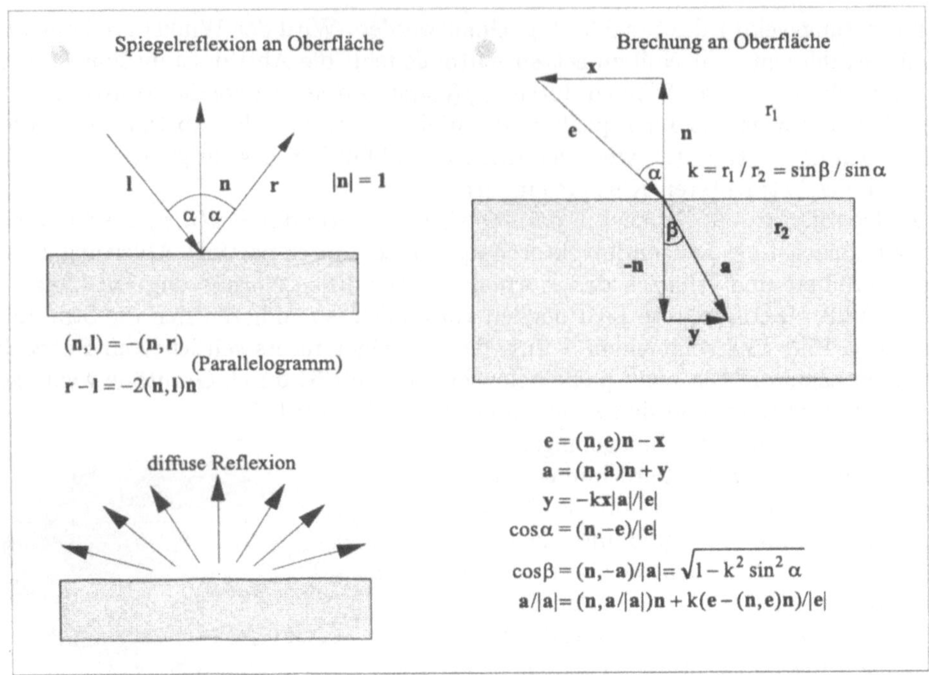

Bild 15.9: Spiegelung und Brechung

verschiedenen Glanzlichtern [51].

Zusammenfassend beziffert sich die Primärstrahldichte im Whitted–Modell verschiedener Lichtquellen zu

$$B_p(\lambda) = k_a E_a(\lambda) + \sum_{j\geq 1} I_j(\lambda)(k_d \cos \alpha_j + k_r \cos^n \phi_j), \quad I_j = I_{L(j)}/(const_j + dist.) \quad (15.9)$$

Zusätzlich muß noch die Sekundärstrahldichte B_s bestehend aus Reflexions– und Brechungsanteil zugefügt werden. Dazu ist es jedoch erforderlich, den Strahl solange zu verfolgen, bis er die Szene verläßt, und dann rückwärts die durch Entfernungen abgeschwächten Intensitäten von den Knotenpunkten auf anderen Körpern einzubeziehen. Es wird somit

$$B_s(\lambda) = k_r B_{r\nu}(\lambda) + k_b B_{b\nu}(\lambda). \qquad (15.10)$$

Hier ist k_r der schon bekannte Spiegelungsreflexionskoeffizient, $B_{r\nu}$ ist die proportional zum Abstand des Vorkörpers abgeschwächte Strahldichte, die der Strahl via Reflexionsast des Strahlbaumes mitbringt, ehe er am Hauptkörper gebrochen wird und dann zum Beobachter kommt. k_b ist der Transmissionskoeffizient, dessen Größe von der Durchlässigkeit des Körpermaterials abhängt. $B_{r\nu}$ bezeichnet die per Brechungskomponente ankommende Strahldichte des zweiten Vorkörpers. Natürlich kann die eine oder andere Größe verschwinden, wenn der zugehörige Ast des binären Baumes fehlt.

Abschließend ist zu bemerken, daß die Gleichungen (15.9) und (15.10) nun für die sechs Strahldichten (B_{pR}, B_{pG}, B_{pB}) und (B_{sR}, B_{sG}, B_{sB}) im RGB–Modell ausgewertet werden müssen. Das geschieht meist durch rekursive Aufrufe für den reflektierten und den gebrochenen Strahl, dem sogenannten Ray–Tracing, wobei allerdings die Rekursionstiefe beschränkt wird. Eine weitere Vereinfachung bietet das Ray–Casting, bei dem nur noch die Primärstrahlen verfolgt werden.

In unseren Bildern 15.8 und 15.10 haben wir nur direkte Intensitäten berücksichtigt. Eine Lichtquelle ist schräg rechts bzw. links oberhalb des Torus angenommen, der Beobachter vor dem Torus. Zunächst sind 64 verschiedene Graustufen verwendet. Der Exponent n hat den Wert 8, die Reflexionskoeffizienten sind $k_a = 0.1$ und $k_r = 0.5$.

Es steht noch die Berechnung der Richtung des gebrochenen Strahls aus, die zur Bestimmung seines globalen Verlaufes erforderlich ist. In Bild 15.9 sind auch hier die wesentlichen Schritte zusammengefaßt. Wir müssen jedoch berücksichtigen, daß einfallender Vektor $\mathbf{e}$ und nach Brechung austretender Vektor $\mathbf{a}$ im allgemeinen nicht mehr die gleiche Länge haben, während $\mathbf{n}$ und $-\mathbf{n}$ beide Einheitsvektoren sind. Nach dem Brechungsgesetz gilt

$$r_1 \sin \alpha = r_2 \sin \beta$$

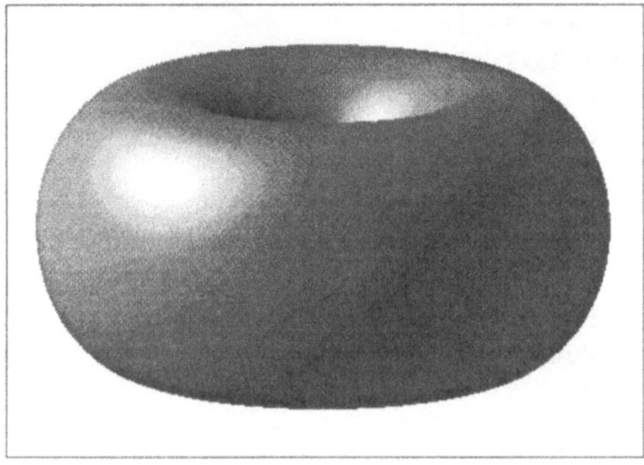

Bild 15.10: Diffuse und spiegelnde Reflexion

wenn r_1 und r_2 die Brechungsindizes der äußeren Umgebung und des Körpers sind. Bezeichnet dann $k = r_1/r_2 = \sin \beta / \sin \alpha$ das Brechungsverhältnis, so können wir eine Beziehung zwischen den Hilfsvektoren $\mathbf{x}$ und $\mathbf{y}$ herstellen mit

$$\mathbf{y} = -k\mathbf{x}\frac{|\mathbf{a}|}{|\mathbf{e}|}.$$

Weiter ergibt sich

$$\cos \alpha = \frac{(\mathbf{n}, -\mathbf{e})}{|\mathbf{e}|}, \text{ und } \cos \beta = \frac{(\mathbf{n}, -\mathbf{a})}{|\mathbf{a}|} = \sqrt{1 - k^2 \sin^2 \alpha}.$$

Normieren wir die beiden Vektoren $\mathbf{e}$ und $\mathbf{a}$ auf Länge eins mit $\mathbf{e}_1 = \mathbf{e}/|\mathbf{e}|$ und $\mathbf{a}_1 = \mathbf{a}/|\mathbf{a}|$, so erhalten wir schließlich eine leicht zu berechnende Relation, die die Grenzfälle $k = 0$ und $\alpha = \beta$ offensichtlich enthält:

$$\mathbf{a}_1 = -\mathbf{n}(\sqrt{1 - k^2 \sin^2 \alpha} - k \cdot \cos \alpha) + k \cdot \mathbf{e}_1. \tag{15.11}$$

Kommt der Strahl von einem Medium mit größerem Brechungsindex r_1 in ein solches mit kleinerem, so gibt es einen Grenzwinkel α_{90} für den $\beta = 90°$ wird und Totalreflexion eintritt. Für $\alpha \geq \alpha_{90}$ gibt es nur noch den reflektierten Strahl.

15.3 Ray–Tracing

Der Ray–Tracing Algorithmus diskretisiert die Bildebene und verfolgt für jedes Pixel den Strahl vom Projektionszentrum oder Augpunkt durch den Pixelmittelpunkt bis zu einem ersten Schnittpunkt mit einem Objekt der Szene. In diesem Schnittpunkt müssen

die Strahldichten unter Verwendung des zugrundegelegten Beleuchtungsmodells ermit-
telt werden. Dazu werden primäre Strahlen zu den Leuchtquellen und Sekundärstrahlen
für die Reflexion und Transmission ausgesandt und letztere in der Szene weiterverfolgt.
Dabei müssen neue Schnittpunkte mit anderen Objekten ermittelt und auch hier die
Strahldichten oder anschaulicher die Farbwerte berechnet werden. So wollen wir nun den
Grundalgorithmus des Ray–Tracings angeben:

```
programm RayTrace;
const MaxTiefe = 256;
var p : Pixel;
    Start, Richtung : Vektor;
    Farbe: Color;
begin
  for (jedes Pixel p) do begin
    BerechneStrahl(p, Start, Richtung);
    Farbe := TraceRay(Start, Richtung, 0);
    PutPixel(p, Farbe)
  end;
end.
```

Dabei benutzt RayTrace die folgenden Prozeduren:
  * BerechneStrahl ermittelt zu dem gegebenen Pixel p den zugehörigen Strahl durch
    die Mitte des Pixels und seine Richtung.
  * TraceRay berechnet rekursiv den zu p gehörigen Farbwert aus einem Farbraum.
  * PutPixel färbt das Pixel p mit der Farbe ein.

Eine Programmskizze zu TraceRay könnte folgendes Aussehen haben:

```
function TraceRay(Start, Richtung : Vektor; Tiefe : Word) : Color;
var Schnittpunkt, Reflexionsrichtung, Transmissionsrichtung : Vektor;
    LokaleFarbe, ReflektierteFarbe, TransmittierteFarbe : Color;
    Schnitt : Boolean;
begin
  If Tiefe > MaxTiefe then TraceRay := Schwarz
  else begin
    Schnitt := BerechneSchnittpunkt(Richtung, Start, Schnittpunkt);
    if not Schnitt then TraceRay := Hintergrund
    else begin
      LokaleFarbe:=BerechneLokaleFarbe(Schnittpunkt);
      BerechneReflexionsrichtung(Richtung, Schnittpunkt,
                                 Reflexionsrichtung);
      ReflektierteFarbe := TraceRay(Schnittpunkt, Reflexionsrichtung,
                                    Tiefe + 1);
      BerechneTransmissionsrichtung(Richtung, Schnittpunkt,
                                    Transmissionsrichtung);
      TransmittierteFarbe := TraceRay(Schnittpunkt, Transmissionsrichtung,
                                      Tiefe + 1);
      TraceRay := VereinigeFarben(LokaleFarbe, ReflektierteFarbe,
                                  TransmittierteFarbe);
    end;
```

```
  end;
end;
```

Dabei ist

- `MaxTiefe` eine Konstante, die die maximale Rekursionstiefe spezifiziert,
- `BerechneSchnittpunkt` eine Boolesche Funktion, die aus Stütz– und Richtungsvektor den nächsten Schnittpunkt ermittelt und
- `VereinigeFarben` die gewichtete Summe der direkten und indirekten Farbanteile unter Verwendung der Funktionen `ReflektierteFarbe` und `TransmittierteFarbe`.

Als Anwendungsbeispiel studieren wir eine Szene, die zwei Kugeln innerhalb eines quaderförmigen Raumes enthält. Es werden also die Randebenen, die Mittelpunkte und Radien der beiden Kugeln sowie die Position des Beobachters vorgegeben. Die sechs Wände des Raumes seien mit auffälligen Farbmustern versehen, die größere Kugel spiegelnd und die kleinere aus Glas mit einem Brechungsquotienten $k = 0.94$ gewählt. Zur Erleichterung wollen wir auf Lichtquellen verzichten und nur die dem Beobachter sichtbaren Farbmuster auf Wänden und Kugeln mit einer festen Intensität ermitteln. Dazu gehen wir wie folgt vor: Da uns nur Strahlen durch die Bildebene zum Auge interessieren, die meisten Strahlen der Szene das Auge auf diesem Weg aber nicht erreichen, drehen wir die Strahlrichtung um und verfolgen Strahlen vom Auge durch die Bildschirmpixel über Brechungs– und Beugungsvorgänge bis zum Hintergrund.

Den quaderförmigen Raum halbieren wir durch die Bildschirmebene. Sodann verbinden wir jedes Pixel (x, y) mit dem Beobachter und ermitteln den Richtungsvektor des Sehstrahls. Um die Abarbeitung zu beschleunigen, legen wir um jeden Körper im Raum einen ihn enthaltenden Quader. In unserem Fall mögen sich die beiden Quader nicht schneiden. Nunmehr berechnen wir den nächsten Schnittpunkt des Sehstrahls mit einer der sechs Raumebenen oder den Quadern. Liegt keiner der Kugeln im Weg, so erhält das Pixel (x, y) die Farbe des eindeutig bestimmten Schnittpunktes mit den Wänden, anderenfalls muß der Strahl in den betreffenden Quader hineinverfolgt werden. Die Berechnung der Schnittpunkte erweist sich bei ebenen Begrenzungsflächen als sehr einfach, wenn wie in unserem Fall eine der Koordinaten konstant ist. Bei allgemeinen Körpern bieten sich zwei Alternativen:

Ist die Oberfläche durch eine Gleichung in geschlossener Form $F(x, y, z) = 0$ gegeben, so spüren wir den ersten Punkt der mit t parametrisierten Strahlgeraden auf, bei dem nach Einsetzen in die Gleichung ein Vorzeichenwechsel auftritt, denn nur Randpunkte erfüllen exakt die Gleichung. Anderenfalls sollte die Körperoberfläche durch ebene, quadratische oder kubische Flächensplines angenähert werden. Im Falle unserer Kugel gilt

$$F(x, y, z) = (x - x_m)^2 + (y - y_m)^2 + (z - z_m)^2 - r_m^2 = 0,$$

und es ergibt sich eine quadratische, im Fall des Torus eine biquadratische Gleichung für den Parameter t. Die Berechnung der Schnitte zwischen einem Strahl und einer Reihe von anderen implizit oder parametrisiert beschriebenen Körpern sind z.B. in Brakhage [38] und in [107, 108, 109, 110, 111] beschrieben.

Die Szene kann jedoch auch in einem Octree abgelegt werden. Dazu ist in Gargantini et al. [94] ein Algorithmus vorgestellt, der den ersten Schnittpunkt eines gerichteten Halbstrahls mit einem Octree bestimmt. Dabei wird nach einem Ebenenbisektionsverfahren eine Folge von Oktanten ermittelt, in denen sukzessive nach dem ersten Schnittpunkt gesucht wird.

In jedem Schnittpunkt muß die Beleuchtungsdichte bestimmt werden. Dazu wird
i.allg. der Algorithmus für den reflektierten und den gebrochenen Strahl wieder rekursiv
aufgerufen.

Wir durchlaufen nun den umfassenden Quader unter Benutzung des dreidimensionalen
Bresenham–Algorithmus, indem wir Punkt für Punkt auf dem Strahl fortschreiten. Ein
Pascal–Programm des Algorithmus befindet sich in Kapitel 10. Nur beim Eintritt wird
F einmal ausgewertet und dann nur noch bei jedem Schritt durch Addition linearer Terme angepaßt. Das Verfahren ist schon bei den Kreisalgorithmen in Kapitel 2 erläutert
worden. Trifft nun der Strahl auf die Kugeloberfläche, so wird er entweder reflektiert
oder gebrochen. In beiden Fällen wird der neue Richtungsvektor mit den Formeln aus
Bild 15.9 ermittelt und normiert. Durchläuft der Strahl die Glaskugel, so tritt eine weitere Brechung auf. Wir benutzen für das Ray–Tracing den Bresenham–Algorithmus nur
solange, bis der Quader wieder verlassen ist. Dann kann ein neuer Schnittpunkt des ak-
tualisierten Strahls mit einem anderen Quader oder einer der Wände berechnet werden.
Schließlich endet der Strahl auf einer der die Szene begrenzenden Randflächen, und der
Punkt (x, y) nimmt die gefundene Farbe an (Bild 15.11).

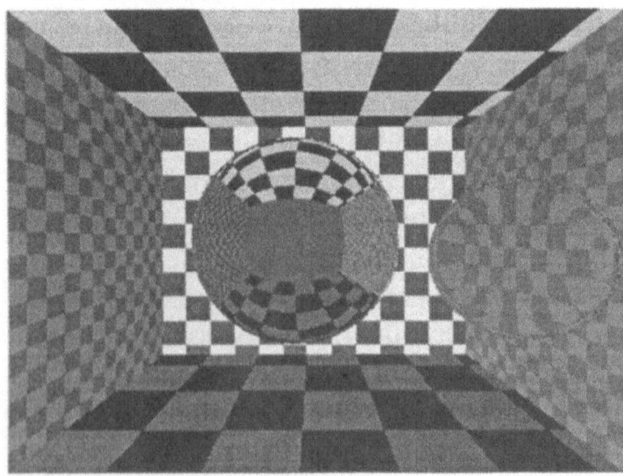

Bild 15.11: Ray–Tracing mit zwei Kugeln

Weitere Erläuterungen zur Methode
und ihrer Implementierung auf leistungs-
fähigeren Anlagen befinden sich zum
Beispiel in Fujimoto et al. [90], Gisser
[97] und Rogers [206]. Ein Farbbild zu einem von Gisser vorgeschlagenen Beispiel
einer beleuchteten schwebenden Spiegelkugel befindet sich nebst Programm
auf der Buch–CD. Dabei zeigt es sich,
daß bei einfach geformten Körpern mit
analytisch beschriebener Oberfläche und
nicht zu komplexen Szenen die Berechnung der Schnittpunkte und Aktualisierung des Strahlvektors schneller vonstat-
ten geht als die Verfolgung des Strahls
mit dem 3D–Bresenham–Algorithmus.

An unseren Beispielfiguren zeigen sich deutlich einige Probleme, die für Ray–Tracing
typisch sind. Lichtstrahlen werden vom Augpunkt aus durch die Bildebene mit einem
diskretisierten Punktgitter geschickt und in den Raum weiter verfolgt. Dadurch werden die Objekte in der Szene an den Umrißkurven oder bei Farbübergängen im Muster
gerastert, und es treten sichtbare Antialiasing–Effekte auf. Noch dazu kann es durch Akkumulation von Rundungsfehlern zusätzlich zu falschen Farb– und Intensitätswerten für
benachbarte Pixel kommen. Diese Effekte können wir abschwächen, wenn wir beim Ab-
tasten der Körperumrisse oder in Bereichen mit großen Helligkeitsunterschieden adaptiv
feinere Gitter in der Bildebene und an Grenzlinien Mischfarben einsetzen. Zur Steuerung
messen wir die absoluten RGB–Farbdifferenzen des linken und des oberen Nachbarpixels,
die bereits bearbeitet worden sind. Zum Beispiel werden zusätzlich zur Strahlverfolgung
durch ein Pixel weitere Strahlen in vier oder acht umliegenden Punkten erzeugt und verfolgt und die jeweils fünf bzw. neun Intensitätswerte im RGB–Modell gemittelt. Es ist
zudem günstig, diese neuen Strahlen nicht genau auf dem Untergitter, sondern stocha-
stisch leicht verschoben um den Ausgangsstrahl zu verteilen. Dies führt jedoch zu einem
erhöhten Rechenaufwand.

Bild 15.12: Spiegelkugel mit Ray–Tracing

Ray–Tracing eignet sich übrigens gut zum Einsatz auf Parallelrechnern, indem wir jeden Prozessor einen Ausschnitt der Bildebene bearbeiten lassen. Ein übergeordneter Rechner sammelt die Strahldichten für die einzelnen Bereiche und weist neue Bereiche den nicht mehr beschäftigten Prozessoren zu. Besonders bei der Berechnung von Animationen aus einzelnen Bildern können Parallelrechner effizient eingesetzt werden.

Ein weiteres Problem besteht darin, daß mit dem Ray–Tracing Verfahren unrealistisch scharfe Schlagschatten auftreten, die in der Realität nur an Hochsommertagen zur Mittagszeit bei Windstille zu beobachten sind. Um diesen Effekt abzuschwächen, können wir einen Anteil der Strahldichte einer Punktlichtquelle auf mehrere Lichtquellen in einer kleinen Umgebung um das Zentrum aufteilen oder aber die Szene mit aufgrund einer Bewegungsunschärfe leicht verschobenen Objekten noch einmal rechnen und dann mitteln.

Während wir Flächenlichtquellen i.allg. durch eine Gittermatrix von Punktlichtquellen modellieren, die dann zur diffusen und spiegelnden Reflexion einer Oberfläche beitragen, ist es mit dem von uns vorgestellten Verfahren nicht möglich, von anderen Flächen spiegelnd reflektiertes Licht als Beitrag zur diffusen Strahldichte einer Fläche zu berücksichtigen. Dieses Problem kann jedoch durch Kombination von Ray–Tracing- und Radiosity-Verfahren gelöst werden.

Für das Ray–Tracing von mittels CSG-Bäumen modellierten Szenen hat Roth [213] ein Verfahren entwickelt, das auf der in Kapitel 13 vorgestellten Klassifizierung von Mengen basiert. Mit Hilfe dieser Vorgehensweise können wir die Objekte ohne eine explizite Evaluierung des CSG-Baums nach Kanten und Oberflächen allein dadurch darstellen, daß wir die Sehstrahlen mit den Basiselementen schneiden. Auf die Klassifizierung des Sehstrahls in Segmente, die bezüglich der Primitiven IN, ON oder OUT liegen, können wir die Booleschen Operatoren des Baumes wie in Kapitel 13 erklärt anwenden und erhalten für jeden Sehstrahl eine Liste mit folgenden Informationen:

- die Parameter der Schnittpunkte mit dem Körper und damit eine Aufteilung des Strahls in Segmente,
- die zu den Schnittpunkten gehörigen Oberflächen,

- die Lage der Segmente bezüglich des Objekts: IN, ON oder OUT. Für den Fall ON wird eine Information über die Nachbarschaft des Segments geliefert.

Die Anwendung Boolescher Operatoren auf zwei Klassifizierungen kann mit einem MergeSort–Algorithmus gemäß einer Tabelle erfolgen. Dabei können die Zweideutigkeiten, die bei der Vereinigung, dem Schnitt und der Differenz zweier ON/ON klassifizierter Segmente entstehen, mittels der Nachbarschaftsinformationen beseitigt werden. Schließlich kann die neue Klassifikation verkürzt werden, indem wir gleichklassifizierte angrenzende Segmente zusammenfassen.

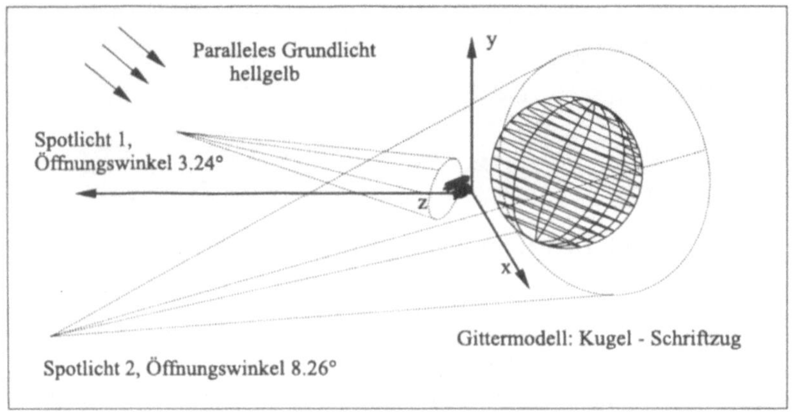

Bild 15.13: Gittermodell mit Lichtquellen

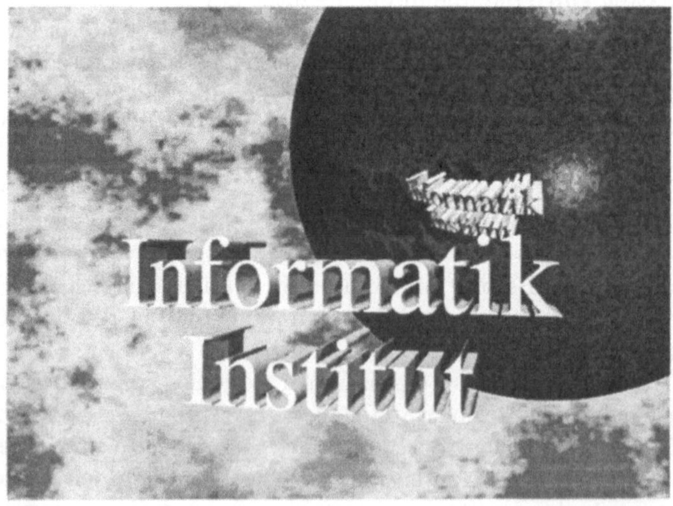

Bild 15.14: Ray–Tracing Szene

Allerdings ist dieses Verfahren immer noch sehr aufwendig, da jeder Strahl mit jedem Basiselement geschnitten wird, im Prinzip aber nur der erste Schnittpunkt interessiert. So bietet es sich nach [12] an, den Bildraum in Zellen zu unterteilen und jeder Zelle einen Minimal–CSG–Baum zuzuordnen, der vom globalen CSG–Baum abgeleitet ist.

Eine Verzeigerung der Zellen erlaubt ein schnelles Auffinden der Nachbarzellen, wenn ein Strahl im rekursiven Ray–Tracing Algorithmus verfolgt wird.

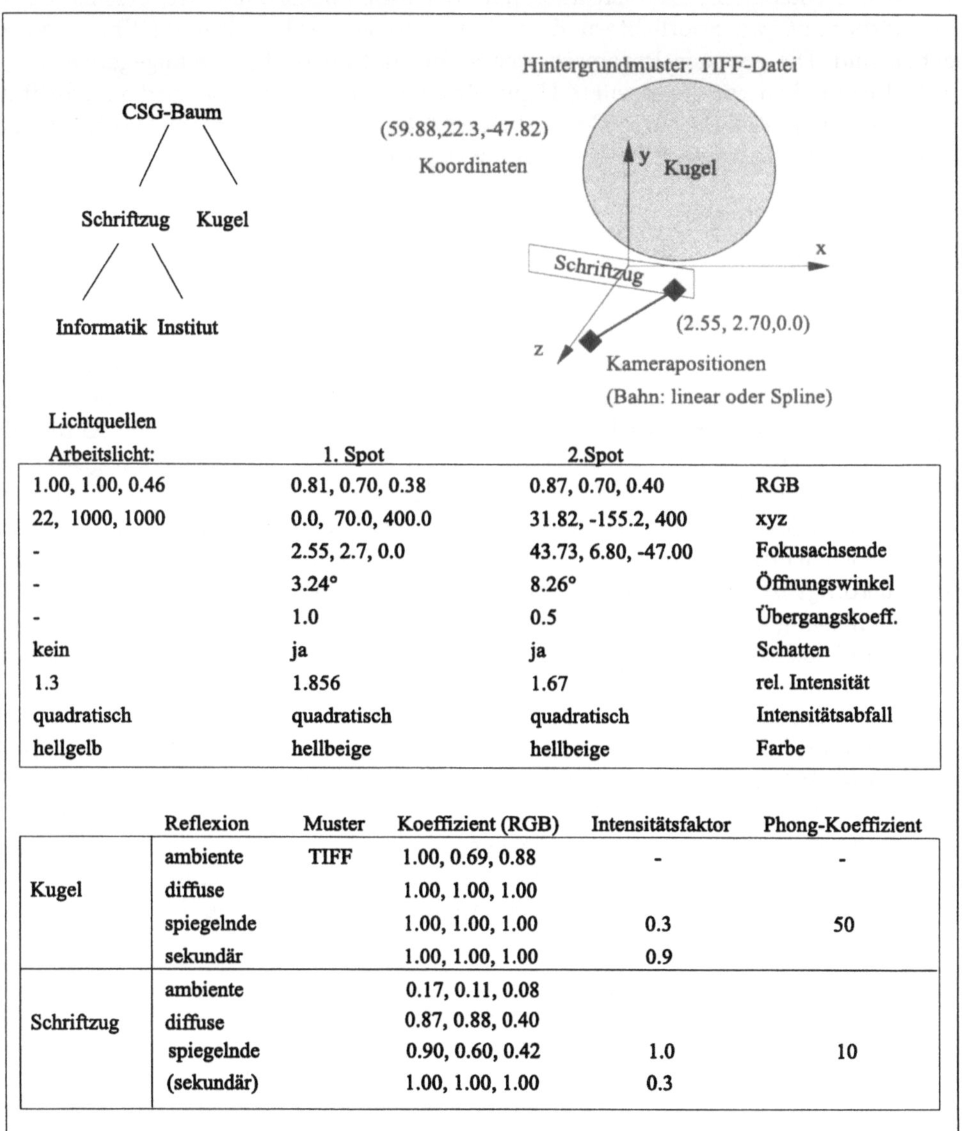

Lichtquellen

Arbeitslicht:	1. Spot	2.Spot	
1.00, 1.00, 0.46	0.81, 0.70, 0.38	0.87, 0.70, 0.40	RGB
22, 1000, 1000	0.0, 70.0, 400.0	31.82, -155.2, 400	xyz
-	2.55, 2.7, 0.0	43.73, 6.80, -47.00	Fokusachsende
-	3.24°	8.26°	Öffnungswinkel
-	1.0	0.5	Übergangskoeff.
kein	ja	ja	Schatten
1.3	1.856	1.67	rel. Intensität
quadratisch	quadratisch	quadratisch	Intensitätsabfall
hellgelb	hellbeige	hellbeige	Farbe

	Reflexion	Muster	Koeffizient (RGB)	Intensitätsfaktor	Phong-Koeffizient
Kugel	ambiente	TIFF	1.00, 0.69, 0.88	-	-
	diffuse		1.00, 1.00, 1.00		
	spiegelnde		1.00, 1.00, 1.00	0.3	50
	sekundär		1.00, 1.00, 1.00	0.9	
Schriftzug	ambiente		0.17, 0.11, 0.08		
	diffuse		0.87, 0.88, 0.40		
	spiegelnde		0.90, 0.60, 0.42	1.0	10
	(sekundär)		1.00, 1.00, 1.00	0.3	

Bild 15.15: Konstruktionsdatei für Ray–Tracing Szene

Wir wollen nun kurz auf die Erstellung einer Animation mit einem kommerziellen Ray–Tracer auf einer Workstation eingehen. Hier wird zunächst mit Hilfe eines CSG–Baums eine Drahtgitterszene erstellt. Hilfestellung bieten dabei drei Kameras, die die Aufrisse der Szene am Bildschirm anzeigen. Wir wählen einen dreidimensionalen Schriftzug und positionieren ihn und eine Spiegelkugel vor einem Hintergrund, der als Bitmapfile vorliegt. Sodann wird mit Hilfe von Leit– oder Interpolationspunkten eine Bahn für die Aufnahmekamera erzeugt und diskretisiert.

Eine andere Möglichkeit besteht darin, die Kamera fest zu verankern und die gesamte Szene zu bewegen.

Neben dem Arbeitslicht, das weit außerhalb der Szene positioniert ist, beleuchten wir die zwei Körper mit zwei Spotlichtern, deren Farbe, Achse des Kegels und Öffnungswinkel anzugeben sind. Die genauen Parameter der Szene sind im Bild 15.15 angegeben.

In Bild 15.14 haben wir die erzeugte Figur für eine Kameraposition vor dem Schriftzug in einer Grautondarstellung abgebildet. Die gesamte Animation umfaßt 300 Bilder und befindet sich neben weiteren Einzelbildern auf der Buch–CD.

15.4 Radiosity

1980 hat T. Whitted [246] das Prinzip der Strahlverfolgung beschrieben: Ausgehend von einem Augpunkt setzen wir den Strahl durch jeden Rasterpunkt der Bildebene fort, bis er auf ein oder mehrere Objekte trifft oder die Szene verläßt. Beim Auftreffen wird die vom Augpunkt wahrgenommene Farbe und Intensität durch den ambienten Anteil, den diffusen und den spiegelnden Anteil gemäß dem Brechungs– und Reflexionsgesetz und der Oberflächenbeschaffenheit des Objekts bestimmt. Da im letzten Fall der Strahl aufgespalten und die Strahlrichtung geändert wird, kommen rekursiv neue Objekte ins Spiel. Mit diesem Beleuchtungsmodell können Szenen mit spiegelnden Körpern gut dargestellt werden, allerdings ist der Rechenaufwand bei der Strahlverfolgung in Abhängigkeit von der Rasterauflösung hoch, die Berechnung der Schnittpunkte mit den Objekten der Szene aufwendig und rechenfehleranfällig, das Ergebnis von der Position des Augpunktes entscheidend abhängig und die Kontraste von Licht– und Schattengebieten zu hart. Radiosity bietet nun ein neues Verfahren, durch ein globales Energiemodell aus einer Gleichgewichtsbedingung die Energieabstrahlung der Objektoberflächen zu ermitteln. Gehen wir davon aus, daß die N Flächen diffus reflektieren, die gleiche Farbe besitzen und die Gesamtsumme der Energie in der Szene konstant ist, so kann die konstante Strahldichte B_i der Fläche i als Strahlstärke pro Flächeneinheit berechnet werden aus der Eigen–Leuchtdichte der Fläche sowie der Summe der Energiedichten B_j multipliziert mit den szenenabhängigen Formfaktoren F_{ij} und den wellenlängenabhängigen Reflexionsfaktoren ρ_i, die zwischen 0 und 1 liegen [68]:

$$B_i = B_{E_i} + \rho_i \sum_{j=1}^{N} B_j F_{ij}, \quad i = 1, \ldots, N. \tag{15.12}$$

Diese Formel ergibt sich nach einigen vereinfachenden Annahmen aus dem allgemeinen Ansatz für den Beitrag des Senders j zur Energieabstrahlung im Punkte $\mathbf{x}$ der Fläche i und den Formeln (15.4) und (15.5) für diffuse Lambert–Strahler

$$B_{ij}(\mathbf{x}) = k_d(\mathbf{x}) \int_{A_j} h(\mathbf{x}, \mathbf{t}) \frac{\cos \phi_i}{\pi r^2} dI_j(\mathbf{t}) = k_d(\mathbf{x}) \int_{A_j} h(\mathbf{x}, \mathbf{t}) \frac{\cos \phi_i \cos \phi_j}{\pi r^2} B_j(\mathbf{t}) dA_j$$

$$\tag{15.13}$$

mit der Sichtbarkeitsfunktion $h(\mathbf{x}, \mathbf{t})$, die den Wert 1 annimmt, wenn $\mathbf{x}$ von $\mathbf{t}$ sichtbar ist, und 0 im anderen Fall.

Für numerische Zwecke ist der Sender in kleine homogene Teilflächen ΔA_{jk} aufgeteilt, für die die Sichtbarkeitsfunktion $h(\mathbf{x}, \mathbf{t})$ und die Abstrahlung $B_j(\mathbf{t})$ durch Konstanten approximiert werden können. So wird mit der Setzung $\rho_i = k_d(\mathbf{x})$ dann

$$B_{ij}(\mathbf{x}) = \rho_i \sum_{k=1}^{n} h(\mathbf{x}, \mathbf{t}_k)\overline{B}_{jk}F_{dA_i \Delta A_{jk}}, \tag{15.14}$$

wobei $\mathbf{t}_k$ das Zentrum von ΔA_{jk} ist, $\overline{B}_{jk}$ die mittlere Abstrahlung von ΔA_{jk} und $F_{dA_i \Delta A_{jk}}$ der Δ–Formfaktor von der Senderfläche ΔA_{jk} zur Empfängerfläche dA_i ist. Weiter gilt

$$\overline{B}_{jk} = \frac{1}{\Delta A_{jk}} \int_{\Delta A_{jk}} B_j(\mathbf{t})dA_j(\mathbf{t}).$$

Für den Δ–Formfaktor kann z.B. die Näherung

$$F_{dA_i \Delta A_{jk}} = \Delta A_{jk}\frac{\cos\phi_i \cos\phi_j}{\pi r^2 + \Delta A_{jk}} \tag{15.15}$$

gewählt werden. Integration über und Division durch A_i führt auf die Formel (15.12).

Ist die Szene so angeordnet, daß die Verbindungsgerade mit der Länge r zwischen beliebigen Flächenelementen dA_i und dA_j keine andere Fläche berührt, so ermitteln sie sich für die Lambertsche Diffusion durch Auswertung des Doppelflächenintegrals

$$F_{ij} = \frac{1}{A_i} \int_{A_i} \int_{A_j} \frac{\cos\phi_i \cos\phi_j}{\pi r^2}h_{ij}dA_idA_j, \quad h_{ij} = 1, \quad 1 \le i,j \le N \tag{15.16}$$

Dabei sind ϕ_i und ϕ_j die Winkel zwischen den Flächennormalen zu dA_i und dA_j und der Verbindungsgeraden mit der Länge r. Bis auf den Vorfaktor ist F_{ij} symmetrisch in i und j. Für ebene Flächen gilt $F_{ii} = 0$, da die Cosinus–Werte identisch verschwinden bzw. die Flächen sich nicht selbst sehen können. Weiterhin ist aus Gleichgewichtsgründen die Summe aller Formfaktoren einer Fläche $\sum_{j=1}^{N} F_{ij} = 1$. Sind die Flächen wechselseitig nicht frei sichtbar, so werden die Faktorfunktionen h_{ij} entsprechend 0 gesetzt.

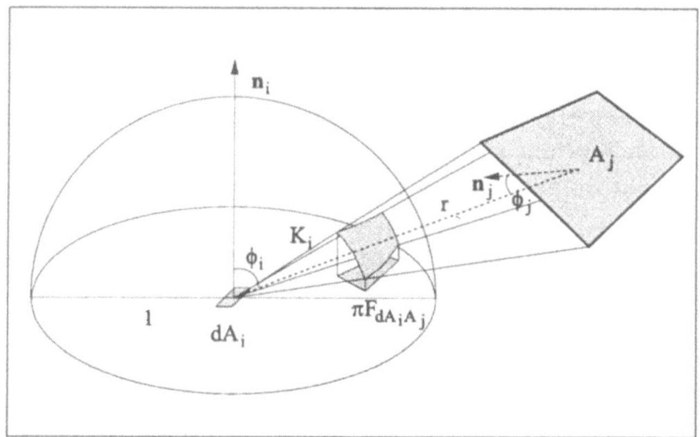

Bild 15.16: Bestimmung des Formfaktors

Nur für sehr wenige Flächen wie Quadrate und Kugelflächen ist dieses Integral explizit lösbar. Daher müssen im allgemeinen numerische Methoden eingesetzt werden. Einen anderen Weg können wir mit der Verwendung des Nusseltschen Analogons einschlagen, das besagt, das der Formfaktor auch mittels einer Einheitshalbkugel (vgl. Bild 15.16) bestimmt werden kann [59].

Dazu projizieren wir die Fläche j zunächst mittels Zentralprojektion mit dem Kugelmittelpunkt als Augpunkt auf die Oberfläche der Halbkugel und den erhaltenen Ausschnitt sodann mit einer orthogonalen Parallelprojektion in die xy-Ebene. Der entstehende Ebenenausschnitt hat die Fläche $\pi F_{dA_i A_j}$. Da auch diese Berechnung noch relativ aufwendig ist, wird die Halbkugel auch durch einen Einheitshalbwürfel ersetzt, der dann noch in kleinere Teilflächen orthogonal zu den Koordinatenachsen zerlegt werden kann [59]. Jede Teilfläche trägt einen Anteil

$$\Delta F_{ij} = F_{dA_i dA_j} = \frac{\cos \phi_i \cos \phi_j}{\pi r_{ij}^2} dA_j$$

zu F_{ij} bei, wobei wir statt dA_j auch die Projektionsfläche auf den Halbwürfel einsetzen können. Eine weitere Vereinfachung läßt sich erzielen, wenn wir statt der Halbwürfel nur noch die obere begrenzende Ebene verwenden. Werten wir letztere Formel für die Deckfläche des Halbwürfels aus und setzen die Mittelpunkte $(x, y, 1)$ der Ersatzflächen ΔA_j ein, so ergibt sich mit $r^2 = 1 + x^2 + y^2$ und $\cos \phi_i = \cos \phi_j = 1/\sqrt{1 + x^2 + y^2}$:

$$\Delta F_{ij} = \frac{1}{\pi (1 + x^2 + y^2)^2} \cdot \Delta A_j.$$

Dieser Ansatz wird auch Single Plane–Methode genannt. Dabei sollte im Zentrum der Ebene eine feine, weiter außen eine gröbere Rasterung gewählt werden.

Wir haben schließlich ein lineares Gleichungssystem $\mathbf{AB} = \mathbf{E}$ zu lösen mit dem unbekannten Vektor $\mathbf{B} = (B_1, \ldots, B_N)^T$, dem Emissionsvektor $\mathbf{E} = (B_{E_1}, \ldots, B_{E_N})^T$ und der Matrix $\mathbf{A}$ aus den Formfaktoren F_{ij} und Reflexionsfaktoren ρ_i mit $A = (\delta_{ij} - \rho_i F_{ij})$.

Danach können die einzelnen Oberflächen mit ihren Farben in einer Intensität dargestellt werden, die proportional zu den B_i ist. Damit ist das Radiosity–Verfahren als echte Ergänzung zur Strahlverfolgung anzusehen: Szenen mit diffuser Beleuchtung sind bis auf die abschließende Projektion blickpunktunabhängig zu beschreiben.

Kommen wir zur Lösung des Gleichungssystems zur Bestimmung des Vektors $\mathbf{B}$, die durch Invertierung der Matrix $\mathbf{A}$ erfolgen könnte. Hier bieten sich jedoch eher iterative Methoden an, da die Matrix streng diagonaldominant ist. Das ist leicht einzusehen, da die Zeilensummen der Formfaktoren 1 ergibt und die Reflexionsfaktoren zwischen 0 und 1 liegen. Für die Startnäherung können wir zunächst nur die Flächen ins Spiel bringen, die die meiste Energie ausstrahlen, nämlich die Lichtquellen. Die Iteration bringt dann sukzessive weitere Flächen ins Spiel. Während bei der Strahlverfolgung Punktlichtquellen behandelt und die Strahlstärke auf Einpixelflächen bezogen werden, stehen bei den Radiosity–Methoden flächig leuchtende, diffuse Strahler im Vordergrund, die im allgemeinen trianguliert werden. In Bild 15.17 sind die verschiedenen Reflexionen zwischen spiegelnden und diffus reflektierenden Flächen angegeben, die von den besprochenen Beleuchtungsmodellen berücksichtigt werden [141].

Wollen wir nun die Szenen, die sich mittels Strahlverfolgung ergeben, und die mittels der Radiosity–Methode bestimmten Intensitätswerte kombinieren, so gelangen wir zu Mehrpaßverfahren. Damit haben wir jedoch nur den Energietransport zwischen spiegelnden Flächen einerseits und diffus reflektierenden Flächen andererseits, aber nicht die wechselseitigen Beleuchtungen modelliert. Hier sind neue Modelle zuerst von Cohen, Greenberg und Wallace [58] vorgeschlagen worden. Entweder werden diffuse Interreflexion dem Ray–Tracing angegliedert oder die spiegelnde Reflexionskomponente dem Radiosity–Verfahren in einem Zweipaß Ansatz angefügt. Allerdings bringt bloßes Aufsummieren der Intensitäten auch bei einer Mittelung nicht immer gute Ergebnisse.

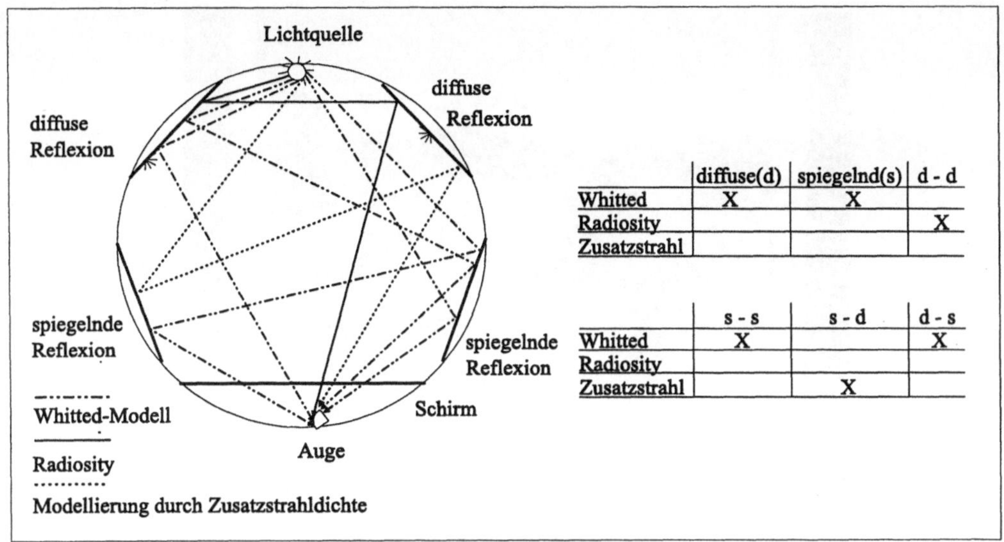

	diffuse(d)	spiegelnd(s)	d - d
Whitted	X	X	
Radiosity			X
Zusatzstrahl			

	s - s	s - d	d - s
Whitted	X		X
Radiosity			
Zusatzstrahl		X	

Bild 15.17: Modellierung verschiedener Reflexionen

Auch erfordert die Darstellung der durch Punktlichtquellen erzeugten starken Strahldichtenunterschiede adaptive Verfeinerungen der Triangulierungen und erheblichem Rechen– und Speicheraufwand. Neuere Ansätze nehmen eine Trennung nach direkt von Lichtquellen und durch diffuse oder spiegelnde Interreflexion empfangenem Licht vor. Die Summe beider Anteile dient zwar zur Berechnung einer globalen Strahldichte, aber nur der indirekte Anteil wird mit den einzelnen Teilflächen der Triangulierung abgelegt. Mittels eines Ray–Casting für ausgewählte helle Lichtquellen werden direkte Anteile der spiegelnden Reflexion in einem zweiten Durchgang hinzugefügt.

In Kok, Jansen und Woodward [141] sind die verschiedenen Lösungsansätze diskutiert, und es wird ein neuer Zweipaß–Algorithmus vorgestellt.

Wir wollen nun mit Hilfe eines von Pöpsel und Claussen [56] (© Springer 1994) entwickelten Programmes, das im wesentlichen die oben angegebenen Methoden zum Ray–Tracing und zur Radiosity implementiert, zwei Beispielszenen erzeugen, in den Farbtafeln befinden sich zwei weitere Bilder zu Scriptfiles von Pöpsel und Claussen [56]. Zunächst werden nur vier diffus strahlende Lichtstreifen an zwei Seitenwänden und ein weiterer Strahler am Boden der Szene angebracht, die die drei Körper Torus, Kugel und Zylinder ausleuchten. Alle Körperoberflächen sind mit Texturen belegt, die als Bitmapfile geladen oder vordefiniert sind. Besonders elegant wird die Beschreibung und Gestaltung der Szene durch Verwendung einer stackorientierten Skriptsprache, die die Erzeugung von Flächen und facettierten Körpern, ihre Transformation sowie die Definition der verschiedenen Lichtquellen und Parameter der Beleuchtungsmodelle erlaubt. Wir geben hier ein typisches Beispiel. Die auf // folgenden Zeichenketten dienen als Kommentare oder geben alternative Befehlsfolgen an, bei denen Ray–Tracing und Radiosity–Methoden durch eine Mittelung der Strahldichten verknüpft werden und die auch spiegelnde Reflexionen erlauben. Zudem haben wir andere Muster und Flächenlichtquellen in Form eines Fensters und einer Deckenbeleuchtung verwendet. Rechts unten in der Ecke befindet sich zudem ein hellbeigefarbiger Punktstrahler. Die einzelnen Sprachelemente sind ausgiebig kommentiert. Eine komplette Sprachbeschreibung und das erzeugende Programm befinden sich in Pöpsel et al. [56].

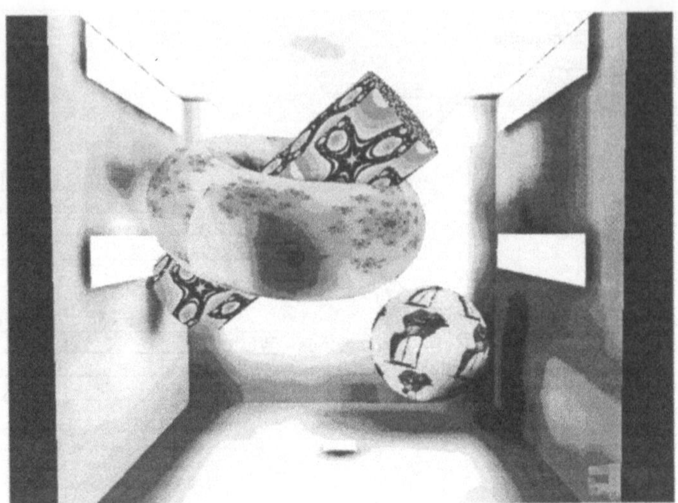

Bild 15.18: Radiosity–Szene

Im folgenden zeigen wir einen Skriptfile zur Erzeugung des Radiosity–Bildes:

```
objekt wand;
  punkte 1.2, 1.2,-1.2  0,0,1;
  // 3D-Koordinaten und 3D-Koordinaten zur Aufbringung einer Textur
        -1.2, 1.2,-1.2  1,0,1;
        -1.2,-1.2,-1.2  1,1,1;
         1.2,-1.2,-1.2  0,1,1;
  flaechen 0,1,2,3;
  // Angabe der Nummern der die Flaeche definierenden Punkte
endobjekt;

Bildbreite 4.0; // Nun Betrachterdefinition
Auge 0.1,-8,0.3; Bildabstand 4; VorderClipEbene 1.5;
HinterClipEbene -1.5;
Szene test;  // Szenenname und -beschreibung - Reflexionskoeffizienten
 Kd 0.8; Ka 0.1; Ks 0.0;  Oe 5; Os 1,1,1;
 // Phong-Exponent 5, Farbe 1,1,1 im RGB-Modell
 schattierung gouraud;
 // Nun 5 Strahlflaechen mit Strahldichte B in RGB-Koordinaten
 Punkte -1.15,-0.9,0.9; -1.15,-0.9,1.15; -1.15,0.9,1.15; -1.15,0.9,0.9;
 Flaechen 0,3,2,1 B 100,100,70;
 Punkte 1.15,-0.9,0.9; 1.15,-0.9,1.15; 1.15,0.9,1.15; 1.15,0.9,0.9;
 Flaechen 0,1,2,3 B 100,100,70;
 Punkte -1.15,-0.9,-0.1; -1.15,-0.9,0.15; -1.15,0.9,0.15; -1.15,0.9,-0.1;
 Flaechen 0,3,2,1 B 100,100,70;
 Punkte 1.15,-0.9,-0.1; 1.15,-0.9,0.15; 1.15,0.9,0.15; 1.15,0.9,-0.1;
 Flaechen 0,1,2,3 B 100,100,70;
 Punkte -0.1,-0.1,-1.15; 0.1,-0.1,-1.15; 0.1,0.1,-1.15; -0.1,0.1,-1.15;
 Flaechen 0,1,2,3 B 200,200,70;
```

```
// PunktLQ 0.8,0.8,0.3 -1,-1,-1 0.5,0.0 ;
// Punktlichtquelle: Farbe, Position, Abklingkoeffizient:
// fuer konstanten und quadratischen Anteil
 od 0.8,0.8,0.7; // Diffuse Farbe
 push;
    od 0.3,0.3,0.3; zeichne wand;
    drehe x,180;  // Drehung um die x-Achse um 180 Grad
    od 0.3,0.3,0.3; zeichne wand;
 pop;
 push;
    drehe y,90;
    od 0.3,0.9,0.5; zeichne wand;
    drehe x,180;
    od 0.5,0.3,0.3; zeichne wand;
 pop;
 push;
    drehe x,90;
    od 0.4,0.4,0.9; zeichne wand;
    drehe x,180;
    od 0.9,0.4,0.4; zeichne wand;
 pop;
// Definitionen fuer ein Alternativbild
// schattierung Phong;
// Ks 0.5;
// Solid-Definitionen
```

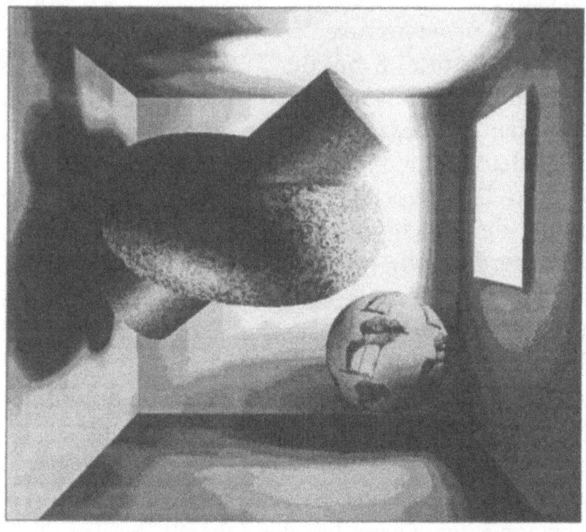

Bild 15.19: Radiosity und Ray–Tracing

```
 push;
    verschiebe -0.3,0,0.3;
    skaliere 0.5; drehe y,10; drehe x,20;
    skaliere textur 3,3,3 ; Map \textures\frac.bmp;
```

```
        // BMP-File Textur
  od 0.8,0.8,0.3; Torus 0.65 facet 30,20;
  // Vordefinierter facettierter Einheitstorus mit Radienverhaeltnis
pop;
push;
  verschiebe -0.3,0.0,0.3;
  skaliere textur 5,3,1; Map \textures\newton.bmp;
  skaliere 0.3; drehe x,27; drehe y,48;
  skaliere 1.0,1.0,3.0;
  od 0.8,0.9,0.9; Zylinder facet 25,10;
pop;
  verschiebe 0.6,0.5,-0.6;
  skaliere textur 5,3,1; Map \textures\peli.bmp;
  skaliere 0.4; drehe x,-11; drehe y,13;
  od 0.3,0.9,0.9; Kugel facet 20,15;
end.
```

15.5   Erzeugung von Oberflächenstrukturen

Das Aufbringen von Farbe allein mit Hilfe von Ray–Tracing oder Radiosity genügt nicht,
um einer dreidimensionalen Szene Realitätsgehalt zu vermitteln. Darüberhinaus benötigen wir Verfahren, die es erlauben, Strukturmuster zur Nachahmung der Materialober-
flächen auf den Körpern aufzubringen. Derartige Muster nennen wir Texturen. Das Erzeugen einer Textur kann als Abbildung vom Texturraum in den Szenenraum verstanden
werden. Ist der Texturraum zweidimensional, so sprechen wir von Oberflächentexturen,
ist er dreidimensional, von Körpertexturen.

Wir haben uns bereits in Kapitel 3 bei der Diskussion von Scan–Linien–Algorithmen
zum Füllen mit der Erzeugung von Flächenmustern mit Hilfe von einfach zu berechnenden
mathematischen Funktionen beschäftigt. Prinzipiell gibt es drei verschiedene Methoden,
hier vorzugehen. Zum einen können wir ein vordefiniertes ebenes Muster in der uv-
Ebene, das in einer Bitmap–Datei vorliegt, auf der Oberfläche auftragen. Das setzt jedoch
zunächst eine Darstellung der Fläche in der Form $\mathbf{x}(u,v)$, $a \leq u \leq b, c \leq v \leq d$, voraus.
Sodann muß festgestellt werden, wie oft das Muster auf die Fläche zu verteilen ist, und
es hat eine Skalierung der Musterdatei in der uv–Ebene stattzufinden. Das Verfahren
hat jedoch den Nachteil, daß in Bereichen großer Krümmung das Muster stark verzerrt
erscheint und viele Punktabfragen erforderlich sind.

Andererseits können wir die Textur auf eine Hilfsfläche abbilden, wie eine Ebene, Zy-
linderoberfläche, einen Würfel oder eine Kugeloberfläche. Umfaßt die Hilfsfläche das Objekt, so kann nun die Textur auf seine Oberfläche projiziert werden. Dazu kommen drei
verschiedenen Verfahren in Frage (vgl. Bild 15.20):

- eine Projektion entlang der Normalen der Oberfläche des Objekts,

- eine Projektion entlang der Normalen der Hilfsfläche und

- eine Projektion entlang der Verbindungsstrecken zum Mittelpunkt des Objekts.

Ansprechende Ergebnisse hängen stark von der Auswahl der Hilfsfläche und des Pro-
jektionsverfahrens im Zusammenspiel mit dem zu texturierenden Körper ab.

Bei Körpertexturen wird ein dreidimensionaler Texturraum definiert, der jedem Punkt

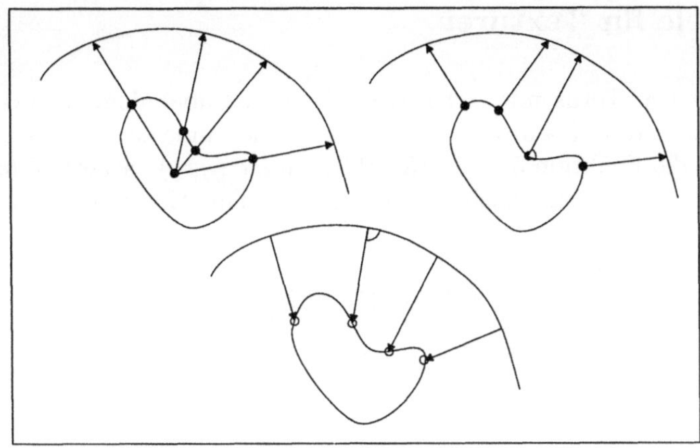

Bild 15.20: Projektionen zur Aufbringung von Texturen

(x, y, z) einen Texturwert $T(x, y, z)$ zuordnet. Allerdings ist die Schaffung wirklichkeitsgetreuer Muster oft aufwendig.

Schließlich können wir mittels geeigneter, schnell zu berechnender mathematischer Funktionen auch versuchen, die Farbe der Körperoberfläche zu variieren, um die gewünschten Materialien zu imitieren. Ein interessanter Weg besteht darin, die Oberfläche $\mathbf{x}(u, v)$ durch Überlagerung einer Störfunktion $\boldsymbol{\Delta}(u, v)$ zu verformen, um so Änderungen der Struktur zu erzeugen. Oftmals ist es jedoch leichter, sich zunutze zu machen, daß Rauheiten in der Oberfläche gerade dadurch auffallen, daß an glatten Stellen das Licht anders reflektiert wird als an unebenen. Diese Effekte lassen sich aber viel einfacher durch eine Variation der Richtung des Normalenvektors $\mathbf{n}(u, v)$ auf der Fläche erzeugen (bumb mapping), als durch die Änderung ihrer Ortsfunktion durch Hinzufügen einer Störfunktion. Wie wir bei der Besprechung der Beleuchtungsmodelle gesehen haben, spielt gerade die Richtung des Normalenvektors für den Strahlverlauf und die Berechnung der Strahldichte in einer Pixelumgebung eine entscheidende Rolle. Allerdings können wir die beiden letzten Verfahren auch kombinieren.

Kommen wir nun ausführlicher auf die Erzeugung von Materialstrukturen zu sprechen. Wurzelholzstrukturen sind durch flammende, unregelmäßige Musterungen, Stammholz jedoch durch fast regelmäßige, farblich abgesetzte Jahresringzylinder bestimmt. Gerade hier eignen sich die periodischen elementaren Funktionen zu einer Nachahmung der Ringe, die wir eventuell durch eine anschließende Verzerrungstransformation noch variieren können. Zudem können die Parameter wie Periode und Amplitude mittels einer Rauschfunktion noch abgeändert werden, was die Natürlichkeit der Darstellung unterstreicht. Wir geben in den nachfolgenden Bildern einige Beispiele für Holzstrukturen, die allein durch eine Variation der Farbwerte in Abhängigkeit von den drei Koordinaten (x, y, z) entsteht. Die Werte dieser Störfunktion können auch in einem dreidimensionalen Feld abgelegt werden. In Peachy [185], Perlin [190] und Watt [243] sind verschiedene Methoden und Beispiele zur Texturierung sowie Erzeugung der Rauschfunktion angegeben. Weiterhin versuchen wir, Metall–, Textil– und Gesteintexturen, wie auch Granit, Onyx und auch Kork nachzuahmen. Einen wesentlichen Einfluß hat auch die richtige Wahl der Reflexionsparameter k_a, k_d, k_r und des Phongexponenten n.

15.6 Beispiele für Texturen

Bild 15.21 zeigt einen Torus mit Achsenverhältnis 3/2 über dem Intervall $[-10, 10] \times [-10, 10]$. Die z–Koordinate wurde um die periodische Funktion $\sin(3xy)$, der Farbwert mit 64 Stufen um die Funktion $3.4 \cdot \sin((3 + 0.05 \cdot random)xy)$ variiert. *Random* ist dabei und im folgenden eine im wesentlichen gleichverteilte Funktion mit Werten aus $[0, 1)$.

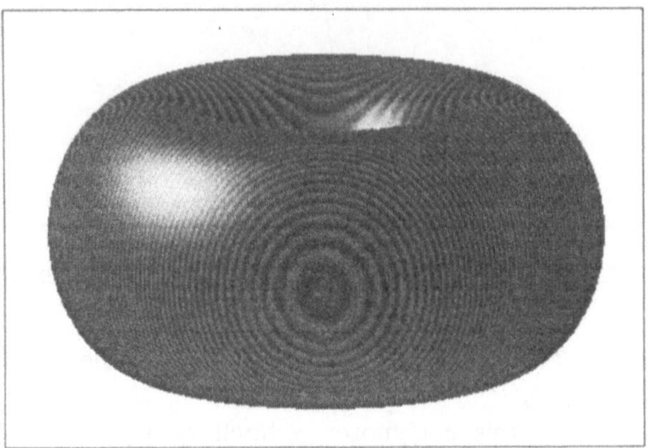

Bild 15.21: Holzstruktur

Bild 15.22 zeigt den gleichen Torus wie Bild 15.21, aber mit um den Wert $2.8 \cdot$ (round($random + x^2 + 20y$) mod 2) variierter Farbfunktion. In beiden Fällen sind ambiente, diffuse und spiegelnde Reflexion verwendet mit materialspezifischen Reflexionskonstanten für k_a, k_d, k_r, n zwischen 0.1 und 0.5 bzw. 2 und 8.

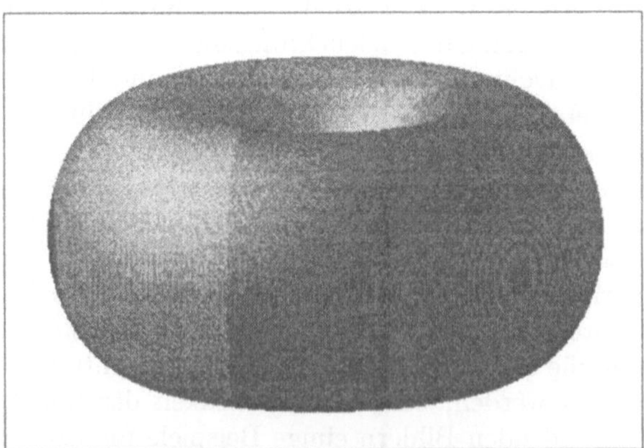

Bild 15.22: Holzstruktur

Bei Bild 15.23 wurde der Farbwert um

$$0.68 \cdot \left(\text{round} \left(10 \frac{x \cos x + 10(\ \text{abs}(y) + 10) \sin(y) + 0.2 \cdot random}{y^2 + 1} \right) \ \text{mod}\ 6 \right)$$

geändert, im folgenden um

$$6.8 \cdot \left(\text{round} \left(2(x \sin \sqrt{10|x|})^2 + 4y \right)\ \text{mod}\ 2 \right).$$

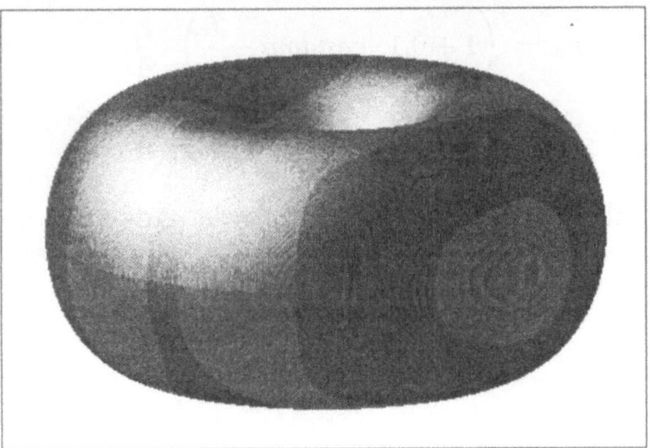

Bild 15.23: Glanzholz

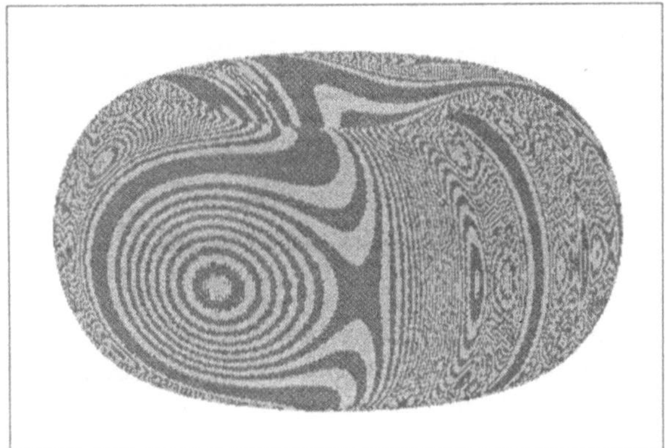

Bild 15.24: Furnier

Bild 15.25: Blechstruktur (Hammerschlag)

In Bild 15.25 wurde der Normalenvektor in x– und y–Richtung zu

$$\mathbf{n}_x = \left(1 + 0.1 \cdot random - \frac{6}{r}\right) \cdot \frac{x}{4},$$

$$\mathbf{n}_y = \left(1 + 0.1 \cdot random - \frac{6}{r}\right) \cdot \frac{y}{4},$$

geändert, das gleiche gilt für die z–Koordinate mit der Änderung um $4 \cdot random$ und Farbwert um $6.8 \cdot random$. Anschließend wurde ein Aufhellungsfilter verwendet.

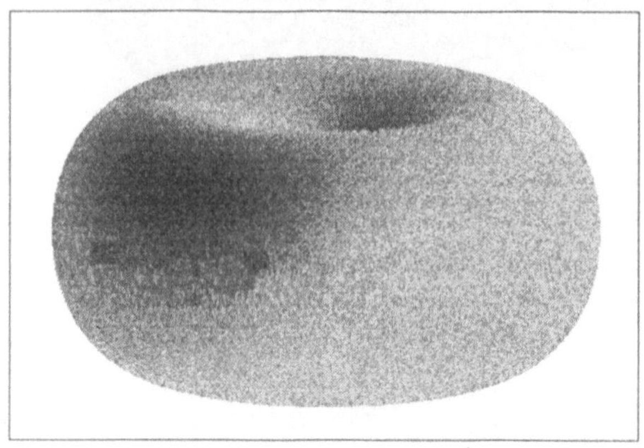

Bild 15.26: Frotteestruktur

In Bild 15.26 wurde dieselbe Methode angewendet, aber statt mit einer Aufhellung wird hier das Bild in einer Grautönung wiedergegeben.

Bild 15.27 zeigt eine durch das Aufprägen einer periodischen Schwingung auf den Normalenvektor erzeugte Oberfläche:

$$\mathbf{n}_x = (1 + 0.9 \cdot n(t)) \cdot \left(1 - \frac{6}{r}\right) \cdot \frac{x}{4},$$

$$\mathbf{n}_y = (1 + 0.9 \cdot n(u)) \cdot \left(1 - \frac{6}{r}\right) \cdot \frac{y}{4},$$

$$t = \frac{x}{2} + \frac{z}{5}, \quad u = \frac{x}{2} - \frac{z}{5}.$$

Bild 15.28 zeigt die Aufbringung einer Metallstruktur mit Farbwertvariation um

$$3.4(1 + round(10y) \bmod 4) \cdot \sin 10x.$$

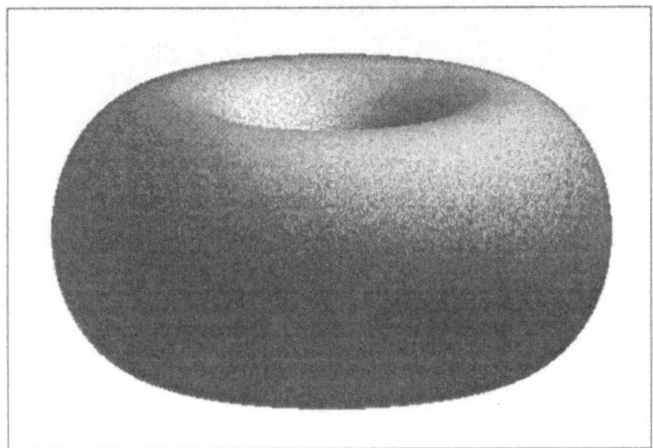

Bild 15.27: Oberflächenstruktur

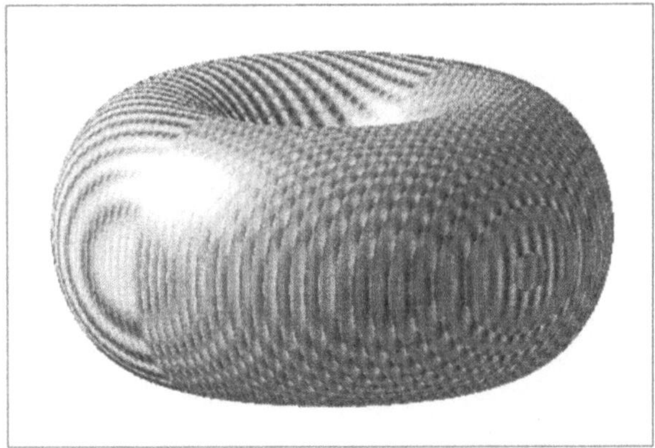

Bild 15.28: Metallstruktur

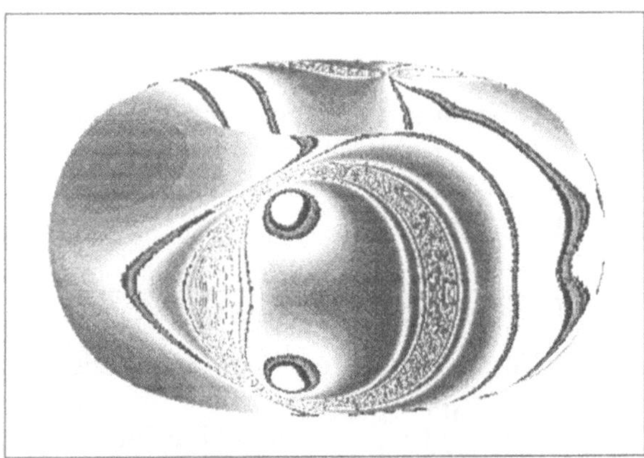

Bild 15.29: Onyxstruktur

In Bild 15.29 wurde der Farbwert um

$$\frac{10.2}{\left(1.1+\sin\left(1+\frac{\sin(xz/20+2)}{0.1+\cos(2-xy/100)}\right)\right)\left(1.1+\sin\left(1+\frac{\sin((x/10+0.7)(z/2+0.2)+2)}{0.1+\cos(2-x(y+5)/100)}\right)\right)}$$

geändert.

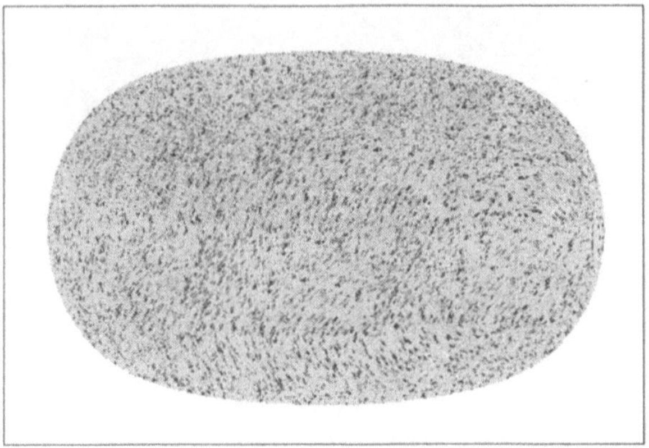

Bild 15.30: Korkstruktur

Bild 15.31: Granitstruktur mit ähnlicher Erzeugung

In Bild 15.30 ändern wir den Wert *Random* einer Randomfunktion nur alle 30 Schritte und variieren den Farbwert um

$$-\frac{1}{0.01+|\sin(|x|+|2.4z|-3Random)|}.$$

In Bild 15.32 wurden die Normalenvektoren wieder modifiziert

$$\mathbf{n}_x=(1+2n(t))\cdot\left(1-\frac{6}{r}\right)\cdot\frac{x}{4},\qquad \mathbf{n}_y=(1+2n(u))\cdot\left(1-\frac{6}{r}\right)\cdot\frac{y}{4},$$

$$t=\frac{x}{10}+\frac{z}{2.4},\quad u=0.12x-\frac{z}{2.4}.$$

Der Farbwert ist modifiziert um

$$3.4 \cdot \left(1 + \left(\frac{z}{2.4} - \left\lfloor \frac{z}{2.4} \right\rfloor\right) \cdot \sin(x)\right).$$

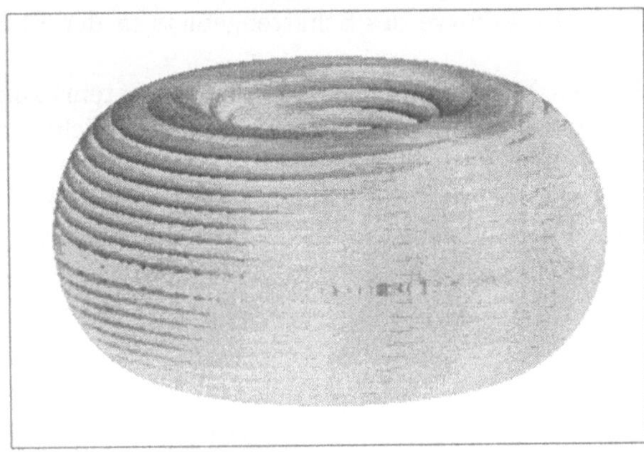

Bild 15.32: Reifenmuster

15.7 Aufgaben

Aufgabe 15.1
Berechnen Sie den ins Äußere gerichteten Normalenvektor eines Torus und den ersten
Schnittpunkt mit einem ankommenden Strahl.

Aufgabe 15.2
Beim Phong Shading eines durch Polygone begrenzten Körpers wird der Normalenvektor
für jeden Punkt berechnet, indem wir für die Ecken das arithmetische Mittel der angrenzenden Normalenvektoren bestimmen und anschließend interpolieren.
Geben Sie für das Tetraeder $(-1,-1,-1)^T$, $(1,1,-1)^T$, $(-1,1,1)^T$, $(1,-1,1)^T$ die interpolierten Normalenvektoren auf der Strecke $\overline{(1,0,0)^T, (0,1,0)^T}$ an.

Aufgabe 15.3
Gegeben seien ein Ellipsoid $(\mathbf{x}, \mathbf{A}\mathbf{x}) = 0$ in Hauptachsenform und eine Gerade $\mathbf{g}(t) =
\mathbf{u} + t\mathbf{v}$. Untersuchen Sie, wann und wie sich die beiden Objekte schneiden.

$$\mathbf{A} = \begin{pmatrix} a_1 & 0 & 0 & 0 \\ 0 & a_2 & 0 & 0 \\ 0 & 0 & a_3 & 0 \\ 0 & 0 & 0 & -c \end{pmatrix}, \quad a_1, a_2, a_3, c > 0, \quad \mathbf{u} = \begin{pmatrix} u_1 \\ u_2 \\ u_3 \end{pmatrix}, \quad \mathbf{v} = \begin{pmatrix} v_1 \\ v_2 \\ v_3 \end{pmatrix}$$

Aufgabe 15.4
Berechnen Sie den Vektor des reflektierten Strahles $\mathbf{r}$ im Falle des Torus in Abhängigkeit
vom Einfallsvektor $\mathbf{l}$.

Aufgabe 15.5
Berechnen Sie den Richtungsvektor $\mathbf{s}$ des gebrochenen Strahles beim Eintritt und beim
Austritt in den Punkten $\mathbf{x}_E$ und $\mathbf{x}_A$ der Oberfläche einer Kugel mit Radius R_1 und
Mittelpunkt (k_{m1}, k_{m2}, k_{m3}) sowie den Brechungsindizes r_1 für das Äußere und r_2 fürs
Innere.

Aufgabe 15.6

Gegeben sei eine reflektierende Spiegelkugel mit dem Radius r und dem Mittelpunkt $\mathbf{k} = (k_1, k_2, k_3)^T$. Im Raum sei eine punktförmige Lichtquelle an der Stelle $\mathbf{l}$ angebracht. Berechnen Sie die Umgrenzungskurve des Schattengebiets in der Ebene $z = 0$, das die Kugel erzeugt.

Anleitung: Verlegen Sie den Mittelpunkt des Koordinatensystems zunächst nach $\mathbf{k}$ und setzen Sie $\mathbf{l}^* = \mathbf{l} - \mathbf{k}$. Dann bilden die die Kugel streifenden Lichtstrahlen einen Kegel. Die Berührkurve ist ein Kreis, der in der Ebene mit dem Normalenvektor $\mathbf{l}^*$ liegt. Der Öffnungswinkel α des Kegels ist durch die Beziehung $\cos^2 \alpha = 1 - r^2/(\mathbf{l}^*, \mathbf{l}^*)$ festgelegt. Wir verlängern die Strahlen, bis sie die Ebene $z = 0$ im Punkte $\mathbf{p} = (p_1, p_2, 0)^T$ schneiden. Für die Schnittkurve erhalten wir die folgenden Gleichungen:

$$\frac{(\mathbf{l}^*, \mathbf{p} - \mathbf{l})^2}{(\mathbf{l}^*, \mathbf{l}^*)(\mathbf{p} - \mathbf{l}, \mathbf{p} - \mathbf{l})} = 1 - \frac{r^2}{(\mathbf{l}^*, \mathbf{l}^*)},$$

$$\left(\sum_{j=1}^{3} (l_j - k_j)(p_j - l_j) \right)^2 = \left(\sum_{j=1}^{3} (l_j - k_j)^2 - r^2 \right) \cdot \left(\sum_{j=1}^{3} (p_j - l_j)^2 \right), \quad p_3 = 0.$$

Die Auswertung ergibt eine Gleichung des allgemeinen Kegelschnitts

$$a \cdot p_1^2 + 2b \cdot p_1 p_2 + c \cdot p_2^2 + 2d \cdot p_1 + 2e \cdot p_2 + f = 0.$$

Dabei muß es sich, wenn es überhaupt ein Schattengebiet gibt, bei seinem Rand um eine Ellipse, Parabel oder Hyperbel handeln.

Aufgabe 15.7

Bestimmen Sie eine Bedingung, wann ein Strahl $\mathbf{g}(t) = \mathbf{a} + \mathbf{b}t$; $|\mathbf{b}| = 1$, $t > 0$, eine Kugel mit einer implizit gegebenen Gleichung

$$F(x, y, z) = (x - x_m)^2 + (y - y_m)^2 + (z - z_m)^2 - r_m^2 = 0$$

und Mittelpunkt $\mathbf{m} = (x_m, y_m, z_m)$ schneidet.

Anleitung: Einsetzen der Gerade in die Kugelgleichung ergibt eine quadratische Gleichung für t:

$$t^2 - 2(\mathbf{b}, \mathbf{m} - \mathbf{a})^2 t + \|\mathbf{m} - \mathbf{a}\|^2 - r_m^2 = 0,$$

die nur im Fall $(\mathbf{b}, \mathbf{m} - \mathbf{a})^2 \geq \|\mathbf{m} - \mathbf{a}\|^2 - r_m^2$ eine Lösung hat, von der die kleinere t_{min} den Schnittpunkt $\mathbf{a} + t_{min}\mathbf{b}$ ergibt.

Aufgabe 15.8

Gegeben sei die Kugel

$$(x - 4)^2 + (y - 3)^2 + (z - 5)^2 = 16$$

und eine punktförmige Lichtquelle bei

$$\mathbf{l} = (3, 2, 10)^T.$$

Berechnen Sie den Schatten der Kugel auf der xy–Ebene.

Aufgabe 15.9

Der Strahl $\mathbf{s} = (1, 1, -1)^T$ trifft die Kugel

$$x^2 + y^2 + z^2 = 25$$

im Punkt $\mathbf{p} = (0, 0, 5)^T$ mit dem Brechungsverhältnis $k = 0.8$. Berechnen Sie den Reflexionsstrahl $\mathbf{r}$, den Austrittspunkt $\mathbf{q}$ und den Austrittsstrahl $\mathbf{a}$.

Literaturverzeichnis

[1]   Abmayr, W.: Einführung in die digitale Bildverarbeitung. Teubner, Stuttgart 1994.

[2]   Abrash, M.: Artikelserie in Dr. Dobb's Journal 1992.

[3]   Adelson, S. J., Hodges, L. F.: Stereoscopic ray–tracing. The Visual Computer (1993) (10), 127–144.

[4]   Adobe Systems Incorporated: PostScript Language Reference Manual, Second Edition. Addison–Wesley, Reading, 1990.

[5]   Albanesi, M. G., Ferretti, M., Zangrandi, L.: A Pyramidal Approach to Convex Hull and Filling Algorithms. In: [36], 139–144.

[6]   Anantakrishnan, N., Piegl, L. A.: Integer subdivision algorithm for rendering NURBS curves. Visual Computer 8 (1992), 149–161.

[7]   André, J., Hersch, R. eds.: Raster Imaging and Digital Typography. Proceedings EPF Lausanne (10), Cambridge University Press, 1989.

[8]   Andrews, H. C.: Computer Techniques in Image Processing. Academic Press, New York 1970.

[9]   Anil K. J., Kalle Karu: Texture Analysis: Representation and Matching, In: [36], 3–9.

[10]   ANSI American National Standard for Information Processing Systems - Programmers's Hierarchical Interactive Graphics System (PHIGS) Functional Description, Archive File Format, Clear–Text Encoding of Archive File, ANSI, X3.144-1988, ANSI, New York, 1988.

[11]   Argyris, J., Faust, G., Haase, M.: Die Erforschung des Chaos. Vieweg, Braunschweig 1994.

[12]   Arnaldi, B., Priol, T., Bouatouch, K.: A new space subdivision method for ray tracing CSG modelled scenes. Visual Computer 3 (Febr. 1987), 98–108.

[13]   Arvo J., Kirk, D.: A survey of ray tracing acceleration techniques. ACM Siggraph Proceedings, Computer Graphics 22 (1988). Tutorial on Introduction to Ray Tracing, 1–46.

[14]   Atherton, P. R.: A scan–hidden surface removal procedure for constructive solid geometry. ACM Siggraph Computer Graphics 17 (1983), 73–82.

[15]   Aumann, G. Spitzmüller, K.: Computerorientierte Geometrie. BI, Mannheim 1993.

[16]   Badler, N.I., Kamran, H.: Articulated Figure Positioning by Multiple Constraints. IEEE CG&A 7, Juni 1987, 28–38.

[17]   Badler, N.I.: Human Modeling in Visualization. In: [159], 209–228.

[18]   Barnsley, M.: Fractals Everywhere. Academic Press, Boston 1988.

[19]   Bartels, R., Beatty, J., Barsky, B.: An Introduction to Splines for Use in Computer Graphics and Geometric Modeling. Morgan Kaufman, Los Altos CA 1987.

[20] Battaille, B., Goral, C. M., Greenberg, D. P., Torrance, K. E.: Modeling the inter-action of light between diffuse surfaces. ACM Siggraph Computer Graphics 18 (3) 1984, 213–222.

[21] Baumann, H. D.: Handbuch digitaler Bild- und Filtereffekte. Springer, Berlin 1994.

[22] Baumberg, A., Hogg, D.: Lerning Flexible Models from Image Sequences. In [74], 299–308.

[23] Beaufils, P., Luther, W.: Turbo–Pascal. Eyrolles, Paris 1987.

[24] Bechlars, J.,Buhtz, R.: GKS in der Praxis, 2. Auflage. Springer, Berlin–Heidelberg–New York 1995.

[25] Beck, J. M., Farouki, R. T., Hinds J. K.: Surface Analysis Methods. IEEE CG&A 6, 18–36 (Dezember 1986).

[26] Behnke, H., Bachmann, F., Fladt, K.: Grundzüge der Mathematik, IIA: Geometrie. Vandenhoeck&Ruprecht, Göttingen 1967.

[27] Beier, Th., Neely, S.: Feature–based image metamorphosis. ACM Comp. Graphics 26 (2), Juli 1992, 35–42.

[28] Berger, M.: Computergrafik mit Pascal. Addison–Wesley, Bonn 1988.

[29] Bhattachary, B. K. und Toussaint, G. T.: Time- and –storage efficient implemen-tation of an optimal planar convex hull algorithm. Image and Vision Computing 1 (1983), 140–144.

[30] Bielig-Schulz, G., Schulz, Ch.: 3D–Graphik in PASCAL. Teubner, Stuttgart 1987.

[31] Blanchard, P.: Complex analytic dynamics on the Riemann sphere. Bull. Amer. Math. Soc. 11 (1984), 85–141.

[32] Boese, F. G.: Surface drawing made simple — but not too simple. Computer Aided Design 20 (1988) (5), 249–258.

[33] de Boor, C.: A practical Guide to Splines. Springer, Berlin–Heidelberg–New York, 1978.

[34] Born, G.: Referenzhandbuch Dateiformate. Addison–Wesley, Bonn 1992.

[35] Born, G.: Noch mehr Datenformate. Addison–Wesley, Bonn 1995.

[36] Braccini, C., DeFloriani, L., Vernazza, G. (Eds.): Image Analysis and Processing. 8th International Conference, ICIAP '95, San Remo, September 1995. Lecture No-tes in Computer Science 974, Springer 1995

[37] Brakhage, K. H., Nitschke, M.: Ein zweidimensionales CAG–System zur Ingenieu-rausbildung in Darstellender Geometrie. RWTH Aachen 1987/88.

[38] Brakhage, K. H.: Ein menügesteuertes, intelligentes System zur zwei- und dreidi-mensionalen Computergeometrie. VDI Düsseldorf, 1990.

[39] Bresenham, J. E.: Algorithm for Computer Control of a Digital Plotter. IBM Sy-stem Journal, Jan. 1965, 25–30.

[40] Bresenham, J. E.: Ambiguities in Incremental Line Rastering. CG & A 7 (1987), 31–43.

[41] Bresenham, J. E.: Algorithms for Circular Arc Generation. In: Earnshaw, R. A. (Ed.): Fundamental Algorithms for Computer Graphics. NATO ASI Series F, 17, Springer, Berlin 1985, 197–217.

[42] Brodlie, K. W., Damnjanovic, L. B., Duce, D. A., Hopgood, F. R. A.: GKS–94: An Overview. IEEE CG&A 15 (November 1995), 64–71.

[43] Brons, R.: Theoretical and Linguistic Methods for Describing Straight Lines. In: Earnshaw, R. A. (Ed.): Fundamental Algorithms for Computer Graphics. NATO ASI Series F, 17, Springer, Berlin 1985, 19–58.

[44] Bui-Tuong Phong: Illumination for Computer Generated Pictures. Comm. ACM 18 (8), 1975, 311–317.

[45] Burt, P.J.: The Pyramid as a Structure for Efficient Computation, 6–35. In: Rosenfeld, A. (ed.): Multiresolution Image Processing and Analysis. Springer, Berlin–Heidelberg–New York, 1984.

[46] Butzer, P. L., Schmidt, M., Stark, E. L.: Observations on the History of Central B–Splines. Archive for History of Exact Sciences 39 (1988), 137-156.

[47] Böttcher, P., Forberg: Technisches Zeichnen. Teubner, Stuttgart 1982.

[48] Campadelli, P., Medici, D., Schettini, R.: Using Hopfield Networks to Segment Color Images. In: [36], 25–30.

[49] Cartledge, C. J., Weeks, G. H.: The implementation of fill area for GKS. In: Earnshaw, R. A.: Fundamental Algorithms for Computer Graphics. NATO ASI Series F, 17, Springer, Berlin 1985.

[50] Castle, C. M. A., Pitteway, M. L. V.: An Application of Euklid's Algorithm to Drawing Straight Lines. In: Earnshaw, R. A. (Ed.): Fundamental Algorithms for Computer Graphics. NATO ASI Series F, 17, Springer, Berlin 1985, 135–139.

[51] Chalupka, M.: Konstruieren und Rendern mit 3D–GO auf einer UNIX–Workstation, Diplomarbeit, Duisburg 1996.

[52] Chassery, J. M., Montanvert, A.: Géométrie discrète en analyse d'images. Hermes, Paris 1991.

[53] Chellappa, R., Sawchuk, A. A.: Digital Image Processing and Analysis Vol.1. IEEE Computer Society, 1985.

[54] Chung, K. W. and Chan, H. S. Y.: Symmetrical Patterns from Dynamics. Computer Graphics forum 12 (1993), 33–40

[55] Claussen, U., Pöpsel, J.: Im Rausch der Tiefe. c't, 7/1994, 230–238.

[56] Claussen, U., Klein, R. D., Plate, J., Pöpsel, J.: Computergraphik. Springer, Berlin 1994.

[57] Cohen, M. F., Shenchang Chen, Greenberg, D. P., Wallace, J. R.: A progressive refinement approach to fast radiosity image generation. ACM Computer Graphics 22 (4)(1988), 75–84

[58] Cohen, M. F., Greenberg, D. P., Wallace, J. R.: A two–pass solution to the rendering equation: a synthesis of ray tracing and radiosity methods. ACM Computer Graphics 21 (4) Juli 1987, 311–320.

[59] Cohen, M. F., Greenberg, D. P.: The hemi–cube: a radiosity solution for complex environments. ACM Computer Graphics 19 (1985), 31–40.

[60] Congedo,G. , Dimauro, G., Impedovo, S., Pirlo, G., Sfregola, D.: A Robust Analytical Approach for Handwritten Word Recognition. In: [36], 594–599.

[61] Cooley, J. W., Tukey, J. W.: An Algorithm for the Machine Calculation of Complex Fourier Series. Math. Comp. 19 (1965), 297–301.

[62] Coxeter, H. S. M.: Unvergängliche Geometrie. Birkhäuser, Basel 1963.

[63] Cross, G. R., Jain, A. K.: Markov Random Field Texture Models. IEEE Transactions on Pattern Analysis and Machine Intelligence, Vol. PAMI–5 (Jan. 1983), 149–163.

[64] Cyrus, M., Beck, J.: Generalized Two– und Three–Dimensional Clipping. Computers and Graphics, 3 (1978), 23–28.

[65] Daldegan, A., Magnenat Thalmann, N., Tsuneya Kurihara, Thalmann, D.: An Integrated System for Modeling, Animating and Rendering Hair. Eurographics'93 (R.J. Hubbold and R. Juan eds.), 12 (3) 1993.

[66] Daubechies, I.: Orthogonal bases of compactly supported Wavelets. Comm. Pure Applied Math. 41 (1988), 909–996.

[67] Day, A. M.: The Implementation Of An Algorithm To Find The Convex Hull Of A Set Of Three–Dimensional Points. ACM TOG 9 (1990), 105–132.

[68] Duin, H., Symanzik, G., Claussen, U.: Beleuchtungsalgorithmen in der Computergraphik. Springer, Berlin-Heidelberg-New York, 1993.

[69] Dürer, A.: Unterweysung der messung mit dem zirckel und richtscheyt in linien ebnen und corporen. Nürnberg 1525. Entnommen aus: Druckgraphik (2), 1471–1528. Pawlak, Herrsching.

[70] Edelsbrunner, H.: Algorithms in Combinatorial Geometry. Springer, Berlin 1987.

[71] Edelsbrunner, H.: A Bibliography in Computational Geometry. Dept. of Computer Science, University of Illinois, Urbana, Illinois USA.

[72] Egyed, P.: Hidden–surface removal in polyhedral cross–sections. The Visual Computer (1988) (3), 329–343.

[73] Eklundth, J. O. (Ed.): Computer Vision ECCV '94, Lecture Notes in Computer Science 800, Springer, 1994.

[74] Eklundth, J. O. (Ed.): Computer Vision ECCV '94, Lecture Notes in Computer Science 801, Springer, 1994.

[75] Encarnação, J., Straßer, W., Klein, R.: Graphische Datenverarbeitung I, 4. Auflage. Oldenbourg, München 1996.

[76] Enderle, G., Scheller, A.: Normen der graphischen Datenverarbeitung. Oldenbourg, Wien 1989.

[77] Ernst, B.: Abenteuer mit unmöglichen Figuren. TACO, Berlin 1985.

[78] Escher, M. C. et al.: The world of M. C. Escher. H. N. Abrams, New York 1992.

[79] Falconer, K. J.: Fraktale Geometrie. Spektrum Akademie Verlag, Heidelberg 1993.

[80] Farouki, R. T., Hinds, J. K.: A hierarchy of geometric forms. IEEE CG&A 5, Mai 1985, 51–78.

[81] Feda, M., Purgathofer, W.: A Median Cut Algorithm for Efficient Sampling of Radiosity Functions. Computer Graphics Form 13 (3) 1994, C433–C442.

[82] Fellner, W. D.: Computer Graphik. Bibliographisches Institut, Mannheim 1988, 2. Auflage 1992.

[83] Fellner, W. D., Helmberg, C.: Robust Rendering of General Ellipses and Elliptical Arcs. ACM TOG 12 (1993), 251–276

[84] Fisher, Y. (ed.): Fractal image compression. Springer, Berlin 1995.

[85] Fishkin, K. P., Barsky, B. A.: A Family of New Algorithms for Soft Filling. SIGGRAPH 1984, 235–244.

[86] Floyd, R. W., Steinberg, L.: An adaptive algorithm for spatial grey scale. SID 75 Digest. Society for Information Display, 1975, 36–37.

[87] Foley, J. D., van Dam, A.: Fundamentals of Interactive Computer Graphics. Addison–Wesley, Reading 1984.

[88] Foley, J. D., van Dam, A., Feiner, St., Hughes, J.: Computer Graphics. Addison–Wesley, Reading 1993. Deutsche Auflage: Addison–Wesley, Bonn 1994.

[89] Fuchs, H., Kedem, Z. M., Naylor, B. F.: On Visible Surface Generation by A Priori Tree Structures. ACM Siggraph Computer Graphics 14 (1980), 124–133.

[90] Fujimoto, A., Tanaka, T., Iwata, K.: Accelerated Ray–Tracing System. IEEE CG&A 6, 16–26 (April 1986).

[91] Fung, Khun Yee, Nicholl, Tina M., Dewdney, A. K.: A Run–Length Slice Line Drawing Algorithm without Division Operations. Eurographics 11 (1992), Blackwell, C267–C277.

[92] Francis, A. H.: Computer Graphics Metafile versus PostScript — "horses for courses" Computer Aided Design 23 (1991), 297–302.

[93] Galton, Ian: An efficient Three–Point Arc Algorithm. IEEE CG&A 9, Nov. 1989, 44–49.

[94] Gargantini, I., Atkinson, H. H.: Ray Tracing an Octree: Numerical Evaluation of the First Intersection. Computer Graphics Forum 12 (1993) (4) , 199–210.

[95] Giertsen, Ch., Tuchman, A.: Fast Volume Rendering with Embedded Geometric Primitives. In: Visual Computing, T. L. Kunii (Ed.). Springer, Tokyo-Berlin-Heidelberg-New York, 1992.

[96] Gill, Graeme W.: N–Step Incremental Straight–Line Algorithms. IEEE CG&A 14, Mai 1994, 66–71.

[97] Gisser, M.: Spiegel–Grafik, c't 1/1986, 104-108.

[98] Giering, O., Seybold, H.: Konstruktive Ingenieurgeometrie 3ed. Hanser, München 1987.

[99] Goldman, R. N.: Polya's urn model and computer aided geometric design. SIAM J. Alg. Disc. Math. 6 (1985), 1–28.

[100] Gonczarowski, J.: Fast generation of unfilled and filled outline Characters. In: [7], 97–110.

[101] Gonska, H. H., Cao, Jia–ding: Approximation by Boolean sums of positive linear operators III: Estimates for some numerical approximation schemes. Num. Funct. Anal. Optim. 10 (1989), 643–672.

[102] Gonska, H. H., Cao, Jia-ding: On Butzer's Problem Concerning Approximation by Algebraic Polynomials. In: Anastassiou, G. A.: Approximation theory. Proc. of the sixth southeastern approximation theorists annual conference LNPAN. Marcel Dekker, New York 1992, 289–313

[103] Gonzalez, R. C.,Woods, R. E.: Digital Image Processing. Addison–Wesley, Reading 1993.

[104] Gouraud, H.: Continuous Shading of Curved Surfaces. IEEE Transactions on Computers C–20 (6), 1971, 623–629.

[105] Graf, U.: Darstellende Geometrie. Quelle & Meyer, Heidelberg 1978.

[106] Graham, P., Sitharama Iyengar, S.: Double– and Triple–Step Incremental Linear Interpolation. IEEE CG&A 14, Mai 1994, 49–53.

[107] Graphics Gems, (Glassner, A. S. ed.). Academic Press Professional, Boston 1990.

[108] Graphics Gems II, (Arvo, J. ed.). Academic Press Professional, Boston 1994.

[109] Graphics Gems III, (Kirk, D. ed.). Academic Press Professional, Boston 1992.

[110] Graphics Gems IV, (Heckbert, P. ed.). Academic Press Professional, Boston 1994.

[111] Graphics Gems V, (Paeth, A. W. ed.). Academic Press Professional, Boston 1995.

[112] Haberäcker, P.: Digitale Bildverarbeitung. 4. Auflage. Hanser, München 1991.

[113] Haberäcker, P.: Praxis der Digitalen Bildverarbeitung und Mustererkennung. Hanser, München 1995.

[114] Hall, R.: Illumination and Color in Computer Generated Imagery. Springer, Berlin 1989.

[115] Hanrahan, P., Salzman, D., Aupperle, L.: A Rapid Hierarchical Radiosity Algorithm. ACM Siggraph Computer Graphics 25 (4), Juli 1991, 197–206.

[116] Hartley, R. I.: Self-Calibration from Multiple Views with a Rotating Camera. In: [73], 471–478.

[117] Henderson, L., Journey, M., Osland, Ch.: The Computer Graphics Metafile. IEEE CG&A 6 (1986), 24–32.

[118] Henrich, D.: Space–efficient region filling in raster graphics. Visual Computer 10 (1994), 205–215.

[119] Hershey, A. V.: Calligraphy for Computers. Technical Report No. 2101 (1. Aug. 1967), U.S. Naval Weapons Laboratory, Dahlgreen, Virginia.

[120] Hershey, A. V.: A Computer System for Scientific Typography. In: Computer Graphics and Image Processing, Vol 1, (1972) 373–385.

[121] Hobby, J. D.: Rasterization of Nonparametric Curves. ACM TOG 9 (1990), 262–277.

[122] Hoschek, J., Lasser, D.: Grundlagen der geometrischen Datenverarbeitung 2 ed. Teubner, Stuttgart 1992.

[123] Howard, T. L. J., Hewitt, W. T., Hubbold, A. J., Wyrwas, K. M.: A Practical Introduction to PHIGS and PHIGS+. Addison Wesley, Reading 1991.

[124] Hsu, S. Y., Chow, L. R., Liu, H. C.: A New Approach for the Generation of Circles. Computer Graphics forum 12 (1993), 105–109.

[125] Huang, C. L.: Parallel image segmentation using modified Hopfield model. Pattern Recognition Letters 13 (1002), 345–353.

[126] Ibach, P.: Flächenfüllalgorithmen. MC 7/87 (1987), 63–65.

[127] Iwainsky, A, Wilhelmi, W.: Lexikon der Computergraphik und Bildverarbeitung, Vieweg, Braunschweig 1994.

[128] Jähne, B: Digitale Bildverarbeitung, 3. Auflage. Springer, Heidelberg 1993.

[129] Jaromczyk, J. W., Wasilkowski, G. M.: Numerical stability of a convex hull algorithm for simple polygons. Algorithmica 10 (1993), 457–472.

[130] Janser, A., Luther, W.: Der Bresenham–Algorithmus und andere graphische Grundprozeduren. 6. CIP–Kongreß Berlin 1992. Mikro-Computer Forum für Bildung und Wissenschaft Bd. 5, Springer 1992, 255–261 — Interner ausführlicher Bericht und Diskette

[131] Janser, A.: Ein interaktives Lehr-/Lernsystem für Algorithmen der Computergraphik. In: Schubert, S. (ed.): Innovative Konzepte für die Ausbildung. GI–Fachtagung Chemnitz, Springer, Berlin 1995, 269–278.

[132] Kälviäinen, H., Hirvonen, P., Lei Xu, Oja, E.: Comparisons of Probalistic and Nonprobabilistic Hough Transform. In: [73], 352–360.

[133] Kahane, J. P.: Brownian motion and classical analysis. Bull. London Math. Soc. 8 (1976), 145–155.

[134] Kappel, M. R.: An Ellipse–Drawing Algorithm for Raster Displays. In: Earnshaw, R. A. (Ed.): Fundamental Algorithms for Computer Graphics. NATO ASI Series F, 17, Springer, Berlin 1985, 257–280.

[135] Kasson, J. M., Plouffe, W.: An Analysis of Selected Computer Interchange Color Spaces. ACM Trans. on Graphics, 11 (Oct. 1992), 373–405.

[136] Kindratenko, V. V., Treiger, B. A., Van Espen, P. J. M.: Binarization of Inhomogeneously Illuminated Images. In: [36], 483–487.

[137] Kirkpatrick, D. G. und Seidel, R.: The ultimative planar convex hull algorithm? SIAM J. on Computing 15 (1986), 287–299.

[138] Klette, R., Zamperoni, P.: Handbuch der Operatoren für die Bildverarbeitung. Vieweg, Braunschweig 1992.

[139] Knuth, D.: The TEXbook, the METAFONT book und Computer modern typefaces. Addison–Wesley, Reading 1986.

[140] Knuth, D. E.: Digital Haftones by Dot Diffusion. ACM TOG 6 (1987), 245–273.

[141] Kok, A. J. F., Jansen, F. W., Woodward, Ch.: Efficient, complete radiosity ray tracing using a shadow–coherence method. The Visual Computer (1993) 10, 19–33.

[142] Kovalev, V. A.: Rule–Base Method for Tumor Recognition in Liver Ultrasonic Images. In: [36], 217–222.

[143] Landraud, A. M., Suk Oh Yum: Texture Segmentation Using Local Phase Differences in Gabor Filtered Images. In: [36], 447–452.

[144] Liang, Y. D., Barsky, B.: A New Concept and Method for Line Clipping. ACM TOG 3 (1984), 1–22.

[145] Lee, D. T.,Preparata, F. P.: Euclidian shortest paths in the presence of rectilinear barriers. Networks 14 (1984), 393–410.

[146] Liebau, J.: Daumen–Kino. c't 8/1994, 251–253.

[147] Lin, H., Ventsanopoulos, A. N.: Fast Fractal Image Coding Using Pyramids. In: [36], 647–654

[148] Lindenbaum, M., Bruckstein, A.: On Recursive, Partitioning of the Digitized Curve into Digital Straight Segments. IEEE Trans. Pattern Anal. Machine Intell. 15 (1993), 949–953.

[149] Limb, J. O.: Design of dither waveforms for quantized visual signals. Bell Syst. Tech J 48 (1969), 2555–2582.

[150] Liu Yong–Kui: The Generation of Straight Lines on Hexagonal Grids. Computer Graphics forum 12 (1993), 27–31.

[151] Liu Yong–Kui: The Generation of Circular Arcs on Hexagonal Grids. Computer Graphics forum 12 (1993), 21–36.

[152] Lotze, H.: Das Gehirn im Computer. Computer Persönlich, 2/1987, 28–32.

[153] Lucier, B. J.: Wavelets and Image Compression. In: Mathematical methods in computer aided geometric design II (Lyche, T., Schumaker, L. L. eds). Academic Press, 1992, 391–400.

[154] Luther, W., Ohsmann, M.: Mathematische Grundlagen der Computergraphik, 2. Aufl. Vieweg, Wiesbaden 1989.

[155] Maaß, P., Stark, H. G.: Wavelets and digital image processing. Surv. Math. Ind. 4 (1994), 195–235.

[156] Maennel, H.: Perkolationstheorie: Stochastische Modelle poröser Medien. Math. Semesterberichte 41 (1994), 179–206.

[157] Maillot, P. G.: A New Fast Method For 2D Polygon Clipping: Analysis and Software Implementation. ACM TOG 11 (1992), 276–290.

[158] Magnenat–Thalmann, N., Thalmann, D.: Computer Animation: Theory and Practice, 2 ed. Springer, Tokyo 1990.

[159] Magnenat–Thalmann, N., Thalmann, D. (eds.): New Trends in Animation and Visualization. J. Wiley & Sons, Chichester 1993.

[160] Mandelbrot, B. B.: Fractals Form, chance and dimension. Freeman, San Francisco, 1977.

[161] Markau, B.: 3D–Läufer. CPC International 2, Mai–Juni 1986, 92–98; 108.

[162] Maxwell, P. C., Baker, P. W.: The generation of polygons representing circles, ellipses, and hyperbolas. Comput. Graph. Image Process. 10 (1979), 84–93.

[163] McIlroy, M. D.: Best Approximate Circles on Integer Grids. ACM TOG 2 (1983), 237-263.

[164] McIlroy, M. D.: Getting raster ellipses right. ACM TOG 11 (1992), 259–272.

[165] Mehren, F.: Implementierung von Rasteralgorithmen auf einer IRIS–Indigo Workstation und Beurteilung der ELAN–Hardwaregraphik. Diplomarbeit, Duisburg 1995.

[166] Mortenson, M. E.: Geometric Modeling. Wiley, New York 1985.

[167] Mumford, A. M.: Computer Graphics Metafile Standard — an update. Comput. Aided Design 23 (1991), 303–305.

[168] Müller, E., Kruppa, E.: Lehrbuch der Darstellenden Geometrie. Springer, Wien 1961.

[169] Murch, G. M., Taylor, J. M.: Color in Computer Graphics: Manipulation and matching color. Advances in Computer Graphics V. (Purgathofer, W., Schönhut, J., eds.), Springer 1989, 19–48.

[170] Murray, J. D., van Ryper, W.: Encyclopedia of Graphics File Format. O'Reilly&Ass. Inc., 1994.

[171] Narkhede, A., Manocha, D.: Fast Polygon Triangulation Based on Seidel's Algorithm. In: [111], 394–398.

[172] Natterer, F.: The Mathematics of Computerized Tomography. Teubner, Stuttgart 1986.

[173] Neider, J., Davis, T., Woo, M.: OpenGL Programming Guide: The Official Guide to Learning OpenGL, Release 1. Addison Wesley, Reading, 1993.

[174] Neuenfeldt, H.-D.: Füllalgorithmus – TP und Assembler. DOS International 3/93, 258–264.

[175] Newman, W. M. and Sproull, R. F.: Grundzüge der Interaktiven Computergraphik. Mc Graw-Hill, Hamburg 1986.

[176] Niemeyer, H., Wermuth, E.: Lineare Algebra. Vieweg, Braunschweig, Wiesbaden 1987.

[177] Nonnenmacher, T. F. (ed.): Fractals in biology and medicine. Birkhäuser, Basel, 1993.

[178] Oberschelp, W.: Vorlesung über Computergraphik und Bildverarbeitung, WS 90/91, RWTH Aachen.

[179] OpenGL Architecture Review Board: OpenGL Programming Guide: The Official Reference Document for OpenGL, Release 1. Addison Wesley, Reading, 1992.

[180] Oren, M., Nayar, D. K.: Seeing Beyond Lambert's Law. In [74] 269–280.

[181] Ota, Y., Arai, H.,Tokumasu, S., Ochi, T.: An Automated Finite Polygon Division Method for 3D Objects. IEEE CG&A 5, April 1985, 60–70.

[182] Otte, M., Nagel, H. H.: Optical Flow Estimation: Advances and Comparisons. In: [73], 51–60.

[183] O'Rourke, J.: Computational geometry. In: Annual Review of Computer Science, ed. J. Traub, 3 (1988), 389-411.

[184] Pang, A. T.: Line-Drawing Algorithms for Parallel Machines. IEEE CG&A 10, September 1990, 54–59.

[185] Peachy, D.: Solid Texturing of Complex Surfaces. Proc. of SIGGRAPH '85, ACM Computer Graphics 19 (3), 1985, 279–286.

[186] Peitgen, H. O., Jürgens, H., Saupe, D.: Bausteine des Chaos — Fraktale. Klett-Cotta/Springer, Stuttgart/Berlin 1992.

[187] Peitgen, H. O. ed.: Newtons method and dynamical systems. Kluwer Academic Publishers, Dordrecht 1989.

[188] Pejas, W.: Projektive Geometrie. Schwann, Düsseldorf 1975.

[189] Penna, M. A., Patterson, R. R.: Projective Geometry and its Applications to Computer Graphics. Prentice-Hall, Englewood Cliffs 1986.

[190] Perlin, K.: An Image Synthesizer. Proc. of SIGGRAPH '85, ACM Computer Graphics 19 (3), 1985, 287–296.

[191] Pham, S.: Equations of Digital Straight Lines. In: Tosiyasu L. Kunii (ed.) Computer Graphics '87 International, 221–248.

[192] Pham, S.: Digital curves with non–lattice point centers. Visual Computer 9 (1992), 1–24.

[193] Piccioli, G., De Micheli, E., Campani, M.: A robust method for sign road detection and recognition. In: [73], 501–506.

[194] Piegl, L.: On the use of infinite control points in CAGD. Computer Aided Geometric Design 4 (1987), 155–166

[195] Piegl, L., Tiller, W.: The NURBS book. Springer, Berlin 1995.

[196] Pitteway, M. L. V.: The Relationship between Euclid's Algorithm and Run–Length Coding. In: Earnshaw, R. A. (Ed.): Fundamental Algorithms for Computer Graphics. NATO ASI Series F, 17, Springer, Berlin 1985, 105–112.

[197] Preparata, F., Shamos, M.: Computational Geometry. An Introduction. Springer, Berlin 1985.

[198] Prusinkiewicz, P., Lindenmayer, A.: The Algorithmic Beauty of Plants. Springer, Berlin 1990.

[199] Pöpsel, J.: Multimediale Klippen. c't 11/1994, 327-332.

[200] Pöpsel, J., Claussen, U.: Täuschend echt. Morphing mit dem PC. c't 11, 1993, 232-238.

[201] Ponce, J., Marimont, D. H., Cass, T. A.: Analytical Methods for Uncalibrated Stereo and Motion Reconstruction. In: [73], 463–470.

[202] Rauber, Th.: Algorithmen in der Computergraphik. Teubner, Stuttgart 1993.

[203] Rehbock, F.: Geometrische Perspektive. Springer, Berlin 1979.

[204] Requicha, A. A. G.: Representation of rigid solids: theory, methods and systems. ACM Computing Surveys 12 (4) 1980, 437–464.

[205] Reutter, F.: Darstellende Geometrie I, II. Braun, Karlsruhe 1972.

[206] Rogers, D. F.: Procedural elements for computer graphics. McGraw Hill, New York 1985.

[207] Rogers, D., Adams, J. A.: Mathematical Elements for Computer Graphics. Mc Graw Hill, New York 1976, 2ed. 1990.

[208] Rokne, J., Rao, Y.: Double–Step Incremental Linear Interpolation. ACM TOG 11 (1992), 183–192.

[209] Rosenfeld, A.: Digital Straight Line Segments. IEEE Trans. on Comput. C–23 (1974), 1264–1269.

[210] Rosenfeld, A.: Digital Topology. Amer. Math. Monthly 86 (1979), 621–630.

[211] Rosenfeld, A. (ed.): Multiresolution Image Processing and Analysis. Springer, Berlin–Heidelberg–New York 1984.

[212] Rosenfeld, A., Melter, R. A.: Digital Geometry. The Math. Intelligencer 11 (1989), 69–72.

[213] Roth, S. D.: Ray casting for modelling solids. Computer Graphics and Image Processing 18 (1982), 109–144.

[214] Rothstein, J., Weiman, C.: Parallel and Sequential Specification of a Context Sensitive Language for Straigt Lines on Grids. Comp. Graphics Image Process. 5 (1976), 106–124.

[215] Rouquet, C., Bonton, P.: Region–Based Segmentation of Textured Images. In: [36], 10–16.

[216] Ruprecht, D., Müller, H.: Image Warping with Scattered Data Interpolation. CG&A, März 1995, 37–43.

[217] Samet, H., Webber, R. E.: Hierarchical Data Structures and Algorithms for Computer Graphics I, II. IEEE CG&A 8, (5) 48–68, (7) 59–75, 1988.

[218] Samet, H.: The Design and Analysis of Spatial Data Structures. Addison–Wesley, Reading 1990.

[219] Samet, H.: Applications of Spatial Data Structures. Addison–Wesley, Reading 1990.

[220] Sapoval, B. : Les Fractales. Technischer Bericht der Elf Aquitaine, 1989.

[221] Sauer, P.: On the recognition of digital circles in linear time. Comput. Geom. 2 (1993), 287–302.

[222] Schlöter, M.: Serie: Vom Punkt zur dritten Dimension 1–8. Pascal 2, März–November 1987.

[223] Schlicht, H.J.: Bildverarbeitung digital. Addison–Wesley, Bonn 1995.

[224] Schwarz, M., Cowan, W., Beatty, J.: An Experimental Comparison of RGB, YIQ, LAB, HSV and Opponent Color Models. ACM TOG 6 (1987), 123–158.

[225] Sederberg, T. W., Wang, Guo–Jin: A simple verification of the implicitization formulae for Bézier curves. Comp. Aided Geom. Design 11 (1994), 225–228.

[226] Simeth, M., Sander, R.: Mathematische Unterhaltungen. Spectrum der Wissenschaft, Januar 1995,10–15.

[227] Sklansky, L: On the Hough technique for curve detection. IEEE Trans. on Computers, Vol. C–27 (1978), 923–926.

[228] Späth, H.: Spline–Algorithmen zur Konstruktion glatter Kurven und Flächen. Oldenbourg, München–Wien 1986.

[229] Stollnitz, E. J., DeRose, T. D., Salesin, D. H.: Wavelets for Computer Graphics I: A Primer. CG&A 15 (1995), Mai, 76–81.

[230] Stollnitz, E. J., DeRose, T. D., Salesin, D. H.: Wavelets for Computer Graphics II: A Primer. CG&A 15 (1995), Juli, 75–85.

[231] Stucki, P.: Image processing for document reproduction. In: Advances in Digital Image Processing. Plenum Press, New York 1979.

[232] Taubin, G.: Distance Approximations for Rastering Implicit Curves. ACM TOG 13 (1994), 3–42.

[233] Thalmann, D.: Dynamic Simulation as a Tool for Three–dimensional Animation. In: [159], 257–271.

[234] Thomas, H.: Hersheys Font–Ästhetik. c't , Hannover (1990), 288–296.

[235] Tilove, R. B.: Set membership classifications: a unified approach to geometric intersection problems. IEEE Trans. on Computers, C–29 (10) 1980, 874–883.

[236] Toussaint, G. T.: Computational Geometry: Recent Developments. In: Earnshaw, R. A., Wyvill, B.: New Advances in Computer Graphics, Springer 1989, 23–51.

[237] Toussaint, G. T. ed.: Computational Geometry, North–Holland 1985.

[238] Trautmann, L., Nelson L., Max: Radiosity Algorithms Using Higher Order Finite Elements Methods. ACM Siggraph Computer Graphics Proceedings 1993 (August), 209–212.

[239] Turolla, E., Belaïd, Y., Belaïd, A.: Line and Cell Searching in Tables or Forms. In: [36], 509–514.

[240] Van Aken, J., Novak, M.: Curve-Drawing Algorithms for Raster Displays. ACM TOG 4 (1985), 147–169.

[241] Wallace, G. K.: Overview of the JPEG (ISO/CCITT) still Image Compression Standard. Visual Communication and Image Processiong 89, SPI, Philadelphia 11, 1989, IEEE Trans. on Consumer Electronics 12, 1991.

[242] Warnock, J.:A Hidden–Surface Algorithmus for Computer Generated Half–Tone Pictures. Technischer Bericht, Univ. of Utah, Salt Lake City, UT, 1969.

[243] Watt, A.: Fundamentals of Three-Dimensional Computer Graphics. Addison–Wesley, Reading 1989.

[244] Weiler, K., Atherton, P.: Hidden Surface Removel Using Polygon Area Sorting. Siggraph 1977 Computer Graphics Proceedings 11 (1977) (2), 214–222.

[245] Weiler, K.: Polygon Comparison Using a Graph Representation. SIGGRAPH 1980, 10–18.

[246] Whitted, T.: An improved illumination model for shaped display. Communications of the ACM, 23, Juni 1980, 343–349.

[247] Wickerhauser, M. V.: Adaptive Wavelet–Analysis. Vieweg, Brauschweig 1996.

[248] Wolberg, G.: Digital Image Warping. IEEE Press, Los Alamitos 1990.

[249] Wright, W.: Parallelization of Bresenham's Line and Circle Algorithms. IEEE CG&A 10, September 1990, 60–67.

[250] Wu, L. D.: On the Chain Code of a Line. IEEE Trans. Pattern Anal. Mach. Intell. 4 (1982), 347–353.

[251] Wu, Xiaolin, Rokne, J.G.: Double–Step Generation of Ellipses. IEEE CG&A9, Mai 1989, 56–69.

[252] Zamperoni, P.: Methoden der digitalen Bildverarbeitung, 2. Auflage. Vieweg, Braunschweig 1991.

Sachwortverzeichnis

Farbtafel 1: Fraktale Landschaft

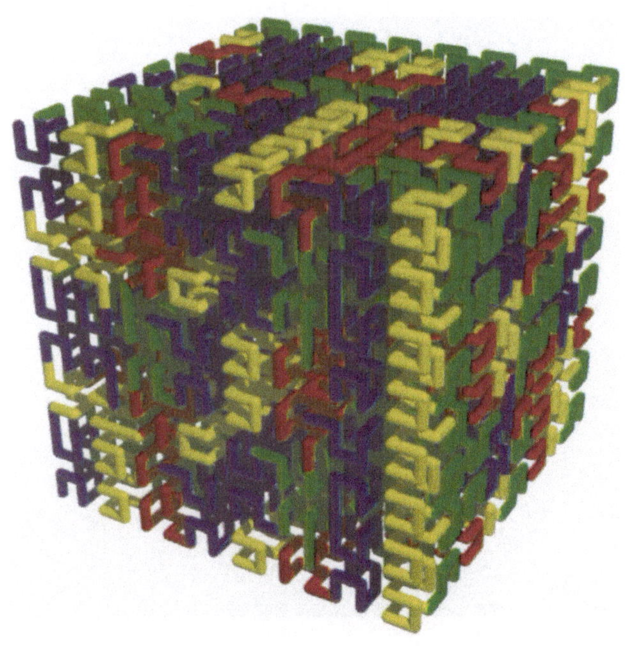

Farbtafel 2: Hilbertkurve, Fraktale Dimension 3

Farbtafel 3: Fraktal

Farbtafel 4:
Fraktale Planze; erzeugt mit DOL Grammatik und anschließend gerendert.

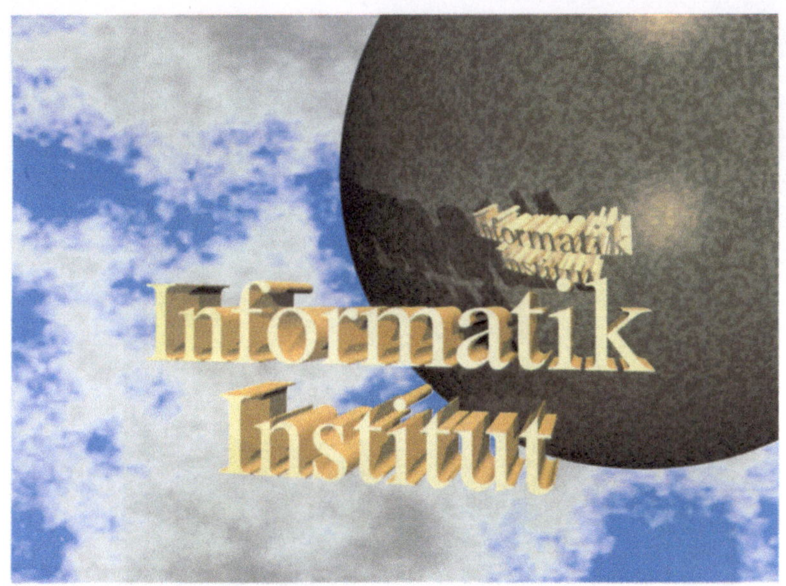

Farbtafel 5: Ray-Tracing Szene

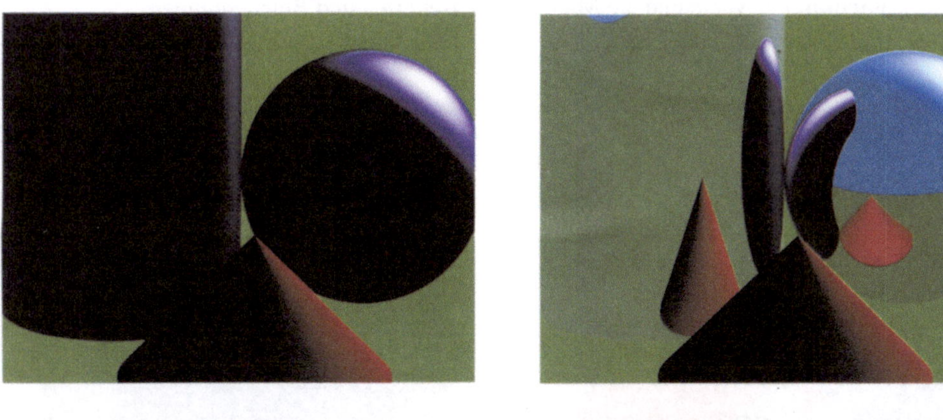

Farbtafel 6: Ray-Tracing Szene mit Rekursionstiefe 0, 1, 2 und 3

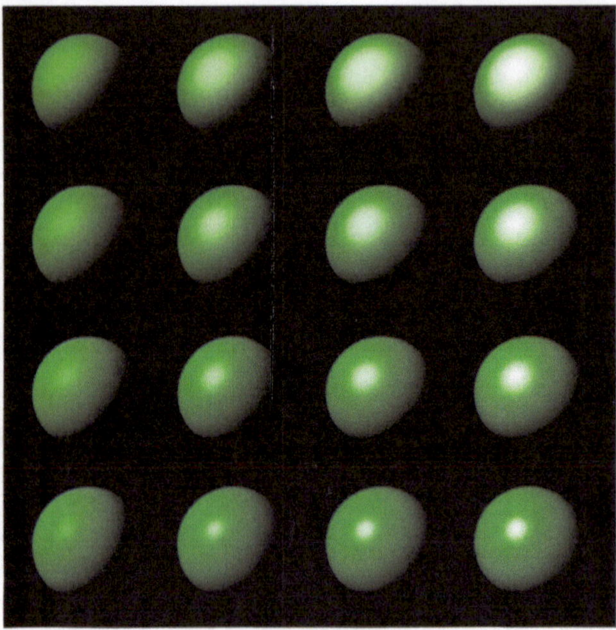

Farbtafel 7: Verschiedene Materialeigenschaften und Beleuchtungen

Farbtafel 8: Band- und Gourand-Schattierung

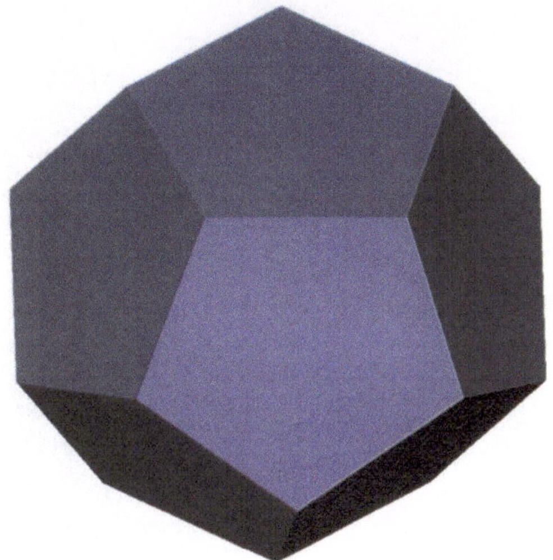

Farbtafel 9: Dodekaeder

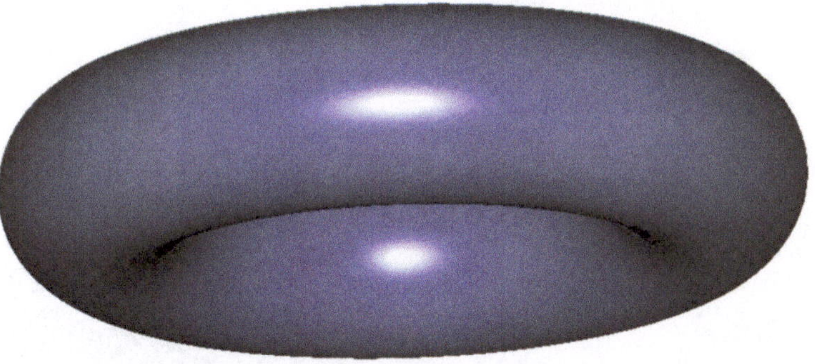

Farbtafel 10: Beleuchteter Torus

Farbtafel 11: Radiosity Szene

Farbtafel 12: Radiosity Szene nach Scriptfile aus [56]

Farbtafel 13: Radiosity Szene nach Scriptfile aus [56]

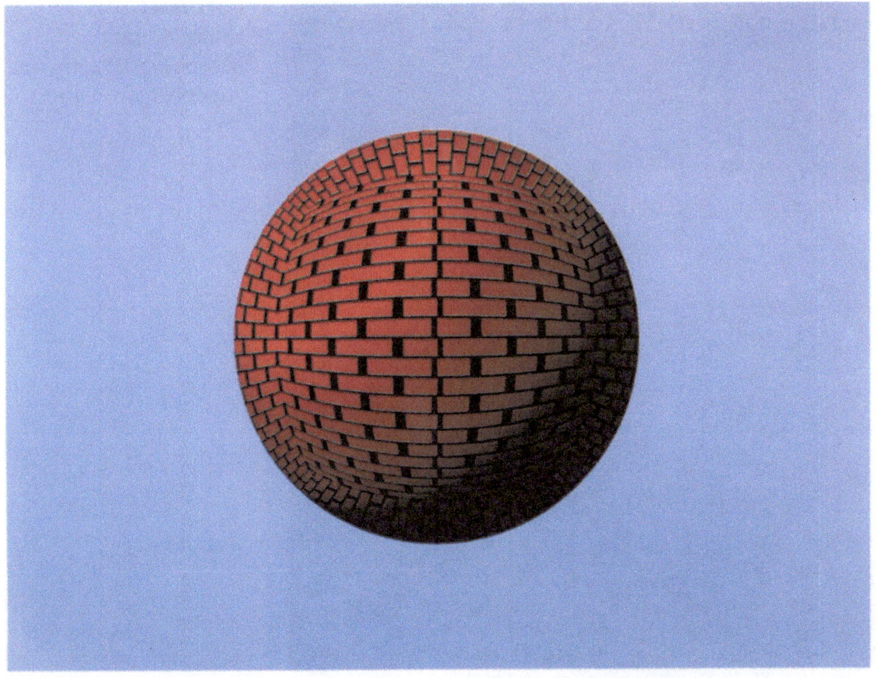

Farbtafel 14: Textur: von Würfel auf Kugel projiziert

Farbtafel 15:
Ausgangsbild einer
Morphingsequenz mit
zugehörigem Gitter

Farbtafel 16:
Endbild einer
Morphingsequenz mit
zugehörigem Gitter